Windows
程序设计（第3版）

张铮 孙宝山 周天立 编著

```
HINSTANCE    hInstance ;
HICON    hIcon ;
HCURSOR    hCursor ;
HBRUSH    hbrBackground ;
LPCSTR    lpszMenuName ;
LPCSTR    lpszClassName ;
```

```
typedef   WNDCLASSW    WNDCL
typedef   PWNDCLASSW   PWNDC
typedef   NPWNDCLASSW  NPWNDCLASS ;
typedef   LPWNDCLASSW  LPWNDCLASS ;
#else
typedef   WNDCLASSA    WNDCLASS ;
typedef   PWNDCLASSA   PWNDCLASS ;
typedef   NPWNDCLASSA  NPWNDCLASS ;
typedef   LPWNDCLASSA  LPWNDCLASS ;
```

人民邮电出版社

北京

图书在版编目（CIP）数据

Windows程序设计 / 张铮，孙宝山，周天立编著. —— 3版. -- 北京：人民邮电出版社，2015.4（2024.7重印）
ISBN 978-7-115-38162-0

Ⅰ. ①W… Ⅱ. ①张… ②孙… ③周… Ⅲ. ①Windows操作系统—程序设计 Ⅳ. ①TP316.7

中国版本图书馆CIP数据核字(2015)第030035号

内 容 提 要

Windows API 编程是最基本的编程方式，任何用户应用程序都必须运行在 API 函数之上。学习 Windows 程序设计最好先从学习 API 函数开始。同时 MFC 类库是最流行的编程工具之一，大部分商业软件使用了 MFC 框架程序。精通 MFC 是很多开发人员的目标。

本书试图为 Windows 程序设计初学者提供一条由入门到深入、由简单到复杂的编程设计之路，最终使他们有能力独立开发出像 Windows 防火墙一样复杂的应用程序。为此，本书首先介绍了 Win32 程序运行原理和最基本的 Win32 API 编程；然后通过模拟 MFC 中关键类、全局函数和宏定义的实现详细讲述了框架程序的设计方法和 MFC 的内部工作机制，并指出了这些机制是如何对用户程序造成影响的；继而完整讲述了开发内核驱动和 Windows 防火墙的过程；最后对计算机 3D 图形和音频控制技术进行了介绍。此外，书中各章均配以丰富的实例，它们从最简单的"Hello，World！"开始，再到多线程、用户界面、注册表和网络通信、3D 图形绘制等复杂的程序，内容涉及 Windows 编程设计的方方面面。

全书语言严谨流畅，针对初学者的特点，精心策划、由浅入深，是学习 Windows 编程由入门到深入的理想参考书。凡是具备 C++初步知识的读者都能读懂本书。本书可作为研究 Windows 程序设计的正式教程，也是一本供自学者从入门到深入学习 Windows 程序设计的很有帮助的参考教材。

◆ 编　著　张　铮　孙宝山　周天立
　　责任编辑　张　涛
　　责任印制　张佳莹　焦志炜

◆ 人民邮电出版社出版发行　　北京市丰台区成寿寺路 11 号
　　邮编　100164　电子邮件　315@ptpress.com.cn
　　网址　http://www.ptpress.com.cn
　　北京九州迅驰传媒文化有限公司印刷

◆ 开本：787×1092　1/16
　　印张：30.5　　　　　　　　　　2015 年 4 月第 3 版
　　字数：762 千字　　　　　　　　2024 年 7 月北京第 21 次印刷

定价：69.00 元（附光盘）

读者服务热线：(010)81055410　印装质量热线：(010)81055316
反盗版热线：(010)81055315

前　　言

许多人在刚开始接触 Windows 编程时，或从 VB 开始，或从 MFC 开始，这使得大家虽然写出了程序，但自己都不知道程序是如何运行的，从而造成写程序"容易"修改难、设计程序"容易"维护难的状况。本书是为 Windows 程序设计入门的初学者和想从根本上提高自己编程水平的爱好者编写的，试图为他们提供一条由入门到深入、由简单到复杂的编程设计之路。

API 函数是 Windows 系统提供给应用程序的编程接口，任何用户应用程序必须运行在 API 函数之上。直接使用 API 编程是了解操作系统运行细节的最佳方式，而且熟知 API 函数也是对程序开发者的一个最基本的要求。本书将以 API 函数作为起点介绍 Windows 编程，这样做的好处是使读者撇开 C++的特性专心熟悉 Win32 编程思路和消息驱动机制。

但是，在开发大型系统的时候，我们往往并不完全直接使用 API 函数，而是使用 MFC 类库框架程序。MFC 对 90%以上的 API 函数进行了面向对象化包装，完全体现了对象化程序设计的特点，是时下最流行的一个类库。

当读者熟悉最基本的 API 函数编程以后，就可以学习更高级的 MFC 编程了。虽然 MFC 仅仅是对 API 函数的简单封装，但由于读者对 C++语言的了解不够，不清楚框架程序的工作机制，即便是有经验的程序员在 MFC 复杂的结构面前也显得非常困惑。他们会"用"MFC，却不知道为什么这么"用"，在写的程序出错时这种现象带来的问题就很明显了，他们不会改。

这种只会"用"的知识层次不能够达到现实的要求，因为在面对一个大的项目的时候，代码往往需要手工添加和修改，而很少能够依靠 VC++的向导。为此，本书将从开发者的角度同读者一起来设计 MFC 中的类、函数和宏定义。通过对 MFC 类库的分析和了解，读者不仅能够更好地使用 MFC 类库，同时，对于自己设计和实现框架和类，无疑也有相当大的帮助。

本书后面讲述了 Windows 系统编程中当前最为热门的话题——DLL 注入技术、远程进程技术、HOOK API 技术等，并配有完整而具体的实例。

本书还讨论了 Windows 内核驱动程序设计和防火墙开发。这对于全面了解 Windows 操作系统的结构体系，学习独立开发应用软件是非常有帮助的。

最后，本书对当前流行的计算机 3D 图形绘制和音频控制进行了介绍，讲述了 OpenGL、OpenAL 开发库的相关用法，更加丰富了读者可开发的应用程序的内容。

——内容安排

本书试图从"Hello, World"这个简单的例子出发，通过 70 多个实例，由浅入深地讲述 Win32 API 程序设计、类库框架设计、MFC 程序设计、内核模式程序设计等，使读者在实践中熟练掌握 Windows 程序设计模式，并有能力写出特定功能的用户应用程序和简单的内核驱动程序。

在编程论坛上，笔者发现许多初学者搞不清楚 SDK、MSDN 和 Win32 API 等常用术语的意思。大多数初学者编写的代码没有固定的风格，更谈不上规范了。这都不是笔者想象中的初学者的样子，所以，本书第 1 章要讨论这些问题。这部分内容写给从未接触过 Windows 程序的读者，使读者了解相关的知识。

SDK 编程是 Windows 下最基本的编程方式，它是依靠直接调用 API 函数来编写 Windows 应用程序的。本书第 2、3、4 章详细讲述了最基本的 SDK 编程知识。

在第 5、6、7 章，笔者将和读者一起设计自己的"类库"，这个小"类库"是 MFC 的一个缩影，它将 MFC 中核心的东西，如运行期信息、线程/模块状态、消息映射、内存管理等都非常清晰地体现了出来。在封装 API 的时候，本书详细介绍了 C++语言中虚函数、静态函数、继承和类模板等高级特性的具体应用，叙述了框架程序管理应用程序的每一个细节，用各种精彩的实例讨论了如何进行对象化程序设计，如何使用 MFC 类库简化开发周期。整个过程就是深入了解对象化程序设计模式的过程，也是使读者彻底明白 MFC 内部工作机制的过程。

至此，读者对 Windows 的了解已经是比较系统了。无论是直接调用 API 还是使用微软类库 MFC，读者都应该可以写出界面规范的、标准的 Win32 应用程序，但是还有许多重要的 Windows 高级特性没有被使用。接下来的第 8、9、10、11 章中，通过对各种实例的剖析，详细讨论了 Windows 的高级特性，使读者在实践中提高自己的编程水平。

本书的最后两章对当前流行的计算机 3D 图形绘制和音频控制进行了介绍，详细讲述了 OpenGL、OpenAL 开发库的相关用法。

——对读者的假设

所有的书籍都假设一个基本的知识层次。

首先，读者应该熟知 C 编程语言。本书的 SDK 程序设计部分使用了 C 语言格式的例子演示 Win32 程序运行原理和 API 编程的细节。

其次，读者应该懂得 C++语言的基础知识，像简单的类的封装和对象的概念等。在这个基础上本书会详细介绍 C++的高级特性，用以设计和实现自己的框架和类。

再者，可视化编程的经验也是有用的。如果曾接触过 VB 或 MFC 等工具，将会更容易理解 Win32 程序的结构和 Windows 的消息驱动。

最后，本书不再假设你有任何 Windows 编程经验和其他程序设计语言的知识。

——致谢

感谢我的好友徐超提供并调试了许多实例代码；感谢陈香凝、任淑霞、王杉、闫丽霞、刘旭、张阳、李广鹏、郑琦、孙迪和李宏鹏等参与了部分章节的编写和修改；感谢张铮先生为本书的策划与编写提出的很多宝贵建议。最后，更要感谢我的母亲把我带到这个世界上，抚育我长大。也感谢我的姐姐，她总是诚恳地帮助我。

——关于附书代码和读者反馈

本书的 70 多个例子源代码全部可以在附书光盘中找到，代码全部使用 Visual C++6.0 和 Visual Studio 2010 编译通过。虽然本书中的所有的例子都已经在 Windows 98、Windows 2000、Windows XP、Win7 和 Win8 下测试通过，但由于许多工程比较复杂，也有存在 Bug 的可能，读者如果发现代码存在的错误或者发现书中的其他问题，请告知本书编辑（zhangtao@ptpress.com.cn），以便在下一版中改进。

编　者

目 录

第 1 章　Windows 程序设计基础

本章介绍开发 Win32 程序前的准备工作，包括了解 Windows 产品，熟悉开发工具 VC++，知道如何直接从 Microsoft 获取帮助，如何写风格固定的规范的代码等。

1.1　必须了解的东西

1.1.1　Windows 产品概述

Windows 的操作系统有：

- Windows 95、Windows 98、Windows Me、Windows 2000、Windows 2003
- Windows XP Professional
- Windows XP Home
- Windows XP Media Center Edition
- Windows XP Tablet PC Edition

它们都是 32 位的操作系统，即 CPU 能同时处理的数据的位数为 32 位。Win32 指的是针对 32 位处理器设计的 Windows 操作系统。

本书要讨论的是 32 位环境下 Windows 应用程序设计。Microsoft 为每一个平台都提供了相同的应用程序编程接口（Application Programming Interface，即 API），这意味着如果学会了为一个系统平台编写应用程序，那么也就知道了如何为其他平台编写程序了。

本书主要讲解如何使用 Windows API 函数写 Windows 应用程序，它适用于所有的系统平台。事实上，系统间的差异是存在的，不同系统提供的函数可能是以不同的方式运行，这在书中会尽量指出。

现在，主流的操作系统是 Windows XP，"XP" 代表的英文单词是 "experience"，象征着此系列的操作系统能够给用户带来新的体验。本书中的例子都是在 Windows XP 系统下完成的。同样，编者也假定您使用的操作系统是 Windows XP 或 Windows 2000，或者是更高的版本。

1.1.2　开发工具 Visual C++

Visual C++是 Windows 环境下最优秀的 C++编译器之一，它是 Microsoft 公司开发的 Visual Studio 系列产品的一部分。Visual C++ .NET 2003 是目前此系列产品的最新版本，但是由于 Visual C++ 6.0 小巧易用，对计算机的软硬件环境要求比较低，而且能够胜任几乎全部的 Windows 应用程序的开发工作，所以，大部分软件开发公司主要的开发平台还是 Visual C++ 6.0。本书的例子代码是用 Visual C++ 6.0 编写并编译的，不过它们也可以在.NET 下编译通过。

建议您也使用 Visual C++ 6.0 来学习 Windows 程序设计，等有了一些软件开发经验之后再去研究.NET 提供的新功能。为了能够在 Visual C++ 6.0 中使用操作系统的新特性，您只需更新一下 SDK 工具即可。

SDK 是 Software Development Kit 的缩写，意思是软件开发工具箱。Microsoft 的 Platform SDK 为开发者提供了开发 Windows 应用程序必要的文档、头文件和例子代码。

VC++ 6.0 自带的 SDK 工具太老了（98 年），对许多新的特性都不支持。在写这本书时 Microsoft 公司刚刚发布了适用于操作系统 Microsoft Windows XP Service Pack 2 的最新的 SDK，用户可以很方便地从 http://www.microsoft.com/msdownload/platformsdk/sdkupdate/站点下载。这个 SDK 既能够被 Visual C++ 6.0 使用，也能够被 Visual C++ .NET 使用。它可以保证用户拥有适用于 Windows XP Service Pack 2 发行版的最新的文档、例子和 SDK 构造环境（包括头文件、运行期库和工具）。

此 SDK 中的 SDK 文档提供了为各种版本的 Windows 系统开发应用程序所需的应用程序编程接口的帮助信息，它还包含关于 Windows Server 2003 的最新信息。

当然，没有必要非得更新 VC++ 6.0 自带的 SDK，本书会在需要的地方明确地指出。

1.1.3 Windows 资料来源——MSDN

MSDN 是微软程序员开发网络（Microsoft Developer Network），是为帮助开发人员使用 Microsoft 的产品和技术写应用程序的一系列在线或者离线的服务。

在使用 VC++ 6.0/.NET 编写程序时，如果想动态地获取帮助，那么就应该安装 MSDN。MSDN 中包含了编程信息、技术论文、文档、工具、程序代码以及新产品的 Beta 测试包。而且，MSDN 也包含相应版本的 SDK 工具。想成为高手必须学会自己查阅 MSDN（或 SDK 文档）来解决问题。

1.1.4 Win32 API 简介

API 是 Application Programming Interface 的简写，意思是应用程序编程接口。可以把它想象成一个程序库，提供各式各样与 Windows 系统服务有关的函数。例如 CreateFile 是用来创建文件的 API 函数；C 的标准库函数 create 也提供了创建文件的函数，但是它是靠调用 CreateFile 函数完成创建文件功能的。事实上，在 Windows 下运行的程序最终都是通过调用 API 函数来完成工作的，因此，可以把 Win32 API 看成是最底层的服务。

通常所说的 SDK 编程就是直接调用 API 函数进行编程。但是 API 函数数量众多，详细了解每一个函数的用法是不可能的，也是完全没有必要的。用户只需知道哪些功能由哪些 API 函数提供就行了，等使用它们时再去查阅帮助文件。

Win32 API 是指编制 32 位应用程序时用的一组函数、结构、宏定义。在 Win32 的环境下，任何语言都是建立在 Win32 API 基础上的，只不过 Visual FoxPro、Visual Basic 等软件对 API 封装得很深。以后本书讨论的应用程序全是通过直接调用 API 函数来实现的（介绍内核驱动的章节除外）。

1.2 VC++的基本使用

本节讲述编写控制台应用程序的方法和如何在程序中调用 API 函数。这些知识非常简单，目的是让从没有接触过 VC++ 6.0 的读者能够轻松入门。

1.2.1　应用程序的类型

Windows 支持两种类型的应用程序：一种是基于图形用户界面（Graphical User Interface，GUI）的窗口应用程序，这是大家常见的 Windows 应用程序；另一种是基于控制台用户界面（Console User Interface，CUI）的应用程序，即"MS-DOS"界面的应用程序。不要以为使用控制台环境的程序就不是 Windows 程序，它可以使用所有的 Win32 API，甚至可以创建窗口进行绘图。所以，这两种应用程序类型间的界限是非常模糊的。

控制台应用程序不需要创建自己的窗口，其输入输出方式也很简单。从这里开始讲述有利于初学者抛开复杂的 Windows 界面管理和消息循环，而去专心研究 API 函数的细节，了解常用的内核对象。下一小节具体介绍如何用 VC++ 6.0 创建控制台应用程序。

1.2.2　第一个控制台应用程序

本节不会全面介绍 VC++ 6.0 的使用方法，而是在后继章节中陆续地介绍。等看完本书后，相信您对集成编译器的使用就很清楚了。下面是使用 VC++ 6.0 创建控制台应用程序的整个过程。

（1）运行 VC++ 6.0，选择菜单命令"File/New…"，在打开的 New 对话框中打开 Projects 选项卡，选项卡左侧的列表框中有多种工程类型，单击 Win32 Console Application（控制台程序）选项，然后在右侧的"Project Name"中输入工程名 01FirstApp，在"Location"中输入存放工程文件的路径"E:\MYWORK\BOOK_CODE"，如图 1.1 左图所示。

（2）单击 New 对话框的 OK 按钮，出现如图 1.1 右图所示的对话框。在这个对话框里，VC 要求你选择一个控制台应用程序的类型，它们分别是空的工程（An empty project）、简单的程序（A simple application）、能够打印出"Hello, World!"字符串的程序（A "Hello, World!" application）、支持 MFC 的应用程序（An application that supports MFC）。在这里选择第三种。

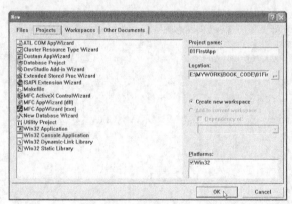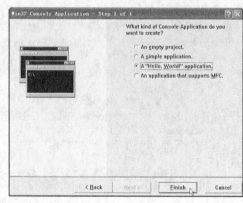

图 1.1　创建 Win32 Console Application 工程

（3）单击 Finish 按钮，弹出一个消息框，直接单击 OK 按钮即可建立一个简单的工程框架，其中含有 VC 自动生成的程序入口函数 main，如图 1.2 所示。

在第二步时，也可以选择其他的控制台工程类型，其结果大同小异，只是 VC 自动生产的代码不同而已。例如，可以选中第一个选项"An empty project"，即建立一个空的工程，然后自己向工程中添加文件（通过菜单命令"File/New…"Files 选项卡）并定义入口函数 main。

现在，向 01FirstApp 工程中添加你自己的文件或代码就行了。程序编写完毕可以按<Ctrl>＋F7 键编译，按 F7 键编译连接，按<Ctrl>＋F5 组合键运行程序。

如果要将存在的文件添加到工程中，使用菜单命令"Project/Add To Project/Files..."即可。

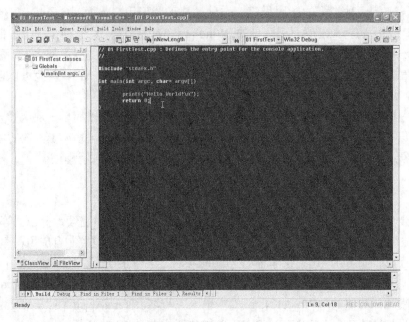

图 1.2　最终生成的工程

1.2.3　API 函数的调用方法

在 VC++ 6.0 下使用 API 函数是非常方便的，只要在文件的开头包含上相应的头文件，然后在程序中直接调用它们就可以了。下面是一个调用 API 函数的例子，修改 01FirstApp 工程中 main 函数的实现代码如下。

```
#include "stdafx.h"      // 这是 VC 自动添加的头文件。为了减少文件间的依赖性，本书建议不使用它
#include <windows.h>   // 包含 MessageBox 函数声明的头文件

int main(int argc, char* argv[])
{
    // 调用 API 函数 MessageBox
    int nSelect = ::MessageBox(NULL, "Hello, Windows XP", "Greetings", MB_OKCANCEL);
    if(nSelect == IDOK)
        printf(" 用户选择了"确定"按钮 \n");
    else
        printf(" 用户选择了"取消"按钮 \n");
    return 0;
}
```

运行程序，除了显示一个控制台外还会弹出一个小对话框，如图 1.3 所示。

MessageBox 是众多的 API 函数中的一个，它声明在 windows.h 文件中，用于显示一个指定风格的对话框。在自己的程序中调用 API 函数的方法非常简单，具体步骤如下。

图 1.3　MessageBox
函数的调用结果

（1）包含要调用函数的声明文件。

（2）连接到指定的库文件（即 lib 文件）。VC 默认已经连接了常用的 lib 文件，所以一般情况下，这一步对我们是透明的。如果需要显式设置的话（如在网络编程时需要添加 WS2_32.lib

库），可以在文件的开头使用"#pragma comment(lib, "mylib.lib")"命令。其中 mylib.lib 是目标库文件。

（3）在 API 函数前加"::"符号，表示这是一个全局的函数，以与 C++类的成员函数相区分。

如果想获得某个 API 函数详细信息，只需将光标移向此函数，按 F1 键即可。也可以打开 MSDN 文档（或 SDK 文档），直接将函数名输入到索引栏来查找函数的用法。

1.3 本书推荐的编程环境

程序开发者长时间盯着屏幕，对自己眼睛的伤害比较大。在编写程序时可以通过改变编程工具的默认颜色来减少显示器对眼睛的伤害，具体做法如下。

（1）单击菜单"Tools/Options"，弹出 Options 窗口，在 Format 页中选取 Category 中的 All Windows，如图 1.4 所示。

（2）在 Colors 栏中对文本颜色、背景色、关键字的颜色等进行设置。

一般来说，按照表 1.1 对各项进行设置后眼睛会觉得舒服许多。

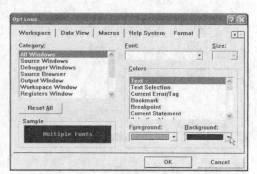

图 1.4 设置编辑器的颜色

表 1.1   建议的颜色修改表

Colors	Forground	Background
Text（文本）	绿色	深蓝色
Text Selection（选定文本）	蓝色	灰色
BookMark（书签）	黑色	绿色
Breakpoint（断点）	白色	红色
Keyword（关键字）	白色	Automatic
Comment（注释）	灰色	Automatic
Number（数字）	绿色	Automatic

1.4 代码的风格

许多软件公司对员工编写的代码的风格都有规定，比如规定了哪些地方要使用缩排、跳格键的长度、变量命名方式、不同功能代码间空的行数等。这样的好处是可以统一规范不同程序工作者所编制的代码，便于交流和交叉修改等。所以，在本书的开始就将这一点明确地提出来，希望您今后编写有着规范风格的代码，并在编程实践中养成这个好习惯。

1.4.1 变量的命名

（1）变量名应简短且富于描述。变量名的选用应该易于记忆，即能够指出其用途。许多初学者都不能恰当地给自定义的变量或函数命名，一些编程书籍上竟然通篇地用 IDC_LIST1、IDC_LIST2 这样毫无意义的变量名称，这就跟用 Exam1、Exam2……作为工程的名称一样叫人难以理解。难道就没有一个单词能够形容这些变量的作用和工程的功能吗？如果在数以万计的代码中还采用这种不负责任的命名方式的话，谁能够看懂这些代码？谁又愿意去看它们呢？

（2）变量的名字应该是非形式的、简单的、容易记忆的。变量的作用越大，它的名字要携带的信息就该越多，全局变量应该受到更多的注意。本书规定的变量命名规则为：[限定范围的前缀]+[数据类型前缀]＋[有意义的单词]。这一规定的应用举例如下。

```
#define MAX_BUFFER 256      // 定义一个常量，一般常量名应全大写
char g_szTitle[MAX_BUFFER];    // g_前缀表示全局变量，sz 表示类型为字符串，title 是标题的意思
int m_nErrorCode;              // m_前缀表示类的成员变量，n 表示类型为长整型，error code 是错误代码的意思
BOOL bResult;                  // 变量默认即为局部变量，故无需任何限定范围的前缀，b 表示类型为布尔型
```

有很多人总是鼓励变量名要足够长，以携带信息。这是不对的，因为清晰都是随着简洁而来的。一次性临时变量可以被取名为 i、j、k、m 和 n，它们一般用于整型；也可以是 c、d、e，它们一般用于字符型。

（3）作为非明文的规定，局部变量应用小写字母（如 I、j），常量名应全大写（如 MAX_BUFFER），函数名应该写为动作性的（如 CreateDirectory），结构名（类名）应该带有整体性（如 class CRaster）。

1.4.2　代码的对齐方式

"{"、"}" 表示一个块，是一个相对独立的语义单元。代码的行与行之间应该按块对齐，而各块之间又应当有适当的缩进，如下面代码所示。

```
void Alert(int i)
{
        while(i > 0)
        {
                // Beep 函数会使扬声器发出简单的声音
                // 要调用这个函数你应该包含上头文件 "windows.h"
                Beep(1000, 1000);
                i--;
        }
}
```

用这种方法写出来的程序结构清晰、层次分明，可以使人瞬间毫不费力地读完，没有一点视觉上的障碍。相反，如果不注意对齐和缩进的话，写出来的程序就会显得没有层次，不便于阅读。

块与块间的缩进是靠<Tab>键来完成的，在 VC++中，<Tab>键的默认设置是 4 个字符宽，这使得代码的缩进程度不够明显。本书规定，<Tab>键要设置为 8。在 VC++ 6.0 中打开菜单 "Tools/Options"，弹出 Options 对话框，切换到 Tabs 选项卡，将 Tab size 设为 8，如图 1.5 所示。

合理使用空格可以使程序看起来更清爽，而不是一团乱麻。一般在分隔参数、赋值语句和表达式等需要清晰明了的地方使用空格，如下面代码所示。

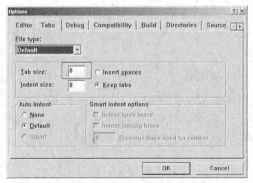

图 1.5　设置 Tab 缩进长度

```
MessageBox(NULL, "Hello, Windows XP", "Greetings", MB_OKCANCEL);    // 用空格分割参数
int i = 10*(123 + 100/5);                                          // 用空格分割赋值语句
if((a > b) && (c < d) && (e == f))                                 // 用空格分割表达式等
……
```

其实，VC++自带的整理代码功能使用起来也是很方便的。在编辑环境下，只要选中待整理的代码，按快捷键<Alt>＋F8，VC++就会自动将所选取的代码整理成 Microsoft 的 CPP 格式。这个功能对于阅读一些不规范的代码是很有用的。

1.4.3　代码的注释

无论是初学者还是资深的工程师都应该写好注释。注释的风格有许多种，虽然说选取哪一种注释风格是自由的，但是所选用的风格一定要让其他人接受，尽量和其他人保持风格的一致性。这样，你看别人的代码轻松，别人看你的代码也同样轻松。

如果你找到了一种适合自己的风格，就应该坚持下去，让这种风格成为习惯。如果还没有发现一个自己喜欢的风格，建议你就采用本书使用的注释风格。

极短的注释可以与它们所要描述的代码位于同一行，但是应该有足够的空白来分开代码和注释。多个短注释出现于大段代码中时，它们应该具有相同的缩进。如下面的代码所示。

```
HANDLE hThread = ::CreateThread(……);
if(hThread == NULL)
{
     return FALSE;    // 失败！
}
else
{
     return TRUE;     // 成功！
}
```

如果注释内容比较长，就应该将注释写在所要注释的语句的上面。

```
// 调整 m_nMax 的值，以便为各线程的私有数据分配内存
if(nSlot >= m_nMax)
     m_nMax = nSlot + 1;

m_pSlotData[nSlot].dwFlags |= SLOT_USED;
// 更新 m_nRover 的值(我们假设下一个槽未被使用)
m_nRover = nSlot + 1;
```

本书规定，所有的注释一律采用注释界定符"//"，而不使用"/**/"的注释方法，且符号"//"和注释语句间要有一个空格隔开。

上面说的这两条规则仅仅是最简单、最常用的，还有许多不成文的规则需要在阅读本书的示例代码时自己体会。

第 2 章　Win32 程序运行原理

在进行真正的编程工作之前了解 Windows 应用程序的运行原理是非常重要的。本章从 CPU 的工作方式、内核对象等方面说明 Windows 是如何管理正在运行的应用程序的。

本章首先介绍基于 x86 微处理器的保护机制 Windows 系统多任务和虚拟内存的实现，然后讲述什么是 Windows 的用户模式和内核模式，以及内核对象的作用和概念。这些都是操作系统管理应用程序的基本方式。之后，本章解释了什么是进程，如何创建进程内核对象并管理每个进程。本章的最后将用一个具体的实例——游戏内存修改器，来综述以上所有知识。

2.1　CPU 的保护模式和 Windows 系统

80386 处理器有 3 种工作模式：实模式、保护模式和虚拟 86 模式。实模式和虚拟 86 模式是为了和 8086 处理器兼容而设置的。保护模式是 80386 处理器的主要工作模式，这是本节讨论的重点，Windows 操作系统就运行在此模式下。保护主要是指对存储器的保护。下面就来介绍在这一机制下 Windows 系统是如何工作的。

2.1.1　Windows 的多任务实现

80386 对多任务操作系统的支持性主要体现在两方面，一是在硬件上为任务之间的切换提供了良好的条件，二是它实现了多任务隔离。多任务隔离技术可以使每个任务都有独立的地址空间，就像每个任务独享一个 CPU 一样。

在 Windows 下，"任务"被"进程"取代。进程就是正在运行的应用程序的实例。但是占有 CPU 时间片执行指令的并不是进程，而是线程，线程是进程内代码的执行单元。关于进程和线程的更详细的讨论，请参考 2.3.1 小节。

Windows 多任务操作系统是指在同一个时间里系统内可能会有多个活动的进程。在 CPU 的支持下，每个进程都被赋予它自己的私有地址空间。当进程内的线程运行时，该线程仅仅能够访问属于它的进程的内存，而属于其他进程的内存被屏蔽了起来，不能够被这个线程访问。

例如，进程 A 在它的地址空间的 0×12345678 地址处能够有一个数据结构，而进程 B 能够在它的地址空间的 0x12345678 处存储一个完全不相同的数据。当进程 A 中的线程访问内存地址 0x12345678 时，它访问的是进程 A 的数据；当进程 B 中的线程访问内存地址 0x12345678 时，它访问的是进程 B 的数据。在进程 A 中运行的线程不允许访问进程 B 的内存空间，反之亦然。

2.1.2　虚拟内存

在保护模式下，80386 所有的 32 根地址线都可供寻址，处理器寻址的范围是 0x00000000～0xFFFFFFFF（2^{32}，4 GB）。因此，32 位的 Windows 系统可寻址 4 GB 的地址空间。这就允许一个指针有 4 294 967 296 个不同的取值，它覆盖了整个 4 GB 的范围。

机器上 RAM 的大小不可能是 4 GB。Windows 为每个进程分配 4 GB 的地址空间主要依靠 CPU 的支持。CPU 在保护模式下支持虚拟存储，即虚拟内存。它可以帮助操作系统将磁盘空间当作内存空间来使用。在磁盘上应用于这一机制的文件被称为页文件（paging file），它包含了对所有进程都有效的虚拟内存。

Windows 实现虚拟内存机制就是基于上述的一个 32 位的线性地址空间。32 位的地址空间能被转化成 4 GB 的虚拟内存。在大多数系统上，Windows 将此空间的一半（4 GB 的前半部分，0x00000000～0x7FFFFFFF）留给进程作为私有存储，自己使用另一半（后半部分，0x80000000～0xFFFFFFFF）来存储操作系统内部使用的数据，如图 2.1 所示。

图 2.1　各进程内的地址空间安排

各进程的地址空间被分成了用户空间和系统空间两部分。用户空间部分是进程的私有（未被共享的）地址空间，一个进程不能够以任何方式读、写其他进程此部分空间中的数据。对所有的应用程序来说，大量的进程的数据都被保存在这块空间里。因为每个进程有它自己的、未被共享的保存数据的地方，一个应用程序很少能被其他应用程序打断，这使得整个系统更加稳定。

系统空间部分放置操作系统的代码，包括内核代码、设备驱动代码、设备 I/O 缓冲区等。系统空间部分在所有的进程中是共享的。在 Windows2000/xp 下，这些数据结构都被完全地保护了起来。如果试图访问这部分内存的话，访问线程会遇到一个访问异常。

2.1.3　内核模式和用户模式

80386 处理器共定义了 4 种（0～3）特权级别，或者称为环，如图 2.2 所示。其中，0 级是最高级（特权级），3 级是最低级（用户级）。

为了阻止应用程序访问或者修改关键的系统数据（即 2 GB 系统空间内的数据），Windows 使用了两种访问模式：内核模式和用户模式，它们分别使用了处理器中的 0 和 3 这两个特权级别。用户程序的代码在用户模式下运行，系统程序（如系统服务程序和硬件驱动）的代码在内核模式下运行。

虽然系统中的每个进程都有其自己的 4 GB 私有地址空间，但是，内核模式下的系统和设备驱动程序共用一块虚拟地址空间，它们就是图 2.1 所示的整个系统共用的 2 GB 部分。虚拟内存中的每一页的页属性中都有访问模式标记，它标识了哪一个模式下的代码才有权限访问该页。系统地址空间的页仅仅能够从内核模式访问，所有用户地址空间的页都可从用户模式访问。

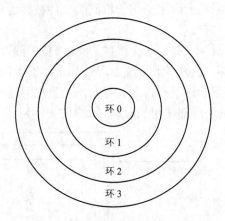

图 2.2   CPU 支持的特权级类别

当应用程序调用一个系统函数的时候，用户的应用程序会从用户模式切换到内核模式去执行。例如，Win32 函数 ReadFile 最终会调用 Windows 内部的从文件中读取数据的程序代码，因为这些代码访问了系统内部的数据，所以它们必须运行在内核模式下。

一般来说，研究 WDM（Window Driver Model）设备驱动的教程讨论的是内核模式下的 Windows 程序设计，而 SDK 程序设计主要指的是用户模式下的程序设计，本书也主要讲述用户模式下 Windows 程序的设计方法。之所以在这里还提到内核模式，是因为应用程序使用的基本服务都是内核模式下的代码提供的。下一节将介绍这些服务是如何引出的，这对深入了解 Win32 程序运行原理很有帮助。

2.2   内 核 对 象

内核对象是系统提供的用户模式下代码与内核模式下代码进行交互的基本接口。软件开发人员会经常地创建、打开和操作内核对象。所以我们在学习具体的 API 函数之前，先明确了内核对象的概念是很必要的。

2.2.1   内核对象的引出

为了管理应用程序，系统有必要维护一些不允许用户应用程序直接访问的数据。一个内核对象是一块内核分配的内存，它只能被运行在内核模式下的代码访问。内核对象记录的数据在整个系统中只有一份，所以它们也称为系统资源。

使用内核对象是应用程序和系统内核进行交互的重要方式之一。对于每一个内核对象，Windows 都提供了在其上操作的 API 函数，这些 API 函数使应用程序有机会读或者写系统数据，但这一切都是在系统的监视下进行的。内核对象中的数据包含了此对象的状态信息。有一些信息（如安全属性、使用计数等）对所有的对象都是适用的，但是它们当中的大部分信息是不一样的。例如，进程对象有进程 ID、优先级类和退出代码，而文件对象有偏移量、共享模式和打开模式。

内核对象和普通的数据结构间的最大的区别是其内部数据结构是隐藏的，必须调用一个对象服务才能从此对象中得到数据，或者是向其输入数据，而不能直接读或者改变对象内部的数据。增加这些限制来保证内核对象包含一致的状态。此限制也允许 Windows 在不打断任何应用程序的情况下来添加、移除或改变这些结构中成员的值。

引入内核对象以后，系统可以方便地完成下面 4 个任务。

（1）为系统资源提供可识别的名字。

（2）在进程之间共享资源和数据。

（3）保护资源不会被未经认可的代码访问。

（4）跟踪对象的引用情况。这使得系统知道什么时候一个对象不再被使用了，以便释放它占用的空间。

在接下来的两节具体的编程实践过程中，读者就会体会到内核对象的这些作用。

2.2.2　对象句柄

内核对象的数据结构仅能够从内核模式访问，所以直接在内存中定位这些数据结构对应用程序来说是不可能的。应用程序必须使用 API 函数访问内核对象。调用函数创建内核对象时，函数会返回标识此内核对象的句柄。可以想象此句柄是一个能够被进程中任何线程使用的一个不透明的值，许多 API 函数需要以它作为参数，以便系统知道要操作哪一个内核对象。

为了使系统稳定，这些句柄是进程相关的，也就是仅对创建该内核对象的进程有效。如果将一个句柄值通过某种机制传给其他进程中的线程，那么，该线程以此句柄为参数调用相关函数时就会失败。

当然，多个进程共享一个内核对象也是可能的，调用 DuplicateHandle 函数复制一个进程句柄传给其他进程即可。

2.2.3　使用计数

真正的编程工作还没有开始，所以现在不必深入地讨论内核对象的使用细节，这些内容会在使用具体的内核对象时讨论。现在只看看内核对象中一个最简单最常用的属性——使用计数，以便了解系统管理内核对象的方式。

内核对象是进程内的资源，使用计数属性指明进程对特定内核对象的引用次数，当系统发现引用次数是 0 时，它就会自动关闭资源。事实上这种机制是很简单的。一个进程在第一次创建内核对象的时候，系统为进程分配内核对象资源，并将该内核对象的使用计数属性初始化为 1；以后每次打开这个内核对象，系统就会将使用计数加 1，而如果关闭它，系统就将使用计数减 1，减到 0 就说明进程对这个内核对象的所有引用都已关闭，系统应该释放此内核对象资源了。

2.3　进程的创建

2.3.1　进程（Process）和线程（Thread）

进程通常被定义为一个正在运行的程序的实例。简单来说，磁盘上的可执行文件被载入内存执行之后，就变成"进程"了。在 SDK 文档中有关于进程的更精确的描述：

"进程是一个正在运行的程序，它拥有自己的虚拟地址空间，拥有自己的代码、数据和其他系统资源，如进程创建的文件、管道、同步对象等。一个进程也包含了一个或者多个运行在此进程内的线程。"

虽然程序和进程在表面上很相似，但是它们有着根本的区别。程序是一连串静态的指令，而进程是一个容器，它包含了一系列运行在这个程序实例上下文中的线程使用的资源。

进程是不活泼的。一个进程要完成任何的事情，它必须有一个运行在它的地址空间的线程。此线程负责执行该进程地址空间的代码。每个进程至少拥有一个在它的地址空间中运行的线程。对一个不包含任何线程的进程来说，它是没有理由继续存在下去的，系统会自动地销毁此进程和它的地址空间。

线程是进程内执行代码的独立实体。没有它，进程中的程序代码是不可能执行的。操作系统创建了进程后，会创建一个线程执行进程中的代码。通常我们把这个线程称为该进程的主线程，主线程在运行过程中可能会创建其他线程。一般将主线程创建的线程称为该进程的辅助线程。

下面是组成 Win32 进程的两个部分，本节余下的部分会详细讨论它们。

（1）进程内核对象。操作系统使用此内核对象来管理该进程。这个内核对象也是操作系统存放进程统计信息的地方。

（2）私有的虚拟地址空间。此地址空间包含了所有可执行的或者是 DLL 模块的代码和数据，它也是程序动态申请内存的地方，比如说线程堆栈和进程堆。

2.3.2　应用程序的启动过程

应用程序必须有一个入口函数，它在程序开始运行的时候被调用。如果创建的是控制台应用程序，此入口函数将会是 main。

```
int main(int argc, char* argv[]);
```

操作系统事实上并不是真的调用 main 函数，而是去调用 C/C++运行期启动函数，此函数会初始化 C/C++运行期库。因此，在程序中可以调用 malloc 和 free 之类的函数。它也会保证在用户的代码执行之前所有全局的或静态的 C++对象能够被正确地创建，即执行这些对象构造函数中的代码。

在控制台应用程序中，C/C++运行期启动函数会调用程序入口函数 main，所以如果程序中没有 main 函数的实现代码的话，连接器将返回一个 "unresolved external symbol" 错误。

现在看看 Win32 程序的启动过程。应用程序的启动过程就是进程的创建过程，操作系统是通过调用 CreateProcess 函数来创建新的进程的。当一个线程调用 CreateProcess 函数的时候，系统会创建一个进程内核对象，其使用计数被初始化为 1。此进程内核对象不是进程本身，仅仅是一个系统用来管理这个进程的小的数据结构。系统然后会为新的进程创建一个虚拟地址空间，加载应用程序运行时所需要的代码和数据。

系统接着会为新进程创建一个主线程，这个主线程通过执行 C/C++运行期启动代码开始运行，C/C++运行期启动代码又会调用 main 函数。如果系统能够成功创建新的进程和进程的主线程，CreateProcess 函数会返回 TRUE，否则返回 FALSE。

一般将创建进程称为父进程，被创建的进程称为子进程。系统在创建新的进程时会为新进程指定一个 STARTUPINFO 类型的变量，这个结构包含了父进程传递给子进程的一些显示信息。对图形界面应用程序来说，这些信息将影响新的进程中主线程的主窗口显示；对控制台应用程序来说，如果有一个新的控制台窗口被创建的话，这些信息将影响这个控制台窗口。STARTUPINFO 结构定义如下。

```
typedef struct {
    DWORD       cb;                 // 本结构的长度，总是应该被设为 sizeof(STARTUPINFO)
    LPSTR       lpReserved;         // 保留（Reserve）字段，即程序不使用这个参数
    LPSTR       lpDesktop;          // 指定桌面名称
    LPSTR       lpTitle;            // 控制台应用程序使用，指定控制台窗口标题
    DWORD       dwX;                // 指定新创建窗口的位置坐标（dwX,dwY）和大小信息
    DWORD       dwY;
    DWORD       dwXSize;
    DWORD       dwYSize;
    DWORD       dwXCountChars;      // 控制台程序使用，指定控制台窗口的行数
    DWORD       dwYCountChars;
    DWORD       dwFillAttribute;    // 控制台程序使用，指定控制台窗口的背景色
    DWORD       dwFlags;            // 标志。它的值决定了 STARTUPINFO 结构中哪些成员的值是有效的
    WORD        wShowWindow;        // 窗口的显示方式
    WORD        cbReserved2;
    LPBYTE      lpReserved2;
    HANDLE      hStdInput;          // 控制台程序使用，几个标准句柄
    HANDLE      hStdOutput;
    HANDLE      hStdError;
} STARTUPINFO, *LPSTARTUPINFO;
```

现在不必掌握此结构中每个字段的具体意思，只要清楚系统创建进程的过程即可。一个进程可以调用 GetStartupInfo 函数来取得父进程创建自己时使用的 STARTUPINFO 结构。事实上，Windows 系统就是通过调用这个函数来取得当前进程的创建信息，以便对新进程中主窗口的属性设置默认值。函数定义如下。

```
VOID GetStartupInfo(LPSTARTUPINFO lpStartupInfo);    // 取得当前进程被创建时指定的 STARTUPINFO 结构
```

定义一个 STARTUPINFO 结构的对象以后，总要在使用此对象之前将对象的 cb 成员初始化为 STARTUPINFO 结构的大小，如下所示。

```
STARTUPINFO si = { sizeof(si) };    // 将 cb 成员初始化为 sizeof(si)，其他成员初始化为 0
::GetStartupInfo(&si);
```

初始化 cb 成员这一步是必须的。因为随着 Windows 版本的改变，API 函数支持的结构体的成员有可能增加，但又要兼容以前的版本，所以 Windows 要通过结构体的大小来确定其成员的数目。

2.3.3　CreateProcess 函数

CreateProcess 函数创建一个新的进程和该进程的主线程。新的进程会在父进程的安全上下文中运行指定的可执行文件。函数用法如下。

```
CreateProcess(
    LPCSTR lpApplicationName,                    // 可执行文件的名称
    LPSTR lpCommandLine,                         // 指定了要传递给执行模块的参数
    LPSECURITY_ATTRIBUTES lpProcessAttributes,   // 进程安全性，值为 NULL 的话表示使用默认的安全属性
    LPSECURITY_ATTRIBUTES lpThreadAttributes,    // 线程安全性，值为 NULL 的话表示使用默认的安全属性
    BOOL bInheritHandles,                        // 指定了当前进程中的可继承句柄是否可被新进程继承
    DWORD dwCreationFlags,                       // 指定了新进程的优先级及其他创建标志
    LPVOID lpEnvironment,                        // 指定新进程使用的环境变量
    LPCSTR lpCurrentDirectory,                   // 新进程使用的当前目录
    LPSTARTUPINFO lpStartupInfo,                 // 指定新进程中主窗口的位置、大小和标准句柄等
    LPPROCESS_INFORMATION lpProcessInformation   // 【out】返回新建进程的标志信息，如 ID 号、句柄等
    );
```

几个指针类型的变量名都以 lp 为前缀，它是 long pointer 的缩写，说明变量为指针类型。许多 Windows 开发者将这种命名变量的方法称为"匈牙利表示法"。以后还会遇到其他类型，

比如 b 代表 BOOL，sz 代表 string zero（以 0 结尾的字串）等。

第一个参数中的英文单词 ApplicationName 是程序名字的意思，参数类型 LPCSTR 是"const char*"的宏定义。在 Windows 下，每个变量类型都有特定的宏名相对应。下面是 WINDEF.h 文件中一部分定义变量类型的代码。

```
typedef unsigned long        DWORD;
typedef int                  BOOL;
typedef unsigned char        BYTE;
typedef unsigned short       WORD;
typedef float                FLOAT;
typedef void far             *LPVOID;
typedef int                  INT;
typedef unsigned int         UINT;
```

CreateProcess 函数的参数都很重要，但在完成某一具体功能时，真正被使用的参数并不多。现在只要明白后面例子中涉及的此函数的用法即可。下面先来介绍几个最基本的参数。

lpApplicationName 和 lpCommandLine 参数指定了新的进程将要使用的可执行文件的名称和传递给新进程的参数。例如，下面代码启动了 Windows 自带的记事本程序。

```
STARTUPINFO si = { sizeof(si) };
PROCESS_INFORMATION pi;
char* szCommandLine = "notepad";        // 也可以是"notepad.exe"
::CreateProcess(NULL, szCommandLine, NULL, NULL, FALSE,NULL, NULL, NULL, &si, &pi);
```

执行这段代码，Windows 自带的记事本程序将会被打开。

上述代码使用 lpCommandLine 参数为新的进程指定了一个完整命令行。当 CreateProcess 函数复制此字符串的时候，它首先检查字符串中的第一个单词，并假设此单词就是你想要运行的可执行文件的名字。如果此可执行文件的名字中没有后缀，那么一个".exe"后缀将被添加进来。CreateProcess 函数会按照以下路径去搜索可执行文件。

（1）调用进程的可执行文件所在的目录。

（2）调用进程的当前目录。

（3）Windows 的系统目录（system32 目录）。

（4）Windows 目录。

（5）在名称为 PATH 的环境变量中列出的目录。

当然，如果文件名中包含了目录的话，系统会直接在这个目录中查找可执行文件，而不会再去其他目录中搜索了。如果系统找到了指定的可执行文件，它会创建一个新的进程并将该可执行文件中的代码和数据映射到新进程的地址空间。之后系统会调用 C/C++运行期启动函数，这个函数检查新进程的命令行，将文件名后第一个参数的地址传给新进程的入口函数。

若将上述代码的第 3 行修改成下面这样，则会看到给记事本进程传递参数后的效果。

```
char* szCommandLine = "notepad ReadMe.txt"; // 指定了一个 ReadMe.txt 参数，将促使记事本打开此文件
```

再次运行程序，记事本进程打开后，还会去试图打开父进程当前目录下的 ReadMe.txt 文件。

此时 lpApplicationName 参数为 NULL，也可以在此参数中指定可执行文件的文件名。注意，必须为文件名指定后缀，系统不会自动假设文件名有一个".exe"后缀。如果文件名中不包含目录，系统仅仅假设此文件在调用进程的当前目录下。所以最常用的做法是将此参数设为 NULL。

dwCreationFlags 参数指定的标志会影响新的进程如何创建。

lpStartupInfo 参数是一个指向 STARTUPINFO 结构的指针。

lpProcessInformation 参数是一个指向 PROCESS_INFORMATION 结构的指针。Create
Process 函数在返回之前会初始化此结构的成员。结构定义如下。

```
typedef struct{
    HANDLE hProcess;       // 新创建进程的内核句柄
    HANDLE hThread;        // 新创建进程中主线程的内核句柄
    DWORD dwProcessId;     // 新创建进程的 ID
    DWORD dwThreadId;      // 新创建进程的主线程 ID
} PROCESS_INFORMATION, *LPPROCESS_INFORMATION;
```

如上程序所述，创建一个新的进程将促使系统创建一个进程内核对象和一个线程内核对
象。在创建它们的时候，系统将每个对象的使用计数初始化为 1。然后，在 CreateProcess 返回
之前，这个函数打开此进程内核对象和线程内核对象的句柄，并将它们的值传给上述结构的
hProcess 和 hThread 成员。CreateProcess 在内部打开这些对象的时候，对象的使用计数将会增
加到 2。因此，父进程中必须有一个线程调用 CloseHandle 关闭 CreateProcess 函数返回的两个
内核对象的句柄。否则即便是子进程已经终止了，该进程的进程内核对象和主线程的内核对象
仍然没有释放。

当一个进程内核对象创建以后，系统会为这个内核对象分派一个唯一的 ID 号，在系统中
不会再有其他的进程内核对象使用与此相同的 ID 号。线程内核对象也是这样的，当一个线程
内核对象创建以后，该对象也会被分派一个系统唯一的 ID 号。进程 ID 和线程 ID 使用同一个
号码分配器。这意味着一个进程和一个线程不可能拥有同样的 ID 号。

如果应用程序使用 ID 号来跟随进程和线程的话，必须要清楚，进程和线程的 ID 号经常重
复使用。假设一个进程创建的时候，系统申请一个进程内核对象，并为它安排了一个值为 122
的 ID 号。如果再有新的进程对象被创建，系统不会为这些进程安排相同的 ID 号的。但是，如
果第一个进程对象被释放了，系统也许会将 122 安排给下一个新的进程内核对象。牢记这一点，
你就可以避免写出操作错误进程或线程对象的代码。获取一个进程的 ID 号并保存它是很容易
的事情，但是，在另一方面你应该明白，此 ID 表示的进程内核对象会被释放，然后新的进程
内核对象会使用相同的 ID 号。当使用保存的 ID 号的时候，你操作的是新的进程，而不是原先
想要操作的进程。

2.3.4　创建进程的例子

下面是一个完整的创建进程的例子，它打开了 Windows 自带的命令行程序 cmd.exe。

```
int main(int argc, char* argv[])        // 02CreateProcess 工程下
{
    char szCommandLine[] = "cmd";
    STARTUPINFO si = { sizeof(si) };
    PROCESS_INFORMATION pi;

    si.dwFlags = STARTF_USESHOWWINDOW;  // 指定 wShowWindow 成员有效
    si.wShowWindow = TRUE;              // 此成员设为 TRUE 的话则显示新建进程的主窗口，
                                        // 为 FALSE 的话则不显示

    BOOL bRet = ::CreateProcess (
        NULL,                   // 不在此指定可执行文件的文件名
        szCommandLine,          // 命令行参数
        NULL,                   // 默认进程安全性
        NULL,                   // 默认线程安全性
        FALSE,                  // 指定当前进程内的句柄不可以被子进程继承
        CREATE_NEW_CONSOLE,     // 为新进程创建一个新的控制台窗口
```

```
            NULL,                       // 使用本进程的环境变量
            NULL,                       // 使用本进程的驱动器和目录
            &si,
            &pi);
    if(bRet)
    {
            // 既然不使用两个句柄，最好是立刻将它们关闭
            ::CloseHandle (pi.hThread);
            ::CloseHandle (pi.hProcess);

            printf(" 新进程的进程 ID 号：%d \n", pi.dwProcessId);
            printf(" 新进程的主线程 ID 号：%d \n", pi.dwThreadId);
    }
    return 0;
}
```

cmd.exe 是系统 system32 目录下的一个命令行程序（在 Windows 98 下名称为"command"），它运行以后就是一个基于命令行的"dos 系统"。编译运行上面的代码，将会创建 cmd.exe 进程，如图 2.3 所示。

例子中，CreateProcess 函数的第 6 个参数被设为 CREATE_NEW_CONSOLE，意思是创建一个新的控制台。其在 winbase.h 中有如下定义。

图 2.3   程序运行结果

```
#define CREATE_NEW_CONSOLE                0x00000010
```

这个标识告诉 Windows 为新的进程创建一个新的控制台。如果不使用这个标识，则新建进程就同父进程共用一个控制台。

不要以为 CREATE_NEW_CONSOLE 这样的宏名长，不容易记忆。事实上就是因为它长，所以表达的意思才明确，比单单记忆几个数字容易多了。

我们可以指定新创建进程的主窗口是否显示，如果需要隐藏则将相应代码改写如下。

```
si.dwFlags = STARTF_USESHOWWINDOW ;
si.wShowWindow = 0 ;
```

dwFlags 成员指定了要使用 STARTUPINFO 结构中的哪一个成员。比如令 dwFlags = STARTF_USESIZE|STARTF_USESHOWWINDOW，则 si 的成员 dwXSize 和 dwYSize 也会有效。要使 wShowWindow 成员有效，dwFlags 中必须包含 STARTF_USESHOWWINDOW 标记。

注意，Windows 先通过 dwFlags 参数查看哪一个成员有效，再去取那个成员的值。如果还要用 dwX，dwY 成员来指定新窗口的显示坐标，就必须将参数 dwFlags 设为：

```
si.dwFlags = STARTF_USESHOWWINDOW | STARTF_USEPOSITION;
```

2.4 进 程 控 制

2.4.1　获取系统进程

有些程序需要列出当前正在运行的一系列进程，使用 ToolHelp 函数就可以完成这一任务。下面的例子（02ProcessList 工程）取得了一个正在运行的进程列表。首先使用 Create Toolhelp32Snapshot 函数给当前系统内执行的进程拍快照（Snapshot），也就是获得一个进程列

表，这个列表中记录着进程的 ID、进程对应的可执行文件的名称和创建该进程的进程 ID 等数据。然后使用 Process32First 函数和 Process32Next 函数遍历快照中记录的列表。对于每个进程，我们都将打印出其可执行文件的名称和进程 ID 号。具体代码如下。

```
#include <windows.h>
#include <tlhelp32.h> // 声明快照函数的头文件
int main(int argc, char* argv[])
{
        PROCESSENTRY32 pe32;
        // 在使用这个结构之前，先设置它的大小
        pe32.dwSize = sizeof(pe32);

        // 给系统内的所有进程拍一个快照
        HANDLE hProcessSnap = ::CreateToolhelp32Snapshot(TH32CS_SNAPPROCESS, 0);
        if(hProcessSnap == INVALID_HANDLE_VALUE)
        {
                printf(" CreateToolhelp32Snapshot 调用失败！ \n");
                return -1;
        }

        // 遍历进程快照，轮流显示每个进程的信息
        BOOL bMore = ::Process32First(hProcessSnap, &pe32);
        while(bMore)
        {
                printf(" 进程名称：%s \n", pe32.szExeFile);
                printf(" 进程 ID 号：%u \n\n", pe32.th32ProcessID);

                bMore = ::Process32Next(hProcessSnap, &pe32);
        }

        // 不要忘记清除掉 snapshot 对象
        ::CloseHandle(hProcessSnap);
        return 0;
}
```

程序的运行结果如图 2.4 所示，它打印出了系统内所有进程的信息。

图 2.4　查看进程列表

CreateToolhelp32Snapshot 用于获取系统内指定进程的快照，也可以获取被这些进程使用的堆、模块和线程的快照。函数的具体用法如下。

```
HANDLE WINAPI CreateToolhelp32Snapshot(
    DWORD dwFlags,          // 用来指定"快照"中需要返回的对象，可以是 TH32CS_SNAPPROCESS 等
```

```
    DWORD th32ProcessID    // 一个进程 ID 号，用来指定要获取哪一个进程的快照
                           // 当获取系统进程列表或获取当前进程快照时可以设为 0
);
```

本函数不仅可以获取进程列表，也可以用来获取线程和模块等对象的列表。dwFlags 参数指定了获取的列表的类型，其值可以如下任何一个。

（1）TH32CS_SNAPHEAPLIST　枚举 th32ProcessID 参数指定的进程中的堆。

（2）TH32CS_SNAPMODULE　枚举 th32ProcessID 参数指定的进程中的模块。

（3）TH32CS_SNAPPROCESS　枚举系统范围内的进程，此时 th32ProcessID 参数被忽略。

（4）TH32CS_SNAPTHREAD　枚举系统范围内的线程，此时 th32ProcessID 参数被忽略。

函数执行成功将返回一个快照句柄，否则返回 INVALID_HANDLE_VALUE（即 -1）。

从快照列表中获取进程信息需要使用 Process32First 和 Process32Next 函数，函数的每次调用仅返回一个进程的信息。Process32First 函数用来进行首次调用，以后的调用由 Process32Next 函数循环完成，直到所有的信息都被获取为止。当不再有剩余信息的时候，函数返回 FALSE，所以程序中使用下面的循环结构来获取进程列表。

```
BOOL bMore = ::Process32First(hProcessSnap, &pe32);
while(bMore)
{
    // 在这里处理返回到 PROCESSENTRY32 中的进程信息
    bMore = ::Process32Next(hProcessSnap, &pe32);
}
```

Process32First 和 Process32Next 函数的第一个参数是快照句柄，第二个参数是一个指向 PROCESSENTRY32 结构的指针，进程信息将会被返回到这个结构中。结构的定义如下。

```
typedef struct
{
    DWORD    dwSize;              // 结构的长度，必须预先设置
    DWORD    cntUsage;            // 进程的引用记数
    DWORD    th32ProcessID;       //  进程 ID
    DWORD    th32DefaultHeapID;   // 进程默认堆的 ID
    DWORD    th32ModuleID;        //  进程模块的 ID
    DWORD    cntThreads;          // 进程创建的线程数
    DWORD    th32ParentProcessID; //  进程的父线程 ID
    LONG     pcPriClassBase;      //  进程创建的线程的基本优先级
    DWORD    dwFlags;             // 内部使用
    CHAR     szExeFile[MAX_PATH]; // 进程对应的可执行文件名
} PROCESSENTRY32;
```

使用 ToolHelp 函数并不是获取系统内的进程信息的唯一方法，函数 EnumProcesses 也可以完成这项任务，但是 Windows 98 系列的操作系统不支持它。

2.4.2　终止当前进程

终止进程也就是结束程序的执行，让它从内存中卸载。进程终止的原因可能有如下 4 种。

（1）主线程的入口函数返回。

（2）进程中一个线程调用了 ExitProcess 函数。

（3）此进程中的所有线程都结束了。

（4）其他进程中的一个线程调用了 TerminateProcess 函数。

要结束当前进程一般让主线程的入口函数（例如，main 函数）返回。当用户的程序入口函数返回的时候，启动函数会调用 C/C++ 运行期退出函数 exit，并将用户的返回值传递给它。exit

函数会销毁所有全局的或静态的 C++对象，然后调用系统函数 ExitProcess 促使操作系统终止应用程序。ExitProcess 是一个 API 函数，它会结束当前应用程序的执行，并设置它的退出代码，其用法如下。

```
void ExitProcess(UINT uExitCode);        // 参数 uExitCode 为此程序的退出代码
```

当然也可以在程序的任何地方去调用 ExitProcess，强制当前程序的执行立即结束。对于操作系统来说，这样做是很正常的。但是 C/C++应用程序应该避免直接调用这个函数，因为这会使 C/C++运行期库得不到通知，而没有机会去调用全局的或静态的 C++对象的析构函数。

2.4.3　终止其他进程

ExitProcess 函数只能用来结束当前进程，不能用于结束其他进程。如果需要结束其他进程的执行，可以使用 TerminateProcess 函数。

```
BOOL TerminateProcess(
   HANDLE hProcess,   // 要结束的进程（目标进程）的句柄
   UINT uExitCode     // 指定目标进程的退出代码，你可以使用 GetExitCodeProcess 取得一个进程的退出代码
);
```

在对一个进程操作前，必须首先取得该进程的进程句柄。CreateProcess 函数创建进程后会返回一个进程句柄，而对于一个已经存在的进程，只能使用 OpenProcess 函数来取得这个进程的访问权限，函数用法如下。

```
HANDLE OpenProcess(
   DWORD dwDesiredAccess,    // 想得到的访问权限，可以是 PROCESS_ALL_ACCESS 等
   BOOL bInheritHandle,      // 指定返回的句柄是否可以被继承
   DWORD dwProcessId         // 指定要打开的进程的 ID 号
);
```

这个函数打开一个存在的进程并返回其句柄。dwDesiredAccess 参数指定了对该进程的访问权限，这些权限可以是：

- PROCESS_ALL_ACCESS　　　　　　　所有可进行的权限
- PROCESS_QUERY_INFORMATION　　查看该进程信息的权限（还有许多没有列出）

bInheritHandle 参数指定此函数返回的句柄是否可以被继承。dwProcessId 参数指定了要打开进程的 ID 号，可以从任务管理器中找到它们，也可以用 ToolHelp 函数获取。

一般使用下面的代码来终止一个进程，其范例源代码在配套光盘的 02TerminateProcess 工程下。

```
BOOL TerminateProcessFromId(DWORD dwId)
{
    BOOL bRet = FALSE;
    // 打开目标进程，取得进程句柄
    HANDLE hProcess = ::OpenProcess(PROCESS_ALL_ACCESS, FALSE, dwId);
    if(hProcess != NULL)
    {
        // 终止进程
        bRet = ::TerminateProcess(hProcess, 0);
    }
    CloseHandle(hProcess);
    return bRet;
}
```

为 TerminateProcessFromId 函数传递一个进程 ID 号，它将试图去结束这个进程，并返回操作结果。我们可以从任务管理器中找一个进程 ID，试试这个函数的执行结果。

OpenProcess 函数执行失败后将返回 NULL，这时可以进一步调用 GetLastError 函数取得出错代码。GetLastError 取得调用线程的最后出错代码。最后出错代码是每个线程都维护的基本数据。VC++提供了一个 Error Lookup 小工具来查看特定错误代码对应的详细信息，可以通过菜单命令"Tools/Error Lookup"启动它。比如，在调用 OpenProcess 函数时传递了无效的进程 ID 号，接着调用 GetLastError 函数就会返回出错代码 87，在 Error Lookup 窗口中输入这个值，单击 Look Up 按钮，Error 窗口将显示："参数不正确"，这是调用失败的原因。如图 2.5 所示。

进程结束以后，调用 GetExitCodeProcess 函数可以取得其退出代码。如果在调用这个函数时，目标进程还没有结束，此函数会返回 STILL_ACTIVE，表示进程还在运行。这就给我们提供了一种检测一个进程是否已经终止的方法。

图 2.5　查看出错原因

一旦进程终止，就会有下列事件发生：

（1）所有被这个进程创建或打开的对象句柄就会关闭。

（2）此进程内的所有线程将终止执行。

（3）进程内核对象变成受信状态，所有等待在此对象上的线程开始运行，即 WaitForSingleObject 函数返回（详见 3.1 节）。

（4）系统将进程对象中退出代码的值由 STILL_ACTIVE 改为指定的退出码。

2.4.4　保护进程

这里的"保护进程"指的是保护进程不被其他进程非法关闭。有时一些软件出于某种目的而禁止一些特殊程序的运行。比如，很多游戏都禁止 WPE 运行（一个截获网络数据的软件），它们定时检测系统内的进程，一旦发现 WPE 进程存在就试图关闭它。

如果要保护 WPE 不会被非法关闭，可以从两个方面入手，一个是防止此进程被其他进程检测到，另一个是防止此进程被其他进程终止。

在检测系统进程的时候，一般的程序都使用 ToolHelp 函数或者是 Process Status 函数（即上面所述的 EnumProcesses 系列的函数），所以只要 HOOK 掉系统对这些函数的调用（有关 HOOK API 的描述请参考 9.3 节），使这些函数的返回结果中不包含要保护的进程即可。

更简单的办法就是直接 HOOK 掉其他进程对 TerminateProcess 函数的调用。因为一个进程要结束另外一个进程一般都调用 TerminateProcess 函数，包括 Windows 自带的任务管理器。配套光盘的 09HookTermProApp 实例就是基于这一思想而设计的（这是第 9 章的例子）。

2.5 【实例】游戏内存修改器

利用前面的知识认真地完成一个有着完整功能的实例是非常有必要的，这不但可以使我们加深对所学知识的理解，还可以让我们体会一下 Win32 应用程序的设计方法。本节将分析一个修改游戏内存的例子。

在技术方面，本节讲述了读写其他进程内存的方法，并给出了安全实现这一过程的完整的代码。

在本书配套光盘的 MemRepair 工程下可以找到这一程序的 GUI 版本，并运行它。运行效果如图 2.6 所示（这是工作时的样子）。

这个程序实现的功能和金山游侠之类的软件相似，它可以将游戏中当前的生命力、金钱值等信息修改到一个用户指定的值。但是，至此我们还没有讲述如何开发带有窗口界面的 Windows 应用程序，在你读到本书的第 7 章之前，你是不会看懂这个程序的，所以，我又为这个程序写了一个简单的 CUI 版本，即控制台界面的版本，以作为这节我们研究的对象。这个 CUI 版本实例程序的源代码在本书配套光盘的 02MemRepair 工程下。

图 2.6 实例运行效果

2.5.1 实现原理

修改游戏中显示的数据就是要修改游戏所在进程的内存，因为这些数据都在内存中保留着。由于进程的地址空间是相互隔离的，所以必须有 API 函数的协助才能访问其他进程的内存。通常使用下面两个函数对其他进程的内存空间进行读写操作。

```
BOOL ReadProcessMemory(
    HANDLE hProcess,              // 待读进程的句柄
    LPCVOID lpBaseAddress,        // 目标进程中待读内存的起始地址
    LPVOID lpBuffer,              // 用来接受读取数据的缓冲区
    DWORD nSize,                  // 要读取的字节数
    LPDWORD lpNumberOfBytesRead   // 用来供函数返回实际读取的字节数
 );
WriteProcessMemory( hProcess, lpBaseAddress, lpBuffer, nSize, lpNumberOfBytesRead);   // 参数含义同上
```

它们的作用一个是读指定进程的内存，另一个是写指定进程的内存，具体用法后面再介绍。

如何编程实现修改游戏里显示的生命力、金钱值等数据呢？首先应该在游戏进程中搜索在哪一个内存地址保存着这些数据，搜索到唯一的地址后调用 WriteProcessMemory 函数向这个地址中写入你期待的数据就行了。

这里面比较麻烦的一点就是搜索目标进程的内存。

应该在目标进程的整个用户地址空间进行搜索。在进程的整个 4 GB 地址中，Win98 系列的操作系统为应用程序预留的是 4 MB 到 2 GB 部分，Win2000 系列的操作系统预留的是 64 KB 到 2 GB 部分，所以在搜索前还要先判断操作系统的类型，以决定搜索的范围。Windows 提供了 GetVersionEx 函数来返回当前操作系统的版本信息，函数用法如下。

```
BOOL GetVersionEx(LPOSVERSIONINFO lpVersionInfo);
```

系统会将操作系统的版本信息返回到参数 lpVersionInfo 指向的 OSVERSIONINFO 结构中。

```
typedef struct _OSVERSIONINFO {
    DWORD dwOSVersionInfoSize;    // 本结构的大小，必须在调用之前设置
    DWORD dwMajorVersion;         // 操作系统的主版本号
    DWORD dwMinorVersion;         // 操作系统的次版本号
    DWORD dwBuildNumber;          // 操作系统的编译版本号
    DWORD dwPlatformId;           // 操作系统平台。可以是 VER_PLATFORM_WIN32_NT（2000 系列）等
    TCHAR szCSDVersion[128];      // 指定安装在系统上的最新服务包，例如 "Service Pack 3" 等
} OSVERSIONINFO;
```

这里只需要判断是 Win98 系列的系统还是 Win2000 系列的系统，所以使用下面的代码就足够了。

```
OSVERSIONINFO vi = { sizeof(vi) };
::GetVersionEx(&vi);
if (vi.dwPlatformId == VER_PLATFORM_WIN32_WINDOWS)
...    // 是 Windows 98 系列的操作系统
else
```

```
...        // 是 Windows NT 系列的操作系统
```

目标进程内存中很可能存在多个你要搜索的值，所以在进行第一次搜索的时候，要把搜索到的地址记录下来，然后让用户改变要搜索的值，再在记录的地址中搜索，直到搜索到的地址唯一为止。为此写两个辅助函数和 3 个全局变量。

```
BOOL FindFirst(DWORD dwValue);        // 在目标进程空间进行第一次查找
BOOL FindNext(DWORD dwValue);         // 在目标进程地址空间进行第 2、3、4……次查找

DWORD g_arList[1024];                 // 地址列表
int g_nListCnt;                       // 有效地址的个数
HANDLE g_hProcess;                    // 目标进程句柄
```

上面这 5 行代码就组成了一个比较实用的搜索系统。比如游戏中显示的金钱值是 12345，首先将 12345 传给 FindFirst 函数进行第一次搜索，FindFirst 函数会将游戏进程内存中所有内容为 12345 的地址保存在 g_arList 全局数组中，将这样地址的个数记录在 g_nListCnt 变量中。

FindFirst 函数返回以后，检查 g_nListCnt 的值，如果大于 1 就说明搜索到的地址多于 1 个。这时你应该做一些事情改变游戏显示的金钱值。比如改变后金钱值变成了 13345，你要以 13345 为参数调用 FindNext 函数。这个函数会在 g_arList 数组记录的地址中进行查找，并更新 g_arList 数组的记录，将所有内容为 13345 的地址写到里面，将这样地址的个数写到 g_nListCnt 变量中。

FindNext 函数返回后，检查 g_nListCnt 的值，如果不等于 1 还继续改变金钱值，调用函数 FindNext，直到最终 g_nListCnt 的值为 1 为止。这时，g_arList[0]的值就是目标进程中保存金钱值的地址。

2.5.2　编写测试程序

为了进行实验编写一个测试程序作为目标进程（游戏进程）。先试着改变这个程序内存中的某个值就可以了。程序简单的实现代码如下。

```
#include <stdio.h>                          // 02Testor 工程下

int g_nNum;              // 全局变量测试
int main(int argc, char* argv[])
{
    int i = 198;         // 局部变量测试
    g_nNum = 1003;

    while(1)
    {
        // 输出个变量的值和地址
        printf(" i = %d, addr = %08lX;    g_nNum = %d, addr = %08lX \n", ++i, &i, --g_nNum, &g_nNum);
        getchar();
    }
    return 0;
}
```

下面就来研究如何在另一个程序里改变这个程序中变量 g_nNum 和 i 的值，这一过程也就是改变游戏进程内存的过程。

2.5.3　搜索内存

接下来再创建一个工程 02MemRepair，用于编写内存修改器程序。为了实现搜索内存的功

能，你先将前面提到的 3 个全局变量的定义和两个函数的声明写到 main 函数前。

Windows 采用了分页机制来管理内存，每页的大小是 4 KB（在 x86 处理器上）。也就是说 Windows 是以 4 KB 为单位来为应用程序分配内存的。所以可以按页来搜索目标内存，以提高搜索效率。下面的 CompareAPage 函数的功能就是比较目标进程内存中 1 页大小的内存。

```cpp
BOOL CompareAPage(DWORD dwBaseAddr, DWORD dwValue)
{
    // 读取 1 页内存
    BYTE arBytes[4096];
    if(!::ReadProcessMemory(g_hProcess, (LPVOID)dwBaseAddr, arBytes, 4096, NULL))
        return FALSE;              // 此页不可读

    // 在这 1 页内存中查找
    DWORD* pdw;
    for(int i=0; i<(int)4*1024-3; i++)
    {
        pdw = (DWORD*)&arBytes[i];
        if(pdw[0] == dwValue) // 等于要查找的值
        {
            if(g_nListCnt >= 1024)
                return FALSE;
            // 添加到全局变量中
            g_arList[g_nListCnt++] = dwBaseAddr + i;
        }
    }
    return TRUE;
}
```

FindFirst 函数工作时间最长，因为它要在将近 2 GB 大小的地址空间上搜索，下面是它的实现代码。

```cpp
BOOL FindFirst(DWORD dwValue)
{
    const DWORD dwOneGB = 1024*1024*1024;   // 1GB
    const DWORD dwOnePage = 4*1024;         // 4KB

    if(g_hProcess == NULL)
        return FALSE;

    // 查看操作系统类型，以决定开始地址
    DWORD dwBase;
    OSVERSIONINFO vi = { sizeof(vi) };
    ::GetVersionEx(&vi);
    if (vi.dwPlatformId == VER_PLATFORM_WIN32_WINDOWS)
        dwBase = 4*1024*1024;        // Windows 98 系列，4MB
    else
        dwBase = 640*1024;           // Windows NT 系列，64KB

    // 在开始地址到 2GB 的地址空间进行查找
    for(; dwBase < 2*dwOneGB; dwBase += dwOnePage)
    {
        // 比较 1 页大小的内存
        CompareAPage(dwBase, dwValue);
    }
    return TRUE;
}
```

FindFirst 函数将所有符合条件的内存地址都记录到了全局数组 g_arList 中。下面再编写一个辅助函数 ShowList 用来打印出搜索到的地址。

```
void ShowList()
{
    for(int i=0; i < g_nListCnt; i++)
    {
        printf("%08lX \n", g_arList[i]);
    }
}
```

main 函数中的代码如下所示

```
int main(int argc, char* argv[])
{
    // 启动 02testor 进程
    char szFileName[] = "..\\02testor\\debug\\02testor.exe";
    STARTUPINFO si = { sizeof(si) };
    PROCESS_INFORMATION pi;
    ::CreateProcess(NULL, szFileName, NULL, NULL, FALSE,
                                    CREATE_NEW_CONSOLE, NULL, NULL, &si, &pi);
    // 关闭线程句柄，既然我们不使用它
    ::CloseHandle(pi.hThread);
    g_hProcess = pi.hProcess;

    // 输入要修改的值
    int     iVal;
    printf(" Input val = ");
    scanf("%d", &iVal);

    // 进行第一次查找
    FindFirst(iVal);
    // 打印出搜索的结果
    ShowList();

    ::CloseHandle(g_hProcess);
    return 0;
}
```

运行程序，02Testor 进程将会被创建。首先输入 1002，等几分钟将出现，如图 2.7 所示的结果。

图 2.7　程序运行结果

由于上面查找出来的地址不唯一，在 02Testor 窗口中单击几次回车，改变变量的值后，还需要在 g_nListCnt 数组变量所列的地址中搜索，这就是 FindNext 函数的作用。

```
BOOL FindNext(DWORD dwValue)
{
    // 保存 m_arList 数组中有效地址的个数，初始化新的 m_nListCnt 值
    int nOrgCnt = g_nListCnt;
```

```
        g_nListCnt = 0;

        // 在 m_arList 数组记录的地址处查找
        BOOL bRet = FALSE;   // 假设失败
        DWORD dwReadValue;
        for(int i=0; i<nOrgCnt; i++)
        {
                if(::ReadProcessMemory(g_hProcess, (LPVOID)g_arList[i], &dwReadValue, sizeof(DWORD), NULL))
                {
                        if(dwReadValue == dwValue)
                        {
                                g_arList[g_nListCnt++] = g_arList[i];
                                bRet = TRUE;
                        }
                }
        }
        return bRet;
}
```

在 main 函数中加上如下代码。

```
while(g_nListCnt > 1)
{
        printf(" Input val = ");
        scanf("%d", &iVal);

        // 进行下次搜索
        FindNext(iVal);

        // 显示搜索结果
        ShowList();
}
```

运行程序，当输出的地址不唯一时，就改变目标进程中变量的值，直到输出唯一的地址为止，搜索完毕。

2.5.4　写进程空间

找到变量的地址后就可以改变它的值了，用 WriteMemory 函数来实现这一功能。

```
BOOL WriteMemory(DWORD dwAddr, DWORD dwValue)
{
        return ::WriteProcessMemory(g_hProcess, (LPVOID)dwAddr, &dwValue, sizeof(DWORD), NULL);
}
```

在 main 函数中加上如下代码。

```
// 取得新值
printf(" New value = ");
scanf("%d", &iVal);

// 写入新值
if(WriteMemory(g_arList[0], iVal))
        printf(" Write data success \n");
```

好了，基本功能都有了，启动程序。

（1）输入 1002，发现找出的地址不唯一。

（2）在 02testor 窗口敲两下回车，改变后再进行一次查找，这样循环直到找到的地址唯一为止。

（3）输入期待的值，修改成功！

2.5.5　提炼接口

上面实现了修改游戏内存的核心功能。为了让读者在实际开发过程中能够直接使用本节的代码，本书将搜索内存的功能封装在一个 CMemFinder 类里面，下面是这个类的定义。

```
class CMemFinder
{
public:
    CMemFinder(DWORD dwProcessId);
    virtual ~CMemFinder();

// 属性
public:
    BOOL IsFirst() const { return m_bFirst; }
    BOOL IsValid() const { return m_hProcess != NULL; }
    int GetListCount() const { return m_nListCnt; }
    DWORD operator [](int nIndex) { return m_arList[nIndex]; }

// 操作
    virtual BOOL FindFirst(DWORD dwValue);
    virtual BOOL FindNext(DWORD dwValue);
    virtual BOOL WriteMemory(DWORD dwAddr, DWORD dwValue);

// 实现
protected:
    virtual BOOL CompareAPage(DWORD dwBaseAddr, DWORD dwValue);

    DWORD m_arList[1024];      // 地址列表
    int m_nListCnt;            // 有效地址的个数
    HANDLE m_hProcess;         // 目标进程句柄
    BOOL m_bFirst;             // 是不是第一次搜索
};
```

因为类的实现代码跟上面讲述的代码差不多，就不列在这里了。如果还有什么不清楚的地方，请查看本书的配套光盘（MemRepair 工程）。

这个类提供了友好的接口成员，你也可以重载它，以实现特殊的功能。本书配套光盘的 MemRepair 实例实现了修改游戏内存的大部分功能，而且通过重载 CMemFinder 类，消除了在长时间搜索内存的过程中遇到的线程的阻塞问题。如果你当前开发的项目用到了搜索内存的功能，可以参考这个实例的源代码。

第 3 章　Win32 程序的执行单元

应用程序被装载到内存之后就形成了进程，这是上一章重点讨论的话题。但是程序在内存中是如何执行的呢？这就涉及了代码的执行单元——线程。本章就线程的创建、多线程处理来展开介绍。

本章首先介绍创建线程的方法和线程内核对象，接着详细分析产生线程同步问题的根本原因，并提出了一些解决办法。为了扩展多线程的应用和为读者提供更多的实际机会，本章还重点讨论了线程局部存储和 CWinThread 类的设计，这也是设计框架程序的一个前奏。

本书今后讨论的程序实例很多都是基于多线程的，在实际的应用过程中，大部分程序也都会涉及多线程，所以读者应该深入掌握本章的内容。

3.1　多　线　程

CreateProcess 函数创建了进程，同时也创建了进程的主线程。这也就是说系统中的每个进程都至少有一个线程，这个线程从入口地址 main 处开始执行，直到 return 语句返回，主线程结束，该进程也就从内存中卸载了。

主线程在运行过程中还可以创建新的线程，既所谓的多线程。在同一进程中运行不同的线程的好处是这些线程可以共享进程的资源，如全局变量、句柄等。当然各个线程也可以有自己的私有堆栈用于保存私有数据。本节将具体介绍线程的创建和线程内核对象对程序的影响。

3.1.1　线程的创建

线程描述了进程内代码的执行路径。进程中同时可以有多个线程在执行，为了使它们能够"同时"运行，操作系统为每个线程轮流分配 CPU 时间片。为了充分地利用 CPU，提高软件产品的性能，一般情况下，应用程序使用主线程接受用户的输入，显示运行结果，而创建新的线程（称为辅助线程）来处理长时间的操作，比如读写文件、访问网络等。这样，即便是在程序忙于繁重的工作时也可以由专门的线程响应用户命令。

每个线程必须拥有一个进入点函数，线程从这个进入点开始运行。主线程的进入点是函数 main，如果想在进程中创建一个辅助线程，则必须为该辅助线程指定一个进入点函数，这个函数称为线程函数。线程函数的定义如下。

```
DWORD WINAPI ThreadProc(LPVOID lpParam);          // 线程函数名称 ThreadProc 可以是任意的
```

WINAPI 是一个宏名，在 windef.h 文件中有如下的声明。

```
#define WINAPI __stdcall ;
```

__stdcall 是新标准 C/C++函数的调用方法。从底层上说，使用这种调用方法参数的进栈顺序和标准 C 调用（_cdecl 方法）是一样的，都是从右到左，但是__stdcall 采用自动清栈的方式，而_cdecl 采用的是手工清栈方式。Windows 规定，凡是由它来负责调用的函数都必须定义为__stdcall 类型。ThreadProc 是一个回调函数，即由 Windows 系统来负责调用的函数，所以此函数应定义为__stdcall 类型。注意，如果没有显式说明的话，函数的调用方法是_cdecl。

可以看到这个函数有一个参数 lpParam，它的值是由下面要讲述的 CreateTread 函数的第四个参数 lpParameter 指定的。

创建新线程的函数是 CreateThread，由这个函数创建的线程将在调用者的虚拟地址空间内执行。函数的用法如下。

```
HANDLE   CreateThread (
    LPSECURITY_ATTRIBUTES lpThreadAttributes,      // 线程的安全属性
    DWORD dwStackSize,                             // 指定线程堆栈的大小
    LPTHREAD_START_ROUTINE lpStartAddress,         // 线程函数的起始地址
    LPVOID lpParameter,            // 传递给线程函数的参数
    DWORD dwCreationFlags,         // 指定创线程建后是否立即启动
    DWORD* lpThreadId              // 用于取得内核给新生成的线程分配的线程 ID 号
    );
```

此函数执行成功后，将返回新建线程的线程句柄。lpStartAddress 参数指定了线程函数的地址，新建线程将从此地址开始执行，直到 return 语句返回，线程运行结束，把控制权交给操作系统。

下面是一个简单的例子（光盘 03ThreadDemo 工程下）。在这个的例子中，主线程首先创建了一个辅助线程，打印出辅助线程的 ID 号，然后等待辅助线程运行结束；辅助线程仅打印出几行字符串，以模拟真正的工作。程序代码如下所示。

```c
#include <stdio.h>
#include <windows.h>

// 线程函数
DWORD WINAPI ThreadProc(LPVOID lpParam)
{
    int i = 0;
    while(i < 20)
    {
        printf(" I am from a thread, count = %d \n", i++);
    }
    return 0;
}
int    main(int argc, char* argv[])
{
    HANDLE hThread;
    DWORD dwThreadId;

    // 创建一个线程
    hThread = ::CreateThread (
        NULL,          // 默认安全属性
        NULL,          // 默认堆栈大小
        ThreadProc,    // 线程入口地址（执行线程的函数）
        NULL,          // 传给函数的参数
        0,             // 指定线程立即运行
        &dwThreadId);  // 返回线程的 ID 号
    printf(" Now another thread has been created. ID = %d \n", dwThreadId);

    // 等待新线程运行结束
    ::WaitForSingleObject (hThread, INFINITE);
    ::CloseHandle (hThread);
    return 0;
}
```

程序执行后，CreateThread 函数会创建一个新的线程，此线程的入口地址为 ThreadProc。最后的输出结果如图 3.1 所示。

图 3.1　新线程的运行结果

上面的例子使用 CreateThread 函数创建了一个新线程。

```
CreateThread ( NULL, NULL, ThreadProc, NULL,0, NULL);
```

创建新线程后，CreateThread 函数返回，新的线程开始从 ThreadProc 函数的第一行执行。主线程继续运行，打印出新线程的一些信息后，调用 WaitForSingleObject 函数等待新线程运行结束。

```
// 等待新线程运行结束
::WaitForSingleObject (
                    hThread,         // hHandle           要等待的对象的句柄
                    INFINITE );      // dwMilliseconds    要等待的时间（以毫秒为单位）
```

WaitForSingleObject 函数用于等待指定的对象（hHandle）变成受信状态。参数 dwMilliseconds 给出了以毫秒为单位的要等待的时间，其值指定为 INFINITE 表示要等待无限长的时间。当有下列一种情况发生时函数就会返回：

（1）要等待的对象变成受信（signaled）状态；

（2）参数 dwMilliseconds 指定的时间已过去。

一个可执行对象有两种状态，未受信（nonsignaled）和受信（signaled）状态。线程对象只有当线程运行结束时才达到受信状态，此时"WaitForSingleObject(hThread, INFINITE)"语句才会返回。

CreateThread 函数的 lpThreadAttributes 和 dwCreationFlags 参数的作用在本节的例子中没有体现出来，下面详细说明一下。

lpThreadAttributes——这个参数是一个指向 SECURITY_ATTRIBUTES 结构的指针，如果需要默认的安全属性，传递 NULL 就行了。如果希望此线程对象句柄可以被子进程继承的话，必须设定一个 SECURITY_ATTRIBUTES 结构，将它的 bInheritHandle 成员初始化为 TRUE，如下面的代码所示。

```
SECURITY_ATTRIBUTES sa;
sa.nLength = sizeof(sa);
sa.lpSecurityDescriptor = NULL;
sa.bInheritHandle = TRUE ;          // 使 CreateThread 返回的句柄可以被继承

// 句柄 h 可以被子进程继承
HANDLE h = ::CreateThread (&sa, ...... );
```

当创建新的线程时，如果传递 NULL 作为 lpThreadAttributes 参数的值，那么返回的句柄是不可继承的；如果定义一个 SECURITY_ATTRIBUTES 类型的变量 sa，并像上面一样初始化 sa 变量的各成员，最后传递 sa 变量的地址作为 lpThreadAttributes 参数的值，那么 CreateThread 函数返回的句柄就是可继承的。

这里的继承是相对于子进程来说的。当创建子进程时，如果为 CreateProcess 函数的 bInheritHandles 参数传递 TRUE，那么子进程就可以继承父进程的可继承句柄。

dwCreationFlags——创建标志。如果是 0，表示线程被创建后立即开始运行，如果指定为 CREATE_SUSPENDED 标志，表示线程被创建以后处于挂起（暂停）状态，直到使用 ResumeThread 函数（见下一小节）显式地启动线程为止。

3.1.2　线程内核对象

线程内核对象就是一个包含了线程状态信息的数据结构。每一次对 CreateThread 函数的成功调用，系统都会在内部为新的线程分配一个内核对象。系统提供的管理线程的函数其实就是依靠访问线程内核对象来实现管理的。图 3.2 列出了这个结构的基本成员。

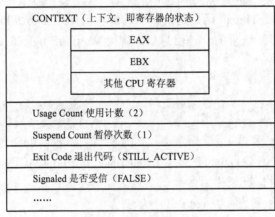

图 3.2　线程内核对象

创建线程内核对象的时候，系统要对它的各个成员进行初始化，图 3.2 中每一项括号里面的值就是该成员的初始值。本节主要讨论内核对象各成员的作用，以及系统是如何管理这些成员的。

1. 线程上下文 CONTEXT

每个线程都有它自己的一组 CPU 寄存器，称为线程的上下文。这组寄存器的值保存在一个 CONTEXT 结构里，反映了该线程上次运行时 CPU 寄存器的状态。

2. 使用计数 Usage Count

Usage Count 成员记录了线程内核对象的使用计数，这个计数说明了此内核对象被打开的次数。线程内核对象的存在与 Usage Count 的值息息相关，当这个值是 0 的时候，系统就认为已经没有任何进程在引用此内核对象了，于是线程内核对象就要从内存中撤销。

只要线程没有结束运行，Usage Count 的值就至少为 1。在创建一个新的线程时，CreateThread 函数返回了线程内核对象的句柄，相当于打开一次新创建的内核对象，这也会促使 Usage Count 的值加 1。所以创建一个新的线程后，初始状态下 Usage Count 的值是 2。之后，只要有进程打开此内核对象，就会使 Usage Count 的值加 1。比如当有一个进程调用 OpenThread

函数打开这个线程内核对象后，Usage Count 的值会再次加 1。

```
HANDLE OpenThread(
    DWORD dwDesiredAccess,        // 想要的访问权限，可以为 THREAD_ALL_ACCESS 等
    BOOL bInheritHandle,          // 指定此函数返回的句柄是否可以被子进程继承
    DWORD dwThreadId              // 目标线程 ID 号
);                                // 注意，OpenThread 函数是 Windows 2000 及其以上产品的新特性，Windows
                                  // 98 并不支持它
```

由于对这个函数的调用会使 Usage Count 的值加 1，所以在使用完它们返回的句柄后一定要调用 CloseHandle 函数进行关闭。关闭内核对象句柄的操作就会使 Usage Count 的值减 1。

还有一些函数仅仅返回内核对象的伪句柄，并不会创建新的句柄，当然也就不会影响 Usage Count 的值。如果对这些伪句柄调用 CloseHandle 函数，那么 CloseHandle 就会忽略对自己的调用并返回 FALSE。对进程和线程来说，这些函数如下所述。

```
HANDLE GetCurrentProcess ();    // 返回当前进程句柄
HANDLE GetCurrentThread ();     // 返回当前线程句柄
```

前面提到，新创建的线程在初始状态下 Usage Count 的值是 2。此时如果立即调用 CloseHandle 函数来关闭 CreateThread 返回的句柄的话，Usage Count 的值将减为 1，但新创建的线程是不会被终止的。

在上一小节那个简单的例子中，Usage Count 值的变化情况是这样的：调用 CreateThread 函数后，系统创建一个新的线程，返回其句柄，并将 Usage Count 的值初始化为 2。线程函数一旦返回，线程的生命周期也就到此为止了，系统会使 Usage Count 的值由 2 减为 1。接下来调用 CloseHandle 函数又会使 Usage Count 减 1。这个时候系统检查到 Usage Count 的值已经为 0，就会撤销此内核对象，释放它占用的内存。如果不关闭句柄的话，Usage Count 的值将永远不会是 0，系统将永远不会撤销它占用的内存，这就会造成内存泄漏（当然，线程所在的进程结束后，该进程占用的所有资源都要释放）。

3. 暂停次数 Suspend Count

线程内核对象中的 Suspend Count 用于指明线程的暂停计数。当调用 CreateProcess（创建进程的主线程）或 CreateThread 函数时，线程的内核对象就被创建了，其暂停计数被初始化为 1（即处于暂停状态），这可以阻止新创建的线程被调度到 CPU 中。因为线程的初始化需要时间，当线程完全初始化好了之后，CreateProcess 或 CreateThread 检查是否传递了 CREATE_SUSPENDED 标志。如果传递了这个标志，那么这些函数就返回，同时新线程处于暂停状态。如果尚未传递该标志，那么线程的暂停计数将被递减为 0。当线程的暂停计数是 0 的时候，该线程就处于可调度状态。

创建线程的时候指定 CREATE_SUSPENDED 标志，就可以在线程有机会在执行任何代码之前改变线程的运行环境（如下面讨论的优先级等）。一旦达到了目的，必须使线程处于可调度状态。进行这项操作，可以使用 ResumeThread 函数。

```
DWORD ResumeThread (HANDLE hThread);    // 唤醒一个挂起的线程
```

该函数减少线程的暂停计数，当计数值减到 0 的时候，线程被恢复运行。如果调用成功，ResumeThread 函数返回线程的前一个暂停计数，否则返回 0xFFFFFFFF（−1）。

单个线程可以被暂停若干次。如果一个线程被暂停了 3 次，它必须被唤醒 3 次才可以分配给一个 CPU。暂停一个线程的运行可以用 SuspendThread 函数。

```
DWORD SuspendThread (HANDLE hThread);   // 挂起一个线程
```

任何线程都可以调用该函数来暂停另一个线程的运行。和 ResumeThread 相反，Suspend

Thread 函数会增加线程的暂停计数。

大约每经 20 ms，Windows 查看一次当前存在的所有线程内核对象。在这些对象中，只有一少部分是可调度的（没有处于暂停状态），Windows 选择其中的一个内核对象，将它的 CONTEXT（上下文）装入 CPU 的寄存器，这一过程称为上下文转换。但是这样做的前提是，所有的线程具有相同的优先级。在现实环境中，线程被赋予许多不同的优先级，这会影响到调度程序将哪个线程取出来作为下一个要运行的线程。

4．退出代码 Exit Code

成员 Exit Code 指定了线程的退出代码，也可以说是线程函数的返回值。在线程运行期间，线程函数还没有返回，Exit Code 的值是 STILL_ACTIVE。线程运行结束后，系统自动将 Exit Code 设为线程函数的返回值。可以用 GetExitCodeThread 函数得到线程的退出代码。

```
......
DWORD dwExitCode;
if(::GetExitCodeThread(hThread, &dwExitCode))
{
    if(dwExitCode == STILL_ACTIVE)
    {
        // 目标线程还在运行
    }
    else
    {
        // 目标线程已经中止，退出代码为 dwExitCode
    }
}
......
```

5．是否受信（Signaled）

成员 Signaled 指示了线程对象是否为"受信"状态。线程在运行期间，Signaled 的值永远是 FALSE，即"未受信"。只有当线程结束以后，系统才把 Signaled 的值置为 TRUE，此时，针对此对象的等待函数就会返回，如上一小节中的 WaitForSingleObject 函数。

3.1.3　线程的终止

当线程正常终止时，会发生下列事件：

（1）在线程函数中创建的所有 C++对象将通过它们各自的析构函数被正确地销毁。

（2）该线程使用的堆栈将被释放。

（3）系统将线程内核对象中 Exit Code（退出代码）的值由 STILL_ACTIVE 设置为线程函数的返回值。

（4）系统将递减线程内核对象中 Usage Code（使用计数）的值。

线程结束后的退出代码可以被其他线程用 GetExitCodeThread 函数检测到，所以可以当作自定义的返回值来表示线程的执行结果。终止线程的执行有 4 种方法。

（1）线程函数自然退出。当函数执行到 return 语句返回时，Windows 将终止线程的执行。建议使用这种方法终止线程的执行。

（2）使用 ExitThread 函数来终止线程，原型如下。

```
void ExitThread(
    DWORD dwExitCode // 线程的退出代码
);
```

ExitThread 函数会中止当前线程的运行，促使系统释放掉所有此线程使用的资源。但是，

C/C++资源却不能得到正确的清除。例如，在下面一段代码中，theObject 对象的析构函数就不会被调用。

```
class CMyClass
{
public:
    CMyClass() { printf(" Constructor\n"); }
    ~CMyClass() { printf(" Destructor\n"); }
};

void main()
{
    CMyClass theObject;
    ::ExitThread(0);    // ExitThread 函数使线程立刻中止，theObject 对象的析构函数得不到机会被调用

    // 在函数的结尾，编译器会自动添加一些必要的代码，来调用 theObject 的析构函数
}
```

运行上面的代码，将会看到程序的输出。

```
Constructor
```

一个对象被创建，但是永远也看不到 Destructor 这个单词出现。theObject 这个 C++对象没有被正确地销毁，原因是 ExitThread 函数强制该线程立刻终止，C/C++运行期没有机会执行清除代码。

所以结束线程最好的方法是让线程函数自然返回。如果在上面的代码中删除了对 ExitThread 的调用，再次运行程序产生的输出结果如下。

```
Constructor
Destructor
```

（3）使用 TerminateThread 函数在一个线程中强制终止另一个线程的执行，原型如下。

```
BOOL TerminateThread(
    HANDLE hThread,       // 目标线程句柄
    DWORD dwExitCode      // 目标线程的退出代码
);
```

这是一个被强烈建议避免使用的函数，因为一旦执行这个函数，程序无法预测目标线程会在何处被终止，其结果就是目标线程可能根本没有机会来做清除工作，如线程中打开的文件和申请的内存都不会被释放。另外，使用 TerminateThread 函数终止线程的时候，系统不会释放线程使用的堆栈。所以建议读者在编的时候尽量让线程自己退出，如果主线程要求某个线程结束，可以通过各种方法通知线程，线程收到通知后自行退出。只有在迫不得已的情况下，才使用 TerminateThread 函数终止线程。

（4）使用 ExitProcess 函数结束进程，这时系统会自动结束进程中所有线程的运行。用这种方法相当于对每个线程使用 TerminateThread 函数，所以也应当避免使用这种方法。

总之，始终应该让线程正常退出，即由它的线程函数返回。通知线程退出的方法很多，如使用事件对象、设置全局变量等，这是下一节的内容。

3.1.4　线程的优先级

每个线程都要被赋予一个优先级号，取值为 0（最低）到 31（最高）。当系统确定哪个线程需要分配 CPU 时，它先检查优先级为 31 的线程，然后以循环的方式对它们进行调度。如果有一个优先级为 31 的线程可调度，它就会被分配到一个 CPU 上运行。在该线程的时间片结束时，系统查看是否还有另一个优先级为 31 的线程，如果有，就安排这个线程到 CPU 上运行。

Windows 调度线程的原则就是这样的，只要优先级为 31 的线程是可调度的，就绝对不会将优先级为 0～30 的线程分配给 CPU。大家可能以为，在这样的系统中，低优先级的线程永远得不到机会运行。事实上，在任何一段时间内，系统中的线程大多是不可调度的，即处于暂停状态。比如 3.1.1 小节的例子中，调用 WaitForSingleObject 函数就会导致主线程处于不可调度状态，还有在第 4 章要讨论的 GetMessage 函数，也会使线程暂停运行。

Windows 支持 6 个优先级类：idle、below normal、normal、above normal、high 和 real-time。从字面上也可以看出，normal 是被绝大多数应用程序采用的优先级类。其实，进程也是有优先级的，只是在实际的开发过程中很少使用而已。进程属于一个优先级类，还可以为进程中的线程赋予一个相对线程优先级。但是，我们一般情况下并不改变进程的优先级（默认是 nomal），所以可以认为，线程的相对优先级就是它的真实优先级，与其所在的进程的优先级类无关。

线程刚被创建时，它的相对优先级总是被设置为 normal。若要改变线程的优先级，必须使用下面这个函数。

```
BOOL  SetThreadPriority(HANDLE hThread,  int nPriority );
```

hThread 参数是目标线程的句柄，nPriority 参数定义了线程的优先级，取值如下所示。

- THREAD_PRIORITY_TIME_CRITICAL   Time-critical（实时）
- THREAD_PRIORITY_HIGHEST   Highest（最高）
- THREAD_PRIORITY_ABOVE_NORMAL   Above normal（高于正常，Win98 不支持）
- THREAD_PRIORITY_NORMAL   Normal（正常）
- THREAD_PRIORITY_BELOW_NORMAL   Below normal（低于正常，Win98 不支持）
- THREAD_PRIORITY_LOWEST   Lowest（最低）
- THREAD_PRIORITY_IDLE   Idle（空闲）

下面的小例子说明了优先级的不同给线程带来的影响。它同时创建了两个线程，一个线程的优先级是"空闲"，运行的时候不断打印出"Idle Thread is running"字符串；另一个线程的优先级为"正常"，运行的时候不断打印出"Normal Thread is running"字符串。源程序代码如下。

```
DWORD WINAPI ThreadIdle(LPVOID lpParam)                // 03PriorityDemo 工程下
{
    int i = 0;
    while(i++<10)
        printf("Idle Thread is running \n");
    return 0;
}
DWORD WINAPI ThreadNormal(LPVOID lpParam)
{
    int i = 0;
    while(i++<10)
        printf(" Normal Thread is running \n");
    return 0;
}
int main(int argc, char* argv[])
{
    DWORD dwThreadID;
    HANDLE h[2];

    // 创建一个优先级为 Idle 的线程
    h[0] = ::CreateThread(NULL, 0, ThreadIdle, NULL,
```

```
                                    CREATE_SUSPENDED, &dwThreadID);
        ::SetThreadPriority(h[0], THREAD_PRIORITY_IDLE);
        ::ResumeThread(h[0]);

        // 创建一个优先级为 Normal 的线程
        h[1] = ::CreateThread(NULL, 0, ThreadNormal, NULL,
                                    0, &dwThreadID);

        // 等待两个线程内核对象都变成受信状态
        ::WaitForMultipleObjects(
            2,                  // DWORD nCount    要等待的内核对象的数量
            h,                  // CONST HANDLE *lpHandles 句柄数组
            TRUE,               // BOOL bWaitAll 指定是否等待所有内核对象变成受信状态
            INFINITE);          // DWORD dwMilliseconds 要等待的时间

        ::CloseHandle(h[0]);
        ::CloseHandle(h[1]);
        return 0;
}
```

　　程序运行结果如图 3.3 所示。可以看到，只要有优先级高的线程处于可调度状态，Windows 是不允许优先级相对低的线程占用 CPU 的。

图 3.3　两个优先级不同的线程

　　创建第一个线程的时候，将 CREATE_SUSPENDED 标记传给了 CreateThread 函数，这可以使新线程处于暂停状态。在将它的优先级设为 THREAD_PRIORITY_IDLE 后，再调用 ResumeThread 函数恢复线程的运行。这种改变线程优先级的方法是实际编程过程中经常用到的。

　　WaitForMultipleObjects 函数用于等待多个内核对象。前两个参数分别为要等待的内核对象的个数和句柄数组指针。如果将第三个参数 bWaitAll 的值设为 TRUE，等待的内核对象全部变成受信状态以后此函数才返回。否则，bWaitAll 为 0 的话，只要等待的内核对象中有一个变成了受信状态，WaitForMultipleObjects 就返回，返回值指明了是哪一个内核对象变成了受信状态。下面的代码说明了函数返回值的作用。

```
HANDLE h[2];
h[0] = hThread1;
h[1] = hThread2;
DWORD dw = ::WaitForMultipleObjects(2, h, FALSE, 5000);
switch(dw)
{
```

```
case WAIT_FAILED:
    // 调用 WaitForMultipleObjects 函数失败(句柄无效？)
    break;
case WAIT_TIMEOUT:
    // 在 5 秒内没有一个内核对象受信
    break;
case WAIT_OBJECT_0 + 0:
    // 句柄 h[0]对应的内核对象受信
    break;
case WAIT_OBJECT_0 + 1:
    // 句柄 h[1]对应的内核对象受信
    break;
}
```

　　参数 bWaitAll 为 FALSE 的时候，WaitForMultipleObjects 函数从索引 0 开始扫描整个句柄数组，第一个受信的内核对象将终止函数的等待，使函数返回。

　　有的时候使用高优先级的线程是非常必要的。比如，Windows Explorer 进程中的线程就是在高优先级下运行的。大部分时间里，Explorer 的线程都处于暂停状态，等待接受用户的输入。当 Explorer 的线程被挂起的时候，系统不给它们安排 CPU 时间片，使其他低优先级的线程占用 CPU。但是，一旦用户按下一个键或组合键，例如 Ctrl+Esc，系统就唤醒 Explorer 的线程（用户按 Ctrl+Esc 时，开始菜单将出现）。如果该时刻有其他优先级低的线程正在运行的话，系统会立刻挂起这些线程，允许 Explorer 的线程运行。这就是抢占式优先操作系统。

3.1.5　C/C++运行期库

　　在实际的开发过程中，一般不直接使用 Windows 系统提供的 CreateThread 函数创建线程，而是使用 C/C++运行期函数_beginthreadex。本小节主要来分析一下_beginthreadex 函数的内部实现。

　　事实上，C/C++运行期库提供另一个版本的 CreateThread 是为了多线程同步的需要。在标准运行库里面有许多的全局变量，如 errno、strerror 等，它们可以用来表示线程当前的状态。但是在多线程程序设计中，每个线程必须有唯一的状态，否则这些变量记录的信息就不会准确了。比如，全局变量 errno 用于表示调用运行期函数失败后的错误代码。如果所有线程共享一个 errno 的话，在一个线程产生的错误代码就会影响到另一个线程。为了解决这个问题，每个线程都需要有自己的 errno 变量。

　　要想使运行期为每个线程都设置状态变量，必须在创建线程的时候调用运行期提供的_beginthreadex，让运行期设置了相关变量后再去调用 Windows 系统提供的 CreateThread 函数。_beginthreadex 的参数与 CreateThread 函数是对应的，只是参数名和类型不完全相同，使用的时候需要强制转化。

```
unsigned long _beginthreadex(
    void *security,
    unsigned stack_size,
    unsigned ( __stdcall *start_address )( void * ),
    void *arglist,
    unsigned initflag,
    unsigned *thrdaddr
);
```

　　VC 默认的 C/C++运行期库并不支持_beginthreadex 函数。这是因为标准 C 运行期库是在 1970 年左右问世的，那个时候还没有多线程这个概念，也就没有考虑到将 C 运行期库用于多线程应用程序所出现的问题。要想使用_beginthreadex 函数，必须对 VC 进行设置，更换它默认使用的运行期库。

选择菜单命令"Project/Settings…"，打开标题为"Project Settings"的对话框，如图 3.4 所示。选中 C/C++选项卡，在 Category 对应的组合框中选择 Code Generation 类别。从 Use run-time library 组合框中选定 6 个选项中的一个。默认的选择是第一个，即 Single-Threaded，此选项对应着单线程应用程序的静态链接库。为了使用多线程，选中 Multithreaded DLL 就可以了。后两节的例子就使用_beginthreadex 函数来创建线程。

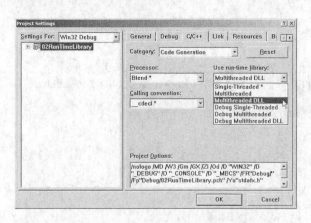

图 3.4　选择支持多线程的运行期库

相应地，C/C++运行期库也提供了另一个版本的结束当前线程运行的函数，用于取代 ExitThread 函数。

```
void _endthreadex(
    unsigned retval        // 指定退出代码
);
```

这个函数会释放_beginthreadex 为保持线程同步而申请的内存空间，然后再调用 ExitThread 函数来终止线程。同样，我们还是建议让线程自然退出，而不要使用_endthreadex 函数。

3.2　线　程　同　步

同步可以保证在一个时间内只有一个线程对某个共享资源有控制权。共享资源包括全局变量、公共数据成员或者句柄等。临界区内核对象和事件内核对象可以很好地用于多线程同步和它们之间的通信。本节将结合各种简单的例子来讨论产生同步问题的根本原因，进而提出相应的解决方案。

3.2.1　临界区对象

1．为什么要线程同步

当多个线程在同一个进程中执行时，可能有不止一个线程同时执行同一段代码，访问同一段内存中的数据。多个线程同时读共享数据没有问题，但如果同时读和写，情况就不同了。下面是一个有问题的程序，该程序用两个线程来同时增加全局变量 g_nCount1 和 g_nCount2 的计数，运行 1 秒之后打印出计数结果。

```
#include <stdio.h>                  // 03CountErr 工程下
#include <windows.h>
#include <process.h>

int g_nCount1 = 0;
int g_nCount2 = 0;
BOOL g_bContinue = TRUE;
UINT __stdcall ThreadFunc(LPVOID);

int main(int argc, char* argv[])
{
    UINT uId;
    HANDLE h[2];

    h[0] = (HANDLE)::_beginthreadex(NULL, 0, ThreadFunc, NULL, 0, &uId);
    h[1] = (HANDLE)::_beginthreadex(NULL, 0, ThreadFunc, NULL, 0, &uId);

    // 等待 1 秒后通知两个计数线程结束，关闭句柄
    Sleep(1000);
    g_bContinue = FALSE;
    ::WaitForMultipleObjects(2, h, TRUE, INFINITE);
    ::CloseHandle(h[0]);
    ::CloseHandle(h[1]);

    printf("g_nCount1 = %d \n", g_nCount1);
    printf("g_nCount2 = %d \n", g_nCount2);
    return 0;
}
UINT __stdcall ThreadFunc(LPVOID)
{
    while(g_bContinue)
    {
        g_nCount1++;
        g_nCount2++;
    }
    return 0;
}
```

线程函数 ThreadFunc 同时增加全局变量 g_nCount1 和 g_nCount2 的计数。按道理来说最终在主线程中输出的它们的值应该是相同的，可是结果并不尽如人意，图 3.5 是运行上面的代码，并等待 1 秒后程序的输出。

g_nCount1 和 g_nCount2 的值并不相同。

图 3.5　程序错误的输出

出现这种结果主要是因为同时访问 g_nCount1 和 g_nCount2 的两个线程具有相同的优先级。在执行过程中如果第一个线程取走 g_nCount1 的值准备进行自加操作的时候，它的时间片恰好用完，系统切换到第二个线程去对 g_nCount1 进行自加操作；一个时间片过后，第一个线程再次被调度，此时它会将上次取出的值自加，并放入 g_nCount1 所在的内存里，这就会覆盖掉第二个线程对 g_nCount1 的自加操作。变量 g_nCount2 也存在相同的问题。由于这样的事情的发生次数是不可预知的，所以最终的值就不相同了。

例子中，g_nCount1 和 g_nCount2 是全局变量，属于该进程内所有线程共有的资源。多线程同步就要保证在一个线程占有公共资源的时候，其他线程不会再次占有这个资源。所以，解

决同步问题，就是保证整个存取过程的独占性。在一个线程对某个对象进行操作的过程中，需要有某种机制阻止其他线程的操作，这就用到了临界区对象。

2．使用临界区对象

临界区对象是定义在数据段中的一个 CRITICAL_SECTION 结构，Windows 内部使用这个结构记录一些信息，确保在同一时间只有一个线程访问该数据段中的数据。

编程的时候，要把临界区对象定义在想保护的数据段中，然后在任何线程使用此临界区对象之前对它进行初始化。

```
void InitializeCriticalSection(
    LPCRITICAL_SECTION lpCriticalSection    // 指向数据段中定义的 CRITICAL_SECTION 结构
);
```

之后，线程访问临界区中数据的时候，必须首先调用 EnterCriticalSection 函数，申请进入临界区（又叫关键代码段）。在同一时间内，Windows 只允许一个线程进入临界区。所以在申请的时候，如果有另一个线程在临界区的话，EnterCriticalSection 函数会一直等待下去，直到其他线程离开临界区才返回。EnterCriticalSection 函数用法如下。

```
void EnterCriticalSection(
    LPCRITICAL_SECTION lpCriticalSection
);
```

当操作完成时，还要将临界区交还给 Windows，以便其他线程可以申请使用。这个工作由 LeaveCriticalSection 函数来完成。

```
void LeaveCriticalSection(
    LPCRITICAL_SECTION lpCriticalSection
);
```

当程序不再使用临界区对象时，必须使用 DeleteCriticalSection 函数将它删除。

```
void DeleteCriticalSection(
    LPCRITICAL_SECTION lpCriticalSection
);
```

现在使用临界区对象来改写上面有同步问题的计数程序。

```
BOOL g_bContinue = TRUE;                    //      03CriticalSection 工程下
int g_nCount1 = 0;
int g_nCount2 = 0;
CRITICAL_SECTION g_cs; // 对存在同步问题的代码段使用临界区对象

UINT __stdcall ThreadFunc(LPVOID);
int main(int argc, char* argv[])
{
    UINT uId;
    HANDLE h[2];

    // 初始化临界区对象
    ::InitializeCriticalSection(&g_cs);

    h[0] = (HANDLE)::_beginthreadex(NULL, 0, ThreadFunc, NULL, 0, &uId);
    h[1] = (HANDLE)::_beginthreadex(NULL, 0, ThreadFunc, NULL, 0, &uId);

    // 等待 1 秒后通知两个计数线程结束，关闭句柄
    Sleep(1000);
    g_bContinue = FALSE;
    ::WaitForMultipleObjects(2, h, TRUE, INFINITE);
    ::CloseHandle(h[0]);
    ::CloseHandle(h[1]);
```

```
        // 删除临界区对象
        ::DeleteCriticalSection(&g_cs);

        printf("g_nCount1 = %d \n", g_nCount1);
        printf("g_nCount2 = %d \n", g_nCount2);
        return 0;
}

UINT __stdcall ThreadFunc(LPVOID)
{
        while(g_bContinue)
        {
                ::EnterCriticalSection(&g_cs);
                g_nCount1++;
                g_nCount2++;
                ::LeaveCriticalSection(&g_cs);
        }
        return 0;
}
```

运行这段代码，两个值的最终结果是相同的，如图 3.6 所示。

临界区对象能够很好地保护共享数据，但是它不能够用于进程之间资源的锁定，因为它不是内核对象。如果要在进程间维持线程的同步可以使用事件内核对象。

图 3.6　程序正确的输出

3.2.2　互锁函数

互锁函数为同步访问多线程共享变量提供了一个简单的机制。如果变量在共享内存，不同进程的线程也可以使用此机制。用于互锁的函数有 InterlockedIncrement、InterlockedDecrement、InterlockedExchangeAdd、InterlockedExchangePointer 等，这里仅介绍前两个。

InterlockedIncrement 函数递增（加 1）指定的 32 位变量。这个函数可以阻止其他线程同时使用此变量，函数原型如下。

```
LONG InterlockedIncrement(
    LONG volatile* Addend          // 指向要递增的变量
);
```

InterlockedDecrement 函数同步递减（减 1）指定的 32 位变量，原型如下。

```
LONG InterlockedDecrement(
    LONG volatile* Addend          // 指向要递减的变量
);
```

函数用法相当简单，例如在 03CountErr 实例中，为了同步对全局变量 g_nCount1、g_nCount2 的访问，可以如下修改线程函数。

```
UINT __stdcall ThreadFunc(LPVOID)                      // 03InterlockDemo 工程下
{
        while(g_bContinue)
        {
                ::InterlockedIncrement((long*)&g_nCount1);
                ::InterlockedIncrement((long*)&g_nCount2);
```

```
        }
        return 0;
}
```

3.2.3　事件内核对象

多线程程序设计大多会涉及线程间相互通信。使用编程就要涉及线程的问题。主线程在创建工作线程的时候，可以通过参数给工作线程传递初始化数据，当工作线程开始运行后，还需要通过通信机制来控制工作线程。同样，工作线程有时候也需要将一些情况主动通知主线程。一种比较好的通信方法是使用事件内核对象。

事件对象（event）是一种抽象的对象，它也有未受信（nonsignaled）和受信（signaled）两种状态，编程人员也可以使用 WaitForSingleObject 函数等待其变成受信状态。不同于其他内核对象的是一些函数可以使事件对象在这两种状态之间转化。可以把事件对象看成是一个设置在 Windows 内部的标志，它的状态设置和测试工作由 Windows 来完成。

事件对象包含 3 个成员：nUsageCount（使用计数）、bManualReset（是否人工重置）和 bSignaled（是否受信）。成员 nUsageCount 记录了当前的使用计数，当使用计数为 0 的时候，Windows 就会销毁此内核对象占用的资源；成员 bManualReset 指定在一个事件内核对象上等待的函数返回之后，Windows 是否重置这个对象为未受信状态；成员 bSignaled 指定当前事件内核对象是否受信。下面要介绍的操作事件内核对象的函数会影响这些成员的值。

1．基本函数

如果想使用事件对象，需要首先用 CreateEvent 函数去创建它，初始状态下，nUsageCount 的值为 1。

```
HANDLE   CreateEvent(
    LPSECURITY_ATTRIBUTES lpEventAttributes,    // 用来定义事件对象的安全属性
    BOOL bManualReset,                          // 指定是否需要手动重置事件对象为未受信状态
    BOOL bInitialState,                         // 指定事件对象创建时的初始状态
    LPCWSTR lpName);                            // 事件对象的名称
```

参数 bManualReset 对应着内核对象中的 bManualReset 成员。自动重置（auto-reset）和人工重置（manual-reset）是事件内核对象两种不同的类型。当一个人工重置的事件对象受信以后，所有等待在这个事件上的线程都会变为可调度状态；可是当一个自动重置的事件对象受信以后，Windows 仅允许一个等待在该事件上的线程变成可调度状态，然后就自动重置此事件对象为未受信状态。

bInitialState 参数对应着 bSignaled 成员。将它设为 TRUE，则表示事件对象创建时的初始化状态为受信（bSignaled = TRUE）；设为 FALSE 时，状态为未受信（bSignaled = FALSE）。

lpName 参数用来指定事件对象的名称。为事件对象命名是为了在其他地方（比如，其他进程的线程中）使用 OpenEvent 或 CreateEvent 函数获取此内核对象的句柄。

```
HANDLE   OpenEvent (
    DWORD dwDesiredAccess,    // 指定想要的访问权限
    BOOL bInheritHandle,      // 指定返回句柄是否可被继承
    LPCWSTR lpName);          // 要打开的事件对象的名称
```

系统创建或打开一个事件内核对象后，会返回事件的句柄。当编程人员不使用此内核对象的时候，应该调用 CloseHandle 函数释放它占用的资源。

事件对象被建立后，程序可以通过 SetEvent 和 ResetEvent 函数来设置它的状态。

```
BOOL SetEvent( HANDLE hEvent );    // 将事件状态设为 "受信（sigaled）";
BOOL ResetEvent(HANDLE hEvent );   // 将事件状态设为 "未受信（nonsigaled）";
```

hEvent 参数是事件对象的句柄，这个句柄可以通过 CreateEvent 或 OpenEvent 函数获得。

对于一个自动重置类型的事件对象，Microsoft 定义了一套比较实用的规则：当在这样的事件对象上等待的函数（比如，WaitForSingleObject 函数）返回时，Windows 会自动重置事件对象为未受信状态。通常情况下，为一个自动重置类型的事件对象调用 ResetEvent 函数是不必要的，因为 Windows 会自动重置此事件对象。

2．应用举例

下面例子中，主线程通过将事件状态设为"受信"来通知子线程开始工作。这是事件内核对象一个很重要的用途，示例代码如下。

```
#include <stdio.h>                         // 03EventDemo 工程下
#include <windows.h>
#include <process.h>

HANDLE g_hEvent;
UINT __stdcall ChildFunc(LPVOID);
int main(int argc, char* argv[])
{
    HANDLE hChildThread;
    UINT uId;

    // 创建一个自动重置的（auto-reset events），未受信的（nonsignaled）事件内核对象
    g_hEvent = ::CreateEvent(NULL, FALSE, FALSE, NULL);

    hChildThread = (HANDLE)::_beginthreadex(NULL, 0, ChildFunc, NULL, 0, &uId);

    // 通知子线程开始工作
    printf("Please input a char to tell the Child Thread to work: \n");
    getchar();
    ::SetEvent(g_hEvent);

    // 等待子线程完成工作，释放资源
    ::WaitForSingleObject(hChildThread, INFINITE);
    printf("All the work has been finished. \n");
    ::CloseHandle(hChildThread);
    ::CloseHandle(g_hEvent);
    return 0;
}

UINT __stdcall ChildFunc(LPVOID)
{
    ::WaitForSingleObject(g_hEvent, INFINITE);
    printf("   Child thread is working...... \n");
    ::Sleep(5*1000); // 暂停 5 秒，模拟真正的工作
    return 0;
}
```

运行程序，输入一个字符通知子线程开始工作，结果如图 3.7 所示。

主线程一开始，就创建了一个自动重置的（auto-reset）、未受信的（nonsignaled）事件内核

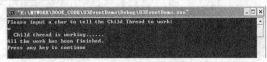

图 3.7　使用事件内核对象通信

对象，并用全局变量 g_hEvent 保存对象的句柄。这样做会使本进程的其他线程访问此内核对象更加容易。接着子线程被创建，并等待主线程的通知来开始真正的工作。最后，子线程工作

结束，主线程退出。

事件对象主要用于线程间通信，因为它是一个内核对象，所以也可以跨进程使用。依靠在线程间通信就可以使各线程的工作协调进行，达到同步的目的。

3.2.4　线程局部存储（TLS）

线程局部存储（Thread Local Storage，TLS）是一个使用很方便的存储线程局部数据的系统。利用 TLS 机制可以为进程中所有的线程关联若干个数据，各个线程通过由 TLS 分配的全局索引来访问与自己关联的数据。这样，每个线程都可以有线程局部的静态存储数据。

用于管理 TLS 的数据结构是很简单的，Windows 仅为系统中的每一个进程维护一个位数组，再为该进程中的每一个线程申请一个同样长度的数组空间，如图 3.8 所示。

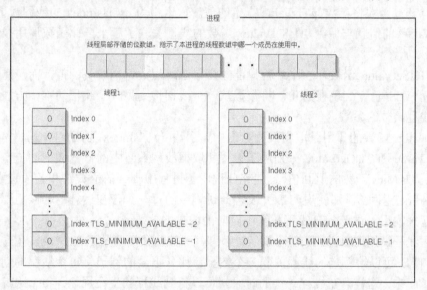

图 3.8　TSL 机制在内部使用的数据结构

运行在系统中的每一个进程都有图 3.8 所示的一个位数组。位数组的成员是一个标志，每个标志的值被设为 FREE 或 INUSE，指示了此标志对应的数组索引是否在使用中。Microsoft 保证至少有 TLS_MINIMUM_AVAILABLE（定义在 WinNT.h 文件中）个标志位可用。

动态使用 TLS 典型步骤如下。

（1）主线程调用 TlsAlloc 函数为线程局部存储分配索引，函数原型如下。

```
DWORD TlsAlloc(void);   // 返回一个 TLS 索引
```

如上所述，系统为每一个进程都维护着一个长度为 TLS_MINIMUM_AVAILABLE 的位数组，TlsAlloc 的返回值就是数组的一个下标（索引）。这个位数组的唯一用途就是记忆哪一个下标在使用中。初始状态下，此位数组成员的值都是 FREE，表示未被使用。当调用 TlsAlloc 的时候，系统会挨个检查这个数组中成员的值，直到找到一个值为 FREE 的成员。把找到的成员的值由 FREE 改为 INUSE 后，TlsAlloc 函数返回该成员的索引。如果不能找到一个值为 FREE 的成员，TlsAlloc 函数就返回 TLS_OUT_OF_INDEXES（在 WinBase.h 文件中定义为 −1），意味着失败。

例如，在第一次调用 TlsAlloc 的时候，系统发现位数组中第一个成员的值是 FREE，它就将此成员的值改为 INUSE，然后返回 0。

　　当一个线程被创建时，Windows 就会在进程地址空间中为该线程分配一个长度为 TLS_MINIMUM_AVAILABLE 的数组，数组成员的值都被初始化为 0。在内部，系统将此数组与该线程关联起来，保证只能在该线程中访问此数组中的数据。如图 3.8 所示，每个线程都有它自己的数组，数组成员可以存储任何数据。

　　（2）每个线程调用 TlsSetValue 和 TlsGetValue 设置或读取线程数组中的值，函数原型如下。

```
BOOL TlsSetValue(
    DWORD dwTlsIndex,          // TLS 索引
    LPVOID lpTlsValue          // 要设置的值
);
LPVOID TlsGetValue(
    DWORD dwTlsIndex           // TLS 索引
);
```

　　TlsSetValue 函数将参数 lpTlsValue 指定的值放入索引为 dwTlsIndex 的线程数组成员中。这样，lpTlsValue 的值就与调用 TlsSetValue 函数的线程关联了起来。此函数调用成功，会返回 TRUE。

　　调用 TlsSetValue 函数，一个线程只能改变自己线程数组中成员的值，而没有办法为另一个线程设置 TLS 值。到现在为止，将数据从一个线程传到另一个线程的唯一方法是在创建线程时使用线程函数的参数。

　　TlsGetValue 函数的作用是取得线程数组中索引为 dwTlsIndex 的成员的值。

　　TlsSetValue 和 TlsGetValue 分别用于设置和取得线程数组中的特定成员的值，而它们使用的索引就是 TlsAlloc 函数的返回值。这就充分说明了进程中唯一的位数组和各线程数组的关系。例如，TlsAlloc 返回 3，那就说明索引 3 被此进程中的每一个正在运行的和以后要被创建的线程保存了起来，用以访问各自线程数组中对应的成员的值。

　　（3）主线程调用 TlsFree 释放局部存储索引。函数的唯一参数是 TlsAlloc 返回的索引。

　　利用 TLS 可以给特定的线程关联一个数据。比如下面的例子将每个线程的创建时间与该线程关联了起来，这样，在线程终止的时候就可以得到线程的生命周期。整个跟踪线程运行时间的例子的代码如下。

```
#include <stdio.h>                  // 03UseTLS 工程下
#include <windows.h>
#include <process.h>

// 利用 TLS 跟踪线程的运行时间
DWORD g_tlsUsedTime;
void InitStartTime();
DWORD GetUsedTime();

UINT __stdcall ThreadFunc(LPVOID)
{
    int i;

    // 初始化开始时间
    InitStartTime();

    // 模拟长时间工作
    i = 10000*10000;
    while(i--){}

    // 打印出本线程运行的时间
```

```
        printf(" This thread is coming to end. Thread ID: %-5d, Used Time: %d \n",
                                        ::GetCurrentThreadId(), GetUsedTime());
        return 0;
}

int main(int argc, char* argv[])
{
        UINT uId;
        int i;
        HANDLE h[10];

        // 通过在进程位数组中申请一个索引，初始化线程运行时间记录系统
        g_tlsUsedTime = ::TlsAlloc();

        // 令十个线程同时运行，并等待它们各自的输出结果
        for(i=0; i<10; i++)
        {
                h[i] = (HANDLE)::_beginthreadex(NULL, 0, ThreadFunc, NULL, 0, &uId);
        }
        for(i=0; i<10; i++)
        {
                ::WaitForSingleObject(h[i], INFINITE);
                ::CloseHandle(h[i]);
        }

        // 通过释放线程局部存储索引，释放时间记录系统占用的资源
        ::TlsFree(g_tlsUsedTime);
        return 0;
}

// 初始化线程的开始时间
void InitStartTime()
{
        // 获得当前时间，将线程的创建时间与线程对象相关联
        DWORD dwStart = ::GetTickCount();
        ::TlsSetValue(g_tlsUsedTime, (LPVOID)dwStart);
}

// 取得一个线程已经运行的时间
DWORD GetUsedTime()
{
        // 获得当前时间，返回当前时间和线程创建时间的差值
        DWORD dwElapsed = ::GetTickCount();
        dwElapsed = dwElapsed - (DWORD)::TlsGetValue(g_tlsUsedTime);
        return dwElapsed;
}
```

GetTickCount 函数可以取得 Windows 从启动开始经过的时间，其返回值是以毫秒为单位的已启动的时间。

一般情况下，为各线程分配 TLS 索引的工作要在主线程中完成，而分配的索引值应该保存在全局变量中，以方便各线程访问。上面的例子代码很清楚地说明了这一点。主线程一开始就使用 TlsAlloc 为时间跟踪系统申请了一个索引，保存在全局变量 g_tlsUsedTime 中。之后，为了示例 TLS 机制的特点同时创建了 10 个线程。这 10 个线程最后都打印出了自己的生命周期，如图 3.9 所示。

这个简单的线程运行时间记录系统仅提供 InitStartTime 和 GetUsedTime 两个函数供用户使用。应该在线程一开始就调用 InitStartTime 函数，此函数得到当前时间后，调用 TlsSetValue 将线程的创建时间保存在以 g_tlsUsedTime 为索引的线程数组中。当想查看线程的运行时间时，

图 3.9　各线程的生命周期

直接调用 GetUsedTime 函数就行了。这个函数使用 TlsGetValue 取得线程的创建时间，然后返回当前时间和创建时间的差值。

另外用于线程同步的内核对象还有互斥体和信号量，它们的用法也比较简单，这里就不介绍了。

3.3　设计自己的线程局部存储

在实际的应用过程中，往往使用 TLS 保存与各线程相关联的指针，指针指向的一组数据是在进程的堆中申请的。这样就可以保证，每个线程只访问与它相关联的指针指向的内存单元。为了简化这种使用 TLS 的过程，我们希望 TLS 具有以下两个的特性。

（1）自动管理它所保存的指针所指向的内存单元的分配和释放。这样做，一方面大大方便了用户使用；另一方面，在一个线程不使用线程局部变量的情况下，管理系统可以决定不为这个线程分配内存，从而节省内存空间。

（2）允许用户申请使用任意多个 TLS 索引。Microsoft 确保每个进程的位数组中至少有 TLS_MINIMUM_AVAILABLE 个位标志是可用的。在 WinNT.h 文件中这个值被定义为 64，Windows 2000 又做了扩展，使至少 1000 个标志可用。

显然，为了实现这些新的特性，必须开发一个新的"TLS"。本节就讲述整个体系的设计过程。

总体来看，新的"TLS"主要由 4 个类组成，其中 CSimpleList 类负责实现简单的链表功能，把各线程私有数据连在一起，以便能够释放它们占用的内存；CNoTrackObject 类重载了 new 和 delete 操作符，负责为线程私有数据分配内存空间；CThreadSlotData 类是整个系统的核心，它负责分配索引和存取线程私有数据；CThreadLocal 是最终提供给用户使用的类模板，它负责为用户提供友好的接口函数。

本小节的所有代码都在配套光盘的 03CThreadLocal 工程下。其创建过程是这样的：新创建一个类型为 Win32 Console 的控制台应用程序，工程名为 03CThreadLocal，工作目录为 E:\MYWORK\BOOK_CODE；设置完成后单击"下一步"按钮，选择创建一个空的工程就可以了（即第一个选项）。工程中所需的.H 和.CPP 文件由手工来添加会更方便一点。一般先添加一个用于实现 main 入口函数的.CPP 文件，使工程正确地通过编译。

3.3.1　CSimpleList 类

从使用的角度看，通过一个全局索引，Windows 的 TLS 只允许用户保存一个 32 位的指针，而改进的系统允许用户保存任意类型的数据（包含整个类）。这个任意大小的数据所占的内存是在进程的堆中分配的，所以当用户释放全局索引时，系统必须将每个线程内此数据占用的内

存释放掉，这就要求系统把为各线程分配的内存都记录下来。

较好的方法是将各个私有数据的首地址用一个链表连在一起，释放全局索引时只要遍历此链表，就可以逐个释放线程私有数据占用的空间了。例如，有下面一个存放线程私有数据的数据结构。

```
struct CThreadData
{
    CThreadData* pNext;        // 指向下一个线程的 CThreadData 结构的指针
    LPVOID pData;              // 指向真正的线程私有数据的指针
};
```

指针 pData 指向为线程分配的内存的首地址，指针 pNext 将各线程的数据连在了一起，如图 3.10 所示。只要通过第一个 CThreadData 结构的首地址 pHead 就可以管理整个表了。

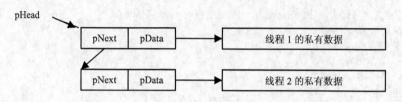

图 3.10 将各线程私有数据连在一起

将各个 CThreadData 结构的数据连成一个表，移除、添加或获取表中的节都只与 pNext 成员有关。换句话说，所有对这个表的操作都是依靠存取 pNext 成员的值来实现的。只要指定 pNext 成员在 CThreadData 结构中的偏移量，就可以操作整个链表。更通用一点，给定一个数据结构，只要知道数据结构中 pNext 成员的偏移量（此结构必须包含一个 pNext 成员），就可以将符合此结构类型的数据连成一个表。这项功能有着很强的独立性，所以要写一个类来专门管理数据结构中的 pNext 成员，进而管理整个链表。

这个类需要知道的唯一信息就是 CThreadData 结构中 pNext 成员的偏移量。指定偏移量后，它就可以得到每个数据结构中 pNext 变量的地址，也就可以存取它的值了。如果再记录下链表中第一个数据的地址，整个类基本就可以实现。所以，用以实现类的成员被设计为以下 3 个。

```
void* m_pHead;              // 链表中第一个元素的地址
size_t m_nNextOffset;       // 数据结构中 pNext 成员的偏移量
void** GetNextPtr(void* p) const
    { return (void**)((BYTE*)p + m_nNextOffset); }
```

GetNextPtr 函数通过偏移量 m_nNextOffset 取得 pNext 指针的地址，所以它的返回值是指向指针的指针。比如，传递了一个指向 CThreadData 类型数据的指针，GetNextPtr 函数将这个地址加上偏移量就得到了成员 pNext 指针的地址。

由于这个类仅实现了简单的链表的功能，所以为它命名为 CSimpleList。以字母 "C" 开头是本书给类命名的一个规则，比如后面还有 CWinThread、CWnd 类等。现在我们关心的问题是 CSimpleList 类应向用户提供什么样的接口函数。

一般对链表的操作有添加、删除和遍历表中的元素等。虽然只是对表进行简单的管理，CSimpleList 类也应该实现这些功能。完成这些功能的成员函数就是给用户提供的接口。

给定义类和实现类的文件命名也是一件比较重要的事情，同样，我们应该遵从一些规则才能使许多文件放在一起而不至于发生混乱。封装这些类都是为了实现最后的 TLS 系统，所以我们将本节所设计的类的定义文件命名为 _AFXTLS_.H。"AFX" 对应的英文单词为 Application

Framework，剩下的 "X" 是充数用的（3 个字母组成一组比 2 个字母要好看一点）。今后我们类库中的头文件的文件名都以 "_AFX" 开头。别把最前面那个的 "_" 符号去掉，否则会和 MFC（Microsoft Foundation Classes 的缩写）中的文件名发生冲突。MFC 是 VC 自带的一个类库，现在还不是介绍它的时候。下面是_AFXTLS_.H 头文件中的全部内容。

```
#ifndef __AFXTLS_H__    // _AFXTLS_.H 文件
#define __AFXTLS_H__

class CSimpleList
{
public:
        CSimpleList(int nNextOffset = 0);
        void Construct(int nNextOffset);

    // 提供给用户的接口函数（Operations），用于添加、删除和遍历节点
        BOOL IsEmpty() const;
        void AddHead(void* p);
        void RemoveAll();
        void* GetHead() const;
        void* GetNext(void* p) const;
        BOOL Remove(void* p);

    // 为实现接口函数所需的成员（Implementation）
        void* m_pHead;          // 链表中第一个元素的地址
        size_t m_nNextOffset;   // 数据结构中 pNext 成员的偏移量
        void** GetNextPtr(void* p) const;
};

    // 类的内联函数
inline CSimpleList::CSimpleList(int nNextOffset)
        { m_pHead = NULL; m_nNextOffset = nNextOffset; }
inline void CSimpleList::Construct(int nNextOffset)
        { m_nNextOffset = nNextOffset; }
inline BOOL CSimpleList::IsEmpty() const
        { return m_pHead == NULL; }
inline void CSimpleList::RemoveAll()
        { m_pHead = NULL; }
inline void* CSimpleList::GetHead() const
        { return m_pHead; }
inline void* CSimpleList::GetNext(void* preElement) const
        { return *GetNextPtr(preElement); }
inline void** CSimpleList::GetNextPtr(void* p) const
        { return (void**)((BYTE*)p + m_nNextOffset); }

#endif // __AFXTLS_H__
```

为了避免重复包含，_AFXTLS_.H 头文件使用了下面一组预编译指令。

```
#ifndef __AFXTLS_H__    // _AFXTLS_.H 文件
#define __AFXTLS_H__
············ // 具体申明
#endif  // __AFXTLS_H__
```

编译预处理是模块化程序设计的一个重要工具。上面的预编译指令的意思是：如果没有定义宏名 __AFXTLS_H__，就定义此宏名并编译#endif 之前的代码；如果定义了宏名 __AFXTLS_H__ 的话，编译器就对#endif 之前的代码什么也不做。这就可以防止头文件 _AFXTLS_.H 中的代码被重复包含（这样会引起编译错误）。标识每个头文件是否被包含的宏

名应该遵从一定的规律，采用有意义的字符串，以提高程序的可读性和避免宏名的重复使用。如果没有什么特殊情况，读者最好采用本书所使用的命名规则。

实现 CSimpleList 类最关键的成员 m_nNextOffset 在类的构造函数里要被初始化为用户指定的值。成员变量 m_pHead 要被初始化为 NULL，表示整个链表为空。

AddHead 函数用于向链表中添加一个元素，并把新添加的元素放在表头。它的实现代码在 AFXTLS.CPP 文件中。

```
void CSimpleList::AddHead(void* p)     // AFXTLS.CPP 文件中
{
    *GetNextPtr(p) = m_pHead;
    m_pHead = p;
}
```

比如用户为这个函数传递了一个 CThreadData 类型的指针 p，AddHead 函数在将 p 设为新的表头前，必须使 p 的 pNext 成员指向原来的表头。这里，GetNextPtr 函数取得了 p 所指向的 CThreadData 结构中 pNext 成员的地址。通过不断对 AddHead 函数的调用就可以将所有 CThreadData 类型的数据连成一个链表了。

RemoveAll 函数最简单了，它仅把成员 m_pHead 的值设为 NULL，表示整个链表为空。GetHead 函数用于取得表中头元素的指针，和 GetNext 函数在一块使用可以遍历整个链表。

最后一个是 Remove 函数，它用来从表中删除一个指定的元素，实现代码在 AFXTLS.CPP 文件中。

```
BOOL CSimpleList::Remove(void* p)        // AFXTLS.CPP 文件中
{
    if(p == NULL)    // 检查参数
        return FALSE;

    BOOL bResult = FALSE; // 假设移除失败
    if(p == m_pHead)
    {
    // 要移除头元素
        m_pHead = *GetNextPtr(p);
        bResult = TRUE;
    }
    else
    {
        // 试图在表中查找要移除的元素
        void* pTest = m_pHead;
        while(pTest != NULL && *GetNextPtr(pTest) != p)
            pTest = *GetNextPtr(pTest);

        // 如果找到，就将元素移除
        if(pTest != NULL)
        {
            *GetNextPtr(pTest) = *GetNextPtr(p);
            bResult = TRUE;
        }
    }
    return bResult;
}
```

我们还假设参数 p 是一个 CThreadData 类型的指针。根据要移除的元素在表中位置，应该分以下 3 种情况处理。

（1）此元素就是表头元素，这时只将下一个元素作为表头元素就可以了。

（2）此元素在链表中但不是表头元素，这种情况下，查找结束后 pTest 指针所指的元素就是要删除元素的前一个元素，所以只要让 pTest 所指元素的 pNext 成员指向要删除元素的下一个元素就可以了。

（3）表中根本不存在要删除的元素。

下面的小例子说明了使用 CSimpleList 类构建链表的方法。它通过 CSimpleList 类将一组自定义类型的数据连成链表，接着又遍历这个链表，打印出链表项的值。源程序代码如下所示。

```
struct MyThreadData                 // 03CThreadLocal 工程下
{
        MyThreadData* pNext;
        int nSomeData;
};   // 自定义的数据结构 MyThreadData 用来描述链表项中的数据

void main()
{
        MyThreadData* pData;
        CSimpleList list;
        list.Construct(offsetof(MyThreadData, pNext));   // 告诉 CSimpleList 类 pNext 成员的偏移量

        // 向链表中添加成员
        for(int i=0; i<10; i++)
        {
                pData = new MyThreadData;
                pData->nSomeData = i;
                list.AddHead(pData);
        }

        // ......        // 使用链表中的数据

        // 遍历整个链表，释放 MyThreadData 对象占用的空间
        pData = (MyThreadData*)list.GetHead();
        while(pData != NULL)
        {
                MyThreadData* pNextData = pData->pNext;
                printf(" The value of nSomeData is: %d \n", pData->nSomeData);
                delete pData;
                pData = pNextData;
        }
}
```

使用 CSimpleList 类之前，必须要告诉它 MyThreadData 结构中 pNext 成员的偏移量。offsetof是一个宏，用于取得数据结构中指定成员的偏移量，它定义在 stddef.h 文件中。

```
#define offsetof(s,m)    (size_t)&(((s *)0)->m)   // 一时看不懂不要强求，以后再慢慢理解
```

知道 pNext 成员的偏移量后，CSimpleList 类会自动设置这个成员的值，所以在遍历链表的时候，直接使用了 "pNextData = pData->pNext;"语句取得表中下一个元素的地址。这段代码的运行结果如图 3.11 所示。

图 3.11　代码运行结果

CSimpleList 类的设计非常小巧，运行效率也相当高。但美中不足的是它不能自动进行类型的转换，所以在上面的例子中 "pData = (My

ThreadData*)list.GetHead();”语句要通过强制类型转换才能被正确编译。如果为 CSimpleList 类写一个类模板，再使用的话就很简单了。类模板操作的是特定的数据类型，将它命名为 CTypedSimple List 是很恰当的。下面是 CTypedSimple List 类模板的实现代码，也在_AFXTLS.H 文件中。

```
template<class TYPE>                              // _AFXTLS.H 文件中
class CTypedSimpleList : public CSimpleList
{
public:
        CTypedSimpleList(int nNextOffset = 0)
                : CSimpleList(nNextOffset) { }
        void AddHead(TYPE p)
                { CSimpleList::AddHead((void*)p); }
        TYPE GetHead()
                { return (TYPE)CSimpleList::GetHead(); }
        TYPE GetNext(TYPE p)
                { return (TYPE)CSimpleList::GetNext(p); }
        BOOL Remove(TYPE p)
                { return CSimpleList::Remove(p); }
        operator TYPE()         // 直接引用类的对象是会调用此函数，见下面的例子
                { return (TYPE)CSimpleList::GetHead(); }
};
```

CTypedSimpleList 类将 CSimpleList 类中存在数据类型接口的函数都重载了，并在内部进行了类型的转换工作。上面的例子如果用 CTypedSimpleList 类实现会更简单，以下是改写后的部分代码段。

```
MyThreadData* pData;
CTypedSimpleList<MyThreadData*> list; // 注意定义类模板对象的格式
list.Construct(offsetof(MyThreadData, pNext));

// 向链表中添加成员
for(int i=0; i<10; i++)
{
        //...... 同上
}

// ··········    // 使用链表中的数据

// 遍历整个链表，释放 MyThreadData 对象占用的空间
pData = list;  // 调用了成员函数 operator TYPE()，相当于“pData = list.GetHead();”语句
while(pData != NULL)
{
        //...... 同上
}
```

这段代码和上面的代码的执行结果是相同的。在语句“pData = list”中，程序直接引用了 CTypedSimpleList 类的对象，这会导致其成员函数 operator TYPE()被调用，返回链表中第一个元素的指针（表头指针）。

3.3.2　CNoTrackObject 类

上一小节解决了将多个线程私有数据占用的内存连在一起的问题，这一小节来研究如何为线程私有数据分配内存。

C++语言中缺省版本的 operator new 是一种通用类型的内存分配器，它必须能够分配任意

大小的内存块。同样 operator delete 也要可以释放任意大小的内存块。operator delete 想弄清它要释放的内存有多大，就必须知道当初 operator new 分配的内存有多大。有一种常用的方法可以让 operator new 来告诉 operator delete 当初分配内存的大小，就是在它所返回的内存里预先附带一些额外信息，用来指明被分配的内存块的大小。也就是说，当写了下面的语句，

```
CThreadData* pData = new CThreadData;
```

得到的是如图 3.12 所示的内存块。

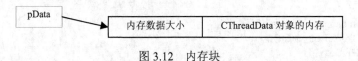

图 3.12　内存块

运行在调试环境时，operator new 增加的额外内存就更多了，它需记录使用 new 申请内存的代码所在的文件及行号等，以便跟踪内存泄漏的情况。

线程私有数据使用的内存是由我们的系统在内部自动为用户分配的。当使用私有数据的线程结束时这个系统也会为用户自动释放掉这块内存。用户不必关心这一过程，他们只要在愿意时使用线程私有数据就行了。确保用户的操作不会发生内存泄漏是 TLS 系统的责任。既然我们可以确保不会发生内存泄漏，也就没有必要跟踪内存的使用了。为了节省内存空间，也不需要记录内存的大小。所有这一切说明应该自己写 operator new 和 operator delete 的实现代码，直接使用 API 函数提供一个低层内存分配器（Low_level alloctor）。

要保证所有的线程私有数据内存的分配和释放都由重写的 new 和 delete 操作符来完成。这很简单，编写一个重载 new 和 delete 操作符的基类，让所有线程私有数据使用的结构都从此类继承即可。此类的类名应该能够反映出自己使用的内存没有被跟踪的特点，所以为它命名为 CNoTrackObject。下面是 CNoTrackObject 类的定义和实现代码，还是在 _AFXTLS.H 和 AFXTLS.CPP 文件中。

```
class CNoTrackObject                                      // _AFXTLS.H 文件
{
public:
    void* operator new(size_t nSize);
    void operator delete(void*);
    virtual ~CNoTrackObject() { }
};

//------------------------- CNoTrackObject 类-------------------------// AFXTLS.CPP 文件

void* CNoTrackObject::operator new(size_t nSize)
{
    // 申请一块带有 GMEM_FIXED 和 GMEM_ZEROINIT 标志的内存
    void* p = ::GlobalAlloc(GPTR, nSize);
    return p;
}
void CNoTrackObject::operator delete(void* p)
{
    if(p != NULL)
        ::GlobalFree(p);
}
```

GlobalAlloc 函数用于在进程的默认堆中分配指定大小的内存空间，原型如下。

```
HGLOBAL GlobalAlloc(
  UINT uFlags,          // 指定内存属性
```

```
    SIZE_T dwBytes        // 执行内存大小
);
```

uFlags 参数可以是下列值的组合：

- GHND   GMEM_MOVEABLE 和 GMEM_ZEROINIT 的组合
- GMEM_FIXED   申请固定内存，函数返回值是内存指针
- GMEM_MOVEABLE   申请可移动内存，函数返回值是到内存对象的句柄，为了
                          将句柄转化成指针，使用 GlobalLock 函数即可
- GMEM_ZEROINIT   初始化内存内容为 0
- GPTR   GMEM_FIXED 和 GMEM_ZEROINIT 的组合

可移动内存块永远不会在物理内存中，在使用之前，必须调用 GlobalLock 函数把它锁定到物理内存。不再使用时应调用 GlobalUnlock 函数解锁。

GlobalFree 函数用于释放 GlobalAlloc 函数分配的内存空间。

再以 CThreadData 结构为例，为了让它的对象占用的内存使用 CNoTrackObject 类提供的内存分配器分配，需要将它定义为 CNoTrackObject 类的派生类。

```
struct CThreadData : public CNoTrackObject
{
    CThreadData* pNext;
    LPVOID pData;
};
```

有了以上的定义，程序中再出现下面的代码的时候 Windows 会调用 CNoTrackObject 类中的函数去管理内存。

```
CThreadData* pData = new CThreadData;
// ...  // 使用 CThreadData 对象
delete pData;
```

当 C++编译器看到第一行时，它查看 CThreadData 类是否包含或者继承了重载 new 操作符的成员函数。如果包含，那么编译器就生产调用该函数的代码，如果编译器不能找到重载 new 操作符的函数，就会产生调用标准 new 操作符函数的代码。编译器也是同样看待 delete 操作符的。上面的代码当然会调用 CNoTrackObject 类中的 operator new 函数去为 CThreadData 对象申请内存空间。

这种做法很完美，只要是从 CNoTrackObject 派生的类都可以作为线程私有数据的数据类型。我们的系统也是这么要求用户定义线程私有数据的类型的。

3.3.3　CThreadSlotData 类

前面已经谈到，线程局部存储所使用的内存都以一个 CThreadData 结构开头，其成员指针 pData 指向真正的线程私有数据。如果再把 pData 指向的空间分成多个槽（slot），每个槽放一个线程私有数据指针，就可以允许每个线程存放任意个线程私有指针了。

把 pData 指向的空间分成多个槽很简单，只要把这个空间看成是 PVOID 类型的数组就行了。数组中的每一个元素保存一个指针，即线程私有数据指针，该指针指向在堆中分配的真正存储线程私有数据的内存块。在 CThreadData 结构中要保存的信息就是指针数组的首地址和数组的个数，所以将 CThreadData 结构改写如下。

```
struct CThreadData : public CNoTrackObject
{
    CThreadData* pNext;      // CSimpleList 类要使用 pNext 指针
    int nCount;              // 数组元素的个数
```

```
        LPVOID* pData;              // 数组的首地址
};
```

现在，各个线程的线程私有空间都要以这个新的 CThreadData 结构开头了。pData 是一个 PVOID 类型数组的首地址，数组的元素保存线程私有数据的指针。nCount 成员记录了此数组的个数，也就是槽的个数，它们的关系如图 3.13 所示。

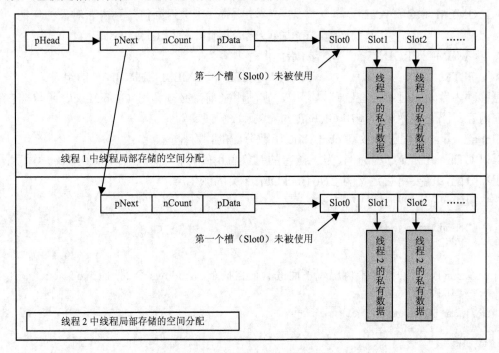

图 3.13　线程局部存储内部的数据结构

图 3.13 说明了我们所设计的 TLS 系统保存线程私有数据的最终形式。当用户请求访问本线程的私有数据时，应该说明要访问哪一个槽号对应的线程私有数据。我们的系统在内部首先得到该线程中 CThreadData 结构的首地址，再以用户提供的槽号作为 pData 的下标取得该槽号对应的线程私有数据的地址。此时有两个问题要解决：

（1）如何为用户分配槽号。

（2）如何保存各线程中 CThreadData 结构的首地址。

第（2）个问题很容易解决，直接利用 Windows 提供的 TLS 机制申请一个用于为各个线程保存 CThreadData 结构首地址的全局索引就行了。

要解决第（1）个问题，可以仿照 Windows 实现 TLS 时的做法，在进程内申请一个位数组，数组下标表示槽号，其成员的值来指示该槽号是否被分配。每个进程只有一份的这个数组当然不仅仅用来表示槽是否被占用，还可以用来表示其他信息，例如占用该槽的模块等，这只要改变数组的数据类型就可以了。我们的系统使用全局数组表示分配了哪一个槽，以及是为哪个模块分配的，所以数组的数据类型应该如下所示。

```
struct CSlotData
{
        DWORD dwFlags;       // 槽的使用标志（被分配/未被分配）
        HINSTANCE hInst;     // 占用此槽的模块句柄
};
```

在进程内申请一个 CSlotData 类型的数组就可以管理各个线程使用的槽号了。先不要管

hInst 成员的值（现在总把它设为 NULL）。我们规定，dwFlags 的值为 0x01 时表示该槽被分配，为 0 时表示该槽未被分配。这样一来，为用户分配槽号的问题也得到了解决。

到此为止，我们的 TLS 系统的功能基本都可以实现了。按照前面的设计要写一个类来管理各槽对应的指向线程私有数据的指针，具体来说，这个类要负责全局槽号的分配和各线程中槽里数据的存取，所以为它命名为 CThreadSlotData。

CThreadSlotData 类要以 Win32 的 TLS 为基础为每各个线程保存其线程私有数据的指针，所以类中应该有一个用作 TLS 索引的成员变量。

```
DWORD m_tlsIndex;
```

在类的构造函数中，我们要调用 TlsAlloc 函数分配索引，而在析构函数中又要调用 TlsFree 函数释放此索引。当用户在线程中第一次访问线程私有变量的时候，我们的系统要为该线程的私有变量申请内存空间，并以 m_tlsIndex 为参数调用 TlsSetValue 函数保存此内存空间的地址。

为了将各个线程的私有数据串连起来，还要使用 CTypedSimpleList 类。

```
CTypedSimpleList<CThreadData*> m_list;
```

m_list 成员变量用来设置各个线程私有数据头部 CThreadData 结构中 pNext 成员的值。为一个线程的私有数据申请内存空间后，应立刻调用 m_list.AddHead 函数将该线程私有空间的首地址添加到 m_list 成员维护的链表中。

负责管理全局标志数组的成员有以下几个。

```
int m_nAlloc;              //m_pSlotData 所指向数组的大小
int m_nMax;                // 占用的槽的最大数目
CSlotData* m_pSlotData;    // 全局数组的首地址
```

m_pSlotData 是数组的首地址。因为数组是动态分配的，所以还要记录下它的大小。成员 m_nAlloc 表示数组成员的个数，m_nMax 表示迄今为止占用的槽的最大数目。例如，在一个时间里，CSlotData 数组的大小为 6，其槽的使用情况如图 3.14 所示。

图 3.14　槽的使用情况

这个时候，m_nAlloc 的值是 6，而 m_nMax 的值是 4。因为 m_nMax 的值是从 Slot0 算起到最后一个被使用过的槽（假定 Slot4 未被使用过）的数目。每个使用线程私有数据的线程都有一个 CThreadData 结构，结构中成员 pData 指向的空间被分为若干个槽。到底被分为多少个槽是由全局负责分配槽的数组的状态决定的。为了节省内存空间，我们规定，m_nMax 的值就是各个线程为其私有数据分配的槽的数量。

CThreadSlotData 类向用户提供的接口函数也应该和 Windows 的 TLS 提供的函数对应起来，提供分配、释放槽号及通过槽号访问线程私有数据的功能。设计完 CThreadSlotData 类的实现过程和接口函数，再真正写代码完成整个类就很容易了。下面是定义类的代码，同样应保存在 _AFXTLS.H 文件中。

```
// CThreadSlotData - 管理我们自己的线程局部存储        // _AFXTLS.H 文件中
struct CSlotData;
struct CThreadData;

class CThreadSlotData
{
```

```
public:
     CThreadSlotData();

// 提供给用户的接口函数（Operations）
     int AllocSlot();
     void FreeSlot(int nSlot);
     void* GetThreadValue(int nSlot);
     void SetValue(int nSlot, void* pValue);
     void DeleteValues(HINSTANCE hInst, BOOL bAll = FALSE);

// 类的实现代码（Implementations）
     DWORD m_tlsIndex;                          // 用来访问系统提供的线程局部存储

     int m_nAlloc;                              //  m_pSlotData 所指向数组的大小
     int m_nRover;                              // 为了快速找到一个空闲的槽而设定的值
     int m_nMax;                                // CThreadData 结构中 pData 指向的数组的大小
     CSlotData* m_pSlotData;                    // 标识每个槽状态的全局数组的首地址
     CTypedSimpleList<CThreadData*> m_list;// CThreadData 结构的列表
     CRITICAL_SECTION m_cs;

     void* operator new(size_t, void* p)
                   { return p; }
     void DeleteValues(CThreadData* pData, HINSTANCE hInst);
     ~CThreadSlotData();
};
```

    m_cs 是一个关键段变量，在类的构造函数中被初始化。因为 CThreadSlotData 类定义的对象是全局变量，所以必须通过 m_cs 来同步多个线程对该变量的并发访问。

    类中函数的实现代码在 AFXTLS.CPP 文件中，下面逐个来讨论。

```
//-------------------------------CThreadSlotData 类-----------------------------//   // AFXTLS.CPP 文件中
BYTE __afxThreadData[sizeof(CThreadSlotData)];   // 为下面的_afxThreadData 变量提供内存
CThreadSlotData* _afxThreadData;                 // 定义全局变量_afxThreadData 来为全局变量分配空间

struct CSlotData
{
     DWORD dwFlags;      // 槽的使用标志（被分配/未被分配）
     HINSTANCE hInst;    // 占用此槽的模块句柄
};
struct CThreadData : public CNoTrackObject
{
     CThreadData* pNext;      // CSimpleList 类要使用此成员
     int nCount;              // 数组元素的个数
     LPVOID* pData;           // 数组的首地址
};

#define SLOT_USED 0x01         // CSlotData 结构中 dwFlags 成员的值为 0x01 时表示该槽已被使用

CThreadSlotData::CThreadSlotData()
{
     m_list.Construct(offsetof(CThreadData, pNext)); // 初始化 CTypedSimpleList 对象

     m_nMax = 0;
     m_nAlloc = 0;
     m_nRover = 1;   // 我们假定 Slot1 还未被分配（第一个槽（Slot0）总是保留下来不被使用）
     m_pSlotData = NULL;
```

```
        m_tlsIndex = ::TlsAlloc();                 // 使用系统的 TLS 申请一个索引
        ::InitializeCriticalSection(&m_cs);        // 初始化关键段变量
}
```

首先，我们定义了 CThreadSlotData 类型的全局变量 _afxThreadData 来为进程的线程分配线程局部存储空间。CThreadSlotData 类也重载了 new 运算符，但 operator new 函数并不真正为 CThreadSlotData 对象分配空间，仅仅返回参数中的指针作为对象的首地址。例如，初始化 _afxThreadData 指针所用的代码如下。

```
_afxThreadData = new(__afxThreadData) CThreadSlotData;
```

C++语言标准规定的 new 表达式的语法是：

```
[::] new [placement] new-type-name [new-initializer]
```

如果重载的 new 函数有除 size_t 以外的参数的话，要把它们写在 placement 域。type-name 域指定了要被初始化的对象的类型。编译器在调用完 operator new 以后，还要调用此类型中的构造函数去初始化对象。如果类的构造函数需要传递参数的话，应该在 initializer 域指定。

用户在使用我们的线程局部存储系统时，必须首先调用 AllocSlot 申请一个槽号。下面是实现 AllocSlot 函数的代码。

```
int CThreadSlotData::AllocSlot()            // AFXTLS.CPP 文件中
{
    ::EnterCriticalSection(&m_cs);// 进入临界区（也叫关键段）
    int nAlloc = m_nAlloc;
    int nSlot = m_nRover;

    if(nSlot >= nAlloc || m_pSlotData[nSlot].dwFlags & SLOT_USED)
    {
        // 搜索 m_pSlotData，查找空槽（SLOT）
        for(nSlot = 1; nSlot < nAlloc && m_pSlotData[nSlot].dwFlags & SLOT_USED; nSlot ++) ;

        // 如果不存在空槽，申请更多的空间
        if(nSlot >= nAlloc)
        {
            // 增加全局数组的大小，分配或再分配内存以创建新槽
            int nNewAlloc = nAlloc + 32;
            HGLOBAL hSlotData;
            if(m_pSlotData == NULL)     // 第一次使用
            {
                hSlotData = ::GlobalAlloc(GMEM_MOVEABLE, nNewAlloc*sizeof(CSlotData));
            }
            else
            {
                hSlotData = ::GlobalHandle(m_pSlotData);
                ::GlobalUnlock(hSlotData);
                hSlotData = ::GlobalReAlloc(hSlotData,
                    nNewAlloc*sizeof(CSlotData), GMEM_MOVEABLE);
            }
            CSlotData* pSlotData = (CSlotData*)::GlobalLock(hSlotData);
            // 将新申请的空间初始化为 0
            memset(pSlotData + m_nAlloc, 0, (nNewAlloc - nAlloc)*sizeof(CSlotData));
            m_nAlloc = nNewAlloc;
            m_pSlotData = pSlotData;
        }
    }

    // 调整 m_nMax 的值，以便为各线程的私有数据分配内存
```

```
        if(nSlot >= m_nMax)
                m_nMax = nSlot + 1;

        m_pSlotData[nSlot].dwFlags |= SLOT_USED;    // 标志该 SLOT 为已用
        m_nRover = nSlot + 1;    // 更新 m_nRover 的值(我们假设下一个槽未被使用)
        ::LeaveCriticalSection(&m_cs);
        return nSlot;    // 返回的槽号可以被 FreeSlot, GetThreadValue, SetValue 函数使用了
}
```

成员变量 m_nRover 是为了快速找到一个没有被使用的槽而设定的。我们总是假设当前所分配槽的下一个槽未被使用（绝大多数是这种情况）。

第一次进入时，我们申请 sizeof(CSlotData)*32 大小的空间用于表示各槽的状态。这块空间一共可以为用户分配 31 个槽号（Slot0 被保留）。用户使用完这 31 个槽还继续要求分配槽号的话，我们再重新申请内存空间以满足用户的要求。这种动态申请内存的方法就可以允许用户使用任意多个槽号了。

用户得到槽号后就可以访问该槽号对应的各线程的私有数据了，这个功能由 SetValue 函数来完成。同样，在用户第一次设置线程私有数据的值时，我们为该线程私有数据申请内存空间。下面是具体实现代码。

```
void CThreadSlotData::SetValue(int nSlot, void* pValue)                    // AFXTLS.CPP 文件中
{
        // 通过 TLS 索引得到我们为线程安排的私有存储空间
        CThreadData* pData = (CThreadData*)::TlsGetValue(m_tlsIndex);

        // 为线程私有数据申请内存空间
        if((pData == NULL || nSlot >= pData->nCount) && pValue != NULL)
        {
                //pData 的值为空，表示该线程第一次访问线程私有数据
                if(pData == NULL)
                {
                        pData = new CThreadData;
                        pData->nCount = 0;
                        pData->pData = NULL;

                        // 将新申请的内存的地址添加到全局列表中
                        ::EnterCriticalSection(&m_cs);
                        m_list.AddHead(pData);
                        ::LeaveCriticalSection(&m_cs);
                }

                // pData->pData 指向真正的线程私有数据,
                // 下面的代码将私有数据占用的空间增长到 m_nMax 指定的大小
                if(pData->pData == NULL)
                        pData->pData = (void**)::GlobalAlloc(LMEM_FIXED, m_nMax*sizeof(LPVOID));
                else
                        pData->pData = (void**)::GlobalReAlloc(pData->pData,
                                                        m_nMax*sizeof(LPVOID), LMEM_MOVEABLE);

                // 将新申请的内存初始化为 0
                memset(pData->pData + pData->nCount, 0,
                        (m_nMax - pData->nCount) * sizeof(LPVOID));
                pData->nCount = m_nMax;
                ::TlsSetValue(m_tlsIndex, pData);
        }
```

```
        // 设置线程私有数据的值
        pData->pData[nSlot] = pValue;
}
```

这是设置线程私有数据的值的过程。我们用 Windows 的 TLS 保存了线程私有数据的首地址，并使用一个 CThreadData 结构将各个线程的私有数据连成一个表。线程第一次访问其私有数据的时候，我们为它的 CThreadData 结构申请内存空间，当 CThreadData 结构中的 pData 成员所指的数组的大小小于等于用户传递的槽号时，我们要为这个数组申请内存空间。最后，函数把 pValue 的值存放到调用线程的私有存储空间的第 nSlot 个槽位。

相对来说，获取线程私有数据的 GetThreadValue 函数就很简单了，实现它的代码如下。

```
inline void* CThreadSlotData::GetThreadValue(int nSlot)            // AFXTLS.CPP 文件中
{
        CThreadData* pData = (CThreadData*)::TlsGetValue(m_tlsIndex);
        if(pData == NULL || nSlot >= pData->nCount)
                return NULL;
        return pData->pData[nSlot];
}
```

CThreadSlotData 并不是最终提供给用户使用的存储线程局部变量的类。真正用户使用的存储数据的空间是各线程中 pData->pData[nSlot]指针指的内存块（见图 3.14），即 GetThreadValue 函数返回的指针指向的内存。CThreadSlotData 并不负责创建这块空间，但它负责释放这块空间使用的内存。所以在释放一个索引的时候，我们还要释放真正的用户数据使用的空间。下面的 FreeSlot 函数说明了这一点。

```
void CThreadSlotData::FreeSlot(int nSlot)
{
        ::EnterCriticalSection(&m_cs);

        // 删除所有线程中的数据
        CThreadData* pData = m_list;
        while(pData != NULL)
        {
                if(nSlot < pData->nCount)
                {
                        delete (CNoTrackObject*)pData->pData[nSlot];
                        pData->pData[nSlot] = NULL;
                }
                pData = pData->pNext;
        }

        // 将此槽号标识为未被使用
        m_pSlotData[nSlot].dwFlags &= ~SLOT_USED;
        ::LeaveCriticalSection(&m_cs);
}
```

释放一个槽，意味着删除所有线程中此槽对应的用户数据。通过遍历 m_list 管理的链表很容易得到各线程中 CThreadData 结构的首地址，进而释放指定槽中的数据所指向的内存。

当线程结束的时候，就要释放此线程局部变量占用的全部空间。这正是我们的 TLS 系统实现自动管理内存的关键所在。CThreadSlotData 类用 DeleteValues 函数释放一个或全部线程因使用局部存储而占用的内存，代码如下。

```
void CThreadSlotData::DeleteValues(HINSTANCE hInst, BOOL bAll)
{
        ::EnterCriticalSection(&m_cs);
```

```
        if(!bAll)
        {
            // 仅仅删除当前线程的线程局部存储占用的空间
            CThreadData* pData = (CThreadData*)::TlsGetValue(m_tlsIndex);
            if(pData != NULL)
                DeleteValues(pData, hInst);
        }
        else
        {
            // 删除所有线程的线程局部存储占用的空间
            CThreadData* pData = m_list.GetHead();
            while(pData != NULL)
            {
                CThreadData* pNextData = pData->pNext;
                DeleteValues(pData, hInst);
                pData = pNextData;
            }
        }
        ::LeaveCriticalSection(&m_cs);
}
void CThreadSlotData::DeleteValues(CThreadData* pData, HINSTANCE hInst)
{
        // 释放表中的每一个元素
        BOOL bDelete = TRUE;
        for(int i=1; i<pData->nCount; i++)
        {
            if(hInst == NULL || m_pSlotData[i].hInst == hInst)
            {
                // hInst 匹配，删除数据
                delete (CNoTrackObject*)pData->pData[i];
                pData->pData[i] = NULL;
            }
            else
            {
                // 还有其他模块在使用，不要删除数据
                if(pData->pData[i] != NULL)
                    bDelete = FALSE;
            }
        }
        if(bDelete)
        {
            // 从列表中移除
            ::EnterCriticalSection(&m_cs);
            m_list.Remove(pData);
            ::LeaveCriticalSection(&m_cs);
            ::LocalFree(pData->pData);
            delete pData;

            // 清除 TLS 索引，防止重用
            ::TlsSetValue(m_tlsIndex, NULL);
        }
}
```

代码的注释非常详细，这里就不再多说了。类的析构函数要释放掉所有使用的内存，并且释放 TLS 索引 m_tlsIndex 和移除临界区对象 m_cs，具体代码如下。

```
CThreadSlotData::~CThreadSlotData()
```

```
    {
        CThreadData *pData = m_list;
        while(pData != NULL)
        {
            CThreadData* pDataNext = pData->pNext;
            DeleteValues(pData, NULL);
            pData = pData->pNext;
        }

        if(m_tlsIndex != (DWORD)-1)
            ::TlsFree(m_tlsIndex);

        if(m_pSlotData != NULL)
        {
            HGLOBAL hSlotData = ::GlobalHandle(m_pSlotData);
            ::GlobalUnlock(hSlotData);
            ::GlobalFree(m_pSlotData);
        }

        ::DeleteCriticalSection(&m_cs);
    }
```

到此，CThreadSlotData 类的封装工作就全部完成了。有了这个类的支持，我们的线程局部存储系统很快就可以实现了。

3.3.4　CThreadLocal 类模板

CThreadSlotData 类没有实现为用户使用的数据分配内存空间的功能，这就不能完成允许用户定义任意类型的数据作为线程局部存储变量的初衷。这一小节再封装一个名称为 CThreadLocal 的类模板来结束整个系统的设计。

CThreadLocal 是最终提供给用户使用的类模板。类名的字面意思就是"线程局部存储"。用户通过 CThreadLocal 类管理的是线程内各槽中数据所指的真正的用户数据。

现在我们着意于 CThreadLocal 类模板的设计过程。允许用户定义任意类型的线程私有变量是此类模板要实现的功能，这包括两方面的内容。

（1）在进程堆中，为每个使用线程私有变量的线程申请内存空间。这很简单，只要使用 new 操作符就行。

（2）将上面申请的内存空间的首地址与各线程对象关联起来，也就是要实现一个线程局部变量，保存上面申请的内存的地址。显然，CThreadSlotData 类就是为完成此功能而设计的。

保存内存地址是一项独立的工作，最好另外封装一个类来完成。这个类的用途是帮助 CThreadLocal 类实现一个线程私有变量，我们就将它命名为 CThreadLocalObject。这个类也定义在_AFXTLS_.H 文件中，代码如下。

```
class CThreadLocalObject              // _AFXTLS_.H 文件中
{
public:
// 属性成员(Attributes)，用于取得保存在线程局部的变量中的指针
    CNoTrackObject* GetData(CNoTrackObject* (*pfnCreateObject)());
    CNoTrackObject* GetDataNA();

// 具体实现(Implementation)
    DWORD m_nSlot;                    // 使用 CThreadSlotData 类分配的槽号
    ~CThreadLocalObject();
```

```
};
```

设计 CThreadLocalObject 类的目的是要它提供一个线程局部的变量。两个接口函数中，GetDataNA 用来返回变量的值；GetData 也可以返回变量的值，但是如果发现还没有给该变量分配槽号（m_nSlot == 0），则给它分配槽号；如果槽 m_nSlot 中还没有数据（为空），则调用参数 pfnCreateObject 传递的函数创建一个数据项，并保存到槽 m_nSlot 中。具体实现代码在 AFXTLS.CPP 文件中。

```
CNoTrackObject* CThreadLocalObject::GetData(CNoTrackObject* (*pfnCreateObject)())
{
    if(m_nSlot == 0)
    {
        if(_afxThreadData == NULL)
            _afxThreadData = new(__afxThreadData) CThreadSlotData;
        m_nSlot = _afxThreadData->AllocSlot();
    }

    CNoTrackObject* pValue = (CNoTrackObject*)_afxThreadData->GetThreadValue(m_nSlot);
    if(pValue == NULL)
    {
        // 创建一个对象，此对象的成员会被初始化为 0
        pValue = (*pfnCreateObject)();

        // 使用线程私有数据保存新创建的对象
        _afxThreadData->SetValue(m_nSlot, pValue);
    }
    return pValue;
}
CNoTrackObject* CThreadLocalObject::GetDataNA()
{
    if(m_nSlot == 0 || _afxThreadData == 0)
        return NULL;
    return (CNoTrackObject*)_afxThreadData->GetThreadValue(m_nSlot);
}
CThreadLocalObject::~CThreadLocalObject()
{
    if(m_nSlot != 0 && _afxThreadData != NULL)
        _afxThreadData->FreeSlot(m_nSlot);
    m_nSlot = 0;
}
```

CThreadLocalObject 类没有显式的构造函数，谁来负责将 m_nSlot 的值初始化为 0 呢？其实这和此类的使用方法有关。既然多个线程使用同一个此类的对象，当然要求用户将 CthreadLocalObject 类的对象定义为全局变量了。全局变量的所有成员都会被自动初始化为 0。

最后一个类——CThreadLocal，只要提供为线程私有变量申请内存空间的函数，能够进行类型转化即可。下面是 CThreadLocal 类的实现代码。

```
template<class TYPE>
class CThreadLocal : public CThreadLocalObject
{
// 属性成员（Attributes）
public:
    TYPE* GetData()
    {
        TYPE* pData = (TYPE*)CThreadLocalObject::GetData(&CreateObject);
        return pData;
```

```
        }
        TYPE* GetDataNA()
        {
            TYPE* pData = (TYPE*)CThreadLocalObject::GetDataNA();
            return pData;
        }
        operator TYPE*()
            { return GetData(); }
        TYPE* operator->()
            { return GetData(); }

// 具体实现（Implementation）
public:
        static LPVOID CreateObject()
            { return new TYPE; }
};
```

CThreadLocal 模板可以用来声明任意类型的线程私有的变量，因为通过模板可以自动正确地转化（cast）指针类型。成员函数 CreateObject 用来创建动态指定类型的对象。成员函数 GetData 调用了基类 CThreadLocalObject 的同名函数，并且把 CreateObject 函数的地址作为参数传递给它。

另外，CThreadLocal 模板重载了操作符号"*"、"->"，这样编译器将自动地进行有关类型转换。

使用 CThreadLocal 类模板的时候，要首先从 CNoTrackObject 类派生一个类（结构），然后以该类作为 CThreadLocal 类模板的参数定义线程局部变量。下面是一个具体的例子。这个例子创建了 10 个辅助线程，这些线程先设置线程私有数据的值，然后通过一个公用的自定义函数 ShowData 将前面设置的值打印出来。可以看到，线程私有数据在不同线程中的取值可以是不同的。程序代码如下。

```
#include "../common/_afxtls_.h"    // 我们将类的定义和实现文件都放在了一个 COMMON 文件夹下
#include <process.h>

struct CMyThreadData : public CNoTrackObject
{
        int nSomeData;
};

// 下面的代码展开后相当于"CThreadLocal<CMyThreadData> g_myThreadData;"
THREAD_LOCAL(CMyThreadData, g_myThreadData)

void ShowData();
UINT __stdcall ThreadFunc(LPVOID lpParam)
{
        g_myThreadData->nSomeData = (int)lpParam;
        ShowData();
        return 0;
}

void main()
{
        HANDLE h[10];
        UINT uID;

        // 启动十个线程，将 i 作为线程函数的参数传过去
```

```
        for(int i=0; i<10; i++)
                h[i] = (HANDLE) ::_beginthreadex(NULL, 0, ThreadFunc, (void*)i, 0, &uID);
        ::WaitForMultipleObjects(10, h, TRUE, INFINITE);
        for(i=0; i<10; i++)
                ::CloseHandle(h[i]);
}
void ShowData()
{
        int nData = g_myThreadData->nSomeData;
        printf(" Thread ID: %-5d, nSomeData = %d \n", ::GetCurrentThreadId(), nData);
}
```

上面的代码运行结果如图 3.15 所示。

最后，应该把包含本节所有类的_AFXTLS.
H 和 AFXTLS.CPP 两个文件放在单独的文件夹
下，以方便其他应用程序引用。如上面的例子
所示，在我的工作目录下，我又创建了一个新
的文件夹 COMMON 以保存所有公共类的定义

图 3.15　各线程中线程局部变量的值

和实现文件。比如保存 VC 工程的目录（工作目录）为：X:\MYWORK\BOOK_CODE，就应该
把_AFXTLS.H 和 AFXTLS.CPP 两个文件保存到 X:\MYWORK\BOOK_CODE\COMMON 目录
下。在程序中引用时使用下面的语句即可。

```
#include "../common/_afxtls_.h"
```

当然，在使用之前应该把这些文件添加到工程中。

将本例跟上一节使用 Windows 下 TLS 机制的例子相比较会发现，用 CThreadLocal 实现线
程本地存储方便了许多。但是，我们自己设计的 TLS 系统在一个使用过线程私有数据的线程
运行结束后并没有释放该线程的数据所占用的内存。这就造成了内存泄漏。可是这些线程运行
结束的时候并没有通知我们的系统，我们的系统又如何知道什么时候释放它们占用的内存呢？

这些问题在下一节设计完成自己的线程类后即可解决。到那个时候，我们会让每一个线程
在即将终止的时候去调用一个自定义的函数 AfxEndThread，AfxEndThread 函数会释放线程私
有数据占用的内存。

3.4　设计线程类——CWinThread

从面向对象编程的角度来讲，我们可以将进程内每一个线程看成一个线程对象。如果把控
制线程工作的 API 函数和线程自身的属性封装成类，就会得到一个线程类。

这是在 Windows 下编程，按照前面的所讲的命名规则，可将这个线程类命名为
CWinThread，将定义和实现 CWinThread 类的文件命名为_AFXWIN.H 和 THRDCORE.CPP。

就现在我们所掌握的知识而言，一个线程类应至少包含以下 3 方面的内容。

（1）线程对象的初始化（Constructors）。初始化工作应该包含 CWinThread 类中成员变量
的初始化和线程的创建。在这里，我们可以安排类的构造函数 CWinThread 和公有成员函数
CreateThread 来完成这两项工作。

（2）保存和设置线程特有的属性（Attributes）。一个线程基本的属性有内核对象句柄、线
程 ID 号、优先级等。

（3）对线程的操作（Operations）。这些操作包括挂起线程的执行和唤醒挂起的线程等。
按照上面的思路设计出 CWinThread 类的接口成员如下。

```
class CWinThread              // _AFXWIN.H 文件
{
public:
// 线程对象的初始化（Constructors）
    CWinThread();
    BOOL CreateThread(DWORD dwCreateFlags = 0, UINT nStackSize = 0,
        LPSECURITY_ATTRIBUTES lpSecurityAttrs = NULL);

// 保存和设置线程对象特有的属性（Attributes）
    HANDLE m_hThread;
    operator HANDLE() const { return m_hThread; }
    DWORD m_nThreadID;

    int GetThreadPriority();
    BOOL SetThreadPriority(int nPriority);

// 对线程的操作（Operations）
    DWORD SuspendThread();
    DWORD ResumeThread();
};
```

在同一时间里，一个进程中可能存在多个活动的线程，各线程的状态是不同的，比如各自
的 CWinThread 对象的指针等。随着知识的增加，你会发现线程之间状态的差别还有许多。这
就要求将这些差别组成一个数据结构维护起来。AFX_MODULE_THREAD_STATE 类是我们增
加的负责维护各线程状态的类。

这个维护线程状态的类是基于单个模块的。AFX_MODULE_THREAD_STATE 类名中出现
Module（模块）一词说明了此类的成员对线程和模块都是私有的，即只在与它相关联的线程和
模块中有效。模块的概念在讲述 DLL 时再详细讨论，现在认为模块是一个可执行的程序（EXE
文件）或一个 DLL 即可。

应用程序中需要维护的状态很多，如进程状态、线程状态等，所以将类库中声明各种状态
信息的代码放在单独的头文件，命名为_AFXSTAT.H，对应的实现文件命名为 AFXSTATE.CPP。
同样，将这两个文件放在工作目录下的 COMMON 目录下，以备写其他程序时使用。

进程中的每个线程都有自己的状态，AFX_MODULE_THREAD_STATE 类中成员的值在各
线程中有可能不同。这样，只有将表示线程状态的全局变量改写成线程局部变量才能使各线程
都有一份表示自己状态的变量，所以 AFX_MODULE_THREAD_STATE 类应从 CNoTrackObject
类派生，并且用 THREAD_LOCAL 宏定义一个该类的对象。下面是_AFXSTAT.H 文件中的代码。

```
#ifndef __AFXSTAT_H__              // _AFXSTAT.H 文件
#define __AFXSTAT_H__

#ifndef __AFXTLS_H__        // 确保包含了_afxtls.h 文件
    #include "_afxtls_.h"
#endif

class CWinThread;

// AFX_MODULE_THREAD_STATE (模块-线程状态)
class AFX_MODULE_THREAD_STATE : public CNoTrackObject
{
```

```
public:
    // 指向当前线程对象(CWinThread 对象)的指针
    CWinThread* m_pCurrentWinThread;
};
EXTERN_THREAD_LOCAL(AFX_MODULE_THREAD_STATE, _afxModuleThreadState)
AFX_MODULE_THREAD_STATE* AfxGetModuleThreadState();

#endif // __AFXSTAT_H__
```

与 _AFXSTAT.H 文件相对应的 AFXSTATE.CPP 文件中的代码如下。

```
#include "_afxstat_.h"

AFX_MODULE_THREAD_STATE* AfxGetModuleThreadState()
{
    return _afxModuleThreadState.GetData();
}
THREAD_LOCAL(AFX_MODULE_THREAD_STATE, _afxModuleThreadState)
```

我们定义了 _afxModuleThreadState 线程局部变量管理各线程的状态，并定义了 AfxGet
ModuleThreadState 函数取得当前线程中 AFX_MODULE_THREAD_STATE 类的指针。

事实上，AFX_MODULE_THREAD_STATE 类的成员是不会这么少的，除了包含一个
m_pCurrentWinThread，该类还包含了各种句柄映射、套接字映射等。在以后的程序设计里还
需要逐渐地添加新成员。

上面定义的 CWinThread 类仅仅提供了最基本的接口成员。要想创建新线程还必须保存新
线程函数的首地址和传给线程函数的参数。只有提供了这些信息，CWinThread 类的 Create
Thread 函数才能工作，所以还要向 CWinThread 类中添加以下成员。

```
public:
    CWinThread(AFX_THREADPROC pfnThreadProc, LPVOID pParam);

    LPVOID m_pThreadParams;                    // 用户传递给新线程的参数
    AFX_THREADPROC m_pfnThreadProc;            // 线程函数的地址
```

AFX_THREADPROC 是作者自定义的宏，表示 CWinThread 类要求传递的线程函数的类型。

```
typedef UINT (__cdecl *AFX_THREADPROC)(LPVOID);
```

用户使用 CWinThread 类创建新线程时，我们在背后还要做许多工作，比如设置新线程的
线程状态、进入消息循环（以后要讲）等。而在线程结束的时候，我们又要释放 CWinThread
类占用的空间、释放线程局部存储占用的空间等。所以，当使用 CWinThread::CreateThread 创
建新的线程时，我们不直接将用户要求的线程函数的地址 m_pfnThreadProc 传给 _beginthreadex
函数，而是传递一个我们自定义的名称为 _AfxThreadEntry 的函数作为线程函数。此函数完成
初始化工作以后再调用用户传递的线程函数以执行用户的代码，用户的线程函数正常返回以后
我们还可以再做一些清理工作。

把控制新线程的 CWinThread 对象的指针作为线程参数传给 _AfxThreadEntry 函数，该函数
就能正确的调用 m_pfnThreadProc 指向的函数了。可是，如果新线程初始化失败怎么办？
CWinThread::CreateThread 函数如何等待子线程初始化完毕后再返回线程创建的结果？所以必
须设计一种机制来解决父线程和子线程的同步问题。

最简单的方法就是使用事件内核对象了。在创建新线程前，父线程创建两个事件内核对象
（hEvent 和 hEvent2），创建完毕后就在 hEvent 上等待；子线程首先做初始化工作，工作完成后
调用 SetEvent 函数将 hEvent 置位，通知父线程，然后再在 hEvent2 上等待；父线程接到通知
继续执行，检查创建参数看用户是否要求被创建的线程处于暂停状态，如果是，此时就将子线

程挂起。最后，在从 CWinThread::CreateThread 函数返回前父线程要将 hEvent2 置位，使子线程不会因为在这个事件上等待而暂停执行。下面是创建线程时使用的数据结构。

```
struct _AFX_THREAD_STARTUP
{
    CWinThread* pThread;        // 控制新线程的 CWinThread 对象的指针
    HANDLE hEvent;              // 此事件在线程初始化完毕后将被触发
    HANDLE hEvent2;             // 此事件在线程从 CreateThread 函数返回时将被触发
    BOOL bError;               // 指示线程是否初始化成功
};
```

用该结构定义的变量的地址作为线程入口函数的参数被传递给 _beginthreadex 函数来创建线程。线程函数 _AfxThreadEntry 首先利用上述结构中成员的值进行初始化，具体代码在 THRDCORE.CPP 文件中。

```
UINT __stdcall _AfxThreadEntry(void* pParam)      //  THRDCORE.CPP 文件中
{
    _AFX_THREAD_STARTUP* pStartup = (_AFX_THREAD_STARTUP*)pParam;
    CWinThread* pThread = pStartup->pThread;
    try
    {
        // 设置新线程的状态
        AFX_MODULE_THREAD_STATE* pState = AfxGetModuleThreadState();
        pState->m_pCurrentWinThread = pThread;
    }
    catch(...)
    {
        // 如果 try 块有异常抛出，此处的代码将被执行
        pStartup->bError = TRUE;
        ::SetEvent(pStartup->hEvent);
        AfxEndThread((UINT)-1, FALSE);
    }

    // 调用下面的 SetEvent 函数后，pStartup 所指向的内存空间就有可能被父线程销毁，
    // 所以要保存 hEvent2 的值
    HANDLE hEvent2 = pStartup->hEvent2;

    // 允许父线程从 CWinThread::CreateThread 函数返回
    ::SetEvent(pStartup->hEvent);

    // 等待父线程中 CWinThread::CreateThread 函数的代码执行完毕
    ::WaitForSingleObject(hEvent2, INFINITE);
    ::CloseHandle(hEvent2);

    // 调用用户指定的线程函数
    DWORD nResult = (*pThread->m_pfnThreadProc)(pThread->m_pThreadParams);

    // 结束线程
    AfxEndThread(nResult);
    return 0;
}
```

try-catch 语句可以用来捕获 try 块中由 throw 语句抛出的任意类型的异常。

AfxEndThread 是自定义的用于结束当前线程的函数。它在完成一些清理工作以后会主动调用 _endthreadex 函数来结束线程。其实现代码待会儿再讨论。现在来看看父线程中 CWinThread::CreateThread 函数是如何创建子线程的。

```
BOOL CWinThread::CreateThread(DWORD dwCreateFlags,                    // THRDCORE.CPP 文件中
                     UINT nStackSize, LPSECURITY_ATTRIBUTES lpSecurityAttrs)
{
    // 为线程的初始化定义变量 startup
    _AFX_THREAD_STARTUP startup; memset(&startup, 0, sizeof(startup));
    startup.pThread = this;
    startup.hEvent = ::CreateEvent(NULL, TRUE, FALSE, NULL);
    startup.hEvent2 = ::CreateEvent(NULL, TRUE, FALSE, NULL);

    // 创建一个初始状态为不可调度的线程（挂起）
    m_hThread = (HANDLE)_beginthreadex(lpSecurityAttrs, nStackSize,
        &_AfxThreadEntry, &startup, dwCreateFlags | CREATE_SUSPENDED, (UINT*)&m_nThreadID);
    if (m_hThread == NULL)
        return FALSE;

    // 恢复线程的执行，并等待线程初始化完毕
    ResumeThread();
    ::WaitForSingleObject(startup.hEvent, INFINITE);
    ::CloseHandle(startup.hEvent);

    // 如果用户创建的是一个挂起的线程，我们就暂停线程的运行
    if (dwCreateFlags & CREATE_SUSPENDED)
        ::SuspendThread(m_hThread);

    // 如果线程在初始化时出错，释放所有资源
    if (startup.bError)
    {
        ::WaitForSingleObject(m_hThread, INFINITE);
        ::CloseHandle(m_hThread);
        m_hThread = NULL;
        ::CloseHandle(startup.hEvent2);
        return FALSE;
    }

    // 通知线程继续运行
    ::SetEvent(startup.hEvent2);
    return TRUE;
}
```

CreateThread 和_AfxThreadEntry 在线程的创建过程中使用同步手段交互等待、执行。CreateThread 由创建线程执行，_AfxThreadEntry 由被创建的线程执行，两者通过两个事件对象（hEvent 和 hEvent2）同步。

在创建了新线程之后，创建线程将在 hEvent 事件上无限等待直到新线程给出创建结果；新线程在创建成功或者失败之后，触发事件 hEvent 让父线程运行，并且在 hEven2 上无限等待直到父线程退出 CreateThread 函数；父线程（创建线程）因为 hEvent 的置位结束等待，继续执行，退出 CreateThread 之前触发 hEvent2 事件；新线程（子线程）因为 hEvent2 的置位结束等待，调用用户提供的线程函数。图 3.16 详细描述了上述过程。

不应该让用户在创建新线程的时候直接使用 CWinThread 类，这样很不方便，而应该提供一个可以独立创建线程的全局函数，此全局函数在内部动态创建 CWinThread 类的对象，并创建线程。函数命名为 AfxBeginThread，代码如下。

```
CWinThread* AfxBeginThread(AFX_THREADPROC pfnThreadProc, LPVOID pParam,
    int nPriority, UINT nStackSize, DWORD dwCreateFlags,
    LPSECURITY_ATTRIBUTES lpSecurityAttrs)                    // THRDCORE.CPP 文件中
```

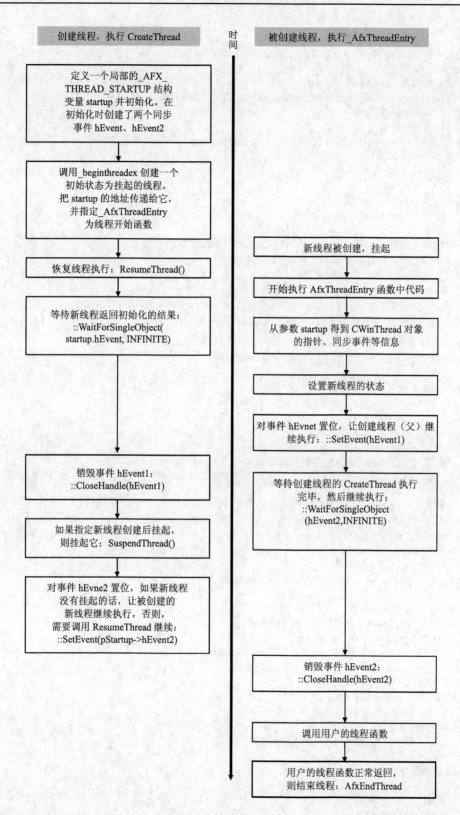

图 3.16　线程的创建过程

```
{
    // 为新线程创建一个 CWinThead 类的对象
    CWinThread* pThread = new CWinThread(pfnThreadProc, pParam);

    // 创建线程，并挂起
    if (!pThread->CreateThread(dwCreateFlags|CREATE_SUSPENDED, nStackSize,
        lpSecurityAttrs))
    {
        pThread->Delete();  // 相当于执行 "delete pThread"，下面要讲述 CWinThread::Delete 函数
        return NULL;
    }

    // 设置新线程的优先级
    pThread->SetThreadPriority(nPriority);

    // 如果没有指定 CREATE_SUSPENDED 标记，则唤醒线程
    if (!(dwCreateFlags & CREATE_SUSPENDED))
        pThread->ResumeThread();
    return pThread;
}
```

线程类的对象是动态创建的，在线程运行结束后我们必须把此对象销毁，Delete 成员函数就是为这个目的而设计的。迄今为止，AFXWIN.H 文件中的代码如下。

```
typedef UINT (__cdecl *AFX_THREADPROC)(LPVOID);

class CWinThread
{
public:
// 线程对象的初始化（Constructors）
    CWinThread();
    BOOL CreateThread(DWORD dwCreateFlags = 0, UINT nStackSize = 0,
                                LPSECURITY_ATTRIBUTES lpSecurityAttrs = NULL);

// 保存和设置线程对象特有的属性（Attributes）
    BOOL m_bAutoDelete;  // 指示在线程结束后，是否要销毁此对象
    HANDLE m_hThread;
    DWORD m_nThreadID;
    operator HANDLE() const
        { return this == NULL ? NULL : m_hThread; }

    int GetThreadPriority()
        { return ::GetThreadPriority(m_hThread); }
    BOOL SetThreadPriority(int nPriority)
        { return ::SetThreadPriority(m_hThread, nPriority); }

// 对线程的操作（Operations）
    DWORD SuspendThread()
        { return ::SuspendThread(m_hThread); }
    DWORD ResumeThread()
        { return ::ResumeThread(m_hThread); }

// 具体实现(Implementation)
public:
    virtual ~CWinThread();
    virtual void Delete();
    void CommonConstruct();
```

```
public:
        CWinThread(AFX_THREADPROC pfnThreadProc, LPVOID pParam);

        LPVOID m_pThreadParams;          // 用户传递给新线程的参数
        AFX_THREADPROC m_pfnThreadProc; // 线程函数的地址
};

// 提供给用户使用的全局函数
CWinThread* AfxBeginThread(AFX_THREADPROC pfnThreadProc, LPVOID pParam,
        int nPriority = THREAD_PRIORITY_NORMAL, UINT nStackSize = 0,
        DWORD dwCreateFlags = 0, LPSECURITY_ATTRIBUTES lpSecurityAttrs = NULL);
CWinThread* AfxGetThread();
void AfxEndThread(UINT nExitCode, BOOL bDelete = TRUE);
```

其中斜体字所示的成员是新增加的。上面代码的具体实现都在 THRDCORE.CPP 文件中。

```
struct _AFX_THREAD_STARTUP
{
        // ...          // _AFX_THREAD_STARTUP 结构的定义，为节省篇幅不再重复，请参考前文
};
UINT __stdcall _AfxThreadEntry(void* pParam)
{
        // ...          // 请参考前文
}
CWinThread* AfxGetThread()// 返回当前线程 CWinThread 对象的指针
{
        // 取得模块线程状态指针
        AFX_MODULE_THREAD_STATE* pState = AfxGetModuleThreadState();
        return pState->m_pCurrentWinThread;
}
void AfxEndThread(UINT nExitCode, BOOL bDelete) // 结束当前线程
{
        // 释放当前 CWinThread 对象占用的内存
        AFX_MODULE_THREAD_STATE* pState = AfxGetModuleThreadState();
        CWinThread* pThread = pState->m_pCurrentWinThread;
        if (pThread != NULL)
        {
                if (bDelete)
                        pThread->Delete();
                pState->m_pCurrentWinThread = NULL;
        }

        // 释放线程局部存储占用的内存
        if (_afxThreadData != NULL)
                _afxThreadData->DeleteValues(NULL, FALSE);

        // 结束此线程的运行
        _endthreadex(nExitCode);
}
CWinThread* AfxBeginThread(AFX_THREADPROC pfnThreadProc, LPVOID pParam,
        int nPriority, UINT nStackSize, DWORD dwCreateFlags,
        LPSECURITY_ATTRIBUTES lpSecurityAttrs)
{
        // ...          // 请参考前文
}

//-------------------------------------- CWinThread 类-------------------------------------//
```

```
void CWinThread::CommonConstruct ()
{
    m_hThread = NULL;
    m_nThreadID = 0;
    m_bAutoDelete = TRUE;
}
CWinThread::CWinThread(AFX_THREADPROC pfnThreadProc, LPVOID pParam)
{
    m_pfnThreadProc = pfnThreadProc;
    m_pThreadParams = pParam;
    CommonConstruct();
}
CWinThread::CWinThread()
{
    m_pThreadParams = NULL;
    m_pfnThreadProc = NULL;
    CommonConstruct();
}
CWinThread::~CWinThread()
{
    // 释放线程内核对象句柄
    if (m_hThread != NULL)
        CloseHandle(m_hThread);

    // 清除线程的状态
    AFX_MODULE_THREAD_STATE* pState = AfxGetModuleThreadState();
    if (pState->m_pCurrentWinThread == this)
        pState->m_pCurrentWinThread = NULL;
}
BOOL CWinThread::CreateThread(DWORD dwCreateFlags, UINT nStackSize,
    LPSECURITY_ATTRIBUTES lpSecurityAttrs)
{
    //...          // 请参考前文
}

void CWinThread::Delete()
{
    // 如果指定了自动清除的话，删除 this 指针
    if (m_bAutoDelete)
        delete this;
}
```

　　系统最后提供了 AfxBeginThread 函数来创建新的线程，提供了 AfxEndThread 函数来终止当前线程的运行，提供了 AfxGetThread 函数来取得当前线程对象的指针。实现这些函数并不是很困难的事情，只要弄清楚创建新线程的步骤就可以了，这一点在图 3.16 中讲述得很清楚。

　　CWinThread 类在本书中具有举足轻重的地位。今后设计的许多类都是从 CWinThread 类派生出来的。原因很简单，任何代码都要在线程中执行。虽然在下面的章节还要不断地对这个系统进行升级，但基本的结构框架是不会变的。

　　下面的例子创建了 10 个线程，每个线程运行之后都打印出自己的线程 ID 号。这是 AfxBeginThread 函数的最小应用，大家可以参考一下。

```
#include <iostream>                      // 03CWinThread 工程下
#include "../common/_afxwin.h"

UINT MyFunc(LPVOID lpParam)
```

```
{
        printf(" Thread Identify: %d \n", AfxGetThread()->m_nThreadID);
        return 0;
}
void main()
{
        for(int i=0; i<10; i++)
        {
                AfxBeginThread(MyFunc, NULL);
        }
        system("pause");
}
```

使用 AfxBeginThread 函数创建额外的线程是一件很方便的事情。不用关心线程类对象的创建和销毁，不用关闭线程内核对象句柄，CWinThread 类做好了一切！图 3.17 是程序的输出结果。

需要注意的是，在使用 AfxBeginThread 函数返回的 CWinThread 类对象的指针的时候，应该保证该对象没有被自动销毁。通过前面的封装过程可以看到，只要将 CWinThread 类的 m_bAutoDelete 成员的值设为 FALSE 就可以阻止系统自动销毁 CWinThread 类的对象了。

图 3.17　10 个线程的输出结果

最后还要说一次，本节涉及的 4 个文件_AFXWIN.H、THRDCORE.CPP、_AFXSTAT.H 和 AFXSTATE.CPP 都应该在工作目录的 COMMON 文件夹下。

3.5 【实例】多线程文件搜索器

写多线程应用程序最困难的地方在于如何使各线程的工作协调进行。Windows 提供的用于线程间通信的各种机制是很容易掌握的，可是要把它们应用到工作中完成既定的功能时就会遇到这样那样的困难。本节就和大家一起来分享一些有代表性的代码，向大家讲述多线程编程思想的具体应用。

操作系统一般都提供了文件搜索的功能，但采用的是顺序搜索，效率很低。本节将介绍一个多线程搜索文件的例子。这个例子在查找文件时会同时启动 64 个线程，速度很快，源代码在配套光盘的 03RapidFinder 工程下。

3.5.1　搜索文件的基本知识

查找文件的时候，首先使用 FindFirstFile 函数，如果函数执行成功，返回句柄 hFindFile 来对应这个寻找操作，接下来可以利用这个句柄循环调用 FindNextFile 函数继续查找其他文件，直到该函数返回失败（FALSE）为止。最后还要调用 FindClose 函数关闭 hFindFile 句柄。在查找文件时一般使用下面的结构。

```
hFindFile = ::FindFirstFile(lpFileName, lpFindData);
if(hFindFile != INVALID_HANDLE_VALUE)
{
        do
        {
```

```
        //...    // 处理本次找到的文件
        }
        while(::FindNextFile(hFindFile, lpFindData));
        ::FindClose(hFindFile);
}
```

　　FindFirstFile 的第一个参数是要查找的文件的名称。如果文件名中不包含路径，系统就会在当前目录中查找文件，包含路径的话就在指定目录中查找。在文件名中可以用"*"或"?"通配符指定要查找的文件的特征。下面是文件名格式的几个例子。

```
lpFileName = "C:\\Windows\\*.*";              // 在 C:\Windows 目录中查找所有文件
lpFileName = "C:\\Windows\\System32\\*.exe";  // 在 C:\Windows\System32 中查找所有 exe 文件
lpFileName = "C:\\boot.ini";                  // 在 C:\目录中查找 boot.ini 文件
```

　　FindFirstFile 和 FindNextFile 函数中的参数 lpFindData 是一个指向 WIN32_FIND_DATA 结构的指针，该结构包含了找到的文件名和文件属性等数据，它的具体定义如下。

```
typedef struct _WIN32_FIND_DATA {
    DWORD dwFileAttributes;              // 文件属性
    FILETIME ftCreationTime;             // 文件的创建日期
    FILETIME ftLastAccessTime;           // 文件的最后存取日期
    FILETIME ftLastWriteTime;            // 文件的最后修改日期
    DWORD nFileSizeHigh;                 // 文件长度的高 32 位
    DWORD nFileSizeLow;                  // 文件长度的低 32 位
    DWORD dwReserved0;                   // 保留
    DWORD dwReserved1;                   // 保留
    TCHAR cFileName[MAX_PATH];           // 本次查找到的文件的名称
    TCHAR cAlternateFileName[14];        // 文件的 8.3 结构的短文件名
} WIN32_FIND_DATA, *PWIN32_FIND_DATA;
```

　　dwFileAttributes 成员可以是下面取值的一个组合，通过这个成员可以检查找到的究竟是一个文件还是一个子目录，以及其他的文件属性。

- FILE_ATTRIBUTE_ARCHIVE　　　　　文件包含归档属性
- FILE_ATTRIBUTE_COMPRESSED　　　文件和目录被压缩
- FILE_ATTRIBUTE_DIRECTORY　　　　找到的是一个目录
- FILE_ATTRIBUTE_HIDDEN　　　　　　文件包含隐含属性
- FILE_ATTRIBUTE_NORMAL　　　　　　文件没有其他属性
- FILE_ATTRIBUTE_READONLY　　　　　文件包含只读属性
- FILE_ATTRIBUTE_SYSTEM　　　　　　文件包含系统属性
- FILE_ATTRIBUTE_TEMPORARY T　　　文件是一个临时文件

　　下面再举一个小例子说明这些函数的用法。这个程序将电脑上 D:\Program Files 目录下的子目录的名称全都打印了出来。

```
int main(int argc, char* argv[])                // 03FileFind 工程下
{
        char szFileName[] = "D:\\Program Files\\*.*";
        WIN32_FIND_DATA findData;
        HANDLE hFindFile;

        hFindFile = ::FindFirstFile(szFileName, &findData);
        if(hFindFile != INVALID_HANDLE_VALUE)
        {
                do
                {
                        // 名称为"."的目录代表本目录，名称为".."的目录代表上一层目录
```

```
            // 我们这里不想要程序打印出这些符号
            if(findData.cFileName[0] == '.')
                continue;

            // 如果是目录的话就打印出来。注意，你应该对它们做 "&" 操作
            if(findData.dwFileAttributes & FILE_ATTRIBUTE_DIRECTORY)
                printf(" %s \n", findData.cFileName);
        }while(::FindNextFile(hFindFile, &findData));
        ::FindClose(hFindFile);
    }
    return 0;
}
```

最后程序的输出如图 3.18 所示。类似的代码在下面的多线程文件搜索器中也会出现。

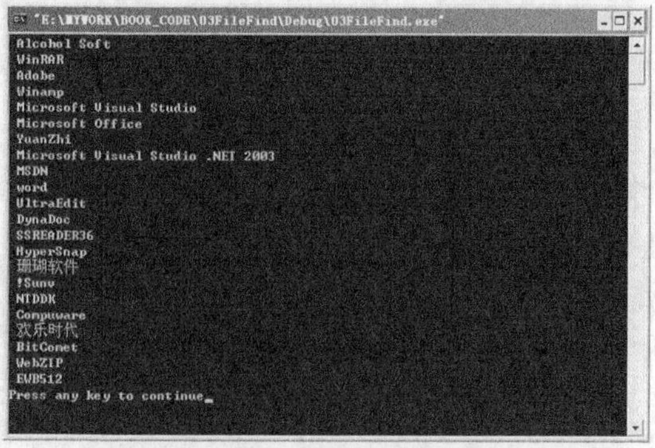

3.5.2　编程思路

文件搜索器要在指定的目录及所有下层子目录中查找文件，然后向用户显示出查找的结果。如果使用多线程的话，就意味着各线程要同时在不同目录中搜索文件。

这个程序最关键的地方是定义了一个动态的目录列表。

图 3.18　打印出指定目录下的子目录

```
CTypedSimpleList<CDirectoryNode*> m_listDir;
```

CDirectoryNode 是为使用 CTypedSimpleList 类模板而定义的用于存储目录的结构。

```
struct CDirectoryNode : public CNoTrackObject
{
    CDirectoryNode* pNext;        // CTypedSimpleList 类模板要使用此成员
    char szDir[MAX_PATH];        // 要查找的目录
};
```

选择从 CNoTrackObject 类继承主要是为了方便。当创建对象时，CNoTrackObject 类中重载版本的 operator new 会自动将对象里各成员的值初始化为 0。

在线程执行查找文件任务的时候，如果找到的是目录就将它添加到列表中；若找到的是文件，就用自定义 CheckFile 函数进行比较，判断是否符合查找条件，若符合就打印出来，显示给用户。线程在查找完一个目录以后，再从 m_listDir 列表中取出一个新的目录进行查找，同时将该目录对应的节点从表中删除。

当 m_listDir 为空时，线程就要进入暂停状态，等待其他线程向 m_listDir 中添加新的目录。这里用一个事件对象 m_hDirEvent 来控制这一过程。

```
HANDLE m_hDirEvent;        // 向 m_listDir 中添加新的目录后置位（受信）
```

m_listDir 为空时，线程就调用 WaitForSingleObject 函数在此事件上等待，成为 "非活动线程"；当线程搜索到新的目录，并添加到 m_listDir 中后，就调用 SetEvent 函数将此事件对象置为受信状态，促使等待在此对象上的一个线程恢复运行，成为 "活动线程"。

判断文件查找结束时仅判断 m_listDir 是否为空是不够的，因为当 m_listDir 为空时，有可能还有活动的线程，这些活动的线程可能还会产生新的未查找的目录。故只有在 m_DirList 为空且当前的活动线程数为 0 时才可以断定查找结束。

在查找结束，各个搜索线程将要终止的时候，还要通过一个事件对象通知主线程。

```
        HANDLE m_hExitEvent;      // 各搜索线程将要退出时置位（受信）
```

主线程创建完各个搜索线程（这里为 64 个）后就会在此事件上等待。辅助线程全部退出后，主线程才结束等待。

现在来看看具体的实现代码。传递给线程的参数的结构定义如下。

```
// 注意，你应该首先将 COMMON 目录下的文件添加到本工程中,否则会出现连接错误
#include "../common/_afxwin.h"                              // RapidFinder.h 文件

struct CDirectoryNode : public CNoTrackObject
{
        CDirectoryNode* pNext;      // CTypedSimpleList 类模板要使用此成员
        char szDir[MAX_PATH];       // 要查找的目录
};
class CRapidFinder
{
public:
        CRapidFinder(int nMaxThread);
        virtual ~CRapidFinder();
        BOOL CheckFile(LPCTSTR lpszFileName);

        int m_nResultCount;                                 // 结果数目
        int m_nThreadCount;                                 // 活动线程数目
        CTypedSimpleList<CDirectoryNode*> m_listDir;        // 目录列表
        CRITICAL_SECTION m_cs;                              // 关键代码段

        const int m_nMaxThread;                             // 最大线程数目
        char m_szMatchName[MAX_PATH];                       // 要搜索的文件
        HANDLE m_hDirEvent;                                 // 向 m_listDir 中添加新的目录后置位（受信）
        HANDLE m_hExitEvent;                                // 各搜索线程将要退出时置位（受信）
};
```

CRapidFinder 类只在本节的搜索器中才被使用，并不是类库的一部分，别把包含它的文件也放在 COMMON 目录下。

成员 m_nResultCount、m_nThreadCount 和 m_listDir 要在多个线程中被读写，所以要注意线程间的互斥，这里用一个关键代码段变量 m_cs 将它们保护起来。

成员 m_nMaxThread 记录了要创建的搜索线程的数量，实例化一个 CRapidFinder 对象的时候，此成员就要被初始化为一个用户传递的值。

在类的构造函数中要初始化各变量的值、创建事件对象、初始化关键代码段等，而在类的析构函数中又要做一些清理工作。

```
// m_nMaxThread 成员是一个 const 类型的变量，必须使用成员初始化列表来初始化它的值
CRapidFinder::CRapidFinder(int nMaxThread) : m_nMaxThread(nMaxThread)
{
        m_nResultCount = 0;
        m_nThreadCount = 0;
        m_szMatchName[0] = '\0';

        m_listDir.Construct(offsetof(CDirectoryNode, pNext));
        m_hDirEvent = ::CreateEvent(NULL, FALSE, FALSE, NULL);
        m_hExitEvent = ::CreateEvent(NULL, FALSE, FALSE, NULL);
        ::InitializeCriticalSection(&m_cs);
}
CRapidFinder::~CRapidFinder()
{
        ::CloseHandle(m_hDirEvent);
```

```
        ::CloseHandle(m_hExitEvent);
        ::DeleteCriticalSection(&m_cs);
}
```

CheckFile 函数用于检查搜索到的文件是不是用户所需要的。它主要使用了_strupr 和 strstr 等字符串处理函数，这些函数定义在 string.h 头文件中。CheckFile 的实现代码如下。

```
BOOL CRapidFinder::CheckFile(LPCTSTR lpszFileName)
{
        char string[MAX_PATH];
        char strSearch[MAX_PATH];
        strcpy(string, lpszFileName);
        strcpy(strSearch, m_szMatchName);

        // 将字符串 string 和 strSearch 中的字符全部转化成大写
        _strupr(string);
        _strupr(strSearch);

        // 找出字符串 strSearch 在字符串 string 中第一次出现的位置
        // 如果 string 中不包含 strSearch，strstr 函数返回 NULL
        if(strstr(string, strSearch) != NULL)
                return TRUE;
        return FALSE;
}
```

搜索文件的线程要使用同一个函数 FinderEntry 作为线程函数，前面的讨论都是为讲述此线程函数做铺垫的。下面是函数的具体实现。

```
UINT FinderEntry(LPVOID lpParam)
{
        CRapidFinder* pFinder = (CRapidFinder*)lpParam;
        CDirectoryNode* pNode = NULL;    // 从 m_listDir 中取出的节点
        BOOL bActive = TRUE;             // 指示当前线程的状态

        // 循环处理 m_listDir 列表中的目录
        while(1)
        {
                // 从 m_listDir 列表中取出一个新的目录
                ::EnterCriticalSection(&pFinder->m_cs);
                if(pFinder->m_listDir.IsEmpty())
                {
                        bActive = FALSE;
                }
                else
                {
                        pNode = pFinder->m_listDir.GetHead();
                        pFinder->m_listDir.Remove(pNode);
                }
                ::LeaveCriticalSection(&pFinder->m_cs);

                // m_listDir 为空的话就试图在 m_hDirEvent 事件上等待
                if(!bActive)
                {
                        // 准备进入等待状态
                        ::EnterCriticalSection(&pFinder->m_cs);
                        pFinder->m_nThreadCount--;
                        if(pFinder->m_nThreadCount == 0)  // 查看是否已经查找完毕
                        {
                                ::LeaveCriticalSection(&pFinder->m_cs);
```

```
                break;
            }
            ::LeaveCriticalSection(&pFinder->m_cs);

            // 进入等待状态
            ResetEvent(pFinder->m_hDirEvent);
            ::WaitForSingleObject(pFinder->m_hDirEvent, INFINITE);

            // 变成活动线程后进入下一次循环
            ::EnterCriticalSection(&pFinder->m_cs);
            pFinder->m_nThreadCount++;
            ::LeaveCriticalSection(&pFinder->m_cs);
            bActive = TRUE;
            continue;
        }

        // 在 pNode 指向的目录中查找文件

        WIN32_FIND_DATA fileData;
        HANDLE hFindFile;
        // 设置成 X:\XXXX\*.*的格式
        if(pNode->szDir[strlen(pNode->szDir)-1] != '\\')
            strcat(pNode->szDir, "\\");
        strcat(pNode->szDir, "*.*");
        hFindFile = ::FindFirstFile(pNode->szDir, &fileData);
        if(hFindFile != INVALID_HANDLE_VALUE)
        {
            do
            {
                if(fileData.cFileName[0] == '.')
                    continue;
                if(fileData.dwFileAttributes&FILE_ATTRIBUTE_DIRECTORY)
                {
                    // 将搜索到的目录添加到目录列表中

                    // 为新的节点申请内存空间，设置完整的目录名称
                    CDirectoryNode* p = new CDirectoryNode;
                    strncpy(p->szDir, pNode->szDir, strlen(pNode->szDir)-3);
                    strcat(p->szDir, fileData.cFileName);
                    // 添加到列表中
                    ::EnterCriticalSection(&pFinder->m_cs);
                    pFinder->m_listDir.AddHead(p);
                    ::LeaveCriticalSection(&pFinder->m_cs);
                    // 促使一个"非活动线程"变成"活动线程"
                    ::SetEvent(pFinder->m_hDirEvent);
                }
                else
                {
                    // 检查搜索到的文件
                    if(pFinder->CheckFile(fileData.cFileName))
                    {
                        ::EnterCriticalSection(&pFinder->m_cs);
                        ::InterlockedIncrement((long*)&pFinder->m_nResultCount);
                        ::LeaveCriticalSection(&pFinder->m_cs);
                        printf("   %s \n", fileData.cFileName);
                    }
                }
```

```
                    }
                }while(::FindNextFile(hFindFile, &fileData));
            }
            // 此节点保存的目录已经搜索完毕，释放内存空间，进入下次循环
            delete pNode;
            pNode = NULL;
        }

        // 促使一个搜索线程从 WaitForSingleObject 函数返回，并退出循环
        ::SetEvent(pFinder->m_hDirEvent);

        // 判断此线程是否是最后一个结束循环的线程，如果是就通知主线程
        if(::WaitForSingleObject(pFinder->m_hDirEvent, 0) != WAIT_TIMEOUT)
        // 如果此时 pFinder->m_hDirEvent 所对应的事件对象为受信状态，
        // WaitForSingleObject 函数的返回值将是 WAIT_OBJECT_0
        {
            // 通知主线程最后一个搜索线程即将退出，文件搜索完毕
            ::SetEvent(pFinder->m_hExitEvent);
        }
        return 0;
    }
```

　　存取全局变量的值的时候，一定要在临界区对象的保护下进行，不然，64 个线程同时访问它们，很难达到同步的要求。

　　线程启动后进入无限循环，处理 m_listDir 列表中的目录。在每次循环里，线程首先判断 m_listDir 是否为空。如果为空的话，线程就对表示活动线程数量的变量 m_nThreadCount 做减 1 操作，如果减 1 后 m_nThreadCount 的值不是 0，该线程就进入等待状态。

```
// 进入等待状态
ResetEvent(pFinder->m_hDirEvent);
::WaitForSingleObject(pFinder->m_hDirEvent, INFINITE);
```

　　当其他活动的线程查找到新的目录，并添加到 m_listDir 列表中以后，会使 m_hDirEvent 句柄对应的事件对象受信，唤醒一个正在等待的线程。

```
::EnterCriticalSection(&pFinder->m_cs);
pFinder->m_listDir.AddHead(p);
::LeaveCriticalSection(&pFinder->m_cs);
// 促使一个"非活动线程"变成"活动线程"
::SetEvent(pFinder->m_hDirEvent);
```

　　如果发现减 1 后 m_nThreadCount 的值变成了 0，就说明其他搜索线程都进入了暂停状态，已经没有线程再有机会向 m_listDir 列表添加新的目录了。也就是说文件查找已经结束，自己是唯一一个活动的线程了。此时，这个唯一活动的线程要退出 while 循环，但在它从线程函数返回以前必须唤醒一个等待在 m_hDirEvent 事件上的线程，否则余下的 63 个线程将永远等下去。下面语句将会使其他 63 个线程中的一个线程从 WaitForSingleObject 函数返回。

```
// 促使一个搜索线程从 WaitForSingleObject 函数返回，并退出循环
::SetEvent(pFinder->m_hDirEvent);
```

　　这个新返回的线程检查到 m_listDir 为空，并且 m_nThreadCount 的值是 0，也退出 while 循环。同样，它也会执行上面的语句，再唤醒一个线程。如此类推，一个线程结束的时候唤醒另一个线程，最后全部线程都会退出 while 循环从线程函数返回。

　　当第 64 个线程（最后一个）运行到这里的时候情况就有些不同了。m_hDirEvent 句柄对应的事件内核对象是自动重置的，即在它上面等待的 WaitForSingleObject 函数返回时，系统会自动重置此事件对象为未受信状态。第 64 个线程执行"::SetEvent(pFinder->m_hDirEvent);"语句

时，已经没有其他线程在 m_hDirEvent 事件上等待了，也就不会有其他线程重置此事件对象，所以线程继续执行下面一行代码的时候，

```
// 判断此线程是否是最后一个结束循环的线程，如果是就通知主线程
if(::WaitForSingleObject(pFinder->m_hDirEvent, 0) != WAIT_TIMEOUT)
// 如果此时 pFinder->m_hDirEvent 所对应的事件对象为受信状态，
// WaitForSingleObject 函数的返回值将是 WAIT_OBJECT_0
{
    // 通知主线程最后一个搜索线程即将退出，文件搜索完毕
    ::SetEvent(pFinder->m_hExitEvent);
}
```

WaitForSingleObject 会返回 WAIT_OBJECT_0，而不是 WAIT_TIMEOUT。这样一来，第 64 个退出的线程将通知主线程：执行文件搜索的最后一个线程即将退出。

在 main 函数（主线程）中，要创建一个 CRapidFinder 类的对象，设置必要的参数信息后，以对象的地址作为线程函数的参数，同时创建 64 个线程去搜索文件。假如要查找 C 盘下所有名称为 stdafx 的文件，可以如下文所示来写 main 函数。

```
void main()
{
    CRapidFinder* pFinder = new CRapidFinder(64);
    CDirectoryNode* pNode = new CDirectoryNode;

    // 只是为了测试才这样做
    char szPath[] = "C:\\";
    char szFile[] = "stdafx";

    // 设置参数信息
    strcpy(pNode->szDir, szPath);
    pFinder->m_listDir.AddHead(pNode);
    strcpy(pFinder->m_szMatchName, szFile);

    // 创建辅助线程并等待查找结束
    pFinder->m_nThreadCount = pFinder->m_nMaxThread;
    for(int i=0; i<pFinder->m_nMaxThread; i++)
    {
        AfxBeginThread(FinderEntry, pFinder);
    }
    ::WaitForSingleObject(pFinder->m_hExitEvent, INFINITE);

    // 打印出结果
    printf(" 最终查找到的文件的个数为：%d \n", pFinder->m_nResultCount);
    delete pFinder;
}
```

图 3.19 是该程序的运行结果。

图 3.19　搜索到的文件

第 4 章 Windows 图形界面

虽然还没有接触过窗口程序，但你已经写了数量可观的程序代码。有了这些基础知识后再研究基于图形界面的 Windows 程序就比较容易了。

本章主要讨论创建和管理窗口应用程序所需要掌握的编程原理和具体的编程方法。首先讲述创建窗口的过程和 Windows 消息驱动机制；然后通过一个简单的打字程序说明处理消息的过程；接着通过各种例子代码演示 GDI（Graphics Device Interface，图形设备接口）函数的使用方法；最后以一个功能完整、界面友好的时钟程序结尾，让读者熟练掌握基于窗口图形界面的应用程序的设计方法。

4.1 了 解 窗 口

在图形化基于视窗的应用程序里，窗口就是屏幕上的一块区域。在这块区域中，应用程序取得用户的输入，显示程序的输出。因此，GUI 应用程序的首要任务就是创建一个窗口。

每个 GUI 应用程序至少要创建一个窗口，称为主窗口，它作为用户与应用程序间的主界面来提供服务。大多数应用程序也直接或者间接地创建其他窗口，来完成与主窗口相关的工作。每个窗口都在显示输出和从用户取得输入方面起着一定的作用。

应用程序的主窗口包括标题栏、菜单栏、Windows 系统菜单、最小化按钮、最大化按钮、恢复按钮、关闭按钮、可改变大小的边框、窗口客户区、垂直滚动条和水平滚动条，如图 4.1 所示。

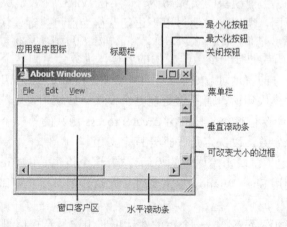

图 4.1 一个主窗口的基本组成

窗口客户区是应用程序显示输出（如文本或图形）的部分。应用程序必须提供一个称为窗口函数的回调函数来处理窗口的输入，向客户区显示输出。本章下面部分将详细讨论窗口的创建过程，并介绍如何在窗口的客户区绘制图形。

4.2　第一个窗口程序

4.2.1　创建 Win32 工程和 MessageBox 函数

前面讲的程序都是使用控制台界面来接受输入、显示输出的。要想使用窗口界面与用户交互必须首先创建一个 Win32 工程。

（1）运行 VC++ 6.0，选择菜单命令“File/New...”，在弹出的 New 对话框中打开 Projects 选项卡，选项卡左侧列表框中有多种工程类型，要创建 Win32 应用程序，选中 Win32 Application 选项，然后在右侧的“Project Name”中输入工程名 04Win32AppDemo，在“Location”中输入存放工程文件的路径。

（2）单击 OK 按钮，出现要求选择 Win32 应用程序类型的对话框。VC 将根据不同选择自动产生不同的程序代码，在这里选中第二项“A simple Win32 application”。

（3）单击 Finish 按钮，完成工程创建。

现在打开由 VC 自动生成的 04Win32AppDemo.cpp 文件会发现以前熟知的 main 函数没有了，变成了 WinMain 函数，这就是程序的入口地址。

```cpp
int APIENTRY WinMain(HINSTANCE hInstance,        // 本模块的实例句柄
                     HINSTANCE hPrevInstance,    // Win16 留下的废物，现在已经不用了
                     LPSTR lpCmdLine,            // 命令行参数
                     int nCmdShow)               // 主窗口初始化时的显示方式
{
    // 下面这行代码是我添加的，用于弹出一个小对话框
    ::MessageBox(NULL, "Hello, Win32 Application", "04Win32AppDemo", MB_OK);
    return 0;
}
```

GUI 应用程序的入口函数是 WinMain，这是一个自定义的回调函数。APIENTRY 是 __stdcall 的宏定义，说明 WinMain 函数采用的是 Windows 标准调用方式。系统传递给 WinMain 函数的几个参数含义如下。

（1）hInstance 指定了当前模块的实例句柄。其实在 Win32 下，模块的实例句柄和模块句柄是一样的，只是说法不同，所以可以通过以下语句获得当前可执行模块的实例句柄。

```cpp
hInstance = ( HINSTANCE )GetModuleHandle(NULL);        // 取得应用程序的实例句柄（即模块句柄）
```

GetModuleHandle 函数的唯一参数是模块的名称，函数会返回这个模块的句柄。模块句柄的值就是该模块在内存中的首地址。如果为 GetModuleHandle 传递 NULL 的话，函数返回的是可执行文件所在模块的模块句柄，而不管是在哪个模块中做这个调用的。

（2）lpCmdLine 是命令行参数。其值由 CreateProcess 函数的第二个参数指定。通常应用程序在初始化时检查这个参数，以决定是否打开特定文档。

（3）nCmdShow 指定了窗口初始化时的显示方式。这个值也是由 CreateProcess 函数传递的。一般以这个值为参数调用 ShowWindow 就可以了，此函数用于设置窗口的显示状态，过一会儿再讨论它。

MessageBox 函数的作用是弹出一个小的对话框向用户显示短信息，并将用户最终的选择返回给调用者。其函数原型如下。

```cpp
int MessageBox(
    HWND hWnd,            // 一个窗口句柄，它指定了哪一个窗口将拥有要创建的消息框
    LPCTSTR lpText,       // 将要显示的消息
    LPCTSTR lpCaption,    // 对话框的标题
```

```
    UINT uType                    // 指定对话框的内容和行为
);
```

窗口句柄 HWND 唯一地标识了一个窗口，大多数管理窗口的函数都使用它。04Win32AppDemo 程序为这个参数传递了 NULL，表明没有窗口拥有弹出的对话框。第 4 个参数 uType 指定了对话框的内容和行为，其值可以是来自下列各组标志的一个标志组合。

（1）为了指定希望在消息框中显示的按钮，要指定下组中的一个值。

- MB_OK   消息框包含一个按钮：确定，这是默认按钮
- MB_OKCANCEL   消息框包含两个按钮：确定和取消
- MB_ABORTRETRYIGNORE   消息框包含 3 个按钮：终止、重试和忽略
- MB_YESNOCANCEL   消息框包含 3 个按钮：是、否和取消
- MB_YESNO   消息框包含两个按钮：是和否
- MB_RETRYCANCEL   消息框包含两个按钮：重试和取消

（2）为了在对话框中显示一个图标，要指定下组中的一个值。

- MB_ICONHAND   一个停止标志图标：⊗
- MB_ICONQUESTION   一个询问标志图标：?
- MB_ICONEXCLAMATION   一个感叹号图标：⚠

（3）为了指示默认的选中按钮，要指定下组中的一个值。

- MB_DEFBUTTON1   第一个按钮是选中按钮
- MB_DEFBUTTON2   第二个按钮是选中按钮
- MB_DEFBUTTON3   第三个按钮是选中按钮
- MB_DEFBUTTON4   第四个按钮是选中按钮

在本程序中，MessageBox 返回数值 IDOK，这个宏在 WINUSER.H 中定义，等于 1。根据在消息框中显示的其他按钮，MessageBox 函数还可返回 IDYES、IDNO、IDCANCEL、IDABORT、IDRETRY 或 IDIGNORE。

例如下面几行代码的运行结果如图 4.2 所示。

```
int nSel = ::MessageBox(NULL, "Hello, Win32 Application",
                "04Win32AppDemo", MB_YESNOCANCEL|MB_ICONQUESTION|MB_DEFBUTTON3);
if(nSel == IDYES)          // 用户选择了"是"按钮
{
} else if(nSel == IDNO)    // 用户选择了"否"按钮
{
} else if(nSel == IDCANCEL) // 用户选择了"取消"按钮
{
}
```

4.2.2　Windows 的消息驱动

用户创建窗口后，就要对窗口的行为负责。比如，当用户拖拽窗口的标题栏时，应该跟随鼠标移动这个窗口，当用户单击最小化按钮时，应该最小化这个窗口等。如果不这么做，程序将失去窗口界面的友好性。但是，程序如何能够知道用户在窗口上的动作呢？是操作系统告诉程序的。Windows 不断向应用程序发送消息，通知发生了什么事情。比如用户改变了窗口的大小，Windows 就向这个程序发送一个消息，指明窗口新的大小。

图 4.2　MessageBox 对话框

当 Windows 向程序发送消息时，它调用程序中的一个函数，这个函数的参数精确地描述

了 Windows 发送的消息。在程序中称这个函数为窗口函数（Window Procedure）或消息处理函数。它是一个自定义的回调函数，原型如下。

```
LRESULT CALLBACK WindowProc(HWND hwnd, UINT uMsg, WPARAM wParam, LPARAM lParam);
```

CALLBACK 宏是 __stdcall 的意思，说明采用 Windows 标准方式传递参数。hWnd 参数标识了消息到达的窗口；uMsg 参数是一个被命名的常量（消息 ID 号），它指定了所发的消息，当窗口函数接受到消息时，它使用消息 ID 号来决定如何处理这个消息；wParam 和 lParam 是消息的两个参数，其值取决于 uMsg。

例如，一般的应用程序在接收到 WM_CLOSE 消息后会去试图销毁自己的窗口，所以可以通过向窗口发送 ID 号为 WM_CLOSE 的消息来关闭它。下面代码为了关闭记事本程序，向它的主窗口发送了 WM_CLOSE 消息（04TellToClose 工程）。

```
int main(int argc, char* argv[])
{
    // 查找标题为 "无标题 - 记事本" 的窗口
    // 也可以使用类名来查找，如 "::FindWindow("Notepad", NULL);"
    HWND hWnd = ::FindWindow(NULL, "无标题 - 记事本");
    if(hWnd != NULL)
    {
        // 向目标窗口发送 WM_CLOSE 消息
        ::SendMessage(hWnd, WM_CLOSE, 0, 0);
    }
    return 0;
}
```

FindWindow 函数用于查找窗口类名称和窗口标题与指定字符串相匹配的窗口。记事本程序的窗口类名称为 "Notepad"，所以可以将它传递给 FindWindow 查找记事本程序的主窗口。如果找到，返回的是记事本程序的主窗口句柄，否则返回 NULL。

在运行这个程序前，要先打开系统自带的记事本程序。04TellToClose 会向这个记事本窗口发送 WM_CLOSE 消息，记事本主窗口的窗口函数接收到这个消息后就会关闭自己。

SendMessage 函数用于向窗口发送消息，直到目标窗口处理完这个消息后才返回。函数的 4 个参数与窗口函数 WindowProc 的 4 个参数相对应。

上例是一个应用程序向另一个应用程序发送消息的过程，系统向应用程序发送消息的过程是相似的。系统为应用程序传递所有的输入到它的各个窗口，每个窗口都关联一个窗口函数，每当这个窗口有输入时，系统调用该函数。窗口函数处理输入，然后再将控制权交给系统。

写控制台程序的时候，如果想从用户取得输入，只要调用一个类似 scanf 的函数就行了，这些函数会在取得输入后才返回。基于窗口界面的 Windows 应用程序是事件驱动的（event-driven）。为了取得输入，它们并不做显式的函数调用，而是等待系统传递输入给它们。

4.2.3　创建窗口

下面先看一个最简单的窗口程序的源代码（04FirstWindow 工程下），它的作用是弹出一个典型的 Windows 窗口。这些代码可以作为今后用 API 写 Windows 程序的基本框架。本章以后的例子都是在这个框架的基础上扩充而来的。

```
// 窗口函数的函数原型
LRESULT CALLBACK MainWndProc(HWND, UINT, WPARAM, LPARAM);

int APIENTRY WinMain(HINSTANCE hInstance,
                     HINSTANCE hPrevInstance,
```

```
                    LPSTR        lpCmdLine,
                    int          nCmdShow)
{
    char szClassName[] = "MainWClass";
    WNDCLASSEX wndclass;

    // 用描述主窗口的参数填充 WNDCLASSEX 结构
    wndclass.cbSize = sizeof(wndclass);                         // 结构的大小
    wndclass.style = CS_HREDRAW|CS_VREDRAW;                     // 指定如果大小改变就重画
    wndclass.lpfnWndProc = MainWndProc;                        // 窗口函数指针
    wndclass.cbClsExtra = 0;                                   // 没有额外的类内存
    wndclass.cbWndExtra = 0;                                   // 没有额外的窗口内存
    wndclass.hInstance = hInstance;                           // 实例句柄
    wndclass.hIcon = ::LoadIcon(NULL,  IDI_APPLICATION);             // 使用预定义图标
    wndclass.hCursor = ::LoadCursor(NULL, IDC_ARROW);               // 使用预定义的光标
    wndclass.hbrBackground = (HBRUSH)::GetStockObject(WHITE_BRUSH);  // 使用白色背景画刷
    wndclass.lpszMenuName = NULL;                             // 不指定菜单
    wndclass.lpszClassName = szClassName ;                    // 窗口类的名称
    wndclass.hIconSm = NULL;                                  // 没有类的小图标

    // 注册这个窗口类
    ::RegisterClassEx(&wndclass);

    // 创建主窗口
    HWND hwnd = ::CreateWindowEx(
        0,                              // dwExStyle，扩展样式
        szClassName,                    // lpClassName，类名
        "My first Window!",             // lpWindowName，标题
        WS_OVERLAPPEDWINDOW,            // dwStyle，窗口风格
        CW_USEDEFAULT,                  // X，初始 X 坐标
        CW_USEDEFAULT,                  // Y，初始 Y 坐标
        CW_USEDEFAULT,                  // nWidth，宽度
        CW_USEDEFAULT,                  // nHeight，高度
        NULL,                           // hWndParent，父窗口句柄
        NULL,                           // hMenu，菜单句柄
        hInstance,                      // hInstance，程序实例句柄
        NULL) ;                         // lpParam，用户数据

    if(hwnd == NULL)
    {
        ::MessageBox(NULL, "创建窗口出错！", "error", MB_OK);
        return -1;
    }

    // 显示窗口，刷新窗口客户区
    ::ShowWindow(hwnd, nCmdShow);
    ::UpdateWindow(hwnd);

    // 从消息队列中取出消息，交给窗口函数处理，直到 GetMessage 返回 FALSE，结束消息循环
    MSG msg;
    while(::GetMessage(&msg, NULL, 0, 0))
    {
        // 转化键盘消息
        ::TranslateMessage(&msg);
        // 将消息发送到相应的窗口函数
        ::DispatchMessage(&msg);
```

```
        }

        // 当 GetMessage 返回 FALSE 时程序结束
        return msg.wParam;
}

LRESULT CALLBACK MainWndProc (HWND hwnd, UINT message, WPARAM wParam, LPARAM lParam)
{
        char szText[] = "最简单的窗口程序！";
        switch (message)
        {
        case WM_PAINT: // 窗口客户区需要重画
                {
                        HDC hdc;
                        PAINTSTRUCT ps;

                        // 使无效的客户区变的有效，并取得设备环境句柄
                        hdc = ::BeginPaint (hwnd, &ps) ;
                        // 显示文字
                        ::TextOut(hdc, 10, 10, szText, strlen(szText));
                        ::EndPaint(hwnd, &ps);
                        return 0;
                }
        case WM_DESTROY: // 正在销毁窗口

                // 向消息队列投递一个 WM_QUIT 消息，促使 GetMessage 函数返回 0，结束消息循环
                ::PostQuitMessage(0) ;
                return 0 ;
        }

        // 将我们不处理的消息交给系统做默认处理
        return ::DefWindowProc(hwnd, message, wParam, lParam);
}
```

程序的运行结果如图 4.3 所示。

这是本书的第一个窗口程序，也是所有窗口程序的模板。以后要写一个新的程序，可以把上面的代码拷贝过来再添加特定功能的实现代码即可。

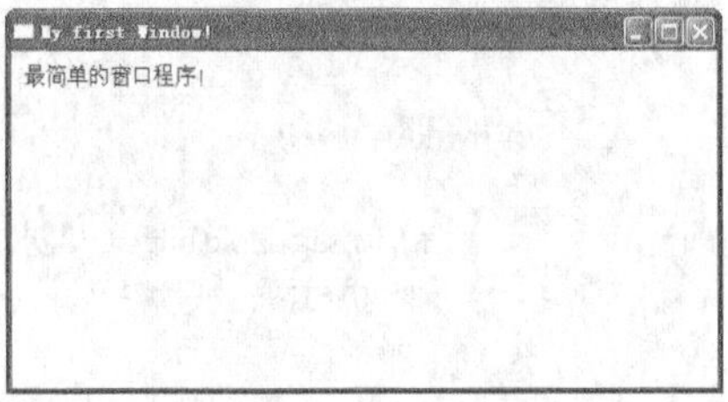

分析以上程序，可以得出在桌面上显示一个窗口的具体步骤，这就是主程序的结构流程。

（1）注册窗口类（RegisterClassEx）。

（2）创建窗口（CreateWindowEx）。

（3）在桌面显示窗口（ShowWindow）。

（4）更新窗口客户区（UpdateWindow）。

图 4.3　第一个窗口程序

（5）进入无限的消息获取和处理的循环。首先是获取消息（GetMessage）。如果有消息到达，则将消息分派到回调函数进行处理（DispatchMessage）。如果消息是 WM_QUIT，则 GetMessage 函数返回 FALSE，整个消息循环结束。消息具体的处理过程是在 MainWndProc 函数中进行的。

下一小节将具体地讨论其实现过程。

4.2.4　分析主程序代码

本小节分析第一个窗口程序的实现细节。进程在创建窗口之前必须要注册一个窗口类。窗

口类是系统在创建窗口时作为模板使用的属性集合。每个窗口都是特定窗口类的一员。

1．注册窗口类

注册窗口类的 API 函数是 RegisterClassEx，最后的"Ex"是扩展的意思，因为它是 Win16 的 RegisterClass 函数的扩展。一个窗口类定义了窗口的一些主要属性，如：图标、光标、背景色和负责处理消息的窗口函数等。这些属性定义在 WNDCLASSEX 结构中。

```
typedef struct _WNDCLASSEX {
    UINT cbSize;                  // WNDCLASSEX 结构的大小
    UINT style;                   // 从这个窗口类派生的窗口具有的风格
    WNDPROC lpfnWndProc;          // 即 window procedure，窗口消息处理函数指针
    int cbClsExtra;               // 指定紧跟在窗口类结构后的附加字节数
    int cbWndExtra;               // 指定紧跟在窗口事例后的附加字节数
    HANDLE hInstance;             // 本模块的实例句柄
    HICON hIcon;                  // 窗口左上角图标的句柄
    HCURSOR hCursor;              // 光标的句柄
    HBRUSH hbrBackground;         // 背景画刷的句柄
    LPCTSTR lpszMenuName;         // 菜单名
    LPCTSTR lpszClassName;        // 该窗口类的名称
    HICON hIconSm;                // 小图标句柄
} WNDCLASSEX;
```

RegisterClassEx 的唯一参数是这个结构的地址。注册窗口类后就可以将类名和其窗口函数、类的风格及其他的类属性联系起来。当进程在 CreateWindowEx 函数中指定一个类名的时候，系统就用这个窗口函数、风格和与此类名相关的其他属性创建窗口。

04FirstWindow 程序中 WNDCLASSEX 结构各字段的含义如下。

（1）指定窗口类风格。

```
wndclass.style = CS_HREDRAW|CS_VREDRAW;    // 指定如果大小改变就重画
```

CS_HREDRAW|CS_VREDRAW 风格指定如果窗口客户区的宽度或高度改变了，则重画整个窗口。前缀 CS_ 意为 class style，在 WINUSER.H 中定义了全部可选样式。

```
#define CS_VREDRAW          0x0001
#define CS_HREDRAW          0x0002
#define CS_DBLCLKS          0x0008
#define CS_OWNDC            0x0020
#define CS_CLASSDC          0x0040
......
```

这些预定义的值实际上在使用不重复的数据位，所以可以组合起来同时使用而不会引起混淆。

（2）指定窗口消息处理函数地址。

```
wndclass.lpfnWndProc = MainWndProc;    // 窗口函数指针
```

WNDCLASSEX 结构的成员 lpfnWndProc 指定了基于此类的窗口的窗口函数，当窗口收到消息时 Windows 即自动调用这个函数通知应用程序。在程序的开头已经声明了函数的原型。

```
LRESULT CALLBACK MainWndProc(HWND, UINT, WPARAM, LPARAM);
```

（3）把本程序的实例句柄（WinMain 的参数之一）传给 hInstance 成员。

```
wndclass.hInstance = hInstance;    // 程序实例句柄
```

（4）设置图标和光标。

```
wndclass.hIcon = ::LoadIcon(NULL, IDI_APPLICATION);     // 使用预定义图标
wndclass.hCursor = ::LoadCursor(NULL, IDC_ARROW);       // 使用预定义的光标
```

hIcon 和 hCursor 为要装载的图标和光标的句柄。LoadIcon 函数装载了一个预定义的图标（命名为 IDI_APPLICATION），LoadCursor 函数装载了一个预定义的光标（命名为 IDC_ARROW）。

如果要装载自定义的图标或光标的话，应该先向工程中添加一个资源脚本（详见 4.3 节），然后再通过菜单命令"Insert/Resource..."添加这些资源。

（5）指定窗口重画客户区时使用的画刷。

```
wndclass.hbrBackground = (HBRUSH)::GetStockObject(WHITE_BRUSH);      // 使用白色背景画刷
```

WHITE_BRUSH 是一个 Windows 预定义的画刷对象类型，GetStockObject 函数取得这个画刷对象的句柄，传递给 hbrBackground 成员。

用户也可以自己创建一个画刷对象，以便指定喜欢的颜色作为窗口的背景色。例如，下面的代码将窗口的背景色设为了天蓝色。

```
wndclass.hbrBackground = ::CreateSolidBrush(RGB(0xa6,0xca,0xf0));    // 创建一个纯色的刷子
......
::DeleteObject(wndclass.hbrBackground);                              // 最后别忘了删除创建的刷子，释放资源
```

关于这些代码的更详细的叙述，请参考 4.4 节，现在还不是讲它们的时候。

（6）指定窗口类名称。

```
wndclass.lpszClassName = szClassName ; // 窗口类的名称
```

在程序的开始已经定义了类名"char szClassName[] = "MainWClass";"。这样设置此域，以后所有基于此类创建的窗口都要引用这个类名。

填充完 WNDCLASSEX 结构，就可以进行注册了。RegisterClassEx 函数调用失败将返回 0。

```
::RegisterClassEx(&wndclass);
```

2．创建窗口

要创建窗口，用注册的窗口类的类名调用 CreateWindowEx 函数即可。

```
HWND hwnd = ::CreateWindowEx(
    0,                          // dwExStyle，扩展样式
    szClassName,                // lpClassName，类名
    "My first Window!",         // lpWindowName，标题
    WS_OVERLAPPEDWINDOW,        // dwStyle，窗口风格
    CW_USEDEFAULT,              // X，初始 X 坐标
    CW_USEDEFAULT,              // Y，初始 Y 坐标
    CW_USEDEFAULT,              // nWidth，宽度
    CW_USEDEFAULT,              // nHeight，高度
    NULL,                       // hWndParent，父窗口句柄
    NULL,                       // hMenu，菜单句柄
    hInstance,                  // hInstance，程序实例句柄
    NULL) ;                     // lpParam，用户数据
```

函数调用成功将返回窗口句柄，失败返回 NULL。第四个参数 dwStyle 的值是 WS_OVERLAPPEDWINDOW，即重叠式窗口（Overlapped Window）。由它指定的窗口有标题栏、系统菜单、可以改变大小的边框，以及最大化、最小化和关闭按钮。这是一个标准窗口的样式。

下面列出了一些常见风格的定义，它们是以 WS（Windows Style 的缩写）为前缀的预定义的值。

- WS_BORDER　　创建一个单边框的窗口
- WS_CAPTION　　创建一个有标题框的窗口（包括 WS_BODER 风格）
- WS_CHIlD　　创建一个子窗口。这个风格不能与 WS_POPVP 风格合用
- WS_DISABLED　　创建一个初始状态为禁止的子窗口。一个禁止状态的窗口不能接受来自用户的输入信息

- WS_DLGFRAME　创建一个带对话框边框风格的窗口。这种风格的窗口不能带标题条
- WS_HSCROLL　　创建一个有水平滚动条的窗口
- WS_VSCROLL　　创建一个有垂直滚动条的窗口
- WS_ICONIC　　　创建一个初始状态为最小化状态的窗口。与 WS_MINIMIZE 风格相同
- WS_MAXIMIZE　创建一个具有最大化按钮的窗口。该风格不能和 WS_EX_CONTEXTHELP 风格同时出现，同时必须指定 WS_SYSMENU 风格
- WS_OVERLAPPED　产生一个层叠的窗口。一个层叠的窗口有一个标题条和一个边框。与 WS_TILED 风格相同
- WS_OVERLAPPEDWINDOW　创建一个具有 WS_OVERLAPPED、WS_CAPTION、WS_SYSMENU、WS_THICKFRAME、WS_MINIMIZEBOX、WS_MAXMIZEBOX 风格的层叠窗口
- WS_POPUP　　　创建一个弹出式窗口。该风格不能与 WS_CHLD 风格同时使用
- WS_POPUPWINDOW　创建一个具有 WS_BORDER、WS_POPUP，WS_SYSMENU 风格的窗口，WS_CAPTION 和 WS_POPUPWINDOW 必须同时设定才能使窗口某单可见
- WS_SIZEBOX　　创建一个可调边框的窗口，与 WS_THICKFRAME 风格相同
- WS_SYSMENU　创建一个在标题条上带有窗口菜单的窗口，必须同时设定 WS_CAPTION 风格
- WS_THICKFRAME　创建一个具有可调边框的窗口，与 WS_SIZEBOX 风格相同
- WS_VISIBLE　　创建一个初始状态为可见的窗口

3. 在桌面显示窗口

```
::ShowWindow(hwnd, nCmdShow);
```

ShowWindow 函数用于设置指定窗口的显示状态，上面代码中的 nCmdShow 是系统传递给 WinMain 函数的参数。函数的第二个参数可以有多个不同的取值（详细情况请以函数名为索引查看 SDK 文档），例如下面的代码将隐藏句柄 hWnd 指定的窗口。

```
::ShowWindow(hWnd, SW_HIDE); // nCmdShow 参数的取值可以是 SW_SHOW、SW_HIDE、SW_MINIMIZE 等
```

4. 更新窗口客户区

```
::UpdateWindow(hwnd);
```

如果指定窗口的更新区域不为空的话，UpdateWindow 函数通过向这个窗口发送一个 WM_PAINT 消息更新它的客户区。当窗口显示在屏幕上时，窗口的客户区被在 WNDCLASSEX 中指定的刷子擦去了，调用 UpdateWindow 函数将促使客户区重画，以显示其内容。

5. 进入无限的消息循环

程序下面将进入无限的循环中。在调用 UpdateWindow 函数之后，整个窗口已经显示在桌面上，程序必须准备从用户接收键盘和鼠标输入了。Windows 为每个线程维护了一个消息队列，每当有一个输入发生，Windows 就把用户的输入翻译成消息放在消息队列中。利用 GetMessage 函数可以从调用线程的消息队列中取出一个消息来填充 MSG 结构。

```
::GetMessage(&msg, NULL, 0, 0);
```

如果消息队列中没有消息（即没有用户输入），这个函数会一直等待下去，直到有消息进入到消息队列为止。msg 是一个 MSG 结构类型的变量，这个结构定义了消息的所有属性。

```
typedef struct tagMSG {
```

```
HWND hwnd;           // 消息要发向的窗口句柄
UINT message;        // 消息标识符，以 WM_ 开头的预定义值（意为 Window Message）
WPARAM wParam;       // 消息的参数之一
LPARAM lParam;       // 消息的参数之二
DWORD time;          // 消息放入消息队列的时间
POINT pt;            // 这是一个 POINT 数据结构，表示消息放入消息队列时的鼠标位置
  } MSG, *PMSG ;
```

GetMessage 函数从消息队列中取得的消息如果不是 WM_QUIT，则返回非零值。一个 WM_QUIT 消息会促使 GetMessage 函数返回 0，从而结束消息循环。

```
::TranslateMessage(&msg);
```

此调用把键盘输入翻译成为可传递的消息。

```
::DispatchMessage(&msg);
```

DispatchMessage 函数分发一个消息到对应窗口的窗口函数。在上面的例子中，窗口函数是 MainWndProc。MainWndProc 处理消息后把控制权交给 Windows，此时 DispatchMessage 函数仍然在继续工作，当它返回时，消息循环从调用 GetMessage 函数开始进入下一轮循环。

4.2.5　处理消息的代码

到现为止所描述的不过是一个开头。窗口类已经注册了，窗口已经创建了，也显示在屏幕上了，整个程序也进入了消息循环，开始从消息队列中取消息了。

但真正的工作是在 MainWndProc 函数中完成的。这个消息处理函数决定了在窗口客户区显示的内容，决定了窗口是如何响应用户输入的。

消息处理函数接收到的所有消息都被标识为一个数字，这就是 MainWndProc 的第一个参数 uMsg。这些数字在 WINUSER.H 文件中都是以 WM_为前缀定义的。

通常 Windows 程序设计者用一个 switch 和 case 结构来决定消息处理函数收到了什么消息，以及如何处理这个消息。所有消息处理函数不处理的消息都必须传给一个名为 DefWindowProc 的函数让 Windows 做默认处理，从 DefWindowProc 函数返回的值也必须从消息处理函数返回。

在上面的程序中，MainWndProc 仅选择了 WM_PAINT 和 WM_DESTROY 两个消息进行处理。一般情况下，消息处理函数结构化如下所示。

```
switch(uMsg)
{
case  WM_PAINT:
    【处理 WM_PAINT 消息】
    return 0;

case  WM_DESTROY:
    【处理 WM_DESTROY 消息】
    return 0;
}
return ::DefWindowProc(hwnd, message, wParam, lParam);
```

必须要把所有不处理的消息交给 DefWindowProc 函数处理，也要把它的返回值返回给 Windows，否则 Windows 就失去了与应用程序通信的途径，也就不能再控制窗口的行为了，这是不合法的。

WM_PAINT 消息通知应用程序窗口客户区有一块或者全部变成无效，必须刷新。这意味着窗口客户区的内容必须被重画。

客户区怎么会变成无效呢？当窗口第一次被创建时，整个客户区是无效的，因为还没有向

上面画任何东西。第一个 WM_PAINT 消息被发送到窗口处理函数时，程序有机会向客户区画一些内容。

当改变窗口大小的时候，客户区变成无效。用户在填写 WNDCLASSEX 结构的 style 成员时，将它设置为 CS_HREDRAW 和 CS_VREDRAW，这就直接促使在改变窗口大小时 Windows 将整个窗口变为无效。

最小化窗口，再将它恢复到以前的大小时，Windows 没有保存整个客户区的内容。在图形操作环境下，需要保留的数据太多了。同样地，Windows 使这个窗口无效，窗口处理函数就会收到一个 WM_PAINT 消息，自己负责恢复客户区的内容。

当围着屏幕移动窗口，直到窗口被覆盖时，Windows 并没有保存被覆盖的区域。这个区域再次显示时，它就被标识为无效。窗口处理函数会收到一个 WM_PAINT 消息来重画窗口的内容。

处理 WM_PAINT 消息时总是以调用 BeginPaint 函数开始。

```
hdc = ::BeginPaint (hwnd, &ps) ;
// 以一个 EndPaint 函数调用结束
::EndPaint (hwnd, &ps) ;
```

这两个函数中，第一个参数是窗口句柄，第二个参数是指向 PAINTSTRUCT 结构的指针，这个结构包含了一些可以在重画客户区时使用的信息（详见 4.3 节）。现在仅仅在 BeginPaint 和 EndPaint 两个函数中使用它。

在调用 BeginPaint 函数的时候，如果客户区的背景还没有被擦掉的话，Windows 将擦除它，擦除背景时使用的刷子由 WNDCLASSEX 结构的 hbrBackground 成员指定。对 BeginPaint 函数的调用将使整个客户区有效，然后返回设备环境句柄。在窗口的客户区显示图形和文字时，需要使用这个设备环境句柄（详细介绍请参考 4.4.1 小节）。使用 BeginPaint 函数返回的设备环境句柄，不能在客户区外进行绘画。EndPaint 函数负责释放设备环境句柄，使它变得不再能用。

如果窗口函数不处理 WM_PAINT 消息，必须把它们传给 DefWindowProc 函数进行默认处理。DefWindowProc 函数会调用 BeginPaint 和 EndPaint 函数使客户区有效。

调用 BeginPaint 函数后，程序调用了 TextOut 函数。

```
::TextOut(hdc, 10, 10, szText, strlen(szText));
```

此函数用于在 hdc 指定的设备（这里是显示器）上显示文字。（10，10）为坐标位置，szText 为要显示的文字，strlen(szText)语句计算出了文本占用的字节数。

每当客户区变成无效，消息处理函数 WndProc 都会收到一个新的 WM_PAINT 消息。响应此消息的代码取得设备环境句柄后，再一次将 szText 的内容显示在指定位置。

WM_DESTROY 是窗口函数必须处理的消息。当用户关闭窗口，而且此窗口已经响应了用户的请求正在关闭时，消息处理函数就会收到一个 WM_DESTROY 消息。当接收到这个消息的时候，说明窗口正在销毁。MainWndProc 函数调用 PostQuitMessage 函数来响应此消息。

```
::PostQuitMessage(0);
```

这个函数向程序的消息队列中插入一个 WM_QUIT 消息。在以前已经提到，GetMessage 函数如果从消息队列中取得的消息是 WM_QUIT，它将返回 0，从而促使 WinMain 函数离开消息循环，然后应用程序执行以下代码。

```
// 当 GetMessage 返回 0 时程序结束
return   msg.wParam;
```

此时，msg.wParam 的值是传给 PostQuitMessage 函数的参数的值。return 语句将使 WinMain 函数返回，程序运行结束。

如果接收到 WM_DESTROY 消息后没有向消息队列投递 WM_QUIT 消息，那么，窗口虽然销毁了，但 GetMessage 函数不会返回零，所以消息循环还在继续，程序还没有结束。要想真正关闭它，只能使用任务管理器了。

4.3　一个简单的打字程序

本节将在上一节窗口程序的基础上添加一些代码完成一个简单的打字程序。举这个例子的目的并不是介绍如何开发一个打字软件，而是要读者熟知基于视窗的应用程序是怎样同用户进行交互的，例如它们如何取得用户的输入，如何将结果"绘制"到客户区。除此之外，本节还讲述了在工程中使用资源的基本方法。

本节所述的例子在配套光盘的 04SimpleTyper 工程下。先创建一个 Win32 应用程序工程，再将上节例子中的代码复制过来，然后一步步添加新的功能就可以了。

4.3.1　使用资源

资源是一些二进制数据，它能够添加到基于窗口的应用程序的可执行文件中。资源可以是标准的或者自定义的。标准资源中数据描述的资源类型有图标、光标、菜单、对话框、bitmap 图像、字符串表入口等。应用程序定义的资源，也称为自定义资源，可以包含应用程序需要的任意数据。本小节讲述在 VC++ 6.0 中使用资源的基本方法，之后介绍图标和菜单资源。

资源文件的"源文件"是以.rc 为扩展名的脚本文件，由资源编译器 Rc.exe 编译成为以 res 为扩展名的二进制文件，在链接的时候，由 Link.exe 链入到可执行文件中。所以要想使用资源，必须首先建立一个资源脚本文件。具体过程如下。

单击菜单"File/New..."，在弹出的对话框中选择 Files 选项卡，选中 Resource Script 选项。在右边的 File 窗口下输入文件名 resource（名字是任意的），单击"OK"按钮，如图 4.4 所示。

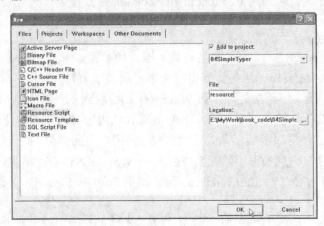

图 4.4　添加资源脚本文件

此时在工作区左边中多了一个栏目 Resource View。而 VC++会自动在工程目录下创建两个文件：resource.rc 和 resource.h。

.rc 文件中的所有资源都关联了一个字符串名称或数字，当使用数字标识资源的时候，resource.h 文件对这些数字都定义了宏名，比如：

```
#define IDI_MAIN        101
```

这说明程序中有一个 ID 号为 101 的资源。要引用此资源，在程序中包含 resource.h 头文件以后，直接用宏名 IDI_MAIN 就可以。一般不要直接修改 resource.h 文件中的内容，这些定义语句是由 VC++ 自动加上去的，读者可以通过可视化资源编译器对它们进行修改。

资源脚本文件 resource.rc 是用简单的脚本语言对所添加的资源的描述。用记事本打开它，会看到类似下面的代码。

| IDI_MAIN | ICON | DISCARDABLE | "Main.ico" |

资源编译器 Rc.exe 看到这行代码以后会将文件名为 Main.ico 的图标添加到目标二进制文件中。IDI_MAIN 是这个图标的标识，许多与资源有关的函数都要以它为参数。

向工程中添加资源，也就是向资源脚本中添加资源描述代码，并向 resource.h 中添加宏定义。在 VC++ 下完成这个过程是很简单的，选择菜单命令 "Insert/Resource..."，将弹出图 4.5 所示的对话框。在这个对话框里选择要添加的资源类型即可。

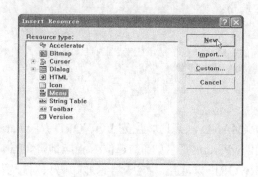

图 4.5　添加资源对话框

4.3.2　菜单和图标

先为打字程序添加菜单。在 Insert Resource 对话框中选中 Menu，单击 New 按钮即把菜单资源加入到了工程中，如图 4.5 所示。

打开工作区的 Resource 选项卡，找到刚刚添加的菜单资源，双击它，这时系统会弹出一个属性对话框中。在这个对话框里将菜单的 ID 号改为 IDR_TYPER（默认为 IDR_MENU1）。

作为示例我们只向菜单中添加一个 File 项：双击菜单中的第一个菜单项，在弹出的对话框的 Caption 窗口下键入名称"文件"。

继续添加子项，ID 号设为 ID_FILE_EXIT，Caption 为退出，如图 4.6 所示。

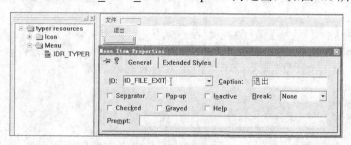

图 4.6　设置菜单

菜单设置完后在程序的开头加上包含头文件的代码 "#include "resource.h""，就可以在程序中引用添加的资源了。上一节中讲到，WNDCLASSEX 结构成员 lpszMenuName 用于指定基于此类的窗口的菜单名称，所以程序代码要做如下修改。

```
wndclass.lpszMenuName = (LPSTR) IDR_TYPER;
```

也可以通过 SetMenu 函数设置窗口上的菜单。比如，要实现同样的效果，可以在处理 WM_CREATE 消息时，添加如下的代码。

```
HMENU hMenu = ::LoadMenu(::GetModuleHandle(NULL), (LPCTSTR)IDR_TYPER);
::SetMenu(hwnd, hMenu);
```

LoadMenu 函数用于从指定的模块中加载菜单资源，第一个参数是包含要加载资源的模块句柄，第二个参数是资源 ID 号。无论用哪一种方法，运行程序后，都可以看到一个菜单。

当用户单击菜单中的某一个选项时，Windows 即向应用程序发送一个 WM_COMMAND 消息，其中参数 wParam 的低字节包含了用户单击菜单的 ID 号。04SimpleTyper 响应 WM_COMMAND 消息的代码如下。

```
case WM_COMMAND:
    switch(LOWORD(wParam))
    {
    case ID_FILE_EXIT:
        // 向 hwnd 指定的窗口发送一个 WM_CLOSE 消息
        ::SendMessage(hwnd, WM_CLOSE, 0, 0);
        break;
    }
    return 0;
```

窗口接收到 WM_COMMAND 消息时，用宏 LOWORD 从 wParam 参数中取出菜单 ID 号。LOWORD 宏定义用于取出 wParam 变量的低 16 位。相应地，wParam 参数的高字节包含了一些消息通知码，可以用 HIWORD 宏取出。这些消息通知码只对子窗口控件有效。

之后，如果用户单击的是"退出"命令，则调用 SendMessage 函数向此窗口发送一个 WM_CLOSE 的消息。由 SendMessage 函数发送的消息并不进入消息队列等待 GetMessage 函数取出，而是直接传给窗口函数 MainWndProc，并等待 MainWndProc 函数返回时再返回，其返回值也就是 WndProc 函数的返回值。

WM_CLOSE 消息在默认情况下由 DefWindowProc 函数处理，它会调用 DestroyWindow 函数来销毁窗口。窗口销毁时，窗口函数 MainWndProc 会收到一个 WM_DESTROY 消息（由 DestroyWindow 函数发出），表示窗口正在销毁。程序用"PostQuitMessage (0);"语句来响应这个消息。PostQuitMessage 函数向消息队列中投递了一个 WM_QUIT 消息，GetMessage 函数取到此消息后返回 0，消息循环结束，程序退出。

用户可以处理 WM_CLOSE 消息，以决定是否允许关闭窗口。比如，向 MainWndProc 函数添加如下代码。

```
case  WM_CLOSE:          // 屏蔽掉 WM_CLOSE 消息
        return 0;
```

这样此窗口是无论如何也关不掉了。但是更一般的做法如下所示。

```
case WM_CLOSE:
    【处理关闭前的工作】
    ::DestroyWindow ( hwnd ) ;
    return 0;
```

另外一个常用的函数 PostMessage，它的功能是向指定窗口投递消息，原型如下。

```
BOOL   PostMessage(HWND hWnd, UINT Msg, WPARAM wParam, LPARAM lParam );
```

与 SendMessage 函数不同的是 PostMessage 函数发送消息后马上返回，并不等待消息的运行结果。它不是把消息直接发给窗口处理函数 MainWndProc，而是像邮递员一样把消息投放到窗口所在线程的消息队列中等待 GetMessage 函数取出。

添加完菜单后，还要再添加一个图标资源。选择菜单命令"Insert/Resource..."，在弹出的 Insert Resource 对话框中选中 Icon 选项。如果想新建一个图标，则单击"New"按钮；想导入一个已存在的图标，则单击"Import..."按钮再选择图标的路径。

双击新加入的图标，把 ID 号改为 IDI_TYPER。在 WNDCLASSEX 结构中有一个 hIcon 成员，就是为接收图标句柄而存在的，这里将它设置为：

```
wndclass.hIcon = ::LoadIcon(hInstance, (LPSTR)IDI_TYPER);      // 使用自定义图标
```

LoadIcon 是装载图标的函数。现在运行程序，窗口标题栏的左上角将出现一个小图标。

4.3.3　接收键盘输入

当按下一个键时，Windows 会向获得输入焦点的那个窗口所在线程的消息队列投递一个 WM_KEYDOWN 或 WM_SYSKEYDOWN 消息。当释放这个键时，Windows 就会投递一个 WM_KEYUP 或 WM_SYSKEYUP 消息。WM_SYSKEYDOWN 和 WM_SYSKEYUP 是用户敲击系统键时产生的消息。比如<Alt>＋F4 是关闭窗口的快捷键。默认情况下应该把它们交给 DefWindowProc 函数来处理。

在这几个消息中，wParam 参数包含了敲击键的虚拟键码，lParam 参数则包含了另外一些状态信息。

当一个 WM_KEYDOWN 消息被 TranslateMessage 函数转化以后会有一个 WM_CHAR 消息产生，此消息的 wParam 参数包含了按键的 ANSI 码。例如，用户敲击一次"A"键，窗口会顺序地收到以下 3 个消息。

- WM_KEYDOWN 　　　　lParam 的含义为虚拟键码"A"（0x41）
- WM_CHAR 　　　　　　lParam 的含义为 ANSI 码"a"（0x61）
- WM_KEYUP 　　　　　　lParam 的含义为虚拟键码"A"（0x41）

本节的打字程序通过处理 WM_CHAR 消息来接收用户输入，相关代码如下。

```cpp
LRESULT CALLBACK MainWndProc(HWND hwnd, UINT message, WPARAM wParam, LPARAM lParam)
{
    // str 对象用于保存窗口客户区显示的字符串
    // 为了使用 string 类，应该包含头文件："#include <string>"
    static std::string str;
    switch (message)
    {
    case WM_CREATE:
        {
            // 设置窗口的标题
            ::SetWindowText(hwnd, "最简陋的打字程序");
            return 0;
        }
    case WM_COMMAND:
        switch(LOWORD(wParam))
        {
        case ID_FILE_EXIT:
            // 向 hwnd 指定的窗口发送一个 WM_CLOSE 消息。
            ::SendMessage(hwnd, WM_CLOSE, 0, 0);
            break;
        }
    case WM_PAINT:
        {
```

```
                        PAINTSTRUCT ps;
                        HDC hdc = ::BeginPaint(hwnd, &ps);
                        ::TextOut(hdc, 0, 0, str.c_str(), str.length ());
                        EndPaint(hwnd, &ps);
                        return 0;
                }
        case WM_CHAR:
                {
                        // 保存 ansi 码
                        str = str + char(wParam);

                        // 使整个客户区无效
                        ::InvalidateRect(hwnd,NULL,0);
                        return 0;
                }
        case WM_DESTROY: // 正在销毁窗口
                ::PostQuitMessage(0) ;
                return 0 ;
        }

        // 将我们不处理的消息交给系统做默认处理
        return ::DefWindowProc(hwnd, message, wParam, lParam);
}
```

std::string 是标准 C++库中的字符串类，为了使用这个类，应该将文件 string 包含进来。str 变量保存着要显示给用户的字符串，每次处理 WM_PAINT 消息的时候，程序都会试图将它包含的内容全部绘制到客户区。

用户敲击键盘时，产生 WM_CHAR 消息，程序把对应的字符加到 str 变量里。InvalidateRect 函数使整个客户区变得无效，迫使 Windows 再次发送 WM_PAINT 消息。这个函数原型是：

```
BOOL InvalidateRect ( HWND hWnd , CONST RECT *lpRect, BOOL bErase ) ;
```

第二个参数 lpRect 指定了无效区域的范围，它是一个指向 RECT 类型的指针。

```
typedef struct _RECT {
  LONG left;          // 左上角的 X 坐标
  LONG top;           // 左上角的 Y 坐标
  LONG right;         // 右下角的 X 坐标
  LONG bottom;        // 右下角的 Y 坐标
} RECT, *PRECT;
```

（left，top）指定了区域左上角的坐标，（right，bottom）指定了区域右下角的坐标。把这个参数设为 NULL，则是要 Windows 无效整个客户区。

bErase 参数指定在更新区域时，其背景是否要擦除。

窗口处理函数接收到 WM_PAINT 消息，可能是因为整个客户区变得无效了，也可能是因为客户区中的某一块区域变得无效了。BeginPaint 函数的第二个参数为一个指向 PAINTSTRUCT 结构的指针，此结构包含了应用程序重画窗口客户区时所需的信息。

```
typedef struct tagPAINTSTRUCT {
    HDC         hdc;          // 设备环境句柄
    BOOL        fErase;       // 指定背景是否必须删除
    RECT        rcPaint;      // 指定要求重画的区域
    BOOL        fRestore;
    BOOL        fIncUpdate;
    BYTE        rgbReserved[32];
} PAINTSTRUCT, *PPAINTSTRUCT, *NPPAINTSTRUCT, *LPPAINTSTRUCT;
```

这里面有用的一个成员就是 rcPaint，它指定了客户区中无效区域的范围。

4.3.4　接收鼠标输入

应用程序以接收发送或者投递到它的窗口的消息的形式接收鼠标输入。当用户移动鼠标，或按下、释放鼠标的一个键时，鼠标会产生输入事件。系统将鼠标输入事件转化成消息，投递它们到相应线程的消息队列。和处理键盘输入一样，Windows 将捕捉鼠标动作，并把它们发送到相关窗口。

当用户移动光标到窗口的客户区时，系统投递 WM_MOUSEMOVE 消息到这个窗口。当用户在客户区按下或者释放鼠标的键时，它投递下面的消息。

	按下	弹起	双击
左键	WM_LBUTTONDOWN	WM_LBUTTONUP	WM_LBUTTONDBLCLK
中键	WM_MBUTTONDOWN	WM_MBUTTONUP	WM_MBUTTONDBLCLK
右键	WM_RBUTTONDOWN	WM_RBUTTONUP	WM_RBUTTONDBLCLK

发送这些消息时，lParam 参数包含了鼠标的位置坐标，可以这样读出坐标信息。

```
xPos = LOWORD (lParam);
yPos = HIWORD (lParam);
```

这些坐标都以客户区的左上角为原点，向右是 x 轴正方向，向下是 y 轴正方向。ClientToScreen 函数可以把坐标转化为以屏幕的左上角为原点的坐标。

```
BOOL ClientToScreen(HWND hWnd, LPPOINT lpPoint) ;
BOOL ScreenToClient(HWND hWnd, LPPOINT lpPoint );
```

同样，ScreenToClient 函数又可把坐标转化回来。lpPoint 参数是指向 POINT 结构的指针，把要转化的坐标信息写入 lpPoint 参数指向的内存，Windows 把转化后的结果也返回到这块内存中。

wParam 参数包含鼠标按钮的状态，这些状态都以 MK_ 为前缀，意为 mouse key，取值如下。

- MK_LBUTTON　　左键按下
- MK_MBUTTON　　中间的键按下
- MK_RBUTTON　　右键按下
- MK_SHIFT　　　　<Shift>键按下
- MK_CONTROL　　<Ctrl>键按下

例如，收到 WM_LBUTTONDOWN 消息时，如果 wParam&MK_SHIFT 的值为 TRUE，就会知道当单击左键时，<Shift>键也被按下了。

为了进行实验，可以在程序中加入如下响应 WM_LBUTTONDOWN 消息的代码。

```
case WM_LBUTTONDOWN:                // 用户单击鼠标左键
    {
        char szPoint[56];
        // 保存坐标信息
        wsprintf(szPoint,"X =%d,Y =%d",LOWORD(lParam),HIWORD(lParam));
        str = szPoint;
        if(wParam & MK_SHIFT)
            str = str + "    Shift Key is down";
        ::InvalidateRect (hwnd,NULL,1);
        return 0;
    }
```

wsprintf 函数比 printf 函数多了一个参数 szPoint，它的作用可以认为是接收 printf 函数的输出结果。运行程序，在窗口客户区单击鼠标左键，就可以看到程序具体的运行效果。

4.3.5　设置文本颜色和背景色

设置窗口客户区背景色的方法在 4.2.3 节已经有所讨论，也就是给 WNDCLASSEX 结构的 hbrBackground 成员安排一个画刷对象句柄。当然，这个画刷对象也可以是预定义的。比如要把背景色设置为最常见的灰色（对话框的颜色）可以用下面的代码。

```
wcex.hbrBackground = (HBRUSH)(COLOR_3DFACE + 1);
```

可是 TextOut 函数输出文本时，默认的文本背景色为白色，文本颜色为黑色，而不管客户区的背景色是什么。为了使文本的背景色同客户区的背景色一致，有必要在输出文本时先设置它的背景色。

```
PAINTSTRUCT ps;
HDC hdc = ::BeginPaint(hwnd, &ps);

// 设置输出文本的背景颜色和文字颜色
::SetTextColor(hdc, RGB(255, 0, 0));
::SetBkColor(hdc, ::GetSysColor(COLOR_3DFACE));

::TextOut(hdc, 0, 0, str.c_str(), str.length ());
::EndPaint(hwnd, &ps);
return 0;
```

SetTextColor 函数把输出文本的颜色设置为了红色。COLOR_3DFACE 是 Windows 预定义的显示元素（显示元素是屏幕上窗口的一部分），GetSysColor 函数则可以获取它的颜色。

4.4　GDI 基本图形

Microsoft Windows 图形设备接口（Graphics Device Interface，GDI）使应用程序能够在视频显示器和打印机上使用图形和格式化的文本。本节将讨论设备环境和基本的 GDI 函数。了解它们对于读者今后开发与 Windows 界面相关的组件是相当有帮助的。

4.4.1　设备环境（Device Context）

设备环境是 Windows 内部使用的数据结构，它定义了 GDI 函数在显示设备特定区域的工作方式。对视频显示器来说，设备环境代表屏幕上的一块区域。要想向某个区域输出文字或绘制图形，必须先取得代表此区域的设备环境句柄。以此句柄为参数调用的 GDI 函数都是对该区域的操作。例如下面代码将在窗口客户区绘制文本。

```
case WM_PAINT: // 窗口客户区需要重画
    {
        char szText[] = "大家好";
        HDC hdc;
        PAINTSTRUCT ps;

        // 使无效的客户区变得有效，并取得设备环境句柄
        hdc = ::BeginPaint (hwnd, &ps) ;
        // 显示文字
        ::TextOut(hdc, 10, 10, szText, strlen(szText));
        ::EndPaint(hwnd, &ps);
        return 0;
    }
```

BeginPaint 函数取得窗口客户区无效区域的设备环境句柄，所以在上面的代码中，TextOut

函数只能在窗口的客户区输出文本。输出结果如图 4.7 所示。

如果取得的设备环境句柄对应着整个窗口，而不仅仅是窗口的客户区，就可以在窗口的非客户区绘制文本。请看下面的代码。

图 4.7　在窗口客户区输出文本

```
case WM_LBUTTONDOWN:
    {
            char szText[] = "大家好";
            // 取得整个窗口的设备环境句柄
            HDC hdc = ::GetWindowDC(hwnd);
            ::TextOut(hdc, 10, 10, szText, strlen(szText));
            // 释放设备环境句柄
            ::ReleaseDC(hwnd, hdc);
            return 0;
    }
```

当在窗口的客户区单击鼠标的左键时，Windows 会向该窗口的消息处理函数发送 WM_LBUTTONDOWN 消息，上面就是响应此消息的代码。

GetWindowDC 函数能够取得整个窗口的设备环境句柄，而不仅仅是窗口的客户区，所以以这个设备环境句柄为参数的话，GDI 函数就可以对整个窗口区域进行操作，图 4.8 显示了运行上述代码并在窗口客户区单击鼠标左键后程序的输出。

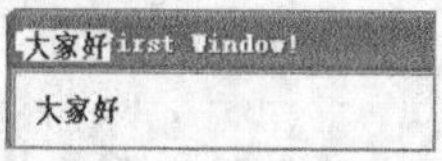

如果不是在处理 WM_PAINT 消息，可以使用 GetDC 函数取得窗口客户区的设备环境句柄，进而进行绘制操作，如下列代码所示。

图 4.8　在窗口非客户区输出文本

```
hDC = ::GetDC(hWnd);
//......           // 进行绘制
::ReleaseDC(hWnd, hDC);
```

这些调用与 BeginPaint 和 EndPaint 的组合之间的基本区别是，利用从 GetDC 传回的句柄可以在整个客户区上，不只是在客户区的无效区域绘图。当然，GetDC 和 ReleaseDC 不使客户区中任何可能的无效区域变成有效。例如，在下面的例子中，程序首先取得记事本程序的窗口句柄，然后通过 GetDC 函数取得其客户区设备环境句柄，在上面绘制文本。

```
int APIENTRY WinMain(HINSTANCE hInstance,              // 04UseDC 工程下。当然，也可以是一个控制台程序
                     HINSTANCE hPrevInstance,
                     LPSTR      lpCmdLine,
                     int        nCmdShow)
{
    HDC hdc;
    HWND hWnd;
    char sz[] = "大家好";
    // 查找记事本程序的窗口句柄
    hWnd = ::FindWindow("Notepad", NULL);

    // 如果记事本程序在运行，就向其客户区绘制文本
    while(::IsWindow(hWnd))              // IsWindow 函数用于判断一个窗口句柄是否有效
    {
        hdc = ::GetDC(hWnd);
        ::TextOut(hdc, 10, 10, sz, strlen(sz));
        ::ReleaseDC(hWnd, NULL);
        ::Sleep(1000);
    }
    ::MessageBox(NULL, "记事本程序已经退出", "04UseDC", MB_OK);
```

```
        return 0;
    }
```

打开记事本程序后，运行上面的代码，程序就会在记事本的客户区绘制文本，如图 4.9 所示。

设备环境结构里除了包含它所代表区域的位置和大小信息外，还包含了绘制图形需要的所有其他属性信息，比如，在输出文本时使用的字体、画图时使用的画笔、删除背景时使用的刷子、选用的坐标系统等。Windows 并不允许直接存取设备环境结构中成员的

图 4.9　在记事本程序的窗口客户区输出文本

值，而是提供了一些 API 函数来改变里面的默认值。比如可以用 SetTextColor 函数改变 DC 结构中的文本颜色，用 SetBkColor 函数改变 DC 结构中的文本背景颜色等。例如，下面的代码在处理左键单击事件的时候，将输出文本的颜色设为红色，背景色设为蓝色。

```
HDC hdc;
char sz[] = "大家好";
switch(message)
{
case WM_LBUTTONDOWN:
    hdc = ::GetDC(hWnd);

    // 设置 DC 结构中的文本颜色为红色（下一小节我们再介绍 Windows 下的颜色）
    ::SetTextColor(hdc, RGB(255, 0, 0));

    // 设置 DC 结构中的文本背景颜色为蓝色
    ::SetBkColor(hdc, RGB(0, 0, 255));
    ::TextOut(hdc, 10, 10, sz, strlen(sz));
    ::ReleaseDC(hWnd, hdc);
    break;
case WM_PAINT:
    PAINTSTRUCT ps;
    hdc = ::BeginPaint(hWnd, &ps);
    ::TextOut(hdc, 10, 10, sz, strlen(sz));
    ::EndPaint(hWnd, &ps);
    break;
//......       // 处理其他的消息
}
```

在处理两个消息的时候，在窗口客户区同样的位置输出了同样的字符串。运行程序后，单击鼠标左键前后输出效果的变化如图 4.10 所示。

响应 WM_LBUTTONDOWN 消息的时候，通过一些 API 函数改变了 DC 结构中成员的值。但是，紧接着如果使另外一个窗口覆盖字符串"大家好"，然后再使这个字符串显示，促使窗口接收到 WM_PAINT 消息，会发现字符串的文本颜色和背景色又都恢复了。这说明 DC 结

图 4.10　改变 DC 结构中成员的默认值

构成员的设置并没有被保存下来，下一次使用 GDI 函数取得的设备环境仍然是 Windows 默认的。要想让 Windows 将每次对 DC 的设置都保存下来，只要在注册窗口类时，向 WNDCLASSEX 结构的 style 成员添加一个 CS_OWNDC 标志就可以了，即：

```
    wcex.style = CS_HREDRAW | CS_VREDRAW | CS_OWNDC;
```

4.4.2　Windows 的颜色和像素点

DC 上的图形和文本都是由像素点组成的。内存中，用颜色的取值来表示像素点。色深指

的是存储每个像素所用的位数。一般现在使用的都是 24 位色，即用 24 位表示一个像素，这样可以表示的颜色数目为 2^{24} 种。每种颜色都可以分为红、绿、蓝三原色，所以可以用红、绿、蓝 3 分量的组合来表示一种颜色，每个分量占用 8 位就可以了。

在 Win32 编程中，统一使用 32 位的整数（一个 COLORREF 值）来表示深度为 24 位的颜色。在这 32 位中只使用低 24 位，每一种颜色分量占用 8 位，其中 0～7 位为红色，8～15 位为绿色，16～23 位为蓝色，如图 4.11 所示。

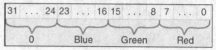

图 4.11　32 位的 COLORREF 值

可以使用 RGB 宏将 3 个分量的值组合在一起。这个宏的定义如下。

```
#define RGB(r,g,b) ((COLORREF)(((BYTE)(r)|((WORD)((BYTE)(g))<<8))|(((DWORD)(BYTE)(b))<<16)))
```

r、g、b 3 个参数分别表示红、绿、蓝的值，例如 RGB(255, 0, 0)表示红色，RGB(0, 0, 0)表示白色，RGB(255, 255, 255)表示黑色等。宏 GetRValue、GetGValue 和 GetBValue 可以从 COLORREF 值中抽出各分量的原色值，这给编程者设置或获取像素的值带来了许多方便。

要想设置一个像素点的值可以用 SetPixel 函数。

```
COLORREF SetPixel(
    HDC hdc,               // 设备环境句柄
    int X,                 // 像素的 X 坐标
    int Y,                 // 像素的 Y 坐标
    COLORREF crColor       // 要设置的 COLORREF 值
);
```

SetPixel 函数可以在 hdc 的（X，Y）位置以 crColor 为颜色画上一个像素点。如果需要获取 DC 中某个像素点当前的颜色值，可以使用 GetPixel 函数。

```
COLORREF GetPixel( HDC hdc, int nXPos, int nYPos);
```

4.4.3　绘制线条

绘制线条的函数有画单条直线的 LineTo、画多条直线的 Polyline 和 PolylineTo、画贝塞尔曲线的 PolyBezier 和 PolyBezierTo、画弧线的 Arc 和 ArcTo。

绘制直线仅仅需要指定线的开始坐标，然后以线的另一头的坐标为参数调用 LineTo 函数就即可。例如，下面的代码绘制了一条坐标从（0，0）到（0，500）的直线。

```
::MoveToEx(hDC, 0, 0, NULL);
::LineTo(hDC, 0, 500);
```

DC 的数据结构中有一个"当前点"，LineTo 函数就是从当前点画一条直线到参数中指定的点，并把这个点设置为新的当前点。画线函数中所有以 To 结尾的函数都是从当前点开始绘画的，如 LineTo、PolylineTo、PolyBezierTo 等。而其余的不带 To 的函数则与当前点没有关系，当然也不会影响当前点的位置。

如果要设置当前点的位置，可以使用 MoveToEx 函数。

```
BOOL MoveToEx(
    HDC hdc,               // 设备环境句柄
    int X,                 // 新位置的 X 坐标
    int Y,                 // 新位置的 Y 坐标
    LPPOINT lpPoint        // 用来返回原来的当前点位置，如果不需要的话，这个参数可以被设为 NULL
);
```

上面绘制直线的代码配合使用了 MoveToEx 和 LineTo 函数。首先由 MoveToEx 函数设置一个当前点作为起始坐标，然后用 LineTo 函数绘画到结束坐标。

下面的程序代码在窗口的客户区绘制了一个网格，各线的间距为 50 像素，如图 4.12 所示。

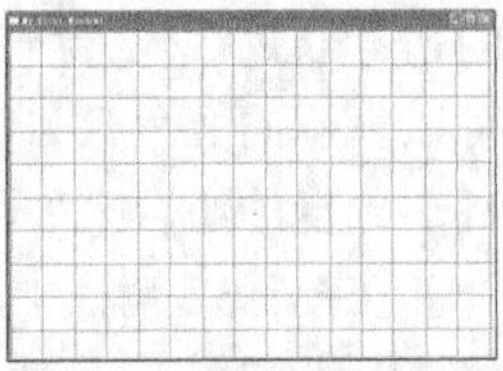

图 4.12　绘制网格

```
case WM_PAINT:
    HDC hdc;
    PAINTSTRUCT ps;
    RECT rt;
    int x, y;

    hdc = ::BeginPaint(hWnd, &ps);
    // 取得窗口客户区的大小
    ::GetClientRect(hWnd, &rt);

    // 画列
    for(x = 0; x < rt.right - rt.left; x += 50)
    {
        ::MoveToEx(hdc, x, 0, NULL);
        ::LineTo(hdc, x, rt.bottom - rt.top);
    }

    // 画行
    for(y = 0; y < rt.bottom - rt.top; y += 50)
    {
        ::MoveToEx(hdc, 0, y, NULL);
        ::LineTo(hdc, rt.right - rt.left, y);
    }
    ::EndPaint(hWnd, &ps);
    break;
```

GetClientRect 函数用于取得指定窗口的客户区的大小，其返回信息在一个 RECT 结构里。

如果要绘制的是相连的多条直线，可以使用 Polyline 和 PolylineTo 函数。

```
BOOL Polyline(HDC hdc, CONST POINT *lpPoint, int cPoints);
BOOL PolylineTo(HDC hdc, CONST POINT *lpPoint, DWORD cPoints );
```

lpPoint 是指向 POINT 类型的数组的指针，cPoints 参数指出了数组的大小。Polyline 函数只是把 lpPoint 指向的各点连在一起，而 PolylineTo 函数是从当前点开始画线，然后再连接 lpPoint 指向的各点。所以，如果传递相同的参数，PolylineTo 函数画的线比 Polyline 函数要多一条。

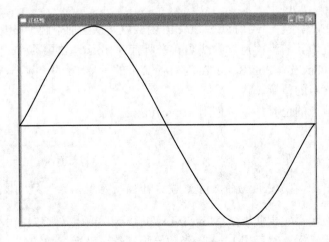

图 4.13　绘制正弦线

用 Polyline 函数绘制解析函数的图形最方便了。下面是绘制正弦函数 $y = \sin(x)$ 的图形的例子。和用手工画图的步骤一样，先找出此函数上一系列点的坐标，再用"平滑"的曲线将这些坐标连起来。虽然 Polyline 函数只能用直线连接两个点，但是如果取大量的点的话，最后连成的图形看起来也是平滑的，运行效果如图 4.13 所示。

```
// 消息处理函数                    // 例子的全部代码在配套光盘的 04SineWave 工程下
LRESULT __stdcall WndProc(HWND hWnd, UINT message, WPARAM wParam, LPARAM lParam)
{
#define SEGMENTS 500       // 取的点数（在一个周期内取 500 个点）
#define PI 3.1415926       // 圆周率
    HDC hdc;
    PAINTSTRUCT ps;
    RECT rt;
    int cxClient, cyClient;
    POINT pt[SEGMENTS];
    int i;
    switch(message)
    {
    case WM_PAINT:
        hdc = ::BeginPaint(hWnd, &ps);
        ::GetClientRect(hWnd, &rt);
        cxClient = rt.right - rt.left;
        cyClient = rt.bottom - rt.top;

        // 画横坐标轴
        ::MoveToEx(hdc, 0, cyClient/2, NULL);
        ::LineTo(hdc, cxClient, cyClient/2);
        // 找出 500 个点的坐标
        for(i=0; i<SEGMENTS; i++)
        {
            pt[i].x = cxClient*i/SEGMENTS;
            pt[i].y = (int)((cyClient/2)*(1 - sin(2*PI*i/SEGMENTS)));
        }
        // 将各点连在一起
        ::Polyline(hdc, pt, SEGMENTS);

        ::EndPaint(hWnd, &ps);
        break;
    case WM_DESTROY:
        ::PostQuitMessage(0);
        break;
    }
    return ::DefWindowProc(hWnd, message, wParam, lParam);
}
```

一个周期内 x 轴上的取值是 0 到 2π，上面的代码将 2π 平均分成了 500 份，所以最后得到了正弦线上 500 个点。比较麻烦的是 y 轴的坐标变换过程。必须要明白，在默认的坐标系中，y 轴的正方向是向下的，而数学上 y 轴的正方向是向上的，所以要对计算结果取反。为了将坐标原点上移到窗口的左上角，又要加上 cyClient/2，即：

```
pt[i].y = (int)((cyClient/2)*(1 - sin(2*PI*i/SEGMENTS)));     // 把这个多项式展开来看就容易理解了
```

仔细研究上面的代码能够使大家更深刻地了解计算机绘图。

既然是绘画，就要用到画笔，所以在 DC 结构中还有一个画笔对象句柄，每次绘画时，GDI 函数都会去使用此句柄指示的画笔。画笔对象规定了线条的宽度、颜色和风格。

要想改变 DC 中默认的画笔对象，可以使用 Windows 预定义的画笔对象，也可以创建新的画笔对象。预定义的画笔对象很简单，仅有 BLACK_PEN、WHITE_PEN、NULL_PEN3 种，分别是黑色画笔、白色画笔和空画笔。在代码中使用它们的一般格式如下。

```
// 获取预定义画笔的句柄。Stock 的中文含义是常备的、库存的
HPEN   hPen = (HPEN)::GetStockObject(BLACK_PEN);

// 将画笔对象选入设备。SelectObject 函数会根据句柄的种类自动替换掉原来的对象，并返回原对象句柄
HPEN hOldPen = (HPEN)::SelectObject(hdc, hPen);

//......       // 开始在 DC 中绘图
```

用 GetStockObject 得到对象的句柄以后，就可以使用 SelectObject 将对象选入到 DC 中了。预定义的画笔对象太"简陋"了，只能是白色或黑色的宽度为 1 个像素的实线。使用 CreatePen 函数可以创建自定义的画笔对象。

```
HPEN CreatePen(
    int fnPenStyle,        // 画笔的风格，取值有 PS_SOLID、PS_DASH、PS_DOT、PS_DASHDOT 等
    int nWidth,            // 画笔的宽度，单位是 DC 坐标映射方法中定义的逻辑单位
    COLORREF crColor  // 画笔的颜色
);
```

例如，下面的代码绘制了一条宽度为 3 个像素的红色线条。

```
HPEN hPen = ::CreatePen(PS_SOLID, 3, RGB(255, 0, 0));
HPEN hOldPen = (HPEN)::SelectObject(hdc, hPen);
::MoveToEx(hdc, 0, 100, NULL);
::LineTo(hdc, 500, 100);

::SelectObject(hdc, hOldPen);
::DeleteObject(hPen);  // 一定要删除上面创建的画笔对象，以释放资源
```

4.4.4 绘制区域

绘制边线的时候要使用画笔，填充区域就要使用画刷了。绘制区域的函数工作的时候以当前画笔绘制边线，并以当前画刷填充中间的区域。这些函数有画矩形的 Rectangle、画椭圆的 Ellipse、画多边形的 Polygon、画弦的 Chord 等，其用法如下。

```
Rectangle(hdc, x1, y1, x2, y2);     // 画以（x1, y1）和（x2, y2）为对角坐标的填充矩形
Ellipse(hdc, x1, y1, x2, y2);       // 以（x1, y1）和（x2, y2）为对角坐标定义一个矩形，然后画矩形相切的椭
                                    // 圆并填充
Polygon(hdc, lpPoint, 5)            //lpPoint 指向存放（x0, y0）到（x4, y4）的内存，函数从（x1, y1）到（x2, y2）...
                                    // 到（x4, y4），再回到（x1, y1），一共画 5 条直线并填充
```

函数的用法相当简单，比如下面是响应 WM_PAINT 消息的函数，它在窗口客户区中心绘制了 100×100 像素的矩形，并用红色画刷填充。

```
void OnPaint(HWND hWnd)           // 你要在接受到 WM_PAINT 消息的时候调用此函数
{
    RECT rt; ::GetClientRect(hWnd, &rt);  // 注意，我为了节省空间才写在一起，你不要这样做
    int xCenter = rt.right/2;
    int yCenter = rt.bottom/2;

    PAINTSTRUCT ps;
    HDC hdc = ::BeginPaint(hWnd, &ps);

    // 创建一个单色（红色）的刷子并选入设备
    HBRUSH hBrush = ::CreateSolidBrush(RGB(255, 0, 0));
    HBRUSH hOldBrush = (HBRUSH)::SelectObject(hdc, hBrush);
```

```
    // 以 xCenter、yCenter 为中心，画一个边长为 100 的正方形
    ::Rectangle(hdc, xCenter - 50, yCenter + 50, xCenter + 50, yCenter -50);

    ::SelectObject(hdc, hOldBrush);
    ::DeleteObject(hBrush);
    ::EndPaint(hWnd, &ps);
}
```

如果对这个矩形的边框不满意，也可以自己创建画笔对象，再选入 DC 中。上面的代码使用 CreateSolidBrush 函数创建了新的单色的画刷对象，以取代 DC 中默认的画刷对象。

CreateSolidBrush 函数要输入的唯一的参数是画刷的颜色，而使用 CreateHatchBrush 函数创建的画刷还可以带有特定风格的线条。

```
HBRUSH CreateHatchBrush(
    int fnStyle,          // 线条的风格
    COLORREF clrref       // 图案线条的颜色
);
```

fnStyle 参数指定了不同风格的线条，这些图案线条实际上是由 8×8 的位图重复铺开组成的。此参数取值可以是 HS_BDIAGONAL、HS_FDIAGONAL、HS_CROSS、HS_HORIZONTAL、HS_DIAGCROSS 或 HS_VERTICAL，其对应的图案如图 4.14 所示。

当然，Windows 也预定义了一些画刷对象，可以被 GetStockObject 函数获取，并被选入 DC 中。这些常用的预定义对象有 BLACK_BRUSH（黑色画刷）、DKGRAY_BRUSH（深灰色画刷）、GRAY_BRUSH（灰色画刷）、LTGRAY_BRUSH（浅灰色画刷）、WHITE_BRUSH（白色画刷）、NULL_BRUSH（空画刷）等。

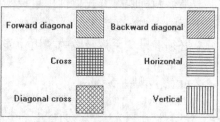

图 4.14　线条的风格

4.4.5　坐标系统

坐标映射方式是设备环境中一个很重要的属性。它的默认值是 MM_TEXT，即以左上角为坐标原点，以右方当作 x 坐标的正方向，以下方当作 y 坐标的正方向。这种坐标系使用的单位是像素，其好处是窗口中每一点的坐标不会因为窗口的大小而改变。前面的例子使用的都是默认坐标系。

可以用 SetMapMode 函数改变 DC 中的坐标映射方式。

```
int SetMapMode(
    HDC hdc,              // 设备环境句柄
    int fnMapMode         // 新的坐标映射方式
);
```

Windows 一共支持 8 种不同的坐标映射方式，表 4.1 中对它们各自的属性做了总结。

表 4.1　　　　　　　　　　　　　　**Windows 中可用的坐标映射方式**

映射方法（Mapping Mode）	逻辑单位	X 和 Y 轴的方向
MM_TEXT（默认方式）	像素	+X +y
MM_LOMETRIC	0.1mm	+X -y

映射方法（Mapping Mode）	逻辑单位	X 和 Y 轴的方向
MM_HIMETRIC	0.01mm	+x / -y
MM_LOENGLISH	0.01 英寸	+x / -y
MM_HIENGLISH	0.001 英寸	+x / -y
MM_TWIPS	1/1440 英寸	+x / -y
MM_ISOTROPIC	用户自定义（X=Y）	用户自定义
MM_ANISOTROPIC	用户自定义（X!=Y）	用户自定义

最后两种映射方式提供了更灵活的选择。这个时候可以自己设置逻辑单位，坐标系的原点和坐标的正方向等参数。

必须经过一系列函数的调用才能确定坐标系。首先调用 SetWindowExtEx 函数设置坐标系的逻辑单位。

```
BOOL SetWindowExtEx(
    HDC hdc,          // 设备环境句柄
    int nXExtent,     // 新的宽度（映射方式为 MM_ISOTROPIC 时 nXExtent 必须等于 nYExtent）
    int nYExtent,     // 新的高度
    LPSIZE lpSize     // 用于返回原来的大小，不需要的话可以设它为 NULL
);
```

不管真实的区域大小是多少，仅仅使用这个函数告诉 Windows 此区域的逻辑宽度为 nXExtent，逻辑高度为 nYExtent。Windows 会将 DC 所代表区域的宽度做 nXExtent 等分，每份的长度就是 x 轴方向的一个单位长度，将高度做 nYExtent 等分就得到了 y 轴的单位长度。

设置了逻辑单位以后，还要调用 SetViewportExtEx 函数设置 x、y 坐标轴的方向和坐标系包含的范围，即定义域和值域。

```
BOOL SetViewportExtEx(
    HDC hdc,          // 设备环境句柄
    int nXExtent,     // 新的宽度（以像素为单位，定义域）
    int nYExtent,     // 新的高度（以像素为单位，值域）
    LPSIZE lpSize     // 用于返回原来的大小，不需要的话可以设它为 NULL
);
```

要想坐标系包含整个区域，直接将区域的真实的大小传给此函数就可以了。参数 nXExtent 和 nYExtent 为正则表示 x、y 轴的正方向和默认的坐标系相同，即向右和向下分别为 x、y 轴的正方向，为负则表示与默认方向相反。

最后别忘了设置坐标系的原点坐标。

```
BOOL SetViewportOrgEx(
    HDC hdc,          // 设备环境句柄
    int X,            // 原点的横坐标
    int Y,            // 原点的纵坐标
    LPPOINT lpPoint   // 用于返回原来的坐标，不需要的话可以设它为 NULL
);
```

当绘制的图形需要随着窗口的大小改变而自动改变的时候，使用 MM_ISOTROPIC 和 MM_ANISOTROPIC 坐标映射方式最合适了。下面的代码使用 MM_ANISOTROPIC 坐标映射方式画了一个与窗口的各边都相切的椭圆。

```
void OnPaint(HWND hWnd)          // 你要在接受到 WM_PAINT 消息的时候调用此函数
{
        PAINTSTRUCT ps;
        HDC hdc = ::BeginPaint(hWnd, &ps);

        // 取得客户区的大小
        RECT rt; ::GetClientRect(hWnd, &rt);      // 注意，我为了节省空间才写在一起，你不要这样做
        int cx = rt.right;
        int cy = rt.bottom;

        // 设置客户区的逻辑大小为 500 乘 500，原点为（0，0）
        ::SetMapMode(hdc, MM_ANISOTROPIC);
        ::SetWindowExtEx(hdc, 500, 500, NULL);
        ::SetViewportExtEx(hdc, cx, cy, NULL);
        ::SetViewportOrgEx(hdc, 0, 0, NULL);

        // 以整个客户区为边界画一个椭圆
        ::Ellipse(hdc, 0, 0, 500, 500);
        ::EndPaint(hWnd, &ps);
}
```

看看它是怎么工作的？不管真实窗口的大小是多少，程序已经告诉了 Windows 该窗口的逻辑大小是 500×500，因此，程序运行后一个椭圆总是会环绕在整个窗口中。

MM_ISOTROPIC 和 MM_ANISOTROPIC 映射方式的唯一区别就是，在前面的方式里，X 轴和 Y 轴的逻辑单位的大小是相同的。Isotropic 就是"各方向相等"的意思，此映射方式对于绘制圆或正方形来说非常合适。

下面的自定义函数 SetIsotropic 将坐标系设置成了数学上常用的笛卡尔坐标系，其原点在区域的中心，向右、向上分别为 x 轴和 y 轴的正方向。

```
void SetIsotropic(HDC hdc, int cx, int cy)
{
        ::SetMapMode(hdc, MM_ISOTROPIC);
        ::SetWindowExtEx(hdc, 1000, 1000, NULL);
        ::SetViewportExtEx(hdc, cx, -cy, NULL);   // 第 3 个参数为负值，说明了 Y 轴的正方向与默认方向相反
        ::SetViewportOrgEx(hdc, cx/2, cy/2, NULL);
}
```

使用的时候，应该将参数 cx、cy 的值设置为 hdc 所代表区域的真实大小。在这个坐标系中进行坐标变换，绘制数学图形就很简单了。例如，本章的实例 Clock 里面有一个画时钟外观的函数 DrawClockFace，它将在窗口客户区里画 12 个黑圆圈。这个函数的实现就是在上面的坐标系下完成的。

```
// 绘制时钟的外观
void DrawClockFace(HDC hdc)
{
        const int SQUARESIZE = 20;
        static POINT pt[] =
        {
            0, 450,          // 12 点
            225, 390,        // 1 点
            390, 225,        // 2 点
```

```
                450, 0,              // 3 点
                390, -225,           // ... 下面的坐标是上面的点的对称点（关于 X 轴、Y 轴或原点对称）
                225, -390,
                0, -450,
                -225, -390,
                -390, -225,
                -450, 0,
                -390, 225,
                -225, 390
        };

        // 选择一个黑色的画刷
        ::SelectObject(hdc, ::GetStockObject(BLACK_BRUSH));

        // 画 12 个圆
        for(int i=0; i<12; i++)
        {
                ::Ellipse(hdc, pt[i].x - SQUARESIZE, pt[i].y + SQUARESIZE,
                        pt[i].x + SQUARESIZE, pt[i].y - SQUARESIZE);
        }
}
```

在处理 WM_PAINT 消息时使用下面的代码就可以看到程序的运行效果，如图 4.15 所示。

```
hdc = ::BeginPaint(hWnd, &ps);    // 定义变量的代码我已经省略
::GetClientRect(hWnd, &rt);
SetIsotropic(hdc, rt.right - rt.left, rt.bottom - rt.top);
DrawClockFace(hdc);
::EndPaint(hWnd, &ps);
```

DrawClockFace 函数中最关键的部分是得到各刻度点的中心坐标。在代码中直接给出的 pt 数组的值很容易通过计算取得。函数在绘制图形时使用的坐标系如图 4.16 所示。

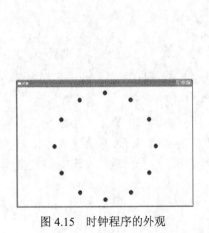

图 4.15 时钟程序的外观

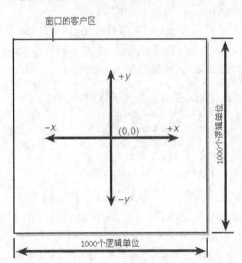

图 4.16 DrawClockFace 函数使用的坐标系

4.5 【实例】小时钟

本节 Clock 时钟的例子把本章所学的知识组合在了一起。挑选这个例子作为本章的大实例，

目的不仅仅是想让读者熟悉 GDI 绘图和消息机制，更想让读者体验 Windows 程序设计的方式。例子中使用的基本知识都很简单，重要的是它体现了用 SDK 写程序的一般步骤。图 4.17 显示了小时钟的运行效果。

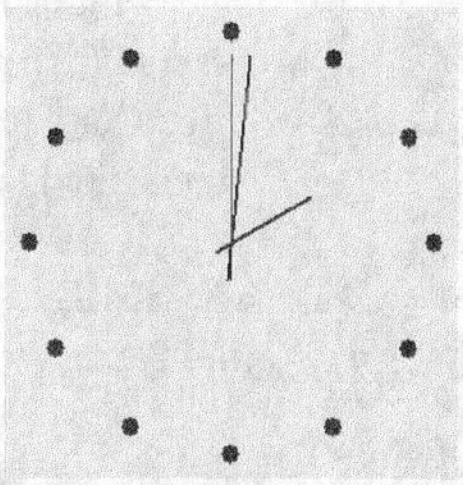

图 4.17　小时钟程序的运行效果

4.5.1　基础知识——定时器和系统时间

1．定时器

定时器的应用非常广泛，游戏中人物的活动、景色的变化等都是依靠定时器来实现的。当应用程序需要每隔一段时间得到通知时就可以申请一个定时器来使用。方法很简单，调用 SetTimer 函数将定时器安装上，Windows 就会每隔指定的时间间隔向应用程序窗口发送 WM_TIMER 消息，或调用一个编程者指定的函数。

```
UINT_PTR SetTimer(
        HWND hWnd,              // 与此定时器相关连的窗口的句柄
        UINT_PTR nIDEvent,     // 指定一个非 0 的定时器 ID 号。Windows 用此 ID 号来表示不同的定时器
        UINT uElapse,          // 指定一个超时值，单位是毫秒。Windows 每隔 uElapse 毫秒会通知一次你的程序
        TIMERPROC lpTimerFunc  // 指定一个回调函数。Windows 会调用这个函数通知你的应用程序，如果
);                             // 此参数为 NULL，Windows 会向程序的消息队列投递 WM_TIMER 消息
```

使用定时器的方法有两种。

（1）为定时器关联一个窗口句柄。此时创建定时器的代码如下。

```
::SetTimer(hWnd, IDT_TIMER1, 250, NULL);
::SetTimer(hWnd, IDT_TIMER2, 10*1000, NULL);
```

定时器 ID 号分别为 IDT_TIMER1 和 IDT_TIMER2，定时周期为 250 ms 和 10 s。每当一个定时周期过后，Windows 会向 hWnd 所代表的窗口投递 WM_TIMER 消息，其附带参数 wParam 的值是调用 SetTimer 时使用的标识定时器的 ID 号。

（2）给 lpTimerFunc 参数传递一个自定义函数的地址，在时间到的时候，Windows 会去调用这个函数。具体过程是这样的：DispatchMessage 函数在分发 GetMessage 函数取得的消息时，如果发现是 WM_TIMER 消息，而且消息的 lParam 参数不是 NULL，就会调用这个参数指向的函数 lpTimerFunc，而不再去调用窗口函数。

这里举一个最简单的例子来说明定时器的用法。运行这个例子后，在窗口的客户区单击鼠标左键计数就会开始，而且发出"嘟、嘟"的响声，再单击计数停止，其效果如图 4.18 所示。

WinMain 函数中的代码直接从上面的例子中复制即可，下面是消息处理函数 WndProc 的实现代码。

图 4.18　使用定时器来计数

```
#define IDT_TIMER1 1                        // 例子的源代码在配套光盘的 04TimerDemo 工程下
// 消息处理函数
LRESULT __stdcall WndProc(HWND hWnd, UINT message, WPARAM wParam, LPARAM lParam)
{
        static int nNum;         // 计数
        static int bSetTimer;    // 指示是否安装了定时器
        char szText[56];
        PAINTSTRUCT ps;
        HDC hdc;
        switch(message)
        {
        case WM_CREATE:                   // 窗口正在被创建
                bSetTimer = FALSE;
```

```
                break;
        case WM_PAINT:                  // 窗口客户区需要重画
                hdc = ::BeginPaint(hWnd, &ps);
                wsprintf(szText, "计数：%d", nNum);
                ::TextOut(hdc, 10, 10, szText, strlen(szText));
                ::EndPaint(hWnd, &ps);
                break;
        case WM_TIMER:                  // 定时器时间已到
                if(wParam == IDT_TIMER1)
                {
                        hdc = GetDC(hWnd);
                        wsprintf(szText, "计数：%d", nNum++);
                        ::TextOut(hdc, 10, 10, szText, strlen(szText));

                        // 发一声"嘟"的声音
                        ::MessageBeep(MB_OK);
                }
                break;
        case WM_LBUTTONDOWN:            // 用户单击鼠标左键
                if(bSetTimer)
                {
                        // 撤销一个已经安装的定时器
                        ::KillTimer(hWnd, IDT_TIMER1);
                        bSetTimer = FALSE;
                }
                else
                {

                        // 安装一个时间周期为 250 ms 的定时器
                        if(::SetTimer(hWnd, IDT_TIMER1, 250, NULL) == 0)
                        // SetTimer 函数调用成功会返回新的定时器的 ID 号，失败的话返回 0
                        {
                                ::MessageBox(hWnd, "安装定时器失败！", "03Timer", MB_OK);
                        }
                        else
                        {
                                bSetTimer = TRUE;
                        }
                }
                break;
        case WM_CLOSE:                  // 用户要求关闭窗口
                if(bSetTimer)
                        ::KillTimer(hWnd, IDT_TIMER1);
                break;
        case WM_DESTROY:                // 窗口正在被销毁
                ::PostQuitMessage(0);
                break;
        }
        return ::DefWindowProc(hWnd, message, wParam, lParam);
}
```

当用户单击鼠标左键的时候，程序通过静态变量 bSetTimer 来决定是安装定时器还是撤销定时器。安装定时器以后，Windows 会每隔 250 ms 向窗口的消息队列投递一个 WM_TIMER 消息，wParam 参数指示了定时器的 ID 号。如果程序中安装有多个定时器，就要使用 ID 号判断到底是哪一个定时器的时间到了。

别指望 Windows 会非常精确地每隔一定的时间发送 WM_TIMER 消息。Windows 的定时器是基于时钟中断的，其精度只能是 55 ms 的整数倍。如果指定的值不符合标准的话，Windows 会以和这个间隔最接近的 55 ms 的整数倍时间为触发周期。另外，在应用程序忙于处理其他消息的时候，级别较低的 WM_TIMER 消息也会被丢弃。

2．系统时间

取得系统时间的函数是 GetLocalTime，用法如下。

```
void GetLocalTime(LPSYSTEMTIME lpSystemTime);
```

此函数会把返回的时间信息放在 SYSTEMTIME 结构里。

```
typedef struct _SYSTEMTIME {
    WORD wYear;              // 年
    WORD wMonth;            // 月
    WORD wDayOfWeek;       // 星期，0 为星期日，1 为星期一，……
    WORD wDay;              // 日
    WORD wHour;             // 时
    WORD wMinute;           // 分
    WORD wSecond;           // 秒
    WORD wMilliseconds;     // 毫秒
} SYSTEMTIME, *PSYSTEMTIME;
```

下面的小例子使用 GetLocalTime 函数取得了当前的系统时间，运行结果如图 4.19 所示。

```
int main(int argc, char* argv[])          // 04LocalTime 工程下
{
    SYSTEMTIME time;  ::GetLocalTime(&time);          // 为了节省空间我将它们写在了一起，你别这样做
    printf(" 当前时间为：%.2d:%.2d:%.2d \n", time.wHour, time.wMinute, time.wSecond);
    return 0;
}
```

使用 SetLocalTime 函数可以设置系统时间，其参数和 GetLocalTime 相同。

图 4.19　取得当前时间

4.5.2　时钟程序

这个小时钟程序的整体思路很明了，用 GDI 函数画出时针、分针和秒针，创建时间间隔为 1s 的定时器，每次处理 WM_TIMER 消息的时候根据 GetLocalTime 函数返回的当前时间重新设置时钟指针的位置。

上一节介绍了设置坐标系的 SetIsotropic 函数和绘制时钟外观的 DrawClockFace 函数，它们的具体实现代码在这里就不重复了。下面再编写一个绘制时钟指针的函数 DrawHand。

```
// 指针的长度、宽度、相对于 0 点偏移的角度、颜色分别由参数 nLength、nWidth、nDegrees、clrColor 指定
void DrawHand(HDC hdc, int nLength, int nWidth, int nDegrees, COLORREF clrColor)
{
    // 将角度 nDegrees 转化成弧度 .   2*3.1415926/360 == 0.0174533
    double nRadians = (double)nDegrees*0.0174533;

    // 计算坐标
    POINT pt[2];
    pt[0].x = (int)(nLength*sin(nRadians));
    pt[0].y = (int)(nLength*cos(nRadians));
    pt[1].x = -pt[0].x/5;
    pt[1].y = -pt[0].y/5;

    // 创建画笔，并选如 DC 结构中
    HPEN hPen = ::CreatePen(PS_SOLID, nWidth, clrColor);
    HPEN hOldPen = (HPEN)::SelectObject(hdc, hPen);
```

```
        // 画线
        ::MoveToEx(hdc, pt[0].x, pt[0].y, NULL);
        ::LineTo(hdc, pt[1].x, pt[1].y);

        ::SelectObject(hdc, hOldPen);
        ::DeleteObject(hPen);
}
```

参数 nDegrees 指定了指针偏移的角度，但是函数 sin 和 cos 参数的单位是弧度，所以要先将角度乘以 0.0174533 转化成弧度。图 4.20 说明了指针两端坐标的计算过程。pt[0]坐标的值通过直角三角形各边的关系很容易就求得，pt[1]的值是 pt[0]关于原点对称后再缩小 5 倍后得到的。

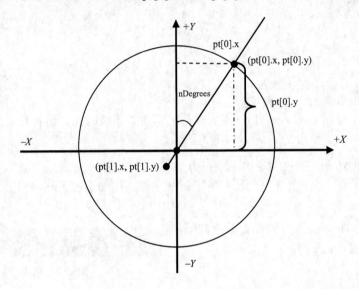

图 4.20　计算指针两端的坐标

下面是具体的消息处理代码。为了维护公共的状态信息，首先定义了一些全局静态变量。窗口函数 WndProc 的基本框架也列到了下面。

```
// 上一次 Windows 通知时的时间
static int s_nPreHour;        // 小时
static int s_nPreMinute;      // 分钟
static int s_nPreSecond;      // 秒
// 窗口客户区的大小
static int s_cxClient;
static int s_cyClient;
// 是否位于最顶层
static BOOL s_bTopMost;

LRESULT __stdcall WndProc(HWND hWnd, UINT nMsg, WPARAM wParam, LPARAM lParam)
{
    switch(nMsg)
    {
    case WM_CREATE:
        {
            SYSTEMTIME time;
            // 设置时间
            ::GetLocalTime(&time);
            s_nPreHour = time.wHour%12;
```

```
                    s_nPreMinute = time.wMinute;
                    s_nPreSecond = time.wSecond;
                    // 创建定时器
                    ::SetTimer(hWnd, IDT_CLOCK, 1000, NULL);
                    return 0;
            }
        case WM_CLOSE:
            {
                    ::KillTimer(hWnd, IDT_CLOCK);
                    ::DestroyWindow(hWnd);
                    return 0;
            }
        case WM_DESTROY:
            {
                    ::PostQuitMessage(0);
                    return 0;
            }
        }
        return ::DefWindowProc(hWnd, nMsg, wParam, lParam);
}
```

　　在窗口刚被创建，即接受到 WM_CREATE 消息的时候，要初始化全局变量的值，并安装定时器。

　　窗口成功被创建，在调用 ShowWindow 函数显示窗口的时候，窗口会接受到 WM_SIZE 消息通知，说明窗口的大小被改变了。wParam 参数指定了接受到此消息的原因，lParam 参数包含新的大小的值。其实每次窗口大小的改变都会使该窗口收到 WM_SIZE 消息，所以可以在响应 WM_SIZE 消息时更新全局变量 s_cxClient 和 s_cyClient 的值。

```
        case WM_SIZE:
            {
                    s_cxClient = LOWORD(lParam);
                    s_cyClient = HIWORD(lParam);
                    return 0;
            }
```

　　在接收到 WM_PAINT 消息的时候，就要在窗口的客户区绘制时钟了，下面是 OnPaint 函数中的代码。

```
        case WM_PAINT:
            {
                    PAINTSTRUCT ps;
                    HDC hdc = ::BeginPaint(hWnd, &ps);

                    // 设置坐标系
                    SetIsotropic(hdc, s_cxClient, s_cyClient);
                    // 绘制时钟外观
                    DrawClockFace(hdc);

                    // 绘制指针

                    // 经过 1 个小时时针走 30 度（360/12），经过 1 分钟时针走 0.5 度（30/60）
                    DrawHand(hdc, 200, 8, s_nPreHour*30 + s_nPreMinute/2, RGB(0, 0, 0));
                    // 经过 1 分钟分针走 6 度（360/60）
                    DrawHand(hdc, 400, 6, s_nPreMinute*6, RGB(0, 0, 0));
                    // 经过 1 秒钟秒针走 6 度（360/60）
                    DrawHand(hdc, 400, 1, s_nPreSecond*6, RGB(0, 0, 0));
```

```
            ::EndPaint(hWnd, &ps);
            return 0;
      }
```

现在运行程序，一个没有走动的时钟就会出现。要想让时钟开始工作，处理定时器消息 WM_TIMER 即可。

```
case WM_TIMER:
{
      // 如果窗口处于最小化状态就什么也不做
      if(::IsIconic(hWnd))        // IsIconic 函数用来判断窗口是否处于最小化状态
            return;

      // 取得系统时间
      SYSTEMTIME time;
      ::GetLocalTime(&time);

      // 建立坐标系
      HDC hdc = ::GetDC(hWnd);
      SetIsotropic(hdc, s_cxClient, s_cyClient);

      // 以 COLOR_3DFACE 为背景色就可以擦除指针了（因为窗口的背景色也是 COLOR_3DFACE）
      COLORREF crfColor = ::GetSysColor(COLOR_3DFACE);

      // 如果分钟改变的话就擦除时针和分针
      if(time.wMinute != s_nPreMinute)
      {
            // 擦除时针和分针
            DrawHand(hdc, 200, 8, s_nPreHour*30 + s_nPreMinute/2, crfColor);
            DrawHand(hdc, 400, 6, s_nPreMinute*6, crfColor);
            s_nPreHour = time.wHour;
            s_nPreMinute = time.wMinute;
      }

      // 如果秒改变的话就擦除秒针，然后重画所有指针
      if(time.wSecond != s_nPreSecond)
      {
            // 擦除秒针
            DrawHand(hdc, 400, 1, s_nPreSecond*6, crfColor);

            // 重画所有指针
            DrawHand(hdc, 400, 1, time.wSecond*6, RGB(0, 0, 0));
            DrawHand(hdc, 200, 8, time.wHour*30 + time.wMinute/2, RGB(0, 0, 0));
            DrawHand(hdc, 400, 6, time.wMinute*6, RGB(0, 0, 0));
            s_nPreSecond = time.wSecond;
      }
}
```

移动指针要调用两次 DrawHandle 函数，第一次是以窗口的背景色（COLOR_3DFACE）为参数调用此函数以擦除这个指针，第二次是在新的位置绘制指针。到此，一个有着基本功能的时钟程序就完成了。

4.5.3　移动窗口

要去掉时钟的标题栏很简单，在创建窗口的时候为窗口样式传递 WS_POPUP 和 WS_SYSMENU 的组合即可。

```
// 创建并显示主窗口
```

```
HWND hWnd = ::CreateWindowEx(NULL, szWindowClass, "时钟",
        WS_POPUP|WS_SYSMENU|WS_SIZEBOX, 100, 100, 300, 300, NULL, NULL, hInstance, NULL);
```

但是没有标题栏以后的窗口既不能被用户移动，也不能比较方便地关闭。本小节通过欺骗 Windows 解决移动窗口的问题，下一个小节使用快捷键解决关闭窗口的问题。

在 Windows 下，每一个鼠标消息都是由 WM_NCHITTEST 消息产生的，这个消息的参数包含了鼠标位置的信息。通常情况下，要把这个消息直接交给 DefWindowProc 函数处理，该函数会返回一个值来告诉 Windows 鼠标按下的是窗口的哪一部分。Windows 利用这个返回值来决定要发送的鼠标消息的类型。例如，如果用鼠标左键单击窗口的标题栏，处理 WM_NCHITTEST 消息的 DefWindowProc 函数会返回 HTCAPTION，然后 Windows 会再向该窗口发送 WM_NCLBUTTON DOWN 消息。如果 DefWindowProc 的返回值是 HTCLIENT，Windows 就将鼠标所在位置的坐标从屏幕坐标转化成为客户区坐标，并且通过 WM_LBUTTONDOWN 消息通知用户。

为了在客户区拖动鼠标就能够移动窗口，必须欺骗 Windows，让它认为用户是在拖动标题栏。可以通过改变处理 WM_NCHITTEST 消息的 DefWindowProc 函数的返回值实现这一点。

```
case WM_NCHITTEST:
    UINT nHitTest;
    nHitTest = ::DefWindowProc(hWnd, nMsg, wParam, lParam);
    if (nHitTest == HTCLIENT)
        nHitTest = HTCAPTION;
    return nHitTest;
```

有了上面的代码，拖动一个窗口的客户区就会像拖动此窗口的标题栏一样简单。而且即使是一个没有标题栏的窗口也能够被鼠标拖动。完整的代码是这样的：

```
case WM_NCHITTEST:
    {
        UINT nHitTest;
        nHitTest = ::DefWindowProc(hWnd, WM_NCHITTEST, wParam, lParam);
        // 如果鼠标左键按下，GetAsyncKeyState 函数的返回值小于 0
        if (nHitTest == HTCLIENT && ::GetAsyncKeyState(MK_LBUTTON) < 0)
            nHitTest = HTCAPTION;
        return nHitTest;
    }
```

这个实现代码和上面差不多，唯一不同的是，在改变 DefWindowProc 返回值以前还要检查鼠标左键的状态，以免其他的鼠标消息，特别是鼠标右键产生的 WM_CONTEXTMENU 消息也被屏蔽掉。

4.5.4　使用快捷菜单

当用户在窗口上单击右键时，Windows 会发送 WM_CONTEXTMENU 消息通知程序。该消息的 wParam 参数是用户单击的窗口的句柄，lParam 参数包含了鼠标的位置信息。一般应用程序都是通过调用 TrackPopupMenu 函数弹出快捷菜单来响应此消息的。

```
BOOL TrackPopupMenu(
    HMENU hMenu,    // 菜单句柄
    UINT uFlags,    // 此参数指定了一些和弹出的菜单的位置相关的选项
    int x,          // （x, y）是弹出的菜单的基于屏幕的坐标
    int y,
    int nReserved,  // 保留
    HWND hWnd,      // 此菜单属于哪一个窗口所有（也就是 WM_COMMAND 消息发到这个窗口）
    HWND prcRect    // 指定此菜单占有的区域。设为 NULL 的话，Windows 会自动调整区域的大小
);
```

本例中响应 WM_CONTEXTMENU 消息的代码如下。

```
case WM_CONTEXTMENU:
    POINT pt; pt.x = LOWORD(lParam); pt.y = HIWORD(lParam);
    {
        // 取得系统菜单的句柄
        HMENU hSysMenu = ::GetSystemMenu(hWnd, FALSE);

        // 弹出系统菜单
        int nID = ::TrackPopupMenu(hSysMenu,TPM_LEFTALIGN|TPM_RETURNCMD,
            pt.x, pt.y, 0, hWnd, NULL);
        if(nID > 0)
            ::SendMessage(hWnd, WM_SYSCOMMAND, nID, 0);
        return 0;
    }
```

用户从菜单上选择命令的动作会产生 WM_COMMAND 消息，而不是 WM_SYSCOMMAND 消息。为了改变这种默认行为，给 TrackPopupMenu 函数传递的 uFlags 参数中包含了 TPM_RETURNCMD 标志，从而促使 TrackPopupMenu 函数返回用户所选菜单的 ID 号。如果 TrackPopupMenu 的返回值大于 0，就说明用户从弹出菜单中选择了一个菜单。以返回的 ID 号为参数 wParam 的值，程序给自己发送了一个 WM_SYSCOMMAND 消息。

在系统菜单中添加自定义的项也很简单，只需在响应 WM_CREATE 消息的时候调用 AppendMenu 函数。Clock 程序添加了"总在最前"和"帮助"两个菜单。

```
// 向系统菜单中添加自定义的项
HMENU hSysMenu;
hSysMenu = ::GetSystemMenu(hWnd, FALSE);
::AppendMenu(hSysMenu, MF_SEPARATOR, 0, NULL);
::AppendMenu(hSysMenu, MF_STRING, IDM_TOPMOST, "总在最前");
::AppendMenu(hSysMenu, MF_STRING, IDM_HELP, "帮助");

//......      // 这里是原来的代码
```

在此函数的上面还有 IDM_TOPMOST 和 IDM_HELP 的定义代码。

```
const int IDM_HELP = 100;
const int IDM_TOPMOST = 101;
```

响应用户单击系统菜单命令的代码如下。

```
case WM_SYSCOMMAND:
    int nID = wParam;
    {
        if(nID == IDM_HELP)
        {
            ::MessageBox(hWnd, "一个时钟的例子", "时钟", 0);
        }
        else if(nID == IDM_TOPMOST)
        {
            HMENU hSysMenu = ::GetSystemMenu(hWnd, FALSE);
            if(s_bTopMost)
            {
                // 设置 ID 号为 IDM_TOPMOST 的菜单项为未选中状态
                ::CheckMenuItem(hSysMenu, IDM_TOPMOST, MF_UNCHECKED);
                // 将窗口提到所有窗口的最顶层
                ::SetWindowPos(hWnd, HWND_NOTOPMOST, 0, 0, 0, 0,
                                    SWP_NOMOVE|SWP_NOREDRAW|SWP_NOSIZE);
                s_bTopMost = FALSE;
            }
```

```
            else
            {
                    ::CheckMenuItem(hSysMenu, IDM_TOPMOST, MF_CHECKED);
                    ::SetWindowPos(hWnd, HWND_TOPMOST, 0, 0, 0, 0,
                                        SWP_NOMOVE | SWP_NOREDRAW | SWP_NOSIZE);
                    s_bTopMost = TRUE;
            }
        }
        return ::DefWindowProc(hWnd, WM_SYSCOMMAND, nID, 0);
    }
}
```

动态的管理菜单就要先取得菜单句柄，GetSystemMenu 函数返回系统菜单的句柄。Append Menu 函数追增一个新项到指定菜单条的结尾，而 CheckMenuItem 函数可以设置指定菜单项的状态。这些函数的用法都很简单，这里就不专门讨论了。

SetWindowPos 函数用来为窗口指定一个新的位置和状态，它也可改变窗口在内部窗口列表中的位置，原型如下。

```
BOOL SetWindowPos(
    HWND hWnd,                    // 欲定位的窗口
    HWND hWndInsertAfter,         // 一个窗口句柄，在 Z 轴上将位于这个窗口之后
    int X,          // 窗口新的 x 坐标。如果 hWnd 是一个子窗口，则 X 用父窗口的客户区坐标表示
    int Y,          // 窗口新的 y 坐标。如果 hWnd 是一个子窗口，则 Y 用父窗口的客户区坐标表示
    int cx,         // 指定新的窗口宽度
    int cy,         // 指定新的窗口高度
    UINT uFlags     // 包含了标志的一个整数
    );
```

hWndInsertAfter 参数指定了欲定位窗口的位置。在窗口列表中，窗口 hWnd 会被置于这个句柄所代表窗口的后面。也可以选用下述值之一：

- HWND_BOTTOM　　　　将窗口置于窗口列表底部
- HWND_TOP　　　　　将置于本线程窗口的顶部
- HWND_TOPMOST　　　将窗口置于列表顶部，并位于任何最顶部窗口的前面
- HWND_NOTOPMOST　　将窗口置于列表顶部，并位于任何最顶部窗口的后面

uFlags 参数可取以下的值：

- SWP_DRAWFRAME　　　围绕窗口画一个框
- SWP_HIDEWINDOW　　　隐藏窗口
- SWP_NOACTIVATE　　　不激活窗口
- SWP_NOMOVE　　　　保持当前位置（x 和 y 设定将被忽略）
- SWP_NOREDRAW　　　窗口不自动重画
- SWP_NOSIZE　　　　保持当前大小（cx 和 cy 会被忽略）
- SWP_NOZORDER　　　保持窗口在列表的当前位置（hWndInsertAfter 将被忽略）
- SWP_SHOWWINDOW　　显示窗口
- SWP_FRAMECHANGED　强迫一条 WM_NCCALCSIZE 消息进入窗口，即使窗口的大小没有改变

本程序为这个参数传递的值是 SWP_NOMOVE | SWP_NOREDRAW | SWP_NOSIZE，即只改变窗口在 Z 轴序列列表中的位置。

至此，整个小时钟程序的全部功能就全部实现了，完整实例可以参考配套光盘上的源程序代码（04Clock 工程）。

第 5 章　框架管理基础

前面 4 章讲述了 Win32 程序设计的基础知识，这是本书的 SDK 程序设计部分。但是直接使用 API 函数写 Windows 程序效率太低，而且容易出错。MFC（Microsoft Fundation Classes，Microsoft 基础类库）是对 API 函数的简单封装，它简化了开发过程，却没有掩盖 Windows 程序的细节。

MFC 比较复杂，要想弄清它的源代码不是容易的事情，以至用它写的程序常使人困惑，程序出错后也不知如何修改。但是很少有人因为这个类库的功能不够强大而不用它。所以，我们将精力投入到 MFC 类库中还是很值得的。

本书将从设计者的角度出发介绍 MFC 类库的设计过程，这些知识不仅会让你很快地喜欢上 MFC，而且对你今后设计和实现自己的框架和类也有莫大的帮助。

本章主要考虑成功设计一个管理 Win32 程序的构架所需的基本元素，包括实现支持动态识别和创建的代码、能够提供调试支持的宏定义和提供内存数据库服务的映射结构。本章还讲述了模块、线程的状态信息，以及初始化这些状态结构和类库框架的代码。

5.1　运行时类信息（**CRuntimeClass 类**）

在程序运行的过程中辨别对象是否属于特定类的技术叫动态类型识别（Runtime Type Information，RTTI）。当函数需要识别其参数类型的时候，或者是必须针对对象所属的类编写特殊目的的代码时，运行期识别就变得非常有用了。

框架程序使用这一技术管理应用程序是非常方便的，因为用户可以任意设计自己的类，框架程序可以在程序执行的时候知道这个类的类名、大小等信息，并能创建这个类的对象。本节将详细介绍如何设计这样的识别系统。

5.1.1　动态类型识别和动态创建

如何识别对象是否属于某个类呢？区别进程可以使用进程 ID，区别窗口可以使用窗口句柄，要区别类的话，必须也要给类安排唯一的标识。类的静态成员不属于对象的一部分，而是类的一部分，也就是说在定义类的时候，编译器已经为这个类的静态成员分配内存了，不管实例化多少个此类的对象，类的静态成员在内存中都只有一份。因此，可以给每个类安排一个静态成员变量，此成员变量的内存地址就是这个类的标识！

下面是最简单的类型辨别系统。每个有类型识别能力的类都有一个静态成员变量，此变量的内存地址就是类的唯一标识。据此，下面的代码就可以在运行时动态判定对象 student 的类型。

```
class CBoy                        // 05RTTI 工程下
{
public:
    // ...  // 其他成员
public:
```

```
        const int* GetRuntimeClass() { return &classCBoy; }
        static const int classCBoy;        // classCBoy 成员的内存地址是 CBoy 类的唯一标识
    };
    const int CBoy::classCBoy = 1;              // 随便初始化一个值就行了

    class CGirl
    {
    public:
        //... // 其他成员
    public:
        const int* GetRuntimeClass() { return &classCGirl; }
        static const int classCGirl;        // classCGirl 成员的内存地址是 CGirl 类的唯一标识
    };
    const int CGirl::classCGirl = 1;

    void main()
    {
        CBoy student;
        if(student.GetRuntimeClass() == &CGirl::classCGirl) // 用静态成员的地址辨别 student 对象是否属于 CGirl 类
            cout << " a girl \n";
        else if(student.GetRuntimeClass() == &CBoy::classCBoy)
            cout << " a boy \n";
        else
            cout << " unknown \n";
    }
```

上面的静态成员类型为 int，其值并没有实际意义。为了在运行期间记录类的信息，可以用有意义的结构来描述此静态成员，将之命名为 CRuntimeClass。

类的最基本信息包括类的名称、大小，所以 CRuntimeClass 结构里有这两个成员。

```
LPCSTR m_lpszClassName; // 类的名字
int m_nObjectSize;         // 类的大小
```

在系统升级的过程中，类的成员很可能会发生变化，所以还要有一个成员来记录当前类的版本号。

```
UINT m_wSchema;          // 类的版本号
```

如果为每个类都写一个创建该类的全局函数的话，就能够依靠从文件或用户的输入中取得此函数的内存地址，从而创建用户动态指定的类，这项技术就是所谓的动态创建。所以创建类的函数的地址也应该是类的一个属性，应记录在 CRuntimeClass 结构里。

```
CObject* (__stdcall* m_pfnCreateObject)();        // 创建类的函数的指针
CObject* CreateObject();
```

为了方便调用 m_pfnCreateObject 指向的函数，再写一个 CreateObject 成员函数，代码如下。

```
CObject* CRuntimeClass::CreateObject()
{
    if(m_pfnCreateObject == NULL)
        return NULL;
    return (*m_pfnCreateObject)();        // 调用创建类的函数
}
```

要想判断一个类是不是从另一个类继承的可以在 CRuntimeClass 结构里记录下其父类的 CRuntimeClass 结构的地址。

```
CRuntimeClass* m_pBaseClass;                // 其基类中 CRuntimeClass 结构的地址
```

有了这个成员很容易就可以写一个检查继承关系的函数 IsDerivedFrom。

```
BOOL CRuntimeClass::IsDerivedFrom(const CRuntimeClass* pBaseClass) const
{
```

```
            const CRuntimeClass* pClassThis = this;
            while(pClassThis != NULL)
            {
                if(pClassThis == pBaseClass) // 判断标识类的 CRuntimeClass 的首地址是否相同
                    return TRUE;
                pClassThis = pClassThis->m_pBaseClass;
            }
            return FALSE; // 查找到了继承结构的顶层，没有一个匹配
}
```

此函数用于检查当前 CRuntimeClass 结构所标识的类是否从指定的类继承。下面是定义
CRuntimeClass 结构的完整的代码，由于这是框架程序提供的一项基本服务，所以为它所在的
文件命名为_AFX.H 和 OBJCORE.CPP。

```
#ifndef __AFX_H__
#define __AFX_H__
#include <windows.h>

class CObject;
struct CRuntimeClass
{
// 属性（Attributes）
    LPCSTR m_lpszClassName;                  // 类的名称
    int m_nObjectSize;                       // 类的大小
    UINT m_wSchema;                          // 类的版本号
    CObject* (__stdcall* m_pfnCreateObject)();  // 创建类的函数的指针
    CRuntimeClass* m_pBaseClass;             // 其基类中 CRuntimeClass 结构的地址

// 操作（operations）
    CObject* CreateObject();
    BOOL IsDerivedFrom(const CRuntimeClass* pBaseClass) const;

// 内部实现（Implementation）
    CRuntimeClass* m_pNextClass; // 将所有 CRuntimeClass 对象用简单链表连在一起
};

//...        // 这里还有其他类的定义
#endif // __AFX_H__
```

要想使所有的类都具有运行期识别和动态创建的特性，必须有一个类作为继承体系的顶
层，也就是说所有具有此特性的类都要从一个类继承，这个类不但能够使 IsDerivedFrom 函数
顺利运行（提供了值为 NULL 的 m_pBaseClass），还提供了名为 IsKindOf 的函数直接辨别对象
是否属于特定类。由于这个是所有类的基类，所以将它命名为 CObject，下面是定义它的代码，
也在_AFX.H 文件中。

```
class CObject
{
public:
    virtual CRuntimeClass* GetRuntimeClass() const;
    virtual ~CObject();

// 属性（Attibutes）
public:
    BOOL IsKindOf(const CRuntimeClass* pClass) const;

// 实现（implementation）
public:
```

```
        static const CRuntimeClass classCObject; //      标识类的静态成员
};
inline CObject::~CObject() { }

// 下面是一系列的宏定义

// RUNTIME_CLASS 宏用来取得 class_name 类中 CRuntimeClass 结构的地址
#define RUNTIME_CLASS(class_name) ((CRuntimeClass*)&class_name::class##class_name)
```

classCObject 静态成员的初始化代码和类的实现代码都在 OBJCORE.CPP 文件中。

```
const struct CRuntimeClass CObject::classCObject =
        { "CObject"/*类名*/, sizeof(CObject)/*大小*/, 0xffff/*无版本号*/,
                          NULL/*不支持动态创建*/, NULL/*没有基类*/, NULL};

CRuntimeClass* CObject::GetRuntimeClass() const
{
        // 下面的语句展开后就是 "return ((CRuntimeClass*)&(CObject::classCObject));"
        return RUNTIME_CLASS(CObject);
}

BOOL CObject::IsKindOf(const CRuntimeClass* pClass) const
{
        CRuntimeClass* pClassThis = GetRuntimeClass();
        return pClassThis->IsDerivedFrom(pClass);
}
```

RUNTIME_CLASS 是为了方便访问类的 CRuntimeClass 结构而定义的宏。在这里可以看到每个类中 CRuntimeClass 成员变量的命名规则：在类名之前冠以 class 作为它的名字。class##class_name 中的##告诉编译器，把两个字符串捆在一起。

GetRuntimeClass 函数就使用了 RUNTIME_CLASS 宏。如果读者还不习惯，用注释上所述的等价语句也是可以的。

现在，为了给类添加运行期识别的能力，可以让该类从 CObject 类继承，然后再在类中添加 CRuntimeClass 类型的静态成员等信息。例如，在下面的例子中，CPerson 类就具有了运行期识别的能力。程序在运行过程中调用 CObject::IsKindOf 函数判断一个对象是否属于 CPerson 类，是则转化对象指针，以便正确地删除，代码如下。

```
#include "../common/_afx.h"                    // 05TypeIdentify 工程下
class CPerson : public CObject
{
public:
        virtual CRuntimeClass* GetRuntimeClass() const
                        { return (CRuntimeClass*)&classCPerson; }
        static const CRuntimeClass classCPerson;
};
const CRuntimeClass CPerson::classCPerson =
        { "CPerson", sizeof(CPerson), 0xffff, NULL, (CRuntimeClass*)&CObject::classCObject, NULL };

void main()
{
        CObject* pMyObject = new CPerson;

        // 判断对象 pMyObject 是否属于 CPerson 类或者此类的派生类
        if(pMyObject->IsKindOf(RUNTIME_CLASS(CPerson)))
                        // RUNTIME_CLASS(CPerson)宏被展开后相当于((CRuntimeClass*)&CPerson::classCPerson)
        {
```

```
            CPerson* pMyPerson = (CPerson*)pMyObject;

            cout << " a CPerson Object! \n";
            delete pMyPerson;
        }
        else
        {
            delete pMyObject;
        }
}
```

程序运行后会打印出 "a CPerson Object!" 字符串。

CObject 类的成员函数 IsKindOf 可用于确定具体某个对象是否属于指定的类或指定的类的派生类。要注意，GetRuntimeClass 是虚函数，CPerson 类重载了它，所以在 IsKindOf 函数的实现代码中，"pClassThis = GetRuntimeClass();" 语句调用的是 CPerson 类的 GetRuntimeClass 函数，而不是 CObject 类的。为了明确地说明这一点，请看下面打印类信息的代码。

```
CRuntimeClass* pClass = pMyObject->GetRuntimeClass();
cout << pClass->m_lpszClassName << "\n";      // 打印出 "CPerson"
cout << pClass->m_nObjectSize << "\n";        // 打印出 "4"
```

运行上面的代码后，程序打印出的是 CPerson 类的信息，说明了 pClass 指针指向的是 CPerson 类的 CRuntimeClass 对象。

如果要想使 CPerson 类也支持动态创建，只需要在初始化 classCPerson 对象的时候传递一个创建 CPerson 对象的函数的地址就行了。很简单，为 CPerson 类再安排一个静态成员函数，此成员函数就负责创建 CPerson 对象，名称为 CreateObject。

```
class CPerson
{
    ......        // 其他成员
    static CObject* __stdcall CreateObject()
        { return new CPerson; }
}
```

为了将 CreateObject 函数传给 classCPerson 对象中的 m_pfnCreateObject 成员，修改该对象的初始化代码如下。

```
const CRuntimeClass CPerson::classCPerson = { "CPerson", sizeof(CPerson), 0xffff,
            &CPerson::CreateObject/*添加到这里*/, (CRuntimeClass*)&CObject::classCObject, NULL };
```

现在，只要得到了 CPerson 类中 CRuntimeClass 结构记录的类的信息，就可以动态创建 CPerson 类了。下面是动态创建 CPerson 类的例子。

```
void main()                          // 05DynCreate 工程下
{
    // 取得 CPerson 类中 CRuntimeClass 结构记录的信息。在实际应用中，我们一般从磁盘上取得这一信息，
    // 从而在代码中没有给出类名的情况下创建该类的对象
    CRuntimeClass* pRuntimeClass = RUNTIME_CLASS(CPerson);

    // 取得了 pRuntimeClass 指针，不用知道类的名字就可以创建该类
    CObject* pObject = pRuntimeClass->CreateObject();
    if(pObject != NULL && pObject->IsKindOf(RUNTIME_CLASS(CPerson)))
    {
        cout << "创建成功! \n";
        delete pObject;
    }
}
```

运行上面的代码，程序会打印出字符串 "创建成功!"。

动态创建，这就是动态创建，只需要知道一个类的 CRuntimeClass 结构记录的信息，就可以在内存中创建这个类的对象。这些信息可以是用户在程序运行过程中输入的，也可以是从磁盘上取得的。

5.1.2　DECLARE_DYNAMIC 等宏的定义

通过上面几个例子可以看到，支持类的运行期识别能力的代码是固定的：一个 CRuntimeClass 类型的静态变量，一个可以取得该对象地址的虚函数 GetRuntimeClass。为了方便用户使用，最好设计一组宏来代替这些重复性代码。比如，在定义类的时候，用名称为 DECLARE_DYNAMIC 的宏来代替变量的定义和函数的声明。

```
#define DECLARE_DYNAMIC(class_name) \                              // 声明支持动态类信息
public: \
        static const CRuntimeClass class##class_name; \
        virtual CRuntimeClass* GetRuntimeClass() const;
```

把这个宏定义放在 _AFX.H 文件中（RUNTIME_CLASS 宏的后面）。与 DECLARE（声明）相对应的就是 IMPLEMENT（实现）了，所以再定义下面两个宏来代替初始化 CRuntimeClass 对象的代码和实现 GetRuntimeClass 函数的代码。

```
#define IMPLEMENT_RUNTIMECLASS(class_name, base_class_name, wSchema, pfnNew) \
        const CRuntimeClass class_name::class##class_name = { \
                #class_name, sizeof(class class_name), wSchema, pfnNew, \
                        RUNTIME_CLASS(base_class_name), NULL }; \
        CRuntimeClass* class_name::GetRuntimeClass() const \
                { return RUNTIME_CLASS(class_name); } \

#define IMPLEMENT_DYNAMIC(class_name, base_class_name) \
        IMPLEMENT_RUNTIMECLASS(class_name, base_class_name, 0xFFFF, NULL)
```

提供 IMPLEMENT_RUNTIMECLASS 宏完全是为了方便，在实现不同的功能的时候直接给该宏传递不同的初始化参数就行了。例如，运行期识别的功能只对当前类的类名 class_name 和基类的类名 base_class_name 有要求，所以 IMPLEMENT_DYNAMIC 宏只有这两个参数，然后再添加上其他的默认值去调用 IMPLEMENT_RUNTIMECLASS 宏。

现在只需要使用 DECLARE_DYNAMIC 和 IMPLEMENT_DYNAMIC 两个宏就可以使 CObject 的派生类拥有动态识别的功能。还是 CPerson 类这个例子，现在修改如下。

```
class CPerson : public CObject            // 05DynClass 工程下
{
        DECLARE_DYNAMIC(CPerson)
};
IMPLEMENT_DYNAMIC(CPerson, CObject)

void main()          // main 函数里的代码没有变化
{
        CObject* pMyObject = new CPerson;
        if(pMyObject->IsKindOf(RUNTIME_CLASS(CPerson)))
        {
                CPerson* pMyPerson = (CPerson*) pMyObject ;
                cout << " a CPerson Object! \n";
                delete pMyPerson;
        }
        else
                delete pMyObject;
}
```

此时，用户不需要知道 CObject 是什么，不需要知道两个小巧的宏做了些什么，就可以方便地向自己的类中添加动态类型识别的功能。

在动态识别的基础上，向类里面添加一个创建该类的静态成员函数，就可以完成动态创建的功能了。所以依靠上面的两个宏，可以很容易地定义出支持动态创建的一组宏。按照它们的作用，为这组宏分别命名为 DECLARE_DYNCREATE 和 IMPLEMENT_DYNCREATE，下面是定义代码。

```
#define DECLARE_DYNCREATE(class_name) \
    DECLARE_DYNAMIC(class_name) \
    static CObject* __stdcall CreateObject();

#define IMPLEMENT_DYNCREATE(class_name, base_class_name) \
    CObject* __stdcall class_name::CreateObject() \
        { return new class_name; } \
    IMPLEMENT_RUNTIMECLASS(class_name, base_class_name, 0xFFFF, \
        class_name::CreateObject)
```

DYNCREATE 是 Dynamic Create 的缩写，意思是"动态创建"。从它们的依赖关系可以看出，支持动态创建的类一定也支持动态识别。把这组宏用在前面的 05DynCreate 工程中，代码如下。

```
class CPerson : public CObject
{
    DECLARE_DYNCREATE(CPerson)
};
IMPLEMENT_DYNCREATE(CPerson, CObject)

void main()   // main 函数里的代码没有变化
{
    CRuntimeClass* pRuntimeClass = RUNTIME_CLASS(CPerson);
    CObject* pObject = pRuntimeClass->CreateObject();
    if(pObject != NULL && pObject->IsKindOf(RUNTIME_CLASS(CPerson)))
    {
        cout << " 创建成功！\n";
        delete pObject;
    }
}
```

运行结果和前面一样，打印出"创建成功！"的字符串。

5.2 调 试 支 持

调试程序代码是程序开发过程中不可缺少的一步，本节将介绍基本的方法。为了调试的方便，本节还将在 C 运行库提供的调试功能的基础上，设计一些宏、函数等来协助调试。

5.2.1 基本调试方法

VC++生成的程序有两种版本，一种是调试版（Win32 Debug），另一种是发行版（Win32 Release）。在按 F7 键生成应用程序之前，我们可以在工具栏中设置其类型，如图 5.1 所示。

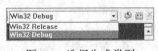

图 5.1 选择生成类型

调试应用程序应该选中 Win32 Debug 选项，这时候生成的可执行文件默认存在于工程的

Debug 目录下；最终发布应用程序应选中 Win32 Release 选项，这时候产生的可执行文件默认存在于工程的 Release 目录下。

VC++在生成调试版的应用程序时，会自动添加许多调试信息，所以最终形成的可执行文件要比发行版大得多。下面介绍如何调试调试版的应用程序。

（1）单步调试。对已经编译连接好的程序按 F10 键，程序将从主线程的第一行代码开始单步执行；接着再按 F10 键，程序将执行下一条语句，按 F11 键程序将进入到当前行的代码内部去执行，也就是说，如果当前的代码行是调用函数的话，程序将跟踪进入这个函数中；按键<Ctrl>＋F10程序将执行到当前光标所在行暂停下来；按键<Shift>＋F5 终止调试。

（2）设置断点。在要设置断点的行单击鼠标右键，在弹出的快捷键中选择"Insert/Remove Breakpoint"命令就可以插入断点，选择"Remove Breakpoint"命令即可取消。插入断点之后按 F5 键程序将带调试运行，在这种状态下程序执行到断点所在行就会自动暂停，此时就可以像上面一样按 F10 或 F11 键进行单步调试了。

单步调试过程中，移动光标到感兴趣的变量上，VC++将弹出提示窗口自动显示此变量的值。我们还可以通过"View/Debug Windows"菜单下的子菜单打开监视（Watch）、内存（Memory）、寄存器（Registers）、变量（Variables）或反汇编（Disassembly）窗口等。

5.2.2　调试输出

调试输出就是带调试运行程序时（按 F5 键），程序向调试器输出一些信息。Windows 提供了 OutputDebugString 函数来完成这一功能。

```
void OutputDebugString( LPCTSTR lpOutputString );
```

此函数唯一的参数就是要向调试器输出的字符串 lpOutputString。下面举一个最简单的例子，看看 VC++的调试器是怎样响应对 OutputDebugString 函数的调用的。

```
#include <windows.h>    // 05OutputDebugString 工程下
void main()
{
    // 向调试器输出字符串
    ::OutputDebugString(" 在调试器窗口，你看到我了吗？ \n");
}
```

按 F7 键编译连接上面的程序，然后按 F5 键带调试运行。一个小黑窗口打开又被关闭后，整个程序退出，这时 VC++中调试器的输出如图 5.2 所示。

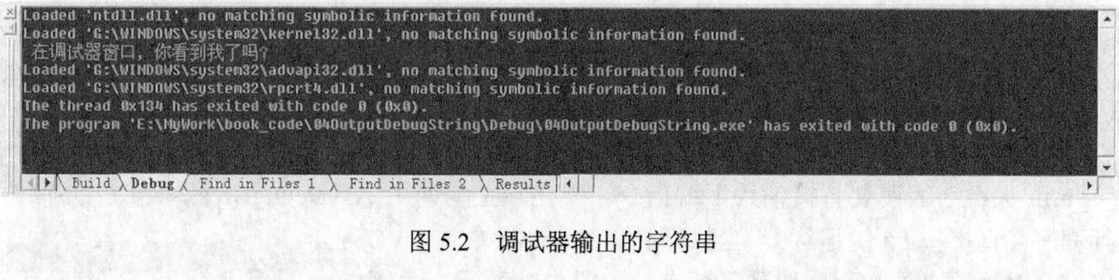

图 5.2　调试器输出的字符串

最常用的跟踪程序运行的函数是 printf 和 MessageBox，现在看来 OutputDebugString 函数也是一个很好的选择。但此函数不能像 printf 函数一样输出格式化的字符串，为了实现这一点我们可以编写一个 AfxTrace 函数。下面是声明这个函数的代码。

```
// 调试支持                   // _AFX.H 文件中
#ifdef _DEBUG
```

```
void __cdecl AfxTrace(LPCTSTR lpszFormat, ...);
#else // _DEBUG
inline void __cdecl AfxTrace(LPCTSTR, ...) { }
#endif // _DEBUG
// 下面是定义 CRuntimeClass 类的代码，本节所有的宏和函数都定义在上面的_DEBUG 块里
```

如果是运行在调试环境下的话，编译器会自动定义_DEBUG 宏。只有在调试的时候上面定义的这些函数才有用，所以把它们放在一个_DEBUG 块里。

AfxTrace 函数的实现代码在 DUMPOUT.CPP 文件中，下面是这个文件的全部代码。

```
#include <windows.h>
#include <stdio.h> // _vsnprintf function

#ifdef _DEBUG          // 只有在调试模式下才编译此文件
void __cdecl AfxTrace(LPCTSTR lpszFormat, ...)
{
    // 格式化我们得到的数据
    va_list args;
    va_start(args, lpszFormat);

    char szBuffer[512];
    _vsnprintf(szBuffer, 512, lpszFormat, args);

    // 输出到调试器
    ::OutputDebugString(szBuffer);

    va_end(args);
}
#endif // _DEBUG
```

这个函数的实现涉及了可变参数的问题。VC 库提供了 va_start(ap,v)、va_arg(ap,t)和 va_end(ap)3 个宏来提取可变参函数中的参数。

```
#define _INTSIZEOF(n)    ( (sizeof(n) + sizeof(int) - 1) & ~(sizeof(int) - 1) )
#define va_start(ap,v)   ( ap = (va_list)&v + _INTSIZEOF(v) )
#define va_arg(ap,t)     ( *(t *)((ap += _INTSIZEOF(t)) - _INTSIZEOF(t)) )
#define va_end(ap)       ( ap = (va_list)0 )
```

_vsnprintf 函数负责把 lpszFormat 指向的字符串格式化，并将结果放入 szBuffer 指定的缓冲区中，其第二个参数指明了 szBuffer 缓冲区的最大长度。如果此长度不足以容纳要写入的字符串的话，_vsnprintf 会返回–1，否则返回写入的字符串的长度。

5.2.3　跟踪和断言

如果要用代码在程序中设置断点，可以用汇编指令"int 3"，下面编写一个名称为 AfxDebugBreak 的拟函数（宏）来给程序设置断点。

```
#define AfxDebugBreak()    _asm { int 3 }
```

_asm 关键字表明要直接使用汇编指令。现在，主动调用 AfxDebugBreak 函数，并带调试运行程序（直接按 F5 键运行）。当执行到"int 3"指令时，VC 弹出一个对话框来通知程序遇到了断点，如图 5.3 所示。关闭对话框以后，程序停在断点处。这时可以按 F10 键进行单步调试，或按<Shift>＋F5 键使程序退出，找出出现断点的原因。

图 5.3　程序遇到了断点

一般当一个变量符合特定条件的时候，才允许程序继续运行，不符合这个条件就让程序暂停。这个功能可以用 ASSERT 宏来实现。assert 的中文意思是

断言，即断言判定程序是否可以继续执行。

```
#define ASSERT(f) \
    if (!(f)) \
        AfxDebugBreak();
```

如果参数 f 的值为 FALSE，则执行用户断点指令，程序停止运行。今后在写程序时会经常使用 ASSERT 宏，例如下面检查指针有效性的代码。

```
CRuntimeClass* pClass = RUNTIME_CLASS(CObject);
ASSERT(pClass != NULL);
//...            使用 pClass 指针
```

为了能够跟踪程序执行过程中的状态，还定义了 TRACE 宏。

```
#define TRACE                ::AfxTrace
```

这个宏实际上调用了 AfxTrace 函数来向调试器输出信息。

还有一个常用的宏是 VERIFY，即核对（verify）结果是否正确。在调试状态下它的功能与 ASSERT 一样。

```
#define VERIFY(f)            ASSERT(f)
```

但是在非调试状态下就不是这个样子了。下面是在_AFX.H 文件中定义这些宏的代码。

```
///////////////////////////////////            _AFX.H 文件中
// 调试支持
#define AfxDebugBreak()        _asm { int 3 }
#ifdef _DEBUG

void __cdecl AfxTrace(LPCTSTR lpszFormat, ...);
#define TRACE                ::AfxTrace
#define ASSERT(f) \
    if (!(f)) \
        AfxDebugBreak();
#define VERIFY(f)            ASSERT(f)

#else // _DEBUG

#define ASSERT(f)            ((void)0)
#define VERIFY(f)            ((void)(f))
inline void __cdecl AfxTrace(LPCTSTR, ...) { }
#define TRACE                (void)0

#endif // _DEBUG
```

在非调试状态下，程序还会保留 VERIFY 宏的参数。读者可以自己写简单的例子看看使用它们以后程序的运行效果。

5.3　框架程序中的映射

5.3.1　映射的概念

在刚刚接触数学函数的时候，读者应该都学过映射的概念。对于函数 $y = f(x)$，就是一个 x 到 y 的映射，如图 5.4 左边的几组数据所示。

不用关心 x 和 y 的关系，这里要说明的是事物之间存在着许多的唯一性，即在定义域内对于 x 的任一取值，都有一个唯一的 y 值与它相对应。类似的情况在生活中更是举不胜举，巴黎对应着法国，纽约对应着美国，华盛顿对应着美国等。在程序中，这种关系也是存在的，比如想用窗口类 CWnd 来控制线程中的所有窗口，那么，线程中每一个窗口的窗口句柄都应该对应唯一的 CWnd 指针。在处理窗口发来的消息的时候，要通过窗口函数 WndProc 传来的窗口句柄的值得到此窗口对应的 CWnd 指针，然后用这个指针去调用 CWnd 类的接口成员。

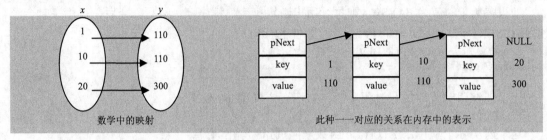

图 5.4　映射的概念

这就要求封装一个类来保存有着映射关系的数据。如果是指针（pointer）到指针映射的话，就为这个类命名为 CMapPtrToPtr，如果是指针到双字的映射的话，就为这个类命名为 CMapPtrToWord 等。它们之间除了类的名称和保存的数据类型不同外没有区别。

本节的目标主要是设计一个保存指针到指针映射的 CMapPtrToPtr 类。在此基础上，再封装一个管理 Windows 句柄到 C++对象指针之间映射的类 CHandleMap。

5.3.2　内存分配方式

CMapPtrToPtr 类保存的是若干个映射项的集合。每个映射项保存了一对映射关系，一个称为键（key），相当于数学中的 x，另一个称为值（value），相当于 y。为了将这些映射关系连在一起，还要在每个映射项中记录下下一个映射项的地址，所以可以用下面的 CAssoc 结构表示一对映射关系：

```
struct CAssoc
{
    CAssoc* pNext;
    void* key;
    void* value;
};
```

此结构表示给定一个 key，仅有一个 value 与它相对应。如果有多组这样一一对应的数据，就要在内存中分配多个具有 CAssoc 结构大小的空间来保存各成员的值。其中 pNext 成员将这些内存块都连在了一起，如图 5.4 右图所示。

按照这种链表的结构，假设用户要用 CMapPtrToPtr 类保存成千上万条中文和英文的对应数据，就要在内存中 new 上万个 CAssoc 结构，调用这上万个 new 函数的开销是多大？为了能够正确地销毁，new 函数又要向每个 CAssoc 结构中添加额外的信息，这又会浪费多少内存？如此多大小相同的内存块不断地被分配、释放产生的结果是什么呢？内存碎片。

如果两个 CAssoc 占用的是不连续的内存空间，而且中间间隔的空间又恰好不足以容纳另一个 CAssoc 结构，就会有内存碎片产生。通常解决这个问题的比较好的方法是预先为 CAssoc 结构申请一块比较大的内存，当要为 CAssoc 结构分配空间的时候，并不真的申请新的空间，而是让它使用上面预留的空间，直到这块空间被使用完再申请新的空间。

写一个分配内存空间的全局函数，每一次调用此函数都可以获得一个指定大小的内存块来容纳多个 CAssoc 结构。另外，还必须要有一种机制将此函数申请的内存块记录下来，以便当

CMapPtrToPtr 类的对象销毁的时候释放所有内存空间。在每个内存块头部安排指向下一个内存块首地址的 pNext 指针就可以将所有内存块连接在一起了，这样做的结果是每一个内存块都由 pNext 指针和真正的用户数据组成，如图 5.5 所示。我们只需要记录下 pHead 指针就有办法释放所有内存空间了。

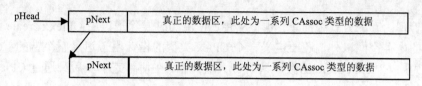

图 5.5　内存的组织形式（内存链）

在每一块内存的头部增加的数据可以用 CPlex 结构来表示。当然了，此结构只有一个 pNext 成员，但是为了方便，把分配内存的全局函数以静态函数的形式封装到 CPlex 结构中，把释放内存链的函数也封装到其中。

```
#ifndef __AFXPLEX_H__                            // _AFXPLEX_.H 文件中
#define __AFXPLEX_H__
#include "_afxwin.h"
struct CPlex
{
    CPlex* pNext; // 向每个内层块中添加的额外信息，指向下一个内存块首地址的指针

    // 这里是真正的数据区，BYTE data[maxNum*elementSize];
    void* data() { return this + 1; }

    // 用于申请内存的全局函数。申请 cbElement 大小的空间 nMax 个
    static CPlex* Create(CPlex*& pHead, UINT nMax, UINT cbElement);

    // 释放以当前对象为首地址（this 指针）的内存链中的所有内存
    void FreeDataChain();
};
#endif // __AFXPLEX_H__
```

Create 是最终的分配内存的全局函数，这个函数会将所分配的内存添加到以 pHead 为首地址的内存链中。参数 pHead 是用户提供的保存链中第一个内存块的首地址的指针。以后释放此链的内存时，直接使用 "pHead->FreeDataChain()" 语句即可。下面是这些函数的具体实现，应放在 PLEX.CPP 文件中。

```
CPlex* CPlex::Create(CPlex*& pHead, UINT nMax, UINT cbElement)
{
    CPlex* p = (CPlex*)new BYTE[sizeof(CPlex) + nMax*cbElement];

    // 将新增加的内存块添加到链中，并将其地址作为首地址
    p->pNext = pHead;
    pHead = p;          // 以相反方向添加数据项的方式大大减化了程序设计
    return p;
}
void CPlex::FreeDataChain()
{
    // 以当前内存块的地址为首地址
    CPlex* p = this;
    // 释放链中所有内存块占用的内存
    while(p != NULL)
```

```
        {
            BYTE* pBytes = (BYTE*)p;
            CPlex* pNext = p->pNext;
            delete[] pBytes;
            p = pNext;
        }
    }
```

这种管理内存的方式很简单，也很实用。使用的时候除了调用 CPlex::Create 函数为小的结构申请大的内存空间以外，还要定义一个 CPlex 类型的指针用于记录整个链的首地址。下面的示例程序先用 CPlex::Create 函数申请了一大块内存，在使用完毕以后又通过 CPlex 指针将之释放，代码如下。

```
#include "../common/_afxplex_.h"    // 包含定义 CPlex 结构的文件
struct CMyData                      // 05CPlexDemo 工程下。你没有必要去做这个练习，懂得它的工作机制就行了，
{                                   // CPlex 结构的实际应用在后面的类中会体现出来
    int nSomeData;
    int nSomeMoreData;
};
void main()
{
    CPlex* pBlocks = NULL; // 用于保存链中第一个内存块的首地址，必须被初始化为 NULL

    CPlex::Create(pBlocks, 10, sizeof(CMyData));
    CMyData* pData = (CMyData*)pBlocks->data();
    // 现在 pData 是 CPlex::Create 函数申请的 10 个 CMyData 结构的首地址
    //...          // 使用 pData 指向的内存

    // 使用完毕，继续申请
    CPlex::Create(pBlocks, 10, sizeof(CMyData));
    pData = (CMyData*)pBlocks->data();

    // 最后释放链中的所有内存块
    pBlocks->FreeDataChain();
}
```

Create 函数是 CPlex 的静态成员，使用起来就相当于全局函数，所以上面的代码直接调用 CPlex::Create 函数来为 CMyData 结构申请一块大的空间，空间的首地址返回给 pBlocks 变量。最后的一条语句会释放掉前面 CPlex::Create 申请的全部空间。

5.3.3　设计管理方式

1．为映射项分配内存空间

在实现 CMapPtrToPtr 类的时候就是依靠调用 CPlex::Create 函数来为 CAssoc 结构申请空间的。不管用哪一种机制管理内存，都得使 CMapPtrToPtr 类在添加新的关联的时候方便地得到容纳 CAssoc 结构的空间，在删除关联的时候方便地释放此 CAssoc 结构占用的空间，就像使用 new 和 delete 操作符一样方便。下面是为管理各个关联（CAssoc 结构）占用的内存而设计的代码。

```
#ifndef __AFXCOLL_H__
#define __AFXCOLL_H__

#include "_afxwin.h"
#include "_afxplex_.h"
class CMapPtrToPtr
```

```
{
protected:
    // 关联（Association）
    struct CAssoc
    {
        CAssoc* pNext;   // 指向下一个 CAssoc 结构
        void* key;       // 键对象
        void* value;     // 值对象
    };

// 实现（Implementation）
protected:
    struct CPlex* m_pBlocks;   // 保存用 CPlex::Create 函数申请的内存块的首地址
    int m_nBlockSize;          // 指定每个内存块可以容纳多少个 CAssoc 结构
    CAssoc* m_pFreeList;       // 预留空间中没有被使用的 CAssoc 结构组成的链中第一个关联的指针
    int m_nCount;              // 记录了程序一共使用了多少个 CAssoc 结构，即关联的个数

    // 为一个新的 CAssoc 结构提供空间，相当于使用 new 操作符
    CAssoc* NewAssoc();
    // 释放一个 CAssoc 结构占用的空间，相当于使用 delete 操作符
    void FreeAssoc(CAssoc* pAssoc);
};
#endif //__AFXCOLL_H__
```

由于 CAssoc 结构只会被 CMapPtrToPtr 类使用，所以把它的定义放在了类中。NewAssoc
函数负责在预留的空间中给 CAssoc 结构分配空间，如果预留的空间已经使用完了，它会调用
CPlex::Create 函数申请 m_nBlockSize*sizeof(CAssoc)大小的内存块，代码如下。

```
CMapPtrToPtr::CAssoc* CMapPtrToPtr::NewAssoc()   //MAP_PP.CPP 文件中
{
    // 预留的空间已经被使用完
    if(m_pFreeList == NULL)
    {
        // 向 m_pBlocks 指向的链中添加一个新的内存块。m_nBlockSize 的值可以由用户指定
        CPlex* newBlock = CPlex::Create(m_pBlocks, m_nBlockSize, sizeof(CAssoc));

        // 将新内存块中各 CAssoc 结构添加到 m_pFreeList 指向的链中（空闲链）
        CAssoc* pAssoc = (CAssoc*)newBlock->data();
        pAssoc += m_nBlockSize -1;         // 注意，此时 pAssoc 指向内存块中最后一个 CAssoc 结构
        for(int i = m_nBlockSize -1; i >= 0; i--, pAssoc--)
        {
            // 将 pAssoc 作为链的首地址添加到空闲链中（还是以相反的顺序向链中添加元素）
            pAssoc->pNext = m_pFreeList;
            m_pFreeList = pAssoc;
        }
    }

    // 从空闲链中取出一个元素 pAssoc
    CAssoc* pAssoc = m_pFreeList;
    m_pFreeList = m_pFreeList->pNext;
    m_nCount++;                         // 又多使用了一个 CAssoc 结构

    // 初始化新关联的值
    pAssoc->key = 0;
    pAssoc->value = 0;
    return pAssoc;
}
```

```
void CMapPtrToPtr::FreeAssoc(CAssoc* pAssoc)
{
    // 将要释放的关联作为链的首地址添加到空闲链中（以相反的顺序）
    pAssoc->pNext = m_pFreeList;
    m_pFreeList = pAssoc;
    m_nCount--;                    // 释放了一个 CAssoc 结构

    // 如果全部的关联都没被使用，就释放所有的内存空间，包括 CPlex::Create 函数申请的内存块
    if(m_nCount == 0)
        RemoveAll();    // 此函数会释放所有内存空间，待会儿我们再讨论
}
```

所有没有被使用的 CAssoc 结构连成了一个空闲链，成员 m_pFreeList 是这个链的头指针。这是 CAssoc 结构中 pNext 成员的一个重要应用。为 CAssoc 结构分配新的内存（NewAssoc）或释放 CAssoc 结构占用的内存（FreeAssoc）都是围绕 m_pFreeList 指向的空闲链进行的。类的构造函数会初始化 m_pFreeList 的值为 NULL，所以在第一次调用 NewAssoc 函数的时候程序会申请新的内存块，此内存块的头部是一个 CPlex 结构，紧接着是可以容纳 m_nBlockSize 个 CAssoc 结构的空间，m_pBlocks 成员保存的是内存块链的头指针，以后还要通过该成员调用 FreeDataChain 函数释放所有的内存块。申请新的内存块以后就要向空闲链中添加元素了。真正从空闲链中移去元素的过程是很简单的，同 FreeAssoc 函数向空闲链中添加元素的过程非常相似，都是要改变头指针 m_pFreeList。

2．映射项的内存组织

为各映射项分配内存空间的方法已经讲完了，下面要关心的问题是如何设计各映射项的内存组织形式，以便用户能够快速地搜索它们。

CMapPtrToPtr 类提供的基本功能是允许用户向映射中添加新的项，即一对 key—value 值，也要允许用户通过一个 key 值查询此值对应的 value。假设用 Lookup 成员函数来完成查询功能。

```
// 在映射中查找 key 所对应的 rValue
BOOL Lookup(void* key, void*& rValue);
```

最坏的方法是挨个查找映射中的项。因为如果映射中包含 n 个项，就必须做将近 n 次单独的查找。最好的方法是不进行任何查找就能够直接得到用户要求的项，只要合理设置，这完全是可能的。

当映射被创建的时候，申请一个 CAssoc 指针类型的数组，并用成员函数 m_pHashTable 保存数组的首地址。

```
m_pHashTable = new CAssoc*[nHashSize];    // nHashSize 的值由用户指定，我们用 m_nHashTableSize 保存次值
```

每当一个项被添加到映射中的时候，调用 NewAssoc 函数为新的 CAssoc 结构申请空间，并通过新项的 key 值计算得到一个哈希值（a hash value）nHashValue，新 CAssoc 结构的地址被拷贝到以 nHash 为索引的上面的数组成员中。nHash 的值是通过下面的式子得到的。

```
nHash = nHashValue%m_nHashTableSize;
```

nHashValue 是从 key 值计算得到的哈希值，m_nHashTableSize 是 m_pHashTable 所指向的数组的大小。如果恰巧索引为 nHash 的元素包含一个 CAssoc 类型的指针，就创建一个 CAssoc 结构的链表，表中第一个 CAssoc 结构的地址被保存在数组中。图 5.6 显示了添加 8 个项以后数组可能的样子。在这个例子里，3 个项被存储在单一的数组中，其他 5 个被分成了两个链表，它们的大小分别是 2 和 3。

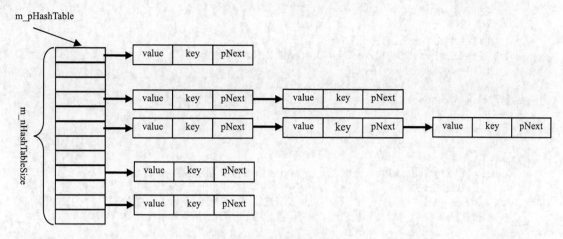

图 5.6　包含数据项的数组

计算哈希值的原则是尽量使计算出来的值唯一，并且不太大。在 CMapPtrToPtr 类中安排一个成员函数 HashKey 来完成这项任务。

```cpp
inline UINT CMapPtrToPtr::HashKey(void* key) const
{
    return ((UINT)(void*)(DWORD)key) >> 4;
}
```

下面是定义 CMapPtrToPtr 类的完整代码。

```cpp
class CMapPtrToPtr
{
protected:
    // 关联（Association）
    struct CAssoc
    {
        CAssoc* pNext;          // 指向下一个 CAssoc 结构
        void* key;              // 键对象
        void* value;            // 值对象
    };

public:
// 构造函数（Construction）
    CMapPtrToPtr(int nBlockSize = 10);

// 属性成员（Attributes）
    // 元素的个数
    int GetCount() const;
    BOOL IsEmpty() const;
    // 在映射中查找 key 所对应的 rValue
    BOOL Lookup(void* key, void*& rValue);

// 操作（Operations）
    // 查找或者是添加 key 对应的 value
    void*& operator[](void* key);
    // 添加一个新的（key, vaule）对
    void SetAt(void* key, void* newValue);

    // 移除一个存在的（key, ?）对
    BOOL RemoveKey(void* key);
```

```
        void RemoveAll();

        UINT GetHashTableSize() const;
        void InitHashTable(UINT nHashSize, BOOL bAllocNow = TRUE);
        UINT HashKey(void* key) const;

// 实现（Implementation）
protected:
        CAssoc** m_pHashTable;
        int m_nHashTableSize;

        struct CPlex* m_pBlocks;      // 保存用 CPlex::Create 函数申请的内存块的首地址
        int m_nBlockSize;             // 指定每个内存块可以容纳多少个 CAssoc 结构
        CAssoc* m_pFreeList;          // 预留空间中没有被使用的 CAssoc 结构组成的链中第一个关联的指针
        int m_nCount;                 // 记录了程序一共使用了多少个 CAssoc 结构，即关联的个数

        // 为一个新的 CAssoc 结构提供空间，相当于使用 new 操作符
        CAssoc* NewAssoc();
        // 释放一个 CAssoc 结构占用的空间，相当于使用 delete 操作符
        void FreeAssoc(CAssoc* pAssoc);
        // 寻找键 key 所在的关联
        CAssoc* GetAssocAt(void* key, UINT& nHash) const;
public:
        ~CMapPtrToPtr();
};

inline int CMapPtrToPtr::GetCount() const
{ return m_nCount; }
inline BOOL CMapPtrToPtr::IsEmpty() const
{ return m_nCount == 0; }
inline void CMapPtrToPtr::SetAt(void* key, void* newValue)
{ (*this)[key] = newValue; }
inline UINT CMapPtrToPtr::GetHashTableSize() const
{ return m_nHashTableSize; }
```

在向映射中添加任何项之前，要首先初始化哈希表（hash table），这项工作由 InitHashTable 函数来完成。

```
        void CMapPtrToPtr::InitHashTable(UINT nHashSize, BOOL bAllocNow)
        {
            if(m_pHashTable != NULL)
            {
                // 释放哈希表
                delete[] m_pHashTable;
                m_pHashTable = NULL;
            }
            if(bAllocNow)
            {
                // 为哈希表申请空间
                m_pHashTable = new CAssoc*[nHashSize];
                memset(m_pHashTable, 0, sizeof(CAssoc*)*nHashSize);
            }
            m_nHashTableSize = nHashSize;
        }
```

用户可以通过给 bAllocNow 参数传递 FALSE，只改变 m_nHashTableSize 的值，而不申请空间。m_nHashTableSize 的值在构造函数里被初始化为 17。

GetAssocAt 函数负责在全部存在的项中查找包含键 key 的项。

```
CMapPtrToPtr::CAssoc* CMapPtrToPtr::GetAssocAt(void* key, UINT& nHash) const
{
    // 计算包含 key 的项在表中的位置
    nHash = HashKey(key)%m_nHashTableSize;
    if(m_pHashTable == NULL)
        return NULL;

    // 在以 m_pHashTable[nHash]为头指针的链表中查找
    CAssoc* pAssoc;
    for(pAssoc = m_pHashTable[nHash]; pAssoc != NULL; pAssoc = pAssoc->pNext)
    {
        if(pAssoc->key == key)
            return pAssoc;
    }
    return NULL;
}
```

如果调用 InitHashTable 函数申请的哈希表（hash table）足够大的话，不同的 key 计算得到的 nHash 的值很可能就是唯一的，这样不需要查找就可以知道 m_pHashTable[nHash]的值就是要查找的项的地址。这就是 CMapPtrToPtr 类能够实现快速查找的原因。

前面已经提到了 Lookup 函数，此函数的实现代码相当简单，仅仅是调用了 GetAssocAt 函数而已。

```
BOOL CMapPtrToPtr::Lookup(void* key, void*& rValue)
{
    UINT nHash;
    CAssoc* pAssoc = GetAssocAt(key, nHash);
    if(pAssoc == NULL)
        return FALSE;        // 没有在映射中

    rValue = pAssoc->value;
    return TRUE;
}
```

最常用的接口函数是 operator [ ]。这个函数重载了[ ]操作符，它的返回值是键 key 所对应 vaule 的引用，所以既可以使用这个函数设置键 key 对应的 value，也可以使用这个函数取得键 key 对应的 vaule。当用户传递的 key 不存在的时候，此函数还会创建新的关联。

```
void*& CMapPtrToPtr::operator [] (void* key)
{
    UINT nHash;
    CAssoc* pAssoc;
    if((pAssoc = GetAssocAt(key, nHash)) == NULL)
    {
        if(m_pHashTable == NULL)
            InitHashTable(m_nHashTableSize);

        // 既然映射中没有用户指定的项，我们就添加一个新的关联
        pAssoc = NewAssoc();
        pAssoc->key = key;

        // 将新的关联放入哈希表中（放在表头，不是表尾）
        pAssoc->pNext = m_pHashTable[nHash];
        m_pHashTable[nHash] = pAssoc;
    }
```

```
        return pAssoc->value; // 返回 value 的引用
}
```

现在只剩下从映射中移除项的功能没有实现了。移除指定的项需要先查找，然后从链表中移除，再释放内存。下面是 RemoveKey 函数的实现代码。

```
BOOL CMapPtrToPtr::RemoveKey(void* key)
{
    if(m_pHashTable == NULL)
        return FALSE;      // 表中什么也没有

    CAssoc** ppAssocPre; // 记录要删除的项的地址的变量的地址（如果存在的话，我们会改变此地址处的值）
    ppAssocPre = &m_pHashTable[HashKey(key)%m_nHashTableSize];

    CAssoc* pAssoc;
    for(pAssoc = *ppAssocPre; pAssoc != NULL; pAssoc = pAssoc->pNext)
    {
        if(pAssoc->key == key)
        {
            // 移除 pAssoc 指向的项
            *ppAssocPre = pAssoc->pNext;      // 从表中移除
            FreeAssoc(pAssoc);                // 释放内存
            return TRUE;
        }
        ppAssocPre = &pAssoc->pNext;
    }
    return FALSE; // 没有找到
}
```

下面是类的构造函数、析构函数和释放内存的函数使用的代码。

```
CMapPtrToPtr::CMapPtrToPtr(int nBlockSize)
{
    m_pHashTable = NULL;
    m_nHashTableSize = 17;        // 默认大小
    m_pBlocks = NULL;
    m_nBlockSize = nBlockSize;
    m_pFreeList = NULL;
    m_nCount = 0;
}
CMapPtrToPtr::~CMapPtrToPtr()
{
    RemoveAll();
}
void CMapPtrToPtr::RemoveAll()
{
    if(m_pHashTable != NULL)
    {
        // 释放哈希表
        delete[] m_pHashTable;
        m_pHashTable = NULL;
    }
    m_nCount = 0;
    m_pFreeList = NULL;
    m_pBlocks->FreeDataChain();
    m_pBlocks = NULL;
}
```

3. CMapPtrToPtr 类应用举例

为了示范映射的使用方法，下面用 CMapPtrToPtr 类建造了一个简单的 English-Chinese 字典，这个字典里面包含一周内每天的名称。

```
#include "../common/_afxcoll.h"   // 定义了 CPlex 结构       // 05MapsDemo 工程下
void main()           // English-Chinese 字典
{
        CMapPtrToPtr map;
        char szDay[][16] =
        { "Sunday", "Monday", "Tuesday", "Wednesday", "Thursday", "Friday", "Saturday" };

        // 向映射中添加项
        map[szDay[0]]          = "星期日";        // 这里主要调用了 operator [ ]函数
        map[szDay[1]]          = "星期一";
        map[szDay[2]]          = "星期二";
        map[szDay[3]]          = "星期三";
        map[szDay[4]]          = "星期四";
        map[szDay[5]]          = "星期五";
        map[szDay[6]]          = "星期六";

        // 查询
        cout << szDay[4] << " : " << (char*)map[szDay[4]] << "\n";
}
```

可以看到，使用 CMapPtrToPtr 类就像使用数组一样方便。map 对象保存了每对字符串的首地址，这里面的键（key）是英文单词的首地址，值（value）是中文单词的首地址。查询的时候，只要给出 key，立刻便得出 value。运行结果如图 5.7 所示。

图 5.7　字典程序的输出结果

5.3.4　句柄映射的实现

有了 CMapPtrToPtr 类，框架程序很容易管理 Windows 对象的句柄到 C++对象的指针之间的映射，比如窗口句柄 HWND 到 CWnd（下一章再讨论这个类）指针的映射，通常称这种映射为句柄映射。下面封装一个简化版本的 CHandleMap 类来管理句柄映射。类的定义和实现都在 winhand_.h 文件中。

```
#include "_afxcoll.h"    // winhand_.h 文件

class CObject;
class CHandleMap
{
// 实现（Implementation）
private:
        CMapPtrToPtr m_permanentMap;

// 操作（Operations）
public:
        CObject* LookupPermanent(HANDLE h);                 // 查找句柄对应的 C++对象指针
        void SetPermanent(HANDLE h, CObject* permOb);       // 设置句柄对应的 C++对象指针
        void RemoveHandle(HANDLE h);                        // 移除映射表中指定项

        CObject* FromHandle(HANDLE h);                      // 这里同 LookupPermanent 函数
};

__inline CObject* CHandleMap::LookupPermanent(HANDLE h)
        { return (CObject*)m_permanentMap[h]; }
__inline void CHandleMap::SetPermanent(HANDLE h, CObject* permOb)
        { m_permanentMap[h] = permOb; }
```

```
__inline void CHandleMap::RemoveHandle(HANDLE h)
    { m_permanentMap.RemoveKey(h); }

__inline CObject* CHandleMap::FromHandle(HANDLE h)
    { return LookupPermanent(h); }
```

称它是简化版，主要是因为这个类没有实现自动创建临时对象的功能。也就是当用户为 FromHandle 函数传递的句柄没有在映射中的时候，这个类不能够为这个不存在的句柄自动创建临时的对象，然后返回这个临时对象的指针。

类的用法很简单，几个成员函数的作用无非是添加、查询和移除一对映射。在下一章会看到这个类是如何为框架程序服务的。

5.4 框架程序的状态信息

本书第 3 章提到了模块—线程状态 AFX_MODULE_THREAD_STATE，而且还安排了成员指针 m_pCurrentWinThread。其实，对应用程序来说，有许多的状态需要维护，如模块状态、线程状态等。这一节就来详细讨论这些状态，并重点讲述如何管理它们占用的内存空间。

5.4.1 模块的概念

在线程中调用 API 函数的时候，代码到哪里去执行了呢？比如，在一条语句中调用了 MessageBox 函数，然后 Windows 就会弹出一个对话框。可以肯定，在程序中并没有此函数的实现代码，而用于程序执行的代码最后又都会被链接成.EXE 文件，所以最终的可执行文件中没有 MessageBox 函数的实现代码。这就说明，应用程序在启动的时候，不但加载了.EXE 文件，还加载了包含 API 函数实现代码的文件。每一个被加载到内存中的文件称之为一个模块。

一般进程是由多个模块组成的。通常应用程序都是通过模块句柄来访问进程中的模块。事实上，模块句柄的值就是该模块映射到进程中的地址。例如 WinMain 函数中的第一个参数 hInstance，这就是主程序模块的句柄，即.EXE 文件映射到内存后的地址。

使用 ToolHelp 函数可以很容易地查看一个进程都加载了哪些模块，例如下面的代码打印出了当前进程中模块的一些信息。

```
#include <tlhelp32.h>           // 05ProcessModule 工程下
void main()
{
    MODULEENTRY32 me32 = { 0 };

    // 在本进程中拍一个所有模块的快照
    HANDLE hModuleSnap = ::CreateToolhelp32Snapshot(TH32CS_SNAPMODULE, 0);
    if(hModuleSnap == INVALID_HANDLE_VALUE)
        return;

    // 遍历快照中记录的模块
    me32.dwSize = sizeof(MODULEENTRY32);
    if(::Module32First(hModuleSnap, &me32))
    {
        do
        {
            cout << me32.szExePath << "\n";
            cout << "    模块在本进程中的地址：" << me32.hModule << "\n";
```

```
        }
            while(::Module32Next(hModuleSnap, &me32));
    }
    ::CloseHandle(hModuleSnap);
}
```

首先，用 CreateToolhelp32Snapshot 函数给当前进程拍一个快照，TH32CS_SNAPMODULE
参数指定了快照的类型，第二个参数指定了目标进程的 ID 号。然后用 Module32First 和
Module32Next 函数遍历快照中记录的模块信
息，运行结果如图 5.8 所示。

这说明 05ProcessModule 进程是由 3 个模块
组成的：05ProcessModule.exe（主程序模块）、
ntdll.dll 和 kernel32.dll。这些模块都有一些不同

图 5.8　进程中的模块信息

于其他模块的属性，如模块的镜像文件在磁盘的位置、此模块中所有类的列表等，所以有必要
定义一个数据结构来维护程序中模块的状态。

5.4.2　模块、线程的状态

模块状态记录了一些模块私有的数据，可以用 AFX_MODULE_STATE 类来描述它。

```
struct CRuntimeClass;
class CWinApp;
class AFX_MODULE_STATE : public CNoTrackObject
{
public:
    CTypedSimpleList<CRuntimeClass*> m_listClass;        // 记录模块中的类信息

    CWinApp* m_pCurrentWinApp;                           // 当前 CWinApp 对象的指针
    HINSTANCE m_hCurrentInstanceHandle;                  // 当前模块的实例句柄（也就是模块句柄）
    HINSTANCE m_hCurrentResourceHandle;                  // 包含资源的实例句柄

    // CThreadLocal<AFX_MODULE_THREAD_STATE> m_thread;
    THREAD_LOCAL(AFX_MODULE_THREAD_STATE, m_thread)      // 特定于线程的状态数据
};
AFX_MODULE_STATE* AfxGetAppModuleState();
AFX_MODULE_STATE* AfxGetModuleState();
```

维护模块的状态是为了在程序运行过程中方便查询，所以每当模块被加载到内存，执行初
始化代码的时候，就应当为这个模块申请一个 AFX_MODULE_STATE 对象，并设置其成员的值。

如何保存代码正在执行的模块的 AFX_MODULE_STATE 指针呢？为此可以再定义线程状
态_AFX_THREAD_STATE，用于保存线程的状态信息。

```
class CWnd;
class _AFX_THREAD_STATE : public CNoTrackObject
{
public:
    AFX_MODULE_STATE* m_pModuleState;

    // 注册窗口类时使用（缓冲区）
    TCHAR m_szTempClassName[96];

    // 创建窗口时使用
    CWnd* m_pWndInit;                // 正在初始化的 CWnd 对象的指针

    HHOOK m_hHookOldCbtFilter;       // 钩子句柄
```

```
};
EXTERN_THREAD_LOCAL(_AFX_THREAD_STATE, _afxThreadState);
_AFX_THREAD_STATE* AfxGetThreadState();
```

同样，每创建一个线程就创建一个新的 **_AFX_THREAD_STATE** 对象，并用 CThreadLocal 类模板保存这个线程状态对象的指针。

```
_AFX_THREAD_STATE* AfxGetThreadState()                        // afxstate.cpp 文件
{
    return _afxThreadState.GetData();
}
THREAD_LOCAL(_AFX_THREAD_STATE, _afxThreadState);
```

m_pModuleState 成员保存了线程的模块状态，所以取得模块状态的代码如下。

```
AFX_MODULE_STATE _afxBaseModuleState;                         // afxstate.cpp 文件
AFX_MODULE_STATE* AfxGetAppModuleState()
{
    return &_afxBaseModuleState;
}

AFX_MODULE_STATE* AfxGetModuleState()
{
    _AFX_THREAD_STATE* pState = _afxThreadState.GetData();
    AFX_MODULE_STATE* pResult;
    if(pState->m_pModuleState != NULL)
        pResult = pState->m_pModuleState;
    else
        pResult = AfxGetAppModuleState();

    ASSERT(pResult != NULL);
    return pResult;
}
```

可以认为 _afxBaseModuleState 是进程模块状态的指针，是进程私有变量。这样一来，应用程序可以设置自己的模块状态，也可以使用这个全局的模块状态。由于现在所讨论的程序都是基于单模块的，所以一般都直接使用 _afxBaseModuleState 来保存模块信息。

本书在 3.4 节定义了模块线程状态 AFX_MODULE_THREAD_STATE，在此除了要向里面增加新的成员以外，还要对函数 AfxGetModuleThreadState 进行重新定义。

```
class CWinThread;
class CHandleMap;
class AFX_MODULE_THREAD_STATE : public CNoTrackObject
{
public:
    // 指向当前线程对象(CWinThread 对象)的指针
    CWinThread* m_pCurrentWinThread;

    // 窗口句柄映射
    CHandleMap* m_pmapHWND;

    // 设备环境句柄映射
    CHandleMap* m_pmapHDC;
};

AFX_MODULE_THREAD_STATE* AfxGetModuleThreadState();
```

句柄映射是模块和线程局部有效的，属于模块—线程状态的一部分。取得模块—线程状态指针的函数应修改如下。

```
AFX_MODULE_THREAD_STATE* AfxGetModuleThreadState()
{
    return AfxGetModuleState()->m_thread.GetData();
}
```

5.5 框架程序的执行顺序

5.5.1 线程的生命周期

线程被创建以后，它就成了一个执行代码的独立实体。有的线程生命周期很长，例如主线程，它的生存期跟进程的生存期一样。它在进程创建时被创建，主线程的结束也导致进程的终止。有的线程则在完成了一项任务后马上退出。不管是哪个线程，其经历的状态都可以被分为表 5.1 所示的 3 种。

线程刚开始被创建时，必须做一些初始化工作，为的是产生应用程序的工作平台——窗口。这项工作是每个线程实例都得做的，所以称之为 Initialize Instance。

初始化工作完成后，线程进入消息循环，不断地移除并处理消息队列的消息，响应用户的请求。这是线程的主要工作状态，称之为 Running。

表 5.1	线程经历的状态
线程经历的状态	说　　明
Initialize Instance	执行线程实例的初始化工作
Running	进入消息循环
Exit Instance	线程终止时执行清除

消息循环结束后，线程就要准备终止自己的执行了，这时称它所做的工作为 Exit Instance。在 CWinThread 类中这几个状态用代码表示如下。

```
class CWinThread : public CObject
{
// ……其他成员
public:
    // 允许重载的函数（Overridables）
    // 执行线程实例初始化
    virtual BOOL InitInstance();

    // 开始处理消息
    virtual int Run();
    virtual BOOL PreTranslateMessage(MSG* pMsg);
    virtual BOOL PumpMessage();
    virtual BOOL OnIdle(LONG lCount);
    virtual BOOL IsIdleMessage(MSG* pMsg);

    // 线程终止时执行清除
    virtual int ExitInstance();

    // 当前正在处理的消息
    MSG m_msgCur;
};
```

m_msgCur 成员记录着当前的 CWinThread 对象正在处理的消息。InitInstance、Run 和 ExitInstance 函数是由框架程序负责调用的，用户如果想添加额外的代码只需重载它们就可以了。下面是它们的实现代码。

```
int CWinThread::Run()
{
    BOOL bIdle = TRUE;
    LONG lIdleCount = 0;
    for(;;)
    {
        while(bIdle && !::PeekMessage(&m_msgCur, NULL, 0, 0, PM_NOREMOVE))
        {
            if(!OnIdle(lIdleCount++))
                bIdle = FALSE;
        }

        do
        {
            if(!PumpMessage())
                return ExitInstance();

            if(IsIdleMessage(&m_msgCur))
            {
                bIdle = TRUE;
                lIdleCount = 0;
            }
        }while(::PeekMessage(&m_msgCur, NULL, 0, 0, PM_NOREMOVE));
    }
    ASSERT(FALSE);
}
// 在消息送给 Windows 的 TranslateMessage 和 DispatchMessage 之前进行消息过滤
BOOL CWinThread::PreTranslateMessage(MSG* pMsg)
{
    return FALSE;
}
BOOL CWinThread::PumpMessage()
{
    if (!::GetMessage(&m_msgCur, NULL, NULL, NULL))
        return FALSE;

    if(!PreTranslateMessage(&m_msgCur)) // 没有完成翻译
    {
        ::TranslateMessage(&m_msgCur);
        ::DispatchMessage(&m_msgCur);
    }
    return TRUE;
}
BOOL CWinThread::OnIdle(LONG lCount)
{
    return lCount < 0;
}
BOOL CWinThread::IsIdleMessage(MSG* pMsg)
{
    return TRUE;
}
BOOL CWinThread::InitInstance()
```

```
{
        return FALSE;
}
int CWinThread::ExitInstance()
{
        int nResult = m_msgCur.lParam;
        return nResult;
}
```

在进行消息循环时 CWinThread 类进行了消息空闲处理。当消息队列中没有消息时，框架程序自动调用虚函数 OnIdle，允许用户利用线程空闲的时间做一些工作。下面这行代码。

```
while(::PeekMessage(&m_msgCur, NULL, 0, 0, PM_NOREMOVE));
```

其意思是查看（而不移除）消息队列中是否还有等待处理的消息，如果有，PeekMessage 函数返回 TRUE，Run 函数继续调用 PumpMessage 移除并处理一个消息；如果没有就做空闲处理，试图调用 OnIdle 函数。

5.5.2　程序的初始化过程

在使用框架之前，用户必须首先创建应用程序实例。这个应用程序实例用来初始化整个类库框架，也用来维护一些全局变量信息，我们用一个 CWinApp 类来描述它。

```
class CWinApp : public CWinThread        //    _AFXWIN.H 文件
{
        DECLARE_DYNCREATE(CWinApp)
public:
        CWinApp();
        virtual ~CWinApp();

// 属性
        // WinMain 函数的 4 个参数
        HINSTANCE m_hInstance;
        HINSTANCE m_hPrevInstance;
        LPTSTR m_lpCmdLine;
        int m_nCmdShow;

// 帮助操作，通常在 InitInstance 函数中进行
public:
        HCURSOR LoadCursor(UINT nIDResource) const;
        HICON LoadIcon(UINT nIDResource) const;

// 虚函数
public:
        virtual BOOL InitApplication();
        virtual BOOL InitInstance();
        virtual int ExitInstance();
        virtual int Run();
};

__inline HCURSOR CWinApp::LoadCursor(UINT nIDResource) const
        { return ::LoadCursor(AfxGetModuleState()->m_hCurrentResourceHandle, (LPCTSTR)nIDResource); }
__inline HICON CWinApp::LoadIcon(UINT nIDResource) const
        { return ::LoadIcon(AfxGetModuleState()->m_hCurrentResourceHandle, (LPCTSTR)nIDResource); }

CWinApp* AfxGetApp();
__inline CWinApp* AfxGetApp()
```

```
        { return AfxGetModuleState()->m_pCurrentWinApp; }
```

// 待会儿再讲这个函数，先将它声明在这里。它负责类库框架的内部初始化
```
BOOL AfxWinInit(HINSTANCE hInstance, HINSTANCE hPrevInstance, LPTSTR lpCmdLine, int nCmdShow);
```
将其实现代码放在名为 APPCORE.CPP 的文件中。

```
#include "_afxwin.h"
CWinApp::CWinApp()
{
        // 初始化 CWinThread 状态
        AFX_MODULE_STATE* pModuleState = AfxGetModuleState();
        AFX_MODULE_THREAD_STATE* pThreadState = pModuleState->m_thread;
        ASSERT(AfxGetThread() == NULL);
        pThreadState->m_pCurrentWinThread = this;
        ASSERT(AfxGetThread() == this);
        m_hThread = ::GetCurrentThread();
        m_nThreadID = ::GetCurrentThreadId();

        // 初始化 CWinApp 状态
        ASSERT(pModuleState->m_pCurrentWinApp == NULL);
        pModuleState->m_pCurrentWinApp = this;
        ASSERT(AfxGetApp() == this);

        // 直到进入 WinMain 函数之后再设置为运行状态
        m_hInstance = NULL;
}
CWinApp::~CWinApp()
{
        AFX_MODULE_STATE* pModuleState = AfxGetModuleState();
        if(pModuleState->m_pCurrentWinApp == this)
                pModuleState->m_pCurrentWinApp = NULL;
}
BOOL CWinApp::InitApplication()
{
        return TRUE;
}
BOOL CWinApp::InitInstance()
{
        return TRUE;
}
int CWinApp::Run()
{
        return CWinThread::Run();
}
int CWinApp::ExitInstance()
{
        return m_msgCur.wParam;
}
IMPLEMENT_DYNCREATE(CWinApp, CWinThread)
```

此框架规定，每个应用程序必须有一个全局的 CWinApp 对象，这样 CWinApp 类的构造函数就会在 WinMain 函数执行之前被调用。构造函数除了初始化 CWinApp 对象之外，还初始化了主线程的线程状态和当前模块的模块状态。

还剩几个虚函数需要讲述，其中 InitApplication 负责每个程序只做一次的动作，而 InitInstance 负责每个线程只做一次的动作。在使用的时候，我们要视情况去重载不同的虚函数。

现在该在类库框架中实现 WinMain 函数的执行代码了。我们将这个文件命名为 WINMAIN.

CPP。

```
#include "_afxwin.h"                                        // WINMAIN.CPP 中
int __stdcall WinMain(HINSTANCE hInstance, HINSTANCE hPrevInstance,
                                            LPTSTR lpCmdLine, int nCmdShow)
{
        ASSERT(hPrevInstance == NULL);

        int nReturnCode = -1;
        CWinThread* pThread = AfxGetThread();
        CWinApp* pApp = AfxGetApp();

        // 类库框架内部的初始化
        if(!AfxWinInit(hInstance, hPrevInstance, lpCmdLine, nCmdShow))
            goto InitFailure;

        // 应用程序的全局初始化
        if(pApp != NULL && !pApp->InitApplication())
            goto InitFailure;

        // 主线程的初始化
        if(!pThread->InitInstance())
        {
            nReturnCode = pThread->ExitInstance();
            goto InitFailure;
        }

        // 开始与用户交互
        nReturnCode = pThread->Run();

InitFailure:
        return nReturnCode;
}
```

其中负责框架内部初始化的 AfxWinInit 函数的实现代码如下。

```
#include "_afxwin.h"                  // APPINIT.CPP 文件
BOOL AfxWinInit(HINSTANCE hInstance, HINSTANCE hPrevInstance,
        LPTSTR lpCmdLine, int nCmdShow)
{
        ASSERT(hPrevInstance == NULL);

        // 设置实例句柄
        AFX_MODULE_STATE* pModuleState = AfxGetModuleState();
        pModuleState->m_hCurrentInstanceHandle = hInstance;
        pModuleState->m_hCurrentResourceHandle = hInstance;

        // 为这个应用程序填写初始化状态
        CWinApp* pApp = AfxGetApp();
        if(pApp != NULL)
        {
            pApp->m_hInstance = hInstance;
            pApp->m_hPrevInstance = hInstance;
            pApp->m_lpCmdLine = lpCmdLine;
            pApp->m_nCmdShow = nCmdShow;
        }
        return TRUE;
}
```

使用类库框架之后，不需要再与 WinMain 函数见面了，只需从 CWinApp 类派生自己的应用程序类，重载 InitApplication 或者 InitInstance 函数。如果想让程序进入消息循环，就令 InitInstance 函数返回 TRUE，否则返回 FALSE。

5.5.3 框架程序应用举例

本小节的例子是为了说明使用框架程序以后程序的结构，所有它没有什么功能，运行之后仅仅弹出一个 MessageBox 对话框。

首先创建一个空的 Win32 工程（工程名称为 05UseFrame），然后按照 3.1.5 小节所示的方法设置工程支持多线程，再将 COMMON 文件夹下的文件添加到工程中（至少要添加所有的.CPP 文件）。如果觉得类视图中显示的内容太多，可以在类视图中新建一个目录，把添加进来的类全部拖到这个目录下面。最后新建两个文件 UseFrame.h 和 UseFrame.cpp，下面是 UseFrame.h 文件中的代码。

```cpp
#include "../common/_afxwin.h"
class CMyApp : public CWinApp
{
public:
    virtual BOOL InitInstance();
    virtual int ExitInstance();
};
```

下面是 UseFrame.cpp 文件中的代码。

```cpp
#include "UseFrame.h"
CMyApp theApp;              // 应用程序实例对象

BOOL CMyApp::InitInstance()
{
    ::MessageBox(NULL, "主线程开始执行！ ", "CMyApp::InitInstance", 0);
    return FALSE;           // 不要进入消息循环
}
int CMyApp::ExitInstance()
{
    ::MessageBox(NULL, "主线程将要退出！ ", "CMyApp::ExitInstance", MB_OK);
    return 0;
}
```

简单来说，要使用这个类库框架，必须定义一个从 CWinApp 类派生的应用程序类。在这个类里重载 InitInstance 函数写程序初始化代码。还必须要保证程序中有唯一的应用程序实例对象，如本例中的 theApp。

这个工作流程并不是为写控制台应用程序设计的，所以只有学完了下一章，你才会觉得在 InitInstance 函数中添加代码并不比在 WinMain 函数中麻烦。

第6章 框架中的窗口

前面讲述了类库框架管理应用程序的基本方式，以及它的执行顺序。本章将继续介绍如何在框架程序执行的过程中创建窗口和响应线程内发送给窗口的消息。

消息处理是 Win32 应用程序的灵魂，也是本章重点讨论的话题。本章最终要设计一个能够实现消息映射的基本构架。

6.1 CWnd 类的引出

在类的体系结构中，框架程序提供了 CWnd 类来封装窗口的 HWND 句柄，即使用 CWnd 类来管理窗口的对象，这包括窗口的创建和销毁、窗口的一般行为和窗口所接受的消息。

为了使其他的类也有处理消息的机会，我们可以再封装一个类 CCmdTarget 作为消息处理的终点，也就是说所有从这个类派生的类都可以具有处理消息的能力。它和 CWnd 类都在 _AFXWIN.H 文件中，应该在定义 CWinThread 类之前定义它们。下面是这两个类的最基本成员。

```
class CCmdTarget : public CObject        // 这个类的实现代码在 CMDTARGCPP 文件中
{                                        // 请创建此文件，并添加上这样的代码:
    DECLARE_DYNCREATE(CCmdTarget);       // IMPLEMENT_DYNCREATE(CCmdTarget, CObject)
public:                                  // CCmdTarget::CCmdTarget() {        }
    CCmdTarget();
};

class CWnd : public CCmdTarget
{
    DECLARE_DYNCREATE(CWnd)
public:
    CWnd();
    virtual ~CWnd();

    HWND m_hWnd;
    operator HWND() const { return m_hWnd; }
    HWND GetSafeHwnd() { return this == NULL ? NULL : m_hWnd; }
};
```

CWnd 类的实现代码在 WINCORE.CPP 文件中，如下所示。

```
#include "_afxwin.h"
#include "winhand_.h"

CWnd::CWnd()
{
    m_hWnd = NULL;
}
CWnd::~CWnd()
{
    if(m_hWnd != NULL)
    {
```

```
        ::DestroyWindow(m_hWnd);
    }
}
IMPLEMENT_DYNCREATE(CWnd, CCmdTarget)
```

CWnd 类是类库的核心，上面是它的基本框架。以后我们就在这个框架的基础上添加代码，最终实现一个便于用户使用，而又不失灵活性的窗口类。

6.2 窗口句柄映射

6.2.1 向 CWnd 对象分发消息

一个线程中可能（很可能）有不止一个窗口，因此也会有多个对应的 CWnd 对象。每个 CWnd 对象只响应发送给本窗口的消息，那么，如何将线程接受到的消息交给不同的 CWnd 对象呢？本节就着重解决这个问题。

Windows 是通过窗口函数将消息发送给应用程序的。窗口函数的第一个参数 hWnd 指示了接收此消息的窗口，我们只能通过窗口句柄 hWnd 的值找到对应的 CWnd 对象的地址。这就要求：

（1）只安排一个窗口函数。窗口函数的作用仅仅是找到处理该消息的 CWnd 对象的地址，再把它交给此 CWnd 对象。增加窗口函数对寻找 CWnd 对象不会有帮助，因为窗口函数的参数是固定的。

（2）记录窗口句柄到 CWnd 对象指针的映射关系。

窗口函数是全局函数，将它命名为 AfxWndProc，其实现代码在 CWnd 类的实现文件 WINCORE.CPP 中。假设 CWnd 类用于接收消息的成员函数的名称是 WindowProc，则 AfxWndProc 的伪代码如下。

```
LRESULT __stdcall AfxWndProc(HWND hWnd, UINT nMsg, WPARAM wParam, LPARAM lParam)
{
    CWnd* pWnd = ...       // 通过 hWnd 找到对应的 CWnd 指针
    ASSERT(pWnd != NULL);
    ASSERT(pWnd->m_hWnd == hWnd);
    ...                    // 将消息交给 CWnd 对象处理 return pWnd->WindowProc(nMsg, wParam, lParam);
}
```

AfxWndProc 是程序中所有窗口的消息处理函数，它先找到管理窗口的 CWnd 对象，再将消息交给该对象处理，并返回消息的处理结果。图 6.1 显示了此函数的功能。

解决（2）问题，只要使用 CHandleMap 类就可以了。由于 Windows 为每个线程维护一个消息队列，如图 6.1 所示，线程 1 执行过程中消息处理函数 AfxWndProc 只能收到本线程中的窗口发来的消息，所以窗口的句柄映射应该是线程私有的。CWnd 类对象和它所控制的窗口都在同一个模块中，因此窗口句柄映射是模块线程私有的。所以最终我们将记录窗口句柄映射的 CHandleMap 对象定义在模块线程状态类 AFX_MODULE_THREAD_STATE 中。

```
class AFX_MODULE_THREAD_STATE : public CNoTrackObject          // _AFXSTAT_.H 文件
{
    ...          // 其他成员
    // 窗口句柄映射
    CHandleMap* m_pmapHWND;
};
```

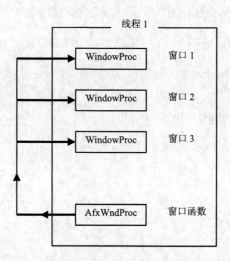

图 6.1　将消息发给不同的窗口

　　m_pmapHWND 指针所指向的 CHandleMap 对象记录了本模块内当前线程的窗口句柄映射，这里的当前线程是指访问此变量的线程。下面的函数 afxMapHWND 用于访问当前线程中窗口句柄映射。

```
CHandleMap* afxMapHWND(BOOL bCreate = FALSE)        // 定义在 WINCORE.CPP 文件
{
    AFX_MODULE_THREAD_STATE* pState = AfxGetModuleThreadState();
    if(pState->m_pmapHWND == NULL && bCreate)
    {
        pState->m_pmapHWND = new CHandleMap();
    }
    return pState->m_pmapHWND;
}
```

　　系统需要访问当前线程的窗口句柄映射时，只要调用 afxMapHWND 函数即可。如果仅仅是查询，就将 bCreate 参数的值设置为 FALSE；如果是向映射中添加新项，就要将 TRUE 传给 bCreate 参数，此时，afxMapHWND 会检查当前线程中的 CHandleMap 对象是否创建，如果没有就创建它。

　　CWnd 类提供以下 4 个成员函数来管理窗口句柄映射，这些函数都是先调用 afxMapHWND 函数得到 CHandleMap 指针，然后再进行相关操作。

```
class CWnd : public CCmdTarget          // _AFXWIN.H 文件
{
    ...            // 其他成员
    static CWnd* FromHandle(HWND hWnd);
    static CWnd* FromHandlePermanent(HWND hWnd);
    BOOL Attach(HWND hWndNew);
    HWND Detach();
}
```

　　给定窗口句柄 hWnd，FromHandle 和 FromHandlePermanent 函数都会试图返回指向 CWnd 对象的指针。如果没有 CWnd 对象附加到此窗口句柄上，FromHandle 函数会创建一个临时的 CWnd 对象，并附加到 hWnd 上，而 FromHandlePermanent 函数只返回 NULL。但是，我们的 CHandleMap 类并没有实现自动创建临时对象的功能，所以这两个函数的功能没有区别。函数的实现代码如下。

```
CWnd* CWnd::FromHandle(HWND hWnd)                    // WINCORE.CPP 文件
{
    CHandleMap* pMap = afxMapHWND(TRUE);  // 如果不存在则创建一个 CHandleMap 对象
    ASSERT(pMap != NULL);
    return (CWnd*)pMap->FromHandle(hWnd);
}

CWnd* CWnd::FromHandlePermanent(HWND hWnd)
{
    CHandleMap* pMap = afxMapHWND();
    CWnd* pWnd = NULL;
    if(pMap != NULL)
    {
        // 仅仅在永久映射（非临时映射）中查找——不创建任何新的 CWnd 对象
        pWnd = (CWnd*)pMap->LookupPermanent(hWnd);
    }
    return pWnd;
}
```

这两个函数的实现不与任何 CWnd 类的对象有关，而且又是负责查询全局（相对于线程）窗口句柄映射的，所以将它们声明为 static 类型，作为全局函数来使用。

Attach 函数附加一个窗口句柄到当前 CWnd 对象，即添加一对映射项；Detach 函数将窗口句柄从当前 CWnd 对象分离，即移除一对映射项。这些操作都是在永久映射中进行的，其实现代码如下。

```
BOOL CWnd::Attach(HWND hWndNew)                      // WINCORE.CPP 文件
{
    ASSERT(m_hWnd == NULL);                          // 仅仅附加一次
    ASSERT(FromHandlePermanent(hWndNew) == NULL);    // 必须没有在永久映射中

    if(hWndNew == NULL)
        return FALSE;

    CHandleMap* pMap = afxMapHWND(TRUE);             // 如果不存在则创建一个 CHandleMap 对象
    ASSERT(pMap != NULL);

    pMap->SetPermanent(m_hWnd = hWndNew, this);      // 添加一对映射
    return TRUE;
}

HWND CWnd::Detach()
{
    HWND hWnd = m_hWnd;
    if(hWnd != NULL)
    {
        CHandleMap* pMap = afxMapHWND();             // 如果不存在不去创建
        if(pMap != NULL)
            pMap->RemoveHandle(hWnd);
        m_hWnd = NULL;
    }
    return hWnd;
}
```

每创建一个窗口，就调用 Attach 函数将新的窗口句柄附加到 CWnd 对象，在此窗口销毁的时候再调用 Detach 函数取消上面的附加行为。这样，在整个窗口的生命周期内，就会存在一个此窗口句柄 hWnd 到 CWnd 对象指针 pWnd 的映射项，在消息处理函数 AfxWndProc 中，

能够轻易地完成图 6.1 所示的消息分发的功能，如下代码所示。

```
CWnd* pWnd = CWnd::FromHandlePermanent(hWnd);        // 通过 hWnd 找到对应的 CWnd 指针;
return pWnd->WindowProc(nMsg, wParam, lParam);       // 将消息交给 CWnd 对象处理
```

6.2.2　消息的传递方式

线程状态类 _AFX_THREAD_STATE 中，一个很重要的成员的是 m_lastSendMsg，这个 MSG 类型的变量记录了上一次线程收到的消息，也可以说是当前正在处理的消息。维护这个成员的值是很有用的，它提供了一种向 CWnd 对象发送消息的方法。我们在任何时候都可以通过下面的语句得到当前正在处理的消息。

```
_AFX_THREAD_STATE* pThreadState = AfxGetThreadState();
MSG msg = pThreadState->m_lastSendMsg;               // 变量 msg 为当前正在处理的消息
```

用这种方式传递消息避开了使用函数参数的烦琐，而且维护 m_lastSendMsg 的值也比较容易。线程收到的所有消息都会首先到达消息处理函数 AfxWndProc，在消息处理函数将消息交给 CWnd 对象之前更新当前线程私有变量 m_lastSendMsg 的值即可。下面是这一过程的具体实现。

```
// 这两个函数的声明代码在 _AFXWIN.H 文件中（CWnd 类下面），实现代码在 WINCORE.CPP 文件中
LRESULT __stdcall AfxWndProc(HWND hWnd, UINT nMsg, WPARAM wParam, LPARAM lParam)
{
        CWnd* pWnd = CWnd::FromHandlePermanent(hWnd);
        ASSERT(pWnd != NULL);
        ASSERT(pWnd->m_hWnd == hWnd);
        return AfxCallWndProc(pWnd, hWnd, nMsg, wParam, lParam);
}

LRESULT AfxCallWndProc(CWnd* pWnd, HWND hWnd, UINT nMsg,
                                        WPARAM wParam = 0, LPARAM lParam = 0)
{
        _AFX_THREAD_STATE* pThreadState = AfxGetThreadState();

        // 因为可能会发生嵌套调用，所以要首先保存旧的消息，在函数返回时恢复
        MSG oldState = pThreadState->m_lastSendMsg;

        // 更新本线程中变量 m_lastSendMsg 的值
        pThreadState->m_lastSendMsg.hwnd = hWnd;
        pThreadState->m_lastSendMsg.message = nMsg;
        pThreadState->m_lastSendMsg.wParam = wParam;
        pThreadState->m_lastSendMsg.lParam = lParam;

        // 处理接收到的消息

        // 将消息交给 CWnd 对象
        LRESULT lResult;
        lResult = pWnd->WindowProc(nMsg, wParam, lParam);    // 下面要讲述成员函数 WindowProc

        // 消息处理完毕，在返回处理结果以前恢复 m_lastSendMsg 的值
        pThreadState->m_lastSendMsg = oldState;
        return lResult;
}
```

添加 AfxCallWndProc 函数是为了让用户能够直接向 CWnd 对象发送消息。此函数在将消息传给 CWnd 对象前会更新线程私有数据 m_lastSendMsg 的值，所以在 CWnd 对象处理消息的

过程中变量 m_lastSendMsg 就是当前正在处理的消息。这样，消息就以两种不同的方式传给了 CWnd 对象：第一种方式是通过 CWnd::WindowProc 函数的 3 个参数（沿这条线路传递的消息将是以后介绍的重点）；第二种方式是通过线程私有数据 m_lastSendMsg。

如果你不熟悉消息处理函数的工作机制，可能会以为 AfxCallWndProc 函数中局部变量 oldState 的值将永远是 0，也就是说在 CWnd 对象处理完消息以后恢复变量 m_lastSendMsg 的值是没有必要的。可是事实并不是这样。

在 CWnd 对象处理消息的过程中，可能会因为调用了某个函数而促使 AfxCallWndProc 再次被调用，这就会发生函数的嵌套调用。比如在处理一个消息时，又用 SendMessage 函数向当前窗口发了一条消息，SendMessage 会一直等到消息处理完毕才返回。于是程序的执行流程转向对 AfxCallWndProc 函数的调用，如图 6.2 所示。这次首先保存旧的消息就有用了，因为这个旧消息就是促使 SendMessage 函数被调用的消息，而不再是 0。

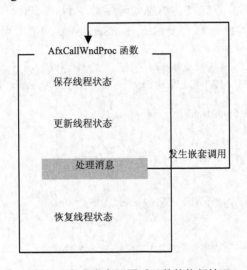

图 6.2　发生嵌套调用后函数的执行情况

CWnd 类的成员函数 WindowProc 是为了实现 CWnd 类而添加的，并不是用户可以使用的接口函数，所以将它的保护类型设为 protected。为了使全局函数 AfxCallWndProc 能够访问 CWnd 类的受保护成员，将它声明为 CWnd 类的友元函数，相关代码如下。

```
class CWnd : public CCmdTarget
{
    ...        // 其他成员
protected:
    // 处理 Windows 消息
    virtual LRESULT WindowProc(UINT message, WPARAM wParam, LPARAM lParam);
protected:
    // 分发消息的实现
    friend LRESULT AfxCallWndProc(CWnd*, HWND, UINT, WPARAM, LPARAM);
};
```

为了使程序通过编译，要先写出此函数的最简单的实现，比如

```
LRESULT CWnd::WindowProc(UINT message, WPARAM wParam, LPARAM lParam)    // WINCORE.CPP 文件
{    return 0;    }
```

究竟 WindowProc 是如何处理消息的，见 6.5 节。

6.3　创 建 窗 口

6.3.1　窗口函数

Windows 为每个窗口都提供了默认的消息处理函数，自定义类的窗口的默认消息处理函数是 DefWindowProc，各子窗口控件（见 7.1 节）的类名是 Windows 预定义的，其窗口函数自然由 Windows 提供。

我们的框架也提供了一个通用的消息处理函数 AfxWndProc。为了响应窗口消息，必须让 Windows 把窗口的消息处理函数的地址全设为 AfxWndProc，在处理消息时由我们自己决定是否调用默认的消息处理函数。改变窗口消息处理函数地址最简单的办法是使用 SetWindowLong 函数。比如，下面代码会将句柄为 hWnd 的窗口的窗口函数地址设为 AfxWndProc，并将原来的地址保存在 oldWndProc 变量中。

```
WNDPROC oldWndProc = (WNDPROC)::SetWindowLong(hWnd, GWL_WNDPROC, (DWORD)AfxWndProc);
```

GWL_WNDPROC 标记指示了此次调用的目的是设置窗口函数的地址，新的地址由第 3 个参数 AfxWndProc 指明。调用成功后，SetWindowLong 返回原来窗口函数的地址。以这个地址为参数调用 CallWindowProc 函数就相当于对消息做了默认处理。

```
::CallWindowProc(oldWndProc, hWnd, message, wParam, lParam);
```

以前在注册窗口类的时候，系统都将一个自定义的函数 WndProc 的地址传给 WNDCLASS 或 WNDCLASSEX 结构，然后在 WndProc 函数里处理 Windows 发来的消息。但是，以这种方式创建出来的窗口和标准的子窗口控件有一个明显的区别，就是其窗口函数不是由 Windows 系统提供的。为了消除这种区别，在注册窗口类时可以直接让 API 函数 DefWindowProc 作为窗口函数响应 Windows 消息，如下面代码所示。

```
WNDCLASS wndclass;
wndclass.lpfnWndProc = ::DefWindowProc;
...          // 其他代码
```

这样一来，消息都会被直接发送到默认的消息处理函数，各种窗口处理消息的方式都相同了，我们的框架程序可以使用 SetWindowLong 和 CallWindowProc 两个函数对待所有的窗口。

6.3.2　注册窗口类

根据窗口的不同用途，框架程序要为它们注册不同的窗口类，为了进行试验，这里只把它们分成两类（虽然还可以分得更细），子窗口使用的窗口类和框架或视图窗口使用的窗口类。这两种类的类名分别是 Wnd 和 FrameOrView，其类型标志被定义为 AFX_WND_REG 和 AFX_WND FRAMEORVIEW_REG。

```
// _AFXIMPL.H 文件，意思是实现类库所需的文件，而不是提供给用户的。请在 COMMON 目录下添加此文件
#ifndef __AFXIMPL_H__
#define __AFXIMPL_H__
#include "_afxwin.h"

// 窗口类的类型标志
#define AFX_WND_REG (0x0001)              // 使用第 1 位
#define AFX_WNDFRAMEORVIEW_REG (0x0002) // 使用第 2 位。还可继续使用 0x0004、0x0008、0x0010 等

#define AFX_WND ("Wnd")
#define AFX_WNDFRAMEORVIEW ("FrameOrView")
```

```
// 框架程序注册窗口类时使用的类名，这些变量定义在 WINCORE.CPP 文件
extern const TCHAR _afxWnd[];
extern const TCHAR _afxWndFrameOrView[];

#endif        // __AFXIMPL_H__
```

在 WINCORE.CPP 文件的头部有类名的定义：

```
const TCHAR _afxWnd[] = AFX_WND;                                // 当然，文件中有 "#include "_afximpl.h"" 语句
const TCHAR _afxWndFrameOrView[] = AFX_WNDFRAMEORVIEW;
```

上面的代码定义了两种类型的窗口类使用的标志和类名，如果想添加新的类型，按这种方式继续添加代码就行了。

自定义函数 AfxEndDeferRegisterClass 实现了为框架程序注册窗口类的功能，函数唯一的参数是类型标志，指明要注册什么类型的窗口类，具体的代码如下。

```
// 这两个函数的声明代码在 _AFXWIN.H 文件中（CWnd 类下面），实现代码在 WINCORE.CPP 文件中
BOOL AfxEndDeferRegisterClass(LONG fToRegister)
{
    WNDCLASS wndclass;
    memset(&wndclass, 0, sizeof(wndclass));
    wndclass.lpfnWndProc = ::DefWindowProc;
    wndclass.hInstance = AfxGetModuleState()->m_hCurrentInstanceHandle;
    wndclass.hCursor = ::LoadCursor(NULL, IDC_ARROW);

    BOOL bResult = FALSE;
    if(fToRegister & AFX_WND_REG)
    {
        // 子窗口——没有背景刷子，没有图标，最安全的风格
        wndclass.style = CS_HREDRAW | CS_VREDRAW | CS_DBLCLKS;
        wndclass.lpszClassName = _afxWnd;
        bResult = AfxRegisterClass(&wndclass);
    }
    else if(fToRegister & AFX_WNDFRAMEORVIEW_REG)
    {
        // 框架或视图窗口——普通的颜色
        wndclass.style = CS_HREDRAW | CS_VREDRAW | CS_DBLCLKS;
        wndclass.hbrBackground = (HBRUSH)(COLOR_WINDOW + 1);
        wndclass.lpszClassName = _afxWndFrameOrView;
        bResult = AfxRegisterClass(&wndclass);
    }
    return bResult;
}

BOOL AfxRegisterClass(WNDCLASS* lpWndClass)
{
    WNDCLASS wndclass;
    if (GetClassInfo(lpWndClass->hInstance, lpWndClass->lpszClassName,
        &wndclass))
    {
        // 已经注册了该类
        return TRUE;
    }
    if (!::RegisterClass(lpWndClass))
    {
        TRACE("Can't register window class named %s\n", lpWndClass->lpszClassName);
        return FALSE;
    }
```

```
            return TRUE;
    }
```

　　由 AfxEndDeferRegisterClass 函数注册的窗口类使用的窗口函数都是默认的消息处理函数 DefWindowProc，两种不同类型的窗口类使用的类的风格、类名或背景刷子等参数不完全相同。最终的注册工作由 AfxRegisterClass 函数来完成。AfxEndDeferRegisterClass 函数的用法十分简单，比如下面语句为创建框架窗口注册了窗口类。

```
VERIFY(AfxEndDeferRegisterClass(AFX_WNDFRAMEORVIEW_REG));    // 类名为_afxWndFrameOrView
```

　　AfxRegisterClass 函数是对 API 函数 RegisterClass 的扩展。它先调用 GetClassInfo 函数试图查看要注册的类的信息，如果查看成功就不注册了，仅返回 TRUE。

　　AfxEndDeferRegisterClass 函数只能作为类库内部调用的一个函数来使用，下面再提供一个更通用的注册窗口类的函数。

```
LPCTSTR AfxRegisterWndClass(UINT nClassStyle, HCURSOR hCursor,
                            HBRUSH hbrBackground, HICON hIcon)
{
    // 使用线程局部存储中的缓冲区存放临时类名
    LPTSTR lpszName = AfxGetThreadState()->m_szTempClassName;

    HINSTANCE hInst = AfxGetModuleState()->m_hCurrentInstanceHandle;
    if(hCursor == NULL && hbrBackground == NULL && hIcon == NULL)
        wsprintf(lpszName, "Afx:%d:%d", (int)hInst, nClassStyle);
    else
        wsprintf(lpszName, "Afx:%d:%d:%d:%d", (int)hInst, nClassStyle,
                           (int)hCursor, (int)hbrBackground, (int)hIcon);

    WNDCLASS wc = { 0 };
    if(::GetClassInfo(hInst, lpszName, &wc))
    {
        ASSERT(wc.style == nClassStyle);
        return lpszName;
    }

    wc.hInstance = hInst;
    wc.style = nClassStyle;
    wc.hCursor = hCursor;
    wc.hbrBackground = hbrBackground;
    wc.hIcon = hIcon;
    wc.lpszClassName = lpszName;
    wc.lpfnWndProc = ::DefWindowProc;
    if(!AfxRegisterClass(&wc))
    {
        TRACE("Can't register window class named %s\n", lpszName);
        return NULL;
    }
    return lpszName;
}
```

　　_AFX_THREAD_STATE 结构的成员 m_szTempClassName[96]的作用是保存当前线程注册的窗口类。后面的例子程序基本都要使用这个函数注册窗口类。在_AFXWIN.H 文件中有如下这样几个函数的声明。

```
// 注册窗口类的辅助函数
LPCTSTR AfxRegisterWndClass(UINT nClassStyle,
                            HCURSOR hCursor = 0, HBRUSH hbrBackground = 0, HICON hIcon = 0);
BOOL AfxRegisterClass(WNDCLASS* lpWndClass);
```

BOOL AfxEndDeferRegisterClass(LONG fToRegister);

6.3.3　消息钩子

现在，框架程序创建的窗口的窗口函数都是 Windows 提供的默认的消息处理函数，不管在创建的过程中使用的是自定义的窗口类，还是使用系统预定义的窗口类，为了使框架程序提供的函数 AfxWndProc 获得消息的处理权，必须调用 SetWindowLong 将窗口函数的地址设为 AfxWndProc 函数的地址。可是应该在什么时候调用此函数呢？

这个问题并不像想象的那么简单。调用 CreateWindowEx 的时候，窗口函数就开始接受消息。也就是说，在 CreateWindowEx 返回窗口句柄之前窗口函数已经开始处理消息了，这些消息有 WM_GETMINMAXINFO、WM_NCCREATE 和 WM_CREATE 等。所以等到 CreateWindowEx 返回的时候再调用 SetWindowLong 函数就已经晚了，漏掉了许多的消息。

那么，有没有办法让系统在正要创建窗口的时候通知应用程序呢？这样的话，就可以在窗口函数接受到任何消息之前有机会改变窗口函数的地址。使用钩子函数能够实现这一设想。

在 Windows 的消息处理机制中，应用程序可以通过安装钩子函数监视系统中消息的传输。在特定的消息到达目的窗口之前，钩子函数就可以将它们截获。这种机制的实现原理第 9 章有专门介绍。但钩子函数的使用方法是比较简单的，例如，下面一条语句就给当前线程安装了一个类型为 WH_CBT 的钩子，其钩子函数的地址为 HookProc。

HHOOK hHook = ::SetWindowsHookEx(WH_CBT, HookProc, NULL, ::GetCurrentThreadId());

系统在发生下列事件之前激活 WH_CBT 类型的钩子，调用自定义钩子函数 HookProc 通知应用程序：

- 创建、销毁、激活、最大化、最小化、移动或者改变窗口的大小；
- 完成系统命令；
- 将鼠标或键盘消息移出消息队列；
- 设置输入输出焦点；
- 同步系统消息队列。

HookProc 是一个自定义的回调函数，和窗口函数 WndProc 一样，其函数名称可以是任意的。

LRESULT CALLBACK CBTProc(int nCode, WPARAM wParam, LPARAM lParam);

nCode 参数指示了钩子函数应该如何处理这条消息，如果它的值小于 0，钩子函数必须将消息传给 CallNextHookEx 函数。此参数的取值可以是 HCBT_CREATEWND、HCBT_ACTIVATE 等，从字面也可以看出，它们分别对应着窗口的创建、窗口的激活等消息。当窗口将要被创建的时候，nCode 的取值是 HCBT_CREATEWND，此时，wParam 参数指定了新建窗口的句柄，lParam 参数是 CBT_CREATEWND 类型的指针，包含了新建窗口的坐标位置和大小等信息。

SetWindowsHookEx 函数的返回值是钩子句柄 hHook。CallNextHookEx 函数的第一个参数就是此钩子句柄。此函数的作用是调用钩子队列中的下一个钩子。

LRESULT CallNextHookEx(HHOOK hHook, int nCode, WPARAM wParam, LPARAM lParam);

在不使用钩子的时候还应该以此句柄为参数，调用 UnhookWindowsHookEx 函数将钩子释放掉。

有了这些知识，我们很容易会想到，在创建窗口之前先安装一个 WH_CBT 类型的钩子就有机会改变窗口函数的地址了。下面介绍这一过程的具体实现。

在改变窗口函数地址的时候，必须将此窗口原来的窗口函数的地址保存下来以便对消息做默认处理。窗口函数的地址是窗口的一个属性，所以再在 CWnd 类中添加一个 WNDPROC 类型的成员变量 m_pfnSuper，并添加一个虚函数 GetSuperWndProcAddr 返回默认的消息处理函数的地址。默认处理时，只要以 m_pfnSuper 或 GetSuperWndProcAddr 函数返回的指针所指向的函数为参数调用 CallWindowProc 函数即可，下面是相关的代码。

```
class CWnd : public CCmdTarget                    // _AFXWIN.H 文件
{
...          // 其他成员
protected:

        // 默认消息处理函数的地址
        WNDPROC m_pfnSuper;
        virtual WNDPROC* GetSuperWndProcAddr();

        // 对消息进行默认处理
        LRESULT Default();
        virtual LRESULT DefWindowProc(UINT message, WPARAM wParam, LPARAM lParam);

        // 挂钩消息的实现
        friend LRESULT __stdcall _AfxCbtFilterHook(int, WPARAM, LPARAM);
}
```

函数的实现代码在 WINCORE.CPP 文件中。

```
WNDPROC* CWnd::GetSuperWndProcAddr()              // WINCORE.CPP 文件
{
        return &m_pfnSuper;
}

LRESULT CWnd::Default()
{
        // 以最近接收到的一个消息为参数调用 DefWindowProc 函数
        _AFX_THREAD_STATE* pThreadState = AfxGetThreadState();
        return DefWindowProc(pThreadState->m_lastSendMsg.message,
                pThreadState->m_lastSendMsg.wParam, pThreadState->m_lastSendMsg.lParam);
}

LRESULT CWnd::DefWindowProc(UINT message, WPARAM wParam, LPARAM lParam)
{
        if(m_pfnSuper != NULL)
                return ::CallWindowProc(m_pfnSuper, m_hWnd, message, wParam, lParam);

        WNDPROC pfnWndProc;
        if((pfnWndProc = *GetSuperWndProcAddr()) == NULL)
                return ::DefWindowProc(m_hWnd, message, wParam, lParam);
        else
                return ::CallWindowProc(pfnWndProc, m_hWnd, message, wParam, lParam);
}
```

在类的构造函数中应该把成员 m_pfnSuper 的值初始化为 NULL。CWnd 的派生类有可能重载虚函数 GetSuperWndProcAddr，所以成员函数 DefWindowProc 发现 m_pfnSuper 是 NULL 后还会去检查 GetSuperWndProcAddr 的返回值，如果能够得到一个有效的函数地址就将消息传给此函数，否则调用 API 函数 DefWindowProc。

类的友元函数 _AfxCbtFilterHook 就是要安装的过滤消息的钩子函数。框架程序要在这个函数里改变窗口函数的地址。它将原来窗口函数的地址保存在 CWnd 类的 m_pfnSuper 成员中。而 GetSuperWndProcAddr 成员的保护类型是"protected"，所以要将 _AfxCbtFilterHook 声明为

CWnd 类的友元函数。

假设 CWnd 类提供的创建窗口的函数的名称为 CreateEx，现在模拟用户创建窗口的过程。创建窗口的代码如下。

```
CWnd myWnd;
myWnd.CreateEx(...);    // 创建窗口
```

CreateEx 函数先安装 WH_CBT 类型的钩子，然后调用 API 函数 CreateWindowEx 创建窗口。

```
HHOOK hHook = ::SetWindowsHookEx(WH_CBT, _AfxCbtFilterHook, NULL, ::GetCurrentThreadId());
:: CreateWindowEx(...);
```

但是，在写_AfxCbtFilterHook 函数的实现代码的时候会遇到如下两个问题：

（1）如何获得调用 CallNextHookEx 函数时所需的钩子句柄。

（2）在改变窗口函数的地址之前，必须首先让此窗口的窗口句柄 hWnd 与 myWnd 对象关联起来，即执行代码 "myWnd. Attach(hWnd)"。只有这样，框架程序的窗口函数 AfxWndProc 才能将接收到的消息传给正确的 CWnd 对象。可是，在_AfxCbtFilterHook 函数中，如何知道正在创建的窗口的 CWnd 对象的地址呢？

这都是关于传递变量的值的问题，一个是钩子句柄的值，另一个是正在初始化的 CWnd 对象的指针的值。因为这些变量是线程局部有效的，所以只要在表示线程状态的类中添加相关变量即可。

```
class _AFX_THREAD_STATE : public CNoTrackObject
{
     ...            // 其他成员
     CWnd* m_pWndInit;              // 正在初始化的 CWnd 对象的指针
     HHOOK m_hHookOldCbtFilter;     // 钩子句柄
};
```

安装钩子的时候设置这两个成员的值，在钩子函数中再访问它们就行了。下面是框架程序为创建窗口提供的安装钩子和卸载钩子的函数。

```
void AfxHookWindowCreate(CWnd* pWnd)
{
     _AFX_THREAD_STATE* pThreadState = AfxGetThreadState();
     if(pThreadState->m_pWndInit == pWnd)
          return;
     if(pThreadState->m_hHookOldCbtFilter == NULL)
          pThreadState->m_hHookOldCbtFilter = ::SetWindowsHookEx(WH_CBT,
                    _AfxCbtFilterHook, NULL, ::GetCurrentThreadId());

     ASSERT(pWnd != NULL);
     ASSERT(pWnd->m_hWnd == NULL); // 仅挂钩一次

     ASSERT(pThreadState->m_pWndInit == NULL);
     pThreadState->m_pWndInit = pWnd;
}

BOOL AfxUnhookWindowCreate()
{
     _AFX_THREAD_STATE* pThreadState = AfxGetThreadState();
     if(pThreadState->m_hHookOldCbtFilter != NULL)
     {
          ::UnhookWindowsHookEx(pThreadState->m_hHookOldCbtFilter);
          pThreadState->m_hHookOldCbtFilter = NULL;
     }
```

```
        if(pThreadState->m_pWndInit != NULL)
        {
                pThreadState->m_pWndInit = NULL;
                return FALSE;    // 钩子没有被成功地安装
        }
        return TRUE;
}
```

因为钩子函数在改变窗口函数的地址以后会将 pThreadState->m_pWndInit 的值初始化为
NULL，所以通过检查此成员的值就可以知道钩子是否被正确安装。下面是实现钩子函数
_AfxCbtFilterHook 所需的代码。

```
WNDPROC AfxGetAfxWndProc()
{
        return &AfxWndProc;
}

LRESULT __stdcall _AfxCbtFilterHook(int code, WPARAM wParam, LPARAM lParam)
{
        _AFX_THREAD_STATE* pThreadState = AfxGetThreadState();
        if(code != HCBT_CREATEWND)
        {
                // 只对 HCBT_CREATEWND 通知事件感兴趣
                return ::CallNextHookEx(pThreadState->m_hHookOldCbtFilter, code, wParam, lParam);
        }

        // 得到正在初始化的窗口的窗口句柄和 CWnd 对象的指针
        HWND hWnd = (HWND)wParam;
        CWnd* pWndInit = pThreadState->m_pWndInit;

        // 将 hWnd 关联到 pWndInit 指向的 CWnd 对象中，并设置窗口的窗口函数的地址
        if(pWndInit != NULL)
        {
                //hWnd 不应该在永久句柄映射中
                ASSERT(CWnd::FromHandlePermanent(hWnd) == NULL);

                // 附加窗口句柄
                pWndInit->Attach(hWnd);

                // 允许其他子类化窗口的事件首先发生
                // 请在 CWnd 类中添加一个什么也不做的 PreSubclassWindow 虚函数，参数和返回值类型都为 void
                pWndInit->PreSubclassWindow();

                // 要在 pOldWndProc 指向的变量中保存原来的窗口函数
                WNDPROC* pOldWndProc = pWndInit->GetSuperWndProcAddr();
                ASSERT(pOldWndProc != NULL);

                // 子类化此窗口（改变窗口函数的地址）
                WNDPROC afxWndProc = AfxGetAfxWndProc();
                WNDPROC oldWndProc = (WNDPROC)::SetWindowLong(hWnd,
                                                        GWL_WNDPROC, (DWORD)afxWndProc);
                ASSERT(oldWndProc != NULL);
                if(oldWndProc != afxWndProc) // 如果确实改变了
                        *pOldWndProc = oldWndProc;

                pThreadState->m_pWndInit = NULL;
        }
```

```
        return ::CallNextHookEx(pThreadState->m_hHookOldCbtFilter, code, wParam, lParam);
}
```

下面是 CreateEx 函数最基本的实现代码。

```
AfxHookWindowCreate(this);
::CreateWindowEx(...);   // 此函数执行的时候，钩子函数_AfxCbtFilterHook 会收到 HCBT_CREATEWND 通知
AfxUnhookWindowCreate();
```

因为程序为当前线程安装了 WH_CBT 类型的钩子，所以在有任何 Windows 消息发送到窗口函数前，钩子函数会首先接收到 HCBT_CREATEWND 通知。在这个时候将窗口函数的地址设为 AfxWndProc 最合适了。在保存原来的窗口函数的过程中，程序没有直接访问 m_pfnSuper 变量，而是通过语句 "pWndInit->GetSuperWndProcAddr" 得到此变量的地址，然后将原来的窗口函数的地址保存到此变量中。

```
*pOldWndProc = oldWndProc;
```

GetSuperWndProcAddr 返回 m_pfnSuper 变量的地址仅仅是 CWnd 类的默认实现，如果 CWnd 类的派生类重载了虚函数 GetSuperWndProcAddr，结果就可能不一样了。

6.3.4 最终实现

至此，完全可以写出 CreateEx 函数完整的实现代码了。注册窗口类、安装钩子、创建窗口、子类化窗口等全都会出现在这个函数里，下面是在_AFXWIN.H 文件中添加的代码。

```
class CWnd : public CCmdTarget            // _AFXWIN.H 文件
{
...          // 其他成员
public:
        // 为创建各种子窗口设置
        virtual BOOL Create(LPCTSTR lpszClassName,
                LPCTSTR lpszWindowName, DWORD dwStyle,
                const RECT& rect,
                CWnd* pParentWnd, UINT nID,
                LPVOID lpParam = NULL);

        // 最终创建窗口的代码
        BOOL CreateEx(DWORD dwExStyle, LPCTSTR lpszClassName,
                LPCTSTR lpszWindowName, DWORD dwStyle,
                int x, int y, int nWidth, int nHeight,
                HWND hWndParent, HMENU nIDorHMenu, LPVOID lpParam = NULL);

        virtual BOOL PreCreateWindow(CREATESTRUCT& cs);
        virtual void PostNcDestroy();
        virtual void PreSubclassWindow();
}
```

这些函数的实现代码如下。

```
BOOL CWnd::Create(LPCTSTR lpszClassName,
        LPCTSTR lpszWindowName, DWORD dwStyle,
        const RECT& rect,
        CWnd* pParentWnd, UINT nID,
        LPVOID lpParam)
{
        // 只允许创建非弹出式的子窗口
        ASSERT(pParentWnd != NULL);
        ASSERT((dwStyle & WS_POPUP) == 0);

        return CreateEx(0, lpszClassName, lpszWindowName,
```

```
                dwStyle | WS_CHILD,
                rect.left, rect.top,
                rect.right - rect.left, rect.bottom - rect.top,
                pParentWnd->GetSafeHwnd(), (HMENU)nID, (LPVOID)lpParam);
}

BOOL CWnd::CreateEx(DWORD dwExStyle, LPCTSTR lpszClassName,
        LPCTSTR lpszWindowName, DWORD dwStyle,
        int x, int y, int nWidth, int nHeight,
        HWND hWndParent, HMENU nIDorHMenu, LPVOID lpParam)
{
        CREATESTRUCT cs;
        cs.dwExStyle = dwExStyle;
        cs.lpszClass = lpszClassName;
        cs.lpszName = lpszWindowName;
        cs.style = dwStyle;
        cs.x = x;
        cs.y = y;
        cs.cx = nWidth;
        cs.cy = nHeight;
        cs.hwndParent = hWndParent;
        cs.hMenu = nIDorHMenu;
        cs.hInstance = AfxGetModuleState()->m_hCurrentInstanceHandle;
        cs.lpCreateParams = lpParam;

        // 调用虚函数 PreCreateWindow，执行注册窗口类的代码
        if(!PreCreateWindow(cs))
        {
                // 调用虚函数 PostNcDestroy，通知用户窗口没有被创建
                PostNcDestroy();
                return FALSE;
        }

        // 创建窗口
        AfxHookWindowCreate(this);
        HWND hWnd = ::CreateWindowEx(cs.dwExStyle, cs.lpszClass,
                    cs.lpszName, cs.style, cs.x, cs.y, cs.cx, cs.cy,
                    cs.hwndParent, cs.hMenu, cs.hInstance, cs.lpCreateParams);
        if(!AfxUnhookWindowCreate())
                PostNcDestroy();          // CreateWindowEx 调用失败，通知用户

        if(hWnd == NULL)
                return FALSE;
        ASSERT(hWnd == m_hWnd); // 至此，新窗口的句柄应该已经附加到当前 CWnd 对象
        return TRUE;
}

BOOL CWnd::PreCreateWindow(CREATESTRUCT& cs)
{
        if(cs.lpszClass == NULL)
        {
                // 默认情况下，创建的是子窗口
                VERIFY(AfxEndDeferRegisterClass(AFX_WND_REG));
                ASSERT(cs.style & WS_CHILD);
                cs.lpszClass = _afxWnd;
```

```
    }
    return TRUE;
}

void CWnd::PostNcDestroy()
{
    // 默认情况下什么也不做
}

void CWnd::PreSubclassWindow()
{
    // 默认情况下什么也不做
}
```

CWnd 类提供了 Create 和 CreateEx 两个创建窗口的函数。前一个是虚函数，这说明 CWnd 类的派生类可以重载此函数以创建不同的窗口；后一个函数 CreateEx 实现了实际创建窗口的代码。CWnd 类默认的行为是创建不具有 WS_POPUP 风格的子窗口。

在创建窗口前，框架程序首先调用虚函数 PreCreateWindow，给用户修改创建参数的机会。此函数默认的实现仅仅对窗口类的类名 cs.lpszClass 感兴趣，发现这个值为 NULL 后会调用函数 AfxEndDeferRegisterClass 进行注册。CWnd 类的派生类往往重载此函数注册合适自己的窗口类，也可以改变 cs 对象中其他成员的值，比如窗口风格等。

CreateEx 在不能完成创建任务的时候会调用虚函数 PostNcDestroy。另外在窗口销毁的时候，框架程序会再次调用此函数，所以用户可以重载这个函数做一些清理工作，如销毁 CWnd 对象等。

总之，创建窗口的时候只要先实例化一个 CWnd 类（或其派生类）的对象，然后调用成员函数 Create 或 CreateEx 即可。一般从 CWnd 派生的类都会重载虚函数 Create 以创建特定类型的窗口，比如以后要讲述的 CEdit 类、CDialog 类等。

6.3.5 创建窗口的例子

本小节将把上述知识放在一起，使用框架程序创建第一个窗口。例子代码在配套光盘的 06CreateExample 工程下。

新建一个 Win32 Application 类型的工程 06CreateExample，应用程序的种类选择 An empty project。工程创建完毕以后，将 COMMON 目录下所有的文件都添加到工程中。新建两个文件 Example.h 和 Example.cpp，其中 Example.h 文件包含了两个派生类的定义，Example.cpp 文件包含了这两个类的实现代码。

```
//---------------------- Example.cpp 文件--------------------------------//
#include "..\COMMON\_AFXWIN.H"

class CMyApp : public CWinApp
{
public:
    virtual BOOL InitInstance();
};

class CMyWnd : public CWnd
{
public:
    CMyWnd();
```

```
        virtual LRESULT WindowProc(UINT message, WPARAM wParam, LPARAM lParam);
};


//----------------------Example.cpp 文件------------------------------//
#include "Example.h"
CMyApp theApp;

//////////////////////////////////////////
// CMyApp 成员函数的实现代码
BOOL CMyApp::InitInstance()
{
    m_pMainWnd = new CMyWnd;
    ::ShowWindow(*m_pMainWnd, this->m_nCmdShow);
    ::UpdateWindow(*m_pMainWnd);
    return TRUE; // 返回 TRUE 进入消息循环
}


//////////////////////////////////////////
// CMyWnd 成员函数的实现代码
CMyWnd::CMyWnd()
{
    LPCTSTR lpszClassName = AfxRegisterWndClass(CS_HREDRAW|CS_VREDRAW,
        ::LoadCursor(NULL, IDC_ARROW), (HBRUSH)(COLOR_3DFACE+1));

    CreateEx(WS_EX_CLIENTEDGE, lpszClassName,
        "框架程序创建的窗口", WS_OVERLAPPEDWINDOW,
        CW_USEDEFAULT, CW_USEDEFAULT, CW_USEDEFAULT, CW_USEDEFAULT, NULL, NULL);
}

LRESULT CMyWnd::WindowProc(UINT message, WPARAM wParam, LPARAM lParam)
{
    if(message == WM_NCDESTROY)
    {
        ::PostQuitMessage(0);
        delete this;
        return 0;      // CMyWnd 对象已经不存在了，必须在这里返回，不能再访问任何非静态成员了
    }
    return Default();
}
```

运行上面的代码，一个典型的窗口出现了，如图 6.3 所示。

图 6.3　框架程序创建的窗口

CMyWnd 是 CWnd 的派生类，它重载了虚函数 WindowProc 以处理 AfxWndProc 发送给本 CMyWnd 对象的消息。在窗口的整个生命周期，必须保证 CMyWnd 对象没有被销毁，否则有关该窗口的消息谁来处理？所以，直到接收到最后一个消息 WM_NCDESTROY 才可以删除 CMyWnd 对象。

写这个小例子仅仅是为演示框架程序创建窗口的过程。创建 CMyWnd 对象时发生的事情有：注册窗口类、安装钩子、创建窗口、子类化窗口、卸载钩子。这些事件完成以后，初始化窗口的工作也就完成了，接着 InitInstance 函数调用 ShowWindow 和 UpdateWindow 函数显示更新窗口。

6.4　消　息　映　射

6.4.1　消息映射表

直接在窗口函数 WndProc 中处理消息很烦琐。我们希望能够直接使用类的成员函数响应感兴趣的消息。比如现在有一个 CMyWnd 类，当处理某个消息的时候，只要在这个类中添加一个对应的成员函数就行了，如图 6.4 所示。

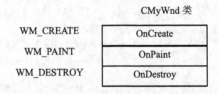

图 6.4　用类的成员函数响应消息

在 CMyWnd 类中，OnCreate 函数响应的是 WM_CREATE 消息，即当窗口接收到 WM_CREATE 消息以后，想让框架程序自动调用 OnCreate 函数。函数的名称是任意的，这里命名为 OnCreate 只是为了有意义。OnPaint 和 OnDestroy 函数分别响应 WM_PAINT 和 WM_DESTROY 消息。要是对其他消息感兴趣的话，你还可以随意在 CMyWnd 类中增加消息处理函数的数量。

图 6.4 中的消息和处理消息的成员是一一对应的，这就是所谓的消息映射。每一对消息和处理消息的成员组成一个映射项，类中所有的映射项连在一起形成消息映射表。窗口函数只有知道类的消息映射表，才能在消息到来的时候，主动调用表中此消息对应的处理函数。所以，我们必须想办法把映射表中的数据记录下来。

每个消息映射项最基本的内容应该包括消息的值和处理该消息的成员函数，下面用一个名称为 AFX_MSGMAP_ENTRY 的结构来描述它。

```
// 处理消息映射的代码          // 注意，这些代码在 _AFXWIN.H 文件的开头，要按顺序写下
class CCmdTarget;
typedef void (CCmdTarget::*AFX_PMSG)(void);

// 一个映射表项
struct AFX_MSGMAP_ENTRY
{
    UINT nMessage;          // 窗口消息
```

```
    UINT nCode;              // 控制代码或 WM_NOTIFY 通知码
    UINT nID;                // 控件 ID，如果为窗口消息其值为 0
    UINT nLastID;            // 一定范围的命令的最后一个命令或控件 ID，用于支持组消息映射
    UINT nSig;               // 指定了消息处理函数的类型
    AFX_PMSG pfn;            // 消息处理函数
};
```

现在只注意 nMessage 和 pfn 两个成员就行了，其他的成员都是对 nMessage 消息的更具体的描述，以后再谈。你可能会对 AFX_PMSG 宏的定义感到奇怪，为什么要把消息处理函数都定义成 CCmdTarget 类的成员函数呢？事实上，我们对用户还有一个要求，就是所有有消息处理能力的类都要从 CCmdTarget 继承。既然无法预知用户定义的消息处理函数的具体类型，只好先统一转化成 AFX_PMSG 宏指定的类型了。

现在只要在 CMyWnd 类中添加一个 AFX_MSGMAP_ENTRY 类型的静态数组就即可将该类的消息和消息处理函数关联起来，如下代码所示。

```
class CMyWnd                    // 这是示例代码，不属于类库的一部分
{
public:
    void OnCreate()         { /* 响应 WM_CREAT 消息的代码*/    }
    void OnPaint()          { /* 响应 WM_PAINT 消息的代码*/    }
    void OnDestory()        { /* 响应 WM_DESTROY 消息的代码*/}
private:
    // 此数组记录了消息映射表中的数据
    static const AFX_MSGMAP_ENTRY _messageEntries[];
};

const AFX_MSGMAP_ENTRY CMyWnd::_messageEntries[] =
{
    {WM_CREATE, 0, 0, 0, 0, (AFX_PMSG)CMyWnd::OnCreate},
    {WM_PAINT, 0, 0, 0, 0, (AFX_PMSG)CMyWnd::OnPaint},
    {WM_DESTROY, 0, 0, 0, 0, (AFX_PMSG)CMyWnd::OnDestory}
};
```

静态成员 _messageEntries 指向的数组记录了 CMyWnd 类要处理的消息和对应的消息处理函数。窗口函数接收到消息后，可以遍历此数组找到响应该消息的成员函数，然后把消息的处理权交给这个函数。

在类的继承结构中，对于 CMyWnd 类没有处理的消息，应该由 CMyWnd 类的基类来做默认处理。如果负责做默认处理的类是 CCmdTarget 的话，CMyWnd 类就应该从 CCmdTarget 类继承，还应该记录下其基类中消息映射表的地址（这样消息才能向上传递）。所以我们最终用 AFX_MSGMAP 结构来描述类的消息映射表。

```
struct AFX_MSGMAP               // 继续在 AFX_MSGMAP_ENTRY 结构之后定义此结构，_AFXWIN.H 文件中
{
    const AFX_MSGMAP* pBaseMap;        // 其基类的消息映射表的地址
    const AFX_MSGMAP_ENTRY* pEntries;  // 消息映射项的指针
};
```

下面是具有消息处理能力以后 CMyWnd 类的完整代码。

```
class CMyWnd : public CCmdTarget       // 示例代码
{
public:

    void OnCreate()         { /* 响应 WM_CREAT 消息的代码*/ }
    void OnPaint()          { /* 响应 WM_PAINT 消息的代码*/}
    void OnDestory()        { /* 响应 WM_DESTROY 消息的代码*/}
```

```
// 定义消息映射的代码
private:
    static const AFX_MSGMAP_ENTRY _messageEntries[];
protected:
    static const AFX_MSGMAP messageMap;
    virtual const AFX_MSGMAP* GetMessageMap() const;
};

// 实现消息映射的代码
const AFX_MSGMAP* CMyWnd::GetMessageMap() const
    { return &CMyWnd::messageMap; }
const AFX_MSGMAP CMyWnd::messageMap =
{ NULL/*&CCmdTarget::messageMap*/, &CMyWnd::_messageEntries[0] };
const AFX_MSGMAP_ENTRY CMyWnd::_messageEntries[] =
{
    {WM_CREATE, 0, 0, 0, 0, (AFX_PMSG)CMyWnd::OnCreate},
    {WM_PAINT, 0, 0, 0, 0, (AFX_PMSG)CMyWnd::OnPaint},
    {WM_DESTROY, 0, 0, 0, 0, (AFX_PMSG)CMyWnd::OnDestory}
    // 在这里添加你要处理的消息
};
```

GetMessageMap 是一个虚函数，用来取得当前类中消息映射表的地址。现在的 CCmdTarget 类中还没有消息映射表，所以在初始化 messageMap 变量的时候，为其成员 pBaseMap 传递的是 NULL，否则就应该传递 &CCmdTarget::messageMap 了。

6.4.2　DECLARE_MESSAGE_MAP 等宏的定义

框架程序就是采取上一小节所述的机制处理 Windows 消息的。CCmdTarget 类位于消息映射的最顶层，这个类的消息映射表中 pBaseMap 成员的值是 NULL。类要想具有消息处理能力的话，必须从 CCmdTarget 类继承，而且还必须有自己的消息映射表。与为 CObject 派生类添加运行时类信息类似，我们也可以通过一组宏简化添加消息映射表的过程。

CMyWnd 类中定义消息映射的代码并不与具体的类相关，只用一个不带参数的宏就可以将它们代替。将此宏命名为 DECLARE_MESSAGE_MAP，即"声明消息映射"的意思，下面是定义它的代码。

```
// 在消息映射表 AFX_MSGMAP 结构的定义之后定义下面的宏，_AFXWIN.H 文件中
#define DECLARE_MESSAGE_MAP() \
private: \
    static const AFX_MSGMAP_ENTRY _messageEntries[]; \
protected: \
    static const AFX_MSGMAP messageMap; \
    virtual const AFX_MSGMAP* GetMessageMap() const; \
```

消息映射表项中记录的数据是由用户填写的，所以再添加 BEGIN_MESSAGE_MAP 和 END_MESSAGE_MAP 两个宏代替实现消息映射的代码，在这两个宏中间用户填写初始化映射表项的代码。下面是这两个宏的定义。

```
#define BEGIN_MESSAGE_MAP(theClass, baseClass) \
    const AFX_MSGMAP* theClass::GetMessageMap() const \
        { return &theClass::messageMap; } \
    const AFX_MSGMAP theClass::messageMap = \
    { &baseClass::messageMap, &theClass::_messageEntries[0] }; \
    const AFX_MSGMAP_ENTRY theClass::_messageEntries[] = \
    { \
```

```
#define END_MESSAGE_MAP() \
        {0, 0, 0, 0, 0, (AFX_PMSG)0} \
    }; \
```

　　实现消息映射的代码中出现了当前类和基类的名字，所以替代它们的宏应该有这两个参数。"begin messge map"和"end message map"这两个名字比较能说明问题，一个是开始消息映射，一个是结束消息映射，它们中间的代码是真正的消息映射。

　　END_MESSAGE_MAP 宏向映射表中添加的映射表项"{0, 0, 0, 0, 0, (AFX_PMSG)0}"是数组的结束标记。遍历类的映射表时，遇到此项就意味着映射表中已经没有数据了。

　　这两个宏必须配对使用，下面是利用它们初始化 CMyWnd 类的消息映射表的例子。

```
// 注意，必须当 CCmdTarget 中添加类消息映射表之后，这些代码才能提供编译        // 示例代码
BEGIN_MESSAGE_MAP(CMyWnd, CCmdTarget)
    {WM_CREATE, 0, 0, 0, 0, (AFX_PMSG)CMyWnd::OnCreate},
    {WM_PAINT, 0, 0, 0, 0, (AFX_PMSG)CMyWnd::OnPaint},
    {WM_DESTROY, 0, 0, 0, 0, (AFX_PMSG)CMyWnd::OnDestory},
END_MESSAGE_MAP()
```

　　现在该给类库中的类添加消息映射表了。首先是 CCmdTarget 类，在这个类的定义代码中加入 DECLARE_MESSAGE_MAP 宏。

```
class CCmdTarget : public CObject
{
    //......        // 其他成员
    DECLARE_MESSAGE_MAP()
};
```

　　因为 CCmdTarget 类位于消息映射的最顶层，在消息处理这一体系中，它是没有父类的，所以就不能直接用 BEGIN_MESSAGE_MAP 和 END_MESSAGE_MAP 这一对宏，而只能手工添加实现消息映射的代码。下面是 CMDTARG.CPP 文件中相应的代码。

```
// 实现消息映射的代码
const AFX_MSGMAP* CCmdTarget::GetMessageMap () const
{
    return &CCmdTarget::messageMap ;
}
const AFX_MSGMAP CCmdTarget::messageMap =
    { NULL, &CCmdTarget::_messageEntries[0] };
const AFX_MSGMAP_ENTRY CCmdTarget::_messageEntries[] =
{
    // 一个消息也不处理
    { 0, 0, 0, 0, 0, (AFX_PMSG)0 }
};
```

　　现在按 F7 键编译连接做实验的工程，应该是不会出错的。

　　处理消息的核心是 CWnd 类，因为消息由此类的非静态成员函数 WindowProc 传入到类的对象中。由于 CWnd 类从 CCmdTarget 类继承，所以直接使用本小节设计的宏即可。

```
class CWnd : public CCmdTarget                // _AFXWIN.H 文件
{
    ...        // 其他成员
    DECLARE_MESSAGE_MAP()
};
```

　　在 WINCORE.CPP 文件中添加如下代码。

```
BEGIN_MESSAGE_MAP(CWnd, CCmdTarget)
// 在此处添加 CWnd 类要处理的消息
END_MESSAGE_MAP()
```

消息映射表有了，下一节介绍如何向表中添加消息映射项。

6.5 消 息 处 理

6.5.1 使用消息映射宏

Windows 统一用 WPARAM 和 LPARAM 两个参数来描述消息的附加信息，例如 WM_CREATE 消息的 LPARAM 参数是指向 CREATESTRUCT 结构的指针，WPARAM 参数没有被使用；WM_LBUTTONDOWN 消息的 WPARAM 参数指定了各虚拟键的状态（UINT 类型），LPARAM 参数指定了鼠标的坐标位置（POINT 类型）。很明显，消息附加参数的类型并不是完全相同的，如果 CWnd 类也定义一种统一形式的成员来处理所有的消息，将会丧失消息映射的灵活性。

消息映射项 AFX_MSGMAP_ENTRY 的 pfn 成员记录了消息映射表中消息映射函数的地址，但它却无法反映出该消息处理函数的类型。试想，CWnd 对象的 WindowProc 函数在调用消息映射表中的函数响应 Windows 消息时，它如何能够知道向这个函数传递什么参数呢？又如何能够知道该函数是否有返回值呢？所以，仅仅在消息映射表项中记录下消息处理函数的地址是不够的，还应该想办法记录下函数的类型，以便框架程序能够正确地调用它。消息映射项的 nSig 成员是为达到这个目的而被添加到 AFX_MSGMAP_ENTRY 结构中的，它的不同取值代表了消息处理函数不同的返回值、函数名和参数列表。

我们可以使用下面一组枚举类型的数据来表示不同的函数类型。

```
#ifndef __AFXMSG_H__               // _AFXMSG_.H 文件。请创建一个这样的文件
#define __AFXMSG_H__


enum AfxSig // 函数签名标识
{
      AfxSig_end = 0,    // 结尾标识

      AfxSig_vv,         // void (void)，比如，void OnPaint()函数
      AfxSig_vw,         // void (UINT)，比如，void OnTimer(UINT nIDEvent)函数
      AfxSig_is,         // int  (LPTSTR)，比如，BOOL OnCreate(LPCREATESTRUCT)函数
};
#endif // __AFXMSG_H__
```

虽然要定义的数字签名远远超过 3 个，但仅仅是为了做实验，所以有这几个已经够了。我们可以认为数字签名中的 v 代表 void，w 代表 UINT，i 代表 int，s 代表指针。有了这些全局变量的声明，在初始化消息映射表时，就能够记录下消息处理函数的类型。比如，CWnd 类中处理 WM_TIMER 消息的函数是：

```
void OnTimer(UINT nIDEvent);
```

相关的消息映射项就应该初始化为这个样子：

```
{ WM_TIMER, 0, 0, 0, AfxSig_vw, (AFX_PMSG)(AFX_PMSGW)(void (CWnd::*)(UINT))&OnTimer },
```

请注意上面对 OnTimer 函数类型的转化顺序。在_AFXWIN.H 文件中有对 AFX_PMSGW 宏的定义，应当把它添加到定义 CWnd 类的地方。

```
typedef void (CWnd::*AFX_PMSGW)(void);    // 与 AFX_PMSG 宏相似，但这个宏仅用于 CWnd 的派生类
```

首先程序将 OnTimer 函数转化成"void (CWnd::*)(UINT)"类型，再转化成"void (CWnd::*)(void)"类型，最后转化成"void (CCmdTarget::*)(void)"类型。

当对应的窗口接收到 WM_TIMER 消息时，框架程序就会去调用映射项成员 pfn 指向的函数，即 OnTimer 函数。但是，在调用之前，框架程序必须把这个 AFX_PMSG 类型的函数转化成"void (CWnd::*)(UINT)"类型。为了使这一转化方便地进行，下面再定义一个名称为 MessageMapFunctions 的联合。

```
union MessageMapFunctions               //     _AFXIMPL.H 文件
{
    AFX_PMSG pfn;

    void (CWnd::*pfn_vv)(void);
    void (CWnd::*pfn_vw)(UINT);
    int (CWnd::*pfn_is)(LPTSTR);
};
```

下面的代码演示了如何调用消息映射表中的函数 OnTimer，其中 lpEntry 变量是查找到的指向类中 AFX_MSGMAP_ENTRY 对象的指针。

```
union MessageMapFunctions mmf;
mmf.pfn = lpEntry->pfn;
if(lpEntry->nSig == AfxSig_vw)
{
    (this->*mmf.pfn_vw)(wParam);              // 调用消息映射表中的函数
}
```

CWnd 类中为绝大部分 Windows 消息都安排了消息处理函数。作为示例，我们现在仅处理下面几个消息。

```
afx_msg int OnCreate(LPCREATESTRUCT lpCreateStruct);   // WM_CREATE 消息
afx_msg void OnPaint();                                 // WM_PAINT 消息
afx_msg void OnClose();                                 // WM_CLOSE 消息
afx_msg void OnDestroy();                               // WM_DESTROY 消息
afx_msg void OnNcDestroy();                             // WM_NCDESTROY 消息
afx_msg void OnTimer(UINT nIDEvent);                    // WM_TIMER 消息
```

在 CWnd 类的实现文件中，这些消息处理函数的默认实现代码如下。

```
int CWnd::OnCreate(LPCREATESTRUCT lpCreateStruct)
{
    return Default();
}
void CWnd::OnPaint()
{
    Default();
}
void CWnd::OnClose()
{
    Default();
}
void CWnd::OnDestroy()
{
    Default();
}
void CWnd::OnNcDestroy()
{
    CWinThread* pThread = AfxGetThread();
    if(pThread != NULL)
    {
        if(pThread->m_pMainWnd == this)
        {
```

```
                        if(pThread == AfxGetApp())    // 要退出消息循环?
                        {
                                ::PostQuitMessage(0);
                        }
                        pThread->m_pMainWnd = NULL;
                }
        }

        Default();
        Detach();
        // 给子类做清理工作的一个机会
        PostNcDestroy();
}
void CWnd::OnTimer(UINT nIDEvent)
{
        Default();
}
```

请注意，只有在类的消息映射表中添加成员函数与特定消息的关联之后，消息到达时框架程序才会调用它们。上面这些消息处理函数除了 OnNcDestroy 函数做一些额外的工作外，其他函数均是直接调用 DefWindowProc 函数做默认处理，所以 CWnd 类的消息映射表中应该有这么一项（说明 CWnd 类要处理 WM_NCDESTROY 消息）。

```
{ WM_NCDESTROY, 0, 0, 0, AfxSig_vv, (AFX_PMSG)(AFX_PMSGW)(int (CWnd::*)(void))&OnNcDestroy },
```

为了方便向消息映射表中添加消息映射项，再在 _AFXMSG_.H 文件中为各类使用的消息映射项定义几个消息映射宏。

```
#define ON_WM_CREATE() \
    { WM_CREATE, 0, 0, 0, AfxSig_is, \
        (AFX_PMSG)(AFX_PMSGW)(int (CWnd::*)(LPCREATESTRUCT))&OnCreate },
#define ON_WM_PAINT() \
    { WM_PAINT, 0, 0, 0, AfxSig_vv, \
        (AFX_PMSG)(AFX_PMSGW)(int (CWnd::*)(HDC))&OnPaint },
#define ON_WM_CLOSE() \
    { WM_CLOSE, 0, 0, 0, AfxSig_vv, \
        (AFX_PMSG)(AFX_PMSGW)(int (CWnd::*)(void))&OnClose },
#define ON_WM_DESTROY() \
    { WM_DESTROY, 0, 0, 0, AfxSig_vv, \
        (AFX_PMSG)(AFX_PMSGW)(int (CWnd::*)(void))&OnDestroy },
#define ON_WM_NCDESTROY() \
    { WM_NCDESTROY, 0, 0, 0, AfxSig_vv, \
        (AFX_PMSG)(AFX_PMSGW)(int (CWnd::*)(void))&OnNcDestroy },
#define ON_WM_TIMER() \
    { WM_TIMER, 0, 0, 0, AfxSig_vw, \
        (AFX_PMSG)(AFX_PMSGW)(void (CWnd::*)(UINT))&OnTimer },
```

对消息映射宏的定义大大简化了用户使用消息映射的过程。比如，CWnd 类要处理 WM_NCDESTROY 消息，以便在窗口完全销毁前做一些清理工作，CWnd 的消息映射表就应该如下这样编写。

```
// 初始化消息映射表              //WINCORE.CPP 文件
BEGIN_MESSAGE_MAP(CWnd, CCmdTarget)
ON_WM_NCDESTROY()
END_MESSAGE_MAP()
```

现在，各窗口的消息都被发送到了对应 CWnd 对象的 WindowProc 函数，而每个要处理消息的类也都拥有了自己的消息映射表，剩下的事情是 WindowProc 函数如何将接收到的消息交给映射表中记录的具体的消息处理函数，这就是下一小节要解决的问题。

6.5.2　消息的分发机制

根据处理函数和处理过程的不同，框架程序主要处理如下 3 类消息。

（1）Windows 消息，前缀以 "WM_" 打头，WM_COMMAND 例外。这是通常见到的 WM_CREATE、WM_PAINT 等消息。对于这类消息我们安排一个名称为 OnWndMsg 的虚函数来处理。

（2）命令消息，它是子窗口控件或菜单送给父窗口的 WM_COMMAND 消息。虽然现在还没有讲述子窗口控件，但菜单总用过吧。这一类消息用名为 OnCommand 的虚函数来处理。

（3）通知消息，它是通用控件送给父窗口的 WM_NOFITY 消息。这个消息以后再讨论，这里仅安排一个什么也不做的 OnNotify 虚函数响应它。

处理这 3 类消息的函数定义如下。

```
class CWnd : public CCmdTarget
{
...    // 其他成员
protected:
    virtual BOOL OnWndMsg(UINT message, WPARAM wParam, LPARAM lParam, LRESULT* pResult);
    virtual BOOL OnCommand(WPARAM wParam, LPARAM lParam);
    virtual BOOL OnNotify(WPARAM wParam, LPARAM lParam, LRESULT* pResult);
};
```

为了将 CWnd 对象接收到的消息传递给上述 3 个虚函数，应当如下所示改写 WindowProc 的实现代码。

```
LRESULT CWnd::WindowProc(UINT message, WPARAM wParam, LPARAM lParam)
{
    LRESULT lResult;
    if(!OnWndMsg(message, wParam, lParam, &lResult))
        lResult = DefWindowProc(message, wParam, lParam);
    return lResult;
}
```

OnWndMsg 函数的返回值说明了此消息有没有被处理。如果没有处理 WindowProc 发过来的消息，OnWndMsg 返回 FALSE，WindowProc 函数则调用 CWnd 类的成员函数 DefWindowProc 做默认处理。最后一个参数 pResult 用于返回消息处理的结果。

OnWndMsg 函数会进而将接收到的消息分发给 OnCommand 和 OnNotify 函数。现在先写下这两个函数的实现代码。

```
BOOL CWnd::OnCommand(WPARAM wParam, LPARAM lParam)
{
    return FALSE;
}
BOOL CWnd::OnNotify(WPARAM wParam, LPARAM lParam, LRESULT* pResult)
{
    return FALSE;
}
```

这节我们重点谈论 OnWndMsg 函数的实现过程，所以让处理命令消息和通知消息的函数仅返回 FALSE 即可。

假如用户从 CWnd 类派生了自己的窗口类 CMyWnd，然后把要处理的消息写入 CMyWnd 类的消息映射表中。CWnd::OnWndMsg 函数接收到 CMyWnd 类感兴趣的消息以后如何处理呢？它调用 GetMessageMap 虚函数得到自己派生类（CMyWnd 类）的消息映射表的地址，然后遍历此表中所有的消息映射项，查找 CMyWnd 类为当前消息提供的消息处理函数，最后调用它。

要想遍历消息映射表查找处理指定消息的消息映射项，用一个简单的循环即可。下面的 AfxFindMessageEntry 函数具有此功能。

```
// 声明函数的代码在_AFXWIN.H 文件中（CWnd 类下面），实现代码在 WINCORE.CPP 文件中
const AFX_MSGMAP_ENTRY* AfxFindMessageEntry(const AFX_MSGMAP_ENTRY* lpEntry,
                                            UINT nMsg, UINT nCode, UINT nID)
{
    while(lpEntry->nSig != AfxSig_end)
    {
        if(lpEntry->nMessage == nMsg && lpEntry->nCode == nCode &&
                        (nID >= lpEntry->nID && nID <= lpEntry->nLastID))
                return lpEntry;
        lpEntry++;
    }
    return NULL;
}
```

此函数的第一个参数是消息映射表的地址，后面几个参数指明了要查找的消息映射项。查找成功函数返回消息映射项的地址。有了这个地址，系统就可以调用用户提供的消息处理函数了。具体实现代码如下面的 OnWndMsg 函数所示。

```
BOOL CWnd::OnWndMsg(UINT message, WPARAM wParam, LPARAM lParam, LRESULT* pResult)
{
    LRESULT lResult = 0;

    // 将命令消息和通知消息交给指定的函数处理
    if(message == WM_COMMAND)
    {
        if(OnCommand(wParam, lParam))
        {
            lResult = 1;
            goto LReturnTrue;
        }
        return FALSE;
    }
    if(message == WM_NOTIFY)
    {
        NMHDR* pHeader = (NMHDR*)lParam;
        if(pHeader->hwndFrom != NULL && OnNotify(wParam, lParam, &lResult))
            goto LReturnTrue;
        return FALSE;
    }

    // 在各类的消息映射表中查找合适的消息处理函数，找到的话就调用它
    const AFX_MSGMAP* pMessageMap;
    const AFX_MSGMAP_ENTRY* lpEntry;
    for(pMessageMap = GetMessageMap(); pMessageMap != NULL; pMessageMap = pMessageMap->pBaseMap)
    {
        ASSERT(pMessageMap != pMessageMap->pBaseMap);
        if((lpEntry = AfxFindMessageEntry(pMessageMap->pEntries, message, 0, 0)) != NULL)
                goto LDispatch;
    }
    return FALSE;
```

```
LDispatch:
    union MessageMapFunctions mmf;
    mmf.pfn = lpEntry->pfn;
    switch(lpEntry->nSig)
    {
    default:
        return FALSE;
    case AfxSig_vw:
        (this->*mmf.pfn_vw)(wParam);
        break;
    case AfxSig_vv:
        (this->*mmf.pfn_vv)();
        break;
    case AfxSig_is:
        (this->*mmf.pfn_is)((LPTSTR)lParam);
        break;
    }

LReturnTrue:
    if(pResult != NULL)
        *pResult = lResult;
    return TRUE;
}
```

OnWndMsg 函数为所有的 Windows 消息查找消息处理函数，如果找到就调用它们。但是它不处理命令消息（WM_COMMAND）和通知消息（WM_NOTIFY）。事实上，这两个消息最终会被传给 CCmdTarget 类，由这个类在自己的派生类中查找合适的消息处理函数。这也是 CCmdTarget 类居于消息处理顶层的原因。为了使 CWinThread 及其派生类有机会响应命令消息和通知消息，也要让 CWinThread 类从 CCmdTarget 类继承，而不从 CObject 类继承。

6.5.3　消息映射应用举例

到此，框架程序已经有能力创建并管理窗口了。下面举一个具体的例子来强化对本章内容的理解。例子的源代码在配套光盘的 06Meminfo 工程下，它的用途是实时显示电脑内存的使用情况，运行效果如图 6.5 所示。

这个例子主要用到了 GlobalMemoryStatus 函数。这个函数能够取得当前系统内物理内存和虚拟内存的使用情况，其原型如下。

图 6.5　Meminfo 实例运行效果

```
void GlobalMemoryStatus(LPMEMORYSTATUS lpBuffer);
```

其参数是指向 MEMORYSTATUS 结构的指针，GlobalMemoryStatus 会将当前的内存使用信息返回到这个结构中。

```
typedef struct _MEMORYSTATUS {
    DWORD dwLength;          // 本结构的长度。不用你在调用 GlobalMemoryStatus 之前设置
    DWORD dwMemoryLoad;      // 已用内存的百分比
    SIZE_T dwTotalPhys;     // 物理内存总量
    SIZE_T dwAvailPhys;     // 可用物理内存
    SIZE_T dwTotalPageFile; // 交换文件总的大小
    SIZE_T dwAvailPageFile; // 交互文件中空闲部分大小
    SIZE_T dwTotalVirtual;  // 用户可用的地址空间
    SIZE_T dwAvailVirtual;  // 当前空闲的地址空间
```

```
} MEMORYSTATUS, *LPMEMORYSTATUS;
```

MEMORYSTATUS 结构反映了调用发生时内存的状态，所以它能够实时监测内存。

06Meminfo 实例的实现原理很简单，在处理 WM_CREATE 消息时安装一个间隔为 0.5 s 的定时器，然后在 WM_TIMER 消息到来时调用 GlobalMemoryStatus 函数获取内存使用信息并更新客户区显示。

原理虽然简单，但目的是介绍框架程序是怎样工作的，所以其应该将更多的注意力放在 CWnd 类处理消息的方式上。下面具体讲述程序的编写过程。

创建一个名为 06Meminfo 的空 Win32 Application 工程，更换 VC++使用的默认运行期库，使它支持多线程（见 3.1.5 小节）。为了使用自己设计的框架程序，必须把 COMMON 目录下的.CPP 文件全部添加到工程中，然后再从 CWinApp 类继承自己的应用程序类，从 CWnd 类继承自己的窗口类。

具体的程序代码在 Meminfo.h 和 Meminfo.cpp 两个文件中。在工程中通过菜单命令"File/New..."新建它们，文件内容如下。

```cpp
// ------------------------------------Meminfo.h 文件------------------------------------//
#include "../common/_afxwin.h"

class CMyApp : public CWinApp
{
public:
    virtual BOOL InitInstance();
};

class CMainWindow : public CWnd
{
public:
    CMainWindow();
protected:
    char m_szText[1024];    // 客户区文本缓冲区
    RECT m_rcInfo;          // 文本所在方框的大小

protected:
    virtual void PostNcDestroy();
    afx_msg BOOL OnCreate(LPCREATESTRUCT);
    afx_msg void OnPaint();
    afx_msg void OnTimer(UINT nIDEvent);
    DECLARE_MESSAGE_MAP()
};
// ------------------------------------ Meminfo.cpp 文件------------------------------------//
#include "Meminfo.h"
#include "resource.h"
#define IDT_TIMER    101

CMyApp theApp;

BOOL CMyApp::InitInstance()
{
    m_pMainWnd = new CMainWindow;
    ::ShowWindow(*m_pMainWnd, m_nCmdShow);
    ::UpdateWindow(*m_pMainWnd);
    return TRUE;
}
```

```
CMainWindow::CMainWindow()
{
    m_szText[0] = '\0';
    LPCTSTR lpszClassName = AfxRegisterWndClass(CS_HREDRAW|CS_VREDRAW,
                        ::LoadCursor(NULL, IDC_ARROW), (HBRUSH)(COLOR_3DFACE+1),
                        AfxGetApp()->LoadIcon(IDI_MAIN));
    CreateEx(WS_EX_CLIENTEDGE, lpszClassName,
        "内存使用监视器", WS_OVERLAPPEDWINDOW,
        CW_USEDEFAULT, CW_USEDEFAULT, 300, 230, NULL, NULL);
}

// CMainWindow 类的消息映射表
BEGIN_MESSAGE_MAP(CMainWindow, CWnd)
ON_WM_CREATE()
ON_WM_PAINT()
ON_WM_TIMER()
END_MESSAGE_MAP()

BOOL CMainWindow::OnCreate(LPCREATESTRUCT lpCreateStruct)
{
    // 设置显示文本所在方框的大小
    ::GetClientRect(m_hWnd, &m_rcInfo);
    m_rcInfo.left = 30;
    m_rcInfo.top = 20;
    m_rcInfo.right = m_rcInfo.right - 30;
    m_rcInfo.bottom = m_rcInfo.bottom - 30;

    // 安装定时器
    ::SetTimer(m_hWnd, IDT_TIMER, 500, NULL);

    // 将窗口提到最顶层
    ::SetWindowPos(m_hWnd, HWND_TOPMOST, 0, 0, 0, 0,
                        SWP_NOMOVE | SWP_NOREDRAW | SWP_NOSIZE);
    return TRUE;
}
void CMainWindow::OnTimer(UINT nIDEvent)
{
    if(nIDEvent == IDT_TIMER)
    {
        char szBuff[128];
        MEMORYSTATUS ms;

        // 取得内存状态信息
        ::GlobalMemoryStatus(&ms);

        // 将取得的信息放入缓冲区 m_szText 中

        m_szText[0] = '\0';
        wsprintf(szBuff, "\n 物理内存总量:     %-5d MB", ms.dwTotalPhys/(1024*1024));
        strcat(m_szText, szBuff);
        wsprintf(szBuff, "\n 可用物理内存:     %-5d MB", ms.dwAvailPhys/(1024*1024));
        strcat(m_szText, szBuff);

        wsprintf(szBuff, "\n\n 虚拟内存总量:     %-5d MB", ms.dwTotalVirtual/(1024*1024));
        strcat(m_szText, szBuff);
```

```
            wsprintf(szBuff, "\n   可用虚拟内存：      %-5d MB", ms.dwAvailVirtual/(1024*1024));
            strcat(m_szText, szBuff);

            wsprintf(szBuff, "\n\n   内存使用率：       %d%%", ms.dwMemoryLoad);
            strcat(m_szText, szBuff);

            // 无效显示文本的区域，以迫使系统发送 WM_PAINT 消息，更新显示信息
            ::InvalidateRect(m_hWnd, &m_rcInfo, TRUE);
        }
    }
    void CMainWindow::OnPaint()
    {
        PAINTSTRUCT ps;
        HDC hdc = ::BeginPaint(m_hWnd, &ps);

        // 设置背景为透明模式
        ::SetBkMode(hdc, TRANSPARENT);

        // 创建字体
        // CreateFont 函数用指定的属性创建一种逻辑字体。这个逻辑字体能够被选入到任何设备中
        HFONT hFont = ::CreateFont(12, 0, 0, 0, FW_HEAVY, 0, 0, 0, ANSI_CHARSET, \
            OUT_TT_PRECIS, CLIP_DEFAULT_PRECIS, DEFAULT_QUALITY, \
            VARIABLE_PITCH | FF_SWISS, "MS Sans Serif" );
        // 创建画刷
        HBRUSH hBrush = ::CreateSolidBrush(RGB(0xa0, 0xa0, 0xa0));
        // 将它们选入到设备环境中
        HFONT hOldFont = (HFONT)::SelectObject(hdc, hFont);
        HBRUSH hOldBrush = (HBRUSH)::SelectObject(hdc, hBrush);

        // 设置文本颜色
        ::SetTextColor(hdc, RGB(0x32, 0x32, 0xfa));
        // 画一个圆角矩形
        ::RoundRect(hdc, m_rcInfo.left, m_rcInfo.top, m_rcInfo.right, m_rcInfo.bottom, 5, 5);

        // 绘制文本
        ::DrawText(hdc, m_szText, strlen(m_szText), &m_rcInfo, 0);

        // 清除资源
        ::DeleteObject(::SelectObject(hdc, hOldFont));
        ::DeleteObject(::SelectObject(hdc, hOldBrush));
        ::EndPaint(m_hWnd, &ps);
    }
    void CMainWindow::PostNcDestroy()
    {
        delete this;
    }
```

程序很简单，仅处理 WM_CREATE、WM_PAINT 和 WM_TIMER 3 个消息。这次我们不必再使用长长的 switch/case 结构了，直接在消息映射表中添加相关消息映射项即可处理它们。运行程序后，自己的类库框架开始工作了。

6.6   使用 Microsoft 基础类库

到现在，相信你不仅知道框架程序的使用方法，还非常清楚它的内部实现。下面将直接介

绍如何在微软的基础类库 MFC 中创建窗口应用程序。

MFC 使用 C++类对 Windows API 进行封装，较大程度地屏蔽了 Windows 编程的复杂性，使 Windows 应用程序的设计变得简单。这是大多数软件开发者使用的一个类库。

本书以前使用框架程序编写的程序都可以在 MFC 下编译通过。以上一节的 06Meminfo 程序为例，看看如何在 MFC 下编译这些程序。具体步骤如下。

（1）包含头文件。打开 06Meminfo 工程，将 Meminfo.h 文件中包含头文件的代码改为：

```
#include "afxwin.h"            // 原先此处的代码为 "#include ../common/_afxwin.h""
```

也就是把包含我们类库的文件的代码全改为包含 MFC 中文件的代码。文件名称也是对应的，只要将前缀 "_" 去掉即可。

（2）清除工程中原类库文件。将从 COMMON 文件夹下添加到工程中的文件全部删除（从 VC 工程中删除）。这时工程中只有 Meminfo.h 和 Meminfo.cpp 两个文件。现在通过菜单命令 "Build/Rebuild All" 全部重新编译连接程序。

（3）修改工程设置。如果出现连接错误的话，还要对工程进行的设置。单击菜单命令 "Project/Settings..."，打开设置工程属性的对话框，切换到 General 选项卡，在 Microsoft Foundation Classes 窗口下选中 Use MFC in a Static Library 选项，如图 6.6 所示。单击 OK 按钮即可。

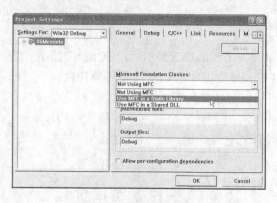

图 6.6　使用微软基础类库

第 3 步指定了如何链接到 MFC。Microsoft Foundation Classes 窗口下共有 3 个选项。

- Not Using MFC　　　　　　　不使用 MFC。
- Use MFC in a Static Library　静态链接到 MFC。这样最终生成的程序不依赖 MFC 运行期库也能够运行。一般在发布程序时，要设置这个选项。
- Use MFC in a Shared DLL　　动态链接到 MFC。这样最终生产的程序要依赖 MFC 运行期库才能够运行。

在工程中使用 MFC 是非常简单的，只要按照第 3 步的方法修改工程设置，然后包含上定义要使用的类的文件即可。以前所设计的类的命名方式和 MFC 的命名方式是相同的，它们所提供的接口也完全相同。所以，本书所有使用框架程序的例子都可以在 MFC 下编译通过。

MFC 把大多数 API 函数都封装成了类，以方便用户的使用。比如，它把操作设备环境的函数都封装到了 CDC 类中，此类一个公开成员变量 m_hDC，保存了与 CDC 对象关联的设备环境的句柄。为了方便响应 WM_PAINT 消息，操作窗口客户区，操作整个窗口，MFC 又从 CDC 类派生了 CPaintDC、CClientDC 和 CWindowDC 类。下面是 CPaintDC 类的简化版本。

```
class CPaintDC : public CDC
{
```

```
public:
    CPaintDC(CWnd* pWnd);
    ~CPaintDC();
protected:
    HWND m_hWnd;
    PAINTSTRUCT m_ps;
};
CPaintDC::CPaintDC(CWnd* pWnd)
{
    m_hWnd = pWnd->GetSafeHwnd();
    Attach(::BeginPaint(m_hWnd, &m_ps));        // Attach 函数将设置返回句柄与 CPaintDC 对象的关联
}
CPaintDC::~CPaintDC()
{
    ::EndPaint(m_hWnd, &m_ps);
}
```

程序在实例化 CPaintDC 对象时调用了 BeginPaint 函数，当在销毁这个对象时又调用了 EndPaint 函数。它以后就可以这样响应 WM_PAINT 消息了。

```
void CMainWindow::OnPaint()
{
    CPaintDC dc(this);
    //...            // 其他代码
}
```

另外两个类的实现过程与 CPaintDC 类相似，CClientDC 的构造函数取得窗口客户区的设备环境句柄，CWindowDC 类取得整个窗口的设备环境句柄。

对 MFC 的讨论绝不仅仅是这些，但核心的功能已经完全模拟实现了，剩下的都是一些固定的使用格式。本书附录 1 列出了整个 MFC 6.0 的层次结构。下一小节将使用 MFC 创建一个窗口信息查看程序，以使读者更深切地感受 MFC 的工作方式。

6.7 【实例】窗口查看器

本节将用具体实例让你切身体会对象化程序设计方式，从而感受框架程序提供的近乎完美的程序接口。

程序的主要功能是显示鼠标所指向窗口的一些信息，如标题、窗口类名和应用程序名称等。其运行效果如图 6.7 所示。在主窗口左上角矩形框中按下鼠标，光标将变成图中带十字的黑圆圈形状。按住鼠标左键移动这个黑圆圈，窗口查看器会显示出黑圆圈下窗口的属性信息。例子程序在配套光盘的 06WinLooker 工程下。最好先运行此程序熟悉一下它的功能。

例子的创建过程是：先创建一个空的 Win32 Application 类型的工程，工程名设为 06WinLooker；工程创建完毕以后，按照上节所述的方法，单击菜单命令"Project/Settings..."修改工程的设置，使它支持 MFC；最后新建 looker.h 和 looker.cpp 两个文件，以编写下面要讲述的程序代码。

图 6.7　取得鼠标处窗口的信息

6.7.1　窗口界面

程序 06WinLooker 中包含 4 个类，CMyApp（应用程序类）、CMainWindow（主窗口类）、

CWindowInfo（管理目标窗口的类）和 CMyButton（按钮类）。本小节讲述 CMyApp 和 Cmain Window 类，它们主要负责程序的窗口界面。

CMyApp 类从应用程序类 CWinApp 继承，它的作用是初始化应用程序的当前实例（InitInstance）、运行消息循环（Run）和执行程序终止时的清理工作（ExitInstance）。基于框架生成的应用程序必须有且只有一个从 CWinApp 派生的类的对象。程序启动后，框架会调用此对象的成员函数来初始化和运行应用程序。定义 CMyApp 类对象的代码在 looker.cpp 中。

```
CMyApp theApp;        // 应用程序实例对象
```

CMyApp 类定义在 looker.h 文件中。

```
class CMyApp : public CWinApp
{
public:
    virtual BOOL InitInstance();
};
```

在应用程序主线程初始化时，框架程序将调用虚函数 InitInstance 给应用程序一个初始化自己的机会。06WinLooker 程序将在此函数中创建当前线程的主窗口对象，显示和刷新主窗口。

```
BOOL CMyApp::InitInstance()        // looker.h 文件
{
    m_pMainWnd = new CMainWindow;
    m_pMainWnd->ShowWindow(m_nCmdShow);
    m_pMainWnd->UpdateWindow();
    return TRUE;    // 初始化成功，进入消息循环
}
```

CMainWindow 类从 CWnd 类继承，一个 CMainWindow 对象代表着一个窗口，此窗口的外观和行为由 CMainWindow 类的初始化代码和响应消息的代码决定。整个应用程序只有一个主窗口，所以主线程的 InitInstance 函数只创建了一个 CMainWindow 对象，然后要求此对象显示、刷新窗口。CMyApp::InitInstance 返回后，框架程序执行 theApp 对象的 Run 函数，开始分发主线程消息队列中的消息。

Windows 发送给主窗口的消息由框架程序的 AfxWndProc 函数交给相应的 CMainWindow 对象处理。CMainWindow 对象中包含了主窗口的初始化代码、记录状态信息的数据、特定的消息处理函数，而且还包含了删除自己的代码。下面是实现图 6.7 所示的主窗口界面所需的代码。

```
class CMainWindow : public CWnd        // looker.h 文件
{
protected:
    int m_cxChar;                      // 字符的平均宽度
    int m_cyChar;                      // 字符的高
    int m_cyLine;                      // 一行字符占用的空间的垂直长度

    HCURSOR m_hCursorArrow;            // 通常模式下使用的光标句柄（箭头光标）
    HCURSOR m_hCursorTarget;           // 用户选定窗口时使用的光标句柄（自定义光标）

    RECT m_rcMouseDown;                // 接收鼠标下按的方框的位置坐标
    RECT m_rcMsgBoxBorder;             // 消息框边框的位置坐标
    RECT m_rcMsgBox;                   // 消息框的位置坐标
    CPoint m_ptHeaderOrigin;           // 绘制标题的起始位置

    BOOL m_bCatchMouseDown;            // 是否捕捉到鼠标下按事件
public:
    CMainWindow();
protected:
```

```
        void DrawMouseInput(CDC* pDC);
        void DrawMsg(CDC* pDC);
        void DrawMsgHeader(CDC* pDC);
protected:
        virtual void PostNcDestroy();
        afx_msg int OnCreate(LPCREATESTRUCT lpCreateStruct);
        afx_msg void OnPaint();
        afx_msg void OnLButtonDown(UINT nFlags, CPoint point);
        afx_msg void OnLButtonUp(UINT nFlags, CPoint point);
        afx_msg void OnMouseMove(UINT nFlags, CPoint point);
        DECLARE_MESSAGE_MAP()
};
```

CMainWindow 类的实现代码在 looker.cpp 文件中，首先是初始化消息映射表。

```
BEGIN_MESSAGE_MAP(CMainWindow, CWnd)
ON_WM_CREATE()
ON_WM_PAINT()
ON_WM_LBUTTONDOWN()
ON_WM_LBUTTONUP()
ON_WM_MOUSEMOVE()
END_MESSAGE_MAP()
```

类的构造函数完成了初始化主窗口的操作，包括窗口类的注册和窗口的创建。

```
CMainWindow::CMainWindow()
{
        m_bCatchMouseDown = FALSE;

        // 加载两个光标
        m_hCursorArrow = AfxGetApp()->LoadStandardCursor(IDC_ARROW);
        m_hCursorTarget = AfxGetApp()->LoadCursor(IDC_TARGET);

        // 注册窗口类。因为程序中要改变光标的形状，所以不要在窗口类里设置光标，否则每次鼠标移动系统都
        // 会恢复光标，极大地影响运行速度
        LPCTSTR lpszClassName = AfxRegisterWndClass(0, NULL,
                (HBRUSH)(COLOR_3DFACE + 1), AfxGetApp()->LoadIcon(IDI_MAIN));

        // 创建窗口
        CreateEx(0, lpszClassName, "窗口查看器",
                WS_OVERLAPPED | WS_SYSMENU | WS_CAPTION | WS_MINIMIZEBOX,
                CW_USEDEFAULT, CW_USEDEFAULT, CW_USEDEFAULT, CW_USEDEFAULT, NULL, NULL);
}
```

06WinLooker 程序自定义了两个资源，一个是 ID 为 IDC_TARGET 的光标，另一个是 ID 为 IDI_MAIN 的图标。光标资源是必须添加的，当用户在主窗口左上角正方形区域按下鼠标左键时，程序执行下面的代码设置光标为自定义的形状。

```
::SetCursor(m_hCursorTarget);            // 设置光标的形状
```

自定义的光标是带十字的圆圈，如图 6.7 所示。向工程中添加资源脚本文件后，选择菜单命令"Insert/Resource..."新建一个光标资源，可以照着样子画一个或者直接拷贝配套光盘上的位图。另外，光标资源有一个 Hot spot 属性，最好将它设置在圆圈的中心。

CreateEx 函数执行时，主窗口会接收到 WM_CREATE 消息，OnCreate 函数被调用。在这个函数里，06WinLooker 要指定窗口界面中各区域的坐标位置，设置窗口的大小和光标形状。

```
#define MAX_STRINGS     5
#define IDB_CLOSE       10
int CMainWindow::OnCreate(LPCREATESTRUCT lpCreateStruct)
{
```

```
if(CWnd::OnCreate(lpCreateStruct) == -1)
    return -1;

CClientDC dc(this);

TEXTMETRIC tm;
// GetTextMetrics 函数取得指定设备环境中字符的大小属性
::GetTextMetrics(dc, &tm);
m_cxChar = tm.tmAveCharWidth;
m_cyChar = tm.tmHeight;
m_cyLine = tm.tmHeight + tm.tmExternalLeading;

// 设置窗口左上角正方形区域的位置坐标
::SetRect(&m_rcMouseDown, 12, 12, 48, 48);

// 设置标题的起始坐标
m_ptHeaderOrigin.x = 48 + 6;
m_ptHeaderOrigin.y = 12 + 4;

// 设置消息框的位置坐标
m_rcMsgBoxBorder.left = m_ptHeaderOrigin.x + 8*m_cxChar;
m_rcMsgBoxBorder.top = 12;
m_rcMsgBoxBorder.right = m_rcMsgBoxBorder.left + m_cxChar*32 + 8;
m_rcMsgBoxBorder.bottom = m_rcMsgBoxBorder.top + m_cyLine*MAX_STRINGS + 8;
m_rcMsgBox = m_rcMsgBoxBorder;
// inflate 是膨胀的意思，InflateRect 函数使长方形的宽和高增大或缩小一定的数量
::InflateRect(&m_rcMsgBox, -4, -4);

// 创建按钮窗口对象。等设计完 CMyButton 类后再添加下面两行代码
// RECT rcButton = {12, m_rcMsgBoxBorder.bottom - 18, 64, m_rcMsgBoxBorder.bottom };
// new CMyButton("Close", rcButton, this, IDB_CLOSE);

// 设置本窗口的大小
RECT rect;
::SetRect(&rect, 0, 0, m_rcMsgBoxBorder.right + 12, m_rcMsgBoxBorder.bottom + 12);
// 上面得到的是窗口客户区的大小，AdjustWindowRect 将客户区的大小转化成最终窗口的大小
::AdjustWindowRect(&rect, GetStyle(), FALSE);
// 重新设置窗口的大小
::SetWindowPos(m_hWnd,   HWND_TOPMOST, 0, 0, rect.right - rect.left, rect.bottom - rect.top,
    SWP_NOMOVE | SWP_NOREDRAW);

// 设置光标形状
::SetCursor(m_hCursorArrow);
return 0;
}
```

　　图 6.8 详细说明了各区域的位置坐标。一般情况下，窗口界面的设置和子窗口的创建都是在响应 WM_CREATE 消息时进行的，因为这个时候窗口的客户区和非客户区都已经被创建了，窗口还没有显示给用户，这恰恰是设置界面的机会。

　　除了标题为 Close 的按钮外，主窗口中各区域的图形都是在响应 WM_PAINT 消息时程序自己画上去的，相关代码如下。

```
void CMainWindow::OnPaint()
{
    CPaintDC dc(this);
```

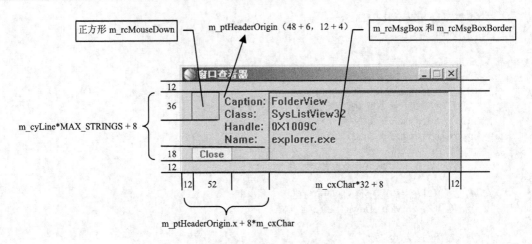

图 6.8　各区域的位置和大小（单位：像素）

```
        // 画窗口左上角的正方形
        DrawMouseInput(&dc);
        // 画标题
        DrawMsgHeader(&dc);
        // 画消息框。DrawEdge 函数绘制指定矩形的边框
        ::DrawEdge(dc, &m_rcMsgBoxBorder, EDGE_SUNKEN, BF_RECT);
        DrawMsg(&dc);
}
void CMainWindow::DrawMouseInput(CDC* pDC)
{
        HBRUSH hBrush = ::CreateSolidBrush(::GetSysColor(COLOR_3DFACE));
        HBRUSH hOldBrush = (HBRUSH)pDC->SelectObject(hBrush);
        // 画矩形
        pDC->Rectangle(&m_rcMouseDown);
        pDC->SelectObject(hOldBrush);
        ::DeleteObject(hBrush);
}
void CMainWindow::DrawMsgHeader(CDC* pDC)
{
        char* sz1 = "Caption:";
        char* sz2 = "Class:";
        char* sz3 = "Handle:";
        char* sz4 = "Name:";

        ::SetBkColor(*pDC, ::GetSysColor (COLOR_3DFACE));

        pDC->TextOut(m_ptHeaderOrigin.x, m_ptHeaderOrigin.y, sz1, strlen(sz1));
        pDC->TextOut(m_ptHeaderOrigin.x, m_ptHeaderOrigin.y + m_cyLine*1, sz2, strlen(sz2));
        pDC->TextOut(m_ptHeaderOrigin.x, m_ptHeaderOrigin.y + m_cyLine*2, sz3, strlen(sz3));
        pDC->TextOut(m_ptHeaderOrigin.x, m_ptHeaderOrigin.y + m_cyLine*3, sz4, strlen(sz4));

}
```

　　OnPaint 使用 3 个自定义函数绘制了整个窗口界面。最后一个 DrawMsg 负责在 m_rcMsgBox 指定的区域显示目标窗口信息，下一个小节再详细谈论。

　　如果创建主窗口失败，或者在主窗口销毁时，框架程序都会调用 CWnd 类的虚函数 PostNc Destroy 执行清理代码。CMainWindow 类重载此函数以删除程序在 CMyApp::InitInstance 函数中创建的 CMainWindow 对象。

```
void CMainWindow::PostNcDestroy()
{
    delete this;
}
```

6.7.2　获取目标窗口的信息

查看窗口信息时，06WinLooker 首先取得鼠标所在处的窗口的句柄；然后在此窗口的外框上画一个红色的矩形，取得窗口的一些信息并显示在 m_rcMsgBox 指定的区域；最后，在鼠标下面的窗口变化时，程序擦去前一个窗口的矩形外框，开始新一轮循环。

CWindowInfo 类的作用是管理目标窗口，它负责 06WinLooker 程序中目标窗口的数据的更新和边框的绘制，定义和实现它的代码如下。

```
// --------------------------------looker.h 文件--------------------------------//
#define BUFFER_SIZE 256

class CWindowInfo
{
public:
    CWindowInfo();
    // 擦除矩形外框
    void EraseFrame();
    // 更新数据
    void GetInfo(HWND hWnd);
    // 绘制矩形外框
    void DrawFrame();

    HWND m_hWnd;
    char m_szWindowCaption[BUFFER_SIZE];
    char m_szWindowClass[BUFFER_SIZE];
    char m_szExeFile[MAX_PATH];
};
// --------------------------------looker.cpp 文件--------------------------------//
CWindowInfo::CWindowInfo()
{
    m_hWnd = NULL;
}
void CWindowInfo::GetInfo(HWND hWnd)
{
    // 取得句柄、标题、类名
    m_hWnd = hWnd;
    ::GetWindowText(m_hWnd, m_szWindowCaption, BUFFER_SIZE);
    ::GetClassName(m_hWnd, m_szWindowClass, BUFFER_SIZE);

    // 取得磁盘上.exe 文件的名称
    m_szExeFile[0] = '\0';
    DWORD nPID;
    // 取得包含窗口的进程的 ID 号
    ::GetWindowThreadProcessId(m_hWnd, &nPID);
    // 给系统中的所有进程拍一个快照，查找 ID 号为 nPID 的进程的信息
    HANDLE hProcessSnap = ::CreateToolhelp32Snapshot(TH32CS_SNAPPROCESS, nPID);
    if(hProcessSnap == INVALID_HANDLE_VALUE)
        return;
    // 开始查找
```

```cpp
    BOOL bFind = FALSE;
    PROCESSENTRY32 pe32 = { sizeof(pe32) };
    if(::Process32First(hProcessSnap, &pe32))
    {
        do
        {
            if(pe32.th32ProcessID == nPID)
            {
                bFind = TRUE;
                break;
            }
        }while(::Process32Next(hProcessSnap, &pe32));
    }
    ::CloseHandle(hProcessSnap);
    // 只保存文件名结构中文件的名称（不包括目录）
    if(bFind)
    {
        const char* pszExeFile = strrchr(pe32.szExeFile, '\\');
        if(pszExeFile == NULL)
            pszExeFile = pe32.szExeFile;
        else
            pszExeFile++;
        strcpy(m_szExeFile, pszExeFile);
    }
}
void CWindowInfo::DrawFrame()
{
    // 目标窗口的设备环境句柄
    HDC hdc = ::GetWindowDC(m_hWnd);
    // 目标窗口外框的大小
    RECT rcFrame;
    ::GetWindowRect(m_hWnd, &rcFrame);
    int nWidth = rcFrame.right - rcFrame.left;
    int nHeight = rcFrame.bottom - rcFrame.top;

    // 用红色笔沿外框四周画线
    HPEN hPen = ::CreatePen(PS_SOLID, 3, RGB(255,0,0));
    HPEN hOldPen = (HPEN)::SelectObject(hdc, hPen);

    ::MoveToEx(hdc, 0, 0, NULL);
    ::LineTo(hdc, nWidth, 0);
    ::LineTo(hdc, nWidth, nHeight);
    ::LineTo(hdc, 0, nHeight);
    ::LineTo(hdc, 0, 0);

    ::SelectObject(hdc, hOldPen);
    ::DeleteObject(hPen);
    ::ReleaseDC(m_hWnd, hdc);
}
void CWindowInfo::EraseFrame()
{
    // 重画本窗口的非客户区部分（RDW_FRAME、RDW_INVALIDATE 标记），
    // 立即更新（RDW_UPDATENOW 标记）
    ::RedrawWindow(m_hWnd, NULL, NULL,
        RDW_FRAME | RDW_INVALIDATE | RDW_UPDATENOW);
```

```
        HWND hWndParent = ::GetParent(m_hWnd);
        if(::IsWindow(hWndParent))
        {
            // 重画父窗口的整个客户区（RDW_ERASE、RDW_INVALIDATE 标记），
            // 立即更新（RDW_UPDATENOW 标记）， 包括所有子窗口（RDW_ALLCHILDREN 标记）
            ::RedrawWindow(hWndParent, NULL, NULL,
                RDW_ERASE | RDW_INVALIDATE | RDW_UPDATENOW | RDW_ALLCHILDREN);
        }
    }
```

GetInfo 函数负责更新 CWindowInfo 对象中的数据，它通过一组 ToolHelp 函数取得进程内主模块的镜像文件名（可执行文件的名称），这组函数声明在 tlhelp32.h 头文件中，所以在程序的开头应包含此文件。擦除目标窗口的红色外框就是使目标窗口和其父窗口（如果有的话）重画一次，Windows 提供的函数 RedrawWindow 可以用来重画窗口，原型如下。

```
BOOL RedrawWindow(
    HWND hWnd,              // 窗口句柄
    CONST RECT *lprcUpdate, // 要更新的矩形的位置坐标。如果 hrgnUpdate 指定了一个区域，此参数会被忽略
    HRGN hrgnUpdate,        // 要更新的区域的句柄。值为 NULL 时，整个客户区会被添加到待更新的区域中
    UINT flags             // 重画标志
);
```

现在在 CMainWindow 类中添加一个 CWindowInfo 类型的成员变量 m_wndInfo，此成员代表当前正在操作的目标窗口。

```
CWindowInfo m_wndInfo;          // 一个目标窗口对象
```

CMainWindow 类的成员函数 DrawMsg 将显示出目标窗口对象中的数据。

```
void CMainWindow::DrawMsg(CDC* pDC)
{
    if(m_wndInfo.m_hWnd == NULL)
        return;
    int xPos = m_rcMsgBox.left;
    int yPos = m_rcMsgBox.top;
    char sz[32];
    wsprintf(sz, "0X%0X", (int)m_wndInfo.m_hWnd);

    ::SetBkColor(*pDC, ::GetSysColor(COLOR_3DFACE));

    pDC->TextOut(xPos, yPos,
        m_wndInfo.m_szWindowCaption, strlen(m_wndInfo.m_szWindowCaption));
    pDC->TextOut(xPos, yPos + m_cyLine*1,
        m_wndInfo.m_szWindowClass, strlen(m_wndInfo.m_szWindowClass));
    pDC->TextOut(xPos, yPos + m_cyLine*2,
        sz, strlen(sz));
    pDC->TextOut(xPos, yPos + m_cyLine*3,
        m_wndInfo.m_szExeFile, strlen(m_wndInfo.m_szExeFile));
}
```

06WinLooker 的主要功能是在响应鼠标事件时完成的，下面是相关的程序代码。

```
void CMainWindow::OnLButtonDown(UINT nFlags, CPoint point)
{
    // PtInRect 函数用于判断 point 的位置是否在 m_rcMouseDown 指定的矩形区域中
    if(!m_bCatchMouseDown && ::PtInRect(&m_rcMouseDown, point))
    {
        // 在的话就更换光标形状，捕获鼠标输入，设置标志信息
        m_wndInfo.m_hWnd = NULL;
        ::SetCursor(m_hCursorTarget);
        ::SetCapture(m_hWnd);
```

```
                        m_bCatchMouseDown = TRUE;
            }
    }
    void CMainWindow::OnLButtonUp(UINT nFlags, CPoint point)
    {
        if(m_bCatchMouseDown)
        {
            // 恢复光标状态，释放捕获的鼠标输入，擦除目标窗口的矩形框架
            ::SetCursor(m_hCursorArrow);
            ::ReleaseCapture();
            m_bCatchMouseDown = FALSE;
            if(m_wndInfo.m_hWnd != NULL)
                    m_wndInfo.EraseFrame();
        }
    }
    void CMainWindow::OnMouseMove(UINT nFlags, CPoint point)
    {
        if(m_bCatchMouseDown)
        {
            // 将客户区坐标转换为屏幕坐标
            ::ClientToScreen(m_hWnd, &point);
            // 取得鼠标所在处的窗口的句柄
            HWND hWnd = ::WindowFromPoint(point);
            if(hWnd == m_wndInfo.m_hWnd)
                    return;

            // 擦除前一个窗口上的红色框架，取得新的目标窗口的信息，绘制框架
            m_wndInfo.EraseFrame();
            m_wndInfo.GetInfo(hWnd);
            m_wndInfo.DrawFrame();

            // 通过无效显示区域，使窗口客户区重画
            ::InvalidateRect(m_hWnd, &m_rcMsgBox, TRUE);
        }
    }
```

在同一时间仅能有一个窗口获得鼠标输入。SetCapture 函数可以使当前线程中指定的窗口捕获鼠标输入，这样，当在此窗口上按下鼠标左建，再拖动鼠标到其他窗口时，系统还会将鼠标产生的消息发送到此窗口，而不使其他窗口获得输入焦点。当窗口不需要接收所有的鼠标输入时，创建此窗口的线程应该调用 ReleaseCapture 函数释放鼠标输入。

现在运行应用程序，除了没有"Close"按钮外，所有的功能都实现了。

6.7.3　自制按钮

按钮是子窗口。在 Windows 下每个子窗口都有一个 ID 号，当有消息产生时，它会向父窗口发送 WM_COMMAND 消息，消息的 wParam 参数高字位包含了通知代码，低字位包含了发送此消息的子窗口 ID 号，lParam 参数的值是子窗口句柄。例如，当用鼠标左键单击按钮时，此按钮向其父窗口发送的 WM_COMMAND 消息中，wParam 参数的高字位为 BN_CLICKED，低字位为这个按钮的 ID 号。下面是子窗口向其父窗口发送鼠标单击事件的代码。

```
::SendMessage(::GetParent(m_hWnd), WM_COMMAND,
                MAKEWPARAM(::GetDlgCtrlID(m_hWnd), BN_CLICKED), (LPARAM)m_hWnd);
```

GetDlgCtrlID 函数通过子窗口句柄得到它的 ID 号，这个 ID 号是在创建子窗口时作为菜单

句柄传给 CreateWindowEx 函数的值。MAKEWPARAM 宏以第一个参数为低 16 位，第二个参数为高 16 位创建一个新值。

　　在封装自己的按钮类时，还有一点需要注意：只有当用户在按钮上按下鼠标左键，然后还是在这个窗口上释放左键时，按钮才应该向父窗口发送通知消息；如果用户在按钮上按下了左键，而在别的窗口上释放，那么这个按钮就不应该发送通知消息。

　　下面是 CMyButton 类的源代码，分别放在 MyButton.h 和 MyButton.cpp 两个文件中。

```
// -----------------------------------------------MyButton.h 文件-------------------------------------------------//
#ifndef __MYBUTTON_H__
#define __MYBUTTON_H__
#include "afxwin.h"

class CMyButton : public CWnd
{
public:
        CMyButton(LPCTSTR lpszText, const RECT& rect, CWnd* pParentWnd, UINT nID);
protected:
        char m_szText[256];          // 按钮显示的文本
        BOOL m_bIsDown;              // 指示用户是否按下鼠标左键

        virtual void PostNcDestroy();
        afx_msg void OnPaint();
        afx_msg void OnLButtonDown(UINT nFlags, POINT point);
        afx_msg void OnLButtonUp(UINT nFlags, POINT point);
        afx_msg void OnMouseMove(UINT nFlags, POINT point);

        DECLARE_MESSAGE_MAP()
};

#endif // __MYBUTTON_H__

// ----------------------------------------------MyButton.cpp 文件----------------------------------------------//
#include "MyButton.h"

BEGIN_MESSAGE_MAP(CMyButton, CWnd)
ON_WM_PAINT()
ON_WM_LBUTTONDOWN()
ON_WM_LBUTTONUP()
ON_WM_MOUSEMOVE()
END_MESSAGE_MAP()

CMyButton::CMyButton(LPCTSTR lpszText, const RECT& rect, CWnd* pParentWnd, UINT nID)
{
    m_bIsDown = FALSE;
    strncpy(m_szText, lpszText, 256);

    LPCTSTR pszClassName = AfxRegisterWndClass(0, 0,
        (HBRUSH)(COLOR_BTNFACE + 1), AfxGetApp()->LoadStandardCursor(IDC_ARROW));

    Create(pszClassName, NULL, WS_CHILD|WS_VISIBLE, rect, pParentWnd, nID);
}
void CMyButton::OnPaint()
{
    CPaintDC dc(this);
    ::SetBkMode(dc, TRANSPARENT);
```

```
    // 创建字体
    HFONT hFont = ::CreateFont(12, 0, 0, 0, FW_HEAVY, 0, 0, 0, ANSI_CHARSET,
                 OUT_TT_PRECIS, CLIP_DEFAULT_PRECIS, DEFAULT_QUALITY,
                 VARIABLE_PITCH | FF_SWISS, "MS Sans Serif" );
    HFONT hOldFont = (HFONT)SelectObject(dc, hFont);
    // 创建画刷和画笔
    HBRUSH hBrush, hOldBrush;
    HPEN hPen, hOldPen;
    if(m_bIsDown)
    {
        hBrush = ::CreateSolidBrush(RGB(0xa0, 0xa0, 0xa0));
        hPen = ::CreatePen(PS_SOLID, 1, RGB(0x64, 0x64, 0x64));
        ::SetTextColor(dc, RGB(0x32, 0x32, 0xfa));
    }
    else
    {
        hBrush = ::CreateSolidBrush(RGB(0xf0, 0xf0, 0xf0));
        hPen = ::CreatePen(PS_SOLID, 1, RGB(0x78, 0x78, 0x78));
        ::SetTextColor(dc, RGB(0x32, 0x32, 0x32));
    }
    hOldBrush = (HBRUSH)::SelectObject(dc, hBrush);
    hOldPen = (HPEN)::SelectObject(dc, hPen);

    // 绘制外框和文本
    RECT rcClient;
    ::GetClientRect(m_hWnd, &rcClient);
    ::RoundRect(dc, rcClient.left, rcClient.top, rcClient.right, rcClient.bottom, 2, 2);
    ::DrawText(dc, m_szText, strlen(m_szText), &rcClient, DT_CENTER|DT_SINGLELINE|DT_VCENTER);

    // 清除资源
    ::DeleteObject(::SelectObject(dc, hOldFont));
    ::DeleteObject(::SelectObject(dc, hOldPen));
    ::DeleteObject(::SelectObject(dc, hOldBrush));
}
void CMyButton::OnLButtonDown(UINT nFlags, POINT point)
{
    m_bIsDown = TRUE;
    ::InvalidateRect(m_hWnd, NULL, TRUE);
}
void CMyButton::OnLButtonUp(UINT nFlags, POINT point)
{
    if(m_bIsDown)
    {
        ::InvalidateRect(m_hWnd, NULL, TRUE);
        ::SendMessage(::GetParent(m_hWnd), WM_COMMAND,
            MAKEWPARAM(::GetDlgCtrlID(m_hWnd), BN_CLICKED), (LPARAM)m_hWnd);
        m_bIsDown = FALSE;
    }
}
void CMyButton::OnMouseMove(UINT nFlags, POINT point)
{
    RECT rc;
    ::GetClientRect(m_hWnd, &rc);
    if(::PtInRect(&rc, point))
    {
```

```
                ::SetCapture(m_hWnd);
        }
        else
        {
                ::InvalidateRect(m_hWnd, NULL, TRUE);
                ::ReleaseCapture();
                m_bIsDown = FALSE;
        }
}
void CMyButton::PostNcDestroy()
{
        delete this;
}
```

当用户鼠标移动到按钮窗口时，CMyButton 类立即调用 SetCapture 函数捕获鼠标输入，这样就可以知道用户鼠标何时离开了按钮窗口，以便设置 m_bIsDown 的值为 FALSE。

使用 CMyButton 类创建按钮控件很简单，只要用合适的参数创建一个此类的对象即可。06WinLooker 程序在主窗口接受到 WM_CREATE 消息时创建 Close 按钮，所以应在 CMainWindow::OnCreate 函数中添加如下代码。

```
RECT rcButton = {12, m_rcMsgBoxBorder.bottom - 18, 64, m_rcMsgBoxBorder.bottom };
new CMyButton("Close", rcButton, this, IDB_CLOSE);
```

为了响应 CMyButton 按钮发来的消息，应在 CMainWindow 类中重载 CWnd 类的虚函数 OnCommand，代码如下所示。

```
BOOL CMainWindow::OnCommand(WPARAM wParam, LPARAM lParam)
{
        if(LOWORD(wParam) == IDB_CLOSE)
        {
                DestroyWindow();
                return TRUE;      // 返回 TRUE 说明此消息已经处理，阻止 CWnd 类继续处理
        }
        return FALSE;
}
```

运行程序，单击 Close 按钮，看看效果吧。这个 CMyButton 类是 Windows 标准按钮控件的一个缩影。

第 7 章　用户界面设计

前面几章讲述了 SDK 中的窗口和框架程序中的窗口，它们都是 Windows 程序与用户进行交互的基本元素。本章开始讨论如何在开发应用程序的时候使用它们接收用户的输入，显示程序的状态及运行结果，内容包括对话框和各种子窗口控件、通用控件、通用对话框等的使用方法。除此之外，本章还详细介绍了怎样美化应用程序的界面。

7.1　对话框与子窗口控件基础

在应用程序中使用对话框是很方便的，因为对话框可以从模板创建，而模板可以使用可视化资源编译器进行编译，这就大大简化了窗口界面的设计过程。本节主要介绍子窗口控件和对话框的工作原理。

7.1.1　子窗口控件运行原理

调用 CreateWindowEx 函数创建窗口时，要为 lpClassName 参数传递一个已注册的类名，指定了类名也就指定了窗口函数的地址。以前写的程序都是这样的，先注册一个窗口类，然后基于此窗口类创建一个或多个窗口。在程序的运行过程中，Windows 将这些窗口接收到的消息交给指定的窗口函数处理。为了简化程序设计，Windows 在内部也定义了许多窗口类，即常说的子窗口控件，应用程序直接使用这些类名就可以创建子窗口，例如，下面的代码创建了一个标准按钮。

```
#define IDC_BUTTON 10
BOOL CMainWindow::OnCreate(LPCREATESTRUCT lpCreateStruct)
{
    ::CreateWindowEx(0, "button", "Start", WS_CHILD|WS_VISIBLE|BS_PUSHBUTTON,
        50, 50, 80, 30, m_hWnd, (HMENU)IDC_BUTTON, AfxGetApp()->m_hInstance, NULL);
    return TRUE;
}
```

上面的代码基于预定义类"button"创建了一个按钮，此按钮的 ID 号为 IDC_BUTTON，运行效果如图 7.1 所示。

图 7.1　由 Windows 管理的按钮

名称为 button 的窗口类是模块 User32.dll 被加载到进程中时注册的，当然，窗口函数也是这个模块提供的。通过这种方式，Windows 封装了窗口的行为，它们会自动处理用户的鼠标和键盘事件并通知父窗口。例如，当用户单击 Start 按钮候，按钮就会变成图 7.1 右图所示的样子，并向父窗口发送 WM_COMMAND 消息，消息的 wParam 参数的低 16 位指定了此子窗口控件的 ID 号，lParam 参数指定了它的窗口句柄。

第 6 章最后一个例子 06WinLooker 的主窗口中也有一个按钮，它的行为和这次创建的按钮相似。所不同的是，这次负责响应按钮窗口消息的代码由 User32.dll 提供，大大减少了编程人员的工作量。

控件以 WM_COMMAND 消息的方式向它的父窗口发送通知消息。通知消息的种类随着控件的不同而可能不相同，但是在每一种情况下，消息的 wParam 和 lParam 参数包含的信息指定了发送消息的控件和促使消息发送的动作。例如，当一个有着 BS_PUSHBUTTON 风格的按钮被单击时，该按钮发送的 WM_COMMAND 消息的 wParam 参数的高 16 位包含了消息通知码 BN_CLICKED，低 16 位包含了控件 ID 号，而 lParam 参数则指定了控件的窗口句柄。

User32.dll 为应用程序注册的子窗口控件共有 6 个，如表 7.1 所示。

表 7.1 预定义的窗口类

控件类型	类 名	描 述
按钮（Buttons）	"BUTTON"	用户可以单击向程序提供输入的子窗口
列表框（List Box）	"LISTBOX"	提供一个可供选择的列表
文本框（Edit controls）	"EDIT"	通常用于编辑文本
组合框（Combo boxes）	"COMBOBOX"	由一个列表框和一个编辑控件组合而成
滚动条（Scroll bars）	"SCROLLBAR"	用于显示比窗口客户区大的数据对象
静态文本框（Static Text）	"STATIC"	用于显示静态文本信息

这些控件接收到用户的输入以后都会（静态文本框除外）向主窗口发送 WM_COMMAND 消息，可以重载虚函数 OnCommand 处理子窗口的通知消息。下面举例说明子窗口控件的用法。程序运行之后会创建按钮、静态文本框、编辑框等子窗口来与用户交互，源程序代码在配套光盘的 07ChildWnd 工程下，下面是处理 WM_CREATE 和 WM_COMMAND 消息的两个函数。

```
#define IDC_BUTTON        10    // Button 按钮              // 07ChildWnd 工程
#define IDC_RADIO         11    // 单选框
#define IDC_CHECKBOX      12    // 复选框
#define IDC_STATIC        13    // 静态文本
#define IDC_EDITTEXT      14    // 文本框

BOOL CMainWindow::OnCreate(LPCREATESTRUCT lpCreateStruct)
{
    // 创建 3 个不同风格的按钮
    ::CreateWindowEx(0, "button", "push button", WS_CHILD|WS_VISIBLE|BS_PUSHBUTTON,
        50, 30, 110, 30, m_hWnd, (HMENU)IDC_BUTTON, AfxGetApp()->m_hInstance, NULL);
    ::CreateWindowEx(0, "button", "radio button", WS_CHILD|WS_VISIBLE|BS_RADIOBUTTON,
        50, 70, 110, 30, m_hWnd, (HMENU)IDC_RADIO, AfxGetApp()->m_hInstance, NULL);
    ::CreateWindowEx(0, "button", "check box", WS_CHILD|WS_VISIBLE|BS_AUTOCHECKBOX,
        50, 110, 110, 30, m_hWnd, (HMENU)IDC_CHECKBOX, AfxGetApp()->m_hInstance, NULL);

    // 创建静态文本
    ::CreateWindowEx(0, "static", "static text", WS_CHILD|WS_VISIBLE|SS_SUNKEN,
        50, 150, 150, 60, m_hWnd, (HMENU)IDC_STATIC, AfxGetApp()->m_hInstance, NULL);

    // 创建文本框
    ::CreateWindowEx(0, "edit", "edit text", WS_CHILD|WS_VISIBLE|WS_BORDER|ES_MULTILINE,
```

```
                    50, 220, 150, 60, m_hWnd, (HMENU)IDC_EDITTEXT, AfxGetApp()->m_hInstance, NULL);
        return TRUE;
}

BOOL CMainWindow::OnCommand(WPARAM wParam, LPARAM lParam)
{
        switch(LOWORD(wParam))
        {
        case IDC_BUTTON:
                ::MessageBox(m_hWnd, "大家好！", "Button", MB_OK);
                break;
        case IDC_RADIO:
                {
                        // 是否选中单选按钮
                        BOOL bChecked = ::IsDlgButtonChecked(m_hWnd, IDC_RADIO);
                        // 设置上面的 button 有效状态
                        ::EnableWindow(::GetDlgItem(m_hWnd, IDC_BUTTON), bChecked);
                        // 设置本控件状态
                        ::CheckDlgButton(m_hWnd, IDC_RADIO, !bChecked);
                        break;
                }
        case IDC_EDITTEXT:
                {
                        // 如果是改变文本框中的文本，则在静态文本框中也做相应的修改
                        if(HIWORD(wParam) == EN_CHANGE)
                        {
                                char sz[256];
                                ::GetWindowText(::GetDlgItem(m_hWnd, IDC_EDITTEXT), sz, 256);
                                ::SetWindowText(::GetDlgItem(m_hWnd, IDC_STATIC), sz);
                        }
                        break;
                }
        }
        return 0;
}
```

程序运行效果如图 7.2 所示。

图 7.2　使用子窗口控件与用户交互

由于子窗口控件实际上就是窗口，大部分窗口函数对它们都是适用的，如可以用 Enable Window 在灰化和允许状态之间切换，可以用 ShowWindow 在显示和隐藏之间切换，可以用 GetWindowText 和 SetWindowText 来获取或设置上面的文本，也可以用 MoveWindow 来改变大小和移动位置等。

7.1.2　对话框工作原理

对话框是应用程序创建的用来接收用户输入的临时窗口。对话框通常包含多个子窗口控件，通过这些控件，用户输入文本，选择选项或者发布命令。

Microsoft 将对话框分成了两类，模态的（model）和非模态的（modeless）。简单来说，模态的对话框创建以后，在用户关闭此对话框之前，系统不允许其切换到同一线程的其他窗口。而非模态的对话框却没有这样的限制，使用非模态的对话框用户可以在程序的窗口间任意切换。下面通过模态对话框的创建过程来详细介绍对话框的工作原理。

同子窗口控件类似，对话框的窗口函数也由 User32.dll 提供，所以在创建对话框之前不需要注册窗口类。在创建对话框时并不需要调用 CreateWindowEx 函数，而是调用 DialogBoxParam 或 CreateDialogBox 函数。前一个函数用来创建模式对话框，后一个函数用来创建非模式对话框，它们都在内部调用了 CreateWindowEx 函数，使用的风格、大小和位置等参数取自资源中定义的对话框模板。

创建对话框的第一步是创建对话框模板。对话框模板定义了对话框的基本属性，这包括该对话框的宽度和高度及其中包含的控件。创建对话框模板最简单的方法是使用 VC 自带的资源编译器，使用 Visual C++的"Insert/Resource"菜单命令，可以非常方便地向工程中加入对话框资源，图 7.3 所示为对话框编译器工作时的界面。

为了便于理解，我们先写一个最简单的创建模式对话框的例子（07FirstDialog 工程）。

（1）新建一个名称为 07FirstDialog 的工程，工程类型是 Win32 Appllication。

（2）向工程中添加一个资源脚本文件，使用"Insert/Resource"命令向资源脚本中插入一个对话框资源。双击这个对话框，把 ID 号改为 IDD_MAIN。

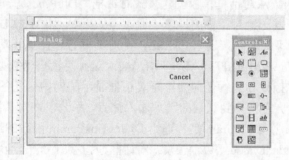

图 7.3　使用对话框编译器

（3）编写如下程序代码，运行程序，就会看到一个对话框出现在屏幕的左上角。

```
#include <windows.h>
#include "resource.h"
BOOL __stdcall DlgProc(HWND, UINT, WPARAM, LPARAM);

int __stdcall WinMain(HINSTANCE hInstance, HINSTANCE, LPSTR, int)
{
    int nResult = ::DialogBoxParam(
        hInstance,              // 实例句柄
        (LPCTSTR)IDD_MAIN,      // 对话框资源 ID 号
        NULL,                   // 父窗口句柄
        DlgProc,                // 消息处理函数
        NULL);                  // 对话框初始化的值, 在 WM_INITDIALOG 消息的 IParam 参数中取出
    if(nResult == IDOK)
```

```
                ::MessageBox(NULL, "用户选择了 OK 按钮", "07FirstDialog", MB_OK);
        else
                ::MessageBox(NULL, "用户选择了 CANCEL 按钮", "07FirstDialog", MB_OK);

        return 0;
}

BOOL __stdcall DlgProc(HWND hDlg, UINT message, WPARAM wParam, LPARAM lParam)
{
        switch(message)
        {
        case WM_INITDIALOG: // 初始化对话框
                ::SetWindowText(hDlg,"第一个对话框！ ");
                break;
        case WM_COMMAND:
                switch(LOWORD(wParam))
                {
                case IDOK:
                        ::EndDialog(hDlg, IDOK);
                        break;
                case IDCANCEL:
                        ::EndDialog (hDlg, IDCANCEL);
                        break;
                }
                break;
        }
        return 0;
}
```

DialogBoxParam 函数从对话框模板创建模式对话框。DlgProc 是一个应用程序定义的回调函数，它的责任是处理发送给对话框的消息。通常，如果对话框函数 DlgProc 处理这个消息，它就返回 TRUE；如果不处理它应返回 FALSE，由对话框管理器执行默认处理。

在对话框显示之前，WM_INITDIALOG 消息被发送到对话框函数 DlgProc。对话框函数通常使用该消息来初始化控件和执行任何会影响对话框显示的初始化任务。消息的 wParam 参数是一个子窗口控件句柄，它将得到默认的键盘输入焦点。系统仅在对话框函数返回 TRUE 以后才安排默认的键盘输入焦点。lParam 是传递给 DialogBoxParam 函数的最后一个参数。

应用程序通过使用 EndDialog 函数销毁模式对话框。大多数情况下，当用户单击 OK 或者 Cancel 按钮时，对话框函数调用 EndDialog。为 EndDialog 函数传递的参数将从 DialogBoxParam 函数返回。除非在处理消息的时候调用了 EndDialog，否则创建函数 DialogBoxParam 是不会返回的。

7.2 使用对话框和控件与用户交互

上一节介绍了怎样在窗口程序中使用子窗口控件。在对话框中使用它们也是一样的，只是允许其进行可视化编辑，自动创建添加到资源中的控件。本节先举个例子来演示对话框和子窗口控件在编程中的具体应用，然后再单独介绍几个常用子窗口控件的使用方法。

7.2.1 以对话框为主界面的应用程序

仔细观察上一节使用子窗口的例子就会发现，用户无法按 TAB 键从一个子窗口控件跳到另一个子窗口控件，要想转移只有用鼠标一下一下地单击。这对用户来说是不友好的。另一件事是如果把主窗口的背景色从白色改成灰色，为了使子窗口控件相应地改变，编程者还必须子类化父窗口中的所有子窗口控件。

造成上述诸多不便的原因是子窗口控件本来是为对话框而设计的。比如按钮控件的默认背景色是灰色的，而对话框的背景色也是灰色的，这样它们就相互协调了，而无须加入其他处理。

下面的例子说明了如何以对话框为主界面编写与用户交互的 Windows 程序。例子的运行效果如图 7.4 所示。图片中的两个单选按钮用于切换图片 1、2，下面的复选按钮用于隐藏和显示图片；在文本框中输入文字，单击添加按钮，这些文字就会被添加到列表框中；如果选中了"总在最前"复选框，则窗口就会一直处于最上层；整个对话框的背景色是天蓝色，作者声明的几个字是蓝色。图中的箭头指明了子窗口的 ID 号。

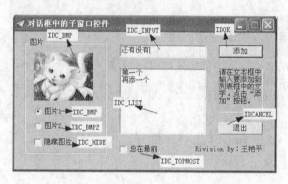

图 7.4 以对话框为主界面的应用程序

下面是程序的源代码，可以在配套光盘的 07ControlsDemo 工程下找到。

```
#include <windows.h>
#include "resource.h"

BOOL __stdcall DlgProc(HWND, UINT, WPARAM, LPARAM);

HBITMAP g_hBitmap1;      // 第一个图片的句柄
HBITMAP g_hBitmap2;      // 第二个图片的句柄
HICON   g_hIcon;         // 对话框图标句柄
HBRUSH  g_hBgBrush;      // 背景刷子

int __stdcall WinMain(HINSTANCE hInstance, HINSTANCE, LPSTR, int)
{
    // 从资源中加载 BMP 文件和图标，这些工作也可以在 WM_INITDIALOG 消息中进行
    g_hBitmap1 = ::LoadBitmap(hInstance, (LPCTSTR)IDB_BITMAP1);
    g_hBitmap2 = ::LoadBitmap(hInstance, (LPCTSTR)IDB_BITMAP2);
    g_hIcon = ::LoadIcon(hInstance, (LPCTSTR)IDI_MAIN);
    // 创建背景刷子
    g_hBgBrush = ::CreateSolidBrush(RGB(0xa6, 0xca, 0xf0));

    int nResult = ::DialogBoxParam(
        hInstance,              // 实例句柄
        (LPCTSTR)IDD_MAIN,      // 对话框资源 ID 号
        NULL,                   // 父窗口句柄
        DlgProc,                // 消息处理函数
        NULL);                  // 对话框初始化的值，在 WM_INITDIALOG 消息的 lParam 参数中取出
```

```
        ::DeleteObject(g_hBgBrush);
        return 0;
}

BOOL __stdcall DlgProc(HWND hDlg, UINT message, WPARAM wParam, LPARAM lParam)
{
        switch(message)
        {
        case WM_INITDIALOG:
                {
                        // 设置标题栏图标
                        ::SendMessage(hDlg, WM_SETICON, ICON_BIG, (long)g_hIcon);

                        // 初始化显示图片的静态框架

                        HWND hWndBmp = ::GetDlgItem(hDlg, IDC_BMP);
                        // 设置 SS_BITMAP 风格
                        LONG nStyle = ::GetWindowLong(hWndBmp, GWL_STYLE);
                        ::SetWindowLong(hWndBmp, GWL_STYLE, nStyle | SS_BITMAP);
                        // 设置图片
                 ::SendDlgItemMessage(hDlg, IDC_BMP, STM_SETIMAGE, IMAGE_BITMAP, (long)g_hBitmap1);

                        // 初始化复选框
                        ::CheckDlgButton(hDlg, IDC_BMP1, BST_CHECKED);
                }
                break;

        case WM_COMMAND:
                switch(LOWORD(wParam))
                {
                case IDOK: // 向列表框中添加文本
                        {
                                HWND hWndEdit = ::GetDlgItem(hDlg, IDC_INPUT);

                                // 取得文本框中的文本
                                char szText[256];
                                int nLen = ::GetWindowText(hWndEdit, szText, 256);
                                if(nLen > 0)
                                {
                                        // 向列表框控件中添加文本
                                        ::SendDlgItemMessage(hDlg, IDC_LIST, LB_ADDSTRING, NULL, (long)szText);
                                        // 清空文本框中的文本
                                        ::SetWindowText(hWndEdit, "");
                                }

                        }
                        break;

                case IDCANCEL:          // 退出程序
                        ::EndDialog (hDlg, IDCANCEL);
                        break;

                case IDC_TOPMOST:  // 设置对话框的 Z 轴位置
                        {
                                HWND hWndCheck = ::GetDlgItem(hDlg, IDC_TOPMOST);
                                int nRet = ::SendMessage(hWndCheck, BM_GETCHECK, 0, 0);
```

```
                    if(nRet == BST_CHECKED)
                    {
                        ::SetWindowPos(hDlg, HWND_TOPMOST, 0, 0, 0, 0,
                            SWP_NOMOVE|SWP_NOSIZE|SWP_NOREDRAW);
                    }
                    else
                    {
                        ::SetWindowPos(hDlg, HWND_NOTOPMOST, 0, 0, 0, 0,
                            SWP_NOMOVE|SWP_NOSIZE|SWP_NOREDRAW);
                    }
                }
                break;

            case IDC_BMP1:        // 更换到第一个图片
                {
                    int nRet = ::IsDlgButtonChecked(hDlg, IDC_BMP1);
                    if(nRet == BST_CHECKED)
                    {
                        ::SendDlgItemMessage(hDlg, IDC_BMP,
                            STM_SETIMAGE, IMAGE_BITMAP, (LPARAM)g_hBitmap1);
                    }

                }
                break;

            case IDC_BMP2:        // 更换到第二个图片
                {
                    int nRet = ::IsDlgButtonChecked(hDlg, IDC_BMP2);
                    if(nRet == BST_CHECKED)
                    {
                        ::SendDlgItemMessage(hDlg, IDC_BMP,
                            STM_SETIMAGE, IMAGE_BITMAP, (LPARAM)g_hBitmap2);
                    }
                }
                break;

            case IDC_HIDE:        // 更换图片的显示状态
                {
                    HWND hWndBmp = ::GetDlgItem(hDlg, IDC_BMP);
                    HWND hWndCheck = ::GetDlgItem(hDlg, IDC_HIDE);
                    int nRet = ::SendMessage(hWndCheck, BM_GETCHECK, 0, 0);
                    if(nRet == BST_CHECKED)
                        ::ShowWindow(hWndBmp, SW_HIDE);
                    else
                        ::ShowWindow(hWndBmp, SW_SHOW);
                }
                break;
        }
        break;

case WM_CTLCOLORSTATIC:    // 设置静态文本框的背景色
case WM_CTLCOLORDLG:       // 设置对话框的背景色
    {
        HDC hdc = (HDC)wParam;

        // 为静态文本框设置文本背景色
```

```
                    ::SetBkColor(hdc, RGB(0xa6, 0xca, 0xf0));

                    if((HWND)lParam == ::GetDlgItem(hDlg, IDC_AUTHOR))
                    {
                            ::SetTextColor(hdc, RGB(0, 0, 0xff));
                    }

                    return (int)g_hBgBrush;
            }
        }
    return 0;
}
```

　　对话框资源默认的字体用于显示汉字并不合适，一般在添加对话框之后，要将字体设置为宋体。方法是这样的，双击对话框资源，弹出属性对话框，单击对话框中"Font..."按钮，弹出选择字体对话框，如图 7.5 所示，在 Font 窗口下键入"宋体"，Size 窗口下键入"小五"。

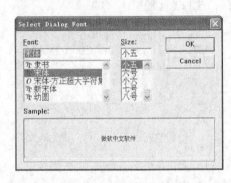

图 7.5　选择对话框字体

　　程序的资源文件 Controls.rc（文件名是任意的）中定义了两个位图资源，一个图标资源，它们的 ID 号分别是 IDB_BITMAP1、IDB_BITMAP2、IDI_MAIN。我们可以像添加.cpp 文件一样将这些.bmp 和.ico 文件添加到工程中。设置标题栏的图标，只需简单地向目标窗口发送一个 WM_SETICON 消息即可，消息的 wParam 参数指定图标的类型，lParam 参数指定图标句柄。如下代码所示。

```
::SendMessage(hDlg, WM_SETICON, ICON_BIG, (long)g_hIcon);
```

　　要设置控件的属性，可以在对话框编译器中双击感兴趣的控件（或者右击它，在快捷菜单中选择"Properties"命令）。如果想在程序运行过程中改变窗口的风格可以使用 GetWindowLong 和 SetWindowLong 函数。例如下面两句代码为目标窗口添加了 SS_BITMAP 风格。

```
LONG nStyle = ::GetWindowLong(hWndBmp, GWL_STYLE);
::SetWindowLong(hWndBmp, GWL_STYLE, nStyle | SS_BITMAP);
```

　　使用子窗口时，经常需要在窗口 ID 号和窗口句柄之间转化，也经常需要向子窗口发送消息，下面几个 API 就是为这个目的而设计的。

```
HWND GetDlgItem(HWND hDlg, int nIDDlgItem);              // 取得指定对话框中一个控件的句柄
int GetDlgCtrlID( HWND hwndCtl);                         // 取得指定控件的 ID 号
LRESULT SendDlgItemMessage( HWND hDlg,                   // 向指定的控件发送一个消息
        int nIDDlgItem, UINT Msg, WPARAM wParam, LPARAM lParam);
```

7.2.2　常用子窗口控件

下面结合上一小节的例子介绍几个常用的子窗口控件。

1．使用单选钮和复选框

单选钮和复选框控件都是基于 BUTTON 类的，只不过它们的窗口风格分别是 BS_RADIOBUTTON 和 BS_CHECKBOX。它们是特殊的"按钮"，所有和它们有关的函数都带有"Button"一词。比如，查看单选钮或复选钮是否被选中可以用下面这个函数。

```
UINT IsDlgButtonChecked(hDlg, nIDButton);
```

函数的返回值可能是 BST_CHECKED（选中状态）、BST_INDETERMINATE（复选框的灰化状态）或 BST_UNCHECKED（未选中状态），也可以用向子窗口控件发送 BM_GETCHECKED 消息的方法来检测。

如果想设置单选钮或复选框的状态，可以使用 CheckDlgButton 函数。

```
BOOL CheckDlgButton(hDlg, nIDButton, uCheck );
```

参数 uCheck 用 BST_CHECKED、BST_INDETERMINATE、BST_UNCHECKED 来表示需要设置的状态，含义同上。向控件发送 BM_SETCHECKED 消息也可以取得同样的效果，这时消息的 wParam 参数中放置需要设置的状态。

2．使用静态控件

静态控件是基于 STATIC 类的子窗口控件。之所以称为"静态"，是因为它们不向主窗口发送 WM_COMMAND 消息。

除了显示文本外，静态控件还可以用于图形显示。当图形是图标时，它应具有 SS_ICON 风格，如果想使用位图，它应具有 SS_BITMAP 风格。在程序中可以通过向控件发送 STM_SETIMAGE 消息来设置新的图片，消息的 wParam 参数指定图片的格式，其值可以是 IMAGE_BITMAP、IMAGE_CURSOR 或 IMAGE_ICON，lParam 参数指定图片的句柄。例子程序就是这样为静态控件设置图片的。

```
::SendDlgItemMessage(hDlg, IDC_BMP, STM_SETIMAGE, IMAGE_BITMAP, (long)g_hBitmap1);
```

3．使用列表框和组合框

列表框提供一个可供用户选择的列类，用户可以一次选择一个项目，也可以同时选中多个项目。组合框由一个可供选择的列表和一个可供输入的编辑框类结合而成。组合框让用户既可以自己输入文本也可以选择列表中的某一项当作输入。

应用程序发送 LB_ADDSTRING 消息以向列表框中添加字符串。如果列表框不包含 LBS_SORT 风格，字符串将被添加到列表的末尾；如果包含，字符串将被插入到列表框，列表会重新排序。消息的 lParam 参数指明字符串的首地址。

应用程序发送 LB_INSERTSTRING 消息插入一个字符串到列表框。与 LB_ADDSTRING 消息不同，LB_INSERTSTRING 消息不会促使具有 LBS_SORT 风格的列表框重新排序。消息的 wParam 参数指定插入的位置，它是一个从 0 开始的索引。lParam 参数指明要插入的字符串。

要删除一个字符串，可以向列表框发送 LB_DELETESTRING 消息，消息的 wParam 参数指明要删除项的索引。

另外，应用程序还可以向列表框发送 LB_RESETCONTENT 消息以删除所有的项，发送 LB_GETCOUNT 消息取得列表中项的总数，发送 LB_GETCURSEL 消息取得用户当前选择项的索引等。

7.2.3　对话框与控件的颜色

Windows 在画对话框之前会向对话框函数发送 WM_CTLCOLORDLG 消息，消息的 wParam

参数包含了对话框客户区的设备环境句柄，lParam 参数是这个对话框的窗口句柄。通过响应这个消息，对话框可以使用得到的设备环境句柄设置文本和背景颜色。

如果应用程序处理这个消息，它必须返回一个画刷句柄。系统使用这个刷子重画对话框的背景，如下程序片段所示。

```
case WM_CTLCOLORSTATIC:        // 设置静态文本框的背景色
case WM_CTLCOLORDLG:           // 设置对话框的背景色
{
        HDC hdc = (HDC)wParam;
        ::SetBkColor(hdc, RGB(0xa6, 0xca, 0xf0));
        if((HWND)lParam == ::GetDlgItem(hDlg, IDC_AUTHOR))
        {
                ::SetTextColor(hdc, RGB(0, 0, 0xff));
        }
        return (int)g_hBgBrush;
}
```

与此类似，子窗口控件在绘制自己之前也向对话框函数发送通知消息，其参数的含义是相同的。比如，静态控件发送 WM_CTLCOLORSTATIC 消息，wParam 参数是设备环境句柄，lParam 参数是窗口句柄。这使得编程者能够用同样的代码处理这些消息。

在绘制自己时，文本编辑控件发送 WM_CTLCOLOREDIT 消息，按钮控件发送 WM_CTLCOLORBTN 消息，列表框控件发送 WM_CTLCOLORLISTBOX 消息等，可以响应它们分别设置子窗口控件的文本和背景颜色。

7.3　通 用 控 件

7.3.1　通用控件简介

常见的通用控件有状态栏、工具栏、列表视图、树形视图、进度条、滚动条等，它们是增强型子窗口控件。由于数目较多，全部装载到内存并注册是非常浪费资源的，所以默认情况下应用程序并不加载它们。除了 Richedit 控件外，所有通用控件的可执行代码都在 comctl32.dll 库中，应用程序要使用通用控件必须首先加载 comctl32.dll 库。因为 Richedit 控件非常复杂，所以它有自己的 DLL——Riched20.dll。

在应用程序中加载 comctl32.dll 库的函数是 InitCommonControls，它也是 comctl32.dll 模块中的函数，声明在 commctrl.h 头文件中。Richedit 控件有所不同，要使用它必须显式地使用 LoadLibrary 函数加载 Riched20.dll 库，此函数的用法将在第 9 章讨论。

创建通用控件的方法有两种，一种是使用资源编译器把它们放到对话框中，另一种是自己写创建代码。几乎所有的通用控件都可以通过调用 CreateWindowEx 来创建，只要传递相应的通用控件类名即可。一些通用控件有特殊的创建函数，但是这些函数仅是对 CreateWindowEx 的封装，以使创建过程更容易。这类函数有：

- CreateToolbarEx　　　　　创建工具栏
- CreateStatusWindow　　　　创建状态栏
- CreatePropertySheetPage　　创建属性页
- PropertySheet　　　　　　创建属性表格
- ImageList_Create　　　　　创建图像列表

为了创建通用控件必须要知道它们的类名，表 7.2 总结了 comctl32.dll 库中的通用控件。

表 7.2　　　　　　　　　　　　　　　　　通用控件

预定义的窗口类	控件名称	说　　明	特殊风格
ToolbarWindow32	Toolbar	工具栏	TBSTYLE_
tooltips_class32	Tooltip	提示文本	
msctls_statusbar32	Status bar	状态栏	SBARS_
SysTreeView32	Tree view	树形视图	TVS_
SysListView32	List view	列表视图	LVS_
SysAnimate32	Animation	动画	ACS_
SysHeader32	Header	标题栏	HDS_
msctls_hotkey32	Hot-key	热键	
msctls_progress32	Progress bar	进度条	
msctls_updown32	Up-down	滚动条	UDS_
SysTabControl32	Tab	项目列表	TCS_

通用控件可以有通用的窗口风格，如 WS_CHILD 等。它们也可以有自己独特的风格，如树形视图控件有 TVS_XXXXX 风格、列表控件有 LVS_XXXX 风格等。

现在来看看通用控件和主窗口的通信方式。与子窗口控件不同，通用控件在某些状态发生变化时不是发送 WM_COMMAND 消息，而是发送 WM_NOTIFY 消息通知父窗口。父窗口可以通过发送消息来控制它们，这些新控件对应许多新的消息，下面将详细介绍。

7.3.2　使用通用控件

直接在 C 语言级别上使用通用控件是比较烦琐的，本节的内容仅会给您一个指导。在本章后面会介绍它们更简单的使用方法。

为了示例通用控件的用法，笔者先编写了一个简单的进程管理器程序。它会在一个列表视图控件中列出系统内当前活动的进程，当用户双击某一项时，会弹出一个对话框，询问是否要终止这个进程的运行，如图 7.6 所示。

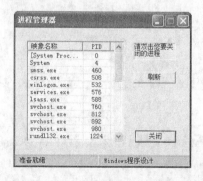

图 7.6　通用控件示例程序

这个程序示例了列表视图和状态栏两个通用控件的用法，它们的源代码在配套光盘的 07ComctlDemo 工程下。下面是 ComctlDemo.cpp 文件中的内容。

```
#include <windows.h>
```

```
#include <commctrl.h>
#include <TLHELP32.H>
#include "resource.h"

// 链接到 comctl32.lib 库
#pragma comment(lib,"comctl32.lib")

// 状态栏 ID 号
#define IDC_STATUS 101

BOOL __stdcall DlgProc(HWND, UINT, WPARAM, LPARAM);
void UpdateProcess(HWND hWndList);

int __stdcall WinMain(HINSTANCE hInstance, HINSTANCE, LPSTR, int)
{
    // 初始化 Comctl32.dll 库
    ::InitCommonControls();
    ::DialogBoxParam(hInstance, (LPCTSTR)IDD_MAIN, NULL, DlgProc, NULL);
    return 0;
}

BOOL __stdcall DlgProc(HWND hDlg, UINT message, WPARAM wParam, LPARAM lParam)
{
    switch(message)
    {
    case WM_INITDIALOG:
        {
            // 初始化列表视图控件

            HWND hWndList = ::GetDlgItem(hDlg, IDC_LIST);

            // 设置它的扩展风格
            ::SendMessage(hWndList, LVM_SETEXTENDEDLISTVIEWSTYLE,
                          0, LVS_EX_FULLROWSELECT|LVS_EX_GRIDLINES);

            LVCOLUMN column;
            // 指定 LVCOLUMN 结构中的 pszText、fmt、cx 域有效
            column.mask = LVCF_TEXT|LVCF_FMT|LVCF_WIDTH;
            // 设置有效的域的属性
            column.fmt = LVCFMT_CENTER;  // 指定文本居中显示
            column.cx = 100;         // 指定此栏的宽度
            column.pszText = "映象名称";// 指定此栏显示的文本

            // 添加一个新的专栏
            ::SendMessage(hWndList, LVM_INSERTCOLUMN, 0, (LPARAM)&column);
            // 再添加一个专栏
            column.pszText = "PID";
            column.cx = 50;
            ::SendMessage(hWndList, LVM_INSERTCOLUMN, 1, (LPARAM)&column);

            // 初始化状态栏

            // 创建状态栏
            HWND hWndStatus = ::CreateStatusWindow(WS_CHILD|WS_VISIBLE|SBS_SIZEGRIP,
                                                   NULL, hDlg, IDC_STATUS);
            // 设置背景色
```

```
        ::SendMessage(hWndStatus, SB_SETBKCOLOR, 0, RGB(0xa6, 0xca, 0xf0));
        // 给状态栏分栏
        int pInt[] = { 152, -1 };
        ::SendMessage(hWndStatus, SB_SETPARTS, 2, (long)pInt);
        // 设置各栏的文本
        ::SendMessage(hWndStatus, SB_SETTEXT, 0, (long)" 准备就绪");
        ::SendMessage(hWndStatus, SB_SETTEXT, 1, (long)" Windows 程序设计");

        // 刷新进程列表
        UpdateProcess(hWndList);
    }
    break;

case WM_COMMAND:
    switch(LOWORD(wParam))
    {
    case IDOK:
        ::EndDialog(hDlg, IDOK);
        break;
    case IDCANCEL:
        ::EndDialog(hDlg, IDCANCEL);
        break;
    case IDC_UPDATE:
        UpdateProcess(::GetDlgItem(hDlg, IDC_LIST));
        break;
    }
    break;

case WM_NOTIFY:
    {
        if(wParam == IDC_LIST)
        {
            NMHDR* pHeader = (NMHDR*)lParam;
            HWND hWndList = pHeader->hwndFrom;

            if(pHeader->code == NM_DBLCLK)      // 双击事件
            {
                NMLISTVIEW* pNMListView = (NMLISTVIEW*)pHeader;
                // 用户双击的项号
                int nIndex = pNMListView->iItem;

                // 取得进程 ID 号
                char szID[56];
                LVITEM lvi;
                memset(&lvi, 0, sizeof(LVITEM));
                lvi.iSubItem = 1;   // nIndex 项目中的第 1 个子项
                lvi.cchTextMax = 56;
                lvi.pszText = szID;
                ::SendMessage(hWndList, LVM_GETITEMTEXT, (WPARAM)nIndex, (long)&lvi);

                // 询问用户
                if(::MessageBox(hDlg, "确实要终止进程吗？",
                    "07ComctlDemo", MB_OKCANCEL|MB_DEFBUTTON2) == IDCANCEL)
                    return 0;

                // 试图打开目标进程，终止它
```

```
                        HANDLE hProcess = ::OpenProcess(PROCESS_TERMINATE, FALSE, atoi(szID));
                        if(hProcess != NULL)
                        {
                            HWND hWndStatus = ::GetDlgItem(hDlg, IDC_STATUS);
                            if(::TerminateProcess(hProcess, 0))
                            {
                                ::SendMessage(hWndStatus, SB_SETTEXT, 0, (long)"终止进程成功！");
                                UpdateProcess(hWndList);
                            }
                            else
                            {
                                ::SendMessage(hWndStatus, SB_SETTEXT, 0, (long)"终止进程失败！");
                            }
                        }
                    }
                }
            }
        break;
        }
    return 0;
}

void UpdateProcess(HWND hWndList)
{
    // 删除所有的项
    ::SendMessage(hWndList, LVM_DELETEALLITEMS, 0, 0);

    int nItem = 0;      // 项计数

    PROCESSENTRY32 pe32 = { sizeof(PROCESSENTRY32) };
    HANDLE hProcessSnap = CreateToolhelp32Snapshot(TH32CS_SNAPPROCESS, 0);
    if(hProcessSnap == INVALID_HANDLE_VALUE)
        return;
    if(Process32First(hProcessSnap, &pe32))
    {
        do
        {
            // 取得进程 ID 号
            char szID[56];
            wsprintf(szID, "%u", pe32.th32ProcessID);

            // 插入一个项
            LVITEM item = { 0 };
            item.iItem = nItem;
            item.mask = LVIF_TEXT;                  // 指定 pszText 域有效
            item.pszText = (LPTSTR)pe32.szExeFile;  // 设置文本
            ::SendMessage(hWndList, LVM_INSERTITEM, 0, (long)&item);

            // 设置新项的文本
            LVITEM lvi;
            lvi.iSubItem = 1;               // 指定要设置第 1 个专栏的文本
            lvi.pszText = (LPTSTR)szID;     // 要设置的文本
            ::SendMessage(hWndList, LVM_SETITEMTEXT, nItem, (LPARAM)&lvi);

            nItem++;
        }
```

```
                    while(Process32Next(hProcessSnap, &pe32));
        }
        ::CloseHandle(hProcessSnap);
}
```

通用控件是从 Comctl32.dll 模块导出的，相关定义文件是 commctrl.h，其静态链接库为 comctl32.lib。VC++在默认情况下并未加载此库，在使用通用控件前必须把 comctl32.lib 加入到工程中，最简单的方法就是在文件中使用下面的命令。

```
// 告诉连接器与 comctl32.lib 库连接
#pragma comment(lib,"comctl32.lib")
```

也可以通过菜单命令"Project/Settings"打开 Project Settings 对话框，切换到 Link 选项卡，选择 Category 组合框中的 Input，在 Object/library modules 窗口下加入 comctl32.lib。

在调用任何通用控件库中的函数前，请首先调用 InitCommonControls（或 InitCommonControlsEx）函数，它负责注册和初始化通用控件的窗口类。

7.3.3 使用状态栏

1．创建状态栏

状态栏一般位于主窗口的底部，用于显示程序运行中的状态信息。可以使用 CreateWindowEx 函数来创建它，也可以用 CreateStatusWindow 函数创建。

```
HWND hWndStatus = ::CreateStatusWindow(
                    WS_CHILD|WS_VISIBLE|SBS_SIZEGRIP,    // 状态栏的风格
                    NULL,                                 // 第一个栏位的文本
                    hDlg,                                 // 父窗口句柄
                    IDC_STATUS);                          // 状态栏的 ID
```

2．将状态栏分栏

状态栏在刚创建时只有一栏，为了显示不同种类的信息，有时需要将状态栏分为多个栏目，可以通过向状态栏发送 SB_SETPARTS 消息将它分栏。

```
int pInt[] = { 152, -1 };
::SendMessage(hWndStatus, SB_SETPARTS, 2, (long)pInt);
```

SB_SETPARTS 消息的 wParam 参数指定要分栏的数量，lParam 参数指向一个整型数组，指定了每个栏的宽度，−1 说明最后一栏占据了剩下的所有宽度。

3．设置状态栏文本

通过向状态栏发送 SB_SETTEXT 消息可以将字符串显示到指定的分栏中。

```
int iPart = 0;     // 表示分栏号，分栏编号从 0 开始
int uType = 0;     // 指定栏的样式
::SendMessage (hWndStatus, SB_SETTEXT, iPart | uType, (long)" 准备就绪"));
```

uType 可以指定为以下的值：

- SBT_NOBORDERS   显示的文本不带边框
- SBT_OWNERDRAW   分栏由用户自己绘画
- SBT_POPOUT   使分栏以凸的形状显示

程序也可以通过发送 SB_GETTEXT 消息来获取某个分栏的文本。

```
::SendMessage (hWndStatus, SB_GETTEXT, iPart, (long)lpsz);
```

iPart 参数指定要获取的分栏的编号，lpsz 指向一个缓冲区，用来接收返回的字符串。消息的返回值是设置文字时使用的 uType。在发送 SB_GETTEXT 消息之前，也可以通过发送 SB_GETTEXTLENGTH 消息来获得分栏中文本字符串的长度。

4．移动状态栏

为了使状态栏的大小随着主窗口大小的改变而改变，需要用下面的代码处理 WM_SIZE 消息。

```
::MoveWindow(hWndStatus, 0, 0, 0, 0, TRUE);
```

程序并不需要指定有效的位置和尺寸，因为状态栏控件有自动调整大小能力。只要在父窗口改变大小时通知它就可以了。

5．设置背景色

创建状态栏控件后，使用下面的代码可以设置其背景色。

```
::SendMessage(hWndStatus, SB_SETBKCOLOR, 0, RGB(0xa6, 0xca, 0xf0));
```

7.3.4 使用列表视图

1．设置列表视图的显示风格

列表视图控件就是控件选择窗口中的 List Control 控件。当把这个控件添加到对话框中以后，为了取得像例子一样的运行效果（报告方式），还要设置它的属性。双击这个控件，弹出的 List Control Properties 对话框，切换到 Styles 选项卡，更改 View 风格为 Report（默认情况下是 Icon），如图 7.7 所示。

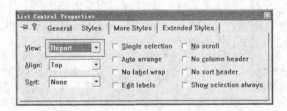

图 7.7　设置列表视图控件的 View 风格

2．将列表视图分栏

列表视图控件首先将它所占用的空间在水平方向上分成若干个专栏（column），每个栏的属性用 LVCOLUMN 结构来描述。当要添加新专栏的时候，要先恰当地设置此结构中各域的值，然后向列表视图窗口发送 LVM_INSERTCOLUMN 消息，消息的 lParam 参数指定了 LVCOLUMN 结构地址，wParam 参数指定了要添加的专栏号，如下代码所示。

```
LVCOLUMN column;
// 指定 LVCOLUMN 结构中的 pszText、fmt、cx 域有效
column.mask = LVCF_TEXT|LVCF_FMT|LVCF_WIDTH;
// 设置有效的域的属性
column.fmt = LVCFMT_CENTER;  // 指定文本居中显示
column.cx = 100;             // 指定此栏的宽度
column.pszText = "映象名称";  // 指定此栏显示的文本

// 添加一个新的专栏
::SendMessage(hWndList, LVM_INSERTCOLUMN, 0, (LPARAM)&column);
```

LVCOLUMN 结构中的 mask 是一组标志位，它指示了该结构体中哪些成员变量是有效的。只有指定了一个成员有效，Windows 在收到 LVM_INSERTCOLUMN 消息后才会去查看这个成员的值。

3．在列表视图中添加项

有了专栏以后，列表视图控件又在垂直方向上分了许多的项，每一行是一项，其属性用 LVITEM 结构描述。LVM_INSERTITEM 消息用来向列表视图中插入新项，消息的 wParam 参

数指定了要添加项的序号，lParam 参数指定了 LVITEM 结构的首地址。下面是程序中添加新项的代码。

```
LVITEM item = { 0 };
item.iItem = nItem;

item.mask = LVIF_TEXT;                  // 指定 pszText 域有效
item.pszText = (LPTSTR)pe32.szExeFile;  // 设置文本
::SendMessage(hWndList, LVM_INSERTITEM, 0, (long)&item);
```

4．设置项文本

添加新项之后还要设置这个项中各子项的文本，可以使用 LVM_SETITEMTEXT 消息来实现。

```
LVITEM lvi;
lvi.iSubItem = 1;               // 指定要设置第 1 个专栏的文本
lvi.pszText = (LPTSTR)szID;     // 要设置的文本
::SendMessage(hWndList, LVM_SETITEMTEXT, nItem, (LPARAM)&lvi);
```

5．响应列表视图消息

当有事件发生时通用控件向父窗口发送 WM_NOTIFY 消息，而不是 WM_COMMAND 消息。消息的 wParam 参数指定了控件的 ID 号，lParam 参数是一个指向 NMHDR 结构的指针。

```
typedef struct tagNMHDR
{
    HWND hwndFrom;      // 发送这个消息的控件的句柄
    UINT idFrom;        // 发送消息的控件的 ID 号
    UINT code;          // 通知代码。它们可以是 NM_CLICK、NM_DBLCLK 等
} NMHDR;
```

对于通知消息来说，这个参数指向了一个更大的结构，NMHDR 结构是这个更大结构的第一个成员。列表视图控件就是这样的，lParam 参数指向 NMLISTVIEW 结构。程序接收到 WM_NOTIFY 消息之后，查看 wParam 参数记录的控件 ID 号，如果是列表视图控件发来的就通过以下代码处理它。

```
NMHDR* pHeader = (NMHDR*)lParam;
HWND hWndList = pHeader->hwndFrom;
if(pHeader->code == NM_DBLCLK)          // 双击事件
{
        NMLISTVIEW* pNMListView = (NMLISTVIEW*)pHeader;
        // 用户双击的项序号
        int nIndex = pNMListView->iItem;

        // 取得 nIndex 项中记录的进程 ID 号
        ……

}
```

NMHDR 结构中 code 的值是 NM_DBLCLK，说明这是一个双击事件，此时 NMLISTVIEW 结构中的 iItem 域记录了用户双击的项序号，这样就可以取得进程 ID 号了。

7.3.5　使用进度条

进度条控件（Progress Bar）的作用是显示程序的进度，常常用作数据读写、文件拷贝和磁盘格式化等长时间操作时的进度提示。下面的小例子说明了进度条控件（见图 7.8）的用法，其源代码在 07ProgressDemo 工程下。用户单击前进按钮，进度条进度将

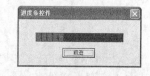

图 7.8　进度条控件应用举例

会增加。

```
// 其他代码请参考 7.3.2 节所示的例子
BOOL __stdcall DlgProc(HWND hDlg, UINT message, WPARAM wParam, LPARAM lParam)
{
    switch(message)
    {
    case WM_INITDIALOG:
        {
            // 初始化进度条控件
            HWND hWndProgress = ::GetDlgItem(hDlg, IDC_PROGRESS);

            // 设置进度条的取值范围
            ::SendMessage(hWndProgress, PBM_SETRANGE, 0, MAKELPARAM(0, 20));
            // 设置步长
            ::SendMessage(hWndProgress, PBM_SETSTEP, 1, 0);
            // 设置背景色
            ::SendMessage(hWndProgress, PBM_SETBKCOLOR, 0, RGB(0, 0, 0xff));
            // 设置进度条的颜色
            ::SendMessage(hWndProgress, PBM_SETBARCOLOR, 0, RGB(0xff, 0, 0));
        }
        break;

    case WM_COMMAND:
        switch(LOWORD(wParam))
        {
        case IDOK:
            // 增加进度条的进度
            ::SendDlgItemMessage(hDlg, IDC_PROGRESS, PBM_STEPIT, 0, 0);
            break;
        case IDCANCEL:
            ::EndDialog (hDlg, IDCANCEL);
            break;
        }
        break;
    }
    return 0;
}
```

进度条控件的使用方法非常简单，程序首先向进度条发送 PBM_SETRANGE 消息设置它的取值范围，其中的 0 和 20 分别指定了最小值和最大值；然后发送 PBM_SETSTEP 消息设置步长，即进度条每一步移动的长度；最后是发送 IDC_PROGRESS 消息增加进度条进度。这个程序将进度条的取值范围设为了 0～20，步长设为 1，这样只要单击 20 次前进按钮，进度条就移动到头了。

另外，程序还可以发送 PBM_SETPOS 消息来设置进度条当前的位置，消息的 wParam 参数包含了要设置的值；可以通过发送 PBM_GETPOS 消息取得进度条当前的位置。

7.4　通用对话框

Windows 为执行公共任务提供了一系列的对话框，称为通用对话框（Common Dialog Box），其中"打开"文件和"保存"文件对话框最常用，本节介绍这两个对话框和浏览目录对话框的使用方法（例子代码在 07CommDlg 工程下）。

7.4.1　"打开"文件和"保存"文件对话框

请先看下面一段用于显示"打开"文件对话框的代码：

```
char szFileName[MAX_PATH] = "";
OPENFILENAME file = { 0 };
file.lStructSize = sizeof(file);

// 设置对话框的属性
file.lpstrFile = szFileName;
file.nMaxFile = MAX_PATH;
file.lpstrFilter = "Text Files(*.txt)\0*.txt\0All Files\0*.*\0\0";
file.nFilterIndex = 1;

// 弹出打开文件的对话框
if(::GetOpenFileName(&file))
{
    ::MessageBox(NULL, szFileName, "07CommDlg", MB_OK);
}
```

程序运行效果如图 7.9 所示。选择一个文件后，系统将弹出一个对话框（MessageBox）显示所选择文件的名称（包含路径）。

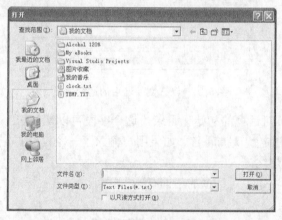

图 7.9　"打开"文件的对话框

显示"打开"文件对话框的函数是 GetOpenFileName，显示"保存"文件对话框的函数是 GetSaveFileName。这两个对话框可以让用户选择驱动器、目录以及文件名，但它们并不对文件进行任何操作。函数用法如下。

```
BOOL GetOpenFileName ( LPOPENFILENAME lpofn);
BOOL GetSaveFileName ( LPOPENFILENAME lpofn);
```

lpofn 是一个指向 OPENFILENAME 结构的指针，程序在调用函数前需要在结构中填写初始化数据。两个函数使用的结构是一样的，只是使用的初始化数据有所不同而已。OPENFILENAME 结构的定义如下。

```
typedef struct tagOFN {
    DWORD          lStructSize;          // 结构的长度，用户填写
    HWND           hwndOwner;            // 所属窗口
    HINSTANCE      hInstance;            // 所在程序的实例句柄
    LPCTSTR        lpstrFilter;          // 文件筛选字符串
    LPTSTR         lpstrCustomFilter;
    DWORD          nMaxCustFilter;
    DWORD          nFilterIndex;
```

```
    LPTSTR          lpstrFile;              // 全路径的文件名缓冲区
    DWORD           nMaxFile;               // 全文件名缓冲区长度
    LPTSTR          lpstrFileTitle;         // 不包含路径的文件名缓冲区
    DWORD           nMaxFileTitle;          // 文件名缓冲区长度
    LPCTSTR         lpstrInitialDir;        // 初始目录
    LPCTSTR         lpstrTitle;             // 对话框标题
    DWORD           Flags;                  // 标志
    WORD            nFileOffset;            // 文件名在字符串中的起始位置
    WORD            nFileExtension;         // 扩展名在字符串中的起始位置
    LPCTSTR         lpstrDefExt;            // 默认扩展名
    LPARAM          lCustData;
    LPOFNHOOKPROC   lpfnHook;
    LPCTSTR         lpTemplateName;
} OPENFILENAME, *LPOPENFILENAME;
```

下面是结构中一些重要字段的含义。

（1）lpstrFilter，指定文件名筛选字符串，该字段决定了对话框中"文件类型"下拉式列表框中的内容，字符串可以由多组内容组成，每组包含一个说明字符串和一个筛选字符串，字符串的最后用两个 0 结束。例如，加上下面的代码后显示结果如图 7.10 所示。

```
file.lpstrFilter = "Text Files(*.txt)\0*.txt\0All Files\0*.*\0\0";
file.nFilterIndex = 1;    // 默认选择第一个
```

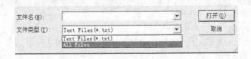

图 7.10   筛选文件名后的运行效果

（2）lpstrInitialDir，对话框的初始化目录，这个字段可以是 NULL。

（3）lpstrDefExt，指定默认扩展名，如果用户输入了一个没有扩展名的文件名，那么函数会自动加上这个默认扩展名。

（4）Flags，该字段决定了对话框的不同行为。它可以是一些标志的组合。下面是几个比较重要的标志。

- OFN_ALLOWMULTISELECT　　允许同时选择多个文件。
- OFN_CREATEPROMPT　　　　如果用户输入了一个不存在的文件名，对话框向用户询问"是否建立新文件"。
- OFN_OVERWRITEPROMPT　　在"保存"文件对话框中使用的时候，当用户选择的文件存在时，对话框会提问"是否覆盖文件"。

如果用户单击了对话框中的"确定"按钮，函数返回 TRUE；如果单击了"取消"按钮，函数返回 FALSE。

7.4.2　浏览目录对话框

显示浏览目录对话框的功能由 SHBrowseForFolder 函数实现，函数的用法如下。

```
LPITEMIDLIST SHBrowseForFolder(LPBROWSEINFO lpbi );
```

参数 lpbi 指向包含对话框初始数据的 BROWSEINFO 结构。

```
typedef struct _browseinfo {
    HWND hwndOwner;                 // 对话框的父窗口
    LPCITEMIDLIST pidlRoot;         // 用来表示起始目录的 ITEMIDLIST 结构
    LPTSTR pszDisplayName;          // 用来接受用户选择目录的缓冲区
```

```
        LPCTSTR lpszTitle;              // 对话框中用户定义的文字
        UINT ulFlags;                   // 标志
        BFFCALLBACK lpfn;               // 回调函数地址
        LPARAM lParam;                  // 传给回调函数的参数
        int iImage;                     // 用来接受选中目录的图像
} BROWSEINFO, *PBROWSEINFO, *LPBROWSEINFO;
```

ulFlags 字段用来定义对话框的风格，可以取值如下：

- BIF_BROWSEINCLUDEFILES　可同时显示目录中的文件
- BIF_RETURNONLYFSDIRS　　只返回文件系统中的目录
- BIF_EDITBOX　　　　　　　显示一个编辑框供用户输入目录
- BIF_VALIDATE　　　　　　　显示编辑框的时候检测用户输入目录的合法性

当该函数返回时，如果用户单击的是"取消"按钮，那么函数的返回值是 0，否则，函数返回指向 ITEMIDLIST 结构的指针。对于这个结构可以不必去深究，因为使用 SHGetPathFromIDList 函数可以很方便地将它转化成目录字符串。

```
BOOL SHGetPathFromIDList(LPCITEMIDLIST pidl, LPTSTR pszPath);
```

函数执行后，字符串格式的用户选择的目录名将会返回到 pszPath 所指的缓冲区中。

为了今后使用方便，下面简单封装了一个 CDirDialog 类用于管理浏览目录对话框。这个类定义和实现代码都在 DirDialog.h 文件中。

```
#ifndef __DIRDIALOG_H_
#define __DIRDIALOG_H_
#include <shlobj.h>
class CDirDialog
{
public:
        CDirDialog();
        // 显示对话框
        BOOL DoBrowse(HWND hWndParent, LPCTSTR pszTitle = NULL);
        // 取得用户选择的目录名称
        LPCTSTR GetPath() { return m_szPath; }
protected:
        BROWSEINFOA m_bi;
        // 用来接受用户选择目录的缓冲区
        char m_szDisplay[MAX_PATH];
        char m_szPath[MAX_PATH];
};

CDirDialog::CDirDialog()
{
        memset(&m_bi, 0, sizeof(m_bi));
        m_bi.hwndOwner = NULL;
        m_bi.pidlRoot = NULL;
        m_bi.pszDisplayName = m_szDisplay;
        m_bi.lpszTitle = NULL;
        m_bi.ulFlags = BIF_RETURNONLYFSDIRS;

        m_szPath[0] = '\0';
}
BOOL CDirDialog::DoBrowse(HWND hWndParent, LPCTSTR pszTitle)
{
        if(pszTitle == NULL)
                m_bi.lpszTitle = "选择目标文件夹";
        else
```

```
                m_bi.lpszTitle = pszTitle;

        m_bi.hwndOwner = hWndParent;
        LPITEMIDLIST pItem = ::SHBrowseForFolder(&m_bi);
        if(pItem != 0)
        {
                ::SHGetPathFromIDList(pItem, m_szPath);
                return TRUE;
        }
        return FALSE;
}
#endif //__DIRDIALOG_H_
```

类的用法相当简单，例如下面的代码将打开一个浏览目录对话框。

```
CDirDialog dir;
if(dir.DoBrowse(hDlg))              //hDlg 是父窗口句柄
{
        ::MessageBox(hDlg, dir.GetPath(), "07CommDlg", MB_OK);
}
```

代码执行之后的效果如图 7.11 所示。

图 7.11　浏览目录对话框

7.5　使用框架程序简化界面开发

前几节主要讲述了用户界面方面的 API 函数，直接使用它们开发出来的程序虽然运行效率高，但是开发过程烦琐。MFC 则将这些 API 封装到几个类中，简单易用。在读者有了原始的 API 函数知识之后很轻松就能掌握这些类的用法。

事实上，在实际的编程开发过程中，界面简单的应用程序很容易就可以在 MFC 中完成，但是当界面变得复杂之后，MFC 基本起不到多少简化作用，直接使用 API 比较方便。

7.5.1　在框架程序中使用对话框

有了前面的知识，再学习如何在框架程序中使用对话框，使用子窗口控件、通用控件和通用对话框等东西就显得很简单了。毕竟，框架程序最终也是依靠 API 函数来实现的。

下面举个例子来说明在框架程序中创建模式对话框、非模式对话框和使用子窗口的方法。例子程序很简单，运行后出来一个主窗口，上面有两个按钮，单击第一个按钮程序弹出一个模式对话框，单击第二个按钮程序弹出一个无模式对话框。对话框上仅有一个自定义的"开始"

按钮，单击它之后，程序弹出一个 MessageBox 对话框。程序运行效果如图 7.12 所示。

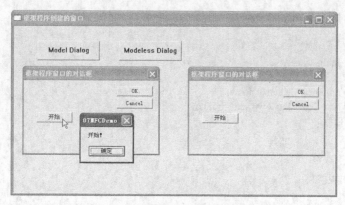

图 7.12　框架程序创建的对话框

例子的源代码在 07MFCDemo 工程下。下面是 MFCDemo.h 文件中的内容。

```cpp
#include <afxwin.h>
class CMyApp : public CWinApp                    // 应用程序类
{
public:
    virtual BOOL InitInstance();
};

class CMainWindow : public CWnd                  // 主窗口类
{
public:
    CMainWindow();
protected:
    // 两个子窗口控件
    CButton m_btnModel;
    CButton m_btnModeless;

    virtual void PostNcDestroy();
    afx_msg BOOL OnCreate(LPCREATESTRUCT);
    afx_msg void OnModel();
    afx_msg void OnModeless();
    DECLARE_MESSAGE_MAP()
};

class CMyDialog : public CDialog                 // 对话框窗口类
{
public:
    CMyDialog(CWnd* pParentWnd = NULL);
    BOOL m_bModeless;
protected:
    virtual BOOL OnInitDialog();
    virtual void OnCancel();
    virtual void PostNcDestroy();
    afx_msg void OnStart();
    DECLARE_MESSAGE_MAP()
};
```

上面 3 个类的实现代码在 MFCDemo.cpp 文件中。

```cpp
#include "resource.h"
```

```
#include "MFCDemo.h"

// 全局应用程序实例
CMyApp theApp;

BOOL CMyApp::InitInstance()
{
    m_pMainWnd = new CMainWindow;
    m_pMainWnd->ShowWindow(m_nCmdShow);
    return TRUE;
}

#define IDC_MODEL          10
#define IDC_MODELESS       11

CMainWindow::CMainWindow()
{
    LPCTSTR lpszClassName = AfxRegisterWndClass(CS_HREDRAW|CS_VREDRAW,
                  ::LoadCursor(NULL, IDC_ARROW), (HBRUSH)(COLOR_3DFACE+1));
    CreateEx(WS_EX_CLIENTEDGE, lpszClassName,
          "框架程序创建的窗口", WS_OVERLAPPEDWINDOW,
          CW_USEDEFAULT, CW_USEDEFAULT, CW_USEDEFAULT, CW_USEDEFAULT, NULL, NULL);
}

BEGIN_MESSAGE_MAP(CMainWindow, CWnd)
ON_WM_CREATE()
ON_COMMAND(IDC_MODEL, OnModel)
ON_COMMAND(IDC_MODELESS, OnModeless)
END_MESSAGE_MAP()

BOOL CMainWindow::OnCreate(LPCREATESTRUCT lpCreateStruct)
{
    m_btnModel.Create("Model Dialog",
          WS_CHILD|WS_VISIBLE|BS_PUSHBUTTON, CRect(50, 30, 180, 70), this, IDC_MODEL);
    m_btnModeless.Create("Modeless Dialog",
          WS_CHILD|WS_VISIBLE|BS_PUSHBUTTON, CRect(220, 30, 350, 70), this, IDC_MODELESS);
    return TRUE;
}
void CMainWindow::OnModel()        // 用户单击"Model Dialog"按钮
{
    CMyDialog dlg(this);
    // 显示模式对话框
    dlg.DoModal();
}
void CMainWindow::OnModeless() // 用户单击"Modeless Dialo"按钮
{
    CMyDialog* pDlg = new CMyDialog(this);
    pDlg->m_bModeless = TRUE;

    // 创建无模式对话框
    pDlg->Create(IDD_MYDIALOG);
    // 移动窗口到主窗口的中央
    pDlg->CenterWindow();
    // 显示更新窗口
    pDlg->ShowWindow(SW_NORMAL);
    pDlg->UpdateWindow();
```

```
}
void CMainWindow::PostNcDestroy()
{
    delete this;
}

CMyDialog::CMyDialog(CWnd* pParentWnd) : CDialog(IDD_MYDIALOG, pParentWnd)
{
    m_bModeless = FALSE;
}

BEGIN_MESSAGE_MAP(CMyDialog, CDialog)
ON_BN_CLICKED(IDC_START, OnStart)        // 也可以是 ON_COMMAND(IDC_START, OnStart)
END_MESSAGE_MAP()

BOOL CMyDialog::OnInitDialog()           // 初始化对话框
{
    CDialog::OnInitDialog();

    SetWindowText("框架程序窗口的对话框");
    return TRUE;
}
void CMyDialog::OnCancel()               // 用户关闭对话框
{
    if(m_bModeless)
        DestroyWindow();
    else
        CDialog::OnCancel();
}
void CMyDialog::OnStart()                // 用户单击 "开始" 按钮
{
    MessageBox("开始! ");
}
void CMyDialog::PostNcDestroy()
{
    if(m_bModeless)
        delete this;
}
```

　　整个工程有 3 个类：从 CWinApp 派生的应用程序类 CMyApp，从 CWnd 派生的主窗口类 CMainWindow，从 CDialog 派生的对话框类 CMyDialog。下面详细讲述它们。

7.5.2　CDialog 类

　　框架程序提供了 CDialog 类来管理对话框，由于对话框也是一个窗口，所以 CDialog 类要从 CWnd 类派生。CDialog 类默认情况下处理了 IDOK 和 IDCANCEL 两个命令消息，即在 CDialog 类的消息映射中有如下映射项。

```
ON_COMMAND(IDOK, OnOK)
ON_COMMAND(IDCANCEL, OnCancel)
```

IDOK 和 IDCANCEL 命令的响应代码如下所示。

```
void CDialog::OnOK()
{
    EndDialog(IDOK);
}
void CDialog::OnCancel()
```

```
    {
        EndDialog(IDCANCEL);
    }
```

所以，如果例子中的 CMyDialog 类不处理这两个消息，用户单击 OK 或 Cancel 按钮时，对话框会自动关闭。

创建模式对话框最简单，构建一个 CMyDialog 对象之后调用 DoModal 函数即可。

```
void CMainWindow::OnModel()        // 用户单击 "Model Dialog" 按钮
{
    CMyDialog dlg(this);
    // 显示模式对话框
    dlg.DoModal();
}
```

成员函数 DoModal 的执行过程是，如果父窗口存在，它就先使父窗口无效，然后创建一个无模式对话框，再进入有模式消息循环。有模式对话框在它自己被关闭之前是不允许用户切换到主窗口的。所谓的有模式消息循环就是让执行消息循环的代码实现这个特性而已。

应用程序要以对话框为主窗口，直接在 CMyApp::InitInstance 函数中创建对话框即可。在创建模式对话框时要让这个函数返回 FALSE，以阻止程序进入消息循环，因为 DoModel 函数已经实现消息循环了。

如果单单为了创建无模式对话框，那么就没有必要在 CMyDialog 中重载 OnCancel 和 PostNcDestroy 函数了。因为 CDialog::OnCancel 函数会自动为用户调用 EndDialog 关闭对话框；DoModal 函数直到对话框关闭才返回，所以模式对话框实例可以在函数堆栈中申请，这样在对话框窗口销毁时就用不着删除自己了。

无模式对话框就不同了，它的窗口必须显式地调用 DestroyWindow 函数来销毁，所以必须重载 OnCancel 函数，调用 DestroyWindow。

```
void CMyDialog::OnCancel()         // 用户关闭对话框
{
    if(m_bModeless)                // 如果用户创建的是非模式对话框，则 m_bModeless 就为 TRUE
        DestroyWindow();
    else
        CDialog::OnCancel();
}
```

框架程序创建无模式对话框的时候，仅仅是让创建函数不进入有模式消息循环，其他代码完全与模式对话框相同。创建函数没有内置循环，所以 CDialog::Create 会立即返回，进入普通的消息循环。这就说明无模式对话框实例必须要像主窗口实例一样在进程堆中申请，以便在对话框窗口的整个生命周期 CMyDialog 对象都存在。

```
CMyDialog* pDlg = new CMyDialog(this);
pDlg->m_bModeless = TRUE;
// 创建无模式对话框
pDlg->Create(IDD_MYDIALOG);
```

对话框窗口完全销毁之后，框架程序调用虚函数 PostNcDestroy 给派生类一个释放资源的机会，程序可以在这里销毁上面代码中创建的 CMyDialog 对象。

```
void CMyDialog::PostNcDestroy()
{
    if(m_bModeless)
        delete this;
}
```

一般在重载 OnInitDialog 函数的时候，要首先调用 CDialog 类的 OnInitDialog 成员函数，然后再写自己的初始化代码。之所以要这样做，是因为 CDialog 类也有一些初始化工作要在这个函数中完成，比如将窗口移动到父窗口的中央，传输成员变量的值到对话框中等。

7.5.3　框架程序中的控件

为了方便管理子窗口控件，框架程序封装了许多子窗口控件类，它们包括常用子窗口控件，也包括通用控件。这些类都是直接或间接从 CWnd 类继承而来的。下面以 CButton 类为例，介绍框架程序是如何管理子窗口控件的。

本节实例 07MFCDemo 调用了 CButton 的成员函数 Create 来创建按钮窗口，这个函数会进而以 "BUTTON" 为类名调用 CWnd 类的 Create 函数，这样按钮就被创建了。其过程与 7.1 节的例子是相同的。CButton 类还有许多其他的成员函数，如 GetState、SetState 等，其功能对应着按钮所能接收的消息的功能，就不一一述说了。

CWnd 类中处理 WM_COMMAND 消息的函数是 OnCommand，这个函数设置合适的参数之后会调用 CCmdTarget 类的 OnCmdMsg 函数，这是真正响应 WM_COMMAND 消息的函数。同时，它也是真正响应 WM_NOTIFY 消息的函数（CWnd::OnNotify 函数调用它）。

CCmdTarget::OnCmdMsg 函数在所有基类的消息映射表中查找处理此命令（或者通知）消息的函数，如果能够找到，就调用它。消息映射表中处理 WM_COMMAND（或 WM_NOTIFY）消息的消息映射项中包含了控件的 ID 号和通知代码。查找消息处理函数时，要比较参数中的控件 ID 号和通知代码是否与消息映射项中记录的一致，如果一致就说明找到了。

为了方便地向消息映射表中添加命令消息或通知消息的消息映射项，框架程序定义了一系列的宏，下面是内部使用的处理 WM_COMMAND 消息的宏。

```
#define ON_CONTROL(wNotifyCode, id, memberFxn) \
    { WM_COMMAND, (WORD)wNotifyCode, (WORD)id, (WORD)id, AfxSig_vv, \
        (AFX_PMSG)&memberFxn },
```

提供给用户的宏简单地对 ON_CONTROL 宏进行了封装。

```
#define ON_BN_CLICKED(id, memberFxn) \
    ON_CONTROL(BN_CLICKED, id, memberFxn)
#define ON_BN_SETFOCUS(id, memberFxn) \
    ON_CONTROL(BN_SETFOCUS, id, memberFxn)
……
```

ON_BN_CLICKED 宏处理的是 BN_CLICKED 通知事件，例子程序使用它来关联用户对 "开始" 按钮的单击到 OnStart 函数。

如果要为通用控件添加消息处理函数的话，可以用 ON_NOTIFY 宏，它是这样定义的：

```
#define ON_NOTIFY(wNotifyCode, id, memberFxn) \
    { WM_NOTIFY, (WORD)(int)wNotifyCode, (WORD)id, (WORD)id, AfxSig_vNMHDRpl, \
        (AFX_PMSG)(void (CCmdTarget::*)(NMHDR*, LRESULT*))&memberFxn },
```

通用控件和子窗口控件在框架程序中的具体使用方法将在下一节介绍。以后各章节的实例也会不断添加控件的知识，最终常用控件的使用方法都将在本书的例子中有所涉及。

7.5.4　使用向导

VC++为创建 MFC 应用程序提供了相应的应用程序创建向导，它们对应的工程类型是 MFC AppWizard。使用向导创建 MFC 工程的步骤如下。

（1）单击菜单命令 "File/New..."，在弹出的 New 对话框中选择工程类型 "MFC AppWizard (exe)"，输入工程名称 "07UseWizard"，单击 OK 按钮，在向导的第一步选择 "Dialog based"

单选按钮。

（2）一直单击"下一步"按钮，直到最后一步，如图 7.13 所示。默认情况下，向导将会自动创建名称为 CMy07UseWizardApp 和 CMy07UseWizardDlg 的两个类，一个是从 CWinApp 派生的应用程序类，一个是从 CDialog 派生的主对话框类。用户在这一步可以不同意 VC++的默认设置，改变类的名称或者所在文件的名称。

（3）单击 Finish 按钮，确认向导的设置之后，工程创建完毕。

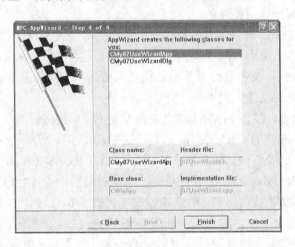

图 7.13　在这一步可以改变 VC++自动生成的类名和文件名

VC++ 自动产生的工程框架和以前例子中的代码完全一样：一个主应用程序类 CMy07UseWizardApp、一个主窗口类 CMy07UseWizardDlg，还有一个全局唯一的应用程序实例 theApp。在主线程初始化函数 CMy07UseWizardApp::InitInstance 中的是创建主窗口的代码。

```
CMy07UseWizardDlg dlg;
m_pMainWnd = &dlg;
int nResponse = dlg.DoModal();
if (nResponse == IDOK)
{
}
else if (nResponse == IDCANCEL)
{
}
```

程序中的 CAboutDlg 类用于弹出 About（关于）对话框，在此可以显示软件的版本信息和版权声明等。

另外，VC++还提供了类向导来帮助用户向工程中的类中添加消息映射项、关联成员变量等。使用方法相当简单，单击菜单命令"View/ClassWizard..."，弹出 MFC ClassWizard 对话框，如图 7.14 所示。为了给一个消息添加消息处理函数，首先在 Class name 窗口下选择处理这个消息的类，然后在 Object IDs 窗口下选择消息源，这可以是一个子窗口控件 ID 号，或者就是类本身，接着在 Messages 窗口下双击消息 ID 号就会弹出一个 Add Member Function 对话框，要求输入消息处理函数的名称。如此循环地在类中添加消息处理函数即可。Member functions 窗口下会显示出所有已有的消息处理函数，双击其中某一项，VC++将自动移动光标到这个函数实现代码所在行，等待用户编辑。

虽然使用 VC++自动添加代码的功能可以大大提高工作效率，可这仅是对特别熟悉框架程序的人来说的。不要太过于依靠和信赖 VC++自动产生的代码，主要的工作还是要靠编程者的知识和思维去完成。希望初学者先学好基础知识再去在效率方面下功夫，否则当写出的程序无缘无故错误百出的时候只会给自己打击。

图 7.14　利用类向导添加消息处理函数

本书的例子都没有使用向导让 VC++自动添加代码，但这并不说明我们推崇这么做。用手工添加代码一方面是为了程序思路清晰，避免大量无用代码，特别有利于读者学习和阅读，另一方面是为了节省篇幅。

7.6 【实例】目录监视器

有时候监视发生在一些目录下的事件是非常重要的。例如，如果在指定的目录中新的文件被保存了，应用程序可能要做一些事情。本节将通过一个目录监视器实例来综述本章讲述的界面开发的知识，并介绍如何使用当前比较热门的第三方软件 SkinMagic 美化界面。例子的最终运行效果如图 7.15 所示。

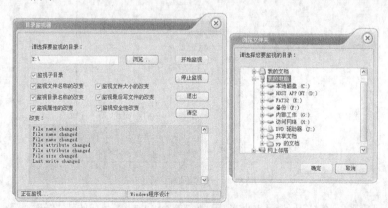

图 7.15　目录监视程序运行效果

7.6.1　目录监视的基础知识

要监视指定目录中的变化可以使用 FindFirstChangeNotification 函数。此函数创建一个改变通知对象，设置初始的改变通知过滤条件。在指定的目录或子目录下，当一个符合过滤条件的改变发生时，一个在通知句柄上的等待将会成功（等待函数返回）。函数原型如下。

```
HANDLE FindFirstChangeNotification(
    LPCTSTR lpPathName,      // 指定要监视的目录
    BOOL bWatchSubtree,      // 指定是否监视 lpPathName 目录下的所有子目录
    DWORD dwNotifyFilter     // 指定过滤条件
);
```

dwNotifyFilter 参数指定了能够满足改变通知等待（即能够使等待函数返回）的过滤条件，可以是以下值的组合：

- FILE_NOTIFY_CHANGE_FILE_NAME   要求监视文件名称的改变
- FILE_NOTIFY_CHANGE_DIR_NAME   要求监视目录名称的改变
- FILE_NOTIFY_CHANGE_ATTRIBUTES   要求监视属性的改变
- FILE_NOTIFY_CHANGE_SIZE   要求监视文件大小的改变
- FILE_NOTIFY_CHANGE_LAST_WRITE   要求监视最后写入时间的改变
- FILE_NOTIFY_CHANGE_SECURITY   要求监视安全属性的改变

函数执行成功返回值是改变通知对象句柄，INVALID_HANDLE_VALUE 是失败后的返回值。返回的句柄可传递给等待函数（如 WaitForSingleObject 等）。当监视的目录或子目录中一个过滤条件满足的时候，等待就会返回。

等待函数返回之后，应用程序可以处理这个改变，并调用 FindNextChangeNotification 函数继续监视目录。当程序不再使用这个句柄时，应当调用 FindCloseChangeNotification 函数关闭它。这两个函数的唯一参数是 FindFirstChangeNotification 函数返回的句柄。

7.6.2　实例程序

实例程序 07MonitorDir 说明了上述函数的具体使用方法，程序界面如图 7.16 所示。用户监视目录的任何改变都会显示在"改变"窗口。具体可以查看配套光盘的源程序代码。

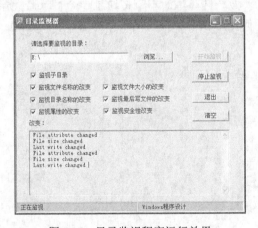

图 7.16　目录监视程序运行效果

这个程序创建了一个辅助线程来监视目录。在用户单击"开始"按钮之后，程序根据用户的选项创建数量不同的改变通知句柄，然后调用 AfxBeginThread 函数启动辅助线程，并将创建的句柄数组传递给线程函数。辅助线程启动后调用 WaitForMultipleObjects 函数在多个改变通知句柄上等待，如果有一个期待的改变事件发生，等待函数返回，程序通过返回值判断是哪一个改变通知句柄使函数返回。

　　程序最多可以创建 6 个改变通知句柄（因为过滤条件有 6 个），用句柄数组 m_arhChange[6]
来保存它们。但是如果用户只想监视复选框所示的一部分，就不能创建 6 个通知句柄了。为了
使用 WaitForMultipleObjects 函数在 m_arhChange[6]数组句柄上等待，可以用一个事件对象句
柄来填充不满 6 个的部分，详细情况请看代码中相关部分。整个程序源代码如下。

```
//------------------------------------ MonitorDir.h 文件-----------------------------------------//
#include <afxwin.h>
#include <afxcmn.h>    // 为了使用 CStatusBarCtrl 类
class CMyApp : public CWinApp
{
public:
    BOOL InitInstance();
};

class CMonitorDialog : public CDialog
{
public:
    CMonitorDialog(CWnd* pParentWnd = NULL);
    ~CMonitorDialog();
protected:
    // 向输出窗口添加文本
    void AddStringToList(LPCTSTR lpszString);
    // 监视线程
    friend UINT MonitorThread(LPVOID lpParam);

    CStatusBarCtrl m_bar;              // 一个状态栏对象
    HANDLE m_hEvent;                   // 用于占位的事件对象句柄
    HANDLE m_arhChange[6];             // 改变通知事件的 6 个句柄
    BOOL m_bExit;                      // 指示监视线程是否退出
protected:
    virtual BOOL OnInitDialog();
    virtual void OnCancel();
    afx_msg void OnBrowser();
    afx_msg void OnStart();
    afx_msg void OnStop();
    afx_msg void OnClear();
    DECLARE_MESSAGE_MAP()
};
//------------------------------------ MonitorDir.cpp 文件-----------------------------------------//
#include "MonitorDir.h"
#include "DirDialog.h"
#include "resource.h"
CMyApp theApp;

BOOL CMyApp::InitInstance()
{
    CMonitorDialog dlg;
    m_pMainWnd = &dlg;
    dlg.DoModal();
    return FALSE;     // 返回 FALSE 阻止程序进入消息循环
}

CMonitorDialog::CMonitorDialog(CWnd* pParentWnd):CDialog(IDD_MAINDIALOG, pParentWnd)
{
    m_hEvent = ::CreateEvent(NULL, FALSE, 0, NULL);
}
```

```
CMonitorDialog::~CMonitorDialog()
{
    ::CloseHandle(m_hEvent);
}

BEGIN_MESSAGE_MAP(CMonitorDialog, CDialog)
ON_BN_CLICKED(IDC_START, OnStart)
ON_BN_CLICKED(IDC_STOP, OnStop)
ON_BN_CLICKED(IDC_BROWSER, OnBrowser)
ON_BN_CLICKED(IDC_CLEAR, OnClear)
END_MESSAGE_MAP()

BOOL CMonitorDialog::OnInitDialog()                  // 初始化对话框
{
    // 让父类进行内部初始化
    CDialog::OnInitDialog();

    // 设置图标
    SetIcon(theApp.LoadIcon(IDI_MAIN), FALSE);
    // 创建状态栏，设置它的属性（CStatusBarCtrl 类封装了对状态栏控件的操作）
    m_bar.Create(WS_CHILD|WS_VISIBLE|SBS_SIZEGRIP, CRect(0, 0, 0, 0), this, 101);
    m_bar.SetBkColor(RGB(0xa6, 0xca, 0xf0));                 // 背景色
    int arWidth[] = { 250, -1 };
    m_bar.SetParts(2, arWidth);                             // 分栏
    m_bar.SetText(" Windows 程序设计", 1, 0);               // 第二个栏的文本
    m_bar.SetText(" 空闲", 0, 0);                           // 第一个栏的文本
    // 无效停止按钮
    GetDlgItem(IDC_STOP)->EnableWindow(FALSE);
    // 设置各个复选框为选中状态
    ((CButton*)GetDlgItem(IDC_SUBDIR))->SetCheck(1);
    ((CButton*)GetDlgItem(IDC_FILENAME_CHANGE))->SetCheck(1);
    ((CButton*)GetDlgItem(IDC_FILESIZE_CHANGE))->SetCheck(1);
    ((CButton*)GetDlgItem(IDC_DIRNAME_CHANGE))->SetCheck(1);
    ((CButton*)GetDlgItem(IDC_LASTWRITE_CHANGE))->SetCheck(1);
    ((CButton*)GetDlgItem(IDC_ATTRIBUTE_CHANGE))->SetCheck(1);
    ((CButton*)GetDlgItem(IDC_SECURITY_CHANGE))->SetCheck(1);
    return TRUE;
}
void CMonitorDialog::OnBrowser()                    // 用户单击浏览按钮
{
    // 弹出选择目录对话框
    CDirDialog dir(*this);
    if(dir.Execute("请选择您要监视的目录："))
    {
        GetDlgItem(IDC_TARGETDIR)->SetWindowText(dir.GetPath());
    }
}

void CMonitorDialog::OnStart()                      // 用户单击开始监视按钮
{
    CString strDir;
    // 取得目录名称
    GetDlgItem(IDC_TARGETDIR)->GetWindowText(strDir);
    if(strDir.IsEmpty())
    {
        MessageBox("请选择一个要监视的目录！");
```

```
                return;
        }

        // 用事件对象句柄初始化句柄数组
        for(int i=0; i<6; i++)
                m_arhChange[i] = m_hEvent;
        m_bExit = FALSE;

        // 是否要监视子目录
        BOOL bSubDir = ((CButton*)GetDlgItem(IDC_SUBDIR))->GetCheck();
        BOOL bNeedExecute = FALSE;

        // 监视目录名称的改变        arhChange[0]
        if(((CButton*)GetDlgItem(IDC_DIRNAME_CHANGE))->GetCheck())
        {
                m_arhChange[0] =
                        ::FindFirstChangeNotification(strDir, bSubDir, FILE_NOTIFY_CHANGE_DIR_NAME);
                bNeedExecute = TRUE;
        }
        // 监视文件名称的改变        arhChange[1]
        if(((CButton*)GetDlgItem(IDC_FILENAME_CHANGE))->GetCheck())
        {
                m_arhChange[1] =
                        ::FindFirstChangeNotification(strDir, bSubDir, FILE_NOTIFY_CHANGE_FILE_NAME);
                bNeedExecute = TRUE;
        }
        // 监视属性的改变            arhChange[2]
        if(((CButton*)GetDlgItem(IDC_ATTRIBUTE_CHANGE))->GetCheck())
        {
                m_arhChange[2] =
                        ::FindFirstChangeNotification(strDir, bSubDir, FILE_NOTIFY_CHANGE_ATTRIBUTES);
                bNeedExecute = TRUE;
        }
        // 监视文件大小的改变        arhChange[3]
        if(((CButton*)GetDlgItem(IDC_FILESIZE_CHANGE))->GetCheck())
        {
                m_arhChange[3] =
                        ::FindFirstChangeNotification(strDir, bSubDir, FILE_NOTIFY_CHANGE_SIZE);
                bNeedExecute = TRUE;
        }
        // 监视最后写入时间的改变  arhChange[4]
        if(((CButton*)GetDlgItem(IDC_LASTWRITE_CHANGE))->GetCheck())
        {
                m_arhChange[4] =
                        ::FindFirstChangeNotification(strDir, bSubDir, FILE_NOTIFY_CHANGE_LAST_WRITE);
                bNeedExecute = TRUE;
        }
        // 监视安全属性的改变        arhChange[5]
        if(((CButton*)GetDlgItem(IDC_SECURITY_CHANGE))->GetCheck())
        {
                m_arhChange[5] =
                        ::FindFirstChangeNotification(strDir, bSubDir, FILE_NOTIFY_CHANGE_SECURITY);
                bNeedExecute = TRUE;
        }

        if(!bNeedExecute)
```

```
        {
                MessageBox("请选择一个监视类型！");
                return;
        }
        // 启动监视线程
        AfxBeginThread(MonitorThread, this);
        // 更新界面
        GetDlgItem(IDC_START)->EnableWindow(FALSE);
        GetDlgItem(IDC_STOP)->EnableWindow(TRUE);
        m_bar.SetText(" 正在监视...", 0, 0);
}
void CMonitorDialog::OnStop()                      // 用户单击停止按钮
{
        if(!m_bExit)
        {
                // 设置退出标志
                m_bExit = TRUE;
                for(int i=0; i<6; i++)
                {
                        if(m_arhChange[i] != m_hEvent)
                                ::FindCloseChangeNotification(m_arhChange[i]);
                }
        }
        GetDlgItem(IDC_START)->EnableWindow(TRUE);
        GetDlgItem(IDC_STOP)->EnableWindow(FALSE);
        m_bar.SetText(" 空闲", 0, 0);
}
void CMonitorDialog::OnClear()                     // 用户单击清空按钮
{
        GetDlgItem(IDC_EDITCHANGES)->SetWindowText("");
}
void CMonitorDialog::OnCancel()                    // 用户关闭主程序
{
        OnStop();
        CDialog::OnCancel();
}
void CMonitorDialog::AddStringToList(LPCTSTR lpszString)
{
        // 向"改变"窗口中添加文本
        CString strEdit;
        GetDlgItem(IDC_EDITCHANGES)->GetWindowText(strEdit);
        strEdit += lpszString;
        GetDlgItem(IDC_EDITCHANGES)->SetWindowText(strEdit);
}

UINT MonitorThread(LPVOID lpParam)
{
        CMonitorDialog* pDlg = (CMonitorDialog*)lpParam;
        while(TRUE)
        {
                // 在多个改变通知事件上等待
                DWORD nObjectWait = ::WaitForMultipleObjects(
                                6, pDlg->m_arhChange, FALSE, INFINITE);
                if(pDlg->m_bExit)                  // 用户要求退出？
                        break;
                // 查找促使等待函数返回的句柄，通知用户
```

```
                        int nIndex = nObjectWait - WAIT_OBJECT_0;
                        switch(nIndex)
                        {
                        case 0:
                                pDlg->AddStringToList(" Directory name changed \r\n");
                                break;
                        case 1:
                                pDlg->AddStringToList(" File name changed \r\n");
                                break;
                        case 2:
                                pDlg->AddStringToList(" File attribute changed \r\n");
                                break;
                        case 3:
                                pDlg->AddStringToList(" File size changed \r\n");
                                break;
                        case 4:
                                pDlg->AddStringToList(" Last write changed \r\n");
                                break;
                        case 5:
                                pDlg->AddStringToList(" Security changed \r\n");
                                break;
                        }
                        // 继续监视
                        ::FindNextChangeNotification(pDlg->m_arhChange[nObjectWait]);
                }
                return 0;
        }
```

　　用模式对话框作为程序的伪主窗口时，要在 InitInstance 函数中调用 CDialog 类的成员函数 DoModal 以创建对话框，而且一定要返回 FALSE 来阻止框架程序进入消息循环。

　　程序在控制子窗口控件时多次用到了 CWnd 类的 GetDlgItem 成员函数。此函数的作用是为指定的子窗口创建一个临时的 CWnd 对象，其伪实现代码如下。

```
CWnd* CWnd::GetDlgItem(int nID) const
{
        return CWnd::FromHandle(::GetDlgItem(m_hWnd, nID));
}
```

　　GetDlgItem 取得 nID 子窗口的窗口句柄，然后调用 CWnd::FromHandle 函数为这个句柄创建临时的 CWnd 类对象（如果得到的窗口句柄不在句柄映射中的话），并返回此临时对象的指针。这些临时对象是在线程空闲（消息队列中没有消息）时框架程序自动删除的，所以不要保存函数 CWnd::GetDlgItem 返回的 CWnd 指针在其他场合使用。

　　向"改变"窗口中添加文本的自定义函数 CMonitorDialog::AddStringToList 使用了 CString 类。这是一个广泛使用的字符串类，它封装了大部分对字符串的操作。除了提供一般的字符串查找、替换、连接等操作外，这个类通过让多个 CString 对象共同使用一块内存还为程序节约了内存空间。具体机制是这样的，当用一个 CString 对象给另外一个 CString 对象赋值的时候，框架程序仅仅让这两个对象共用一块内存，直到有一个对象要写这块内存，它才分配新的内存。这就是所谓的 CopyBeforeWrite 了。

7.6.3　使用 SkinMagic 美化界面

　　现在许多软件的界面都非常"华丽"，主要是因为它们使用了第三方美化软件。本小节介绍如何使用现在比较流行的 SkinMagic 库美化程序界面。

SkinMagic Toolkit 是一套功能强大的界面解决方案库，它提倡界面和业务逻辑相分离，将程序员从烦琐的界面设计中彻底解放出来，将精力集中在业务功能的实现上，提高产品的开发效率。用户可以从官方网站 http://www.appspeed.com/china/html/download.html 免费下载试用（配套光盘的 SkinMagic 文件夹下有 2.10 版本）。

在电脑上安装此工具包（2.10 版）之后，会在安装目录创建一个 SkinMagic Toolkit 2.21 Trial 文件夹，下面所述的文件和文件夹都在这个目录下。编程时要用的是 Include 文件夹下的 SkinMagicLib.h 文件、Lib 文件夹下的几个.Lib 文件和 skin 文件夹下的.smf 文件。这些 Lib 库文件分别提供了对 Visual C++ 6.0 和 Visual C++ 7.0 静态链接和动态链接的支持。.smf 是自定义的皮肤文件，它包含了各种界面对象的具体定义，可以使用皮肤编辑器 SkinMagicBuilder 编辑或者创建它们。以 2.10 版本为例，美化目录监视器程序的过程如下。

（1）复制需要的文件。将 Include 文件夹下的 SkinMagicLib.h 文件、Lib 文件夹下的 SkinMagicLibMT6Trial.lib 文件（假设 MFC 是静态链接到工程中的，见 6.6 节）和 skin 文件夹下 corona.smf 文件复制到 07MonitorDir 工程目录下。

（2）添加文件包含。所有的 SkinMagic 函数原型都定义在 SkinMagicLib.h 文件中，其实现代码在 SkinMagicLibMT6Trial.lib 静态库中，所以要在 MonitorDir.cpp 文件中添加上如下代码。

```
#include "SkinMagicLib.h"
// 注意，如果 MFC 是动态链接到工程中的，则应该选择 SkinMagicLibMD6Trial.lib 库
#pragma comment(lib, "SkinMagicLibMT6Trial")
```

（3）修改程序代码。在 CMyApp::InitInstance 函数创建主窗口之前，添加如下程序代码。

```
// 初始化 SkinMagic 库
VERIFY(InitSkinMagicLib(AfxGetInstanceHandle(), "MonitorDir", NULL, NULL));
// 从资源中加载皮肤文件。也可以用代码 "LoadSkinFile("corona.smf")" 直接从文件中加载
if(LoadSkinFromResource(AfxGetInstanceHandle(), (LPCTSTR)IDR_SKINMAGIC1, "SKINMAGIC"))
{
    // 设置对话框默认皮肤
    SetDialogSkin("Dialog");
}
```

在 CMyApp 类中重载 ExitInstance 函数，其实现代码如下。

```
int CMyApp::ExitInstance()
{
    // 释放 SkinMagic 库申请的内存
    ExitSkinMagicLib();
    return CWinApp::ExitInstance();
}
```

（4）修改资源文件。如果在第 3 步使用了 LoadSkinFromResource 函数从资源加载皮肤文件，就要将皮肤文件作为自定义资源添加到工程中。具体过程是这样的：单击菜单命令 "Insert/Resource..."，弹出插入资源对话框；单击按钮 "Import..."，导入皮肤文件 corona.smf 到工程中；因为这不是标准的资源，所以会弹出自定义资源类型对话框，这里输入"SKINMAGIC"，单击 OK 按钮即可。

现在重新编译运行程序，目录监视器的界面焕然一新。

除了 SkinMagic 外还有不少其他公司开发的美化界面的工具，如国产的 Skin++等，其使用过程基本大同小异。

第8章 Windows 文件操作和内存映射文件

操作文件基本上是每个应用程序都必须做的事情。除了必要的配置信息外,用户的工作最终都要以文件的形式保存到磁盘上。保存和获取这些信息可以使用独立的磁盘文件,也可以使用系统自带的数据库——注册表。

本章首先介绍底层操作文件的 API 函数和 MFC 中对应的 CFile 类;然后介绍一些与操作文件相关的逻辑驱动器和目录方面的知识,包括驱动器的格式化和卷标设置、目录的创建和删除等;接着,本章介绍使用 API 函数和 ATL 库中的 CRegKey 类操作注册表的方法;本章还重点讨论了内存映射文件在读写磁盘文件和建立共享内存方面的应用;本章最后介绍一个多线程的文件分割系统的开发过程。

8.1 文 件 操 作

文件的输入输出(I/O)服务是操作系统的重要部分。Windows 提供了一类 API 函数来读、写和管理磁盘文件。MFC 将这些函数转化为一个面向对象的类——CFile,它允许将文件视为可以由 CFile 成员函数操作的对象,如 Read 和 Write 等。CFile 类实现了程序开发者执行底层文件 I/O 需要的大部分功能。

并不是在任何时候使用 CFile 类都是方便的,特别是要与底层设备(如 COM 口、设备驱动)进行交互的时候,所以本节主要讨论管理文件的 API 函数。事实上,了解这些函数之后,自然就会使用 CFile 类了。

8.1.1 创建和读写文件

使用 API 函数读写文件时,首先要使用 CreateFile 函数创建文件对象(即打开文件),调用成功会返回文件句柄;然后以此句柄为参数调用 ReadFile 和 WriteFile 函数,进行实际的读写操作;最后调用 CloseHandle 函数关闭不再使用的文件对象句柄。

1. 打开和关闭文件

CreateFile 是一个功能相当强大的函数,Windows 下的底层设备差不多都是由它打开的。它可以创建或打开文件、目录、物理磁盘、控制台缓冲区、邮槽和管道等。调用成功后,函数返回能够用来访问此对象的句柄,其原型如下。

```
HANDLE CreateFile (
    LPCTSTR lpFileName,                      // 要创建或打开的对象的名称
    DWORD dwDesiredAccess,                   // 文件的存取方式
    DWORD dwShareMode,                       // 共享属性
    LPSECURITY_ATTRIBUTES lpSecurityAttributes, // 安全属性
    DWORD dwCreationDisposition,             // 文件存在或不存在时系统采取的行动
    DWORD dwFlagsAndAttributes,              // 新文件的属性
    HANDLE hTemplateFile                     // 一个文件模板的句柄
);
```

各参数含义如下。

（1）lpFileName 参数是要创建或打开的对象的名称。如果打开文件，直接在这里指定文件名称即可；如果操作对象是第一个串口，则要指定"COM1"为文件名，然后就可以像操作文件一样操作串口了；如果要打开本地计算机上的一个服务，要以""\\.\服务名称""为文件名，其中的"."代表本地机器；也可以使用 CreateFile 打开网络中其他主机上的文件，此时的文件名应该是"\\主机名\共享目录名\文件名"。

（2）dwDesiredAcces 参数是访问方式，它指定了要对打开的对象进行何种操作。指定GENERIC_READ 标志表示以只读方式打开；指定 GENERIC_WRITE 标志表示以只写方式打开；指定这两个值的组合，表示要同时对打开的对象进行读写操作。

（3）dwShareMode 参数指定了文件对象的共享模式，表示文件打开后是否允许其他代码以某种方式再次打开这个文件，它可以是下列值的一个组合。

- 0　　　　　　　　　　不允许文件再被打开。C 语言中的 fopen 函数就是这样打开文件的
- FILE_SHARE_DELETE　允许以后的程序代码对文件删除文件（Win98 系列的系统不支持这个标志）
- FILE_SHARE_READ　　允许以后的程序代码以读方式打开文件
- FILE_SHARE_WRITE　　允许以后的程序代码以写方式打开文件

（4）dwCreationDisposition 参数指定了当文件已存在或者不存在时系统采取的动作。在这里设置不同的标志就可以决定究竟是要打开文件，还是要创建文件。参数的可能取值如下。

- CREATE_ALWAYS　　　创建新文件。如果文件存在，函数会覆盖这个文件，清除存在的属性
- CREATE_NEW　　　　创建新文件。如果文件存在，函数执行失败
- OPEN_ALWAYS　　　　如果文件已经存在，就打开它，不存在则创建新文件
- OPEN_EXISTING　　　　打开存在的文件。如果文件不存在，函数执行失败
- TRUNCATE_EXISTING　打开文件并将文件截断为零，当文件不存在时函数执行失败

（5）dwFlagsAndAttributes 参数用来指定新建文件的属性和标志。文件属性可以是下面这些值的组合。

- FILE_ATTRIBUTE_ARCHIVE　　　标记归档属性
- FILE_ATTRIBUTE_HIDDEN　　　　标记隐藏属性
- FILE_ATTRIBUTE_READONLY　　　标记只读属性
- FILE_ATTRIBUTE_READONLY　　　标记系统属性
- FILE_ATTRIBUTE_TEMPORARY　　临时文件。操作系统会尽量把所有文件的内容保持在内存中以加快存取速度。使用完后要尽快将它删除

此参数还可同时指定对文件的操作方式，下面是一些比较常用的方式。

- FILE_FLAG_DELETE_ON_CLOSE　文件关闭后系统立即自动将它删除
- FILE_FLAG_OVERLAPPED　　　　使用异步读写文件的方式
- FILE_FLAG_WRITE_THROUGH　　系统不会对文件使用缓存，文件的任何改变都会被系统立即写入硬盘

（6）hTemplateFile 参数指定了一个文件模板句柄。系统会复制该文件模板的所有属性到当

前创建的文件中。Windows 98 系列的操作系统不支持它，必须设为 NULL。

打开或创建文件成功时，函数返回文件句柄，失败时返回 INVALID_HANDLE_VALUE（－1）。如果想再详细了解失败的原因，可以继续调用 GetLastError 函数。

用不同的参数组合调用 CreateFile 函数可以完成不同的功能，例如，下面的代码为读取数据打开了一个存在的文件。

```
HANDLE hFile;
hFile = ::CreateFile("myfile.txt",        // 要打开的文件
    GENERIC_READ,                         // 要读这个文件
    FILE_SHARE_READ,                      // 允许其他程序以只读形式再次打开它
    NULL,                                 // 默认安全属性
    OPEN_EXISTING,                        // 仅仅打开存在的文件（如果不存不创建）
    FILE_ATTRIBUTE_NORMAL,                // 普通文件
    NULL);                                // 没有模板
if(hFile == INVALID_HANDLE_VALUE)
{
    ... // 不能够打开文件
}
```

仅当当前目录中存在名称为 myfile.txt 的文件时，上面的 CreateFile 才能执行成功。由于为 dwCreationDisposition 参数指定了 OPEN_EXISTING，所以当要打开的文件不存在时，CreateFile 返回 INVALID_HANDLE_VALUE，而不会创建这个文件。如果想创建一个文件以便向里面写入数据，可以使用下面的代码。

```
HANDLE hFile;
hFile = CreateFile("myfile.txt",          // 要创建的文件
    GENERIC_WRITE,                        // 要写这个文件
    0,                                    // 不共享
    NULL,                                 // 默认安全属性
    CREATE_ALWAYS,                        // 如果存在就覆盖
    FILE_ATTRIBUTE_NORMAL,                // 普通文件
    NULL);                                // 没有模板
if(hFile == INVALID_HANDLE_VALUE)
{
    ... // 不能够打开文件
}
```

要关闭打开的文件，直接以 CreateFile 返回的文件句柄调用 CloseHandle 函数即可。

2．移动文件指针

系统为每个打开的文件维护一个文件指针，指定对文件的下一个读写操作从什么位置开始。随着数据的读出或写入，文件指针也随之移动。当文件刚被打开时，文件指针处于文件的头部。有时候需要随机读取文件内容，这就需要先调整文件指针，SetFilePointer 函数提供了这个功能，原型如下。

```
DWORD SetFilePointer (
        HANDLE hFile,                  // 文件句柄
        LONG lDistanceToMove,          // 要移动的距离
        PLONG lpDistanceToMoveHigh,    // 移动距离的高 32 位，一般设置为 NULL
        DWORD dwMoveMethod             // 移动的模式
        );
```

dwMoveMethod 参数指明了从什么地方开始移动，可以是下面的一个值：

- FILE_BEGIN　　　开始移动位置为 0，即从文件头部开始移动
- FILE_CURRENT　开始移动位置是文件指针的当前值

● FILE_END   开始移动位置是文件的结尾，即从文件尾开始移动

函数执行失败返回 −1，否则返回新的文件指针的位置。

文件指针也可以移动到所有数据的后面，比如现在文件的长度是 100 KB，但还是可以成功地将文件指针移动到 1000 KB 的位置。这样做可以达到扩展文件长度的目的。

SetEndOfFile 函数可以截断或者扩展文件。该函数移动指定文件的结束标志（End of File，EOF）到文件指针指向的位置。如果文件扩展，旧的 EOF 位置和新的 EOF 位置间的内容是未定义的。SetEndOfFile 函数的用法如下。

```
BOOL SetEndOfFile(HANDLE hFile );
```

截断或者扩展文件时，要首先调用 SetFilePointer 移动文件指针，然后再调用 SetFilePointer 函数设置新的文件指针位置为 EOF。

3．读写文件

读写文件的函数是 ReadFile 和 WriteFile，这两个函数既可以同步读写文件，又可以异步读写文件。而函数 ReadFileEx 和 WriteFileEx 只能异步读写文件。

从文件读取数据的函数是 ReadFile，向文件写入数据的函数是 WriteFile，操作的开始位置由文件指针指定。这两个函数的原型如下。

```
BOOL ReadFile(
    HANDLE hFile,                        // 文件句柄
    LPVOID lpBuffer,                     // 指向一个缓冲区，函数会将读出的数据返回到这里
    DWORD nNumberOfBytesToRead,          // 要求读入的字节数
    LPDWORD lpNumberOfBytesRead,         // 指向一个 DWORD 类型的变量，
                                         // 用于返回实际读入的字节数
    LPOVERLAPPED lpOverlapped            // 以便设为 NULL
);
BOOL WriteFile (hFile, lpBuffer, nNumberOfBytesToWrite, lpNumberOfBytesWritten, lpOverlapped);
```

当用 WriteFile 写文件时，写入的数据通常被 Windows 暂时保存在内部的高速缓存中，等合适的时候再一并写入磁盘。如果一定要保证所有的数据都已经被传送，可以强制使用 FlushFileBuffers 函数来清空数据缓冲区，函数的唯一参数是要操作的文件句柄。

```
BOOL FlushFileBuffers (HANDLE hFile );
```

4．锁定文件

当对文件数据的一致性要求较高时，为了防止程序在写入的过程中其他进程刚好在读取写入区域的内容，可以对已打开文件的某个部分进行加锁，这就可以防止其他进程对该区域进行读写。加锁和解锁的函数是 LockFile 和 UnlockFile，它们的原型如下。

```
BOOL   LockFile(
    HANDLE hFile,                        // 文件句柄
    DWORD dwFileOffsetLow,               // 加锁的开始位置
    DWORD dwFileOffsetHigh,
    DWORD nNumberOfBytesToLockLow,       // 加锁的区域的大小
    DWORD nNumberOfBytesToLockHigh
    );
UnlockFile ( hFile, dwFileOffsetLow, dwFileOffsetHigh,
         nNumberOfBytesToUnlockLow, nNumberOfBytesToUnlockHigh);
```

dwFileOffsetLow 和 dwFileOffsetHigh 参数组合起来指定了加锁区域的开始位置，nNumberOfBytesToLockLow 和 nNumberOfBytesToLockHigh 参数组合起来指定了加锁区域的大小。这两个参数都指定了一个 64 位的值，在 Win32 中，只使用 32 位就够了。

如果加锁文件的进程终止，或者文件关闭时还未解锁，操作系统会自动解除对文件的锁定。

但是，操作系统解锁文件花费的时间取决于当前可用的系统资源。因此，进程终止时最好显式地解锁所有已锁定的文件，以免造成这些文件无法访问。

8.1.2　获取文件信息

1．获取文件类型

Windows 下的许多对象都称之为文件，如果想知道一个文件句柄究竟对应什么对象，可以使用 GetFileType 函数，原型如下。

```
DWORD GetFileType(HANDLE hFile);
```

函数的返回值说明了文件类型，其可以是下面的任一个值。

- FILE_TYPE_CHAR　　　　指定文件是字符文件，通常是 LPT 设备或控制台
- FILE_TYPE_DISK　　　　指定文件是磁盘文件
- FILE_TYPE_PIPE　　　　指定文件是套接字，一个命名的或未命名的管道
- FILE_TYPE_UNKNOWN　　不能识别指定文件，或者函数调用失败

2．获取文件大小

如果确定操作的对象是磁盘文件，还可以使用 GetFileSize 函数取得这个文件的长度。

```
DWORD GetFileSize(
    HANDLE hFile,            // 文件句柄
    LPDWORD lpFileSizeHigh  // 用于返回文件长度的高字。可以指定这个参数为 NULL
);
```

函数执行成功将返回文件大小的低双字，如果 lpFileSizeHigh 参数不是 NULL，函数将文件大小的高双字放入它指向的 DWORD 变量中。

如果函数执行失败，并且 lpFileSizeHigh 是 NULL，返回值将是 INVALID_FILE_SIZE；如果函数执行失败，但 lpFileSizeHigh 不是 NULL，返回值是 INVALID_FILE_SIZE，进一步调用 GetLastError 会返回不为 NO_ERROR 的值。

如果返回值是 INVALID_FILE_SIZE，应用程序必须调用 GetLastError 来确定函数调用是否成功。原因是，当 lpFileSizeHigh 不为 NULL 或者文件大小为 0xffffffff 时，函数虽然调用成功了，但依然会返回 INVALID_FILE_SIZE。这种情况下，GetLastError 会返回 NO_ERROR 来响应成功。

3．获取文件属性

如果要查看文件或者目录的属性，可以使用 GetFileAttributes 函数，它会返回一系列 FAT 风格的属性信息。

```
DWORD GetFileAttributes(LPCTSTR lpFileName);    // lpFileName 指定了文件或者目录的名称
```

函数执行成功，返回值包含了指定文件或目录的属性信息，可以是下列取值的组合。

- FILE_ATTRIBUTE_ARCHIVE　　　文件包含归档属性
- FILE_ATTRIBUTE_COMPRESSED　文件和目录被压缩
- FILE_ATTRIBUTE_DIRECTORY　　这是一个目录
- FILE_ATTRIBUTE_HIDDEN　　　文件包含隐含属性
- FILE_ATTRIBUTE_NORMAL　　　文件没有其他属性
- FILE_ATTRIBUTE_READONLY　　文件包含只读属性
- FILE_ATTRIBUTE_SYSTEM　　　文件包含系统属性
- FILE_ATTRIBUTE_TEMPORARY T 文件是一个临时文件

这些属性对目录也同样适用。INVALID_FILE_ATTRIBUTES（0xFFFFFFFF）是函数执行失败后的返回值。

下面是快速检查某个文件或目录是否存在的自定义函数，可以将它用在自己的工程中。

```
BOOL FileExists(LPCTSTR lpszFileName, BOOL bIsDirCheck)
{
    // 试图取得文件的属性
    DWORD dwAttributes = GetFileAttributes(lpszFileName);
    if(dwAttributes == 0xFFFFFFFF)
        return FALSE;

    if((dwAttributes & FILE_ATTRIBUTE_DIRECTORY) == FILE_ATTRIBUTE_DIRECTORY)
    {
        if (bIsDirCheck)
            return TRUE;
        else
            return FALSE;
    }
    else
    {
        if (!bIsDirCheck)
            return TRUE;
        else
            return FALSE;
    }
}
```

第 2 个参数 bIsDirCheck 指定要检查的对象是目录还是文件。

与 GetFileAttributes 相对应的函数是 SetFileAttributes，这个函数用来设置文件属性。

```
BOOL SetFileAttributes(
    LPCTSTR lpFileName,          // 目标文件名称
    DWORD dwFileAttributes       // 要设置的属性值
);
```

8.1.3　常用文件操作

1．拷贝文件

拷贝文件的函数是 CopyFile 和 CopyFileEx，其作用都是复制一个存在的文件到一个新文件中。CopyFile 函数的用法如下。

```
BOOL CopyFile(
    LPCTSTR lpExistingFileName,   // 指定已存在的文件的名称
    LPCTSTR lpNewFileName,        // 指定新文件的名称
    BOOL bFailIfExists            // 如果指定的新文件存在是否按出错处理
);
```

CopyFileEx 函数的附加功能是允许指定一个回调函数，在拷贝过程中，函数每拷贝完一部分数据，就会调用回调函数。用户在回调函数中可以指定是否停止拷贝，还可以显示进度条来指示拷贝的进度。

2．删除文件

删除文件的函数是 DeleteFile，仅有的参数是要删除文件的名称。

```
BOOL DeleteFile(LPCTSTR lpFileName);
```

如果应用程序试图删除不存在的文件，DeleteFile 将执行失败。如果目标文件是只读的，函数也会执行失败，出错代码为 ERROR_ACCESS_DENIED。为了删除只读文件，先要去掉其

只读属性。

DeleteFile 函数可以标识一个文件为"关闭时删除"。因此，直到最后一个到此文件的句柄关闭之后，文件才会被删除。

下面的自定义函数 RecursiveDelete 示例了如何删除指定目录下的所有文件和子目录。

```
void RecursiveDelete(CString szPath)
{
        CFileFind ff;          // MFC 将查找文件的 API 封装到了 CFileFind 类。读者可参考下面的框架使用这个类
        CString strPath = szPath;

        // 说明要查找此目录下的所有文件
        if(strPath.Right(1) != "\\")
                strPath += "\\";
        strPath += "*.*";

        BOOL bRet;
        if(ff.FindFile(strPath))
        {
                do
                {
                        bRet = ff.FindNextFile();
                        if(ff.IsDots())    // 目录为"."或者".."？
                                continue;
                        strPath = ff.GetFilePath();
                        if(!ff.IsDirectory())
                        {
                                // 删除此文件
                                ::SetFileAttributes(strPath, FILE_ATTRIBUTE_NORMAL);
                                ::DeleteFile(strPath);
                        }
                        else
                        {

                                // 递归调用
                                RecursiveDelete(strPath);
                                // 删除此目录（RemoveDirectory 只能删除空目录）
                                ::SetFileAttributes(strPath, FILE_ATTRIBUTE_NORMAL);
                                ::RemoveDirectory(strPath);
                        }
                }
                while(bRet);
        }
}
```

用 DeleteFile 函数删除的文件不会被放到回收站，它们将永远丢失，所以请小心使用 RecursiveDelete 函数。

3．移动文件

移动文件的函数是 MoveFile 和 MoveFileEx 函数。它们的主要功能都是用来移动一个存在的文件或目录。MoveFile 函数用法如下。

```
BOOL MoveFile(
   LPCTSTR lpExistingFileName,    // 存在的文件或目录
   LPCTSTR lpNewFileName          // 新的文件或目录
);
```

当需要指定如何移动文件时，请使用 MoveFileEx 函数。

```
BOOL MoveFileEx(LPCTSTR lpExistingFileName, LPCTSTR lpNewFileName, DWORD dwFlags);
```

dwFlags 参数可以是下列值的组合。

● MOVEFILE_DELAY_UNTIL_REBOOT 　　函数并不马上执行，而是在操作系统下一次重新启动时才移动文件。在 AUTOCHK 执行之后，系统立即移动文件，这是在创建任何分页文件之前进行的。因此，这个值使函数能够删除上一次运行时使用的分页文件。只有拥有管理员权限的用户才可以使用这个值

● MOVEFILE_REPLACE_EXISTING 　　如果目标文件已存在的话，就将它替换掉

● MOVEFILE_WRITE_THROUGH 　　直到文件实际从磁盘移除之后函数才返回

如果指定了 MOVEFILE_DELAY_UNTIL_REBOOT 标记，lpNewFileName 参数可以指定为 NULL，这种情况下，当系统下一次启动时，操作系统会删除 lpExistingFileName 参数指定的文件。

8.1.4　检查 PE 文件有效性的例子

PE 文件格式是任何可执行模块或者 DLL 的文件格式，PE 文件以 64 字节的 DOS 文件头（IMAGE_DOS_HEADER 结构）开始，之后是一小段 DOS 程序，然后是 248 字节的 NT 文件头（IMAGE_NT_HEADERS 结构）。NT 文件头的偏移地址由 IMAGE_DOS_HEADER 结构的 e_lfanew 成员给出。

检查文件是不是有效 PE 文件的一个方法是检查 IMAGE_DOS_HEADER 和 IMAGE_NT_HEADERS 结构是否有效。IMAGE_DOS_HEADER 结构定义如下。

```
typedef struct _IMAGE_DOS_HEADER {
    WORD    e_magic;                // DOS 可执行文件标记，为 "MZ"。依此识别 DOS 头是否有效
    ...                             // 其他成员，没什么用途
    LONG    e_lfanew;               // IMAGE_NT_HEADERS 结构的地址
} IMAGE_DOS_HEADER, *PIMAGE_DOS_HEADER;
```

IMAGE_NT_HEADERS 结构定义如下。

```
typedef struct _IMAGE_NT_HEADERS {
    DWORD Signature;                // PE 文件标识，为 "PE\0\0"。依此识别 NT 文件头是否有效
    IMAGE_FILE_HEADER FileHeader;
    IMAGE_OPTIONAL_HEADER OptionalHeader;
} IMAGE_NT_HEADERS,
```

为了编程方便，Windows 为 DOS 文件标记和 PE 文件标记都定义了宏标识。

```
#define IMAGE_DOS_SIGNATURE             0x5A4D          // MZ
#define IMAGE_NT_SIGNATURE              0x00004550      // PE00
```

检查文件是否为 PE 文件的步骤如下。

（1）检验文件头部第一个字的值是否等于 IMAGE_DOS_SIGNATURE，是则说明 DOS MZ 头有效。

（2）一旦证明文件的 DOS 头有效后，就可用 e_lfanew 来定位 PE 头了。

（3）比较 PE 头的第一个字是否等于 IMAGE_NT_SIGNATURE。如果这个值也匹配，那么就认为该文件是一个有效的 PE 文件。

下面是验证 PE 文件有效性的代码，在配套光盘的 08ValidPE 工程下。

```
BOOL CMyApp::InitInstance()
{
    // 弹出选择文件对话框
    CFileDialog dlg(TRUE);
    if(dlg.DoModal() != IDOK)
        return FALSE;
```

```
// 打开检查的文件
HANDLE hFile = ::CreateFile(dlg.GetFileName(), GENERIC_READ,
        FILE_SHARE_READ, NULL, OPEN_EXISTING, FILE_ATTRIBUTE_NORMAL, NULL);
if(hFile == INVALID_HANDLE_VALUE)
            MessageBox(NULL, "无效文件！", "ValidPE", MB_OK);

// 定义 PE 文件中的 DOS 头和 NT 头
IMAGE_DOS_HEADER dosHeader;
IMAGE_NT_HEADERS32 ntHeader;

// 验证过程
BOOL bValid = FALSE;
DWORD dwRead;
// 读取 DOS 头
::ReadFile(hFile, &dosHeader, sizeof(dosHeader), &dwRead, NULL);
if(dwRead == sizeof(dosHeader))
{
    if(dosHeader.e_magic == IMAGE_DOS_SIGNATURE) // 是不是有效的 DOS 头
    {
        // 定位 NT 头
        if(::SetFilePointer(hFile, dosHeader.e_lfanew, NULL, FILE_BEGIN) != -1)
        {
            // 读取 NT 头
            ::ReadFile(hFile, &ntHeader, sizeof(ntHeader), &dwRead, NULL);
            if(dwRead == sizeof(ntHeader))
            {
                if(ntHeader.Signature == IMAGE_NT_SIGNATURE)  // 是不是有效的 NT 头
                    bValid = TRUE;
            }
        }
    }
}

// 显示结果
if(bValid)
    MessageBox(NULL, "是一个 PE 格式的文件！", "ValidPE", MB_OK);
else
    MessageBox(NULL, "不是一个 PE 格式的文件！", "ValidPE", MB_OK);
::CloseHandle(hFile);
return FALSE;
}
```

上述代码简单明确，先利用 Windows 定义的宏 IMAGE_DOS_SIGNATURE 判断 DOS 头，比较 DOS 头的 e_magic 字段；再通过 DOS 头的 e_lfanew 字段定位到 NT 头；最后检查 NT 头的 Signature 字段是不是 IMAGE_NT_SIGNATURE（即 "PE\0\0"）。

8.1.5　MFC 的支持（CFile 类）

CFile 是一个相当简单的封装了一部分文件 I/O 处理函数的类。它的成员函数用于打开和关闭文件、读写文件数据、删除和重命名文件、取得文件信息。它的公开成员变量 m_hFile 保存了与 CFile 对象关联的文件的文件句柄。一个受保护的 CString 类型的成员变量 m_strFileName 保存了文件的名称。成员函数 GetFilePath、GetFileName 和 GetFileTitle 能够用来提取整个或者部分文件名。比如，如果完整的文件名是 "C:\MyWork\File.txt"，GetFilePath 返回整个字符串，GetFileName 返回 "File.txt"，GetFileTitle 返回 "File"。

但是详述这些函数就会忽略 CFile 类的特色，这就是用来写数据到磁盘和从磁盘读数据的函数。下面简单介绍 CFile 类用法。

1．打开和创建文件

使用 CFile 类打开文件有两种方法。

（1）构造一个未初始化的 CFile 对象，调用 CFile::Open 函数。下面的部分代码使用这个技术以读写权限打开一个名称为 File.txt 的文件。

```
CFile file;
if(file.Open(_T ("File.txt"), CFile::modeReadWrite))
{
    // 打开文件成功
}
```

CFile::Open 函数的返回值是 BOOL 类型的变量。如果打开文件出错，用户还想进一步了解出错的原因，可以创建一个 CFileException 对象，传递它的地址到 Open 函数的第 3 个参数。

```
CFile file;
CFileException e;
if (file.Open(_T ("File.txt"), CFile::modeReadWrite, &e))
{
    // 打开文件成功
}
else
{
    // 打开文件失败，告诉用户原因
    e.ReportError();
}
```

如果打开失败，CFile::Open 函数会使用描述失败原因的信息初始化一个 CFileException 对象。ReportError 成员函数基于这个信息显示一个出错对话框。用户可以通过检查 CFileException 类的公有成员 m_cause 找到导致这个错误的原因。

（2）使用 CFile 类的构造函数。可以将创建文件对象和打开文件合并成一步，如下面代码所示。

```
CFile file(_T ("File.txt"), CFile::modeReadWrite);
```

如果文件不能被打开，CFile 的构造函数会抛出一个 CFileException 异常。因此，使用 CFile::CFile 函数打开文件的代码通常使用 try 和 catch 块来捕获错误。

```
try
{
    CFile file(_T ("File.txt"), CFile::modeReadWrite);
}
catch(CFileException* e)
{
    // 出错了！
    e->ReportError();
    e->Delete();
}
```

删除 MFC 抛出的异常是程序写作者的责任，所以在程序中处理完异常之后要调用异常对象的 Delete 函数。

为了创建一个文件而不是打开一个存在的文件，要在 CFile::Open 或者 CFile 构造函数的第 2 个参数中包含上 CFile::modeCreate 标记，如下代码所示。

```
CFile file(_T("File.txt"), CFile::modeReadWrite | CFile::modeCreate);
```

如果以这种方式创建的文件存在，它的长度会被截为 0。为了在文件不存在时创建它，存在的时候仅打开而不截去，应再包含上 CFile::modeNoTruncate 标记，如下面代码所示。

```
CFile file(_T("File.txt"), CFile::modeReadWrite | CFile::modeCreate | CFile::modeNoTruncate);
```

默认情况下，由 CFile::Open 或 CFile::CFile 打开的文件使用的是独占模式，即 CreateFile API 中的第 3 个参数 dwShareMode 被设为了 0。如果需要，在打开文件时也可以指定一个共享模式，以明确同意其他访问此文件的操作。4 个可以选择的共享模式如下所述。

- CFile::shareDenyNone 　　　不独占这个文件
- CFile::shareDenyRead 　　　拒绝其他代码对这个文件进行读操作
- CFile::shareDenyWrite 　　　拒绝其他代码对这个文件进行写操作
- CFile::shareExclusive 　　　拒绝其他代码对这个文件进行读和写操作（默认）

另外，还可以指定下面 3 个对象访问类型中的一个。

- CFile::modeReadWrite 　　　请求读写访问
- CFile::modeRead 　　　　　仅请求读访问
- CFile::modeWrite 　　　　　仅请求写访问

常用的做法是允许其他程序以只读方式打开文件，但是拒绝它们写入数据。

```
CFile file(_T("File.txt"), CFile::modeReadWrite | CFile::modeCreate | CFile::modeNoTruncate);
```

如果在上面的代码执行之前，文件已经以可写的方式打开了，这个调用将会失败，CFile 类会抛出 CFileException 异常，异常对象的 m_cause 成员等于 CFileException::sharingViolation。

CFile 类的成员函数 Close 会调用 CloseHandle API 关闭应用程序打开的文件对象句柄。如果句柄没有关闭，类的析构函数也会调用 Close 函数关闭它。显式调用 Close 函数一般都是为了关闭当前打开的文件，以便使用同样的 CFile 对象打开另一个文件。

2. 读写文件

CFile 类中从文件中读取数据的成员函数是 Read。例如，下面的代码申请了一块 4 KB 大小的文件 I/O 缓冲区，每次从文件读取 4 KB 大小的数据。

```
BYTE buffer[4096];
CFile file (_T("File.txt"), CFile::modeRead);
DWORD dwBytesRemaining = file.GetLength();
while(dwBytesRemaining)
{
    UINT nBytesRead = file.Read(buffer, sizeof(buffer));
    dwBytesRemaining -= nBytesRead;
}
```

文件中未读取的字节数保存在 dwBytesRemaining 变量里，此变量由 CFile::GetLength 返回的文件长度初始化。每次调用 Read 之后，从文件中读取的字节数（nBytesRead）会从 dwBytesRemaining 变量里减去。直到 dwBytesRemaining 为 0 整个 while 循环才结束。

CFile 类还提供了 Write 成员函数向文件写入数据，Seek 成员函数移动文件指针，它们都和相关 API 一一对应。可以通过跟踪程序的执行来查看这些函数的实现代码。

8.2　驱动器和目录

Windows 中的文件组织采用分层结构。计算机上可以安装多个物理驱动器，每个物理磁盘又可以分成多个主分区和扩展分区，一个主分区就是一个逻辑驱动器，而扩展分区又可以创建多个逻辑驱动器。所以电脑上可以有 C 盘、D 盘等多个逻辑驱动器。

Windows 2000 新的磁盘结构的基本单位是"卷（Volume）"，与分区相比，卷可以跨越多个物理磁盘。对于每个卷（逻辑驱动器），可以给它取一个标号，叫作"卷标（volume label）"，卷标作为一个目录项被存放在驱动器的根目录中。根目录是驱动器的顶层目录，它下面可以包含多个文件和下层子目录。

本节主要介绍操作逻辑驱动器和驱动器中目录的函数。

8.2.1 驱动器操作

1．卷标操作

设置驱动器卷标的函数是 SetVolumeLabel，用法如下。

```
BOOL SetVolumeLabel(
    LPCTSTR lpRootPathName, // 目标逻辑驱动器根目录名称。如果要设置 C 盘卷标，应指定为 "C:\"
    LPCTSTR lpVolumeName    // 要设置的卷标名称。如果为 NULL，函数删除卷标
);
```

如果 lpRootPathName 参数设为 NULL，则说明要设置当前目录所在驱动器的卷标。

获取驱动器的卷标可以使用 GetVolumeInformation 函数，它还可以返回逻辑驱动器的序列号、文件系统类型等信息，用法如下。

```
BOOL GetVolumeInformation(
    LPCTSTR lpRootPathName,         // 目标逻辑驱动器根目录名称。如果要检测 C 盘信息，应指定为 "C:\"
    LPTSTR lpVolumeNameBuffer,      // 用来取得驱动器卷标的缓冲区，长度有下面的 nVolumeNameSize 参数指定
    DWORD nVolumeNameSize,
    LPDWORD lpVolumeSerialNumber,   // 用来取得驱动器序列号的双字变量地址
    LPDWORD lpMaximumComponentLength, // 函数在这里返回文件系统所支持的文件名的最大长度
    LPDWORD lpFileSystemFlags,      // 函数在这里返回指定驱动器的属性信息
    LPTSTR lpFileSystemNameBuffer,  // 函数在这里返回文件系统名称，如 "FAT" 或者 "NTFS"，
                                    // 长度有下面的 nFileSystemNameSize 参数指定
    DWORD nFileSystemNameSize
);
```

逻辑驱动器的序列号是在格式化驱动器时，操作系统随机分配的一个 GUID（Globally Unique Identifier，全局唯一的标识），用于标识卷。

2．检测逻辑驱动器

要检测当前系统中有哪些可用的逻辑驱动器可以使用 GetLogicalDrives 函数，原型如下。

```
DWORD GetLogicalDrives(void);
```

此函数没有参数，它的返回值是一个位掩码，用来描述当前可用的逻辑驱动器。第 0 位（最低位）代表驱动器 A，第 1 位代表驱动器 B，第 2 位代表驱动器 C，依此类推。如果某一位的值为 1，则说明此位对应的驱动器可用，反之则不可用。

如果认为对 GetLogicalDrives 函数的返回值进行位测试比较麻烦，可以使用另一个函数 GetLogicalDriveStrings，这个函数以字符串的形式返回系统内可用驱动器列表，原型如下。

```
DWORD GetLogicalDriveStrings(
    DWORD nBufferLength,  // 下面的 lpBuffer 参数所指缓冲区的长度
    LPTSTR lpBuffer       // 函数在这里以字符串形式返回所有可用的驱动器，
);                        // 字符串格式为 "A:\", 0, "B:\", "C:\", 0, 0。字符串列表以一个附加的 0 结束
```

函数执行成功，返回值是拷贝到缓冲区的字符串长度。如果用户提供的缓冲区不够用，函数返回实际需要的缓冲区长度。如果执行失败，函数返回 0。

获取逻辑驱动器分布之后，有时还有必要了解某个驱动器的类型。GetDriveType 函数用来

决定磁盘是可移动存储设备、固定盘、光盘还是内存虚拟盘或者网络硬盘，原型如下。

```
UINT GetDriveType(
    LPCTSTR lpRootPathName        // 要检测的逻辑驱动器的根目录，如 "C:\" 等
);
```

函数的返回值说明了驱动器的类型，可以是下列取值之一。

- DRIVE_UNKNOWN　　　无法识别此驱动器（此值定义为：0）
- DRIVE_NO_ROOT_DIR　指定的根目录无效（此值定义为：1）
- DRIVE_REMOVABLE　　可移动存储设备
- DRIVE_FIXED　　　　固定盘，如硬盘中的逻辑驱动器
- DRIVE_REMOTE　　　网络硬盘，如网络上映射的驱动器
- DRIVE_CDROM　　　　光盘
- DRIVE_RAMDISK　　　内存虚拟盘

写软件时经常需要检测逻辑驱动器的剩余空间，这可以使用 GetDiskFreeSpace 函数实现。

```
BOOL GetDiskFreeSpace(
    LPCTSTR lpRootPathName,          // 要检测的逻辑驱动器的根目录，如 "C:\" 等
    LPDWORD lpSectorsPerCluster,     // 用于返回每簇的扇区数
    LPDWORD lpBytesPerSector,        // 用于返回每扇区的字节数
    LPDWORD lpNumberOfFreeClusters,  // 用于返回未使用的簇的数量
    LPDWORD lpTotalNumberOfClusters  // 用于返回驱动器中簇的总数
);
```

驱动器总容量的计算公式为：簇总数×每簇扇区数×每扇区的字节数；驱动器中空闲容量的计算公式为：未使用的簇×每簇扇区数×每扇区的字节数。

3．格式化驱动器

格式化逻辑驱动器的函数是 SHFormatDrive。这是一个外壳函数（Windows 界面操作环境称之为外壳），从 shell32.dll 库中导出，使用时应包含头文件 shlobj.h。调用 SHFormatDrive 后会弹出一个格式化对话框，函数用法如下。

```
DWORD SHFormatDrive(
    HWND hwnd,       // 为格式化对话框指定父窗口句柄
    UINT drive,      // 要格式化的驱动器。0 代表 A 盘，1 代表 B 盘，依次类推
    UINT fmtID,      // 物理格式标识，仅有一个值可用：SHFMT_ID_DEFAULT
    UINT options     // 用于改变对话框的默认选项。0 表示默认，SHFMT_OPT_FULL 表示选中 "快速格式
);                   // 化" 选项，SHFMT_OPT_SYSONLY 表示选中 "创建一个 MS-DOS 启动盘" 选项
```

函数的返回值是最后一次成功格式化的磁盘标识，或者是下列取值之一。

- SHFMT_ERROR　　　上次格式化出错，磁盘可能被格式化
- SHFMT_CANCEL　　 格式化被取消
- SHFMT_NOFORMAT　不能进行磁盘格式化

实际的格式化操作由对话框界面控制，只有在用户单击 "开始" 按钮之后，格式化操作才开始。例如，下面的代码将弹出外壳的格式化对话框，如图 8.1 所示，为格式化驱动器 C 做准备。

```
SHFormatDrive(hMainWnd, 2, SHFMT_ID_DEFAULT, 0);
```

SHFormatDrive 函数要求操作系统至少为 Windows 2000。在 VC++ 6.0 中调用时，必须使用 Windows 2000 以上的 SDK 才能通过编译。如果没有更新 SDK，则应当调用 LoadLibrary 和 GetProc

图 8.1　格式化 C 盘对话框

Address 之类的函数动态获取这个函数的地址（下一章再详细讨论）。

8.2.2　目录操作

创建目录的函数是 CreateDirectory，用法如下。

```
BOOL CreateDirectory(
    LPCTSTR lpPathName,                      // 指定要创建的目录
    LPSECURITY_ATTRIBUTES lpSecurityAttributes // 指定目录的安全属性。如果为 NULL 的话则为默认
);
```

这个函数仅能创建一层目录，如果想创建多层目录的话，必须循环调用它。下面的自定义函数 MakeSureDirectoryPathExists 实现了创建多层目录的功能。

```
BOOL MakeSureDirectoryPathExists(LPCTSTR lpszDirPath)        // lpszDirPath 为要创建的目录，如 "C:\dir1\dir2"
{
    CString strDirPath = lpszDirPath;
    int nPos = 0;
    while((nPos = strDirPath.Find('\\', nPos+1)) != -1)
    {
        ::CreateDirectory(strDirPath.Left(nPos), NULL);
    }
    return ::CreateDirectory(strDirPath, NULL);
}
```

删除目录的函数是 RemoveDirectory，它只能用来删除存在的空目录。

```
BOOL RemoveDirectory(LPCTSTR lpPathName);
```

8.3　使用注册表

注册表在系统配置和系统控制方面扮演着非常重要的角色，它是操作系统和用户应用程序的设置仓库。注册表可能是存储在磁盘上的静态数据，也可能是一系列由 Windows 内核负责维护的内存中的数据。本节将简要介绍注册表的结构，详细讨论操作注册表的方法。

8.3.1　注册表的结构

注册表是一个数据库，它的结构同逻辑磁盘类似。注册表包含键（Key），它类似磁盘中的目录，注册表还包含键值（Value），它类似磁盘中的文件。一个键可以包含多个子键和键值，其中键值用于存储数据。顶层键称为根键。本节不对键和子键加以区分（仅根键不是子键）。

注册表共有 6 个根键，它们分别存储下列信息。

- HKEY_CURRENT_USER　　　存储与当前登录用户相关的信息
- HKEY_CURRENT_USER　　　存储机器上所有账户的信息
- HKEY_CLASSES_ROOT　　　存储文件关联和 COM（Component Object Model，组件对象模型）对象注册信息
- HKEY_LOCAL_MACHINE　　存储系统相关信息
- HKEY_PERFORMANCE_DATA 存储性能信息
- HKEY_CURRENT_CONFIG　存储硬件配置信息

键值存储不同的数据类型，最常用的有以下 3 种。

- REG_DWORD　　　双字型变量。可以存储数字或者布尔型变量

- REG_BINARY　　　二进制数据。可以存储长度超过 32 位的数字和原始数据，比如加密密码
- REG_SZ　　　　　字符串变量

为了更清楚地了解键和键值的关系及用途，可以运行 Windows 自带的注册表编辑器程序 Regedit.exe，看看注册表的结构。按快捷键<Windows 键>＋R 打开"运行"对话框，在打开窗口输入"regedit"，单击"确定"按钮，将打开注册表编辑器 Regedit，如图 8.2 所示。

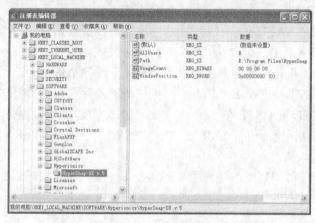

图 8.2　注册表的结构

8.3.2　管理注册表

1．打开和关闭子键

读写注册表之前，必须先将目标子键打开，取得这个键对应的句柄。完成这项操作的函数是 RegCreateKeyEx。除了打开已存在的子键外，这个函数也可以创建不存在的子键。如果被创建子键的上层键不存在，则同时创建上层子键。函数用法如下。

```
LONG RegCreateKeyEx(
    HKEY hKey,                          // 指定父键的句柄
    LPCTSTR lpSubKey,                   // 要打开的子键名称，这个子键必须是 hKey 参数指定键的子键
    DWORD Reserved,                     // 保留，必须为 0
    LPTSTR lpClass,                     // 定义一个类名，一般为 0
    DWORD dwOptions,                    // 创建子键时的选项
    REGSAM samDesired,                  // 指定子键的打开方式
    LPSECURITY_ATTRIBUTES lpSecurityAttributes, // 指定键句柄的继承性
    PHKEY phkResult,                    // 指向一个双字变量，用于返回创建或者打开的子键的句柄
    LPDWORD lpdwDisposition             // 作为输入时指定子键不存在时，是否要创建子键；作为输出时，
);                                      // 返回值指定到底是创建了新键，还是打开了存在的键，可以设为 NULL
```

（1）hKey 参数是一个打开的键的句柄。此句柄必须是由 RegCreateKeyEx 或 RegOpenKeyEx 函数（用于打开子键的另一个函数）返回的，或者是上一小节预定义的几个根键句柄之一，如 HKEY_LOCAL_MACHINE。

（2）dwOptions 参数是创建子键时的选项，它可以是下列取值之一。

- REG_OPTION_NON_VOLATILE　　　这是默认值。信息被保存到文件中，系统重启时被保留
- REG_OPTION_VOLATILE　　　　　创建易失性子键，子键被保存在内存中，系统重启时子键消失。Windows 9x 不支持这个选项

（3）samDesired 参数指定了子键的打开方式，根据需要可以使用下列取值的组合。只有指定了打开方式，才能对打开的子键进行相应的操作。

- KEY_ALL_ACCESS 允许所有的存取
- KEY_CREATE_LINK 允许建立符合列表
- KEY_CREATE_SUB_KEY 允许建立下一层子键
- KEY_ENUMERATE_SUB_KEYS 允许枚举下一层子键
- KEY_EXECUTE 允许读操作
- KEY_QUERY_VALUE 允许查询键值数据
- KEY_SET_VALUE 允许修改或创建数据值

最后一个参数用于指定和返回部属信息，可能是下面两个值之一。

- REG_CREATED_NEW_KEY 指定的键不存在，函数将它创建
- REG_OPENED_EXISTING_KEY 指定的键存在，函数将它打开

如果函数执行成功，返回值是 ERROR_SUCCESS，并且在 phkResult 参数指向的变量中返回打开的子键句柄。

当不再需要使用子键句柄时，要使用 RegCloseKey 函数将它关闭。

```
LONG RegCloseKey(HKEY hKey);
```

2. 创建和删除子键

创建子键的函数是 RegCreateKeyEx，删除子键的函数是 RegDeleteKey。

```
LONG RegDeleteKey(
  HKEY hKey,            // 要删除的键的父键句柄
  LPCTSTR lpSubKey     // 要删除的子键的名称
);
```

只有所有到指定子键的句柄都关闭以后，这个子键才会被删除。

要删除的子键必须没有子键，也就是说它必须是最后一层子键。比如注册表中存在一个子键"HKEY_LOCAL_MACHINE\Key1\Key2"，如果 hKey 指定为 HKEY_LOCAL_MACHINE，lpSubKey 指定为"Key1\Key2"，这个函数仅删除 Key2 子键，不会连同 Key1 一同删除。

注意，在 Windows 9x 下，这个函数会删除所有下层子键和键值。

3. 键值操作

在指定子键下，设置键值内容和创建键值的函数都是 RegSetValueEx，用法如下。

```
LONG RegSetValueEx(
  HKEY hKey,              // 键值所在子键的子键句柄
  LPCTSTR lpValueName,    // 要设置的键值名称
  DWORD Reserved,         // 保留，必须为 0
  DWORD dwType,           // 要设置的键值的数据类型
  const BYTE* lpData,     // 指向包含键值数据的缓冲区
  DWORD cbData            // lpData 参数指向的缓冲区的长度
);
```

dwType 参数指定了要设置的键值的数据类型，它可以是下面的取值之一。

- REG_BINARY 任意结构的二进制数据
- REG_DWORD 32 位的双字
- REG_EXPAND_SZ 扩展字符串。可以包含未展开的环境变量，例如"%PATH%"等
- REG_MULTI_SZ 字符串数组，格式为"string1\0string2\0string3\0laststring\0\0"
- REG_SZ 普通 UNICODE 字符串

读取键值数据类型和数据内容的函数是 RegQueryValueEx，用法如下。

```
LONG RegQueryValueEx(
    HKEY hKey,                 // 键值所在子键的子键句柄
    LPCTSTR lpValueName,       // 键值名称
    LPDWORD lpReserved,        // 保留，必须为 0
    LPDWORD lpType,            // 返回键值的数据类型
    LPBYTE lpData,             // 返回键值的数据内容
    LPDWORD lpcbData           // 指定 lpData 参数指向的缓冲区的长度，
);                             // 函数也在这里返回复制到 lpData 中的数据长度
```

如果仅需要查询键值中数据的长度而不需要返回实际的数据，可以将 lpData 参数设置为 NULL，但是 lpcbData 参数不能是 NULL，这时函数会在 lpcbData 参数指向的双字变量中返回键值数据的长度。但如果想查询键值的类型，也可以同时将 lpcbData 和 lpData 参数设置为 NULL。

读取键值数据时，可以两次调用 RegQueryValueEx 函数，第一次调用是为了查询键值数据类型，如果类型符合要求就再次调用这个函数读出实际数据。

删除键值的函数是 RegDeleteValue，用法如下。

```
LONG RegDeleteValue(
    HKEY hKey,                 // 键值所在子键的子键句柄
    LPCTSTR lpValueName        // 要删除的键值的名称
);
```

以上这 3 个函数调用成功后的返回值都是 ERROR_SUCCESS。

8.3.3 注册表 API 应用举例（设置开机自动启动）

注册表键值定义的资料一般都要靠自己平时收集整理，这里仅举一个简单的例子来演示注册表函数的使用方法。

Windows 在启动并执行登录操作后，会将 HKEY_LOCAL_MACHINE\Software\Microsoft\Windows\CurrentVersion\Run 子键下的所有键值项枚举一遍，并将所有 REG_SZ 类型的键值项中的数据当作一个文件名自动执行，所以在这个子键下设置一个键值项，让它的键值数据是某个文件名字符串，就可以让 Windows 启动后自动运行这个文件。

Windows 只关心键值数据，并不关心键值名称，所以在设置的时候只要保证键值名称是唯一的就可以了。下面的代码可以用来将程序本身设置为自动运行。

```
int main(int argc, char* argv[])   // 09 SelfRun 工程下
{
    // 根键、子键名称和到子键的句柄
    HKEY hRoot = HKEY_LOCAL_MACHINE;
       char *szSubKey = "Software\\Microsoft\\Windows\\CurrentVersion\\Run";
    HKEY hKey;

    // 打开指定子键
    DWORD dwDisposition = REG_OPENED_EXISTING_KEY;       // 如果不存在不创建
    LONG lRet = ::RegCreateKeyEx(hRoot, szSubKey, 0, NULL,
                REG_OPTION_NON_VOLATILE, KEY_ALL_ACCESS, NULL, &hKey, &dwDisposition);
    if(lRet != ERROR_SUCCESS)
        return -1;

    // 得到当前执行文件的文件名（包含路径）
    char szModule[MAX_PATH] ;
    ::GetModuleFileName (NULL, szModule, MAX_PATH);
```

```
    // 创建一个新的键值, 设置键值数据为文件名
    lRet = ::RegSetValueEx(hKey, "SelfRunDemo", 0, REG_SZ, (BYTE*)szModule, strlen(szModule));
    if(lRet == ERROR_SUCCESS)
    {
        printf(" 自动启动设置成功! \n");
    }

    // 关闭子键句柄
    ::RegCloseKey(hKey);
    getchar();
    return 0;
}
```

GetModuleFileName 函数可以取得指定模块的磁盘镜像文件名（包含路径），当传给它的句柄（第一个参数）为 NULL 时，该函数就取得主模块的文件名。

程序执行成功后，再重新启动电脑时，Windows 将自动启动此程序。

8.3.4　ATL 库的支持（CRegKey 类）

每次都用 API 函数读写注册表比较麻烦，因此很多人都试图将操作注册表的 API 函数封装到一个类里面。其实在 VC++环境中，Microsoft 已经提供了一个操作注册表的类 CRegKey。CRegKey 不是 MFC 类，而是一个 ATL 类，它定义在 atlbase.h 文件中，使用时应该包含此头文件。CRegKey 类中几个常用的成员函数描述如下。

（1）打开存在的注册表键值。

```
LONG Open(HKEY hKeyParent, LPCTSTR lpszKeyName, REGSAM samDesired = KEY_READ | KEY_WRITE);
```

（2）创建新的注册表键值，如果该键值已经存在，则打开这个键值。

```
LONG Create(HKEY hKeyParent, LPCTSTR lpszKeyName,
            LPTSTR lpszClass = REG_NONE, DWORD dwOptions = REG_OPTION_NON_VOLATILE,
            REGSAM samDesired = KEY_READ | KEY_WRITE,
            LPSECURITY_ATTRIBUTES lpSecAttr = NULL,
            LPDWORD lpdwDisposition = NULL);
```

（3）获取注册表中指定键值的数据。

```
LONG QueryValue(DWORD& dwValue, LPCTSTR lpszValueName);                        // 双字类型
LONG QueryValue(LPTSTR szValue, LPCTSTR lpszValueName, DWORD* pdwCount);       // 字符串类型
LONG QueryValue(LPCTSTR pszValueName, DWORD* pdwType, void* pData, ULONG* pnBytes);  // 任意类型
```

（4）设置、创建、删除键值数据。

```
LONG SetValue(DWORD dwValue, LPCTSTR lpszValueName);            // 设置键值数据, 如果不存在则创建之
LONG SetValue(LPCTSTR lpszValue, LPCTSTR lpszValueName = NULL);
LONG DeleteValue (LPCTSTR lpszValue);                          // 删除指定键值项
```

（5）将注册表数据立即写入磁盘。

```
LONG Flush();  // Windows 并不一定会将注册表数据写入磁盘, 可能在几分钟之后才会写
               // 如果需要立即写入磁盘, 则必须手动调用该函数。此函数对应的 API 函数是 RegFlushKey
```

8.4　内存映射文件

与虚拟内存相似，内存映射文件保留了一个地址空间区域，在需要时将它提交到物理存储器。它们之间的不同点是内存映射文件提交到物理存储器的数据来自磁盘上相应的文件，而不是系统页文件。一旦文件被映射，就可以认为整个文件被加载到了内存中，可以像访问内存一

样访问文件的内容。

使用内存映射文件的目的有 3 个。

（1）系统使用内存映射文件来加载和执行.EXE 和 DLL 文件。这极大地节省了系统页文件空间，也缩短了启动应用程序所需的时间。

（2）使用内存映射文件访问磁盘上的数据。这既避免了对文件执行文件 I/O（输入/输出）操作，也避免了为文件的内容申请缓冲区。

（3）使用内存映射文件在多个进程间共享数据。Windows 也提供了其他进程间通信的方法——但是这些方法都是使用内存映射文件实现的，所以内存映射文件是最有效的方法。

本节将具体介绍内存映射文件在编程过程中的应用。

8.4.1　内存映射文件相关函数

内存映射文件的函数包括 CreateFileMapping、OpenFileMapping、MapViewOfFile、Unmap ViewOfFile 和 FlushViewOfFile。

使用内存映射文件可以分为两步。第一步是使用 CreateFileMapping 创建一个内存映射文件内核对象，告诉操作系统内存映射文件需要的物理内存大小。这个步骤决定了内存映射文件的用途——究竟是为磁盘上的文件建立内存映射还是为多个进程共享数据建立共享内存。CreateFileMapping 函数可以创建或者打开一个命名的或未命名的映射文件对象，用法如下。

```
HANDLE CreateFileMapping(
    HANDLE hFile,                            // 一个文件的句柄
    LPSECURITY_ATTRIBUTES lpAttributes,      // 定义内存映射文件对象是否可以继承
    DWORD flProtect,                         // 该内存映射文件的保护类型
    DWORD dwMaximumSizeHigh,                 // 内存映射文件的长度
    DWORD dwMaximumSizeLow,
    LPCTSTR lpName                           // 内存映射文件的名字
);
```

函数的第一个参数 hFile 指定要映射的文件的句柄，如果这是一个已经打开的文件的句柄（CreateFile 函数的返回值），那么将建立这个文件的内存映射文件；如果这个参数是–1，那么将建立共享内存。

第 3 个参数 flProtect 指定内存映射文件的保护类型，它的取值可以是 PAGE_ READONLY（内存页面是只读的）或 PAGE_READWRITE（内存页面可读写）。

dwMaximumSizeHigh 和 dwMaximumSizeLow 参数组合指定了一个 64 位的内存映射文件的长度。一种简单的方法是将这两个参数全部设置位 0，那么内存映射文件的大小将与磁盘上的文件相一致。

如果创建的是共享内存，其他进程不能再使用 CreateFileMapping 函数去创建同名的内存映射文件对象，而要使用 OpenFileMapping 函数去打开已创建好的对象，函数用法如下。

```
HANDLE OpenFileMapping(
    DWORD dwDesiredAccess,      // 指定保护类型
    BOOL bInheritHandle,        // 返回的句柄是否可被继承
    LPCTSTR lpName              // 创建对象时使用的名字
);
```

dwDesiredAccess 参数指定的保护类型有 FILE_MAP_WRITE 和 FILE_MAP_READ，分别为可写属性和可读属性。

如果 CreateFileMapping 和 OpenFileMapping 函数执行成功，返回的是内存映射文件句柄；

如果函数执行失败则返回 NULL。

使用内存映射文件的第二步是映射文件映射对象的全部或者一部分到进程的地址空间。可以认为该操作是为文件中的内容分配线性地址空间，并将线性地址和文件内容对应起来。完成这项操作的函数是 MapViewOfFile，它的用法如下。

```
LPVOID MapViewOfFile(
    HANDLE hFileMappingObject,          // 前两个函数返回的内存映射文件对象的句柄
    DWORD dwDesiredAccess,              // 指定保护类型，可以是 FILE_MAP_WRITE、FILE_MAP_READ
    DWORD dwFileOffsetHigh,             // 从文件的那个地址开始映射
    DWORD dwFileOffsetLow,
    SIZE_T dwNumberOfBytesToMap         // 要映射的字节数，如果指定为 0 则映射整个文件
);
```

如果映射成功，函数返回映射视图的内存地址；失败则返回 NULL。

当不使用内存映射文件时，可以通过 UnmapViewOfFile 函数撤销映射并使用 CloseHandle 函数关闭内存映射文件的句柄。

```
BOOL UnmapViewOfFile (LPCVOID lpBaseAddress );
```

如果修改了映射视图中的内存，系统会在试图撤销映射或文件映射对象被删除时自动将数据写到磁盘上，但程序也可以根据需要将视图中的数据立即写到磁盘上，完成该功能的函数是 FlushViewOfFile。

```
BOOL FlushViewOfFile(
    LPCVOID lpBaseAddress,              // 开始的地址
    SIZE_T dwNumberOfBytesToFlush       // 数据块的大小
);
```

8.4.2 使用内存映射文件读 BMP 文件的例子

内存映射文件的功能之一是将磁盘上的整个文件读入内存，应用程序直接访问这块内存就相当于访问文件的内容了。这对于从比较大的文件中读取信息来说相当方便。比如，要将磁盘上的 BMP 文件（位图文件）读入内存，并在屏幕上将它显示出来，就必须分析 BMP 文件的文件结构，此时可以首先使用内存映射文件把整个 BMP 文件读入内存，然后再访问这个内存块。使用内存映射文件读文件的过程如下。

（1）调用 CreateFile 函数打开想要映射的文件，得到文件句柄 hFile。

（2）调用 CreateFileMapping 函数，并传入文件句柄 hFile，为该文件创建一个内存映射内核对象，得到内存映射文件句柄 hMap。

（3）调用 MapViewOfFile 函数映射整个文件到内存。该函数返回文件映射到内存后的内存地址。使用指向这个地址的指针就可以读取文件中的内容了。

（4）调用 UnmapViewOfFile 函数来解除文件映射。

（5）调用 CloseHandle 函数关闭内存映射文件对象，必须传入内存映射文件句柄 hMap。

（6）调用 CloseHandle 函数关闭文件对象，必须传入文件句柄 hFile。

下面是一个浏览 BMP 文件的例子（08ReadBMP 工程下），运行效果如图 8.3 所示。单击菜单命令"文件/打开"，这个程序允许用户打开任意的 BMP 文件，将它显示在窗口的客户区。

BMP 文件又称位图文件，它是存储在电脑上的未经压缩的图片。因为它没有被压缩，所以 BMP 文件显示出来的图像是最清晰的，其他格式的图片文件基本都是在 BMP 文件基础上压缩得到的。在图像识别和图像处理等领域，BMP 文件是最重要的。

图 8.3　读取磁盘中的 BMP 文件

从磁盘上读取 BMP 文件显示给用户的过程如下。

（1）建立与应用程序窗口相兼容的内存 DC，建立一个与磁盘 BMP 文件大小相同的、与窗口客户区 DC 兼容的内存 Bitmap（位图）。

（2）将这个内存 Bitmap 选入到内存 DC 中，这样应用程序就可以在内存 DC 上进行绘图操作了。

（3）通过分析 BMP 文件的格式（文件头结构和信息头结构），将这个 BMP 文件画到内存 DC 中。

（4）最后在窗口处理 WM_PAINT 消息时将内存 DC 复制到客户区 DC 中。

下面分别来讲述各部分的实现过程，本书给出最终的源程序代码。

1. 创建内存 DC 和内存 Bitmap（位图）

CreateComaptibleDC 函数用于创建一个与指定设备环境兼容的内存设备环境。

```
HDC CreateCompatibleDC(HDC hdc);    // hdc 参数为一个存在的设备环境句柄
```

CreateComaptibleDC 函数创建了一个与指定的 DC 兼容的内存 DC。参数中的 hdc 只是个参考 DC，该函数创建这个 DC 的内存映像。

内存 DC 仅仅存在在内存中。当内存 DC 刚被创建时，它仅有黑白两色。在应用程序使用内存 DC 进行绘图操作时，它必须首先选入一个位图到这个 DC 中。进行这个操作的函数是 CreateCompatibleBitmap，它创建了一个与指定设备环境兼容的位图。这个位图能够被选入到任何的内存 DC 中。函数用法如下所示。

```
HBITMAP CreateCompatibleBitmap(
    HDC hdc,          // 参考 DC 的设备环境句柄，必须与 CreateCompatibleDC 函数使用的参考句柄相兼容
    int nWidth,       // 位图的宽度
    int nHeight       // 位图的高度
);
```

CreateCompatibleBitmap 函数创建的位图的颜色格式与参考 DC 的格式相同。它的返回值是位图句柄，可以使用 SelectObject 函数选入此句柄到上面创建的内存 DC 中。

2. 在 DC 间复制图像

在内存 DC 上绘制完图形之后，为了向用户显示，程序可以调用 BitBlt 函数把内存 DC 上的位图复制到真正的 DC 中。这就是在屏幕上快速显示图像的双缓冲技术（可以减少图像抖动）。

BitBlt 是一个重要的块传送操作函数。块传送指把源位置中的数据块按照指定的方式传送到目的位置中。把内存中的位图复制到窗口客户区以及在不同的 DC 间复制图形数据都要用到块传送操作。下面举例说明 BitBlt 函数的用法。

在一个窗口程序中，用下面的代码响应 **WM_PAINT** 消息，将把窗口左上角的图标，复制到客户区。

```
void CMainWindow::OnPaint()
{
    CPaintDC dcClient(this);      // 客户区 DC      （目标 DC）
    CWindowDC dcWindow(this);// 整个窗口 DC    （源 DC）

    // 将窗口左上角 30×30 大小的图像拷贝到客户区
    ::BitBlt(
        dcClient,       // hdcDst          目标 DC
        10,             // xDst            指定目标 DC 中接受图像的起始位置（xDst, yDst）
        10,             // yDst
        30,             // cx              欲传输图像的宽度（cx）和高度（cy）
        30,             // cy
        dcWindow,       // hdcSrc          源 DC
        0,              // xSrc            指定源 DC 中要拷贝的图像的起始坐标（xSrc,ySrc）
        0,              // ySrc
        SRCCOPY);       // dwROP           传输过程要执行的光栅运算
}
```

程序的运行效果如图 8.4 所示。运行程序，窗口左上角指定大小的图像被复制到了客户区。

BitBlt 是"数据块传送"的意思，即"**Bit Block Transfer**"。这个函数可以将一个 DC 中的图像拷贝到另一个 DC 中，而不会改变图像的大小。

图 8.4　复制图像

3．BMP 文件结构

为了将 BMP 文件读到内存 DC 中，必须要了解文件的内部结构，下面进行简单介绍。

BMP 文件的开始是 BITMAPFILEHEADER 结构（文件头），它的定义如下。

```
typedef struct tagBITMAPFILEHEADER {
    WORD    bfType;           // 文件标识，必需为 BM
    DWORD   bfSize;           // 文件长度
    WORD    bfReserved1;      // 0
    WORD    bfReserved2;      // 0
    DWORD   bfOffBits;        // 位图数据在文件中的起始位置
} BITMAPFILEHEADER, *PBITMAPFILEHEADER;
```

BITMAPFILEHEADER 结构的后面是 BITMAPINFOHEADER 结构（信息头）。

```
typedef struct tagBITMAPINFOHEADER{
    DWORD   biSize;           // 本结构的长度
    LONG    biWidth;          // 位图的宽度
    LONG    biHeight;         // 位图的高度
    WORD    biPlanes;         // 位图的色平面数
    WORD    biBitCount;       // 位图的颜色深度 （一个像素所占用的位数）
    DWORD   biCompression;    // 位图的压缩方式
    DWORD   biSizeImage;      // 位图的尺寸
    LONG    biXPelsPerMeter;  // 图形 x 方向的分辨率，单位是像素/米
    LONG    biYPelsPerMeter;  // 图形 y 方向的分辨率，单位是像素/米
    DWORD   biClrUsed;        // 指定了颜色表的大小
    DWORD   biClrImportant;
} BITMAPINFOHEADER, *PBITMAPINFOHEADER;
```

之后是颜色表（如果有的话）。位图信息 BITMAPINFO 是由 BITMAPINFOHEADER 结构和颜色表组成的。

```
typedef struct tagBITMAPINFO {
    BITMAPINFOHEADER bmiHeader;       // 位图信息头
```

```
        RGBQUAD bmiColors[1];                    // 颜色表
    } BITMAPINFO;
```

知道了这些信息对读取 BMP 文件来说已经足够了。但是如果想保存显示设备上的一块区域到 BMP 文件中，还需要更加详细地了解 BITMAPINFOHEADER 结构中各域的作用。

4．例子代码

有了上述预备知识再看这个读取 BMP 文件的程序就不会太难了。整个程序的代码如下。

```cpp
// --------------------------------------------ReadBMP.h 文件------------------------------------------//
#include <afxwin.h>

class CMyApp : public CWinApp
{
public:
    virtual BOOL InitInstance();
};

class CMainWindow : public CWnd
{
public:
    CMainWindow();
protected:
    HDC m_hMemDC;        // 与客户区兼容的内存 DC 句柄
    int m_nWidth;        // BMP 图像的宽度
    int m_nHeight;       // BMP 图像的高度
protected:
    virtual void PostNcDestroy();
    afx_msg BOOL OnCreate(LPCREATESTRUCT);
    afx_msg void OnPaint();
    afx_msg void OnDestroy();
    afx_msg void OnFileOpen();
    DECLARE_MESSAGE_MAP()
};

// ------------------------------------------ReadBMP.cpp 文件----------------------------------------//

#include <afxdlgs.h>
#include "resource.h"
#include "ReadBMP.h"
CMyApp theApp;

BOOL CMyApp::InitInstance()
{
    m_pMainWnd = new CMainWindow;
    m_pMainWnd->ShowWindow(m_nCmdShow);
    return TRUE;
}

CMainWindow::CMainWindow()
{
    LPCTSTR lpszClassName = AfxRegisterWndClass(CS_HREDRAW|CS_VREDRAW,
        ::LoadCursor(NULL, IDC_ARROW), (HBRUSH)(COLOR_WINDOW+1), theApp.LoadIcon(IDI_MAIN));
    CreateEx(NULL, lpszClassName, "BMP 文件浏览器",
        WS_OVERLAPPED | WS_SYSMENU | WS_CAPTION | WS_MINIMIZEBOX,
        CW_USEDEFAULT, CW_USEDEFAULT, CW_USEDEFAULT, CW_USEDEFAULT, NULL, NULL);
}
```

Windows 程序设计（第 3 版）

```
BEGIN_MESSAGE_MAP(CMainWindow, CWnd)
ON_WM_CREATE()
ON_WM_PAINT()
ON_COMMAND(FILE_OPEN, OnFileOpen)    // 文件菜单项下的子项"打开"的 ID 号为 FILE_OPEN
END_MESSAGE_MAP()

void CMainWindow::PostNcDestroy()
{
     delete this;
}
BOOL CMainWindow::OnCreate(LPCREATESTRUCT lpCreateStruct)
{
     ::SetMenu(m_hWnd, ::LoadMenu(theApp.m_hInstance, (LPCTSTR)IDR_MAIN));

     CClientDC dc(this);
     // 初始化内存 DC
     m_hMemDC = ::CreateCompatibleDC(dc);

     m_nHeight = 0;
     m_nWidth = 0;
     return TRUE;
}
void CMainWindow::OnPaint()
{
     CPaintDC dc(this);
     // 复制内存 DC 中的图像到客户区
     ::BitBlt(dc, 0, 0, m_nWidth, m_nHeight, m_hMemDC, 0, 0, SRCCOPY);
}
void CMainWindow::OnDestroy()
{
     ::DeleteDC(m_hMemDC);
}
void CMainWindow::OnFileOpen()           // 用户单击打开菜单命令时
{
     CFileDialog file(TRUE);
     if(!file.DoModal())
          return;

          // 下面是映射 BMP 文件到内存的过程
     // 打开要映射的文件
     HANDLE hFile = ::CreateFile(file.GetFileName(), GENERIC_READ,
          FILE_SHARE_READ, NULL, OPEN_EXISTING, FILE_ATTRIBUTE_NORMAL, NULL);
     if(hFile == INVALID_HANDLE_VALUE)
     {
          MessageBox("读取文件出错！");
               return;
     }

     // 创建内存映射对象
     HANDLE hMap = ::CreateFileMapping(hFile, NULL, PAGE_READONLY, NULL, NULL, NULL);
     // 映射整个 BMP 文件到内存，返回这块内存的首地址
     LPVOID lpBase = ::MapViewOfFile(hMap, FILE_MAP_READ, 0, 0, 0);

          // 下面是获取 BMP 文件信息的过程
     BITMAPFILEHEADER *pFileHeader;             // bitmap file-header
     BITMAPINFO *pInfoHeader;                   // bitmap info-header
```

– 250 –

```
// 取得 file-header 指针，以获得位图像素
pFileHeader = (BITMAPFILEHEADER*)lpBase;
if(pFileHeader->bfType != MAKEWORD('B', 'M'))
{
        MessageBox("本程序仅读取 BMP 文件！");
        ::UnmapViewOfFile(lpBase);
        ::CloseHandle(hMap);
        ::CloseHandle(hFile);
        return;
}
BYTE *pBits = (BYTE*)lpBase + pFileHeader->bfOffBits;

// 取得 info-header 指针，以获得文件的大小
pInfoHeader = (BITMAPINFO*)((BYTE*)lpBase + sizeof(BITMAPFILEHEADER));
m_nHeight = pInfoHeader->bmiHeader.biHeight;
m_nWidth = pInfoHeader->bmiHeader.biWidth;


        // 下面是显示 BMP 文件到内存设备的过程
CClientDC dc(this);
// 创建一个与指定 DC 兼容的未初始化的位图，选入到内存兼容 DC 中
HBITMAP hBitmap = ::CreateCompatibleBitmap(dc, m_nWidth, m_nHeight);
::SelectObject(m_hMemDC, hBitmap);
// 把图像数据放到建立的设备中
int nRet = ::SetDIBitsToDevice(m_hMemDC,
        0,                      // xDest
        0,                      // yDest
        m_nWidth,
        m_nHeight,
        0,                      // xSrc
        0,                      // ySrc
        0,                      // uStartScan   开始复制的扫描线和要复制的扫描线数
        m_nHeight,              // cScanLines
        pBits,                  // lpvBits 指向 DIB 中的像素数据部分
        pInfoHeader,            // lpbmi 指向 BITMAPINFO 结构
        DIB_RGB_COLORS);        // fuColorUse 指定了 DIB 中数据的类型

::InvalidateRect(m_hWnd, NULL, TRUE);

::DeleteObject(hBitmap);
::UnmapViewOfFile(lpBase);
::CloseHandle(hMap);
::CloseHandle(hFile);
}
```

　　SetDIBitsToDevice 函数将 BMP 文件中的图像数据设置到一个设备环境中的指定区域里。函数要求从 BMP 文件中得到的信息有图像的高度、宽度、位图像素数据和 BITMAPINFO 结构的指针。这些信息都可以从 BMP 文件的文件头和信息头两个数据结构中取得。

　　程序读取 BMP 文件信息时使用了内存映射文件，与前面读取 PE 文件信息的程序相比方便了许多。程序再也不用去自己申请内存了，整个文件都会被映射到内存中，可以像操作内存一样去操作文件。

8.4.3　进程间共享内存

　　内存映射文件的另一个功能是在进程间共享数据，它提供了不同进程共享内存的一个有效

且简单的方法。后面的许多例子都要用到共享内存。

共享内存主要是通过映射机制实现的。

Windows 下进程的地址空间在逻辑上是相互隔离的，但在物理上却是重叠的。所谓的重叠是指同一块内存区域可能被多个进程同时使用。当调用 CreateFileMapping 创建命名的内存映射文件对象时，Windows 即在物理内存申请一块指定大小的内存区域，返回文件映射对象的句柄 hMap。为了能够访问这块内存区域必须调用 MapViewOfFile 函数，促使 Windows 将此内存空间映射到进程的地址空间中。当在其他进程访问这块内存区域时，则必须使用 OpenFileMapping 函数取得对象句柄 hMap，并调用 MapViewOfFile 函数得到此内存空间的一个映射。这样一来，系统就把同一块内存区域映射到了不同进程的地址空间中，从而达到共享内存的目的。

下面举例说明如何将内存映射文件用于共享内存。

第一次运行这个例子时，它创建了共享内存，并写入数据"123456"。只要创建共享内存的进程没有关闭句柄 hMap，以后运行的程序就会读出共享内存里面的数据，并打印出来。这就是使用共享内存在进程间通信的过程。程序代码如下。

```
void main()                    // 08ShareMem 工程下
{
        char szName[] = "08ShareMem";    // 内存映射对象的名称
        char szData[] = "123456";        // 共享内存中的数据
        LPVOID pBuffer;                  // 共享内存指针

        // 首先试图打开一个命名的内存映射文件对象
        HANDLE hMap = ::OpenFileMapping(FILE_MAP_ALL_ACCESS, 0, szName);
        if(hMap != NULL)
        {
                // 打开成功，映射对象的一个视图，得到指向共享内存的指针，显示出里面的数据
                pBuffer = ::MapViewOfFile(hMap, FILE_MAP_ALL_ACCESS, 0, 0, 0);
                printf(" 读出共享内存数据："%s" \n", (char*)pBuffer);
        }
        else
        {
                // 打开失败，创建之
                hMap = ::CreateFileMapping(
                        INVALID_HANDLE_VALUE,
                        NULL,
                        PAGE_READWRITE,
                        0,
                        strlen(szData) + 1,
                        "08ShareMem");

                // 映射对象的一个视图，得到指向共享内存的指针，设置里面的数据
                pBuffer = ::MapViewOfFile(hMap, FILE_MAP_ALL_ACCESS, 0, 0, 0);
                strcpy((char*)pBuffer, szData);

                printf(" 写入共享内存数据："%s" \n", (char*)pBuffer);
        }

        // 解除文件映射，关闭内存映射文件对象句柄
        ::UnmapViewOfFile(pBuffer);
        ::CloseHandle(hMap);
        getchar();              // 注意，进程关闭后，所有句柄自动关闭，所以要在这里暂停
```

```
        return;
}
```

连续两次运行这个程序，它们的输出结果如图 8.5 所示。

图 8.5　使用共享内存在进程间通信

8.4.4　封装共享内存类 CShareMemory

为了使用方便，本书将共享内存的功能封装到了 CShareMemory 类中，代码如下。

```cpp
#ifndef __SHAREMEMORY_H__        // ShareMemory.h 文件中
#define __SHAREMEMORY_H__

class CShareMemory
{
public:
// 构造函数和析构函数
    CShareMemory(const char * pszMapName, int nFileSize = 0, BOOL bServer = FALSE);
    ~CShareMemory();
// 属性
    LPVOID GetBuffer() const { return   m_pBuffer; }
// 实现
private:
    HANDLE   m_hFileMap;
    LPVOID   m_pBuffer;
};

inline CShareMemory::CShareMemory(const char * pszMapName,
            int nFileSize, BOOL bServer) : m_hFileMap(NULL), m_pBuffer(NULL)
{
    if(bServer)
    {
        // 创建一个内存映射文件对象
        m_hFileMap = CreateFileMapping(INVALID_HANDLE_VALUE,
            NULL, PAGE_READWRITE, 0, nFileSize, pszMapName);
    }
    else
    {
        // 打开一个内存映射文件对象
        m_hFileMap = OpenFileMapping(FILE_MAP_ALL_ACCESS, FALSE, pszMapName);
    }

    // 映射它到内存，取得共享内存的首地址
    m_pBuffer = (LPBYTE)MapViewOfFile(
        m_hFileMap,
        FILE_MAP_ALL_ACCESS,
        0,
        0,
        0);
}
```

```
inline CShareMemory::~CShareMemory()
{
        // 取消文件的映射，关闭文件映射对象句柄
        UnmapViewOfFile(m_pBuffer);
        CloseHandle(m_hFileMap);
}
#endif // __SHAREMEMORY_H__
```

共享内存的主要作用就是进程间通信。通信的双方一个是服务器方、一个是客户方。服务器方创建一个命名的内存映射文件对象，客户方打开这个对象。双方在 MapViewOfFile 函数返回的共享内存中交流数据。

CShareMemory 类就是根据这一原则而设计的。服务器方在创建 CShareMemory 对象时必须指定文件的大小（共享内存的大小），并将 bServer 参数设为 TRUE；客户方仅指定对象名称就行了。类的唯一接口函数 GetBuffer 返回指向共享内存的指针。

第 10 章写截获网络数据程序时，还会用到这个类。目标进程是服务器方，把它接收或发送的数据放到共享内存中；截获程序是客户方，取出共享内存的数据，显示给用户。这就是共享内存在截获数据过程中起的作用。

8.5 一个文件切割系统的实现

读写文件是编程过程中一个很重要的环节。为了消除长时间的读写操作对线程造成的阻塞，一般都要在辅助线程中读写文件。这就涉及线程间通信和线程同步的问题。本节将通过实现一个文件切割系统来说明如何将线程封装到类中，提供线程安全的接口。

这个文件切割系统最终将以一个 CFileCutter 类的形式提供给用户使用。本章的实例程序——文件切割器，在内部使用了 CFileCutter 类。

8.5.1　通信机制

线程间通信的方法很多，如果是工作线程有事情要通知主窗口线程，最好的方法就是发送消息。文件切割系统除了要向主窗口发送基本的"开始工作"和"结束工作"通知消息外，还应该把当前的工作进度告诉主窗口，以便显示给用户。为此，CFileCutter 类定义了以下 3 个消息。

```
// CFileCutter 类发给主窗口的通知消息                    // FileCutter.h 文件
#define WM_CUTTERSTART WM_USER + 100      // wParam = = nTatolCount
#define WM_CUTTERSTOP WM_USER + 101       // wParam = = nExitCode,      lParam = = nCompletedCount
#define WM_CUTTERSTATUS WM_USER + 102     //                           lParam = = nCompletedCount
```

刚开始进行分割（或合并）时，工作线程向主窗口发送 WM_CUTTERSTART 消息，wParam 参数的值为分割以后的文件数量（或待合并的文件数量）。主窗口接收到这个消息后可以设置进度条的取值范围，提示用户正在工作等。

工作线程在分割（或合并）文件的过程中，每处理完一个文件就向主窗口发送一个 WM_CUTTERSTATUS 消息，lParam 参数的值为已经完成的文件的总数量。主窗口接收到这个消息后可以更新进度条的位置、向用户显示状态信息等。

停止工作以后，工作线程向主窗口发送 WM_CUTTERSTOP 消息，lParam 参数的值还是已经完成的文件的总数量，其 wParam 参数的值为工作退出代码，说明了工作退出的原因。工作

退出代码的定义如下。

```
class CFileCutter                                        // FileCutter.h 文件
{
public:
// 工作退出代码
    enum ExitCode{
            exitSuccess,        // 成功完成任务
            exitUserForce,      // 用户终止
            exitSourceErr,      // 源文件出错
            exitDestErr         // 目标文件出错
            };
//············其他成员
};
```

主窗口可以根据不同的退出代码向用户显示是否成功完成任务，或者是出错的原因。

8.5.2　分割合并机制

分割文件是指将文件分割成指定的大小，并保存到指定的文件夹；合并文件恰好相反，它将文件夹里符合规定的文件读出来，写到指定的文件中。

比如，要分割的文件的文件名是 film.iso，可以将分割后的文件依次命名为 1__film.iso、2__film.iso、3__film.iso 等。合并文件的时候则是在用户提供的文件夹里寻找有"1__"、"2__"、"3__"……标志的文件。

分割文件需要的参数有待分割的文件的名称、分割以后保存文件的目录和分割后文件的大小。合并文件需要的参数有待合并的文件所在的文件夹、合并以后保存文件的文件夹。这些参数可以用下面 4 个变量表示。

```
// 参数信息
CString m_strSource;
CString m_strDest;
UINT m_uFileSize;
BOOL m_bSplit;
```

在工作线程分割或合并文件时，可以通过下面两个变量控制它的执行，了解它的状态。

```
// 状态标志
BOOL m_bContinue;    // 是否继续工作
BOOL m_bRunning;     // 是否处于工作状态
```

下面是具体的分割文件的程序代码。

```
void CFileCutter::DoSplit()
{
    int nCompleted = 0;
    CString strSourceFile = m_strSource;
    CString strDestDir = m_strDest;
    CFile sourceFile, destFile;

    // 打开源文件
    BOOL bOK = sourceFile.Open(strSourceFile,
        CFile::modeRead|CFile::shareDenyWrite|CFile::typeBinary);
    if(!bOK)
    {
        // 通知用户，源文件出错
        ::PostMessage(m_hWndNotify, WM_CUTTERSTOP, exitSourceErr, nCompleted);
        return;
    }
```

```
// 确保目标目录存在（逐层创建它们）
int nPos = -1;
while((nPos = strDestDir.Find('\\', nPos+1)) != -1)
{
        ::CreateDirectory(strDestDir.Left(nPos), NULL);
}
::CreateDirectory(strDestDir, NULL);
if(strDestDir.Right(1) != '\\')
        strDestDir += '\\';

// 通知用户，开始分割文件
int nTotalFiles = sourceFile.GetLength()/m_uFileSize + 1;
::PostMessage(m_hWndNotify, WM_CUTTERSTART, nTotalFiles, TRUE);

// 开始去读源文件，将数据写入目标文件
const int c_page = 4*1024;
char buff[c_page];
DWORD dwRead;

CString sDestName;
int nPreCount = 1;
UINT uWriteBytes;
do
{
    // 创建一个目标文件
    sDestName.Format("%d__", nPreCount);
    sDestName += sourceFile.GetFileName();
    if(!destFile.Open(strDestDir + sDestName, CFile::modeWrite|CFile::modeCreate))
    {
        ::PostMessage(m_hWndNotify, WM_CUTTERSTOP, exitDestErr, nCompleted);
        sourceFile.Close();
        return;
    }

    // 向目标文件写数据，直到大小符合用户的要求，或者源文件读完
    uWriteBytes = 0;
    do
    {
        // 首先判断是否要求终止执行
        if(!m_bContinue)
        {
            destFile.Close();
            sourceFile.Close();
            if(!m_bExitThread)
                    ::PostMessage(m_hWndNotify, WM_CUTTERSTOP, exitUserForce, nCompleted);
            return;
        }

        // 进行真正的读写操作
        dwRead = sourceFile.Read(buff, c_page);
        destFile.Write(buff, dwRead);
        uWriteBytes += dwRead;
    }while(dwRead > 0 && uWriteBytes < m_uFileSize);

    // 关闭这个目标文件
```

```
                destFile.Close();

                // 通知用户，当前的状态信息
                nCompleted = nPreCount++;
                ::PostMessage(m_hWndNotify, WM_CUTTERSTATUS, 0, nCompleted);
        }while(dwRead > 0);

        // 关闭源文件
        sourceFile.Close();

        // 通知用户，工作完成
        ::PostMessage(m_hWndNotify, WM_CUTTERSTOP, exitSuccess, nCompleted);
}
```

　　程序它先以只读方式打开源文件（待分割的文件），如果打开出错就退出；接着程序逐层创建目标目录，以确保目标目录存在；最后程序就开始真正地分割文件了。外层的每次循环，都对应着一个目标文件的创建、写入和关闭。在创建目标文件前，程序先要构建一个合适的文件名，也就是在原文件名的基础上加上前面规定的前缀。

　　下面是合并文件的代码。

```
void CFileCutter::DoMerge()
{
        int nCompleted = 0;
        CString strSourceDir = m_strSource;
        CString strDestFile = m_strDest;
        if(strSourceDir.Right(1) != '\\')
                strSourceDir += '\\';
        if(strDestFile.Right(1) != '\\')
                strDestFile += '\\';

        // 取得源目录中待合并的文件的文件名称和数量
        CString strFileName;
        int nTotalFiles = 0;
        CFileFind find;
        BOOL bRet;
        if(find.FindFile(strSourceDir + "*.*"))
        {
                do
                {
                        bRet = find.FindNextFile();
                        if(find.IsDirectory() && find.IsDots())
                                continue;
                        if(find.GetFileName().Find("__", 0) != -1)
                        {
                                nTotalFiles++;
                                strFileName = find.GetFileName();
                        }
                }while(bRet);
        }
        find.Close();

        if(nTotalFiles == 0)
        {
                // 通知用户，源文件出错
                ::PostMessage(m_hWndNotify, WM_CUTTERSTOP, exitSourceErr, nCompleted);
                return;
```

```
    }

    // 取得文件名称
    strFileName = strFileName.Mid(strFileName.Find("__") + 2);

    // 确保目标目录存在（逐层创建它们）
    int nPos = 0;
    while((nPos = strDestFile.Find('\\', nPos+1)) != -1)
    {
        ::CreateDirectory(strDestFile.Left(nPos + 1), NULL);
    }
    ::CreateDirectory(strDestFile, NULL);

    // 创建目标文件
    CFile sourceFile, destFile;
    strDestFile += strFileName;
    if(!destFile.Open(strDestFile, CFile::modeRead|CFile::modeWrite|CFile::modeCreate))
    {
        ::PostMessage(m_hWndNotify, WM_CUTTERSTOP, exitDestErr, nCompleted);
        return;
    }

    // 通知用户，开始分割文件
    ::PostMessage(m_hWndNotify, WM_CUTTERSTART, nTotalFiles, nCompleted);

    // 开始去读源文件，将数据写入目标文件
    const int c_page = 4*1024;
    char buff[c_page];
    int nPreCount = 1;
    CString sSourceName;
    DWORD dwRead;
    do
    {
        // 打开一个源文件
        sSourceName.Format("%d__", nPreCount);
        sSourceName += strFileName;
        if(!sourceFile.Open(strSourceDir + sSourceName, CFile::modeRead|CFile::shareDenyWrite))
        {
            break;
        }

        // 将这个源文件中的数据全部写入目标文件
        do
        {
            if(!m_bContinue)
            {
                sourceFile.Close();
                destFile.Close();
                if(!m_bExitThread)
                    ::PostMessage(m_hWndNotify, WM_CUTTERSTOP, exitUserForce, nCompleted);
                return;
            }
            dwRead = sourceFile.Read(buff, c_page);
            destFile.Write(buff, dwRead);
        }
        while(dwRead > 0);
```

```
        sourceFile.Close();

        // 通知用户，当前的状态信息
        nCompleted = nPreCount++;
        ::PostMessage(m_hWndNotify, WM_CUTTERSTATUS, 0, nCompleted);
    }while(TRUE);

    // 通知用户，工作完成
    ::PostMessage(m_hWndNotify, WM_CUTTERSTOP, exitSuccess, nCompleted);
}
```

为了计算工作进度，DoMerge 首先要查看目标目录中有多少个待合并的文件。只要文件名中带有"__"字符串，就认为它是一个符合合并规则的文件。剩下的代码是分割文件的逆过程，就不再多说了。

8.5.3　接口函数

核心代码有了，下面研究如何设计类接口成员，这是体现系统友好程度的一个环节。CFileCutter 类提供的服务主要是分割指定的文件和合并已分割的文件，用户可以进行的基本操作有开始分割、开始合并、暂停工作、恢复工作和终止工作。用如下函数来描述它们。

```
public:
// 操作
    BOOL StartSplit(LPCTSTR lpszDestDir, LPCTSTR lpszSourceFile, UINT uFileSize);
    BOOL StartMerge(LPCTSTR lpszDestFile, LPCTSTR lpszSourceDir);

    BOOL SuspendCutter();
    BOOL ResumeCutter();
    void StopCutter();
// ············其他成员
```

唯一的状态信息就是指明当前是否正在为用户服务。

```
// 属性
    BOOL IsRunning() const { return m_bRunning; }
```

8.5.4　最终实现

完整的定义 CFileCutter 类的代码在 FileCutter.h 文件中。

```
#ifndef __FILECUTTER_H_
#define __FILECUTTER_H_
// CFileCutter 类发给主窗口的通知消息
#define WM_CUTTERSTART WM_USER + 100    // wParam = nTatolCount
#define WM_CUTTERSTOP WM_USER + 101     // wParam = nExitCode, lParam = nCompletedCount
#define WM_CUTTERSTATUS WM_USER + 102   //                     lParam = nCompletedCount

class CFileCutter
{
public:
// 工作退出代码
    enum ExitCode{
        exitSuccess,      // 成功完成任务
        exitUserForce,    // 用户终止
        exitSourceErr,    // 源文件出错
        exitDestErr       // 目标文件出错
        };
```

```
    // 构造函数
        CFileCutter(HWND hWndNotify);

    // 属性
        BOOL IsRunning() const { return m_bRunning; }

    // 操作
        BOOL StartSplit(LPCTSTR lpszDestDir, LPCTSTR lpszSourceFile, UINT uFileSize);
        BOOL StartMerge(LPCTSTR lpszDestFile, LPCTSTR lpszSourceDir);
        BOOL SuspendCutter();
        BOOL ResumeCutter();
        void StopCutter();

    // 具体实现
public:
        ~CFileCutter();
protected:
        // 重置参数信息和状态标志
        void Reset();
        // 进行真正的分割操作
        void DoSplit();
        // 进行真正的合并操作
        void DoMerge();
        // 工作线程
        UINT friend _CutterEntry(LPVOID lpParam);

        // 参数信息
        CString m_strSource;
        CString m_strDest;
        UINT m_uFileSize;
        BOOL m_bSplit;
        // 状态标志
        BOOL m_bContinue;    //  是否继续工作
        BOOL m_bRunning;     //  是否处于工作状态

        // 同步以上两组数据
        CRITICAL_SECTION m_cs; // Data gard
private:
        // 对象的生命周期全局有效的数据
        HWND m_hWndNotify;       //  接收消息通知事件的窗口句柄
        HANDLE m_hWorkEvent;     //  通知开始工作的事件对象句柄
        CWinThread* m_pThread;   //  工作线程
        BOOL m_bSuspend;         //  暂停标志
        BOOL m_bExitThread;      //  退出标志
};
#endif // __FILECUTTER_H_
```

　　工作线程是 CFileCutter 类在构造函数中创建的，其作用是在对象的整个生命周期响应用户的工作请求，调用 CFileCutter 对象的 DoSplit 或 DoMerge 进行真正的工作。

```
UINT _CutterEntry(LPVOID lpParam)                // 内部工作线程
{
        // 得到 CFileCutter 对象的指针
        CFileCutter* pCutter = (CFileCutter*)lpParam;
        // 循环处理用户的工作请求
        while(::WaitForSingleObject(pCutter->m_hWorkEvent, INFINITE) == WAIT_OBJECT_0 &&
                                        !pCutter->m_bExitThread)
```

```
        {
                // 设置状态标志, 说明正在工作
                ::EnterCriticalSection(&pCutter->m_cs);
                pCutter->m_bRunning = TRUE;
                ::LeaveCriticalSection(&pCutter->m_cs);

                // 开始真正的工作
                if(pCutter->m_bSplit)
                        pCutter->DoSplit();
                else
                        pCutter->DoMerge();

                // 准备接受新的工作任务
                pCutter->Reset();
        }
        return 0;
}
```

　　类的构造函数要做许多事情, 如初始化成员变量、创建等待事件对象、创建工作线程等。
而析构函数又要做对应的清除工作。它们的实现代码如下。

```
CFileCutter::CFileCutter(HWND hWndNotify)
{
                // 初始化全局有效变量
        m_hWndNotify = hWndNotify;
        m_bExitThread = FALSE;
        m_bSuspend = FALSE;
        // 创建等待事件对象
        m_hWorkEvent = ::CreateEvent(NULL, FALSE, FALSE, NULL);
        // 创建工作线程
        m_pThread = AfxBeginThread(_CutterEntry, this,
                                        THREAD_PRIORITY_NORMAL, 0, CREATE_SUSPENDED, NULL);
        m_pThread->m_bAutoDelete = FALSE;
        m_pThread->ResumeThread();

                // 初始化工作期间有效变量
        // 创建关键代码段
        ::InitializeCriticalSection(&m_cs);
        Reset();
}
void CFileCutter::Reset()
{
        ::EnterCriticalSection(&m_cs);

        // 重置参数信息
        m_strSource.Empty();
        m_strDest.Empty();
        m_uFileSize = 0;
        m_bSplit = TRUE;
        // 重置状态标志
        m_bContinue = TRUE;
        m_bRunning = FALSE;

        ::LeaveCriticalSection(&m_cs);
}
CFileCutter::~CFileCutter()
{
```

```
        // 设置结束标志
        m_bExitThread = TRUE;

        // 设置强制退出标志
        ::EnterCriticalSection(&m_cs);
        m_bContinue = FALSE;
        ::LeaveCriticalSection(&m_cs);

        // 防止线程在 m_hWorkEvent 事件上等待
        ::SetEvent(m_hWorkEvent);

        // 确保工作线程结束
        ::WaitForSingleObject(m_pThread->m_hThread, INFINITE);

        // 释放所有资源
        ::CloseHandle(m_hWorkEvent);
        ::DeleteCriticalSection(&m_cs);
        delete m_pThread;
}
```

下面是一些接口成员的实现代码，它们主要通过一些状态标记实现对工作线程的控制。

```
BOOL CFileCutter::StartSplit(LPCTSTR lpszDestDir, LPCTSTR lpszSourceFile, UINT uFileSize)
{
        if(m_bRunning)
                return FALSE;

        // 保存参数
        ::EnterCriticalSection(&m_cs);
        m_strSource = lpszSourceFile;
        m_strDest = lpszDestDir;
        m_uFileSize = uFileSize;
        m_bSplit = TRUE;
        ::LeaveCriticalSection(&m_cs);

        // 通知线程开始工作
        ::SetEvent(m_hWorkEvent);
        return TRUE;
}
BOOL CFileCutter::StartMerge(LPCTSTR lpszDestFile, LPCTSTR lpszSourceDir)
{
        if(m_bRunning)
                return FALSE;

        // 保存参数
        ::EnterCriticalSection(&m_cs);
        m_strSource = lpszSourceDir;
        m_strDest = lpszDestFile;
        m_bSplit = FALSE;
        ::LeaveCriticalSection(&m_cs);

        // 通知线程开始工作
        ::SetEvent(m_hWorkEvent);
        return TRUE;
}
BOOL CFileCutter::SuspendCutter()
{
        if(!m_bRunning)
```

```
            return FALSE;

        // 暂停工作线程
        if(!m_bSuspend)
        {
            m_pThread->SuspendThread();
            m_bSuspend = TRUE;
        }
        return TRUE;
}
BOOL CFileCutter::ResumeCutter()
{
        if(!m_bRunning)
            return FALSE;

        // 唤醒工作线程
        if(m_bSuspend)
        {
            m_pThread->ResumeThread();
            m_bSuspend = FALSE;
        }
        return TRUE;
}
void CFileCutter::StopCutter()
{
        // 设置强制退出标志
        ::EnterCriticalSection(&m_cs);
        m_bContinue = FALSE;
        ::LeaveCriticalSection(&m_cs);

        // 防止线程处于暂停状态
        ResumeCutter();
}
```

到此，文件切割系统就完全实现了。下一节将以此为基础写一个实用的文件切割程序。

8.6　【实例】文件切割器开发实例

　　本节将以前面封装的 CFileCutter 类为基础，介绍完整文件切割器的开发过程。这个程序可以将任意大小的文件分割成用户指定的大小，又可以再次将它们合并回来。

　　程序的源代码在配套光盘的 08FileCutter 工程下，运行效果如图 8.6 所示。

　　这个程序要实现两个功能，一个是分割大文件为小文件，另一个是合并小文件成大文件。用户可以通过选项分组框的两个单项按钮指定请求的操作。图 8.7 所示为用户做出不同选择时程序界面的变化。

图 8.6　文件切割器运行效果

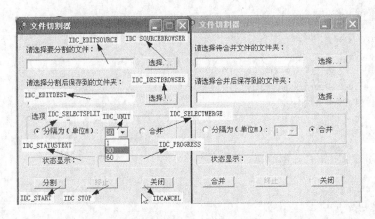

图 8.7　两个界面的对比和各子窗口 ID 号

分割文件时，第一个编辑控件要求用户输入待分割的文件，第二个编辑控件要求用户输入分割后要保存到的目标文件夹。选项分组框中的组合框要求用户选择分割后文件的大小。用户提供完这些参数以后单击分割按钮，程序就会通知 CFileCutter 类的工作线程，开始分割文件。

合并文件时，第一个编辑控件要求用户输入待合并的文件所在的文件夹，第二个编辑控件要求用户输入合并后要保存到的文件夹。这两项确定以后，单击合并按钮程序就开始工作了。不过，这里所谓的合并文件是指将上面分割的文件恢复成一个文件，并不能做其他事情。

既然有了前面的 CFileCutter 类作为基础，本节要完成的不过是界面设计而已。各子窗口控件的 ID 号可以从图 8.7 左边的窗口上看出。

此文件切割程序的关键代码如下。

```cpp
//------------------------------------------------Cutter.h 文件------------------------------------------------//
#include <afxwin.h>
#include <afxcmn.h>      // 为了使用 CStatusBarCtrl 类
#include "FileCutter.h"  // 为了使用自定义类 CFileCutter
class CMyApp : public CWinApp
{
public:
    BOOL InitInstance();
};

class CMainDialog : public CDialog
{
public:
    CMainDialog(CWnd* pParentWnd = NULL);

protected:
    // 进度条控件对象
    CProgressCtrl m_Progress;

    CFileCutter* m_pCutter;

    // 动态控制程序界面的函数
    void UIControl();
protected:
    virtual BOOL OnInitDialog();
    virtual void OnCancel();
```

```
        afx_msg void OnSourceBrowser();
        afx_msg void OnDestBrowser();
        afx_msg void OnStart();
        afx_msg void OnStop();
        afx_msg void OnSelect();
        // 处理 CFileCutter 类发来的消息
        afx_msg long OnCutterStart(WPARAM wParam, LPARAM);
        afx_msg long OnCutterStatus(WPARAM wParam, LPARAM lParam);
        afx_msg long OnCutterStop(WPARAM wParam, LPARAM lParam);
        DECLARE_MESSAGE_MAP()
};
//-----------------------------------------------Cutter.cpp 文件-----------------------------------------------//
#include <afxdlgs.h>    // 为了使用 CFileDialog 类
#include "DirDialog.h"  // 为了使用自定义类 CDirDialog
#include "resource.h"
#include "Cutter.h"

CMyApp theApp;
BOOL CMyApp::InitInstance()
{
        CMainDialog dlg;
        m_pMainWnd = &dlg;
        dlg.DoModal();
        return FALSE;
}

CMainDialog::CMainDialog(CWnd* pParentWnd):CDialog(IDD_FILECUTTER_DIALOG, pParentWnd)
{
}

BEGIN_MESSAGE_MAP(CMainDialog, CDialog)
ON_BN_CLICKED(IDC_SOURCEBROWSER, OnSourceBrowser)   // 选择源文件的"选择"按钮
ON_BN_CLICKED(IDC_DESTBROWSER, OnDestBrowser)       // 选择目标文件的"选择"按钮
ON_BN_CLICKED(IDC_START, OnStart)                   // 开始"分割"按钮
ON_BN_CLICKED(IDC_STOP, OnStop)                     // "终止"分割按钮
ON_BN_CLICKED(IDC_SELECTSPLIT, OnSelect)            // 分割单选框按钮
ON_BN_CLICKED(IDC_SELECTMERGE, OnSelect)            // 合并单选框按钮
// 下面是 3 个 CFileCutter 类发来的消息
ON_MESSAGE(WM_CUTTERSTART, OnCutterStart)
ON_MESSAGE(WM_CUTTERSTATUS, OnCutterStatus)
ON_MESSAGE(WM_CUTTERSTOP, OnCutterStop)
END_MESSAGE_MAP()

BOOL CMainDialog::OnInitDialog()
{
        CDialog::OnInitDialog();
        SetIcon(theApp.LoadIcon(IDI_MAIN), FALSE);

        // 创建 CFileCutter 对象
        m_pCutter = new CFileCutter(m_hWnd);

        // 默认选中分割单项框
        ((CButton*)GetDlgItem(IDC_SELECTSPLIT))->SetCheck(1);
        // 初始化单位选择组合框。可以在这里继续添加其他项
        ((CComboBox*)GetDlgItem(IDC_UNIT))->AddString("1");
        ((CComboBox*)GetDlgItem(IDC_UNIT))->AddString("30");
```

```
        ((CComboBox*)GetDlgItem(IDC_UNIT))->AddString("60");
        ((CComboBox*)GetDlgItem(IDC_UNIT))->SetCurSel(0);

        // 子类化进度条控件。也就是让 m_Progress 对象取得进度条控件的控制权
        m_Progress.SubclassWindow(*GetDlgItem(IDC_PROGRESS));

        UIControl();
        return TRUE;
}

void CMainDialog::UIControl()
{
        BOOL bIsWorking = m_pCutter->IsRunning();

        // 设置选项分组框中 3 个控件的状态
        GetDlgItem(IDC_SELECTSPLIT)->EnableWindow(!bIsWorking);
        GetDlgItem(IDC_SELECTMERGE)->EnableWindow(!bIsWorking);
        GetDlgItem(IDC_UNIT)->EnableWindow(!bIsWorking);
        // 设置分割、终止两个按钮的状态
        GetDlgItem(IDC_START)->EnableWindow(!bIsWorking);
        GetDlgItem(IDC_STOP)->EnableWindow(bIsWorking);

        if(bIsWorking)
        {
                return;
        }

        // 根据用户的选择设置不同的文本
        BOOL bSplit = ((CButton*)GetDlgItem(IDC_SELECTSPLIT))->GetCheck();
        if(bSplit)    // 请求分割
        {
                GetDlgItem(IDC_START)->SetWindowText("分割");
                GetDlgItem(IDC_SOURCETITLE)->SetWindowText("请选择要分割的文件：");
                GetDlgItem(IDC_DESTTITLE)->SetWindowText("请选择分割后保存到的文件夹：");

                GetDlgItem(IDC_UNIT)->EnableWindow(TRUE);
        }
        else          // 请求合并
        {
                GetDlgItem(IDC_START)->SetWindowText("合并");
                GetDlgItem(IDC_SOURCETITLE)->SetWindowText("请选择待合并文件的文件夹：");
                GetDlgItem(IDC_DESTTITLE)->SetWindowText("请选择合并后保存到的文件夹：");

                GetDlgItem(IDC_UNIT)->EnableWindow(FALSE);
        }

        // 初始化状态信息
        GetDlgItem(IDC_STATUSTEXT)->SetWindowText("    状态显示：");
        m_Progress.SetPos(0);

}

void CMainDialog::OnCancel()
{
        // 是否真的退出
        BOOL bExit = TRUE;
```

```
        if(m_pCutter->IsRunning())
        {
                if(MessageBox("工作还未完成，确实要退出吗？", NULL, MB_YESNO) == IDNO)
                {
                        bExit = FALSE;
                }
        }

        if(bExit)
        {
                delete m_pCutter;
                CDialog::OnCancel();
        }
}
void CMainDialog::OnSelect()
{
        UIControl();
}
void CMainDialog::OnSourceBrowser()
{
        BOOL bSplit = ((CButton*)GetDlgItem(IDC_SELECTSPLIT))->GetCheck();
        if(bSplit)      // 请求分割
        {
                CFileDialog sourceFile(TRUE);
                // 显示选择文件对话框
                if(sourceFile.DoModal() == IDOK)
                {
                        GetDlgItem(IDC_EDITSOURCE)->SetWindowText(sourceFile.GetPathName());

                        // 设置默认目录。例如，如果用户选择文件 "D:\cd\精选歌曲.iso"，
                        // 那么 "D:\cd\精选歌曲" 将会被设置为默认目录
                        CString strDef = sourceFile.GetPathName();
                        strDef = strDef.Left(strDef.ReverseFind('.'));
                        GetDlgItem(IDC_EDITDEST)->SetWindowText(strDef);
                }
        }
        else            // 请求合并
        {
                CDirDialog sourceFolder;
                // 显示选择目录对话框
                if(sourceFolder.DoBrowse(*this) == IDOK)
                {
                        GetDlgItem(IDC_EDITSOURCE)->SetWindowText(sourceFolder.GetPath());

                        // 设置默认目录
                        // 例如，如果用户选择目录 "D:\cd"，那么 "D:\cd\cd" 将会被设置为默认目录
                        CString strDef = sourceFolder.GetPath();
                        strDef.TrimRight('\\');
                        strDef = strDef + '\\' + strDef.Mid(strDef.ReverseFind('\\') + 1);
                        // 防止用户选择根目录
                        strDef.TrimRight(':');
                        GetDlgItem(IDC_EDITDEST)->SetWindowText(strDef);
                }
        }
}
void CMainDialog::OnDestBrowser()
```

```
{
        CDirDialog destFolder;
        // 显示选择目录对话框
        if(destFolder.DoBrowse(*this) == IDOK)
        {
                GetDlgItem(IDC_EDITDEST)->SetWindowText(destFolder.GetPath());
        }
}
void CMainDialog::OnStart()
{
        CString strSource, strDest;

        // 检查输入
        GetDlgItem(IDC_EDITSOURCE)->GetWindowText(strSource);
        GetDlgItem(IDC_EDITDEST)->GetWindowText(strDest);
        if(strSource.IsEmpty() || strDest.IsEmpty())
        {
                MessageBox("文件或路径名称不能为空");
                return;
        }

        BOOL bSplit = ((CButton*)GetDlgItem(IDC_SELECTSPLIT))->GetCheck();
        if(bSplit)      // 请求分割
        {
                CString str;
                GetDlgItem(IDC_UNIT)->GetWindowText(str);
                m_pCutter->StartSplit(strDest, strSource, atoi(str)*1024*1024);
        }
        else            // 请求合并
        {
                m_pCutter->StartMerge(strDest, strSource);
        }
}
void CMainDialog::OnStop()
{
        m_pCutter->SuspendCutter();
        if(MessageBox("确实要终止吗？", NULL, MB_YESNO) == IDYES)
        {
                m_pCutter->StopCutter();
        }
        else
        {
                m_pCutter->ResumeCutter();
        }
}

////////////////////////////////////////////////////////////////////////////////
// 下面的代码处理 CFileCutter 类发来的消息
long CMainDialog::OnCutterStart(WPARAM wParam, LPARAM)                    // WM_CUTTERSTART 开始工作
{
        // 设置进度条范围
        int nTotalFiles = wParam;       // 总文件数量
        m_Progress.SetRange(0, nTotalFiles);

        UIControl();
        return 0;
```

```
}
long CMainDialog::OnCutterStatus(WPARAM wParam, LPARAM lParam)        // WM_CUTTERSTATUS 工作进度
{
    // 设置进度条进度
    int nCompleted = (int)lParam;
    m_Progress.SetPos(nCompleted);
    // 显示状态
    CString s;
    s.Format(" 完成%d 个文件", nCompleted);
    GetDlgItem(IDC_STATUSTEXT)->SetWindowText(s);
    return 0;
}
long CMainDialog::OnCutterStop(WPARAM wParam, LPARAM lParam)          // WM_CUTTERSTOP 停止工作
{
    int nErrorCode = wParam;
    switch(nErrorCode)
    {
    case CFileCutter::exitSuccess:
        MessageBox("操作成功完成", "成功");
        break;
    case CFileCutter::exitSourceErr:
        MessageBox("源文件出错", "失败");
        break;
    case CFileCutter::exitDestErr:
        MessageBox("目标文件出错", "失败");
        break;
    case CFileCutter::exitUserForce:
        MessageBox("用户终止", "失败");
        break;
    }
    UIControl();
    return 0;
}
```

1．接受自定义消息

程序必须接收 CFileCutter 类发来的消息。一种方法是直接重载 CWnd 的成员函数 OnWndMsg，另一种方法是使用 ON_MESSAGE 宏。在 MFC 中它的定义如下。

```
#define ON_MESSAGE(message, memberFxn) \
    { message, 0, 0, 0, AfxSig_lwl, \
        (AFX_PMSG)(AFX_PMSGW)(LRESULT (CWnd::*)(WPARAM, LPARAM))&memberFxn },
```

此宏的数字签名说明消息处理函数要有类型为 WPARAM 和 LPARAM 的两个参数，返回值的类型为 long。例如，处理 WM_CUTTERSTART 的函数是 OnCutterStart。

```
afx_msg long OnCutterStart(WPARAM wParam, LPARAM);
```

要在消息映射表中添加消息映射项：

```
ON_MESSAGE(WM_CUTTERSTART, OnCutterStart)
```

2．子类化控件窗口

MFC 中管理进度条控件的类是 CProgressCtrl。程序申请了一个 CProgressCtrl 类的对象 m_Progress，在 OnInitDialog 函数中调用 CWnd:: SubclassWindow 函数将此对象与对话框中的进度条控件关联了起来。

```
m_Progress.SubclassWindow(*GetDlgItem(IDC_PROGRESS));
```

SubclassWindow 函数的作用是子类化指定的窗口，下面是它的伪实现代码。

```
BOOL CWnd::SubclassWindow(HWND hWnd)
{
```

```
    if (!Attach(hWnd))
        return FALSE;
    // 允许执行其他子类化代码
    PreSubclassWindow();
    // 设置它的消息处理函数地址为 AfxWndProc，保存原来的函数地址，以便对消息做默认处理
    WNDPROC* lplpfn = GetSuperWndProcAddr();
    WNDPROC oldWndProc = (WNDPROC)::SetWindowLong(hWnd, GWL_WNDPROC,
                                                 (DWORD)AfxGetAfxWndProc());
    ASSERT(oldWndProc != (WNDPROC)AfxGetAfxWndProc());
    if (*lplpfn == NULL)
        *lplpfn = oldWndProc;
    return TRUE;
}
```

函数做了两件事情，第一是使这个窗口的窗口句柄与当前 CWnd 对象关联起来，第二是设置它的消息处理函数地址为 AfxWndProc，以取得消息处理权。

3. CProgressCtrl 类

CProgressCtrl 类封装了对进度条控件的操作。SetRange 函数设置进度条的范围，SetPos 函数设置当前进度，SetStep 设置步长等。

第 9 章　动态链接库和钩子

动态链接库在 Windows 系统中无处不在，前面章节中调用的所有 API 都是从系统动态链接库导出的。实际上，不使用动态链接库几乎是不可能的，因为 Windows 提供给编程人员的几乎所有功能都驻留在动态链接库中。

Windows 钩子广泛应用于各种监视侦测程序中，如输入监视、API 截获等。一般钩子函数都必须写在动态链接库里，以便注入到其他进程，所以将这部分内容也放在本章。

本章首先详细介绍动态链接库和钩子的概念及基本使用方法，然后讨论各种实用的 DLL 注入和 API 截获技术，并将它们封装成可直接在项目开发中引用的类。

9.1　动态链接库

动态链接库为模块化应用程序提供了一种方式，使得更新和重用程序更加方便。当几个应用程序在同一时间使用相同的函数时，它也帮助减少内存消耗，这是因为虽然每个应用程序有独立的数据拷贝，但是它们的代码是共享的。

本节将介绍编写动态链接库的过程，并全面探讨动态链接库的使用方法，包括以不同的方法装入动态链接库和以不同的方法调用其中的函数等。

9.1.1　动态链接库的概念

动态链接库是应用程序的一个模块，这个模块用于导出一些函数和数据供程序中的其他模块使用。我们应该从以下 3 个方面来理解这个概念。

（1）动态链接库是应用程序的一部分，它的任何操作都是代表应用程序进行的。所以动态链接库在本质上与可执行文件没有区别，它们都是作为模块被进程加载到自己的空间地址的。

（2）动态链接库在程序编译时并不会被插入到可执行文件中，在程序运行时整个库的代码才会调入内存，这就是所谓的"动态链接"。

（3）如果有多个程序用到同一个动态链接库，Windows 在物理内存中只保留一份库的代码，仅通过分页机制将这份代码映射到不同的进程中。这样，不管有多少程序同时使用一个库，库代码实际占用的物理内存永远只有一份。

动态链接库（Dynamic Link Libraries）的缩写是 DLL，大部分动态链接库镜像文件的扩展名为 dll，但扩展名为其他的文件也有可能是动态链接库，如系统中的某些 exe 文件、各种控件（*.ocx）等都是动态链接库。

9.1.2　创建动态链接库工程

创建动态链接库工程的基本步骤同创建其他工程区别不大。

（1）新建工程 09DllDemo，工程类型选择 Win32 Dynamic-Link Library，如图 9.1 所示。

（2）单击 OK 按钮，VC++弹出要求选择动态链接库类型的对话框。这些选择会影响 VC++ 最终自动产生的框架代码，这里选中第 3 个选项 A DLL that exports some symbols，即要求 VC++ 自动生成一些导出符号代码（便于学习）。单击 Finish 按钮，完成工程创建。

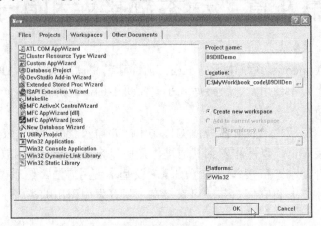

图 9.1　创建动态链接库工程

现在打开 09DllDemo.cpp 文件，用户会看到 DllMain 函数，这个函数是动态链接库的入口点。库的入口函数仅供操作系统使用，Windows 在库装载、卸载、进程中线程创建和结束时调用入口函数，以便动态链接库可以采取相应的动作。DllMain 函数的框架结构如下。

```
BOOL APIENTRY DllMain( HANDLE hModule,              // 本模块句柄
                       DWORD  ul_reason_for_call,   // 调用的原因
                       LPVOID lpReserved            // 没有被使用
                       )
{
    switch (ul_reason_for_call)
    {
        // 动态链接库刚被映射到某个进程的地址空间
        case DLL_PROCESS_ATTACH:

        // 应用程序创建了一个新的线程
        case DLL_THREAD_ATTACH:

        // 应用程序某个线程正常终止
        case DLL_THREAD_DETACH:

        // 动态链接库将被卸载
        case DLL_PROCESS_DETACH:
            break;
    }
    return TRUE ;
}
```

hModule 参数是本 DLL 模块的句柄，即本动态链接库模块的实例句柄，数值上是系统将这个文件的映像加载到进程的地址空间时使用的基地址。需要注意的是，在动态链接库中，通过 "GetModuleHandle(NULL)" 语句得到的是主模块（可执行文件映象）的基地址，而不是 DLL 文件映像的基地址。

ul_reason_for_call 参数的值表示本次调用的原因，可能是下面 4 种情况中的一种。

● DLL_PROCESS_ATTACH　　　　表示动态链接库刚被某个进程加载，程序可以在这里

做一些初始化工作，并返回 TRUE 表示初始化成功，返回 FALSE 表示初始化出错，这样库的装载就会失败。这给了动态链接库一个机会来阻止自己被装入

- DLL_PROCESS_DETACH　　　　此时则相反，表示动态链接库将被卸载，程序可以在这里进行一些资源的释放工作，如释放内存、关闭文件等
- DLL_THREAD_ATTACH　　　　表示应用程序创建了一个新的线程
- DLL_THREAD_DETACH　　　　表示某个线程正常终止

DllMain 函数以外的代码都是例子，可以删除。如果创建工程时第 2 步选择了第 2 个选项 A simple DLL project，VC++将不会自动生成这些例子；如果选择了第 1 个选项 An empty DLL project，VC++将创建空的工程，需用户自己来添加文件。

9.1.3 动态链接库中的函数

DLL 能够定义两种函数，导出函数和内部函数。导出函数可以被其他模块调用，也可以被定义这个函数的模块调用，而内部函数只能被定义这个函数的模块调用。

动态链接库的主要功能是向外导出函数，供进程中其他模块使用。动态链接库中代码的编写没有特别之处，还要包含头文件，还可以使用资源、使用 C++类等。

作为示例，这里仅让 09DllDemo 导出一个简单的函数 ExportFunc。将 09DllDemo.cpp 文件中的代码修改如下。

```
#include "stdafx.h"
#include "09DllDemo.h"
#include <stdio.h>
HMODULE g_hModule;
BOOL APIENTRY DllMain( HANDLE hModule, DWORD ul_reason_for_call, LPVOID lpReserved)
{
    switch (ul_reason_for_call)
    {
    case DLL_PROCESS_ATTACH:
        g_hModule = (HMODULE)hModule; // 保存模块句柄
        break;
    }
    return TRUE;
}

// 自定义导出函数
void ExportFunc(LPCTSTR pszContent)
{
    char sz[MAX_PATH];
    ::GetModuleFileName(g_hModule, sz, MAX_PATH);
    ::MessageBox(NULL, pszContent, strrchr(sz, '\\') + 1, MB_OK);
}
```

在进程加载此 DLL 时，系统会调用 DllMain 函数，且 ul_reason_for_call 的值为 DLL_PROCESS_ATTACH，这时上面的代码将模块句柄 hModule 保存到全局变量 g_hModule 中。GetModuleFileName 函数用于取得指定模块的文件名，C 运行库的字符串函数 strrchr 会找到文件名中最后的 "\" 字符串的位置，所以 "strrchr(sz, '\\') + 1" 的返回值是本 DLL 模块的名称（不带目录）。

函数定义完后只能在本工程中使用，要想将函数导出供其他模块调用，最简单的方法是在 09DllDemo.h 文件中进行声明。打开这个文件，将里面的代码修改如下。

```
#ifdef MY09DLLDEMO_EXPORTS              // 这里的 DLL 工程会预定义 MY09DLLDEMO_EXPORTS 宏
#define MY09DLLDEMO_API __declspec(dllexport)
#else
#define MY09DLLDEMO_API __declspec(dllimport)
#endif

// 声明要导出的函数
MY09DLLDEMO_API void ExportFunc(LPCTSTR pszContent);
```

MY09DLLDEMO_API 宏是 VC++自动生成的，在这里它被解释为__declspec(dllexport)，说明此函数（ExportFunc）将从 DLL 模块中导出。编译连接程序，最后 09DllDemo 工程产生的文件中有 3 个可以被其他工程使用：09DllDemo 文件夹下的 09DllDemo.h 头文件、debug 文件夹（或者 Release 文件夹）下的 09DllDemo.dll 文件和 09DllDemo.lib 文件。

.dll 文件就是动态链接库，.lib 文件是供程序开发用的导入库，.h 文件包含了导出函数的声明。

9.1.4 使用导出函数

调用 DLL 中的导出函数有以下两种方法。

（1）装载期间动态链接。模块可以像调用本地函数一样调用从其他模块导出的函数（API 函数就是这样调用的）。装载期间链接必须使用 DLL 的导入库（.lib 文件），它为系统提供了加载这个 DLL 和定位 DLL 中的导出函数所需的信息。

（2）运行期间动态链接。模块也可以使用 LoadLibrary 或者 LoadLibraryEx 函数在运行期间加载这个 DLL。DLL 被加载之后，加载模块调用 GetProcAddress 函数取得 DLL 导出函数的地址，然后通过函数地址调用 DLL 中的函数。

使用第 1 种方法时，9.1.3 小节最后生成的 3 个文件都会被用到，使用第 2 种方法时，只有 09DllDemo.dll 文件会被用到。下面分别介绍它们。

1．装载期间动态链接

所谓装载期间动态链接，就是应用程序启动时由载入器（加载应用程序的组件）载入 09DllDemo.dll 文件。载入器如何知道要载入哪些 DLL 呢？这些信息记录在可执行文件（PE 文件）的.idata 节中。使用这种方法不用自己写代码显式地加载 DLL。

新建一个名称为 09ImportDemo 的 Win32 控制台工程，然后将 09DllDemo.h、09DllDemo.lib 和 09DllDemo.dll 3 个文件拷贝到 09ImportDemo 目录下。下面是调用导出函数 ExportFunc 的示例代码。

```
#include <windows.h>
#include "09DllDemo.h"

// 指明要链接到 09DllDemo.lib 库
#pragma comment(lib, "09DllDemo")

void main()
{
    // 像调用本地函数一样调用 09DllDemo.dll 库的导出函数
    ExportFunc("大家好！");
}
```

运行程序，弹出一个对话框，如图 9.2 所示。

#pragma 命令指明要链接到 09DllDemo.lib 库。你也可以不使用这条语句，直接将 09DllDemo.lib 文件添加到工程中，效果是一

图 9.2　导出函数的执行结果

样的。

　　发布软件时必须将该软件使用的 DLL 与主程序一起发布。如果现在打开文件夹 \09ImportDemo\Debug，试图运行 09ImportDemo.exe 程序，将会出现找不到 09DllDemo.dll 的错误。原因是没有把 09DllDemo.dll 文件拷贝到 09ImportDemo.exe 所在的目录下。把 09DllDemo.dll 和 09ImportDemo.exe 放在同一目录下再运行就一切正常了。

　　载入器加载 DLL 文件时，默认情况是在应用程序的当前目录下查找，如果找不到就会到系统盘“\windows\system32”文件夹下查找，如果还找不到就按错误处理。如果在 VC++中启动 09ImportDemo.exe 程序，VC++会把程序的当前目录设为工程所在目录，而这个目录下有 09DllDemo.dll 文件，所以不会有错误发生。

　　用这种方法加载 DLL 库的缺点很明显，如果用户丢失了 DLL 文件，那么程序是永远也不能启动了。所以很多时候我们要采取运行期间动态链接的方法，以便决定加载失败后如何处理。

2．运行期间动态链接

　　运行期间动态链接是在程序运行过程中显式地去加载 DLL 库，从中导出需要的函数。为了能够在运行期间动态地导出函数，一般需要在 09DllDemo 工程中建立一个 DEF 文件来指定要导出的函数。可以这样向工程中添加 DEF 文件：

　　打开 09DllDemo 工程，选择菜单命令“File/New...”，在弹出的 New 对话框中选择 Text File 选项，输入文件名 DllDemo.def，如图 9.3 所示，单击 OK 按钮即可。

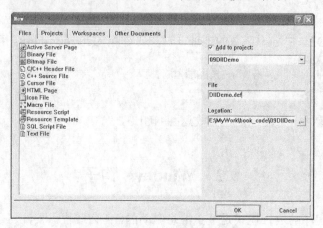

图 9.3　向工程中添加.def 文件

　　在新添的 DEF 文件中写入如下内容。

```
EXPORTS
    ExportFunc
```

这两行说明此 DLL 库要向外导出 ExportFunc 函数。最后按 F7 键重新编译 09DllDemo 工程，DLL 库的工程修改完毕。

　　现在回到 09ImportDemo 工程中来，修改程序如下。

```
#include <windows.h>
// 声明函数原型
typedef void (*PFNEXPORTFUNC)(LPCTSTR);

int main(int argc, char* argv[])
{
        // 加载 DLL 库
```

```
            HMODULE hModule = ::LoadLibrary("..\\09DllDemo\\Debug\\09DllDemo.dll");
            if(hModule != NULL)
            {
                // 取得 ExportFunc 函数的地址
                PFNEXPORTFUNC mExportFunc = (PFNEXPORTFUNC)::GetProcAddress(hModule, "ExportFunc");
                if(mExportFunc != NULL)
                {
                    mExportFunc("大家好！");
                }

                // 卸载 DLL 库
                ::FreeLibrary (hModule);
            }
            return 0;
}
```

运行程序，效果和前面一样，也会弹出一个小对话框。

调用 DLL 导出函数应分两步进行。

（1）加载目标 DLL，如下面代码所示。

```
HMODULE hModule = ::LoadLibrary("..\\09DllDemo\\Debug\\09DllDemo.dll");
```

LoadLibrary 函数的作用是加载指定目录下的 DLL 库到进程的虚拟地址空间，函数执行成功返回此 DLL 模块的句柄，否则返回 NULL。事实上，载入器也是调用这个函数加载 DLL 的。

在不使用 DLL 模块时，应该调用 FreeLibrary 函数释放它占用的资源。

（2）取得目标 DLL 中导出函数的地址，这项工作由 GetProcAddress 函数来完成。

```
FARPROC GetProcAddress(
    HMODULE hModule,        // 函数所在模块的模块句柄
    LPCSTR lpProcName       // 函数的名称
);
```

函数执行成功返回函数的地址，失败返回 NULL。

9.2　Windows 钩子

Windows 应用程序的运行模式是基于消息驱动的，任何线程只要注册了窗口类都会有一个消息队列来接收用户的输入消息和系统消息。为了取得特定线程接收或发送的消息，就要用到 Windows 提供的钩子。本节具体讨论钩子的概念和使用方法。

9.2.1　钩子的概念

钩子（Hook），是 Windows 消息处理机制中的一个监视点，应用程序可以在这里安装一个子程序（钩子函数）以监视指定窗口某种类型的消息，所监视的窗口可以是其他进程创建的。当消息到达后，在目标窗口处理函数处理之前，钩子机制允许应用程序截获它进行处理。

钩子函数是一个处理消息的程序段，通过调用相关 API 函数，把它挂入系统。每当特定的消息发出，在没有到达目的窗口前，钩子程序就先捕获该消息，亦即钩子函数先得到控制权。这时钩子函数既可以加工处理（改变）该消息，也可以不做处理而继续传递该消息。

总之，关于 Windows 钩子要知道以下几点。

（1）钩子是用来截获系统中的消息流的。利用钩子，程序可以处理任何感兴趣的消息，包

括其他进程的消息。

（2）截获消息后，用于处理消息的子程序叫作钩子函数，它是应用程序自定义的一个函数，在安装钩子时要把这个函数的地址告诉 Windows。

（3）系统中同一时间可能有多个进程安装了钩子，多个钩子函数在一起组成钩子链。所以程序在处理截获到的消息时，应该把消息事件传递下去，以便其他钩子也有机会处理这一消息。

钩子会使系统变慢，因为它增加了系统对每个消息的处理量。仅应该在必要时才安装钩子，而且在不需要时应尽快移除。

9.2.2　钩子的安装与卸载

1．安装钩子

SetWindowsHookEx 函数可以把应用程序定义的钩子函数安装到系统中。函数用法如下。

```
HHOOK SetWindowsHookEx (
    int idHook,              // 指定钩子的类型
    HOOKPROC lpfn,           // 钩子函数的地址。如果使用的是远程的钩子，钩子函数必须放在一个 DLL 中
    HINSTANCE hMod,          // 钩子函数所在 DLL 的实例句柄。如果是一个局部的钩子，该参数的值为 NULL
    DWORD dwThreadId         // 指定要为哪个线程安装钩子。
);                           // 那么该钩子将被解释成系统范围内的
```

（1）idHook 参数指定了要安装的钩子类型，可以是下列取值之一。

- WH_CALLWNDPROC　　　　当目标线程调用 SendMessage 函数发送消息时，钩子函数被调用
- WH_CALLWNDPROCRET　　当 SendMessage 发送的消息返回时，钩子函数被调用
- WH_GETMESSAGE　　　　　当目标线程调用 GetMessage 或 PeekMessage 时
- WH_KEYBOARD　　　　　　当从消息队列中查询 WM_KEYUP 或 WM_KEYDOWN 消息时
- WH_MOUSE　　　　　　　　当调用从消息队列中查询鼠标事件消息时
- WH_MSGFILTER　　　　　　当对话框、菜单或滚动条要处理一个消息时，钩子函数被调用。该钩子是局部的，它是为那些有自己消息处理过程的控件对象设计的
- WH_SYSMSGFILTER　　　　和 WH_MSGFILTER 一样，只不过是系统范围的
- WH_JOURNALRECORD　　　当 Windows 从硬件队列中获得消息时
- WH_JOURNALPLAYBACK　　当一个事件从系统的硬件输入队列中被请求时
- WH_SHELL　　　　　　　　当关于 Windows 外壳事件发生时，譬如任务条需要重画它的按钮
- WH_CBT　　　　　　　　　当基于计算机的训练（CBT）事件发生时
- WH_FOREGROUNDIDLE　　Windows 自己使用，一般的应用程序很少使用
- WH_DEBUG　　　　　　　　用来给钩子函数除错

（2）lpfn 参数是钩子函数的地址。钩子安装后如果有相应的消息发生，Windows 将调用此参数指向的函数。比如，idHook 的值是 WH_MOUSE，则当目标线程的消息队列中有鼠标消息取出时，lpfn 函数就会被调用。

如果 dwThreadId 参数是 0，或者指定一个由其他进程创建的线程 ID，lpfn 参数指向的钩

子函数必须位于一个 DLL 中。这是因为进程的地址空间是相互隔离的，发生事件的进程不能调用其他进程地址空间的钩子函数。如果钩子函数的实现代码在 DLL 中，在相关事件发生时，系统会把这个 DLL 插入到发生事件的进程的地址空间，使它能够调用钩子函数。这种需要将钩子函数写入 DLL 以便挂钩其他进程事件的钩子称为远程钩子。

如果 dwThreadId 参数指定一个由自身进程创建的线程 ID，lpfn 参数指向的钩子函数只要在当前进程中即可，没有必要非写入 DLL。这种仅钩挂属于自身进程事件的钩子称为局部钩子。

（3）hmod 参数是钩子函数所在 DLL 的实例句柄，如果钩子函数不在 DLL 中，应将 hmod 的值设为 NULL。

（4）dwThreadId 参数指定要与钩子函数相关联的线程 ID 号。如果设为 0，那么该钩子就是系统范围内的，即钩子函数将关联到系统内的所有线程。

2．钩子函数

钩子安装后如果有相应的消息发生，Windows 将调用 SetWindowHookEx 函数指定的钩子函数 lpfn。钩子函数的一般形式如下所示。

```
LRESULT CALLBACK HookProc (int nCode, WPARAM wParam, LPARAM lParam )
{
    // ... 处理该消息的代码
    return ::CallNextHookEx( hHook, nCode, wParam, lParam );
}
```

HookProc 是应用程序定义的名字。nCode 参数是 Hook 代码，钩子函数使用这个参数来确定任务，它的值依赖于 Hook 的类型。wParam 和 lParam 参数的值依赖于 Hook 代码，但是它们典型的值是一些关于发送或者接收消息的信息。

因为系统中可能会有多个钩子存在，所以要调用 CallNextHookEx 函数把消息传到链中下一个钩子函数。hHook 参数是安装钩子时得到的钩子句柄（SetWindowsHookEx 的返回值）。

3．卸载钩子

要卸载钩子，可以调用 UnhookWindowsHookEx 函数。

```
BOOL UnhookWindowsHookEx(HHOOK hhk);        // hhk 为要卸载的钩子的句柄
```

9.2.3　键盘钩子实例

本小节通过一个键盘钩子的例子具体讲述 Windows 钩子的用法。例子源代码在配套光盘的 09KeyHookLib 和 09KeyHookApp 工程下，一个是动态链接库工程、一个是 Win32 应用程序工程，运行效果如图 9.4 所示。

程序在初始化时安装一个全局的键盘钩子，在运行期间将截拦用户所有的键盘输入。每当用户按键，程序把按键的名称显示在一个编辑框中，并发出"嘟"的一声。

为了能够安装全局钩子，程序必须创建一个 DLL 工程，在里面实现键盘钩子回调函数。安装钩子的代码可以在 DLL 模块中，也可以在主模块中，但是一般在 DLL 里实现它，主要是为了使程序更加模块化。

图 9.4　截拦系统所有键盘输入

本节例子中的钩子函数是 09KeyHookLib 工程中的 KeyHookProc。钩子成功安装上之后，每当有键盘输入，在将这个键盘消息投递给任何线程之前，系统会先调用钩子函数 KeyHookProc。这个函数再向主窗口发送一个自定义消息 HM_KEY 通知主程序。09KeyHookApp 程序接收到 HM_KEY 消息以后就知道有键盘输入了，它将根据消息的参数把具体信息显示到编辑框。

1. 创建 DLL 工程

（1）使用键盘钩子。键盘钩子的钩子类型是 WH_KEYBOARD。当应用程序调用 GetMessage 或 PeekMessage 函数，并且有键盘消息（WM_KEYUP 或 WM_KEYDOWN）将被处理时，系统调用键盘钩子函数。下面是 09KeyHookLib 工程中安装、卸载钩子的程序代码。

```
// 一个通过内存地址取得模块句柄的帮助函数。以后的例子还会用这个自定义函数
HMODULE WINAPI ModuleFromAddress(PVOID pv)
{
    MEMORY_BASIC_INFORMATION mbi;
    if(::VirtualQuery(pv, &mbi, sizeof(mbi)) != 0)
    {
        return (HMODULE)mbi.AllocationBase;
    }
    else
    {
        return NULL;
    }
}
// 安装、卸载钩子的函数
BOOL WINAPI SetKeyHook(BOOL bInstall, DWORD dwThreadId, HWND hWndCaller)
{
    BOOL bOk;
    g_hWndCaller = hWndCaller;

    if(bInstall)
    {
        g_hHook = ::SetWindowsHookEx(WH_KEYBOARD, KeyHookProc,
                                ModuleFromAddress(KeyHookProc), dwThreadId);
        bOk = (g_hHook != NULL);
    }
    else
    {
        bOk = ::UnhookWindowsHookEx(g_hHook);
        g_hHook = NULL;
    }
    return bOk;
}
```

自定义函数 ModuleFromAddress 通过虚拟内存管理函数 VirtualQuery 返回指定内存地址所处模块的模块句柄。VirtualQuery 函数可以取得调用进程虚拟地址空间中指定内存页的状态，将这些信息返回到一个 PMEMORY_BASIC_INFORMATION 结构中。

```
typedef struct _MEMORY_BASIC_INFORMATION {
PVOID BaseAddress;            // 保留区域的基地址
PVOID AllocationBase;         // VirtualAlloc 函数分配的基地址
DWORD AllocationProtect;      // 初次保留时设置的保护属性，可能是 PAGE_EXECUTE、PAGE_READWRITE 等
SIZE_T RegionSize;            // 区域大小
DWORD State;                  // 状态（提交、保留或空闲）
DWORD Protect;               // 当前访问保护属性
DWORD Type;                  // 页面类型
} MEMORY_BASIC_INFORMATION;
```

SetKeyHook 是 09KeyHookLib.dll 模块唯一的导出函数，第 1 个参数 bInstall 说明是要安装钩子还是要卸载已安装的钩子；第 2 个参数 dwThreadId 是目标线程 ID 号，如果指定为 0 则说明要安装一个系统范围内的钩子；第 3 个参数 hWndCaller 指定主窗口的句柄，钩子函数会向

这个窗口发送通知消息。

（2）使用共享数据段。由于此 DLL 将被映射到不同进程的地址空间，而在每个进程中，钩子函数都要使用钩子句柄和主窗口句柄，以便调用 CallNextHookEx 函数和向主窗口发送消息。09KeyHookApp 程序先加载 09KeyHookLib.dll，然后调用它的导出函数 SetKeyHook 安装钩子，SetKeyHook 函数执行时设置钩子句柄和主窗口句柄。钩子成功安装后，Windows 将此 DLL 加载到所有接受键盘消息的其他进程的地址空间，但是在这些进程中变量钩子句柄和主窗口句柄的值却没有正确设置，因为并没有线程为它们赋值。

共享数据段可以很好地解决这一问题。共享数据段中的数据在所有进程中共享一块内存，这意味着在一个进程中设置了共享数据段的数据，其他进程中同一数据段的数据也会随之改变。在程序中添加额外的数据段要使用#pragma data_seg()命令。

下面的代码是引入此命令之后的例子。共享数据段的数据必须初始化，否则它们将被安排到默认的数据段，#pragma data_seg()将不会起作用。

```
#pragma data_seg("YCIShared")
HWND g_hWndCaller = NULL;      // 保存主窗口句柄
HHOOK g_hHook = NULL;          // 保存钩子句柄
#pragma data_seg()
```

还要向 DLL 的 DEF 文件添加一个 SECTIONS 语句，以说明此数据段的属性为可读、可写、共享。

```
SECTIONS
     YCIShared    Read Write Shared
```

（3）创建过程。创建一个名称为 09KeyHookLib 的 Win32 Dynamic-Link Library 工程，在向导的第 1 步选择创建一个空的工程（第 1 个选项），避免 VC++自动产生不必要的程序代码。

整个工程一共创建了 KeyHookLib.h、KeyHookLib.cpp 和 KeyHookLib.def 3 个文件。下面是 KeyHookLib.h 文件中的程序代码。

```
// 定义函数修饰宏，方便引用本 DLL 工程的导出函数
#ifdef KEYHOOKLIB_EXPORTS
#define KEYHOOKLIB_API __declspec(dllexport)
#else
#define KEYHOOKLIB_API __declspec(dllimport)
#endif

// 自定义与主程序通信的消息
#define HM_KEY WM_USER + 101
// 声明要导出的函数
BOOL KEYHOOKLIB_API WINAPI SetKeyHook(BOOL bInstall,
                      DWORD dwThreadId = 0, HWND hWndCaller = NULL);
```

KEYHOOKLIB_EXPORTS 宏将定义 KeyHookLib.cpp 文件。由于引用本模块的其他工程没有定义这个宏，所以在这些工程中 KEYHOOKLIB_API 宏被解释成__declspec(dllimport)，而在本工程中被解释为__declspec(dllexport)。下面是 KeyHookLib.cpp 文件中的代码。

```
#include <windows.h>

#define KEYHOOKLIB_EXPORTS
#include "KeyHookLib.h"

// 共享数据段
#pragma data_seg("YCIShared")
HWND g_hWndCaller = NULL;      // 保存主窗口句柄
```

```
HHOOK g_hHook = NULL;            // 保存钩子句柄
#pragma data_seg()

HMODULE WINAPI ModuleFromAddress(PVOID pv)
{    }    // 具体代码在上面已经列出

// 键盘钩子函数
LRESULT CALLBACK KeyHookProc(int nCode, WPARAM wParam, LPARAM lParam)
{
      if(nCode < 0 || nCode == HC_NOREMOVE)
            return ::CallNextHookEx(g_hHook, nCode, wParam, lParam);
      if(lParam & 0x40000000)      // 消息重复就交给下一个 hook 链
      {
            return ::CallNextHookEx(g_hHook, nCode, wParam, lParam);
      }

      // 通知主窗口。wParam 参数为虚拟键码, lParam 参数包含了此键的信息
      ::PostMessage(g_hWndCaller, HM_KEY, wParam, lParam);

      return ::CallNextHookEx(g_hHook, nCode, wParam, lParam);
}

BOOL WINAPI SetKeyHook(BOOL bInstall, DWORD dwThreadId, HWND hWndCaller)
{    }    // 具体代码在上面已经列出
```

下面是 KeyHookLib.def 文件中的代码，它定义了导出函数 SetKeyHook 和共享代码段 YCIShared。

```
EXPORTS
      SetKeyHook

SECTIONS
      YCIShared      Read Write Shared
```

2．09KeyHookApp 工程

主工程相当简单，在主窗口初始化时安装钩子，关闭时卸载钩子，工作期间不断处理钩子函数发来的 HM_KEY 自定义消息。下面是程序的关键代码。

```
#include "resource.h"
#include "KeyHookApp.h"
#include "../09KeyHookLib/KeyHookLib.h"
#pragma comment(lib, "09KeyHookLib")

CMyApp theApp;
BOOL CMyApp::InitInstance()
{
      CMainDialog dlg;
      m_pMainWnd = &dlg;
      dlg.DoModal();
      return FALSE;
}

CMainDialog::CMainDialog(CWnd* pParentWnd):CDialog(IDD_MAIN, pParentWnd)
{    }

BEGIN_MESSAGE_MAP(CMainDialog, CDialog)
ON_MESSAGE(HM_KEY, OnHookKey)
END_MESSAGE_MAP()
```

```
BOOL CMainDialog::OnInitDialog()
{
    CDialog::OnInitDialog();
    SetIcon(theApp.LoadIcon(IDI_MAIN), FALSE);
    ::SetWindowPos(m_hWnd, HWND_TOPMOST, 0, 0,
        0, 0, SWP_NOSIZE|SWP_NOREDRAW|SWP_NOMOVE);

    // 安装钩子
    if(!SetKeyHook(TRUE, 0, m_hWnd))
        MessageBox("安装钩子失败！");
    return TRUE;
}
void CMainDialog::OnCancel()        // 用户单击"确定"按钮，或关闭对话框（"确定"按钮 ID 为 IDCANCEL）
{
    // 卸载钩子
    SetKeyHook(FALSE);
    CDialog::OnCancel();
    return;
}
long CMainDialog::OnHookKey(WPARAM wParam, LPARAM lParam)
{
    // 此时参数 wParam 为用户按键的虚拟键码，
    //lParam 参数包含按键的重复次数、扫描码、前一个按键状态等信息

    // 取得按键名称。lParam 是键盘消息（如 WM_KEYDOWN）的第 2 个参数
    char szKey[80];
    ::GetKeyNameText(lParam, szKey, 80);

    CString strItem;
    strItem.Format(" 用户按键：%s \r\n", szKey);
    // 添加到编辑框中
    CString strEdit;
    GetDlgItem(IDC_KEYMSG)->GetWindowText(strEdit);
    GetDlgItem(IDC_KEYMSG)->SetWindowText(strItem + strEdit);

    ::MessageBeep(MB_OK);
    return 0;
}
```

9.3　挂钩 API 技术（HOOK API）

HOOK API 是指截获特定进程或系统对某个 API 函数的调用，使得 API 的执行流程转向指定的代码。例如，在挂钩了系统对 User32.dll 模块中 MessageBoxA 函数的调用以后，每当有应用程序调用 MessageBoxA 函数，调用线程都会执行用户提供的代码，而不去执行真正的 MessageBoxA API 函数。

Windows 下的应用程序都建立在 API 函数之上，所以截获 API 是一项相当有用的技术，它使得用户有机会干预其他应用程序的程序流程。

最常用的一种挂钩 API 的方法是改变目标进程中调用 API 函数的代码，使得它们对 API 的调用变为对用户自定义函数的调用。本节主要介绍这种 HOOK API 的方法。

9.3.1 实现原理

Windows 下应用程序有自己的地址空间，它们只能调用自己地址空间中的函数，所以在挂钩 API 之前，必须将一个可以代替 API 执行的函数的执行代码注入到目标进程，然后再想办法将目标进程对该 API 的调用改为对注入到目标进程中自定义函数的调用。我们一般称这个自定义函数为代理函数。在代理函数中，程序可以去调用原来的 API，也可以做其他事情。

可见，注入代码到目标进程是实现截拦 API 很重要的一步。比较简单的方法是把要注入的代码写到 DLL 中，然后让目标进程加载这个 DLL。这就是所谓的 DLL 注入技术。一旦程序代码进入了另一个进程的地址空间，就可以毫无限制地做任何事情。

在这个要被注入到目标进程的 DLL 中写一个与感兴趣的 API 函数的签名完全相同的函数（代理函数），当 DLL 执行初始化代码的时候，把目标进程对这个 API 的调用全部改为对代理函数的调用，即可实现截拦 API 函数。

程序还可以趁着 DLL 在目标进程中初始化的机会去创建新的线程。这个时候创建的线程运行在目标进程的地址空间中，所以它对目标进程有着完全的访问权限。例如，可以将它视为守护线程，在接收到通知时，访问目标进程中的资源，也可以通过这种方式隐藏自己，创建没有"进程"的线程。

下面几个小节先介绍注入 DLL 的方法，再详细分析整个 HOOK 过程，之后封装 CAPIHook 类供读者在开发项目时使用，最后是一个完整的挂钩 API 的例子。

9.3.2 使用钩子注入 DLL

在 HOOK 键盘输入的实例中，任何程序在接收到键盘输入时都会先调用 DLL 中的 KeyHookProc 函数。进程的地址空间是相互隔离的，可是这个接收键盘输入的进程却可以调用 KeyHookProc 函数，执行其中的代码，访问其中的变量。这说明 KeyHookProc 函数的实现代码已经被映射到每个能够接收键盘输入的进程中了。

在成功调用 SetWindowsHookEx 函数安装系统范围内的键盘钩子之后，Windows 在内部自动对每个接收键盘输入的进程调用 LoadLibrary 函数，强迫它们加载包含钩子函数执行代码的模块 09KeyHookLib.dll。这就是这些进程能够访问钩子函数的原因。

使用 Windows 钩子注入特定 DLL 到其他进程时一般都安装 WH_GETMESSAGE 钩子，而不是安装 WH_KEYBOARD 钩子。因为许多进程并不接收键盘输入，所以 Windows 就不会将实现钩子函数的 DLL 加载到这些进程中。但是 Windows 下的应用程序大部分都需要调用 GetMessage 或 PeekMessage 函数从消息队列中获取消息，所以它们都会加载钩子函数所在的 DLL。

安装 WH_GETMESSAGE 钩子的目的是让其他进程加载钩子函数所在的 DLL，所以一般仅在钩子函数中调用 CallNextHookEx 函数，不做什么有用的工作，如下面代码所示。

```
LRESULT WINAPI GetMsgProc(int code, WPARAM wParam, LPARAM lParam)
{
    return ::CallNextHookEx(g_hHook, code, wParam, lParam);
}
```

如果要将 DLL 注入到特定进程中，一般是将该进程中主线程的线程 ID 传递给 SetWindowsHookEx 函数；而如果要将 DLL 注入到所有进程中，安装一个系统范围内的钩子即可（将 0 作为线程 ID 传递给 SetWindowsHookEx 函数）。

9.3.3　HOOK 过程

1．导入表的作用

导入函数是被程序调用，但其实现代码却在其他模块的函数中。API 函数全都是导入函数，它们的实现代码在 Kernel32.dll、User32.dll 等 Win32 子系统模块（详见 11.1 节）中。

模块的导入函数名和这些函数驻留的 DLL 名等信息都保留在它的导入表（Import Table）中。导入表是一个 IMAGE_IMPORT_DESCRIPTOR 结构的数组，每个结构对应着一个导入模块。IMAGE_IMPORT_DESCRIPTOR 结构定义如下。

```
typedef struct _IMAGE_IMPORT_DESCRIPTOR {
    union {
        DWORD    Characteristics;
        DWORD    OriginalFirstThunk;        // hint/name（函数序号/名称）表的偏移量，记录导入函数名称
    };
    DWORD    TimeDateStamp;
    DWORD    ForwarderChain;
    DWORD    Name;                // 导入模块名称字符串的偏移量
    DWORD    FirstThunk;          // IAT（Import Address Table，导入地址表）的偏移量，记录导入函数地址
} IMAGE_IMPORT_DESCRIPTOR;
```

IMAGE_IMPORT_DESCRIPTOR 结构的第一个域包含到 hint/name（函数序号/名称）表的偏移量，最后一个域包含到导入地址表（Import Address Table，IAT）的偏移量。这两个表的大小相同，一个成员对应一个导入函数。

应用程序启动时，载入器根据 PE 文件的导入表记录的 DLL 名（Name 域）加载相应 DLL 模块，再根据导入表的 hint/name 表（OriginalFirstThunk 指向的数组）记录的函数名取得函数的地址，将这些地址保存到导入表的 IAT（FirstThunk 指向的数组）中。

应用程序在调用导入函数时，要先到导入表的 IAT 中找到这个函数的地址，然后再调用。例如，调用 User32.dll 模块中 MessageBoxA 函数的代码最终会被汇编成如下代码。

```
call        dword ptr [__imp__MessageBoxA@16 (0042428c)]    // 函数的真实地址记录在 0042428c 地址处
```

模块的 IAT（导入地址表）仅仅是一个 DWORD 数组，数组的每个成员记录着一个导入函数的地址。地址 0042428c 是导入地址表中 MessageBoxA 函数对应成员的地址，这个地址处的内容是 MessageBoxA 在 User32 模块的真实地址。可见，调用 API 函数时，程序先要转向 PE 文件的导入地址表取得 API 函数的真实地址，然后再转向 API 函数的执行代码。

一种非常常用的 HOOK API 的方法就是修改模块的导入表。还以 MessageBoxA 函数为例，如果将 0042428c 地址处的内容用一个自定义函数的地址覆盖掉，那么以后这个模块对 MessageBoxA 的调用实际上就成了对该自定义函数的调用，程序的执行流程转向了自定义函数，而不是真实的 API 函数。但是，为了保持堆栈的平衡，自定义函数使用的调用规则和参数的个数必须与它所替代的 API 函数完全相同。

这种 HOOK API 的方法是最稳定的一种，而且实现起来也不算复杂。下面将详细介绍。

2．定位导入表

为了修改导入地址表（Import Address Table，IAT），必须首先定位目标模块 PE 结构中的导入表的地址，这主要是对 PE 文件结构的分析。

如 8.1.4 小节所述，PE 文件以 64 字节的 DOS 文件头开始（IMAGE_DOS_HEADER），接着是一小段 DOS 程序，然后是 248 字节的 NT 文件头（IMAGE_NT_HEADERS）。NT 文件头相对文件开始位置的偏移量可以由 IMAGE_DOS_HEADER 结构的 e_lfanew 给出。

NT 文件头的前 4 个字节是文件签名（"PE00" 字符串），紧接着是 20 字节的 IMAGE_

FILE_HEADER 结构，它的后面是 224 字节的 IMAGE_OPTIONAL_HEADER 结构。下面的代码取得了一个指向 IMAGE_OPTIONAL_HEADER 结构的指针（以主模块为例）。

```
// 这里为了示例，取得主模块的模块句柄
HMODULE hMod = ::GetModuleHandle(NULL);
IMAGE_DOS_HEADER* pDosHeader = (IMAGE_DOS_HEADER*)hMod;
IMAGE_OPTIONAL_HEADER * pOptHeader =
        (IMAGE_OPTIONAL_HEADER *)((BYTE*)hMod + pDosHeader->e_lfanew + 24);
```

事实上，IMAGE_OPTIONAL_HEADER 绝对不是可选的（optional），它里面包含了许多重要的信息，有推荐的模块基地址、代码和数据的大小和基地址、线程堆栈和进程堆的配置、程序入口点的地址，以及我们最感兴趣的数据目录表指针。PE 文件保留了 16 个数据目录。最常见的有导入表、导出表、资源和重定位表。这里要用到的是导入表，它是一个 IMAGE_IMPORT_DESCRIPTOR 结构的数组，每个结构对应着一个导入模块。下面的代码取得导入表中第一个 IMAGE_IMPORT_DESCRIPTOR 结构的指针（导入表首地址）。

```
IMAGE_IMPORT_DESCRIPTOR* pImportDesc = (IMAGE_IMPORT_DESCRIPTOR*)
        ((BYTE*)hMod + pOptHeader->DataDirectory[IMAGE_DIRECTORY_ENTRY_IMPORT].VirtualAddress);
```

除了可以通过 PE 文件结构定位模块的导入表外，还可以使用 ImageDirectoryEntryToData 函数。这个函数知道模块基地址后直接返回指定数据目录表的首地址，用法如下。

```
PVOID ImageDirectoryEntryToData(
PVOID Base,              // 模块基地址
BOOLEAN MappedAsImage,   // 如果此参数是 TRUE，文件被系统当作镜像映射，否则，将当作数据文件映射
USHORT DirectoryEntry,   // 指定 IMAGE_DIRECTORY_ENTRY_IMPORT 说明要取得导入表首地址
PULONG Size              // 返回表项的大小
);      // 为了调用此 API，请添加代码 "#include <ImageHlp.h>" 和 "#pragma comment(lib, "ImageHlp")"
```

IMAGE_IMPORT_DESCRIPTOR 结构包含了 hint/name（函数序号/名称）表和 IAT（导入地址表）的偏移量。这两个表的大小相同，一个成员对应一个导入函数，分别记录了导入函数的名称和地址。下面代码打印出了此模块从其他模块导入的所有函数的名称和地址。

```
while(pImportDesc->FirstThunk)
{
    char* pszDllName = (char*)((BYTE*)hMod +pImportDesc->Name);
    printf("\n 模块名称: %s \n", pszDllName);

    // 一个 IMAGE_THUNK_DATA 就是一个双字，它指定了一个导入函数
    IMAGE_THUNK_DATA* pThunk = (IMAGE_THUNK_DATA*)
                        ((BYTE*)hMod + pImportDesc->OriginalFirstThunk);
    int n = 0;
    while(pThunk->u1.Function)
    {
        // 取得函数名称。hint/name 表项前 2 个字节是函数序号，后面才是函数名称字符串
        char* pszFunName = (char*)
            ((BYTE*)hMod + (DWORD)pThunk->u1.AddressOfData + 2);
        // 取得函数地址。IAT 表就是一个 DWORD 类型的数组，每个成员记录一个函数的地址
        PDWORD lpAddr = (DWORD*)((BYTE*)hMod + pImportDesc->FirstThunk) + n;

        // 打印出函数名称和地址
        printf("    从此模块导入的函数: %-25s ", pszFunName);
        printf("函数地址: %X \n", lpAddr);
        n++; pThunk++;
    }
    pImportDesc++;
}
```

内部循环列出了从一个模块中导入的所有函数的函数名称和地址，外部循环处理下一个导入模块。可以看到，模块的导入地址表仅仅是一个 DWORD 数组。

上述代码在配套光盘的 **09ImportTable** 工程下，运行效果如图 9.5 所示。

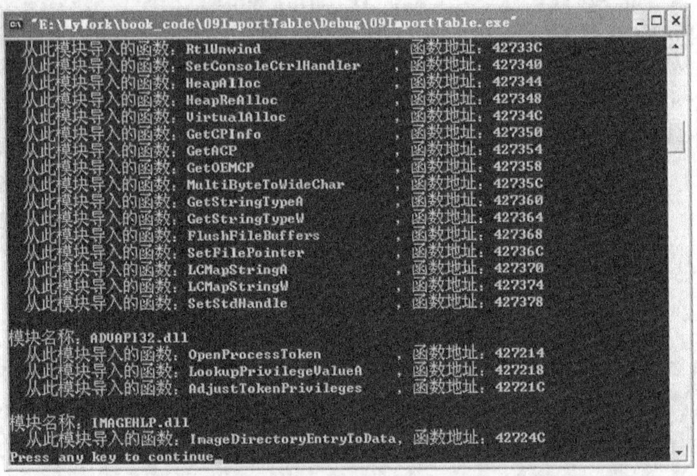

图 9.5　主模块从其他模块导入的所有函数

3．HOOK API 的实现

定位导入表之后即可定位导入地址表。为了截获 API 调用，只要用自定义函数的地址覆盖掉导入地址表中真实的 API 函数地址即可。

下面是挂钩 MessageBoxA 函数的例子（**09HookDemo** 工程）。这个例子用自定义函数 MyMessageBoxA 取代了 API 函数 MessageBoxA，使得主模块中对 MessageBoxA 的调用都变成了对自定义函数 MyMessageBoxA 的调用。具体代码如下。

```
#include <windows.h>
#include <stdio.h>
// 挂钩指定模块 hMod 对 MessageBoxA 的调用
BOOL SetHook(HMODULE hMod);
// 定义 MessageBoxA 函数原型
typedef int (WINAPI *PFNMESSAGEBOX)(HWND, LPCSTR, LPCSTR, UINT uType);
// 保存 MessageBoxA 函数的真实地址
PROC g_orgProc = (PROC)MessageBoxA;

void main()
{
    // 调用原 API 函数
    ::MessageBox(NULL, "原函数", "09HookDemo", 0);
    // 挂钩后再调用
    SetHook(::GetModuleHandle(NULL));
    ::MessageBox(NULL, "原函数", "09HookDemo", 0);
}

// 用于替换 MessageBoxA 的自定义函数
int WINAPI MyMessageBoxA(HWND hWnd, LPCSTR lpText, LPCSTR lpCaption, UINT uType)
{
    return ((PFNMESSAGEBOX)g_orgProc)(hWnd, "新函数", "09HookDemo", uType);
}
```

```
BOOL SetHook(HMODULE hMod)
{
    IMAGE_DOS_HEADER* pDosHeader = (IMAGE_DOS_HEADER*)hMod;
    IMAGE_OPTIONAL_HEADER * pOptHeader =
        (IMAGE_OPTIONAL_HEADER *)((BYTE*)hMod + pDosHeader->e_lfanew + 24);

    IMAGE_IMPORT_DESCRIPTOR* pImportDesc = (IMAGE_IMPORT_DESCRIPTOR*)
        ((BYTE*)hMod + pOptHeader->DataDirectory[IMAGE_DIRECTORY_ENTRY_IMPORT].VirtualAddress);

    // 在导入表中查找 user32.dll 模块。因为 MessageBoxA 函数从 user32.dll 模块导出
    while(pImportDesc->FirstThunk)
    {
        char* pszDllName = (char*)((BYTE*)hMod + pImportDesc->Name);
        if(lstrcmpiA(pszDllName, "user32.dll") == 0)
        {
            break;
        }
        pImportDesc++;
    }

    if(pImportDesc->FirstThunk)
    {
        // 一个 IMAGE_THUNK_DATA 结构就是一个双字，它指定了一个导入函数
        // 调入地址表其实是 IMAGE_THUNK_DATA 结构的数组，也就是 DWORD 数组
        IMAGE_THUNK_DATA* pThunk = (IMAGE_THUNK_DATA*)
                ((BYTE*)hMod + pImportDesc->FirstThunk);
        while(pThunk->u1.Function)
        {
            // lpAddr 指向的内存保存了函数的地址
            DWORD* lpAddr = (DWORD*)&(pThunk->u1.Function);
            if(*lpAddr == (DWORD)g_orgProc)
            {
                // 修改 IAT 表项，使其指向我们自定义的函数，
                // 相当于语句 "*lpAddr = (DWORD)MyMessageBoxA;"
                DWORD* lpNewProc = (DWORD*)MyMessageBoxA;
                ::WriteProcessMemory(GetCurrentProcess(), lpAddr, &lpNewProc, sizeof(DWORD), NULL);

                return TRUE;
            }
            pThunk++;
        }
    }
    return FALSE;
}
```

　　运行这个程序，在 SetHook 函数执行前后，弹出的对话框是不相同的。执行前调用的是真实的 MessageBoxA 函数，而执行后调用的是程序自定义的 MyMessageBoxA 函数。原因是 SetHook 函数修改了记录 MessageBoxA 地址的导入地址表项。

```
if(*lpAddr == (DWORD)g_orgProc)
{
    // 修改 IAT 表项，使其指向我们自定义的函数，相当于 "*lpAddr = (DWORD)MyMessageBoxA;"
    DWORD* lpNewProc = (DWORD*)MyMessageBoxA;
    ::WriteProcessMemory(::GetCurrentProcess(), lpAddr, &lpNewProc, sizeof(DWORD), NULL);
    return TRUE;
}
```

　　事实上，这样的代码在 Debug 版本下运行是没有问题的，但是如果运行 Release 版本，程

序对 WriteProcessMemory 函数的调用将会失败，因为此时 lpAddr 指向的内存仅是可读的。要想写这块内存，必须调用 VirtualProtect 函数改变内存地址所在页的页属性，将它改为可写，代码如下所示。

```
// 修改页的保护属性
DWORD dwOldProtect;
MEMORY_BASIC_INFORMATION mbi;
VirtualQuery(lpAddr, &mbi, sizeof(mbi));
VirtualProtect(lpAddr, sizeof(DWORD), PAGE_READWRITE, &dwOldProtect);
// 写内存
::WriteProcessMemory(::GetCurrentProcess(),lpAddr, &lpNewProc, sizeof(DWORD), NULL);
// 恢复页的保护属性
VirtualProtect(lpAddr, sizeof(DWORD), dwOldProtect, 0);
```

如果是挂钩其他进程中特定 API 的调用，就要将类似 SetHook 函数的代码写入 DLL，在 DLL 初始化的时候调用它。然后将这个 DLL 注入到目标进程，这样的代码就会在目标进程的地址空间执行，从而改变目标进程模块的导入地址表。

上例仅仅是实现 HOOK 的最核心的内容。一个真正的 HOOK 系统还要考虑很多事情。下一小节将封装一个 CAPIHook 类来详细叙述所有可能出现的问题。

9.3.4　封装 CAPIHook 类

这个类最初是由 Jeffrey Richter 设计的，笔者仅仅做了一些改动以使它更好用。实际上由于接口成员简单，所有基于修改导入表设计的 HOOK API 的类都大同小异。下面是在设计过程中需要注意的几个问题。

1．HOOK 所有模块

HOOK 一个进程对某个 API 调用时，不仅要修改主模块的导入表，还必须遍历此进程的所有模块，替换掉每个模块对目标 API 的调用。CAPIHook 类通过下面两个静态函数来完成这项工作。

```
void CAPIHook::ReplaceIATEntryInOneMod(LPSTR pszExportMod,
                              PROC pfnCurrent, PROC pfnNew, HMODULE hModCaller)
{
    // 取得模块的导入表（import descriptor）首地址。ImageDirectoryEntryToData 函数可以返回导入表地址
    ULONG ulSize;
    PIMAGE_IMPORT_DESCRIPTOR pImportDesc = (PIMAGE_IMPORT_DESCRIPTOR)
                              ::ImageDirectoryEntryToData(hModCaller, TRUE,
                                IMAGE_DIRECTORY_ENTRY_IMPORT, &ulSize);
    if(pImportDesc == NULL)    // 这个模块没有导入节表
        return;

    // 查找包含 pszExportMod 模块中函数导入信息的导入表项
    while(pImportDesc->Name != 0)
    {
        LPSTR pszMod = (LPSTR)((DWORD)hModCaller + pImportDesc->Name);
        if(lstrcmpiA(pszMod, pszExportMod) == 0)// 找到
            break;

        pImportDesc++;
    }
    if(pImportDesc->Name == 0)// hModCaller 模块没有从 pszExportMod 模块导入任何函数
        return;
```

```
        // 取得调用者的导入地址表（import address table, IAT）
        PIMAGE_THUNK_DATA pThunk = (PIMAGE_THUNK_DATA)
                                        (pImportDesc->FirstThunk + (DWORD)hModCaller);

        // 查找我们要 HOOK 的函数，将它的地址用新函数的地址替换掉
        while(pThunk->u1.Function)
        {
                //lpAddr 指向的内存保存了函数的地址
                PDWORD lpAddr = (PDWORD)&(pThunk->u1.Function);
                if(*lpAddr == (DWORD)pfnCurrent)
                {
                        // 修改页的保护属性
                        DWORD dwOldProtect;
                        MEMORY_BASIC_INFORMATION mbi;
                        ::VirtualQuery(lpAddr, &mbi, sizeof(mbi));
                        ::VirtualProtect(lpAddr, sizeof(DWORD), PAGE_READWRITE, &dwOldProtect);

                        // 修改内存地址  相当于"*lpAddr = (DWORD)pfnNew;"
                        ::WriteProcessMemory(::GetCurrentProcess(),
                                        lpAddr, &pfnNew, sizeof(DWORD), NULL);

                        ::VirtualProtect(lpAddr, sizeof(DWORD), dwOldProtect, 0);
                        break;
                }
                pThunk++;
        }
}

void CAPIHook::ReplaceIATEntryInAllMods(LPSTR pszExportMod,
                                PROC pfnCurrent, PROC pfnNew, BOOL bExcludeAPIHookMod)
{
        // 取得当前模块的句柄
        HMODULE hModThis = NULL;
        if(bExcludeAPIHookMod)
        {
                MEMORY_BASIC_INFORMATION mbi;
                if(::VirtualQuery(ReplaceIATEntryInAllMods, &mbi, sizeof(mbi)) != 0)
                        hModThis = (HMODULE)mbi.AllocationBase;
        }

        // 取得本进程的模块列表
        HANDLE hSnap = ::CreateToolhelp32Snapshot(TH32CS_SNAPMODULE, ::GetCurrentProcessId());

        // 遍历所有模块，分别对它们调用 ReplaceIATEntryInOneMod 函数，修改导入地址表
        MODULEENTRY32 me = { sizeof(MODULEENTRY32) };
        BOOL bOK = ::Module32First(hSnap, &me);
        while(bOK)
        {
                // 注意：我们不 HOOK 当前模块的函数
                if(me.hModule != hModThis)
                        ReplaceIATEntryInOneMod(pszExportMod, pfnCurrent, pfnNew, me.hModule);

                bOK = ::Module32Next(hSnap, &me);
        }
        ::CloseHandle(hSnap);
}
```

ReplaceIATEntryInOneMod 函数修改 hModCaller 模块的 IAT，将所有对 pfnCurrent 函数的调用改为对 pfnNew 函数的调用，参数 pszExportMod 是目标 API 所在模块。例如，为了用自定义函数 MyMessageBoxA 替换当前模块中的 MessageBoxA 函数，可以如下调用这个函数。

```
CAPIHook::ReplaceIATEntryInOneMod("User32.dll",
                    (PROC)MyMessageBoxA, (PROC)MessageBoxA, ::GetModuleHandle(NULL));
```

ReplaceIATEntryInAllMods 函数修改进程内所有模块的 IAT，挂钩用户指定的 API 函数。最后一个参数 bExcludeAPIHookMod 指定是否将负责 HOOK API 的模块排除在外。

CAPIHook 类工作在一个单独的 DLL 里，为了在此模块中方便地调用原来的 API 函数，一般选择不 HOOK 当前模块的函数，即将 bExcludeAPIHookMod 参数设为 TURE。

2. 防止程序在运行期间动态加载模块

在 HOOK 完目标进程当前所有模块之后，它还可以调用 LoadLibrary 函数加载新的模块。为了能够将今后目标进程动态加载的模块也 HOOK 掉，可以默认挂钩 LoadLibrary 之类的函数。在代理函数中首先调用原来的 LoadLibrary 函数，然后再对新加载的模块调用 ReplaceIATEntryInOneMod 函数。

比如替换 LoadLibrary API 的自定义函数是 HookNewlyLoadedModule，怎么实现它呢？一个 CAPIHook 对象仅能够挂钩一个 API 函数，为了挂钩多个 API，用户很可能申请了多个 CAPIHook 对象，所以在自定义函数 HookNewlyLoadedModule 中，必须为每个 CAPIHook 对象都调用 ReplaceIATEntryInOneMod 函数才能确保新模块中相应的 IAT 项都被修改。这就需要记录用户申请的所有 CAPIHook 对象的指针。

比较简单的方法是将所有的 CAPIHook 对象连成一个链表，用一个静态变量记录下表头地址，在每个 CAPIHook 对象中再记录下表中下一个 CAPIHook 对象的地址。

```
class CAPIHook
{
    ......
    // 这两个指针用来将当前模块中所有的 CAPIHook 对象连在一起
    static CAPIHook *sm_pHeader;
    CAPIHook *m_pNext;
}
```

静态函数 HookNewlyLoadedModule 的实现代码如下。

```
void WINAPI CAPIHook::HookNewlyLoadedModule(HMODULE hModule, DWORD dwFlags)
{
    // 如果一个新的模块被加载，挂钩各 CAPIHook 对象要求的 API 函数
    if((hModule != NULL) && ((dwFlags&LOAD_LIBRARY_AS_DATAFILE) == 0))
    {
        CAPIHook *p = sm_pHeader;
        while(p != NULL)
        {
            ReplaceIATEntryInOneMod(p->m_pszModName, p->m_pfnOrig, p->m_pfnHook, hModule);
            p = p->m_pNext;
        }
    }
}
```

dwFlags 是 LoadLibraryEx 函数的一个附加参数，它指定了加载时采取的行动，只要它的值中不包含 LOAD_LIBRARY_AS_DATAFILE 标记，就说明文件要以镜像方式映射到内存。

3. 防止程序在运行期间动态调用 API 函数

并不是只有经过导入表才能调用 API 函数，应用程序可以在运行期间调用 GetProcAddress

函数取得 API 函数的地址再调用它。所以也要默认挂钩 GetProcAddress 函数。CAPIHook 类的
静态成员函数 GetProcAddress 将替换这个 API。

```
FARPROC WINAPI CAPIHook::GetProcAddress(HMODULE hModule, PCSTR pszProcName)
{
    // 得到这个函数的真实地址
    FARPROC pfn = ::GetProcAddress(hModule, pszProcName);

    // 看它是不是我们要 HOOK 的函数
    CAPIHook *p = sm_pHeader;
    while(p != NULL)
    {
        if(p->m_pfnOrig == pfn)
        {
            pfn = p->m_pfnHook;
            break;
        }
        p = p->m_pNext;
    }
    return pfn;
}
```

下面是 CAPIHook 类的完整实现，可以在配套光盘的 09HookTermProLib 工程（下一小节
的例子）下找到源程序代码。

```
//------------------------------ APIHook.h 文件 ------------------------------//
#ifndef __APIHOOK_H__
#define __APIHOOK_H__
#include <windows.h>

class CAPIHook
{
public:
    CAPIHook(LPSTR pszModName,
                        LPSTR pszFuncName, PROC pfnHook, BOOL bExcludeAPIHookMod = TRUE);
    virtual ~CAPIHook();
    operator PROC() { return m_pfnOrig; }

// 实现
private:
    LPSTR m_pszModName;          // 导出要 HOOK 函数的模块的名字
    LPSTR m_pszFuncName;         // 要 HOOK 的函数的名字
    PROC m_pfnOrig;              // 原 API 函数地址
    PROC m_pfnHook;              // HOOK 后函数的地址
    BOOL m_bExcludeAPIHookMod;   // 是否将 HOOK API 的模块排除在外

private:
    static void ReplaceIATEntryInAllMods(LPSTR pszExportMod, PROC pfnCurrent,
                                        PROC pfnNew, BOOL bExcludeAPIHookMod);
    static void ReplaceIATEntryInOneMod(LPSTR pszExportMod,
                                        PROC pfnCurrent, PROC pfnNew, HMODULE hModCaller);

// 下面的代码用来解决其他模块动态加载 DLL 的问题
private:
    // 这两个指针用来将所有的 CAPIHook 对象连在一起
    static CAPIHook *sm_pHeader;
    CAPIHook *m_pNext;
```

```
private:
    // 当一个新的 DLL 被加载时，调用此函数
    static void WINAPI HookNewlyLoadedModule(HMODULE hModule, DWORD dwFlags);

    // 用来跟踪当前进程加载新的 DLL
    static HMODULE WINAPI LoadLibraryA(PCSTR    pszModulePath);
    static HMODULE WINAPI LoadLibraryW(PCWSTR pszModulePath);
    static HMODULE WINAPI LoadLibraryExA(PCSTR    pszModulePath, HANDLE hFile, DWORD dwFlags);
    static HMODULE WINAPI LoadLibraryExW(PCWSTR pszModulePath, HANDLE hFile, DWORD dwFlags);

    // 如果请求已 HOOK 的 API 函数，则返回用户自定义函数的地址
    static FARPROC WINAPI GetProcAddress(HMODULE hModule, PCSTR pszProcName);
private:
    // 自动对这些函数进行挂钩
    static CAPIHook sm_LoadLibraryA;
    static CAPIHook sm_LoadLibraryW;
    static CAPIHook sm_LoadLibraryExA;
    static CAPIHook sm_LoadLibraryExW;
    static CAPIHook sm_GetProcAddress;
};
#endif // __APIHOOK_H__
//------------------------------------------------------ APIHook.cpp 文件------------------------------------------------------//
#include "APIHook.h"
#include "Tlhelp32.h"
#include <ImageHlp.h> // 为了调用 ImageDirectoryEntryToData 函数
#pragma comment(lib, "ImageHlp")

// CAPIHook 对象链表的头指针
CAPIHook* CAPIHook::sm_pHeader = NULL;

CAPIHook::CAPIHook(LPSTR pszModName,
                            LPSTR pszFuncName, PROC pfnHook, BOOL bExcludeAPIHookMod)

{
    // 保存这个 HOOK 函数的信息
    m_bExcludeAPIHookMod = bExcludeAPIHookMod;
    m_pszModName = pszModName;
    m_pszFuncName = pszFuncName;
    m_pfnHook = pfnHook;
    m_pfnOrig = ::GetProcAddress(::GetModuleHandle(pszModName), pszFuncName);

    // 将此对象添加到链表中
    m_pNext = sm_pHeader;
    sm_pHeader = this;

    // 在所有当前已加载的模块中 HOOK 这个函数
    ReplaceIATEntryInAllMods(m_pszModName, m_pfnOrig, m_pfnHook, bExcludeAPIHookMod);
}
CAPIHook::~CAPIHook()
{
    // 取消对所有模块中函数的 HOOK
    ReplaceIATEntryInAllMods(m_pszModName, m_pfnHook, m_pfnOrig, m_bExcludeAPIHookMod);

    CAPIHook *p = sm_pHeader;

    // 从链表中移除此对象
    if(p == this)
```

```
            {
                sm_pHeader = p->m_pNext;
            }
            else
            {

                while(p != NULL)
                {
                    if(p->m_pNext == this)
                    {
                        p->m_pNext = this->m_pNext;
                        break;
                    }
                    p = p->m_pNext;
                }
            }
}
void CAPIHook::ReplaceIATEntryInOneMod(LPSTR pszExportMod,
                        PROC pfnCurrent, PROC pfnNew, HMODULE hModCaller)
{    }         // 实现代码前面已经讲述
void CAPIHook::ReplaceIATEntryInAllMods(LPSTR pszExportMod,
                        PROC pfnCurrent, PROC pfnNew, BOOL bExcludeAPIHookMod)
{    }         //实现代码前面已经讲述

// 挂钩 LoadLibrary 和 GetProcAddress 函数, 以便在这些函数被调用以后, 挂钩的函数也能够被正确地处理
CAPIHook CAPIHook::sm_LoadLibraryA("Kernel32.dll", "LoadLibraryA",
                                        (PROC)CAPIHook::LoadLibraryA, TRUE);
CAPIHook CAPIHook::sm_LoadLibraryW("Kernel32.dll", "LoadLibraryW",
                                        (PROC)CAPIHook::LoadLibraryW, TRUE);
CAPIHook CAPIHook::sm_LoadLibraryExA("Kernel32.dll", "LoadLibraryExA",
                                        (PROC)CAPIHook::LoadLibraryExA, TRUE);
CAPIHook CAPIHook::sm_LoadLibraryExW("Kernel32.dll", "LoadLibraryExW",
                                        (PROC)CAPIHook::LoadLibraryExW, TRUE);
CAPIHook CAPIHook::sm_GetProcAddress("Kernel32.dll", "GetProcAddress",
                                        (PROC)CAPIHook::GetProcAddress, TRUE);

void WINAPI CAPIHook::HookNewlyLoadedModule(HMODULE hModule, DWORD dwFlags)
{
    // 如果一个新的模块被加载, 挂钩各 CAPIHook 对象要求的 API 函数
    if((hModule != NULL) && ((dwFlags&LOAD_LIBRARY_AS_DATAFILE) == 0))
    {
        CAPIHook *p = sm_pHeader;
        while(p != NULL)
        {
            ReplaceIATEntryInOneMod(p->m_pszModName, p->m_pfnOrig, p->m_pfnHook, hModule);
            p = p->m_pNext;
        }
    }
}
HMODULE WINAPI CAPIHook::LoadLibraryA(PCSTR pszModulePath)
{
    HMODULE hModule = ::LoadLibraryA(pszModulePath);
    HookNewlyLoadedModule(hModule, 0);
    return(hModule);
}
HMODULE WINAPI CAPIHook::LoadLibraryW(PCWSTR pszModulePath)
{
```

```
        HMODULE hModule = ::LoadLibraryW(pszModulePath);
        HookNewlyLoadedModule(hModule, 0);
        return(hModule);
}
HMODULE WINAPI CAPIHook::LoadLibraryExA(PCSTR pszModulePath, HANDLE hFile, DWORD dwFlags)
{
        HMODULE hModule = ::LoadLibraryExA(pszModulePath, hFile, dwFlags);
        HookNewlyLoadedModule(hModule, dwFlags);
        return(hModule);
}
HMODULE WINAPI CAPIHook::LoadLibraryExW(PCWSTR pszModulePath, HANDLE hFile, DWORD dwFlags)
{
        HMODULE hModule = ::LoadLibraryExW(pszModulePath, hFile, dwFlags);
        HookNewlyLoadedModule(hModule, dwFlags);
        return(hModule);
}
FARPROC WINAPI CAPIHook::GetProcAddress(HMODULE hModule, PCSTR pszProcName)
{
        // 得到这个函数的真实地址
        FARPROC pfn = ::GetProcAddress(hModule, pszProcName);

        // 看它是不是我们要 HOOK 的函数
        CAPIHook *p = sm_pHeader;
        while(p != NULL)
        {
                if(p->m_pfnOrig == pfn)
                {
                        pfn = p->m_pfnHook;
                        break;
                }
                p = p->m_pNext;
        }
        return pfn;
}
```

9.3.5 HOOK 实例——进程保护器

本小节使用前面设计的 CAPIHook 类编写一个 HOOK 系统 TerminateProcess 函数调用的例子。例子的源程序代码在配套光盘的 09HookTermProLib 和 09HookTermProApp 工程下，运行效果如图 9.6 所示。

每当系统内有进程调用了 TerminateProcess 函数，程序就将它捕获，在输出窗口显示出调用进程主模块的镜像文件名和传递给 TerminateProcess 的两个参数。如果用户选中了禁止执行复选框，替换 TerminateProcess 的自定义函数（代理函数）仅仅返回 TRUE，而不调用原 API 函数，从而达到保护进程不被非法关闭的目的；如果没有选中，代理函数将会调用原来的 API，允许函数执行。

图 9.6 进程保护器运行效果

程序的核心实现在 09HookTermProLib 工程中。这个 DLL 工程除了包含上述 CAPIHook 类的实现文件外，还包含 HookTermProLib.cpp 和 HookTermProLib.def 两个文件。

```
//----------------------------------------- HookTermProLib.cpp 文件-----------------------------------------//
#include <windows.h>
```

```
#include "APIHook.h"          // 为了使用 CAPIHook 类

extern CAPIHook g_TerminateProcess;

// 替代 TerminateProcess 函数的函数
BOOL WINAPI Hook_TerminateProcess(HANDLE hProcess, UINT uExitCode)
{
    typedef BOOL (WINAPI *PFNTERMINATEPROCESS)(HANDLE, UINT);

    // 取得主模块的文件名称
    char szPathName[MAX_PATH];
    ::GetModuleFileName(NULL, szPathName, MAX_PATH);

    // 构建发送给主窗口的字符串
    char sz[2048];
    wsprintf(sz, "\r\n 进程：（%d）%s\r\n\r\n 进程句柄：%X\r\n 退出代码：%d",
                                ::GetCurrentProcessId(), szPathName, hProcess, uExitCode);

    // 发送这个字符串到主对话框
    COPYDATASTRUCT cds = { ::GetCurrentProcessId(), strlen(sz) +- 1, sz };
    if(::SendMessage(::FindWindow(NULL, "进程保护器"), WM_COPYDATA, 0, (LPARAM)&cds) != -1)
    {
        // 如果函数的返回值不是-1，我们就允许 API 函数执行
        return ((PFNTERMINATEPROCESS)(PROC)g_TerminateProcess)(hProcess, uExitCode);
    }
    return TRUE;
}

// 挂钩 TerminateProcess 函数
CAPIHook g_TerminateProcess("kernel32.dll", "TerminateProcess", (PROC)Hook_TerminateProcess);

///////////////////////////////////////////////////////////////////////////////////////////////
#pragma data_seg("YCIShared")
HHOOK g_hHook = NULL;
#pragma data_seg()

static HMODULE ModuleFromAddress(PVOID pv)
{    }    // 实现代码请参考 9.2.3 小节

static LRESULT WINAPI GetMsgProc(int code, WPARAM wParam, LPARAM lParam)
{
    return ::CallNextHookEx(g_hHook, code, wParam, lParam);
}
BOOL WINAPI SetSysHook(BOOL bInstall, DWORD dwThreadId)
{
    BOOL bOk;
    if(bInstall)
    {
        g_hHook = ::SetWindowsHookEx(WH_GETMESSAGE, GetMsgProc,
                                        ModuleFromAddress(GetMsgProc), dwThreadId);
        bOk = (g_hHook != NULL);
    }
    else
    {
        bOk = ::UnhookWindowsHookEx(g_hHook);
        g_hHook = NULL;
```

```
        }
        return bOk;
}
//-------------------------------------------- HookTermProLib.def 文件----------------------------------------------//
EXPORTS
    SetSysHook

SECTIONS
    YCIShared    Read Write Shared
```

SetSysHook 函数负责安装或者卸载 WH_GETMESSAGE 类型的钩子。钩子成功安装之后，包含钩子函数 GetMsgProc 的模块（这里为 09HookTermProLib.dll 模块）将会被注入到系统内每个接收 Windows 消息的进程中。

由于定义了 CAPIHook 类型的全局变量 g_TerminateProcess，此 DLL 在执行初始化代码的时候将会遍历进程的所有模块，将所有对 TerminateProcess 函数的调用改为对自定义函数 Hook_TerminateProcess 的调用。

1. WM_COPYDATA 消息

Hook_TerminateProcess 函数采用了发送 WM_COPYDATA 消息的方式向主程序传递数据。这是系统定义的用于在进程间传递数据的消息。wParam 参数是发送此消息的窗口句柄，lParam 参数是指向 COPYDATASTRUCT 结构的指针，所要传递的数据都包含在该结构中。

```
typedef struct tagCOPYDATASTRUCT {
    ULONG_PTR dwData;      // 传递给对方的自定义数据
    DWORD cbData;          // 以字节为单位，表示 lpData 所指内存数据块的大小
    PVOID lpData;          // 指向数据内存块的指针
} COPYDATASTRUCT, *PCOPYDATASTRUCT;
```

直接在消息的参数中隔着进程传递指针是不行的，因为进程的地址空间是相互隔离的，接收方接收到的仅仅是一个指针的值，不可能接收到指针所指的内容。如果要传递的参数必须由指针来决定，就要使用 WM_COPYDATA 消息。但是接收方必须认为接收到的数据是只读的，不可以改变 lpData 指向的数据。如果使用内存映射文件的话则没有这个限制。

接收进程在消息映射表中添加一个消息映射项：

```
ON_WM_COPYDATA()
```

然后重载 OnCopyData 函数即可处理 WM_COPYDATA 消息。

```
BOOL CMainDialog::OnCopyData(CWnd* pWnd, COPYDATASTRUCT* pCopyDataStruct)
{
        GetDlgItem(IDC_HOOKINFO)->SetWindowText((char*)pCopyDataStruct->lpData);
        // 检查是否禁止执行
        BOOL bForbid = ((CButton*)GetDlgItem(IDC_FORBIDEXE))->GetCheck();
        if(bForbid)
                return -1;
        return TRUE;
}
```

这是 09HookTermProApp 程序处理这个消息的代码。它将接收到的数据显示给用户，再通过用户的选择决定是否禁止函数的执行。

2. 动态调用 DLL 导出函数

09HookTermProApp 程序没有使用.lib 文件，而是在运行期加载 09HookTermProLib.dll 模块，然后动态调用 09HookTermProLib.dll 模块的导出函数 SetSysHook 安装或者卸载钩子。

09HookTermProApp 工程中的 SetSysHook 函数封装了整个调用过程，实现代码如下。

```
BOOL WINAPI SetSysHook(BOOL bInstall, DWORD dwThreadId = 0)
```

```
{
    typedef (WINAPI *PFNSETSYSHOOK)(BOOL, DWORD);

    // 调试的时候可以这样设置 szDll[] = "..//09HookTermProLib//debug//09HookTermProLib.dll";
    char szDll[] = "09HookTermProLib.dll";

    // 加载 09HookTermProLib.dll 模块
    BOOL bNeedFree = FALSE;
    HMODULE hModule = ::GetModuleHandle(szDll);
    if(hModule == NULL)
    {
        hModule = ::LoadLibrary(szDll);
        bNeedFree = TRUE;
    }

    // 获取 SetSysHook 函数的地址
    PFNSETSYSHOOK mSetSysHook = (PFNSETSYSHOOK)::GetProcAddress(hModule, "SetSysHook");
    if(mSetSysHook == NULL) // 文件不正确?
    {
        if(bNeedFree)
            ::FreeLibrary(hModule);
        return FALSE;
    }

    // 调用 SetSysHook 函数
    BOOL bRet = mSetSysHook(bInstall, dwThreadId);

    // 如果有必要，释放上面加载的模块
    if(bNeedFree)
        ::FreeLibrary(hModule);
    return bRet;
}
```

09HookTermProApp 程序在弹出主对话框前后安装、卸载钩子，如下面代码所示。

```
BOOL CMyApp::InitInstance()
{
    // 安装钩子
    if(!SetSysHook(TRUE, 0))
        ::MessageBox(NULL, "安装钩子出错！", "09HookTermProApp", 0);
    // 显示对话框
    CMainDialog dlg;
    m_pMainWnd = &dlg;
    dlg.DoModal();
    // 卸载钩子
    SetSysHook(FALSE);
    return FALSE;
}
```

由于篇幅所限，其他代码就不再列出了，请参考配套光盘中相关工程。

9.4　其他常用的侦测方法

除了上节介绍的比较成熟的 DLL 注入技术和 API HOOK 技术外，还有一些这方面的技术
被工程项目广泛地采用，它们有各自的优缺点，本节将分别介绍。

9.4.1　使用注册表注入 DLL

为了插入一个 DLL 到链接系统模块 User32.dll 的进程（一般 GUI 程序都要使用 User32.dll），可以简单地向下面的注册表键下添加键值数据。

HKEY_LOCAL_MACHINE\Software\Microsoft\Windows NT\CurrentVersion\Windows\AppInit_DLLs

键值数据可以是单一的 DLL 名称，也可以是逗号或空格间隔的 DLL 集合。所有这个键指定的 DLL 将被当前账户下的每个应用程序加载，它们是在 User32.dll 初始化的时候被加载的。User32 读取上面提到的键值，在 DllMain 函数中为这些 DLL 调用 LoadLibrary 函数。

这个小技巧仅仅对使用 User32.dll 的应用程序有效。另一个限制是这个机制仅被 Windows 2000 系列的操作系统支持。通过注册表向进程插入 DLL 有如下不足。

（1）为了激活/取消对进程的插入，不得不重新启动 Windows。

（2）插入的 DLL 仅能够被映射到使用 User32.dll 的进程，这样就不能期望它插入到控制台应用程序中，因为这些程序通常不从 User32.dll 导出函数。事实上，既便是使用 User32.dll 导出函数的进程也不一定就会加载此 DLL，因为它们可能间接地使用 User32.dll。

（3）另外，编程者不能对插入动作进行任何控制。这意味着 DLL 会被灌输到每个 GUI 应用程序中。如果仅打算侦测几个应用程序，这种做法是多余的。

使用这种方法必须格外小心，在插入的 DLL 里调用 Kernel32.dll 库中的函数是没问题的，但是系统却不能保证能够正常地调用其他模块中的函数。如果真想尝试的话，可以用下面的代码构建 DLL 工程。

```
BOOL APIENTRY DllMain( HANDLE hModule, DWORD   ul_reason_for_call, LPVOID lpReserved)
{
    switch (ul_reason_for_call)
    {
    case DLL_PROCESS_ATTACH:
        {
            // Beep 是 Kernel32 中的函数，在这里调用是不会出错的
            ::Beep(750, 300 );
        }
        break;
    }
    return TRUE;
}
```

千万不要在调用 Beep 函数的地方也调用一个 MessageBox，这会使你连操作系统都进不去！

9.4.2　使用远程线程注入 DLL

这是笔者认为最好用的一种注入 DLL 的方法。这种方法主要使用了创建远程线程的函数 CreateRemoteThread。这个函数可以在其他进程中创建线程。函数的用法如下。

```
HANDLE CreateRemoteThread(
    HANDLE hProcess,                            // 目标进程的句柄
    LPSECURITY_ATTRIBUTES lpThreadAttributes,
    SIZE_T dwStackSize,
    LPTHREAD_START_ROUTINE lpStartAddress,      // 目标进程中线程的入口函数
    LPVOID lpParameter,
    DWORD dwCreationFlags,
    LPDWORD lpThreadId
);
```

该函数是 CreateThread 函数的扩充，与 CreateThread 相比，CreateRemoteThread 函数多了

hProcess 参数，其他参数的定义和用法都与 CreateThread 的参数相同。hProcess 用来指定要在哪一个进程中创建线程。注意，lpStartAddress 指向的线程函数应位于目标进程的地址空间。

基本的概念相当简单，但是非常高明。任何进程都使用 LoadLibrary 动态加载 DLL，问题是，如果对进程的线程没有任何访问权限，如何迫使外部进程调用 LoadLibrary 呢？诀窍在 CreateRemoteThread 中——请看看线程函数的签名，它的指针被传递给了 CreateRemoteThread 函数。

```
DWORD WINAPI ThreadProc(LPVOID lpParameter);
```

对比一下，这里是 LoadLibrary 函数的原型。

```
HMODULE WINAPI LoadLibrary(LPCTSTR lpFileName);
```

它们有完全相同的样式，它们使用相同的调用约定 WINAPI，它们都接收一个参数，返回值的大小也相同。这些匹配暗示，可以使用 LoadLibrary 作为线程函数，它将会在远程线程创建以后执行。请看下面创建远程线程的例子代码（hProcess 为目标进程句柄）。

```
// 取得 LoadLibraryA 函数的地址，我们将以它作为远程线程函数启动
HMODULE hModule=::GetModuleHandle("kernel32.dll");
LPTHREAD_START_ROUTINE pfnStartRoutine =
                (LPTHREAD_START_ROUTINE)::GetProcAddress(hModule, "LoadLibraryA");
// 启动远程线程。lpRemoteDllName 指向的字符串在目标进程地址空间
HANDLE hRemoteThread = ::CreateRemoteThread(hProcess,
                        NULL, 0, pfnStartRoutine, lpRemoteDllName, 0, NULL);
```

通过 GetProcAddress 函数可以取得 LoadLibrary 函数的地址。Kernel32.dll 是最重要的 Win32 子系统模块，它总是被映射到每个进程的相同的地址空间中，这样一来，LoadLibrary 函数在任何进程的地址空间中的地址都是相同的。这保证了向 CreateRemoteThread 传递的指针有效。

要使用完整的 DLL 文件名称作为线程函数的参数。当远程线程运行以后，它传递这个 DLL 名给线程函数（这里是 LoadLibrary）。这就是使用远程线程完成注入的整个过程。本小节要将注入 DLL 的功能封装到 CRemThreadInjector 类中，以便读者今后直接引用。

1. 调整特权级别

使用 CreateRemoteThread 注入 DLL 时，必须考虑应用程序的权限。

插入者程序每次在操作目标进程的虚拟内存、调用 CreateRemoteThread 的时候，都首先使用 OpenProcess 打开这个进程，将 PROCESS_ALL_ACCESS 标志作为参数传递。要得到这个进程的最大访问权限时才使用这个标志。有的时候，对一些 ID 号较低的进程，OpenProcess 会返回 NULL。这个错误（虽然使用了一个有效的进程 ID）的产生是因为插入者程序没有足够的权限。

所有受限制的进程都是操作系统的一部分，普通的应用程序不应该有权利操作它们。如果应用程序有错误，并意外地试图终止操作系统的进程将会发生什么呢？为了阻止操作系统遭到这种可能的破坏，普通应用程序必须有充分的权利之后才能执行一些可能改变操作系统行为的 API。

为了通过 OpenProcess 得到对系统资源（如 smss.exe、winlogon.exe、services.exe 等）的访问，调用进程必须拥有调试特权。这个能力是非常强大的，它提供了一个访问受限系统资源的方法。调整进程的特权级是比较琐碎的事情，其逻辑操作描述如下。

（1）使用 OpenProcessToken 函数打开当前进程的访问令牌，得到令牌句柄 hToken。

（2）使用 LookupPrivilegeValue 函数取得描述指定特权级的 LUID（locally unique identifier，本地唯一标识）。

（3）通过 AdjustTokenPrivileges 函数调整访问令牌的特权级别，使指定特权级有效，或者无效。

（4）关闭 OpenProcessToken 打开的进程访问令牌句柄。

下面的自定义函数 EnableDebugPrivilege 用来设置，或者取消当前进程的调试特权。

```cpp
BOOL CRemThreadInjector::EnableDebugPrivilege(BOOL bEnable)        // 它是 CRemThreadInjector 类的静态成员
{
    // 附给本进程特权，以便访问系统进程
    BOOL bOk = FALSE;
    HANDLE hToken;

    // 打开一个进程的访问令牌
    if (::OpenProcessToken(::GetCurrentProcess(), TOKEN_ADJUST_PRIVILEGES, &hToken))
    {
        // 取得特权名称为 "SetDebugPrivilege" 的 LUID
        LUID uID;
        ::LookupPrivilegeValue(NULL, SE_DEBUG_NAME, &uID);

        // 调整特权级别
        TOKEN_PRIVILEGES tp;
        tp.PrivilegeCount = 1;
        tp.Privileges[0].Luid = uID;
        tp.Privileges[0].Attributes = bEnable ? SE_PRIVILEGE_ENABLED : 0;
        ::AdjustTokenPrivileges(hToken, FALSE, &tp, sizeof(tp), NULL, NULL);
        bOk = (::GetLastError() == ERROR_SUCCESS);

        // 关闭访问令牌句柄
        ::CloseHandle(hToken);
    }
    return bOk;
}
```

2. 申请内存空间

利用 CreateRemoteThread 函数在目标进程创建线程的时候传递给线程函数的参数必须在目标进程的地址空间内，这样目标进程才能访问它。VirtualAllocEx 函数用于在目标进程中申请一块内存，用法如下。

```cpp
LPVOID VirtualAllocEx(
    HANDLE hProcess,              // 目标进程句柄
    LPVOID lpAddress,            // 指定为 NULL 表示由函数自行在某个最方便的位置申请内存
    SIZE_T dwSize,               // 函数应该分配的地址的范围
    DWORD flAllocationType,      // 如何分配地址。MEM_COMMIT 表示为指定地址空间提交物理内存
    DWORD flProtect              // 指定保护类型，PAGE_READWRITE 表示可读写
);
```

申请内存之后就要使用 WriteProcessMemory 函数写这块内存，将 DLL 模块的文件名写到这块内存中。CRemThreadInjector 类申请内存空间，写入文件名的代码如下。

```cpp
// 在目标进程中申请空间，存放字符串 pszDllName，作为远程线程的参数
int cbSize = (strlen(m_szDllName) + 1);
LPVOID lpRemoteDllName = ::VirtualAllocEx(hProcess, NULL, cbSize, MEM_COMMIT, PAGE_READWRITE);
::WriteProcessMemory(hProcess, lpRemoteDllName, m_szDllName, cbSize, NULL);
```

3. CRemThreadInjector 类

使用远程线程注入 DLL 的核心代码在上面已经实现了，CRemThreadInjector 类不过是在这个基础上进行了一番修饰。类的接口成员有两个，一个是 InjectModuleInto，它注入 DLL 到指

定的进程空间；另一个是 EjectModuleFrom，它从指定的进程空间卸载 DLL。

进行实际的操作前，CRemThreadInjector 类首先使用 Toolhelp 函数查看目标进程中是否存在该模块，以便决定有没有必要继续执行。

下面是 CRemThreadInjector 类的源代码，在配套光盘的 09APISpyApp 工程下。

```
//------------------------------------------------ RemThreadInjector.h 文件------------------------------------------------//
#include <windows.h>
class CRemThreadInjector
{
public:
        CRemThreadInjector(LPCTSTR pszDllName);
        ~CRemThreadInjector();
        // 注入 DLL 到指定的进程空间
        BOOL InjectModuleInto(DWORD dwProcessId);
        // 从指定的进程空间卸载 DLL
        BOOL EjectModuleFrom(DWORD dwProcessId);
protected:
        char m_szDllName[MAX_PATH];
        // 调整特权级别
        static BOOL EnableDebugPrivilege(BOOL bEnable);
};
//------------------------------------------------ RemThreadInjector.cpp------------------------------------------------//
#include "RemThreadInjector.h"
#include <tlhelp32.h>

CRemThreadInjector::CRemThreadInjector(LPCTSTR pszDllName)
{
        strncpy(m_szDllName, pszDllName, MAX_PATH);
        EnableDebugPrivilege(TRUE);
}
CRemThreadInjector::~CRemThreadInjector()
{
        EnableDebugPrivilege(FALSE);
}
BOOL CRemThreadInjector::EnableDebugPrivilege(BOOL bEnable)
{    }  // 实现代码在上面已经列出
BOOL CRemThreadInjector::InjectModuleInto(DWORD dwProcessId)
{
        if(::GetCurrentProcessId() == dwProcessId)
            return FALSE;

        // 首先查看目标进程是否加载了这个模块
        BOOL bFound = FALSE;
        MODULEENTRY32 me32 = { 0 };
        HANDLE hModuleSnap = ::CreateToolhelp32Snapshot(TH32CS_SNAPMODULE, dwProcessId);
        me32.dwSize = sizeof(MODULEENTRY32);
        if(::Module32First(hModuleSnap, &me32))
        {
            do
            {
                if(lstrcmpiA(me32.szExePath, m_szDllName) == 0)
                {
                    bFound = TRUE;
                    break;
                }
            }
```

```
                while(::Module32Next(hModuleSnap, &me32));
        }
        ::CloseHandle(hModuleSnap);

        // 如果能够找到，就不重复加载了（因为重复加载没有用，Windows 只将使用计数加 1，其他什么也不做）
        if(bFound)
                return FALSE;

        // 试图打开目标进程
        HANDLE hProcess = ::OpenProcess(
                        PROCESS_VM_WRITE|PROCESS_CREATE_THREAD|PROCESS_VM_OPERATION,
                        FALSE, dwProcessId);
        if(hProcess == NULL)
                return FALSE;

        // 在目标进程中申请空间，存放字符串 pszDllName，作为远程线程的参数
        int cbSize = (strlen(m_szDllName) + 1);
        LPVOID lpRemoteDllName = ::VirtualAllocEx(hProcess,
                                        NULL, cbSize, MEM_COMMIT, PAGE_READWRITE);
        ::WriteProcessMemory(hProcess, lpRemoteDllName, m_szDllName, cbSize, NULL);

        // 取得 LoadLibraryA 函数的地址，我们将以它作为远程线程函数启动
        HMODULE hModule=::GetModuleHandle("kernel32.dll");
        LPTHREAD_START_ROUTINE pfnStartRoutine =
                (LPTHREAD_START_ROUTINE)::GetProcAddress(hModule, "LoadLibraryA");

        // 启动远程线程
        HANDLE hRemoteThread = ::CreateRemoteThread(hProcess,
                                        NULL, 0, pfnStartRoutine, lpRemoteDllName, 0, NULL);
        if(hRemoteThread == NULL)
        {
                ::CloseHandle(hProcess);
                return FALSE;
        }
        // 等待目标线程运行结束，即 LoadLibraryA 函数返回
        ::WaitForSingleObject(hRemoteThread, INFINITE);

        ::CloseHandle(hRemoteThread);
        ::CloseHandle(hProcess);
        return TRUE;
}
BOOL CRemThreadInjector::EjectModuleFrom(DWORD dwProcessId)
{
        if(::GetCurrentProcessId() == dwProcessId)
                return FALSE;

        // 首先查看目标进程是否加载了这个模块
        BOOL bFound = FALSE;
        MODULEENTRY32 me32 = { 0 };
        HANDLE hModuleSnap = ::CreateToolhelp32Snapshot(TH32CS_SNAPMODULE, dwProcessId);
        me32.dwSize = sizeof(MODULEENTRY32);
        if(::Module32First(hModuleSnap, &me32))
        {
                do
                {
                        if(lstrcmpiA(me32.szExePath, m_szDllName) == 0)
```

```
                    {
                            bFound = TRUE;
                            break;
                    }
            }
            while(::Module32Next(hModuleSnap, &me32));
    }
    ::CloseHandle(hModuleSnap);

    // 如果找不到就返回出错处理
    if(!bFound)
            return FALSE;

    // 试图打开目标进程
    HANDLE hProcess = ::OpenProcess(
                    PROCESS_VM_WRITE|PROCESS_CREATE_THREAD|PROCESS_VM_OPERATION,
                    FALSE, dwProcessId);
    if(hProcess == NULL)
            return FALSE;

    // 取得 LoadLibraryA 函数的地址，我们将以它作为远程线程函数启动
    HMODULE hModule=::GetModuleHandle("kernel32.dll");
    LPTHREAD_START_ROUTINE pfnStartRoutine =
            (LPTHREAD_START_ROUTINE)::GetProcAddress(hModule, "FreeLibrary");

    // 启动远程线程
    HANDLE hRemoteThread = ::CreateRemoteThread(hProcess,
                                            NULL, 0, pfnStartRoutine, me32.hModule, 0, NULL);
    if(hRemoteThread == NULL)
    {
            ::CloseHandle(hProcess);
            return FALSE;
    }
    // 等待目标线程运行结束，即 FreeLibrary 函数返回
    ::WaitForSingleObject(hRemoteThread, INFINITE);

    ::CloseHandle(hRemoteThread);
    ::CloseHandle(hProcess);
    return TRUE;
}
```

9.4.3　通过覆盖代码挂钩 API

这是一种比较霸道的挂钩 API 的方法。它通过直接改写 API 在内存中的映像，嵌入汇编代码，使之被调用时跳转到指定的地址运行来截获 API。

比如要挂钩 Kernel32.dll 中的 ExitProcess 函数，首先在内存中找到这个函数，然后用跳转到自定义函数地址的 JUMP CPU 指令重写这个函数的前几个字节，这样，当再有线程调用 ExitProcess 时，执行流程定然会转到自定义函数处。本节将这个功能封装到 CULHook 类中。

1．嵌入的汇编代码

例如自定义函数的地址为 0x0040100F，为了使流程转到这里执行，可以嵌入如下汇编代码。

```
mov eax, 0040100F;          // 将自定义函数地址放入寄存器 eax      对应机器码：B8 0F 10 40 00
jmp eax;                    // 跳转到 eax 处                      对应机器码：FF E0
```

CPU 仅能够识别机器码，所以要将汇编代码对应的最原始的机器码写入到目标 API 所在

内存。上面两行汇编代码对应的机器码为：B8 0F 10 40 00 FF E0，一共 7 个字节。其中，第 2 个、第 3 个、第 4 个和第 5 个字节的取值会随自定义函数地址的不同而不同。

CULHook 类通过以下代码构建跳转指令的机器码（pfnHook 为自定义函数的地址）。

```
BYTE btNewBytes[8] = { 0xB8, 0x00, 0x00, 0x40, 0x00, 0xFF, 0xE0, 0x00 };
*(DWORD *)( btNewBytes + 1) = (DWORD)pfnHook;
```

2．挂钩过程

（1）在内存中寻址要挂钩的 API 函数。

（2）保存这个函数的前 8 字节。

（3）使用上面构建的机器码重写这个函数的前 8 字节。自定义函数必须和挂钩的函数有完全相同的签名：所有的参数必须相同、返回值必须相同、调用规则必须相同。

（4）现在，当一个线程调用这个挂钩函数时，JUMP 指令会跳转到自定义的函数。这个时候可以执行任何代码。

（5）恢复在第 2 步保存的字节，将它们放回挂钩函数开头，以便取消挂钩。

（6）调用这个被挂钩的函数（此时挂钩已经取消），此函数正常执行。

（7）当原来的函数返回时，执行第 2 步和第 3 步，再次挂钩这个 API，以便自定义的函数在未来会被调用。

显然，上述过程有着不可解决的线程同步问题，但是这种方法对挂钩单线程使用的 API 还是相当有效的。

3．CULHook 类

CULHook 类（User Level Hook）在构造函数中便完成了对 API 的挂钩，又提供了取消挂钩的 Unhook 函数和重新挂钩的 Rehook 函数，下面是这个类的源代码，在配套光盘的 10IPHookLib 工程下，这是下一章的实例程序。

```
// ----------------------------------------------ULHook.h 文件----------------------------------------------//
#ifndef __ULHOOK_H__
#define __ULHOOK_H__
#include <windows.h>

class CULHook
{
public:
    CULHook(LPSTR pszModName, LPSTR pszFuncName, PROC pfnHook);
    ~CULHook();
    // 取消挂钩
    void Unhook();
    // 重新挂钩
    void Rehook();
protected:
    PROC m_pfnOrig;                    // 目标 API 函数的地址
    BYTE m_btNewBytes[8];              // 新构建的 8 个字节
    BYTE m_btOldBytes[8];             // 原来 8 个字节
    HMODULE m_hModule;
};
#endif // __ULHOOK_H__
// ----------------------------------------------ULHook.cpp 文件----------------------------------------------//
#include "ULHook.h"
CULHook::CULHook(LPSTR pszModName, LPSTR pszFuncName, PROC pfnHook)
{
        // 生成新的执行代码              jmp eax == 0xFF, 0xE0
```

```cpp
        BYTE btNewBytes[8] = { 0xB8, 0x00, 0x00, 0x40, 0x00, 0xFF, 0xE0, 0x00 };
        memcpy(m_btNewBytes, btNewBytes, 8);
        *(DWORD *)(m_btNewBytes + 1) = (DWORD)pfnHook;

        // 加载指定模块，取得 API 函数地址
        m_hModule = ::LoadLibrary(pszModName);
        if(m_hModule == NULL)
        {
            m_pfnOrig = NULL;
            return;
        }
        m_pfnOrig = ::GetProcAddress(m_hModule, pszFuncName);

        // 修改原 API 函数执行代码的前 8 个字节，使它跳向我们的函数
        if(m_pfnOrig != NULL)
        {
            DWORD dwOldProtect;
            MEMORY_BASIC_INFORMATION    mbi;
            ::VirtualQuery( m_pfnOrig, &mbi, sizeof(mbi) );
            ::VirtualProtect(m_pfnOrig, 8, PAGE_READWRITE, &dwOldProtect);
            // 保存原来的执行代码
            memcpy(m_btOldBytes, m_pfnOrig, 8);
            // 写入新的执行代码
            ::WriteProcessMemory(::GetCurrentProcess(), (void *)m_pfnOrig,
                                                m_btNewBytes, sizeof(DWORD)*2, NULL);
            ::VirtualProtect(m_pfnOrig, 8, mbi.Protect, 0);
        }
}
CULHook::~CULHook()
{
    Unhook();
    if(m_hModule != NULL)
        ::FreeLibrary(m_hModule);
}
void CULHook::Unhook()
{
    if(m_pfnOrig != NULL)
    {
        DWORD dwOldProtect;
        MEMORY_BASIC_INFORMATION    mbi;
        ::VirtualQuery(m_pfnOrig, &mbi, sizeof(mbi));
        ::VirtualProtect(m_pfnOrig, 8, PAGE_READWRITE, &dwOldProtect);
        // 写入原来的执行代码
        ::WriteProcessMemory(::GetCurrentProcess(), (void *)m_pfnOrig,
                                            m_btOldBytes, sizeof(DWORD)*2, NULL);
        ::VirtualProtect(m_pfnOrig, 8, mbi.Protect, 0);
    }
}
void CULHook::Rehook()
{
    // 修改原 API 函数执行代码的前 8 个字节，使它跳向我们的函数
    if(m_pfnOrig != NULL)
    {
        DWORD dwOldProtect;
        MEMORY_BASIC_INFORMATION    mbi;
        ::VirtualQuery( m_pfnOrig, &mbi, sizeof(mbi) );
```

```
                    ::VirtualProtect(m_pfnOrig, 8, PAGE_READWRITE, &dwOldProtect);
                    // 写入新的执行代码
                    ::WriteProcessMemory(::GetCurrentProcess(), (void *)m_pfnOrig,
                                                        m_btNewBytes, sizeof(DWORD)*2, NULL);
                    ::VirtualProtect(m_pfnOrig, 8, mbi.Protect, 0);
        }
}
```

9.5 【实例】用户模式下侦测 Win32 API 的例子

本节将综合本章知识介绍一个在用户模式下侦测 API 调用的例子，其源程序代码在配套光盘的 09APISpyLib 和 09APISpyApp 工程下，运行效果如图 9.7 所示。

在目标程序窗口下填入要侦测的程序的文件名，如果该程序在系统（system32）目录下，则可以不带路径。将要侦测的 API 名称和这个 API 所在模块的名称分别填到相应窗口下，单击"开始"按钮，09APISpyApp 便创建目标进程，开始侦测它对指定 API 的调用。当调用发生时，将它截获，显示在左边的输出窗口。

系统自带记事本程序的文件名为 notepad.exe，在修改了编辑的内容退出程序时，它便调用 MessageBoxW 函数询问用户是否保存对文件的修改。图 9.7 显示的是截获这个调用之后，09APISpyApp 程序的输出。

图 9.7　API 侦测例子运行效果

这个程序的关键代码在 09APISpyLib.dll 模块中。用户单击"开始"按钮请求侦测时，09APISpyApp 程序将用户输入的参数写入共享内存，然后创建目标进程，并将 09APISpyLib.dll 模块注入。09APISpyLib.dll 模块在初始化期间从共享内存取得要侦测的 API 函数和这个 API 所在的模块，然后使用自定义函数 HookProc 替换要侦测的 API 函数，使目标进程对这个 API 的调用都变成对 HookProc 的调用。HookProc 函数先通知 09APISpyApp 程序调用已经发生，然后跳转到原 API 地址处去执行。

1. 共享内存

主程序与 DLL 使用共享内存来传输数据。09APISpyLib.dll 在初始化时读共享内存中的数据，以便知道要挂钩哪个 API 函数。为了使这一过程方便进行，程序在 CShareMem 类的基础上又封装了一个 CMyShareMem 类。下面是 APISpyLib.h 文件中的内容，里面包含共享内存数据结构和 CMyShareMem 类的定义。

```
#ifndef __APISPYLIB_H__
```

```
#define __APISPYLIB_H__
#include "ShareMemory.h"              // 为了使用 CShareMemory 类

// 共享内存名称
#define SHAREMEM "APISpyLib"

// 发送给主程序的通知消息
#define HM_SPYACALL WM_USER + 102

struct CAPISpyData
{
    char szModName[256];
    char szFuncName[256];
    HWND hWndCaller;
};
class CMyShareMem
{
public:
    CMyShareMem(BOOL bServer = FALSE)
    {
        m_pMem = new CShareMemory("APISpyLib", sizeof(CAPISpyData), bServer);
        m_pData = (CAPISpyData*)(m_pMem->GetBuffer());
        if(m_pData == NULL) // 没有设置共享内存
            ::ExitProcess(-1);
    }
    ~CMyShareMem() { delete m_pMem; }
    // 取得共享内存中的数据
    CAPISpyData* GetData() { return m_pData; }
private:
    CAPISpyData* m_pData;
    CShareMemory* m_pMem;
};
#endif // __APISPYLIB_H__
```

09APISpyLib 使用 CAPIHook 类来挂钩 API，代理函数名称为 HookProc。下面是在挂钩 API 时从共享内存中读数据的代码（在 APISpyLib.cpp 文件中）。

```
void HookProc();
// 共享内存数据。以便初始化下面的 CAPIHook 对象
CMyShareMem g_shareData(FALSE);
//HOOK 主程序指定的 API 函数
CAPIHook g_orgFun(g_shareData.GetData()->szModName,
                  g_shareData.GetData()->szFuncName, (PROC)HookProc);
```

2．代理函数

挂钩 API 时，要求代理函数的签名必须与原 API 相同主要是为了维持堆栈平衡。例如语句 "MessageBoxA(0, "hello", "demo", MB_OK)" 对应的汇编代码如下。

```
push        0
push        offset string "demo" (00420024)
push        offset string "hello" (0042001c)
push        0
call        dword ptr [__imp__MessageBoxA@16 (004252b4)]
```

调用 API 前先将各参数压入堆栈，在 MessageBoxA 返回时，程序将自动清栈，即自动将压到堆栈中的参数弹出以维持堆栈平衡。如果代理函数与原来 API 函数参数个数不同，那么在代理函数返回时从堆栈弹出的参数就与调用发生时压入堆栈的参数的个数不同了，这绝对会使程序崩溃（因为函数返回到了一个错误的地址处）。

但是因为预先不知道要挂钩哪个 API 函数，所以我们没有办法为这个 API 编写一个签名完全相同的代理函数。解决此问题的办法是用"纯粹"的 asm（汇编）函数作为代理函数，在代理函数中不要对堆栈进行任何操作，执行完附加代码之后，通过 JUMP CPU 指令直接跳转到原 API 地址处。为了让编译器产生这样的函数，在函数定义前加"__declspec(naked)"修饰符即可，本例中这个函数是 HookProc。

```cpp
void NotifyCaller()                                        // APISpyLib.cpp 文件
{
    CMyShareMem mem(FALSE);
    ::SendMessage(mem.GetData()->hWndCaller, HM_SPYACALL, 0, 0);
}


// 代理函数
__declspec(naked)void HookProc()        // __declspec(naked)修饰符告诉编译器不要在函数中做堆栈处理
{
    // 通知主程序
    NotifyCaller();

    // 跳转到原来的函数
    DWORD dwOrgAddr;
    dwOrgAddr = (DWORD)PROC(g_orgFun);
    __asm
    {
        mov eax, dwOrgAddr;
        jmp eax;
    }
    // 永远运行不到这里。        要想函数能够返回（这里不用返回），必须添加代码 "__asm    ret;"
}
```

如果不加"__declspec(naked)"修饰符，函数要在堆栈中保存 ebp、ebx 等寄存器的值，也要在堆栈中保存所有临时变量的值，在函数返回之前再将堆栈恢复。加入"__declspec(naked)"修饰符之后，编译器不会对函数做任何堆栈处理，需要自己来（如果有必要）取输入参数、保存寄存器，甚至自己写 ret 返回指令等。

在 HookProc 函数中用户定义的临时变量都被编译器保存在寄存器中（不使用堆栈）。

3．09APISpyApp 工程

09APISpyApp 程序负责与用户交互、创建共享内存和注入 DLL。

程序在 CMainDialog 类（主窗口类）的构造函数中取得 09APISpyLib.dll 完整的文件名，创建 CRemThreadInjector 对象。

```cpp
CMainDialog::CMainDialog(CWnd* pParentWnd):CDialog(IDD_MAIN, pParentWnd)
{
    char szDllPath[MAX_PATH];
    LPSTR p;
    // 取得指定文件的完整文件名，将之返回到 szDllPath 所指的缓冲区中。p 用来返回目录中最后的文件名
    ::GetFullPathName("09APISpyLib.dll", MAX_PATH, szDllPath, &p);
    // 调试时可以直接用 "E:\\MyWork\\book_code\\09APISpyLib\\Debug\\09APISpyLib.dll" 作为 DLL 文件名
    m_pInjector = new CRemThreadInjector(szDllPath);
    m_pShareMem = NULL;
}
```

用户单击"开始"或者"停止"按钮以后，程序注入 DLL 或者取消注入。

```cpp
void CMainDialog::OnStart()
{
    // 如果 m_pShareMem 不为 NULL，则证明用户单击"停止"按钮
```

```
if(m_pShareMem != NULL)
{
    // 取消注入
    m_pInjector->EjectModuleFrom(m_dwProcessId);
    // 删除对象
    delete m_pShareMem;
    m_pShareMem = NULL;
    // 设置 UI 界面
    GetDlgItem(IDC_START)->SetWindowText("开始");
    return;
}

    // 取得用户输入
// 取得目标程序名称
CString strTargetApp;
GetDlgItem(IDC_TARGETAPP)->GetWindowText(strTargetApp);
if(strTargetApp.IsEmpty())
{
    MessageBox("请选择目标程序！");
    return;
}
// 取得 API 函数和所在模块名称
CString strAPIName, strDllName;
GetDlgItem(IDC_APINAME)->GetWindowText(strAPIName);
GetDlgItem(IDC_DLLNAME)->GetWindowText(strDllName);
if(strAPIName.IsEmpty() || strDllName.IsEmpty())
{
    MessageBox("请输入您要侦测的函数或模块名称！");
    return;
}
// 检查用户输入的函数是否在指定模块中
HMODULE h = ::LoadLibrary(strDllName);
if(::GetProcAddress(h, strAPIName) == NULL)
{
    MessageBox("您输入的模块中不包含要侦测的函数！");
    if(h != NULL)
        ::FreeLibrary(h);
    return;
}
::FreeLibrary(h);

    // 注入 DLL
// 创建共享内存，写入参数信息
m_pShareMem = new CMyShareMem(TRUE);
m_pShareMem->GetData()->hWndCaller = m_hWnd;
strncpy(m_pShareMem->GetData()->szFuncName, strAPIName, 56);
strncpy(m_pShareMem->GetData()->szModName, strDllName, 56);

// 创建目标进程
BOOL bOK;
STARTUPINFO si = { sizeof(si) };
PROCESS_INFORMATION pi;
bOK = ::CreateProcess(NULL, strTargetApp.GetBuffer(0), NULL, NULL, FALSE, 0, NULL, NULL, &si, &pi);
if(bOK)
{
    m_dwProcessId = pi.dwProcessId;
```

```
        // 注入 DLL
        bOK = m_pInjector->InjectModuleInto(m_dwProcessId);
        if(!bOK)
        {
                MessageBox("注入 DLL 出错！");
        }
        ::CloseHandle(pi.hThread);
        ::CloseHandle(pi.hProcess);
    }
    else
    {
        MessageBox("启动目标程序失败！");
    }

    // 如果没有成功，删除共享内存
    if(!bOK)
    {
        delete m_pShareMem;
        m_pShareMem = NULL;
        return;
    }
    // 设置 UI 界面
    OnClear();
    GetDlgItem(IDC_START)->SetWindowText("停止");
}
```

完整的实例代码请参考配套光盘相关工程。

第 10 章　TCP/IP 和网络通信

本章讲述基于 TCP/IP 协议的网络通信，首先从编程角度介绍以太网接口堆栈、Winsock API，然后举例说明它们具体的编程方法。本章还讲述了比较热门的网络封包截拦、封包过滤等技术，并给出了详尽的实现代码。

10.1　网络基础知识

网络是可以交换数据的互相连接的计算机的集合。网络的类型很多，如 LAN（Local Area Network，局域网）、WAN（Wide Area Network，广域网）、Internet（互联网）。为了确保所有的传输平稳地进行，网络建立在协议之上。

协议就是一组规定，它描述了数据传送的格式。协议描述了通过网络如何交流数据，这可以和人类语言相比较：在最底层每一个人都可以发出和听到声音（比较：电子信号），但是只有使用双方都知道的语言（比较：协议）人们才可以交流信息。

本节讲述最基本的网络编程原则和术语，简述服务器/客户机模型结构。

10.1.1　以太网（Ethernet）

网络工作在通信协议之上，协议有多层，在交流过程中每一层协议有各自的任务。现在非常普遍的是使用 TCP/IP 的以太局域网（ethernet LAN）。在局域网中，计算机可以用同轴电缆、双交线或光纤连接起来。现在大多数网络使用双交线连接。广域网和 Internet（许多局域网的集合）使用了大部分应用于以太网的技术，因此，本书首先要介绍以太网。

1. 介质访问控制（MAC）层

以太网的最底层是硬件层，称为介质访问控制（Media Access Control，MAC）层。例如，网卡属于该层，它包含了串行网络接口和一个控制器，控制器帮助它将原始数据转换为电子信号，并发送到正确位置。

通过网络发送的封包当然需要到达它们的目的地，因此必定存在一些寻址方式。以太网接口的各层都有不同的寻址方法，在最下面的 MAC 层，寻址是通过 MAC 号进行的。

MAC 号是一个 48 位的标识，它被硬性分配到每一个网络接口单元。这些号码是由 IEEE 注册权威分配的，它们保证每个以太网分点都有一个世界唯一的号码。MAC 号通常用以冒号分割的 16 进制数表示，如 14:74:A0:17:95:D7。

为了将封包发送到其他网络接口，封包应该包含 MAC 号。LAN 使用非常简单的方法——广播发送封包到正确接口。这意味着网卡会发送封包到它所能到达的每个接口。每个接收到封包的接口查看封包的目的 MAC 号，仅在同自己的 MAC 号相同时才处理。这个方法在局域网上容易实现，效率非常高，但是在更大的网络（WAN、Internet）上，因为很明显的原因不能使用这种方法，因为大家都不希望自己发送的封包会被互联网上所有其他人都接收到。

WAN 使用更好的路由机制，这里不讨论它。我们仅需记住，在最底层寻址是通过 MAC 号进行的即可。

2．网际协议（IP）层

硬件层之上是 IP（Internet Protocol，网际协议）层。与 MAC 层相似，IP 也有它自己的寻址方式——使用 IP 地址。

IP 地址是用来在网络接口的 IP 层进行寻址的号码。最广泛使用的版本是 IPv4，它是一个 32 位的值，以众所周知的点格式表示，如 209.217.52.4。与 MAC 地址不同，IP 地址没有集成到硬件中，它是在自己的软件层设置的。

互联网使用 IP 地址来唯一地标识一个计算机。IP 地址可以通过软件分配给网络接口，做这项工作时软件会将 IP 地址和网络接口的 MAC 地址关联在一起。为了使用 IP 寻址，关联的 MAC 地址需要保存起来，这由 ARP（Address Resolution Protocol，地址解析协议）负责。每个主机都维护了一个记录 IP 和 MAC 地址对的清单，如果用户使用的 IP 地址没有在此清单中，主机发出一个询问包到局域网的其他计算机，以获取与之相匹配的 MAC 地址。如果此局域网中有计算机可以识别此 IP 地址，它送回对应的 MAC 地址；如果没有，封包就会被送到网关（gateway）——发送封包到外部网络的计算机。IP 到 MAC 的转化实际上是在数据链接层进行的。

IP 协议添加源地址和目的地址到封包，同时也添加其他封包属性，如 TTL hops（time to live hops，生存时间），使用的协议版本、效验头等（见 11.6 节的 CIPHeader 结构）。

3．传输控制协议（TCP）层

IP 层之上是 TCP 层（或者 UDP 层）。这层距离网络应用程序非常近，要做的事情很多。TCP 为寻址增加了最后一个限制——端口号。

IP 地址用来寻址指定的计算机或者网络设备，而端口号用来确定运行在目的设备上的哪个应用程序应该接收这个封包。端口号是 16 位的，范围在 0～65536 之内。在设备上寻址端口号时经常使用的符号是"IP:portnumber"，例如，209.217.52.4:80。连接的两端都要使用端口号，但是二者没有必要相同。

许多公共服务都使用固定的端口号，例如，WWW（World Wide Web，万维网）默认使用的端口号为 80，FTP（File Transfer Protocol，文件传输协议）使用的是 21，E-mail 使用 25（SMTP，简单邮件传输协议）和 110（POP3，邮局协议）。自定义服务一般使用高于 1024 的端口号。

IP 层不关心传输是否成功，但 TCP 层关心。TCP 层确保数据正确地到达。它也让接收者控制数据流动，例如，接收者可以决定什么时候接收数据。如果一个封包在到达目的地的路途中丢失了，TCP 重发此封包。如果封包到达的顺序与原始顺序不同，TCP 会重新为它们排序。TCP 是面向连接的，它是传输连续数据流的最好选择。

TCP 的另一个选择是 UDP，它并没有这些特性，不能确保封包的到达。UDP 是无连接的面向数据报的传输协议，正因为如此，它的传输效率要比 TCP 高得多。

4．软件层

TCP 层之上是网络软件。在 Windows 下，应用程序并不直接访问 TCP 层，而是通过 Winsock API 访问。软件层提供了非常方便的访问网络的方式。由于所有下层协议的存在，在软件层不必担心封包、封包大小、数据错误、对丢失封包的重发等。

10.1.2　以太网接口堆栈

图 10.1 所示为以太网接口堆栈中每个协议的封装形式，它们都是从软件层开始的。

软件层包含了用户请求发送的数据，有时这块数据会有固定的格式（如 HTTP、FTP 协议）。用户数据首先取得包含源端口号和目的端口号的 TCP 头，然后添加 IP 头，它包含发送者和接收者的 IP 地址。最后数据链路层添加以太网头，它指定了发送者和接收者的 MAC 地址，这是真正通过电缆发送的数据。

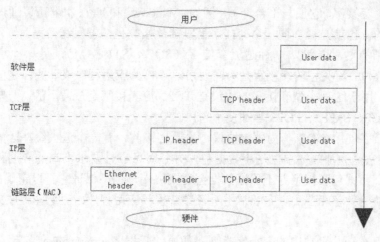

图 10.1　以太网接口堆栈

10.1.3　服务器/客户机模型

TCP/IP 是面向连接的协议。连接的两个设备之间，每一方都使用它自己的 IP 地址和端口号。通常，一方称为客户，另一方称为服务器。

客户是发出请求方，服务器响应它们。例如，当打开网站时，浏览器是客户，WebServer 是服务器。浏览器发出连接请求，初始化和服务器的连接，请求指定的资源。服务器然后返回响应和请求的数据。

服务器通常是等待客户连接，这叫作监听（listening），这一般是在特定的 IP 地址和端口号进行。客户仅在有必要时才启动，因为客户总是一个连接的发起者、信息的请求者。为了创建连接，客户需要知道服务器正在监听的 IP 地址和端口号。

服务器和客户方都需要使用 IP 地址和端口号，但是服务器的 IP 地址和端口号通常是固定的。WWW 的标准端口是 80（使用 HTTP 协议）。以人民邮电出版社网站为例，它的 Web 服务器的端口号是 80，IP 地址是 219.238.168.74。每一个访问此网站的客户都需连接到这个 IP 和端口，因此 Web 服务器在相同的端口上可以有许多连接。在客户方，端口号并不重要，任何端口都可以使用。

工作在软件层的几个协议，如 HTTP、FTP、POP3、SMTP 等，大多数是以服务器/客户机方式工作的。例如，客户产生请求，服务器响应，请求和响应数据的准确格式由这些协议定义。

10.2　Winsock 接口

Winsock（Windows Sockets）是处理网络的 Windows API。许多函数与在 BSD Unix 中使用的 Berkeley 套接字函数是相同的。本节将具体讲述如何使用它们编写网络程序。

10.2.1 套接字（Socket）的概念和类型

通信的双方要建立连接，这个连接的终端就是套接字。客户端和服务器端都有一个套接字，每个套接字与特定的 IP 地址和端口号关联。

几乎所有的 Winsock 函数都在套接字上进行操作，因为套接字是到连接的句柄。连接的两端都要使用一个套接字，它们与平台无关（例如，Windows 和 Unix 机器可以通过套接字通信）。套接字是双通的，也就是说在同一个套接字上既能够接收也能够发送数据。

套接字主要有两种类型，一种是流套接字（SOCK_STREAM），另一种是数据报套接字（SOCK_DGRAM）。流类型的套接字是为需要可靠连接的应用程序设计的。这些程序经常使用连续的数据流。用于这种类型套接字的协议是 TCP。流套接字是最常用的，一些众所周知的协议如 HTTP、TCP、SMTP、POP3 等都使用它。

数据报套接字使用 UDP 作为下层协议，是无连接的，有一个最大缓冲区大小（数据包大小的最大值）。它是为那些需要发送小数据包，并且对可靠性要求不高的应用程序设计的。与流套接字不同，数据包套接字并不保证数据会达到终端，也不保证它是以正确的顺序到来的。数据报套接字传输效率相当高，它经常用于音频或视频应用程序。对这些程序来说，速度比可靠性更加重要。

另外，也存在一些不常用的套接字类型，如原始套接字（raw socket）等。

10.2.2 Winsock 的寻址方式和字节顺序

1. 寻址方式

因为 Winsock 要兼容几个协议，所以必须使用通用的寻址方式。TCP/IP 使用 IP 地址和端口号来指定一个地址，但是其他协议也许采用不同的形式。如果 Winsock 强迫使用特定的寻址方式，添加其他协议就不大可能了。Winsock 的第一个版本使用 sockaddr 结构来解决此问题。

```
struct sockaddr
{
    u_short    sa_family;
    char       sa_data[14];
};
```

在这个结构中，第 1 个成员 sa_family 指定了这个地址使用的地址家族。sa_data 成员存储的数据在不同的地址家族中可能不同。本书仅仅使用互联网地址家族（TCP/IP），Winsock 已经定义了 sockaddr 结构的 TCP/IP 版本——sockaddr_in 结构。它们本质上是相同的结构，但是第 2 个更容易操作。

```
struct sockaddr_in {
        short    sin_family;            // 地址家族（即指定地址格式）
        u_short sin_port;               // 端口号
        struct  in_addr sin_addr;       // IP 地址
        char     sin_zero[8];           // 空字节，要设为 0
};
```

此结构的最后 8 个字节没有使用，是为了与 sockaddr 结构大小相同才设置的。

sin_addr 是 IP 地址（32 位），它被定义为一个联合来处理整个 32 位的值，两个 16 位部分或者每个字节单独分开。描述 32 位 IP 地址的 in_addr 结构定义如下。

```
struct in_addr {
        union {
                struct { u_char s_b1,s_b2,s_b3,s_b4; } S_un_b;   // 以 4 个 u_char 来描述
                struct { u_short s_w1,s_w2; } S_un_w;            // 以 2 个 u_short 来描述
```

```
            u_long S_addr;                                    // 以 1 个 u_long 来描述
        } S_un;
    };
```

用字符串"aa.bb.cc.dd"表示 IP 地址时，字符串中由点分开的 4 个域是以字符串的形式对 in_addr 结构中的 4 个 u_char 值的描述。由于每个字节的数值范围是 0～255，所以各域的值是不可以超过 255 的。

2．字节顺序

字节顺序是长度跨越多个字节的数据被存储的顺序。例如，一个 32 位的长整型 0x12345678 跨越 4 个字节（每个字节 8 位）。Intel x86 机器使用小尾顺序（little-endian），意思是最不重要的字节首先存储。因此，数据 0x12345678 在内存中的存放顺序是 0x78、0x56、0x34、0x12。大多数不使用小尾顺序的机器使用大尾顺序（big-endian），即最重要的字节首先存储。同样的值在内存中的存放顺序将是 0x12、0x34、0x56、0x78。因为协议数据要在这些机器间传输，就必须选定其中的一种方式作为标准，否则会引起混淆。

TCP/IP 协议统一规定使用大尾方式传输数据，也称为网络字节顺序。例如，端口号（它是一个 16 位的数字）12345（0x3039）的存储顺序是 0x30、0x39。32 位的 IP 地址也是以这种方式存储的，IP 地址的每一部分存储在一个字节中，第一部分存储在第一个字节中。

上述 sockaddr 和 sockaddr_in 结构中，除了 sin_family 成员（它不是协议的一部分）外，其他所有值必须以网络字节顺序存储。Winsock 提供了一些函数来处理本地机器的字节顺序和网络字节顺序的转换。

```
u_short htons(u_short hostshort);     // 转化一个 u_short 类型从主机字节顺序到 TCP/IP 网络字节顺序
u_long htonl(u_long hostlong);        // 转化一个 u_long 类型从主机字节顺序到 TCP/IP 网络字节顺序
u_short ntohs(u_short netshort);      // 转化一个 u_short 类型从 TCP/IP 网络字节顺序到主机字节顺序
u_long ntohl(u_long netlong);         // 转化一个 u_long 类型从 TCP/IP 网络字节顺序到主机字节顺序
```

这些 API 是平台无关的，使用它们可以保证程序正确地运行在所有机器上。

3．使用举例

在 sockaddr_in 结构中除了 sin_family 成员之外，所有的成员必须以网络字节顺序存储。下面是初始化 sockaddr_in 结构的例子。

```
sockaddr_in sockAddr1, sockAddr2;

// 设置地址家族
sockAddr1.sin_family = AF_INET;

// 转化端口号 80 到网络字节顺序，并安排它到正确的成员
sockAddr1.sin_port = htons(80);

// inet_addr 函数转化一个"aa.bb.cc.dd"类型的 IP 地址字符串到长整型，
// 它是以网络字节顺序记录的 IP 地址
// sin_addr.S_un.S_addr 指定了地址联合中的此长整型
sockAddr1.sin_addr.S_un.S_addr = inet_addr("127.0.0.1");

// 通过设置 4 个字节部分，设置 sockAddr2 的地址
sockAddr2.sin_addr.S_un.S_un_b.s_b1 = 127;
sockAddr2.sin_addr.S_un.S_un_b.s_b2 = 0;
sockAddr2.sin_addr.S_un.S_un_b.s_b3 = 0;
sockAddr2.sin_addr.S_un.S_un_b.s_b4 = 1;
```

上例中 inet_addr 函数将一个由小数点分隔的十进制 IP 地址字符串转化成由 32 位二进制数表示的 IP 地址（网络字节顺序）。inet_ntoa 是 inet_addr 函数的逆函数，它将一个网络字节顺序

的 32 位 IP 地址转化成字符串。

```
char * inet_ntoa (struct in_addr in);        // 将 32 位的二进制数转化为字符串
```

in 参数是一个 in_addr 结构，它是需要转化的 32 位的 IP 地址。

10.2.3　Winsock 编程流程

使用 Winsock 编程的一般步骤是比较固定的，可以结合后面的例子程序来理解它们。

1．Winsock 库的装入、初始化和释放

所有的 WinSock 函数都是从 WS2_32.DLL 库导出的，VC++在默认情况下并没有连接到该库，如果想使用 Winsock API，就必须包含相应的库文件。

```
#pragma commment(lib, "wsock32.lib")
```

WSAstartup 必须是应用程序首先调用的 Winsock 函数。它允许应用程序指定所需的 Windows Sockets API 的版本，获取特定 Winsock 实现的详细信息。仅当这个函数成功执行之后，应用程序才能调用其他 Winsock API。

```
int WSAStartup(
    WORD wVersionRequested,// 应用程序支持的最高 WinSock 库版本。高字节为次版本号，低字节为主版本号
    LPWSADATA lpWSAData // 一个指向 WSADATA 结构的指针。它用来返回 DLL 库的详细信息
);
```

lpWSAData 参数用来取得 DLL 库的详细信息，结构定义如下。

```
typedef struct WSAData {
    WORD            wVersion;                           // 库文件建议应用程序使用的版本
    WORD            wHighVersion;                       // 库文件支持的最高版本
    char            szDescription[WSADESCRIPTION_LEN+1];    // 库描述字符串
    char            szSystemStatus[WSASYS_STATUS_LEN+1];    // 系统状态字符串
    unsigned short  iMaxSockets;                        // 同时支持的最大套接字的数量
    unsigned short  iMaxUdpDg;                          // 2.0 版中已废弃的参数
    char FAR *      lpVendorInfo;                       // 2.0 版中已废弃的参数
} WSADATA, FAR * LPWSADATA;
```

函数调用成功返回 0。否则要调用 WSAGetLastError 函数查看出错的原因。此函数的作用相当于 Win32 API GetLastError，它取得最后发生错误的代码。

每一个对 WSAStartup 的调用必须对应一个对 WSACleanup 的调用，这个函数释放 Winsock 库。

```
int WSACleanup(void);
```

2．套接字的创建和关闭

使用套接字之前，必须调用 socket 函数创建一个套接字对象，此函数调用成功将返回套接字句柄。

```
SOCKET    socket(
    int af,           // 用来指定套接字使用的地址格式，WinSock 中只支持 AF_INET
    int type,         // 用来指定套接字的类型
    int protocol      // 配合 type 参数使用，用来指定使用的协议类型。可以是 IPPROTO_TCP 等
);
```

type 参数用来指定套接字的类型。套接字有流套接字、数据报套接字和原始套接字等，下面是常见的几种套接字类型定义。

- SOCK_STREAM　流套接字，使用 TCP 协议提供有连接的可靠的传输
- SOCK_DGRAM　数据报套接字，使用 UDP 协议提供无连接的不可靠的传输
- SOCK_RAW　　原始套接字，WinSock 接口并不使用某种特定的协议去封装它，而是有程序自行处理数据报以及协议首部

当 type 参数指定为 SOCK_STREAM 和 SOCK_DGRAM 时，系统已经明确确定使用 TCP 和 UDP 协议来工作，所以 protocol 参数可以指定为 0。

函数执行失败返回 INVALID_SOCKET（即－1），可以通过调用 WSAGetLastError 取得错误代码。

当不使用 socket 创建的套接字时，应该调用 closesocket 函数将它关闭。如果没有错误发生，函数返回 0，否则返回 SOCKET_ERROR。函数用法如下。

```
int closesocket(SOCKET s);    // 函数唯一的参数就是要关闭的套接字的句柄
```

3．绑定套接字到指定的 IP 地址和端口号

为套接字关联本地地址的函数是 bind，用法如下。

```
int bind(
    SOCKET s,                      // 套接字句柄
    const struct sockaddr* name,   // 要关联的本地地址
    int namelen                    // 地址的长度
);
```

bind 函数用在没有建立连接的套接字上，它的作用是绑定面向连接的或者无连接的套接字。当一个套接字被 socket 函数创建以后，它存在于指定的地址家族里，但是它是未命名的。bind 函数通过安排一个本地名称到未命名的 socket 建立此 socket 的本地关联。本地名称包含 3 个部分：主机地址、协议号（分别为 UDP 或 TCP）和端口号。

本节的 10ServerDemo 程序（10.2.5 小节）使用以下代码绑定套接字 s 到本地地址。

```
// 填充 sockaddr_in 结构
sockaddr_in sin;
sin.sin_family = AF_INET;
sin.sin_port = htons(8888);
sin.sin_addr.S_un.S_addr = INADDR_ANY;

// 绑定这个套接字到一个本地地址
if(::bind(s, (LPSOCKADDR)&sin, sizeof(sin)) == SOCKET_ERROR)
{
    printf("Failed bind() \n");
    ::WSACleanup();
    return 0;
}
```

sockaddr_in 结构中的 sin_familly 字段用来指定地址家族，该字段和 socket 函数中的 af 参数的含义相同，所以唯一可以使用的值就是 AF_INET。sin_port 字段和 sin_addr 字段分别指定套接字需要绑定的端口号和 IP 地址。放入这两个字段的数据的字节顺序必须是网络字节顺序。由于网络字节顺序和 Intel CPU 的字节顺序刚好相反，所以必须首先用 htons 函数进行转换。

如果应用程序不关心所使用的地址，可以为互联网地址指定 INADDR_ANY，为端口号指定 0。如果互联网地址等于 INADDR_ANY，系统会自动使用当前主机配置的所有 IP 地址，这简化了程序设计；如果端口号等于 0，程序执行时系统会分配一个唯一的端口号到这个应用程序，其值在 1024 到 5000 之间。应用程序可以在 bind 之后使用 getsockname 来知道为它分配的地址。但是要注意，直到套接字连接上之后 getsockname 才可能填写互联网地址，因为对一个主机来说可能有多个地址是可用的。

4．设置套接字进入监听状态

listen 函数置套接字进入监听状态。

```
int listen(
    SOCKET s,         // 套接字句柄
```

```
    int backlog              // 监听队列中允许保持的尚未处理的最大连接数量
);
```

为了接受连接，首先使用 socket 函数创建一个套接字，然后使用 bind 函数绑定它到一个本地地址，再用 listen 函数为到达的连接指定一个 backlog，最后使用 accept 接受请求的连接。

listen 仅应用在支持连接的套接字上，如 SOCK_STREAM 类型。函数成功执行之后，套接字 s 进入了被动模式，到来的连接会被通知，排队等候接受处理。

在同一时间处理多个连接请求的服务器通常使用 listen 函数：如果一个连接请求到达，并且排队已满，客户端将接收 WSAECONNREFUSED 错误。

5．接受连接请求

accept 函数用于接受到来的连接。

```
SOCKET accept(
    SOCKET s,                // 套接字句柄
    struct sockaddr* addr,   // 一个指向 sockaddr_in 结构的指针，用于取得对方的地址信息
    int* addrlen             // 是一个指向地址长度的指针
);
```

该函数在 s 上取出未处理连接中的第一个连接，然后为这个连接创建一个新的套接字，返回它的句柄。新创建的套接字是处理实际连接的套接字，它与 s 有相同的属性。

程序默认工作在阻塞模式下，这种方式下如果没有未处理的连接存在，accept 函数会一直等待下去直到有新的连接发生才返回。

addrlen 参数用于指定 addr 所指空间的大小，也用于返回地址的实际长度。如果 addr 或者 addrlen 是 NULL，则没有关于远程地址的信息返回。

客户端程序在创建套接字之后，要使用 connect 函数请求与服务器连接，函数原型如下。

```
int    connect(
    SOCKET s,                       // 套接字句柄
    const struct sockaddr FAR * name, // 一个指向 sockaddr_in 结构的指针，包含了要连接的服务器的地址信息
    int namelen                     // sockaddr_in 结构的长度
    );
```

第一个参数 s 是此连接使用的客户端套接字。另两个参数 name 和 namelen 用来寻址远程套接字（正在监听的服务器套接字）。

6．收发数据

对流套接字来说，一般使用 send 和 recv 函数来收发数据。

```
int    send(
    SOCKET s,                // 套接字句柄
    const char FAR * buf,    // 要发送数据的缓冲区地址
    int len,                 // 缓冲区长度
    int flags                // 指定了调用方式，通常设位 0
    );
int    recv( SOCKET s, char FAR * buf, int len, int );
```

send 函数在一个连接的套接字上发送缓冲区内的数据，返回发送数据的实际字节数。recv 函数从对方接收数据，并存储它到指定的缓冲区。flags 参数在这两函数中通常设为 0。

在阻塞模式下，send 将会阻塞线程的执行直到所有的数据发送完毕（或者一个错误发生），而 recv 函数将返回尽可能多的当前可用信息，一直到缓冲区指定的大小。

10.2.4　典型过程图

服务器程序和客户程序的创建过程可以用图 10.2 来描述。服务器方创建监听套接字，并为

它关联一个本地地址（指定 IP 地址和端口号），然后进入监听状态准备接受客户的连接请求。为了接受客户的连接请求，服务器方必须调用 accept 函数。

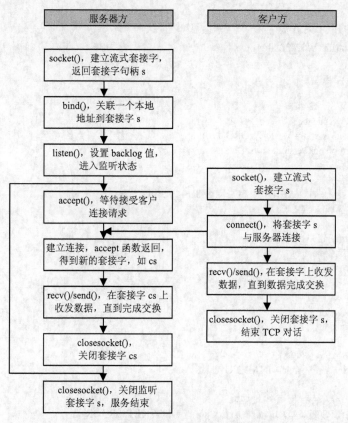

图 10.2　服务器程序和客户程序的创建过程

客户方创建套接字后即可调用 connect 函数去试图连接服务器监听套接字。当服务器方的 accept 函数返回后，connect 函数也返回。此时客户方使用 socket 函数创建的套接字，服务器方使用 accept 函数创建的套接字，双方就可以通信了。

10.2.5　服务器和客户方程序举例

下面是最简单的 TCP 服务器程序和 TCP 客户端程序的例子。这两个程序都是控制台界面的 Win32 应用程序，分别在配套光盘的 10ServerDemo 和 10ClientDemo 工程下。

运行服务器程序 10ServerDemo，如果没有错误发生，将在本地机器上的 8888 端口上等待客户方的连接。如果没有连接请求，服务器会一直处于休眠状态。

运行服务器之后，再运行客户端程序 10ClientDemo，其最终效果如图 10.3 所示。客户端连接到了服务器，双方套接字可以通信了。

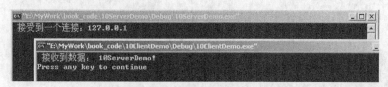

图 10.3　两个测试程序的通信结果

下面是 10ServerDemo 程序源代码。

```cpp
#include <winsock2.h>        // 为了使用 Winsock API 函数
#include <stdio.h>
#include <windows.h>
// 告诉连接器与 WS2_32 库连接
#pragma comment(lib,"WS2_32.lib")

int main(int argc, char* argv[])
{
    // 初始化 WS2_32.dll
    WSADATA wsaData;
    WORD sockVersion = MAKEWORD(2, 0);
    ::WSAStartup(sockVersion, &wsaData);

    // 创建套接字
    SOCKET s = ::socket(AF_INET, SOCK_STREAM, IPPROTO_TCP);
    if(s == INVALID_SOCKET)
    {
        printf("Failed socket() \n");
        ::WSACleanup();
        return 0;
    }

    // 填充 sockaddr_in 结构
    sockaddr_in sin;
    sin.sin_family = AF_INET;
    sin.sin_port = htons(8888);
    sin.sin_addr.S_un.S_addr = INADDR_ANY;

    // 绑定这个套接字到一个本地地址
    if(::bind(s, (LPSOCKADDR)&sin, sizeof(sin)) == SOCKET_ERROR)
    {
        printf("Failed bind() \n");
        ::WSACleanup();
        return 0;
    }

    // 进入监听模式
    if(::listen(s, 2) == SOCKET_ERROR)
    {
        printf("Failed listen()");
        ::WSACleanup();
        return 0;
    }

    // 循环接受客户的连接请求
    sockaddr_in remoteAddr;
    int nAddrLen = sizeof(remoteAddr);
    SOCKET client;
    char szText[] = " 10ServerDemo! \r\n";
    while(TRUE)
    {
        // 接受一个新连接
        client = ::accept(s, (SOCKADDR*)&remoteAddr, &nAddrLen);
        if(client == INVALID_SOCKET)
        {
```

```
                printf("Failed accept()");
                continue;
            }
            printf(" 接收到一个连接：%s \r\n", inet_ntoa(remoteAddr.sin_addr));

            // 向客户端发送数据
            ::send(client, szText, strlen(szText), 0);

            // 关闭同客户端的连接
            ::closesocket(client);
        }

    // 关闭监听套接字
    ::closesocket(s);
    // 释放 WS2_32 库
    ::WSACleanup();
    return 0;
}
```

下面是 10ClientDemo 程序源代码。

```
#include <winsock2.h> // 为了使用 Winsock API 函数
#include <stdio.h>
#include <windows.h>
// 告诉连接器与 WS2_32 库连接
#pragma comment(lib,"WS2_32.lib")

int main(int argc, char* argv[])
{
    // 初始化 WS2_32.dll
    WSADATA wsaData;
    WORD sockVersion = MAKEWORD(2, 0);
    ::WSAStartup(sockVersion, &wsaData);

    // 创建套接字
    SOCKET s = ::socket(AF_INET, SOCK_STREAM, IPPROTO_TCP);
    if(s == INVALID_SOCKET)
    {
        printf("Failed socket() \n");
        ::WSACleanup();
        return 0;
    }

    // 也可以在这里调用 bind 函数绑定一个本地地址
    // 否则系统将会自动安排

    // 填写远程地址信息
    sockaddr_in servAddr;
    servAddr.sin_family = AF_INET;
    servAddr.sin_port = htons(8888);
    // 注意，这里要填写服务器程序（10ServerDemo 程序）所在机器的 IP 地址
    // 如果你的计算机没有联网，直接使用 127.0.0.1 即可
    servAddr.sin_addr.S_un.S_addr = inet_addr("127.0.0.1");

    if(::connect(s, (sockaddr*)&servAddr, sizeof(servAddr)) == -1)
    {
        printf("Failed connect() \n");
        ::WSACleanup();
```

```
        return 0;
    }

    // 接收数据
    char buff[256];
    int nRecv = ::recv(s, buff, 256, 0);
    if(nRecv > 0)
    {
        buff[nRecv] = '\0';
        printf(" 接收到数据：%s", buff);
    }

    // 关闭套接字
    ::closesocket(s);
    // 释放 WS2_32 库
    ::WSACleanup();
    return 0;
}
```

10.2.6　UDP 协议编程

TCP 协议由于可靠、稳定的特征而被用在大部分场合，但它对系统资源要求比较高。UDP 协议是一个简单的面向数据报的传输层协议，又叫用户数据报协议。它提供了无连接的、不可靠的数据传输服务。无连接是指它不像 TCP 协议那样在通信前先与对方建立连接以确定对方的状态。不可靠是指它直接安装指定 IP 地址和端口号将数据包发出去，如果对方不在线的话数据就可能丢失。UDP 协议编程流程如下。

1．服务器端

（1）创建套接字（socket）。

（2）绑定 IP 地址和端口（bind）。

（3）收发数据（sendto/recvfrom）。

（4）关闭连接（closesocket）。

2．客户端

（1）创建套接字（socket）。

（2）收发数据（sendto/recvfrom）。

（3）关闭连接（closesocket）。

UDP 协议用于发送和接收数据的函数是 sendto 和 recvfrom。它们的原型如下。

```
int sendto (
    SOCKET s,                        // 用来发送数据的套接字
    const char FAR * buf,            // 指向发送数据的缓冲区
    int len,                         // 要发送数据的长度
    int flags,                       // 一般指定为 0
    const struct sockaddr * to,      // 指向一个包含目标地址和端口号的 sockaddr_in 结构
    int tolen                        // 为 sockaddr_in 结构的大小
    );
```

同样 UDP 协议接收数据也需要知道通信对端的地址信息。

```
int recvfrom (SOCKET s, char FAR* buf, int len, int flags,
                            struct sockaddr FAR* from, int FAR* fromlen);
```

这个函数不同于 recv 函数的是多出来的最后两个参数，from 参数是指向 sockaddr_in 结构的指针，函数在这里返回数据发送方的地址，fromlen 参数用于返回前面的 sockaddr_in 结构的

长度。

与 TCP 协议相比，UDP 协议简单多了，编程细节就不详细介绍了。

10.3　网络程序实际应用

本节将综合前面所学的知识讲述一个 TCP 服务器实例（10TCPServer 工程下）和一个 TCP 客户端实例（10TCPClient 工程下）。这两个例子在相互通信时的效果如图 10.4 所示。

10.3.1　设置 I/O 模式

当套接字创建的时候，它默认工作在阻塞模式下。例如，对 TCP 服务器程序中的 accept 函数的调用，会使程序进入等待状态，直到有客户请求连接才返回。针对这种情况可以采取多线程的方式，主线程处理界面，另有线程负责网络通信。

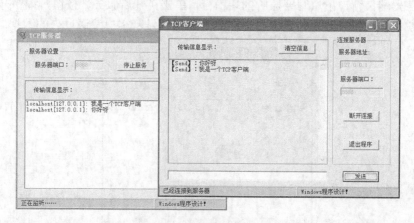

图 10.4　实例程序运行效果

还有一种方法是将 socket 的 I/O 模式设为"非阻塞模式"，在这种模式下对任何 Winsock 函数的调用都立即返回。设置 I/O 模式的函数有两个——ioctlsocket 和 WSAAsyncSelect，本节主要介绍第 2 个。

WSAAsyncSelect 函数自动把套接字设为非阻塞模式，并且为套接字绑定一个窗口句柄，当有网络事件发生时，便向这个窗口发送消息。函数用法如下。

```
int    WSAAsyncSelect(
    SOCKET s,          // 需要设置的套接字句柄
    HWND hWnd,         // 指定一个窗口句柄
                       // 套接字的通知消息将被发送到与其对应的窗口过程中
    u_int wMsg,        // 网络事件到来时接收到的消息 ID，
                       // 可以在 WM_USER 以上的数值中任意选择一个用作 ID
    long lEvent        // 指定哪些通知码需要发送
    );
```

最后一个参数 lEvent 指定了要发送的通知码，可以是如下取值的组合。

- FD_READ　　　　套接字接收到对方发送过来的数据包。表明这时可以去读套接字了
- FD_WRITE　　　数据缓冲区满后再次变空时，WinSock 接口通过这个通知码通知应用程序。表示可以继续发送数据了

- FD_ACCEPT　　　监听中的套接字检测到有连接进入
- FD_CONNECT　　如果用一个套接字去连接对方的主机，当连接动作完成以后会接收到这个通知码
- FD_CLOSE　　　检测到套接字对应的连接被关闭

一般称这种套接字为窗口通知消息类型。程序接收到自定义网络消息以后，可以使用宏 WSAGETSELECTERROR 和 WSAGETSELECTEVENT 从消息的 lParam 参数中取出出错代码和通知码，它们定义如下。

```
#define WSAGETSELECTERROR(lParam)        HIWORD(lParam)
#define WSAGETSELECTEVENT(lParam)        LOWORD(lParam)
```

如果没有错误发生，出错代码为 0，程序可以继续检查通知码，以确定发生的网络事件。

10.3.2　TCP 服务器实例

服务器端程序初始状态下的界面如图 10.5 所示。程序初始化时在状态栏中显示本地的 IP 地址。在服务器端口窗口下填写要监听的端口号，单击"开启服务"按钮，程序开始在指定的端口等待客户端的连接。传输信息窗口下的列表框控件显示客户发送过来的数据。

图 10.5　服务器程序运行效果

本小节将详细介绍服务器端程序 10TCPServer 的编写过程。

1．程序框架

下面先列出了整个服务器程序的框架。TCPServer.h 和 TCPServer.cpp 文件中的代码如下。

```
//----------------------------------------TCPServer.h 文件----------------------------------------//
#include <afxwin.h>
#include <afxcmn.h>
#include <winsock2.h>
// 告诉连接器与 WS2_32 库连接
#pragma comment(lib,"WS2_32.lib")

#define MAX_SOCKET 56    // 定义此服务器所能接受的最大客户量

class CMyApp : public CWinApp
{
public:
    BOOL InitInstance();
};

class CMainDialog : public CDialog
```

```
{
public:
        CMainDialog(CWnd* pParentWnd = NULL);
protected:
        // 创建套接字，并设置为监听状态，准备接受客户的连接
        BOOL CreateAndListen(int nPort);
        // 关闭所有套接字，包括监听套接字和所有 accept 函数返回的套接字
        void CloseAllSocket();
        // 向客户连接列表中添加一个客户
        BOOL AddClient(SOCKET s);
        // 从客户连接列表中移除一个客户
        void RemoveClient(SOCKET s);
protected:
        // 两个子窗口控件，一个是状态栏，一个是列表框
        CStatusBarCtrl m_bar;
        CListBox m_listInfo;

        // 监听套接字句柄
        SOCKET m_socket;

        // 客户连接列表
        SOCKET m_arClient[MAX_SOCKET];    // 套接字数组
        int m_nClient;                    // 上述数组的大小
protected:
        virtual BOOL OnInitDialog();
        virtual void OnCancel();
        // 开启或停止服务
        afx_msg void OnStart();
        // 清空信息
        afx_msg void OnClear();
        // 套接字通知事件
        afx_msg long OnSocket(WPARAM wParam, LPARAM lParam);
        DECLARE_MESSAGE_MAP()
};
//----------------------------------------TCPServer.cpp 文件----------------------------------------//
#include "TCPClient.h"
#include "resource.h"
// 定义网络事件通知消息
#define WM_SOCKET WM_USER + 1
CMyApp theApp;

BOOL CMyApp::InitInstance()
{
        // 初始化 Winsock 库
        WSADATA wsaData;
        WORD sockVersion = MAKEWORD(2, 0);
        ::WSAStartup(sockVersion, &wsaData);
        // 弹出主窗口对话框
        CMainDialog dlg;
        m_pMainWnd = &dlg;
        dlg.DoModal();
        // 释放 Winsock 库
        ::WSACleanup();
        return FALSE;
}
CMainDialog::CMainDialog(CWnd* pParentWnd):CDialog(IDD_MAINDIALOG, pParentWnd)
```

```
{
}

BEGIN_MESSAGE_MAP(CMainDialog, CDialog)
ON_BN_CLICKED(IDC_START, OnStart)        // 用户单击开启/停止服务按钮
ON_BN_CLICKED(IDC_CLEAR, OnClear)        // 用户单击清除记录按钮
ON_MESSAGE(WM_SOCKET, OnSocket)
END_MESSAGE_MAP()
```

　　初始化和释放 Winsock 库的代码都是在 CMyApp::InitInstance 函数中进行的，这确保 CMainDialog 类可以任意使用 Winsock 函数。

2. 自定义帮助函数

　　自定义函数 CreateAndListen 用于创建并设置套接字状态。当用户请求开启服务时便可调用此函数。

```
BOOL CMainDialog::CreateAndListen(int nPort)
{
    if(m_socket == INVALID_SOCKET)
        ::closesocket(m_socket);

    // 创建套接字
    m_socket = ::socket(AF_INET, SOCK_STREAM, IPPROTO_TCP);
    if(m_socket == INVALID_SOCKET)
        return FALSE;

    // 填写要关联的本地地址
    sockaddr_in sin;
    sin.sin_family = AF_INET;
    sin.sin_port = htons(nPort);
    sin.sin_addr.s_addr = INADDR_ANY;
    // 绑定端口
    if(::bind(m_socket, (sockaddr*)&sin, sizeof(sin)) == SOCKET_ERROR)
        return FALSE;

    // 设置 socket 为窗口通知消息类型
    ::WSAAsyncSelect(m_socket, m_hWnd, WM_SOCKET, FD_ACCEPT|FD_CLOSE);
    // 进入监听模式
    ::listen(m_socket, 5);
    return TRUE;
}
```

　　上述代码在调用 listen 函数前调用 WSAAyncSelect 函数将套接字设为窗口通知消息类型。WM_SOCKET 为自定义网络通知消息，FD_CLOSE|FD_ACCEPT 指定了"Listen"套接字只接收 FD_CLOSE 和 FD_ACCEPT 通知消息。当有客户连接或套接字关闭时，Winsock 接口将向指定的窗口发送 WM_SOCKET 消息。

　　服务器必须维护一张客户连接列表，以便随时都可以查询当前建立连接的客户。10TCPServer 程序使用一个 SOCKET 类型的数组 m_arClient 来记录所有与客户通信的套接字。

```
// 客户连接列表
SOCKET m_arClient[MAX_SOCKET];     // 套接字数组
int m_nClient;                     // 上述数组的大小
```

　　CMainDialog 类使用 AddClient 和 RemoveClient 函数来管理这张客户列表，一个函数用于向列表中添加新的成员，另一个函数用于从列表中移除指定成员。

```
BOOL CMainDialog::AddClient(SOCKET s)
{
```

```
        if(m_nClient < MAX_SOCKET)
        {
            // 添加新的成员
            m_arClient[m_nClient++] = s;
            return TRUE;
        }
        return FALSE;
}
void CMainDialog::RemoveClient(SOCKET s)
{
        BOOL bFind = FALSE;
        for(int i=0; i<m_nClient; i++)
        {
            if(m_arClient[i] == s)
            {
                bFind = TRUE;
                break;
            }
        }
        // 如果找到就将此成员从列表中移除
        if(bFind)
        {
            m_nClient--;
            // 将此成员后面的成员都向前移动一个单位
            for(int j=i; j<m_nClient; j++)
            {
                m_arClient[j] = m_arClient[j+1];
            }
        }
}
```

在处理网络事件通知消息的时候，每接受一个新的连接，就应该调用一次 AddClient 函数；每当一个连接出错，或者要关闭，就应当调用一次 RemoveClient 函数，以便维护客户连接列表的状态。

当用户要求停止服务的时候，就应当关闭所有的套接字连接，这个工作由自定义函数 CloseAllSocket 来完成。

```
void CMainDialog::CloseAllSocket()
{
        // 关闭监听套接字
        if(m_socket != INVALID_SOCKET)
        {
            ::closesocket(m_socket);
            m_socket = INVALID_SOCKET;
        }

        // 关闭所有客户的连接
        for(int i=0; i<m_nClient; i++)
        {
            ::closesocket(m_arClient[i]);
        }
        m_nClient = 0;
}
```

3．处理消息

在响应 WM_INITDIALOG 消息的时候，除了进行常规的初始化工作外，程序还取得了本地 IP 地址，并在状态栏中显示。

```
BOOL CMainDialog::OnInitDialog()
{
    CDialog::OnInitDialog();
    // 设置图标
    SetIcon(theApp.LoadIcon(IDI_MAIN), FALSE);
    // 创建状态栏，设置它的属性
    m_bar.Create(WS_CHILD|WS_VISIBLE|SBS_SIZEGRIP, CRect(0, 0, 0, 0), this, 101);
    m_bar.SetBkColor(RGB(0xa6, 0xca, 0xf0));              // 背景色
    int arWidth[] = { 200, -1 };
    m_bar.SetParts(2, arWidth);                          // 分栏
    m_bar.SetText(" Windows 程序设计进阶之路！", 1, 0);    // 第一个栏的文本
    m_bar.SetText(" 空闲", 0, 0);                         // 第二个栏的文本
    // 设置列表框控件到 m_listInfo 对象的关联
    m_listInfo.SubclassDlgItem(IDC_INFO, this);

    // 初始化监听套接字和连接列表
    m_socket = INVALID_SOCKET;
    m_nClient = 0;

                // 下面是取得本地 IP 地址的过程，将它显示在状态栏的第一个分栏中
    // 取得本机名称
    char szHost[256];
    ::gethostname(szHost, 256);
    // 通过本机名称取得地址信息
    HOSTENT* pHost = gethostbyname(szHost);
    if(pHost != NULL)
    {
        CString sIP;
        // 得到第一个 IP 地址
        in_addr *addr =(in_addr*) *(pHost->h_addr_list);
        // 显示给用户
        sIP.Format(" 本机 IP：%s", inet_ntoa(addr[0]));
        m_bar.SetText(sIP, 0, 0);
    }
    return TRUE;
}
```

gethostname 函数取得本地计算机的主机名称。以该名称为参数调用 gethostbyname 函数就可以取得本地计算机的 IP 地址。gethostbyname 函数通过主机名称取得主机的地址信息。

```
struct hostent* FAR gethostbyname(const char* name);
```

name 参数指定计算机名称。这个函数如果调用成功则返回一个指向 hostent 结构的指针。hostent 结构用来存储特定主机的信息，如主机名、IP 地址等，具体定义如下。

```
struct   hostent {
    char     FAR * h_name;       // 正规的主机名称
    char     FAR * FAR * h_aliases;  // 一个以空指针结尾的可选主机名队列
    short    h_addrtype;         // 返回地址的类型，对于 Windows Sockets，这个域总是 PF_INET
    short    h_length;           // 每个地址的长度（字节数），对应于 PF_INET 这个域应该为 4
    char     FAR * FAR * h_addr_list;  // 以空指针结尾的主机地址的列表，返回的地址是以网络顺序排列的
};
```

成员 h_addr_list 是指向 IP 地址数组的指针，数组的成员指向一个 in_addr 结构。

用户单击开启/停止服务按钮、关闭窗口、单击清空信息按钮时，框架程序分别调用以下 3 个函数 OnStart、OnCancel、OnClear。

```
void CMainDialog::OnStart()
```

```
{
    if(m_socket == INVALID_SOCKET)   // 开启服务
    {
        // 取得端口号
        CString sPort;
        GetDlgItem(IDC_PORT)->GetWindowText(sPort);
        int nPort = atoi(sPort);
        if(nPort < 1 || nPort > 65535)
        {
            MessageBox("端口号错误！");
            return;
        }

        // 创建监听套接字，使它进入监听状态
        if(!CreateAndListen(nPort))
        {
            MessageBox("启动服务出错！");
            return;
        }

        // 设置相关子窗口控件状态
        GetDlgItem(IDC_START)->SetWindowText("停止服务");
        m_bar.SetText(" 正在监听……", 0, 0);
        GetDlgItem(IDC_PORT)->EnableWindow(FALSE);
    }
    else                        // 停止服务
    {
        // 关闭所有连接
        CloseAllSocket();

        // 设置相关子窗口控件状态
        GetDlgItem(IDC_START)->SetWindowText("开启服务");
        m_bar.SetText(" 空闲", 0, 0);
        GetDlgItem(IDC_PORT)->EnableWindow(TRUE);
    }
}
void CMainDialog::OnCancel()
{
    CloseAllSocket();
    CDialog::OnCancel();
}
void CMainDialog::OnClear()
{
    m_listInfo.ResetContent();
}
```

最重要的是响应自定义网络事件消息 WM_SOCKET 的代码。

```
long CMainDialog::OnSocket(WPARAM wParam, LPARAM lParam)
{
    // 取得有事件发生的套接字句柄
    SOCKET s = wParam;
    // 查看是否出错
    if(WSAGETSELECTERROR(lParam))
    {
        RemoveClient(s);
        ::closesocket(s);
        return 0;
```

```
}
// 处理发生的事件
switch(WSAGETSELECTEVENT(lParam))
{
case FD_ACCEPT:           // 监听中的套接字检测到有连接进入
    {
        if(m_nClient < MAX_SOCKET)
        {
            // 接受连接请求，新的套接字 client 是新连接的套接字
            SOCKET client = ::accept(s, NULL, NULL);
            // 设置新的套接字为窗口通知消息类型
            int i = ::WSAAsyncSelect(client,
                m_hWnd, WM_SOCKET, FD_READ|FD_WRITE|FD_CLOSE);
            AddClient(client);
        }
        else
        {
            MessageBox("连接客户太多！");
        }
    }
    break;

case FD_CLOSE:      // 检测到套接字对应的连接被关闭
    {
        RemoveClient(s);
        ::closesocket(s);
    }
    break;

case FD_READ:       // 套接字接受到对方发送过来的数据包
    {

                // 取得对方的 IP 地址和端口号（使用 getpeername 函数）
        // Peer 对方的地址信息
        sockaddr_in sockAddr;
        memset(&sockAddr, 0, sizeof(sockAddr));
        int nSockAddrLen = sizeof(sockAddr);
        ::getpeername(s, (SOCKADDR*)&sockAddr, &nSockAddrLen);
        // 转化为主机字节顺序
        int nPeerPort = ::ntohs(sockAddr.sin_port);
        // 转化为字符串 IP
        CString sPeerIP = ::inet_ntoa(sockAddr.sin_addr);

                // 取得对方的主机名称
        // 取得网络字节顺序的 IP 值
        DWORD dwIP = ::inet_addr(sPeerIP);
        // 获取主机名称，注意其中第一个参数的转化
        hostent* pHost = ::gethostbyaddr((LPSTR)&dwIP, 4, AF_INET);
        char szHostName[256];
        strncpy(szHostName, pHost->h_name, 256);

        // 接受真正的网络数据
        char szText[1024] = { 0 };
        ::recv(s, szText, 1024, 0);

        // 显示给用户
```

```
                    CString strItem = CString(szHostName) + "["+ sPeerIP+ "]: " + CString(szText);
                    m_listInfo.InsertString(0, strItem);
                }
                break;
        }
        return 0;
}
```

网络事件消息的 wParam 参数为对应的套接字句柄，lParam 参数的低字位指定了发生的网络事件，高字位包含了任何可能出现的错误代码。

网络事件消息抵达消息处理函数后，应用程序首先检查 lParam 参数的高位，以判断是否在套接字上发生了网络错误。宏 WSAGETSELECTERROR 返回高字节包含的错误信息。若应用程序发现套接字上没有产生任何错误便可用宏 WSAGETSELECTEVENT 读取 lParam 参数的低字位确定发生的网络事件。

网络消息处理函数接收到 FD_ACCEPT 通知后，首先接受连接，再将新连接加入列表。当接收到 FD_CLOSE 消息或套接字出错时，要从列表中删除相应套接字。

所有的数据接收工作都在接收到 FD_READ 消息后进行。

如果想取得已经建立连接的套接字上的另一方地址，可以使用 getpeername 函数。

```
int getpeername(
    SOCKET s,                    // 一个连接的套接字句柄
    struct sockaddr* name,       // 用于取得对方的地址信息
    int* namelen                 // struct sockaddr 结构的大小
);    // 函数调用成功返回 0, 否则返回 SOCKET_ERROR
```

这个函数可以取得对方 IP 地址，然后以此 IP 地址为参数调用 gethostbyaddr 函数即可取得对方主机名称。

```
struct HOSTENT* FAR gethostbyaddr(
    const char* addr,      // 指向一个以网络字节顺序排列的 IP 地址
    int len,               // 上述地址的长度
    int type               // 指定地址家族, 这里应为 AF_INET
);
```

10.3.3　TCP 客户端实例

客户端程序初始状态下的界面如图 10.6 所示。在服务器地址窗口下填写要连接的服务器 IP 地址或者主机名，在服务器端口号窗口下填写要连接到的端口号。比如在使用搜狐公司的邮件服务器程序发送电子邮件的时候，输入的主机名为"smtp.sohu.com"，端口号为 25。将这些信息填写完毕之后单击"连接服务器"按钮，程序将试图连接服务器，几秒钟（视网速而定）之后会显示出连接结果。如果成功连接，发送编辑框和发送按钮变成有效，用户就可以与服务器交换数据了。

读者可以直接使用本例来调试一些网络协议，比如 SMTP、FTP 等。下面仅讲述一些关键代码的实现，具体代码请查看配套光盘（10TCPClient 工程）。

当用户单击连接服务器按钮时要连接指定的主机地址和端口号，程序使用自定义函数 Connect 完成这一功能。

```
BOOL CMainDialog::Connect(LPCTSTR pszRemoteAddr, u_short nPort)
{
    // 创建套接字
    m_socket = ::socket(AF_INET, SOCK_STREAM, IPPROTO_TCP);
    if(m_socket == INVALID_SOCKET)
```

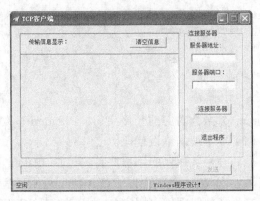

图 10.6　客户端程序初始状态界面

```
        return FALSE;

    // 设置 socket 为窗口通知消息类型
    ::WSAAsyncSelect(m_socket, m_hWnd,
        WM_SOCKET, FD_CONNECT | FD_CLOSE | FD_WRITE | FD_READ);

    // 假定 szAddr 是 IP 地址
    ULONG uAddr = ::inet_addr(pszRemoteAddr);
    if(uAddr == INADDR_NONE)
    {
        // 不是 IP 地址，就认为这是主机名称
        // 从主机名取得 IP 地址
        hostent* pHost = ::gethostbyname(pszRemoteAddr);
        if(pHost == NULL)
        {
            ::closesocket(m_socket);
            m_socket = INVALID_SOCKET;
            return FALSE;
        }
        // 得到以网络字节顺序排列的 IP 地址
        uAddr = ((struct in_addr*)*(pHost->h_addr_list))->s_addr;
    }

    // 填写服务器地址信息
    sockaddr_in remote;
    remote.sin_addr.S_un.S_addr = uAddr;
    remote.sin_family = AF_INET;
    remote.sin_port = htons(nPort);

    // 连接到远程机
    ::connect(m_socket, (sockaddr*)&remote, sizeof(sockaddr));
    return TRUE;
}
```

用户单击连接或断开服务器按钮时，框架程序调用 OnButtonConnect 函数，其中套接字句柄 m_socket 指示了到底是连接服务器还是断开连接。

```
void CMainDialog::OnButtonConnect()
{
    if(m_socket == INVALID_SOCKET)  // 连接服务器
    {
        // 取得服务器地址
```

```
            CString sAddr;
            GetDlgItem(IDC_ADDR)->GetWindowText(sAddr);
            if(sAddr.IsEmpty())
            {
                    MessageBox("请输入服务器地址！");
                    return;
            }

            // 取得端口号
            CString sPort;
            GetDlgItem(IDC_PORT)->GetWindowText(sPort);
            int nPort = atoi(sPort);
            if(nPort < 1 || nPort > 65535)
            {
                    MessageBox("端口号错误！");
                    return;
            }

            // 试图连接服务器
            if(!Connect(sAddr, nPort))
            {
                    MessageBox("连接服务器出错！");
                    return;
            }

            // 设置用户界面
            GetDlgItem(IDC_CONNECT)->SetWindowText("取消");
            m_bar.SetText(" 正在连接……", 0, 0);
    }
    else                        // 断开服务器
    {
            // 关闭套接字
            ::closesocket(m_socket);
            m_socket = INVALID_SOCKET;

            // 设置用户界面
            GetDlgItem(IDC_CONNECT)->SetWindowText("连接服务器");
            m_bar.SetText(" 空闲", 0, 0);
            GetDlgItem(IDC_ADDR)->EnableWindow(TRUE);
            GetDlgItem(IDC_PORT)->EnableWindow(TRUE);
            GetDlgItem(IDC_TEXT)->EnableWindow(FALSE);
            GetDlgItem(IDC_SEND)->EnableWindow(FALSE);
    }
}
```

Connect 函数执行成功，并不代表已经连接到服务器，只能说明正在连接，因为套接字工作在非阻塞模式下。如果连接成功，Winsock 接口会发送 FD_CONNECT 事件通知；失败的话，lParam 参数的高字节为非 0。下面是响应网络事件消息的函数。

```
long CMainDialog::OnSocket(WPARAM wParam, LPARAM lParam)
{
    // 取得有事件发生的套接字句柄
    SOCKET s = wParam;
    // 查看是否出错
    if(WSAGETSELECTERROR(lParam))
    {
            if(m_socket != SOCKET_ERROR)
```

```
            OnButtonConnect();
        m_bar.SetText(" 连接出错！", 0, 0);
        return 0;
    }
    // 处理发生的事件
    switch(WSAGETSELECTEVENT(lParam))
    {
    case FD_CONNECT:    // 套接字正确地连接到服务器
        {
            // 设置用户界面
            GetDlgItem(IDC_CONNECT)->SetWindowText("断开连接");
            GetDlgItem(IDC_ADDR)->EnableWindow(FALSE);
            GetDlgItem(IDC_PORT)->EnableWindow(FALSE);
            GetDlgItem(IDC_TEXT)->EnableWindow(TRUE);
            GetDlgItem(IDC_SEND)->EnableWindow(TRUE);
            m_bar.SetText(" 已经连接到服务器", 0, 0);
        }
        break;

    case FD_READ:       // 套接字接受到对方发送过来的数据包
        {
            // 从服务器接受数据
            char szText[1024] = { 0 };
            ::recv(s, szText, 1024, 0);
            // 显示给用户
            AddStringToList(CString(szText) + "\r\n");
        }
        break;

    case FD_CLOSE:
        OnButtonConnect();
        break;
    }
    return 0;
}
```

　　如果检查到错误发生或者对方关闭连接，程序主动调用 OnButtonConnect 函数以关闭套接字，设置正确的界面状态。

　　取得连接以后，用户单击发送按钮就可以发送数据。程序在响应单击事件时直接调用 send 函数即可，具体程序代码就不再列出了。

10.4　截拦网络数据

　　截拦网络数据指的是截拦特定进程通过网络收发的数据。

　　通过前面几节的介绍我们知道，所有使用 IP 协议进行数据传输的操作都要调用相关的 Winsock API 函数。截拦网络数据，只要截拦目标进程对这些 API 的调用即可。这些 API 包括 TCP 协议使用的 send、recv、WSASend 和 WSARecv，UDP 协议使用的 sendto、recvfrom、WSASendTo 和 WSARecvFrom。为了更清晰地说明问题暂时不讨论 Winsock 2.0 使用的以 WSA 开头的函数。如果读者感兴趣的话请参考配套光盘上本节实例的源代码（10IPPackLib 工程下）。

10.4.1　DLL 工程框架

因为要在目标进程中执行挂钩 API 的代码，所以必须建立 DLL 工程，将它注入到目标进程中。本节 DLL 程序的源代码在配套光盘的 10IPHookLib 工程下。其工程框架请参考 9.3.5 节的 HOOK 实例程序，这里就不再重复了。有一点不同的是在共享数据段多了一个 g_hWndCaller 变量，用于保存主窗口句柄。共享数据段代码如下。

```
#pragma data_seg("YCIShared")          // IPHookLib.cpp 文件
HWND g_hWndCaller = NULL;
HHOOK g_hHook = NULL;
#pragma data_seg()
```

工程唯一的导出函数 SetHook 的实现代码是这样的（同 9.2.3 节的例子）：

```
BOOL WINAPI SetHook(BOOL bInstall, DWORD dwThreadId, HWND hWndCaller)
{
    BOOL bOk;
    g_hWndCaller = hWndCaller;
    if(bInstall)
    {
        g_hHook = ::SetWindowsHookEx(WH_GETMESSAGE, GetMsgProc,
                                ModuleFromAddress(GetMsgProc), dwThreadId);
        bOk = (g_hHook != NULL);
    }
    else
    {
        bOk = ::UnhookWindowsHookEx(g_hHook);
        g_hHook = NULL;
    }
    return bOk;
}
```

必须在 DEF 文件中定义此函数的导出声明，以便今后在其他模块调用这个函数。

前面举例说明了 CAPIHook 类的用法，使用它最大的好处是开发出来的程序运行稳定，但是缺点也是很明显的，比如说目标进程在被 HOOK 之前调用 GetProcAddress 函数取得一个 API 的地址，然后即便是 CAPIHook 类改变了目标进程中各模块的导入表，也 HOOK 了 GetProcAddress 函数，目标进程还是可以使用之前取得的地址正确地调用原来的 API 函数。而通过覆盖 API 函数执行代码挂钩的 CULHook 类却可以防止这种情况发生，虽然这个类存在线程同步问题，但是绝大部分程序使用单线程来收发网络数据，所以使用 CULHook 类来截获网络数据仍然是一个比较好的选择。

本节的例子就使用了 CULHook 类，在 IPHookLib.cpp 文件中有如下全局变量的定义。

```
// HOOK 相关 API 函数
CULHook g_send("Ws2_32.dll", "send", (PROC)hook_send);
CULHook g_sendto("Ws2_32.dll", "sendto", (PROC)hook_sendto);

CULHook g_recv("Ws2_32.dll", "recv", (PROC)hook_recv);
CULHook g_recvfrom("Ws2_32.dll", "recvfrom", (PROC)hook_recvfrom);
```

上面的代码 HOOK 了最常用的收发数据的 4 个 Winsock API。hook_send、hook_sendto、hook_recv 和 hook_recvfrom 4 个自定义函数是 HOOK 之后对上述 API 调用时实际转向的地址。这些函数的实现代码将在下面介绍。

10.4.2　数据交换机制

数据交换机制是指目标进程和截获进程间数据的传递方式。前面曾使用 WM_COPYDATA

消息在进程间传递数据，但这仅限于单方面传递。为了能够使双方交流信息，最好的方法是使用共享内存，即前面封装的 CShareMemory 类。

下面以挂钩 send 函数为例来说明共享内存和 Windows 消息结合交换数据的过程。首先定义描述共享内存的数据结构和自定义消息，它们在 IPPackLib.h 文件中。

```cpp
struct CMessageData
{
    DWORD dwThreadId;              // 当前的线程 ID 号
    SOCKET socket;                 // 进行网络操作的套接字句柄
    int nDataLength;               // 真实数据的长度
    // TCHAR[nDataLength]

    TCHAR* data()                  // 返回真正的数据
    { return (TCHAR*)(this+1); }
};

enum HOOK_MESSAGE
{
    HM_RECEIVE = WM_USER + 100,    // 说明目标进程接收到数据
    HM_SEND                        // 说明目标进程要发送数据
};
```

为了更好地对目标进程的网络事件进行控制，共享内存中除了有收发的网络数据之外，还应该有进行此操作的套接字句柄、数据长度等数据，所以要在每个实际数据的前面加一个 CMessageData 结构来描述这些信息。成员函数 data 返回了此结构后面内存的地址，即实际网络数据的首地址。根据不同的需求可以增加或减少 CMessageData 结构的成员，但是 nDataLength 成员必须要有，它记录了实际网络数据的大小。图 10.7 所示为共享内存中数据的结构。

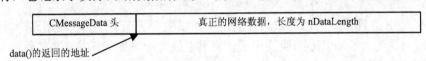

data() 的返回的地址

图 10.7　共享内存中的数据结构

每次交换数据的开头是一个 CMessageData 结构，后面是目标进程真正要传输的数据。下面 hook_send 函数的实现代码说明数据交换的过程。

```cpp
int WINAPI hook_send(SOCKET s, const char FAR *buf, int len, int flags)
{
    // 申请指定长度的共享内存空间
    CShareMemory sm("IPPACK_SEND", sizeof(CMessageData) + len, TRUE);
    // 取得指向共享内存的指针
    CMessageData *pData = (CMessageData*)sm.GetBuffer();

    // 设置参数
    pData->dwThreadId = ::GetCurrentThreadId();
    pData->socket = s;
    pData->nDataLength = len;
    memcpy(pData->data(), buf, pData->nDataLength);

    // 通知主窗口，进行过滤
    ::SendMessage(g_hWndCaller, HM_SEND, 0, 0);

    // 调用原来的函数，发送数据
    g_send.Unhook();
```

```
        int nRet = ::send(pData->socket, pData->data(), pData->nDataLength, flags);
        g_send.Rehook();
        return nRet;
}
```

发送方首先申请 sizeof(CMessageData) + len 长度的共享内存，设置完共享内存中各项参数之后，真正发送数据之前，程序先让主窗口程序对目标进程要发送的数据进行过滤，即发送 HM_SEND 消息。最后以过滤之后的参数调用 send 函数发送数据。

接收方在收到 HM_SEND 消息之后用下面的代码即可取得共享内存中的数据。

```
CShareMemory sm("IPPACK_SEND");
CMessageData *pData = (CMessageData*)sm.GetBuffer();
```

接收方不但截获了目标进程中的网络数据，而且对共享内存中数据的任何操作都直接影响了 send 函数真正发送的数据，很轻松地实现了数据的过滤！

hook_sendto 函数的实现代码同 hook_send 函数差不多，这里不再重复。下面是接收网络数据函数 hook_recv 的实现代码（hook_recvfrom 函数与它差不多）。

```
int WINAPI hook_recv(SOCKET s, char FAR *buf, int len, int flags)
{
        CShareMemory sm("IPPACK_RECEIVE", sizeof(CMessageData) + len, TRUE);
        CMessageData *pData = (CMessageData*)sm.GetBuffer();

        // 调用原来的函数，接收数据，设置参数
        g_recv.Unhook();
        int nRet = ::recv(s, pData->data(), len, flags);
        g_recv.Rehook();

        pData->dwThreadId = ::GetCurrentThreadId();
        pData->socket = s;
        pData->nDataLength = nRet;

        // 通知主窗口，进行过滤
        ::SendMessage(g_hWndCaller, HM_RECEIVE, 0, 0);

        // 返回数据
        memcpy(buf, pData->data(), pData->nDataLength);
        return nRet;
}
```

此函数先接收网络数据到共享内存中，再通知主窗口程序进行过滤，最后在返回之前还要把共享内存中的数据拷贝到目标进程提供的缓冲区中。

10.4.3　数据的过滤

过滤数据的代码应该在主程序中实现，即接收自定义消息 HM_SEND 和 HM_RECEIVE 的程序。这里简单介绍 WPE 之类的过滤工具是怎么实现数据过滤的。

比如用户要求按照以下方式过滤数据。

Offset	001	002	003	004	005	006	007	008
Search	03	a1						
Modify		9b					00	00

上面 3 行的意思是，如果截获的封包中第 1 个和第 2 个字节为 0x03、0xa1，则将封包的第 2 个、第 7 个和第 8 个字节改为 0x9b、0x00、0x00。实际编程时，具体的过滤方式要视情况而定，或者是根据用户的要求而定。这里仅为了说明过滤封包的一般步骤。

上述功能的编程实现如下。

```
// 在接收到 HM_SEND 或 HM_RECEIVE 消息之后，从共享内存取出封包数据，传给下面的 DoSomeFilter 函数
// 即可实现过滤
BOOL DoSomeFilter(CMessageData* pData)
{
    BYTE* pByte = (PBYTE)pData->data();
    // 检查封包大小
    if(pData->nDataLength < 8)
        return FALSE;

    // 在封包中查找
    BOOL bFind = FALSE;
    if(pByte[0] == 0x03 && pByte[1] == 0xa1)
        bFind = TRUE;

    // 修改
    if(bFind)
    {
        pByte[1] = 0x9b;
        pByte[6] = 0x00;
        pByte[7] = 0x00;
        return TRUE;
    }
    return FALSE;
}
```

10.5 【实例】IP 封包截获工具 IPPack 源代码分析

本节分析 IP 封包截获工具 IPPack 的源程序代码（10IPPack 工程下）。这个例子需要使用上节产生的 10IPPackLib.dll 文件和 IPPackLib.h 头文件。运行效果如图 10.8（左图）所示。

用户单击目标按钮之后，程序会弹出"选择目标程序"对话框供用户选择目标进程，如图 10.8（右图）所示。选择一个进程，单击打开按钮，IPPack 便将 10IPPackLib.dll 注入到目标进程，以便挂钩收发网络数据的 API 函数。当目标进程进行网络 I/O 时，10IPPackLib.dll 向 IPPack 程序发送 HM_RECEIVE 或 HM_SEND 自定义消息，IPPack 接收到消息后取出共享内存的数据，显示给用户。

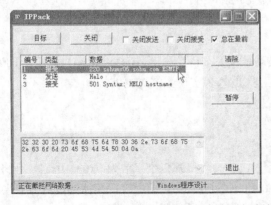 

图 10.8　IPPack 运行效果

为了方便用户使用，IPPack 在列表视图控件中仅显示一部分数据，当用户单击一个项后，详细的数据将以 16 进制的形式显示在下面的编辑框中。

10.5.1　主窗口界面

IPPack 主窗口的初始化状态及各子窗口控件的 ID 号如图 10.9 所示。

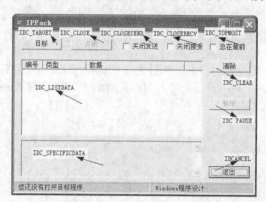

图 10.9　主窗口界面及各控件 ID 号

控制主窗口的类是 CMainDialog，它的定义如下。

```cpp
class CMainDialog : public CDialog                          // IPPack.h 文件
{
public:
     CMainDialog(CWnd* pParentWnd = NULL);

protected:
     // 初始化数据
     void InitData();
     BOOL m_bOpen;        // 用户是否打开目标进程
     BOOL m_bPause;       // 是否暂停截获目标进程中的数据

protected:
     // 界面控制
     void UIControl();
     CStatusBarCtrl m_bar;    // 状态栏控件
     CListCtrl m_listData;    // 列表试图控件

protected:
     virtual BOOL OnInitDialog();
     virtual void OnCancel();

     // 用户单击目标按钮
     afx_msg void OnTarget();
     // 用户单击关闭按钮
     afx_msg void OnClose();
     // 用户单击暂停按钮
     afx_msg void OnPause();
     // 用户单击清除按钮
     afx_msg void OnClear();
     // 用户单击总在最前复选框
     afx_msg void OnTopMost();
```

```
    // 用户单击列表视图控件
    afx_msg void OnClickListData(NMHDR* pNMHDR, LRESULT* pResult);
    // 列表视图控件中的一个项被删除
    afx_msg void OnDeleteItemList(NMHDR* pNMHDR, LRESULT* pResult);

    // 处理 DLL 发送过来的 HM_RECEIVE 和 HM_SEND 消息
    afx_msg long OnReceive(WPARAM wParam, LPARAM lParam);
    afx_msg long OnSend(WPARAM wParam, LPARAM lParam);

    DECLARE_MESSAGE_MAP()
};
```

类的实现代码在 **IPPack.cpp** 文件，下面是与初始化窗口界面相关的代码。

```
CMainDialog::CMainDialog(CWnd* pParentWnd):CDialog(IDD_MAINDIALOG, pParentWnd)
{
}

BEGIN_MESSAGE_MAP(CMainDialog, CDialog)
// 按钮的单击事件
ON_BN_CLICKED(IDC_TARGET, OnTarget)
ON_BN_CLICKED(IDC_PAUSE, OnPause)
ON_BN_CLICKED(IDC_CLEAR, OnClear)
ON_BN_CLICKED(IDC_TOPMOST, OnTopMost)
ON_BN_CLICKED(IDC_CLOSE, OnClose)
// 列表视图的单击和删除事件
ON_NOTIFY(NM_CLICK, IDC_LISTDATA, OnClickListData)
ON_NOTIFY(LVN_DELETEITEM, IDC_LISTDATA, OnDeleteItemList)
// 两个自定义消息
ON_MESSAGE(HM_RECEIVE, OnReceive)
ON_MESSAGE(HM_SEND, OnSend)
END_MESSAGE_MAP()

BOOL CMainDialog::OnInitDialog()
{
    // 让父类进行内部初始化
    CDialog::OnInitDialog();
    // 设置图标
    SetIcon(theApp.LoadIcon(IDI_MAIN), FALSE);

    // 创建状态栏，设置它的属性（CStatusBarCtrl 类封装了对状态栏控件的操作）
    m_bar.Create(WS_CHILD|WS_VISIBLE|SBS_SIZEGRIP, CRect(0, 0, 0, 0), this, 101);
    m_bar.SetBkColor(RGB(0xa6, 0xca, 0xf0));              // 设置背景色
    int arWidth[] = { 250, -1 };
    m_bar.SetParts(2, arWidth);                          // 分栏
    m_bar.SetText(" Windows 程序设计", 1, 0);            // 设置第二个栏的文本

    // 取得列表视图窗口的控制权，设置它的分栏
    m_listData.SubclassWindow(::GetDlgItem(m_hWnd, IDC_LISTDATA));
    m_listData.SetExtendedStyle(LVS_EX_FULLROWSELECT);
    m_listData.InsertColumn(0, "编号", LVCFMT_LEFT, 38);
    m_listData.InsertColumn(2, "类型", LVCFMT_LEFT, 80);
    m_listData.InsertColumn(3, "数据", LVCFMT_LEFT, 180);

    // 初始化状态数据
    InitData();
    // 更新用户界面
    UIControl();
```

```
            return TRUE;
        }
    void CMainDialog::InitData()
    {

        m_bOpen = FALSE;        // 没有打开
        m_bPause = FALSE;       // 没有暂停
    }
    void CMainDialog::UIControl()        //   UIControl 函数根据状态数据动态更新用户界面
    {
        if(m_bOpen)
        {
            GetDlgItem(IDC_PAUSE)->EnableWindow(TRUE);
            GetDlgItem(IDC_CLOSE)->EnableWindow(TRUE);
            if(!m_bPause)
                m_bar.SetText(" 正在截拦网络数据...", 0, 0);
            else
                m_bar.SetText(" 暂停截拦网络数据", 0, 0);
        }
        else
        {
            GetDlgItem(IDC_PAUSE)->EnableWindow(FALSE);
            GetDlgItem(IDC_CLOSE)->EnableWindow(FALSE);
            m_bar.SetText(" 您还没有打开目标程序", 0, 0);
        }

        if(m_bPause)
        {
            GetDlgItem(IDC_PAUSE)->SetWindowText("恢复");
        }
        else
        {
            GetDlgItem(IDC_PAUSE)->SetWindowText("暂停");
        }
    }
```

10.5.2　注入 DLL

用户单击目标按钮，程序弹出进程列表对话框，供用户选择目标进程。用户指定目标进程后，IPPack 调用 10IPPackLib.dll 中的 SetHook 函数注入 10IPPackLib.dll 到用户指定的进程。

1. 导入 SetHook 函数

为了方便调用 10IPPackLib.dll 模块中的导出函数 SetHook 来安装或者卸载钩子，下面将整个调用过程封装在自定义函数 SetHook 中。

```
BOOL SetHook(BOOL bInstall, DWORD dwThreadId = 0, HWND hWndCaller = NULL)   // IPPack.cpp 文件
{
    // 定义导出函数的类型
    typedef (WINAPI *PFNSETHOOK)(BOOL, DWORD, HWND);
    // 导出函数的 DLL 文件名。调试时可设置为../10IPPackLib/debug/10IPPackLib.dll
    char szDll[] = "10IPPackLib.dll";

    // 加载 DLL 模块
    BOOL bNeedFree = FALSE;
    HMODULE hModule = ::GetModuleHandle(szDll);
    if(hModule == NULL)
    {
```

```
            hModule = ::LoadLibrary(szDll);
            bNeedFree = TRUE;
        }

        // 获取 SetHook 函数的地址
        PFNSETHOOK mSetHook = (PFNSETHOOK)::GetProcAddress(hModule, "SetHook");
        if(mSetHook == NULL) // 文件不正确?
        {
            if(bNeedFree)
                ::FreeLibrary(hModule);
            return FALSE;
        }

        // 调用 SetHook 函数
        BOOL bRet = mSetHook(bInstall, dwThreadId, hWndCaller);

        // 如果是卸载，释放模块
        if(!bInstall)
            ::FreeLibrary(hModule);
        return bRet;
    }
```

2．进程列表对话框

进程列表对话框的 ID 号为 IDD_ENUMDIALOG。其中用于显示进程列表的列表视图控件的 ID 号为 IDC_PROLIST，打开按钮和取消按钮的 ID 号分别为 IDOK 和 IDCANCEL。

控制进程列表对话框的类为 CEnumProcessDlg，其定义文件和实现文件分别是 EnumProcessDlg.h 和 EnumProcessDlg.cpp。下面是类的定义代码。

```
#include <afxwin.h>
#include <afxcmn.h>
class CEnumProcessDlg : public CDialog
{
public:
    CEnumProcessDlg(CWnd* pParentWnd);

    DWORD m_dwProcessId;    // 用户选择进程的进程 ID 号
    DWORD m_dwThreadId;     // 用户选择进程的线程 ID 号

protected:
    // 列表视图子窗口
    CListCtrl m_listPro;
    // 更新进程列表
    void UpdateProcess();

protected:
    virtual BOOL OnInitDialog();
    virtual void OnOK();
};
```

为了调用 SetHook 函数安装钩子，程序必须知道用户选择进程的线程 ID 号（一般为主线程），所以要定义公有成员 m_dwThreadId，用于返回线程 ID。CListCtrl 类的定义在 afxcmn.h 文件中，它封装了绝大部分对列表视图控件的操作，使用方法比直接使用 API 函数（请参考 7.3.3 节）简单多了。在 OnInitDialog 函数中就要列出所有进程。

```
BOOL CEnumProcessDlg::OnInitDialog()
{
```

```
        CDialog::OnInitDialog();

        // 取得列表视图子窗口的控制权
        m_listPro.SubclassWindow(::GetDlgItem(m_hWnd, IDC_PROLIST));

        // 设置属性
        m_listPro.SetExtendedStyle(LVS_EX_FULLROWSELECT|LVS_EX_GRIDLINES);
        m_listPro.InsertColumn(0, "进程", LVCFMT_LEFT, 120);
        m_listPro.InsertColumn(1, "Pid", LVCFMT_LEFT, 70);

        // 更新进程列表
        UpdateProcess();
        return FALSE;
}
```

UpdateProcess 函数负责更新进程列表，其实现代码如下。

```
void CEnumProcessDlg::UpdateProcess()
{
    // 删除所有的项
    m_listPro.DeleteAllItems();

    int nItem = 0;        // 项计数
    PROCESSENTRY32 pe32 = { sizeof(PROCESSENTRY32) };
    HANDLE hProcessSnap = ::CreateToolhelp32Snapshot(TH32CS_SNAPPROCESS, 0);
    if(hProcessSnap == INVALID_HANDLE_VALUE)
        return;
    if(::Process32First(hProcessSnap, &pe32))
    {
        do
        {
            // 插入新项
            m_listPro.InsertItem(nItem, pe32.szExeFile, 0);

            // 取得进程 ID，设置此项的文本
            char szID[56];
            wsprintf(szID, "%u", pe32.th32ProcessID);
            m_listPro.SetItemText(nItem, 1, szID);

            // 下面的代码将遍历系统内的所有线程，以便找到此进程的主线程
            HANDLE hThreadSnap = ::CreateToolhelp32Snapshot(TH32CS_SNAPTHREAD, 0);
            THREADENTRY32 te32 = { sizeof(te32) };
            if(::Thread32First(hThreadSnap, &te32))
            {
                do
                {
                    if(te32.th32OwnerProcessID == pe32.th32ProcessID)
                    {
                        // 找到主线程 ID 号，关联它到当前项
                        m_listPro.SetItemData(nItem, te32.th32ThreadID);
                        break;
                    }
                }
                while(::Thread32Next(hThreadSnap, &te32));
            }
            ::CloseHandle(hThreadSnap);

            nItem++;
```

```
        }
        while(::Process32Next(hProcessSnap, &pe32));
    }
    ::CloseHandle(hProcessSnap);
}
```

为了得到每个进程的主线程 ID，程序每发现一个进程就拍一个系统线程快照，然后使用 Thread32First 和 Thread32Next 函数遍历此快照中记录的线程列表。列表中的每个记录用一个 THREADENTRY32 结构描述，th32OwnerProcessID 域的值是拥有线程的进程 ID 号。

找到主线程 ID 号（发现的第一个线程就是主线程）后关联它到当前项，用户单击打开按钮时再将它取出，保存到 m_dwThreadId 变量。

```
void CEnumProcessDlg::OnOK()
{
    // 取得当前选中项目的索引
    int nCur = m_listPro.GetNextItem(-1, LVNI_SELECTED);
    if(nCur == -1)
    {
        MessageBox("请选择要打开的进程");
    }
    else
    {
        // 设置线程 ID
        m_dwThreadId = (DWORD)m_listPro.GetItemData(nCur);
        // 设置进程 ID
        char sz[32] = "";
        m_listPro.GetItemText(nCur, 1, sz, 31);
        m_dwProcessId = (DWORD)atoi(sz);
        // 关闭对话框，返回 IDOK
        CDialog::OnOK();
    }
}
```

3. 安装钩子

CMainDialog 类中安装钩子的代码如下。

```
void CMainDialog::OnTarget()                        // 用户单击目标按钮时，调用此函数
{
    CEnumProcessDlg dlg(this);
    // 弹出选择进程对话框
    if(dlg.DoModal() == IDOK)
    {
        // 如果为其他进程安装了钩子，先卸载
        if(m_bOpen)
        {
            SetHook(FALSE);
            InitData();
        }
        // 为用户选择进程的主线程安装钩子
        if(SetHook(TRUE, dlg.m_dwThreadId, m_hWnd))
        {
            m_bOpen = TRUE;
            m_bPause = FALSE;
        }
        else
        {
            MessageBox(" 安装钩子出错！ ");
```

```
        }
    }
    // 更新用户界面
    UIControl();
}
```

10.5.3　处理封包

安装钩子之后，如果目标进程中有线程调用了收发网络数据的 API 函数，10IPHookLib.dll 便将之截获，发送 HM_RECEIVE 或 HM_SEND 自定义消息到 IPPack 程序。CMainDialog 类中响应这两个消息的函数分别是 OnReceive 和 OnSend，IP 封包要在这两个函数中处理。

IPPack 程序每接收到一个封包，便向列表视图中插入一个新项，向用户显示封包的信息。

```
long CMainDialog::OnReceive(WPARAM wParam, LPARAM lParam)
{
    CShareMemory sm("IPPACK_RECEIVE");
    CMessageData *pData = (CMessageData*)sm.GetBuffer();

    // 如果暂停截获，则返回
    if(m_bPause)
        return 0;

    // 可以在这里过滤数据，比如
    // DoCopyFilter(pData);

    // 如果没有关闭发送，则显示截获到的数据
    BOOL bNoSend = IsDlgButtonChecked(IDC_CLOSERECV);
    if(!bNoSend)
    {
        // 得到已有的项目数量，以便添加一个新项
        int nIndex = m_listData.GetItemCount();
        if(nIndex == 100)
            return 0;

        // 添加新项
        char sz[32] = "";
        // 转化整型数据为字符串。第 3 个参数 10 指的是以十进制方式显示的字符串
        itoa(nIndex+1, sz, 10);
        m_listData.InsertItem(nIndex, sz, 0);

        // 设置新项文本
        // 设置要显示的数据（只显示一部分即可，从共享内存中取出）
        char szText[128] = "";
        int nCopy = min(pData->nDataLength, 127);
        strncpy(szText, pData->data(), nCopy);
        // 设置文本
        m_listData.SetItemText(nIndex, 1, "接受");
        m_listData.SetItemText(nIndex, 2, szText);

        // 保存共享内存中的数据到进程堆中，以便用户查询
        // 取得数据长度，最大保存 500 个字节（可以根据需要自己设置）
        int nTotal = sizeof(CMessageData) + pData->nDataLength;
        nTotal = min(nTotal, 500);
        // 在进程堆中申请空间，复制共享内存中的数据
        BYTE* pByte = new BYTE[nTotal];
        memcpy(pByte, pData, nTotal);
```

```
                // 将首地址关联到新项中
                m_listData.SetItemData(nIndex, (DWORD)pByte);
        }
        return 0;
}

long CMainDialog::OnSend(WPARAM wParam, LPARAM lParam)
{
        CShareMemory sm("IPPACK_SEND");
        CMessageData *pData = (CMessageData*)sm.GetBuffer();

        if(m_bPause)
                return 0;

        // ... 可以在这里过滤数据

        BOOL bNoSend = IsDlgButtonChecked(IDC_CLOSESEND);
        if(!bNoSend)
        {
                int nIndex = m_listData.GetItemCount();
                if(nIndex == 100)
                        return 0;

                        // 添加新项
                char sz[32] = "";
                itoa(nIndex+1, sz, 10);
                m_listData.InsertItem(nIndex, sz, 0);

                        // 设置新项文本
                char szText[128] = "";
                int nCopy = min(pData->nDataLength, 127);
                strncpy(szText, pData->data(), nCopy);
                m_listData.SetItemText(nIndex, 1, "发送");
                m_listData.SetItemText(nIndex, 2, szText);

                        // 保存共享内存中的数据到进程堆中，以便用户查询
                int nTotal = sizeof(CMessageData) + pData->nDataLength;
                nTotal = min(nTotal, 500);
                BYTE* pByte = new BYTE[nTotal];
                memcpy(pByte, pData, nTotal);
                m_listData.SetItemData(nIndex, (DWORD)pByte);
        }
        return 0;
}
```

插入新项之后，程序还要在进程堆中申请空间保存共享内存的数据，以便在用户单击列表视图中的某一项时在编辑窗口以十六进制的形式显示出截获的数据。下面是用户单击某一项时框架程序调用的函数。

```
void CMainDialog::OnClickListData(NMHDR* pNMHDR, LRESULT* pResult)
{
        NM_LISTVIEW* pNMListView = (NM_LISTVIEW*)pNMHDR;

        // pNMListView->iItem 的值为用户单击项目的索引
        int nIndex = pNMListView->iItem;
        if (nIndex >= 0)
        {
```

```
                    // 以十六进制的形式显示数据到编辑框
            CMessageData* pData = (CMessageData*)m_listData.GetItemData(nIndex);

                    // 为字符串申请空间
                    // 一个字节要占用 3 个字符（2 个十六进制数和 1 个空格），如“16 12 b2 c7”。所以要乘以 3
            char* pBuf = new char[pData->nDataLength*3 + 1];

                    // 转化截获的数据为十六进制字符串的形式
            char* pTemp = pBuf;
            char* psz = pData->data();
            for(int i=0; i<pData->nDataLength; i++, psz++)
            {
                    wsprintf(pTemp, "%02x ", (BYTE)(*psz));
                    pTemp += 3;
            }
            *pTemp = '\0';

                    // 显示数据到编辑框中
            GetDlgItem(IDC_SPECIFICDATA)->SetWindowText(pBuf);
                    // 释放内存空间
            delete[] pBuf;
        }
        *pResult = 0;
}
```

在 OnReceive 和 OnSend 中申请的内存空间要在视图控件各项删除的时候释放。用户单击清除按钮时 OnClear 函数被调用，在每个项删除的时候 OnDeleteItemList 函数被调用，下面是它们的代码。

```
void CMainDialog::OnClear()
{
        // 删除列表试图中的所有项，清空编辑框
        m_listData.DeleteAllItems();
        GetDlgItem(IDC_SPECIFICDATA)->SetWindowText("");
}

void CMainDialog::OnDeleteItemList(NMHDR* pNMHDR, LRESULT* pResult)
{
        NM_LISTVIEW* pNMListView = (NM_LISTVIEW*)pNMHDR;

        // 取得要删除项目的关联数据，也可以用下面的代码
        //     int nIndex = pNMListView->iItem;
        //     pByte = (PBYTE)m_listData.GetItemData(nIndex);
        BYTE* pByte = (PBYTE)pNMListView->lParam;

        // 释放内存空间
        delete[] pByte;
        *pResult = 0;
}
```

具体代码请查看配套光盘相关工程。

第 11 章　内核模式程序设计与 Windows 防火墙开发

本章讲述如何为 Windows 2000 系列的操作系统编写内核模式驱动程序，包括 2000 和 2003 等操作系统，并着重介绍使用 IP 过滤钩子驱动为 Windows 编写防火墙的方法。

本章首先解释了 Windows 系统的整个体系结构，包括关键组件的作用和它们的交互方式；接着介绍了 Windows 服务的概念和管理服务的常用函数；然后详细讲述内核驱动程序设计的各方面内容；最后介绍 Windows 下的防火墙的编写方法。

11.1　Windows 操作系统的体系结构

11.1.1　Windows 2000/XP 组件结构图

图 11.1 所示为 Windows 操作系统环境的主要组件。

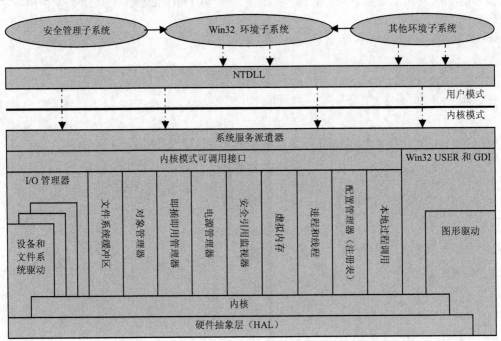

图 11.1　Windows 2000/XP 组件结构

运行在用户模式下的子系统和运行在内核模式下的核心构成了操作系统环境。Win32 子系统是最重要的环境子系统，它包含客户方 DLL（子系统 DLL）和 CSRSS 进程（子系统进程）。Win32 子系统在核心提供的本地服务上执行 Win32 API。

核心包括硬件抽象层、内核、执行层和系统调用接口。执行层组成了核心的主要部分，包含 I/O 管理器、对象管理器、安全引用监视器和虚拟内存管理器、进程管理器、本地过程调用等。

11.1.2　环境子系统和子系统 DLL

在 Windows 2000 下有两种类型的子系统（Subsystem）：构成整体所需要的子系统和环境子系统。构成整体所需要的子系统，比如安全管理器子系统，执行一些必须的操作系统任务。环境子系统使不同的 API 集能够在 Windows 机器上使用。Windows 引出子系统来支持下面 3 个 API 集。

- Win32 子系统　　　Win32 子系统提供 Win32 API。符合 Win32 API 的应用程序可以不改变地运行在所有 32 位平台上
- OS/2 子系统.　　　OS/2 子系统使 OS/2 应用程序能够运行
- POSIX 子系统　　　POSIX 子系统提供遵从 POSIX 1003.1 标准的 API

环境子系统的作用是将一些基础的 Windows 可执行系统服务暴露给应用程序。用户应用程序并不直接调用系统服务，而是经由一个或者多个子系统 DLL 进行，这些库导出公开的接口，供链接到当前子系统的应用程序调用。例如，Win32 子系统 DLL（如 Kernel32.dll、Advapi32.dll、User32.dll、Gdi32.dll）实现了 Win32 API 函数。

1. 子系统工作机制

当应用程序调用子系统 DLL 中的函数时，会发生下述事件之一。

- 函数完全在用户模式子系统 DLL 内部实现。换句话说，没有消息被发送到环境子系统进程（子系统的组成部分），没有执行层的系统服务被调用，函数完全在用户模式执行，结果返回给调用者。这样函数的例子有 GetCurrentProcess（它总是返回－1，代表当前进程）和 GetCurrentProcessId。

- 函数需要一次或者多次对 Windows 执行层进行调用。例如，Win32 ReadFile 和 WriteFile 函数将分别调用下层内部 Windows I/O 系统服务 NtReadFile 和 NtWriteFile。

- 函数需要环境子系统进程完成一些工作（环境子系统进程运行在用户模式，负责维护客户应用程序的状态）。在这种情况下，将向子系统发送一个消息以执行一些操作，于是一个到环境子系统的客户/服务请求产生。在调用者返回之前，子系统 DLL 一直等待执行结果。

有些函数是第 1 和第 3 种类型的混合，例如 CreateProcess 和 CreateThread 函数。

2. Win32 子系统

3 个环境子系统中，Win32 子系统是最重要的子系统。其他子系统如 OS/2 主要是为了向前兼容，而 POSIX 子系统在功能上受到严格的限制。Win32 子系统重要是因为它控制着到图形设备的访问。另外，其他子系统实际上也是 Win32 应用程序，它们使用 Win32 API 来提供自己的 API 集。本质上，所有子系统都是基于 Win32 子系统内核的。

Win32 子系统包含以下组件。

（1）环境子系统进程（Csrss.exe）包含以下支持：

- 控制台窗口。
- 进程和线程的创建、删除。
- 对 16 位 DOS 虚拟机（VDM）进程的支持。
- 其他一些辅助函数，如 GetTempFile、DefineDosDevice、ExitWindowsEx 和几个自然语言支持函数。

（2）内核模式设备驱动（Win32k.sys）包括以下组件。

● 窗口管理器。它控制窗口显示，管理屏幕输出，从键盘、鼠标和其他设备收集输入，传递用户消息到应用程序

● 图形设备接口（GDI）。这是图像输出设备的函数库，它包含的函数有：绘制线条、文本和图形以及图形管理

（3）子系统 DLL（如 Kernel32.dll、Advapi32.dll、User32.dll、和 Gdi32.dll）将公开的 Win32 API 函数转换为对相应的未公开的 Ntoskrnl.exe 和 Win32k.sys 中内核模式系统服务的调用。

（4）图形设备驱动是硬件相关的图形显示驱动、打印驱动和视频驱动。

应用程序调用标准的 USER 函数在显示设备创建用户接口控件，如窗口和按钮。窗口管理器传达这些请求到 GDI，GDI 传递它们到图形设备驱动程序，在这里它们会被格式化以适合显示设备。显示驱动程序与视频微端口驱动程序共同完成显示支持。

3. Ntdll.dll

Ntdll.dll 是特殊的系统支持库，主要被子系统 DLL 使用。它包含以下两类函数。

（1）到 Windows 2000 执行层系统服务的分派占位函数。

（2）子系统、子系统 DLL 和其他本地镜像使用的内部支持函数。

第一组函数提供了访问 Windows 2000 执行层系统服务的接口，可以从用户模式调用。共有 200 多个这样的函数，如 NtCreateFile、NtSetEvent 等。这些函数的大多数功能可以通过 Win32 API 访问。

对于每一个这样的函数，Ntdll 包含一个名字相同的入口点。函数内部代码包含转向内核模式的指令，以调用系统服务派遣器。派遣器检查传递给它的参数，调用实际的内核模式系统服务，服务的真正代码包含在 Ntoskrnl.exe 中。

Ntdll 也包含许多支持函数，如镜像装载器（以 Ldr 开头的函数）、堆管理器和 Win32 子系统进程通信函数（以 Csr 开头的函数），还有一般运行期库例程（以 Rtl 开头的函数）。它也包含用户模式异步过程调用（Asynchronous Procedure Call，APC）派遣器和异常派遣器。

11.1.3 系统核心（core）

通常，运行在内核模式下的操作系统部分叫作内核。Windows 开发小组致力于操作系统的结构化设计，他们以分层的方式设计 Windows 的内核模式组件，每一层都仅使用它的下一层提供的函数。主要的层有 HAL（硬件抽象层）、内核（kernel）和执行层（executive）。因为运行在内核模式下的一个层自己叫作内核，所以人们不得不提出一个新的术语来引用所有的这些层，称之为核心（core）。

这些层次是从逻辑上划分的。在物理上，仅仅硬件抽象层有单独的模块（Hal.dll）。内核、执行层和系统调用层都在 Ntoskrnl.exe（对多处理器系统来说是 Ntkrnlmp.exe）模块中。虽然本书将设备驱动看成执行层的一部分，但是它们都有自己的单独模块，是动态加载的。

1. 硬件抽象层

上述层的最底层是硬件抽象层（Hardware Abstraction Layer，HAL），它直接处理机器的硬件。硬件抽象层为上面的层隐藏了硬件特性。Windows 是一个移植性很强的操作系统，除了 Intel 机器外，它还可以运行在其他机器上。各机器的处理器、总线结构、中断处理、DMA 管理等很可能不同。Hal.dll 文件中的代码为核心的其他部分隐藏了处理器相关和机器相关的细节。核心的内核组件和设备驱动使用 HAL 接口函数。这样，从一个平台转换到另一个平台，仅仅 HAL

代码改变了。核心代码的余下部分使用 HAL 接口，有着很强的可移植性。

2．内核层

Windows 2000 内核提供了非常简单但是最基本的服务，如多处理器同步、线程调度、中断分发等。内核是仅有的一个不能被抢占或者换出（paged out）的组件，核心的所有其他组件都是可以被抢占的。因此，人们可以看到不止一个线程运行在内核模式下。核心也可以是多线程的操作系统很少，但 Windows 2000 是其中一种。

最自然的一个问题是"为什么内核是不可抢占和不可分页的？"事实上，可以换出（page out）内核，但是这时候就会出现一个问题，内核的责任是处理页错误和从二级存储取出需要的页，如此一来，内核自己就不能被换出。如果它被换出（paged out），它就不能被换回（paged in）。相同的问题阻止支持交换空间的硬盘驱动分页。因为内核和设备驱动使用 HAL 服务，自然，HAL 也应该是不可抢占的。

3．执行层

执行层构成了系统核心的大半。它坐落于内核的上方，向外面的世界提供复杂的接口。执行层是以面向对象的方式设计的。Windows 2000 执行层形成了系统核心中可被抢占的部分。通常，开发者添加的核心组件会形成执行层的一部分，更确切地说是 I/O 管理器的一部分。这样，驱动开发者应该总是谨记他们的代码完全可以被抢占。

执行层又可以被细分为许多独立组件，它们实现了不同的系统功能。

（1）对象管理器。Windows 是以面向对象的方式设计的。窗口、设备、驱动、文件、互斥体、进程和线程有一点是相同的，它们都被视为对象。对象管理器实现了管理任何类型对象都需要的公共功能，这使得处理对象的任务变得容易了。对象管理器的主要任务如下。

● 申请和释放对象的内存。

● 维护对象命名空间。Windows 对象命名空间以树的形式组织，和文件系统目录结构相同。对象名称由整个目录路径组成，对象管理器负责维护它的命名空间。不相关进程为了访问一个对象，要首先使用这个对象的名称取得到它的句柄。

● 维护句柄。为了使用对象，进程打开这个对象，取回一个句柄。进程可以使用这个句柄在此对象上执行日后的操作。每个进程有一个句柄表，它被对象管理器维护。句柄表不过是一个指针数组，数组成员指向各对象；句柄仅仅是这个数组中的索引。当进程引用句柄时，对象管理器就在句柄表中索引这个句柄，以取得真正的对象指针。

● 维护引用计数。对象管理器为对象维护着一个引用计数，在其值降到零时自动删除对象。用户模式代码通过句柄访问对象，而内核模式代码使用指针直接访问对象。对象管理器为每个指向特定对象的句柄增加这个对象的引用计数，每当到此对象的句柄关闭时引用计数就递减；在内核模式下，每当有代码引用一个对象，那个对象的引用计数就递增，当代码结束访问这个对象时，其引用计数便会递减。

● 对象安全。对象管理器也检查是否允许进程在对象上执行特定操作。当进程创建对象时，它要为对象指定安全描述符。当另一个进程试图打开此对象时，对象管理器检查是否允许此进程在特定的模式下打开这个对象。如果打开请求成功，对象管理器返回到对象的句柄，并将打开模式存储到进程句柄表记录对象指针的位置。之后，当这个进程试图使用取得的句柄访问此对象时，对象管理器确保合适的访问权限已关联到这个句柄。

（2）I/O 管理器。它实施设备无关 I/O，为进一步处理负责向设备驱动程序分派 I/O 请求。I/O 管理器定义了顺序框架，或者模式。在此框架下，I/O 请求被发送到设备驱动。I/O 系统是包驱动的，大多数 I/O 请求用 I/O 请求包（I/O request packet，IRP）来描述，它从一个 I/O 系统组件传到另一个组件。这个设计允许单独的应用程序线程并发管理多个 I/O 请求。IRP 是一个数据结构，它包含的信息完整地描述了 I/O 请求。

I/O 管理器创建描述 I/O 操作的 IRP 封包，传递此 IRP 指针到正确的驱动程序，当 I/O 操作完成之后，移除这个封包。相反，驱动程序接收 IRP，执行 IRP 指定的操作，最后将 IRP 传回给 I/O 管理器，或者是因为工作完成，或者是因为要传递给其他驱动程序做进一步处理。

除了创建和移除 IRP 外，I/O 管理器还提供了许多 I/O 处理例程，以简化驱动程序设计。例如它提供了允许一个驱动调用另一个驱动的函数。I/O 管理器也为 I/O 请求管理缓冲区，为驱动程序提供超时支持等。

（3）设备驱动程序。Windows 2000 支持分层设备驱动模式。I/O 管理器定义了一个公共接口，所有的设备驱动都需要提供。这确保 I/O 管理器能够以相同的方式对待所有设备。同样，设备驱动可以分层，一个设备驱动能够期望坐落在它下方的驱动都有相同的接口。分层的典型例子是访问硬盘的设备驱动堆栈。最底层的驱动可以处理扇区、磁道和盘面；可能会有第 2 层，它处理硬盘分区，提供处理逻辑批号的接口；第 3 层可以是一个卷管理器驱动，它联合几个分区到卷；最后，坐落在卷管理器上层的是文件系统，它向外面的世界提供接口。

（4）安全引用监视器。安全引用监视器加强了本地电脑上的安全策略。它守卫操作系统资源、执行运行期对象保护和审核。例如，对象管理器在确认进程对任何对象访问时，必须使用安全引用跟踪器的服务。

（5）虚拟内存管理器。操作系统执行两个基本任务。

● 提供一个虚拟机，对它编程应该比较容易。在原始硬件上，编程是非常烦琐的。例如，操作系统提供服务以便访问和管理文件。维护文件中的数据比维护原始硬盘中的数据容易得多。

● 允许应用程序以透明的方式共享硬件。例如，操作系统向应用程序提供一个虚拟的 CPU，在应用程序看来，它独占了该 CPU。事实上，CPU 是被多个应用程序共享的，操作系统扮演了仲裁者的角色。

当硬件是内存时，以上两个任务就由操作系统的虚拟内存管理器组件执行。现代的微处理器访问内存的数据结构都比较复杂。虚拟内存管理器为编程者执行这个任务，它使工作更加容易。此外，虚拟内存管理器使应用程序透明地共享物理内存。它呈现给每个应用程序一个虚拟地址空间，在这里整个空间被这个应用程序拥有。

（6）进程管理器。进程管理器负责创建、终止进程和线程。进程和线程的下层支持来自内核；执行层添加额外的语义和函数到这些底层对象。

（7）系统调用接口。系统调用接口是非常薄的一层，它仅有的工作就是指引用户进程的系统调用请求到合适的核心函数。虽然很薄，但它非常重要，因为它是内核模式组件显示给外面世界的接口。系统调用接口定义了核心提供的服务。

另外还有负责实现和管理系统注册表的配置管理器、支持即插即用的 PnP 管理器、调整电源事件、产生电源管理 I/O 通知的电源管理器等。

11.1.4　设备驱动程序

设备驱动程序是可加载的内核模式模块（通常以.sys 为后缀），它同 I/O 管理器和相关的硬件进行交互。驱动的类型有以下几种。

- 文件系统驱动　　　实现标准文件系统模式。
- 传统设备驱动　　　在没有其他驱动的帮助下控制硬件。这是为老版本的 Windows 系统写的驱动程序，但也可以运行在 Windows 2000/XP/2003 系统上。
- 视频驱动　　　　　处理可见数据流。
- 流驱动　　　　　　支持多媒体设备，如声卡。
- WDM 驱动　　　　即 Windows Driver Model（Windows 驱动模式）。WDM 包含了对电源管理和即插即用的支持。

因为安装驱动程序是添加用户写的代码到系统的唯一方法，所以很多开发者编写设备驱动程序仅是为了访问操作系统函数或者数据结构，并非为了控制物理设备。本书介绍的设备驱动程序也不是用来控制硬件的，它们完成一些只能在内核模式才能执行的工作。

11.2　服　　务

操作系统一般都有一个机制在系统启动期间启动进程来提供服务，而与交互式用户无关。在 Windows 2000 中，这样的进程称为服务，或者 Win32 服务，因为它们是依靠 Win32 API 与系统交互的。服务同 UNIX 中的 daemon 进程（Internet 中用于邮件收发的后台程序）类似，通常执行客户/服务器模式应用程序的服务器方。

Win32 服务包含 3 个组件：服务应用程序、服务控制程序（Service Control Program，SCP）和服务控制管理器（Service Control Manager，SCM）。服务应用程序是执行服务的进程，服务控制程序用于控制这个服务的启动、停止等，服务控制管理器是它们的媒介，服务控制程序通过它来控制服务。

驱动程序是内核模式下的服务应用程序。本节主要介绍如何编写服务控制程序来管理服务（这里仅指驱动程序）。

11.2.1　服务控制管理器（Service Control Manager）

SCM 的可执行文件镜像是"\Winnt\System32\Services.exe"，Winlogon 进程早在系统引导之前就启动它了。SCM 运行后，扫描以下注册表键下的内容。

HKEY_LOCAL_MACHINE\System\CurrentControlSet\Services

为它遇到的每个子键在服务数据库中创建一个入口。服务入口包含所有服务相关的参数，也包含了追踪服务状态的域。如果服务或者驱动标识为自动启动，SCM 将启动它们，并侦测启动过程中的错误。I/O 管理器将在任何用户模式进程执行前加载标识为引导期间启动和系统启动期间启动的驱动程序。

HKEY_LOCAL_MACHINE\System\CurrentControlSet\Services 下面有很多子键，一个子键名表示一个服务的内部名称，其下的键值项对应所有与此服务相关的参数。以驱动程序 CharConvert.SYS（11.4 节实例）为例，来看看安装服务所需的最低数量的参数，如图 11.2 所示。

各参数含义如下。

- DisplayName 用户接口程序使用的服务名称。如果没有指定名称，服务注册表键名将作为它的名称。这里 CharConvert.SYS 驱动的服务名称为 slCharConvert。

图 11.2　CharConvert.SYS 驱动的注册表键值

- **ErrorControl**　如果 SCM 启动服务时驱动报错，这个值指定 SCM 的行为。取值如下。
    - **SERVICE_ERROR_IGNORE（0）**　I/O 管理器忽略驱动返回的错误，但是仍然继续启动操作，不做任何记录。
    - **SERVICE_ERROR_NORMAL（1）**　如果驱动加载或者初始化失败，系统将给用户显示一个告警框，并将错误记录到系统日志中。
- **ImagePath**　指定驱动镜像文件的完整路径。
- **Start**　指定何时启动服务。常用取值如下。
    - **SERVICE_BOOT_START（0）**　在系统引导期间加载。
    - **SERVICE_AUTO_START（2）**　在系统启动期间启动。
    - **SERVICE_DEMAND_START（3）**　SCM 根据用户的要求显式加载。
- **Type**　指定服务类型。本书仅讨论内核驱动，所以设为 SERVICE_KERNEL_DRIVER（1）就行了。

11.2.2　服务控制程序（Service Control Program）

服务控制程序是标准的 Win32 应用程序，它使用 SCM 函数 CreateService、OpenService、StartService、ControlService、QueryServiceStatus 和 DeleteService 等来管理服务。

1．同 SCM 建立连接

为了使用 SCM 函数，SCP 必须首先调用 OpenSCManager 函数建立到服务控制管理器的连接，打开指定的服务控制管理器数据库。函数用法如下。

```
SC_HANDLE OpenSCManager(
    LPCTSTR lpMachineName,      // 目标计算机名。如果是 NULL，此函数将连接到本地电脑 SCM
    LPCTSTR lpDatabaseName,     // 要打开的 SCM 数据库。如果是 NULL，SERVICES_ACTIVE_DATABASE
                                // 数据库将被打开
    DWORD dwDesiredAccess       // 对 Service Control Manager 的访问权限
);
```

函数执行成功，会返回指定 SCM 数据库的句柄，今后要传递这个句柄给其他操作 SCM 数据库的函数。

当不再需要使用 SCM 时，必须调用 CloseServiceHandle 函数关闭打开的句柄。

2．创建和打开服务

创建服务的函数是 CreateService。此函数创建一个服务对象，通过在上一小节所述的注册表键下创建一个与服务名称相同的子键将服务安装到服务控制管理器数据库。函数用法如下。

```
SC_HANDLE CreateService(
```

```
    SC_HANDLE hSCManager,          // Service Control Manager 数据库的句柄
    LPCTSTR lpServiceName,         // 指定要安装的服务的名称。此字符串对应服务注册处中一个子键的名称
    LPCTSTR lpDisplayName,         // 用户界面程序使用的标识该服务的名称。
                                   // 它对应服务注册处 lpServiceName 子键下 DisplayName 的键值
    DWORD dwDesiredAccess,         // 指定对此服务的访问权限,可以是 SERVICE_ALL_ACCESS、DELETE 等
    DWORD dwServiceType,           // 指定服务类型。我们仅仅使用 SERVICE_KERNEL_DRIVER
                                   // 它对应服务注册处 lpServiceName 子键下 Type 的键值
    DWORD dwStartType,             // 指定什么时候启动此服务。如果打算通过命令启动,我们传递
                                   // SERVICE_DEMAND_START,如果打算让此服务在系统引导时自动启动,
                                   // 我们传递 SERVICE_AUTO_START。它对应注册表中的 Start 键值
    DWORD dwErrorControl,          // 指定驱动启动失败这个错误的严重性。SERVICE_ERROR_IGNORE 表示忽
                                   // 略所有错误,SERVICE_ERROR_NORMAL 表示记录下可能出现的错误。
                                   // 此参数对应注册表中的 ErrorControl 键值
    LPCTSTR lpBinaryPathName,      // 驱动二进制文件(*.SYS 文件)的路径,对应注册表中的 ImagePath 键值
    // 最后 5 个参数在这里总是被设为 NULL
    LPCTSTR lpLoadOrderGroup,      // 指定此服务所属的加载顺序组的名字
    LPDWORD lpdwTagId,             // 指定一个在 lpLoadOrderGroup 组中唯一的标签
    LPCTSTR lpDependencies,        // 指定一组此服务依靠的服务的名字
    LPCTSTR lpServiceStartName,    // 指定此服务应该运行在哪一个账户下
    LPCTSTR lpPassword             // 指定 lpServiceStartName 账户对应的密码
);
```

如果 CreateService 成功地将驱动添加到 SCM 数据库中,就会返回驱动的句柄。其他一些函数在操作此驱动的时候要使用该句柄。

如果 SCM 数据库中已经存在了指定的驱动,对 CreateService 的调用将会失败,出错代码为 ERROR_SERVICE_EXISTS。此时可以调用 OpenService 打开这个服务。函数用法如下。

```
SC_HANDLE OpenService(
    SC_HANDLE hSCManager,          // Service Control Manager 数据库的句柄
    LPCTSTR lpServiceName,         // 指定要打开的服务的名称
    DWORD dwDesiredAccess          // 指定对此服务的访问权限,可以是 SERVICE_ALL_ACCESS、DELETE 等
);
```

当不需要使用打开或者创建的服务时,应调用 CloseServiceHandle 函数关闭服务句柄。

3. 启动和停止服务

启动服务的函数是 StartService,它的用法如下。

```
BOOL StartService(
    SC_HANDLE hService,            // 指定打开的服务。这是 OpenService 或 CreateService 返回的句柄
    DWORD dwNumServiceArgs,        // 对设备驱动来说,此参数永远是 NULL
    LPCTSTR* lpServiceArgVectors   // 驱动服务不接收任何参数,所以 lpServiceArgVectors 应设为 NULL
);
```

StartService 函数将驱动程序镜像文件映射到系统地址空间,然后调用驱动的入口点函数——DriverEntry 例程。这里主要的不同是,DriverEntry 例程中的代码运行在系统进程上下文中。DriverEntry 例程执行完毕,StartService 函数才会返回。如果驱动初始化成功,DriverEntry 应该返回 STATUS_SUCCESS,StartService 就会返回非零值,程序也会返回到调用 StartService 的线程上下文中。

要想停止服务,可以调用 ControlService 函数。此函数向服务发送一个控制代码。

```
BOOL ControlService(
    SC_HANDLE hService,            // 服务句柄
    DWORD dwControl,               // 向服务发送的控制代码。要停止服务,应发送 SERVICE_CONTROL_STOP
    LPSERVICE_STATUS lpServiceStatus // 返回服务的状态
);
```

4．查询服务状态

查询服务状态的函数是 QueryServiceStatus，原型如下。

```
BOOL QueryServiceStatus(SC_HANDLE hService, LPSERVICE_STATUS lpServiceStatus);
```

hService 参数是要查询服务的句柄，lpServiceStatus 参数用于返回状态信息。服务状态用结构 SERVICE_STATUS 来描述，定义如下。

```
typedef struct _SERVICE_STATUS {
    DWORD dwServiceType;            // 服务类型，可能是 SERVICE_KERNEL_DRIVER 等
    DWORD dwCurrentState;           // 服务当前状态
    DWORD dwControlsAccepted;       // 服务能够接收的控制代码
    DWORD dwWin32ExitCode;          // 出错代码。当服务启动或者停止时，它使用此出错代码报告一个错误
    DWORD dwServiceSpecificExitCode; // 当错误发生时，服务返回的服务相关的错误代码
    DWORD dwCheckPoint;             // 当服务启动时，每完成一步它就增加这个值
    DWORD dwWaitHint;               // 未决的启动、停止等操作花费的时间
} SERVICE_STATUS,
```

dwCurrentState 成员指定了服务的当前状态，常用取值如下。

- SERVICE_RUNNING   服务正在运行
- SERVICE_START_PENDING   服务将要启动
- SERVICE_STOP_PENDING   服务将要停止
- SERVICE_STOPPED   服务已经停止

5．删除服务

删除服务的函数是 DeleteService，它会把驱动从 SCM 数据库中移除，函数原型如下。

```
BOOL DeleteService(
  SC_HANDLE hService        // OpenService 或 CreateService 函数返回的服务句柄
);
```

这个函数并不真正立刻删除指定的服务，它简单地将此服务标识为删除。仅当此服务停止运行，并且所有指向此服务的句柄被关闭以后，SCM 才删除它。当用户程序仍然拥有服务句柄或者服务仍然运行时，此服务就不会从 SCM 数据库中删除。如果再次对该服务调用 DeleteService，它就会失败，出错代码为 ERROR_SERVICE_MARKED_FOR_DELETE。

11.2.3　封装 CDriver 类

在用户模式下打开设备对象的函数是 CreateFile，它返回设备的句柄。要注意的是为 CreateFile 传递的文件名称应具有 "\\.\szObjName" 格式，其中 "\\.\" 是 Win32 中定义本地计算机的方法。

CreateFile 返回有效的设备句柄后，就可以用 ReadFile、WriteFile 以及 DeviceIoControl 函数来和设备通信了。DeviceIoControl 函数用来向设备发送控制代码，用法如下。

```
BOOL DeviceIoControl(
  HANDLE hDevice,            // 设备句柄
  DWORD dwIoControlCode,     // 控制代码，指出要进行什么操作
  LPVOID lpInBuffer,         // 输入缓冲区，如果不需要，可以设为 0
  DWORD nInBufferSize,       // 输入缓冲区大小
  LPVOID lpOutBuffer,        // 输出缓冲区，如果不需要，可以设为 0
  DWORD nOutBufferSize,      // 输出缓冲区大小
  LPDWORD lpBytesReturned,   // 返回存储到缓冲区中数据的大小
  LPOVERLAPPED lpOverlapped  // 指向 OVERLAPPED 结构，这个参数仅在异步操作的时候才需要
);
```

输入缓冲区 lpInBuffer 存放传递给内核驱动的数据，输出缓冲区 lpOutBuffer 存放内核驱动

返回的数据。控制代码 dwIoControlCode 的格式将在后面章节详细讨论。

本书封装 CDriver 类来管理驱动程序。这个类封装了加载驱动和与驱动交互的 Win32 函数。它在构造函数打开 SCM 管理器，创建或者打开指定服务，取得服务句柄 m_hService；提供接口成员 StartDriver 启动服务；提供接口成员 OpenDevice 打开驱动程序所控制的设备，取得设备句柄 m_hDriver。经过以上几个操作后，即可调用接口成员 IoControl 向设备发送控制代码。

类的定义和实现代码都在 Driver.h 文件（类的使用方法请参考 11.4 节的 SCPDemo 实例）。

```cpp
#ifndef __DRIVER_H__                        // 类的源代码在 11CharConvert 目录的 SCPDemo 工程下
#define __DRIVER_H__
#include <Winsvc.h>          // 为了使用 SCM 函数

class CDriver
{
public:
// 构造函数和析构函数
    // 构造函数，pszDriverPath 为驱动所在目录，pszLinkName 为符号连接名字
    // 在类的构造函数中，将试图创建或打开服务
    CDriver(LPCTSTR pszDriverPath, LPCTSTR pszLinkName);
    // 析构函数。在这里，将停止服务
    virtual ~CDriver();

// 属性
    // 此驱动是否可用
    virtual BOOL IsValid() { return (m_hSCM != NULL && m_hService != NULL); }

// 操作
    // 开启服务。也就是说驱动的 DriverEntry 函数将被调用
    virtual BOOL StartDriver();
    // 结束服务。即驱动程序的 DriverUnload 例程将被调用
    virtual BOOL StopDriver();

    // 打开设备，即取得到此驱动的一个句柄
    virtual BOOL OpenDevice();

    // 向设备发送控制代码
    virtual DWORD IoControl(DWORD nCode, PVOID pInBuffer,
                    DWORD nInCount, PVOID pOutBuffer, DWORD nOutCount);
// 实现
protected:
    char m_szLinkName[56];          // 符号连接名称

    BOOL m_bStarted;                // 指定服务是否启动
    BOOL m_bCreateService;          // 指定是否创建了服务

    HANDLE m_hSCM;                  // SCM 数据库句柄
    HANDLE m_hService;              // 服务句柄
    HANDLE m_hDriver;               // 设备句柄
};

CDriver::CDriver(LPCTSTR pszDriverPath, LPCTSTR pszLinkName)
{
    strncpy(m_szLinkName, pszLinkName, 55);
    m_bStarted = FALSE;
    m_bCreateService = FALSE;
    m_hSCM = m_hService = NULL;
```

```
    m_hDriver = INVALID_HANDLE_VALUE;

    // 打开 SCM 管理器
    m_hSCM = ::OpenSCManager(NULL, NULL, SC_MANAGER_ALL_ACCESS);
    if(m_hSCM == NULL)
    {
            MessageBox(0, "打开服务控制管理器失败\n",
                        "可能是因为您不拥有 Administrator 权限\n", 0);
            return;
    }

    // 创建或打开服务
    m_hService = ::CreateService(m_hSCM, m_szLinkName, m_szLinkName, SERVICE_ALL_ACCESS,
                SERVICE_KERNEL_DRIVER, SERVICE_DEMAND_START, SERVICE_ERROR_NORMAL,
                    pszDriverPath, NULL, 0, NULL, NULL, NULL);
    if(m_hService == NULL)
    {
            // 创建服务失败，可能是因为服务已经存在，所以还要试图打开它
            int nError = ::GetLastError();
            if(nError == ERROR_SERVICE_EXISTS || nError == ERROR_SERVICE_MARKED_FOR_DELETE)
            {
                    m_hService = ::OpenService(m_hSCM, m_szLinkName, SERVICE_ALL_ACCESS);
            }
    }
    else
    {
            m_bCreateService = TRUE;
    }
}
CDriver::~CDriver()
{
    // 关闭设备句柄
    if(m_hDriver != INVALID_HANDLE_VALUE)
            ::CloseHandle(m_hDriver);
    // 如果创建了服务，就将之删除
    if(m_bCreateService)
    {
            StopDriver();
            ::DeleteService(m_hService);
    }
    // 关闭句柄
    if(m_hService != NULL)
            ::CloseServiceHandle(m_hService);
    if(m_hSCM != NULL)
            ::CloseServiceHandle(m_hSCM);
}
BOOL CDriver::StartDriver()
{
    if(m_bStarted)
            return TRUE;
    if(m_hService == NULL)
            return FALSE;
    // 启动服务
    if(!::StartService(m_hService, 0, NULL))
    {
            int nError = ::GetLastError();
```

```cpp
                if(nError == ERROR_SERVICE_ALREADY_RUNNING)
                        m_bStarted = TRUE;
                else
                        ::DeleteService(m_hService);
        }
        else
        {
                // 启动成功后，等待服务进入运行状态
                int nTry = 0;
                SERVICE_STATUS ss;
                ::QueryServiceStatus(m_hService, &ss);
                while(ss.dwCurrentState == SERVICE_START_PENDING && nTry++ < 80)
                {
                        ::Sleep(50);
                        ::QueryServiceStatus(m_hService, &ss);
                }
                if(ss.dwCurrentState == SERVICE_RUNNING)
                        m_bStarted = TRUE;
        }
        return m_bStarted;
}
BOOL CDriver::StopDriver()
{
        if(!m_bStarted)
                return TRUE;
        if(m_hService == NULL)
                return FALSE;
        // 停止服务
        SERVICE_STATUS ss;
        if(!::ControlService(m_hService, SERVICE_CONTROL_STOP, &ss))
        {
                if(::GetLastError() == ERROR_SERVICE_NOT_ACTIVE)
                        m_bStarted = FALSE;
        }
        else
        {
                // 等待服务完全停止运行
                int nTry = 0;
                while(ss.dwCurrentState == SERVICE_STOP_PENDING && nTry++ < 80)
                {
                        ::Sleep(50);
                        ::QueryServiceStatus(m_hService, &ss);
                }
                if(ss.dwCurrentState == SERVICE_STOPPED)
                        m_bStarted = FALSE;
        }
        return !m_bStarted;
}
BOOL CDriver::OpenDevice()
{
        if(m_hDriver != INVALID_HANDLE_VALUE)
                return TRUE;

        char sz[256] = "";
        wsprintf(sz, "\\\\.\\%s", m_szLinkName);
        // 打开驱动程序所控制的设备
```

```
        m_hDriver = ::CreateFile(sz,
            GENERIC_READ | GENERIC_WRITE,
            0,
            NULL,
            OPEN_EXISTING,
            FILE_ATTRIBUTE_NORMAL,
            NULL);

        return (m_hDriver != INVALID_HANDLE_VALUE);
}
DWORD CDriver::IoControl(DWORD nCode, PVOID pInBuffer,
            DWORD nInCount, PVOID pOutBuffer, DWORD nOutCount)
{
        if(m_hDriver == INVALID_HANDLE_VALUE)
            return -1;
        // 向驱动程序发送控制代码
        DWORD nBytesReturn;
        BOOL bRet = ::DeviceIoControl(m_hDriver, nCode,
            pInBuffer, nInCount, pOutBuffer, nOutCount, &nBytesReturn, NULL);
        if(bRet)
            return nBytesReturn;
        else
            return -1;
}
#endif // __DRIVER_H__
```

11.3 开发内核驱动的准备工作

许多软件设计者在第一次进行内核模式程序设计时都会非常害怕，因为能够指导它们进行整个编程过程的资源太少了。本节讲述编写驱动程序要做的准备工作。

11.3.1 驱动程序开发工具箱（Driver Development Kit，DDK）

使用 VC++ 6.0 创建内核驱动程序必须首先安装相关版本的 DDK（Device Driver Kit，设备驱动工具箱）。DDK 提供了创建环境、工具、驱动例子和文档来支持为 Windows 家族的操作系统开发驱动程序。在 Windows 2000/XP 下写驱动程序，至少应该安装 Windows 2000 DDK。但现在 Microsoft 已经停止了免费 DDK 的发布，而将它作为 MSDN 专业版和宇宙版的一部分（安装 MSDN 时会自动安装 DDK）。

除了各种帮助文档，DDK 还包含了一堆在链接时要使用的库文件（*.lib）。这些库有两种版本，普通的版本（称为 free build）和特殊的包含 Debug 信息的版本（称为 checked build），它们分别位于 "%ddk%\libfre\i386" 和 "%ddk%\libchk\i386" 目录下。checked build 类似 Visual C++的调试环境设置，而 free build 类似发行环境设置。

11.3.2 编译和连接内核模式驱动的方法

Visual C++并没有提供创建驱动程序的应用程序向导，如果使用 Visual C++开发驱动程序，最容易理解的方式（不是最简单的）就是首先创建一个其他类型的工程（如 Win32 Console），然后自己动手修改编译和连接选项。

另一种方法是使用自定义的应用程序向导。在配套光盘的"驱动程序向导"文件夹下有一个名称为 DriverWizard.awx 文件，这是用 Visual C++创建的模板向导（源代码在 DriverWizard 工程下），正确安装之后，它允许 Visual C++创建一个新类型的工程，这个工程设置了驱动开发环境。例如，它修改连接设置以指定驱动程序开关，它为连接器提供正确的 DDK 库列表等。总之，它使得创建驱动程序工程像创建 MFC 工程一样简单。

为了安装模板向导，复制 DriverWizard.awx 到 Visual Studio 安装目录的"...\Microsoft Visual Studio\Common\MsDev98\Template"文件夹下即可。随后单击菜单命令"File/New..."，会发现弹出的 New 对话框的 Projects 选项卡中多了一个名称为"Driver Wizard"的工程类型，如图 11.3 所示。

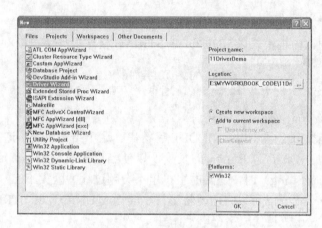

图 11.3　使用新的模块向导

第一次在已经安装 VC++ 6.0 的机器上创建内核驱动程序工程的过程如下。

（1）安装 DDK 工具包（或者安装 MSDN）。

（2）添加驱动程序向导。将配套光盘上的"\驱动程序向导\DriverWizard.awx"文件复制到 VC++ 6.0 安装目录的"...\Microsoft Visual Studio\Common\MsDev98\Template"文件夹下。

（3）运行 VC++ 6.0，单击菜单命令"File/New.."，切换到 Projects 选项卡，会发现向导列表中多了一个选项"Driver Wizard"，使用它创建工程即可。

11.3.3　创建第一个驱动程序

安装了 DDK 和自定义模板向导之后，运行 VC++，单击菜单命令"File/New.."，弹出 new 对话框，在 Projects 选项卡左边选中"Driver Wizard"选项，在右边输入工程名称 11DriverDemo 和存放工程的路径，如图 11.3 所示。

工程创建完毕，11DriverDemo.cpp 文件中的代码如下。

```
extern "C"
{
    #include <ntddk.h>
}

// 驱动程序加载时调用 DriverEntry 例程
NTSTATUS DriverEntry(PDRIVER_OBJECT pDriverObj, PUNICODE_STRING pRegistryString)
{
    // 请视情况返回 DriverEntry 例程执行结果
```

```
        return STATUS_DEVICE_CONFIGURATION_ERROR;
    }
```

驱动程序的入口点是 DriverEntry（下一节再详细讨论），当 SCM 加载驱动时，这个例程会被调用。上述 DriverEntry 除了返回出错代码 STATUS_DEVICE_CONFIGURATION_ERROR 外什么也不做。如果驱动程序初始化成功应该返回 STATUS_SUCCESS，这样系统就会将驱动程序保留在内存中。

11.4 内核模式程序设计基础知识

11.4.1 UNICODE 字符串

和用户模式不同，内核模式以 UNICODE_STRING 格式操作字符串，此结构的定义如下。

```
typedef struct _UNICODE_STRING {
    USHORT Length;              // 存储在 Buffer 域中字节的长度
    USHORT MaximumLength;       // Buffer 域的最大长度
    PWSTR Buffer;               // 字符串首地址
} UNICODE_STRING *PUNICODE_STRING;
```

内核模式下的函数都必须使用 UNICODE 字符串。这个结构用来传递 UNICODE 字符串。MaximumLength 成员用来指定 Buffer 的长度，以便当这个字符串传递给一个转化例程（如 RtlUnicodeStringToAnsiString）时，返回的字符串不会超过缓冲区大小。

使用 RtlInitUnicodeString 可以方便地将字符串转化成 UNICODE_STRING 结构。例如，下面的代码执行之后，ustr 变量代表字符串"你好"。

```
UNICODE_STRING ustr;
RtlInitUnicodeString(&ustrDevName, L"你好");
```

11.4.2 设备对象

1. 设备对象结构 PDEVICE_OBJECT

设备对象描述了一个逻辑的、虚拟的或者是物理的设备，驱动程序通过此设备处理 I/O 请求。内核模式驱动必须一次或多次调用 IoCreateDevice 来创建它的设备对象。

设备对象是不透明的。驱动设计者必须知道特定的域和系统定义的与设备对象相关的符号常量，因为它们的驱动必须通过设备对象指针访问这些域，并向大多数标准驱动例程传递它们。设备对象中几个常用的可访问的域如下。

```
PDRIVER_OBJECT DriverObject;  // 指向驱动对象，描述了驱动加载镜像
PDEVICE_OBJECT NextDevice;    // 指向下一个被相同驱动创建的设备对象，如同有的话。每次成功调用
                              // IoCreateDevice 以后，I/O 管理器更新此清单
PVOID DeviceExtension;        // 设备扩展指针。设备扩展数据的结构和内容是驱动程序定义的。大小是在
                              // 调用 IoCreateDevice 时指定的。它是驱动程序主要的全局存储区域
```

2. 创建和删除设备对象

驱动程序是建立在硬件设备之上的，它是应用程序与硬件交互的媒介，所以每个驱动程序必须为自己管理的硬件设备创建设备对象，以处理关于这个设备的 I/O 请求。创建设备对象的例程是 IoCreateDevice，用法如下。

```
NTSTATUS  IoCreateDevice(
    IN PDRIVER_OBJECT   DriverObject,      // 调用者的驱动对象指针，该参数用于在驱动程序和新设备对象
                                           // 之间建立连接
    IN ULONG   DeviceExtensionSize,        // 指定设备扩展结构的大小
```

```
IN PUNICODE_STRING  DeviceName  OPTIONAL,   // 命名该设备对象的 UNICODE_STRING 串的地址
IN DEVICE_TYPE   DeviceType,                // 设备类型。可以是系统定义的，也可以是自定义的
IN ULONG   DeviceCharacteristics,           // 为设备对象提供 Characteristics 标志
IN BOOLEAN   Exclusive,                     // 指定此设备对象是否代表一个排斥的设备。通常，对于排斥设
                                            // 备，I/O 管理器仅允许打开该设备的一个句柄
OUT PDEVICE_OBJECT   *DeviceObject          // 返回新创建设备对象的指针
);
```

设备对象名称存在于对象管理器命名空间。根据约定，设备对象存放在 "\Device" 目录下，应用程序使用 Win32 API 是无法访问的。下面是本节实例使用的设备对象的名称。

```
#define DEVICE_NAME L"\\Device\\devDriverDemo"
```

在驱动卸载时，应该调用 IoDeleteDevice 例程删除所有此驱动创建的设备对象，这个例程唯一的参数是要删除设备对象的指针。

3．创建和删除符号连接名称

创建设备对象时，要为它命名，这是 DeviceName 参数的作用。但是这个名字仅仅在内核模式下是可见的，如果需要在用户模式下打开到这个设备的句柄，必须为这个名字再创建一个符号连接名称，IoCreateSymbolicLink 例程可以完成这一任务。

```
NTSTATUS   IoCreateSymbolicLink(
IN PUNICODE_STRING   SymbolicLinkName,      // 要创建的符合连接名称
IN PUNICODE_STRING   DeviceName             // 使用 IoCreateDevice 创建的设备对象名称
);
```

SymbolicLinkName 指定的字符串是用户模式下可见的设备名称。以它为文件名调用 CreateFile 函数即可获得到该设备的句柄。

在对象管理器命名空间中，仅\BaseNamedObjects 和\??下的目录对用户程序可见。\??目录是到内部设备名称的符号连接，所以必须将符号连接名称存放在\??目录，如下代码所示。

```
#define LINK_NAME L"\\??\\slDriverDemo"          // 符号连接名称的例子（本节实例使用）
```

当不使用此符号连接名称时，应调用 IoDeleteSymbolicLink 例程删除。

11.4.3　驱动程序的基本组成

驱动程序由一系列例程组成，加载驱动或者处理 I/O 请求时特定的例程会被调用。要实现的例程至少应该有以下 3 个。

（1）入口点例程 DriverEntry。当驱动被加载到内存中（调用 StartService 函数）时 DriverEntry 例程将被调用。DriverEntry 例程负责执行驱动程序初始化工作。I/O 管理器如下定义它的原型。

```
NTSTATUS DriverEntry(PDRIVER_OBJECT pDriverObj, PUNICODE_STRING pRegistryString);
```

I/O 管理器为每个加载到内存中的驱动程序都创建了一个驱动程序对象，并将这个对象的指针作为 DriverEntry 例程的第一个参数 pDriverObj 传递给驱动程序。驱动程序要使用这个指针将其他例程的地址告诉 I/O 管理器，以便在恰当的时候调用它们。

pRegistryString 是指向 UNICODE_STRING 结构的指针，它指定了此驱动在注册表中的路径。

对于本书讨论的内核驱动而言，DriverEntry 例程要创建它所管理的设备对象（支持即插即用的 WDM 驱动在 AddDevice 例程中创建）。

（2）卸载例程。当驱动要从内存中卸载的时候，I/O 管理器调用这个例程。此例程负责做最后的清理工作，其原型如下（假设名称为 DriverUnload）。

```
void DriverUnload(PDRIVER_OBJECT pDriverObj);
```

一般地，当前驱动创建的设备对象和符号连接名称都要在这个例程中删除，以释放资源。

（3）打开关闭例程。当应用程序需要打开到驱动的句柄（调用 CreateFile 函数），或者关闭这个句柄（调用 CloseHandle 函数）时，I/O 管理器调用这个例程。其原型如下（假设名称为 DispatchCreateClose）。

```
NTSTATUS DispatchCreateClose(PDEVICE_OBJECT pDevObj, PIRP pIrp);
```

驱动程序必须处理关闭句柄的请求。接收到这个请求暗示着到描述目标设备对象的文件对象句柄已经被释放。

11.4.4 I/O 请求包（I/O request packet，IRP）和 I/O 堆栈

Windows 下几乎所有的 I/O 都是包驱动的，每个单独的 I/O 由一个工作命令描述，此工作命令告诉驱动程序要做什么，并通过 I/O 子系统跟踪处理过程。这些工作命令表现为一个称为 I/O 请求包（I/O request packet，IRP）的数据结构。

IRP 是从未分页内存申请的大小可变的结构。图 11.4 所示为 IRP 结构的两个部分。

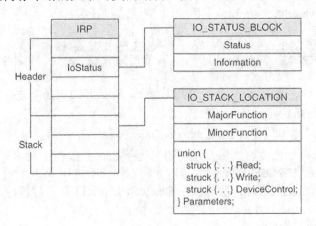

图 11.4 IRP 的结构

● 包含一般簿记信息的头区域，即 IRP 头。
● 若干个称为 I/O 堆栈位置的内存块，即 I/O 堆栈。

1. IRP 头

IRP 的这个域包含关于整个 I/O 请求的各种信息。IRP 头的一部分可以通过驱动程序访问，而另一部分仅供 I/O 管理器使用。下面列出了允许驱动访问的域。

```
IO_STATUS_BLOCK IoStatus;              // 包含 I/O 请求的状态
PVOID AssociatedIrp.SystemBuffer;      // 指向系统缓冲区空间，如果执行缓冲区 I/O
PMDL MdlAddress;                       // 指向用户缓冲区空间的内核描述表，如果设备执行直接 I/O
PVOID UserBuffer;                      // I/O 缓冲区的用户空间地址
BOOLEAN Cancel;                        // 指定此 IRP 已经被取消
```

IoStatus 成员包含 I/O 操作的最终状态。当驱动程序将要完成 IRP 处理时，它将 IRP 的 Status 状态域设置为 STATUS_XXX。同时，驱动程序应该设置它的 Information 域为 0（如果有错误发生）或者一个功能代码指定的值（例如，传输的字节）。

2. I/O 堆栈

I/O 堆栈的主要目的是保存功能代码和 I/O 请求的参数。通过检查堆栈的 MajorFunction 域，驱动程序可以决定执行什么样的操作，如何解释 Parameters 联合。下面描述了 I/O 堆栈中一些

常用的成员。

```
UCHAR MajorFunction;                    // IRP_MJ_XXX 功能代码，它指定操作
struct Read;                            // IRP_MJ_READ 的参数
struct Write;                           // IRP_MJ_WRITE 的参数
struct DeviceIoControl;                 // IRP_MJ_DEVICE_CONTROL 的参数
PDEVICE_OBJECT DeviceObject;            // 这个 I/O 请求的目标设备
PFILE_OBJECT FileObject;                // 这个请求的文件对象（如果有的话）
```

3. I/O 请求分派机制

当 I/O 请求初始化时，I/O 管理器首先建立一个 IRP 工作命令来跟踪这个请求。另外，它还将一个功能代码存储到了 IRP I/O 堆栈的 MajorField 域来唯一的标识请求类型。

MajorField 代码被 I/O 管理器用来索引驱动对象的 MajorFunction 表（表头地址由 DRIVER_OBJECT 结构指定）。这个表包含了到各个派遣例程的函数指针。如果驱动程序不支持特定的请求操作，MajorFunction 表的相应入口将存储 I/O 管理器提供的例程——_IopInvalidDeviceRequest，此例程会向调用者返回一个错误。这样，为每个驱动程序支持的 I/O 功能代码提供派遣例程将是驱动设计作者的责任。图 11.5 所示为分派 IRP 的过程。

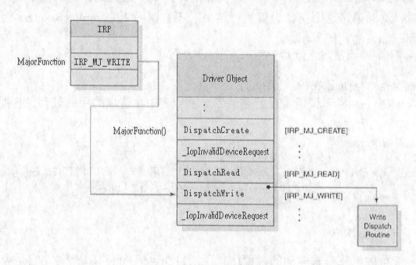

图 11.5　分派 IRP 的过程

4. 处理 IRP

为了有效指定的 I/O 功能代码，驱动程序必须"声明"一个响应这样请求的派遣例程。声明过程是在 DriverEntry 例程中进行的，它将派遣例程函数地址存储到驱动对象 MajorFunction 表的相应槽中，I/O 功能代码是使用这个表的索引，如下面代码所示（pDriverObj 为驱动对象的指针）。

```
pDriverObj->MajorFunction[IRP_MJ_CREATE] = DispatchCreateClose;
pDriverObj->MajorFunction[IRP_MJ_CLOSE] = DispatchCreateClose;
pDriverObj->MajorFunction[IRP_MJ_DEVICE_CONTROL] = DispatchIoctl;
```

所有的驱动程序必须支持 IRP_MJ_CREATE，因为这个功能代码是在相应 Win32 CreateFile 调用时产生的。不支持这个代码，Win32 应用程序将无法取得到此设备的句柄。同样，程序也必须支持 IRP_MJ_CLOSE，为的是响应 Win32 CloseHandle 调用。

其他驱动程序应该支持的功能代码取决于它所控制设备的属性。表 11.1 将 I/O 功能代码和产生它们的 Win32 调用关联了起来。

表 11.1 常见 **I/O** 功能代码和产生它们的 **Win32** 调用

IRP_MJ_CREATE	CreateFile
IRP_MJ_CLOSE	CloseHandle
IRP_MJ_READ	从设备获取数据 ReadFile
IRP_MJ_WRITE	向设备发送数据 WriteFile
IRP_MJ_DEVICE_CONTROL	控制操作 DeviceIoControl

比如当应用程序调用 CreateFile 函数打开设备时，控制此设备的驱动程序会接收到功能代码 IRP_MJ_CREATE 的 IRP。为了处理这个 I/O 请求，驱动程序应该在 DriverEntry 例程中将处理此 IRP 的派遣例程 DispatchCreateClose 的地址传给驱动对象中的相关域，如下面代码所示。

```
pDriverObj->MajorFunction[IRP_MJ_CREATE] = DispatchCreateClose;
```

有了这条代码，当用户打开设备时，I/O 管理器将会调用 DispatchCreateClose 派遣例程。

DispatchCreateClose 例程的第二个参数 pIrp 是指向 IRP 结构的指针。处理完一个 IRP，派遣例程返回时，必须通过这个指针设置执行结果，还要调用 IoCompleteRequest 例程说明派遣例程正要返回，如下面代码所示。

```
pIrp->IoStatus.Status = STATUS_SUCCESS;
// 完成此请求
IoCompleteRequest(pIrp, IO_NO_INCREMENT);
```

IoCompleteRequest 指示调用者已经完成了一个给定 I/O 请求的所有处理，正要返回给定的 IRP 到 I/O 管理器，用法如下。

```
VOID IoCompleteRequest(
    IN PIRP    Irp,           // 指向将要完成的 IRP
    IN CCHAR   PriorityBoost  // 指定一个系统定义常量，通过它来增加请求此操作的原始线程的运行期优先级
                              // 如果原始线程请求的操作驱动很快就可以完成，值应设为 IO_NO_INCREMENT
    );
```

11.4.5 完整驱动程序

下面是最简单的内核模式驱动的源程序代码（11DriverDemo 工程下），它是今后写驱动程序的一个框架。

```
extern "C"
{
    #include <ntddk.h>
}

// 自定义函数的声明
NTSTATUS DispatchCreateClose(PDEVICE_OBJECT pDevObj, PIRP pIrp);
void DriverUnload(PDRIVER_OBJECT pDriverObj);

// 驱动内部名称和符号连接名称
#define DEVICE_NAME L"\\Device\\devDriverDemo"
#define LINK_NAME L"\\??\\slDriverDemo"

// 驱动程序加载时调用 DriverEntry 例程
NTSTATUS DriverEntry(PDRIVER_OBJECT pDriverObj, PUNICODE_STRING pRegistryString)
{
    NTSTATUS status = STATUS_SUCCESS;
```

```
    // 初始化各个派遣例程
    pDriverObj->MajorFunction[IRP_MJ_CREATE] = DispatchCreateClose;
    pDriverObj->MajorFunction[IRP_MJ_CLOSE] = DispatchCreateClose;
    pDriverObj->DriverUnload = DriverUnload;

        // 创建、初始化设备对象
    // 设备名称
    UNICODE_STRING ustrDevName;
    RtlInitUnicodeString(&ustrDevName, DEVICE_NAME);
    // 创建设备对象
    PDEVICE_OBJECT pDevObj;
    status = IoCreateDevice(pDriverObj,
                    0,
                    &ustrDevName,
                    FILE_DEVICE_UNKNOWN,
                    0,
                    FALSE,
                    &pDevObj);
    if(!NT_SUCCESS(status))
    {
        return status;
    }

        // 创建符号连接名称
    // 符号连接名称
    UNICODE_STRING ustrLinkName;
    RtlInitUnicodeString(&ustrLinkName, LINK_NAME);
    // 创建关联
    status = IoCreateSymbolicLink(&ustrLinkName, &ustrDevName);
    if(!NT_SUCCESS(status))
    {
        IoDeleteDevice(pDevObj);
        return status;
    }
    return STATUS_SUCCESS;
}

void DriverUnload(PDRIVER_OBJECT pDriverObj)
{
    // 删除符号连接名称
    UNICODE_STRING strLink;
    RtlInitUnicodeString(&strLink, LINK_NAME);
    IoDeleteSymbolicLink(&strLink);
    // 删除设备对象
    IoDeleteDevice(pDriverObj->DeviceObject);
}

// 处理 IRP_MJ_CREATE、IRP_MJ_CLOSE 功能代码
NTSTATUS DispatchCreateClose(PDEVICE_OBJECT pDevObj, PIRP pIrp)
{
    pIrp->IoStatus.Status = STATUS_SUCCESS;
    // 完成此请求
    IoCompleteRequest(pIrp, IO_NO_INCREMENT);
    return STATUS_SUCCESS;
}
```

DriverEntry 例程成功执行之后，系统中多了 3 个新的对象：驱动 "\Driver\11DriverDemo"、

设备 "\Device\devDriverDemo" 和到设备的符号连接 "\??\ slDriverDemo"。

● 驱动对象 它代表系统中存在的独立的驱动。从这个对象，I/O 管理器取得每个驱动程序派遣例程的入口地址

● 设备对象 它代表系统中的一个设备，并描述了它的各种特征。经由这个对象，I/O 管理器取得管理此设备的驱动对象的指针

● 文件对象 它是设备对象在用户模式的代表。使用这个对象，I/O 管理器取得相应设备对象的指针

符号连接在用户模式可见，它被对象管理器使用。图 11.6 所示为上述 3 个对象间的内在联系。

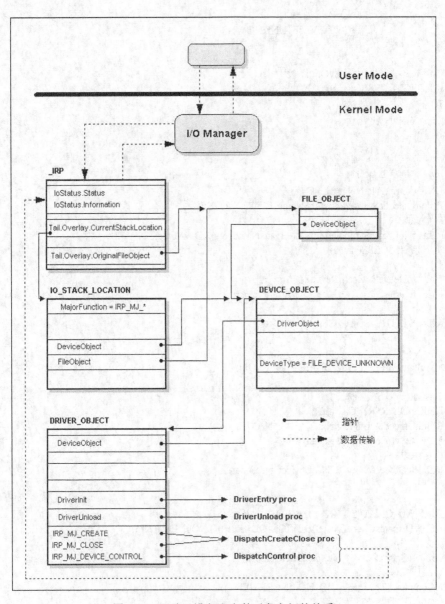

图 11.6 驱动、设备和文件对象之间的关系

11.5　内核模式与用户模式交互

11.5.1　扩展派遣接口

许多的 I/O 管理操作都支持标准的读/写提取。请求者提供缓冲区和传输长度，数据从设备传出或传入。并不是所有的设备或它们的操作都适合这样做。例如，磁盘格式化或重新分区操作就不适合使用通常的读写请求。这种类型的请求由两个扩展 I/O 功能请求代码处理。这些代码允许指定任意数量的驱动相关操作，而不受读写提取的限制。

- IRP_MJ_DEVICE_CONTROL　　　　　　　　　　用户调用 Win32 DeviceIoControl 时产生的功能代码。I/O 管理器用此 MajorFunction 代码构造一个 IRP 和一个 IoControlCode 值（子代码），子代码 IoControlCode 是传递给 DeviceIoControl 函数的一个参数

- IRP_MJ_INTERNAL_DEVICE_CONTROL　　　允许来自内核模式的扩展请求，用户程序没有权力使用此功能代码。这主要是为分层驱动准备的，本书不做介绍

应该指出的是，响应这些代码的派遣例程都需要根据 IRP 中的子功能代码 IoControlCode 的值做二次分发。IoControlCode 的值叫作 IOCTL 设备控制代码。因为此二级派遣机制完全包含在驱动的私有例程中，所以 IOCTL 值的含义由驱动程序指定。本小节剩余部分将描述设备控制接口的细节。

1. 定义私有 IOCTL 值

传递给驱动的 IOCTL 值遵循特定结构，图 11.7 所示为这个 32 位结构的各个域的意义。

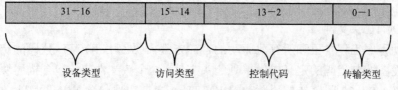

图 11.7　IOCTL 代码的结构布局

（1）设备类型。由 IoCreateDevice 例程在创建设备对象时指定，可以是预定义的以"FILE_DEVICE_"为前缀的值，也可以是用户自定义的值，但自定义值的范围应该是 0x8000～0xFFFF。

（2）访问类型。即请求的访问权限，可以是 FILE_READ_ACCESS（只读）、FILE_WRITE_ACCESS（只写）或 FILE_ANY_ACCESS（两者都有）。

（3）控制代码。这是驱动自定义的 IOCTL 代码，取值范围应该是 0x800～0xFFF。

（4）传输类型。指定了缓冲区传递机制，共有 4 种。

- METHOD_BUFFERED　　　I/O 管理器为驱动程序从或者向未分页内存复制用户数据
- METHOD_IN_DIRECT　　　I/O 管理器提供环绕用户缓冲区的页表。驱动程序使用此页表提供从用户空间到设备（例如，一个读操作）的直接 I/O（使用 DMA 或者 programmed I/O）
- METHOD_OUT_DIRECT　　与 METHOD_IN_DIRECT 类似，只是变成了写操作
- METHOD_NEITHER　　　　I/O 管理器不帮助处理缓冲区传输，直接将用户原来的缓冲区地址提供给驱动程序

DDK 中包含宏 CTL_CODE，它提供了一个方便的机制来产生 IOCTL 值。

```
#define CTL_CODE( DeviceType, Function, Method, Access ) (          \
    ((DeviceType) << 16) | ((Access) << 14) | ((Function) << 2) | (Method) \
)    //4 个参数对应设备类型、访问类型、控制代码、传输类型
```

例如，本节实例使用如下代码定义了 IOCTL 值 CHAR_CONVERT。

```
#define CHAR_CONVERT  \
    CTL_CODE(FILE_DEVICE_UNKNOWN, 0x830, METHOD_BUFFERED, FILE_ANY_ACCESS)
```

2．IOCTL 参数传递方法

同 IOCTL 值一块定义的扩展功能常常需要输入或输出缓冲区。例如，一个驱动可能使用 IOCTL 值来报告性能数据。报告的数据将通过用户提供的缓冲区传输，这个缓冲区由用户在调用 Win32 DeviceIoControl 函数时指定，共有两个，一个是输入缓冲区，另一个是输出缓冲区。I/O 管理器提供的缓冲区传输机制定义在 IOCTL 值内部（传输类型域指定），它可能是缓冲区 I/O（METHOD_BUFFERED）或者直接 I/O（METHOD_IN_DIRECT 等）。如上所述，如果是缓冲区 I/O，I/O 管理器负责在用户缓冲区和未分页系统内存间复制数据，在这里驱动代码能够方便地进行操作；如果是直接 I/O，驱动程序将直接访问用户内存。

例如，在响应上面定义的 CHAR_CONVERT 子代码时，可以用以下代码取得 I/O 缓冲区指针，及输入、输出缓冲区大小，进而在内核模式与用户模式间交换数据（pIrp 为当前 IRP 结构指针）。

```
// 取得此 IRP（pIrp）的 I/O 堆栈指针
PIO_STACK_LOCATION pIrpStack = IoGetCurrentIrpStackLocation(pIrp);
// 取得 I/O 缓冲区指针和它的长度
PVOID pIoBuffer = pIrp->AssociatedIrp.SystemBuffer;
ULONG uInSize = pIrpStack->Parameters.DeviceIoControl.InputBufferLength;
ULONG uOutSize = pIrpStack->Parameters.DeviceIoControl.OutputBufferLength;
```

3．写 IOCTL 头文件

因为驱动程序工程自己和所有此驱动的客户方都需要使用 IOCTL 代码的定义，习惯上，驱动作者为设备控制代码的定义提供单独的头文件。这个头文件应该包含描述缓冲区内容的所有结构的定义。Win32 程序在使用驱动的 IOCTL 头之前需要包含 WINIOCTL.h 头文件，驱动程序则应该包含 DEVIOCTL.h 头文件。这些文件定义了 CTL_CODE 宏和其他相关内容。定义 IOCTL 头文件的例子请参考 11.6 节。

11.5.2　IOCTL 应用举例

驱动程序实例 CharConvert 说明了使用扩展派遣接口的方法。驱动程序源代码在配套光盘 11CharConvert 目录的 CharConvert 工程下，客户程序源代码在 11CharConvert 目录的 SCPDemo 工程下。CharConvert 驱动被加载到内存之后，客户方程序从键盘接收一个数字（0～9），之后通过调用 DeviceIoControl 函数将数字传递给驱动程序，处理 IRP_MJ_DEVICE_CONTROL 功能代码 IRP 请求的派遣例程将接收到的数字转化成中文（零～九），把结果返回给客户程序，由客户程序显示给用户。程序运行效果如图 11.8 所示。

图 11.8　CharConvert 驱动转化结构

1. 驱动程序方（CharConvert 工程）

在 IOCTL 头文件 CharConvert.h 中定义了设备控制代码 CHAR_CONVERT，指定传输类型为缓冲区 I/O。程序源代码如下。

```
//----------------------------------------------- CharConvert.h 文件-----------------------------------------------//
#define CHAR_CONVERT    \
        CTL_CODE(FILE_DEVICE_UNKNOWN, 0x830, METHOD_BUFFERED, FILE_ANY_ACCESS)
```

程序初始化时要将 I/O 控制派遣例程 DispatchIoctl 的地址传递给驱动程序对象，以便有效接收 IOCTL 的能力。

在 I/O 控制派遣例程 DispatchIoctl 中要从 I/O 堆栈中取得 I/O 控制代码，如果发现是 CHAR_CONVERT，则进一步检查缓冲区大小，进行相应的转化。程序源代码如下。

```
//----------------------------------------------- CharConvert.cpp 文件-----------------------------------------------//
extern "C"
{
        #include <ntddk.h>
}
#include <devioctl.h>
#include "CharConvert.h"

// 自定义函数的声明
NTSTATUS DispatchCreateClose(PDEVICE_OBJECT pDevObj, PIRP pIrp);
void DriverUnload(PDRIVER_OBJECT pDriverObj);
NTSTATUS DispatchIoctl(PDEVICE_OBJECT pDevObj, PIRP pIrp);

// 驱动内部名称和符号连接名称
#define DEVICE_NAME L"\\Device\\devCharConvert"
#define LINK_NAME L"\\DosDevices\\slCharConvert"

// 驱动程序加载时调用 DriverEntry 例程
NTSTATUS DriverEntry(PDRIVER_OBJECT pDriverObj, PUNICODE_STRING pRegistryString)
{
    NTSTATUS status = STATUS_SUCCESS;

    // 初始化各个派遣例程
    pDriverObj->MajorFunction[IRP_MJ_CREATE] = DispatchCreateClose;
    pDriverObj->MajorFunction[IRP_MJ_CLOSE] = DispatchCreateClose;
    pDriverObj->MajorFunction[IRP_MJ_DEVICE_CONTROL] = DispatchIoctl;
    pDriverObj->DriverUnload = DriverUnload;

        // 创建、初始化设备对象
    // 设备名称
    UNICODE_STRING ustrDevName;
    RtlInitUnicodeString(&ustrDevName, DEVICE_NAME);
    // 创建设备对象
    PDEVICE_OBJECT pDevObj;
    status = IoCreateDevice(pDriverObj,
                    0,
                    &ustrDevName,
                    FILE_DEVICE_UNKNOWN,
                    0,
                    FALSE,
                    &pDevObj);
    if(!NT_SUCCESS(status))
    {
```

```
            return status;
        }

            // 创建符号连接名称
        // 符号连接名称
        UNICODE_STRING ustrLinkName;
        RtlInitUnicodeString(&ustrLinkName, LINK_NAME);
        // 创建关联
        status = IoCreateSymbolicLink(&ustrLinkName, &ustrDevName);
        if(!NT_SUCCESS(status))
        {
            IoDeleteDevice(pDevObj);
            return status;
        }
        return STATUS_SUCCESS;
}


void DriverUnload(PDRIVER_OBJECT pDriverObj)
{
        // 删除符号连接名称
        UNICODE_STRING strLink;
        RtlInitUnicodeString(&strLink, LINK_NAME);
        IoDeleteSymbolicLink(&strLink);

        // 删除设备对象
        IoDeleteDevice(pDriverObj->DeviceObject);
}

// 处理 IRP_MJ_CREATE、IRP_MJ_CLOSE 功能代码 IRP
NTSTATUS DispatchCreateClose(PDEVICE_OBJECT pDevObj, PIRP pIrp)
{
        pIrp->IoStatus.Status = STATUS_SUCCESS;
        // 完成此请求
        IoCompleteRequest(pIrp, IO_NO_INCREMENT);

        return STATUS_SUCCESS;
}

// I/O 控制派遣例程
NTSTATUS DispatchIoctl(PDEVICE_OBJECT pDevObj, PIRP pIrp)
{
        // 假设失败
        NTSTATUS status = STATUS_INVALID_DEVICE_REQUEST;

        // 取得此 IRP（pIrp）的 I/O 堆栈指针
        PIO_STACK_LOCATION pIrpStack = IoGetCurrentIrpStackLocation(pIrp);

        // 取得 I/O 控制代码
        ULONG uIoControlCode = pIrpStack->Parameters.DeviceIoControl.IoControlCode;
        // 取得 I/O 缓冲区指针和它的长度
        PVOID pIoBuffer = pIrp->AssociatedIrp.SystemBuffer;
        ULONG uInSize = pIrpStack->Parameters.DeviceIoControl.InputBufferLength;
        ULONG uOutSize = pIrpStack->Parameters.DeviceIoControl.OutputBufferLength;

        switch(uIoControlCode)
        {
```

```
            case CHAR_CONVERT:
                {
                        char str[] = "零一二三四五六七八九";
                        if(uInSize >= 1 && uOutSize >=2)
                        {
                                char c = ((char*)pIoBuffer)[0];
                                if(c >= '0' && c <= '9')
                                {
                                        // 进行转换
                                        c -= '0';
                                        RtlCopyMemory(pIoBuffer, &str[c*2], 2);
                                        status = STATUS_SUCCESS;
                                }
                        }
                }
                break;
        }

        if(status == STATUS_SUCCESS)
                pIrp->IoStatus.Information = uOutSize;
        else
                pIrp->IoStatus.Information = 0;

        // 完成请求
        pIrp->IoStatus.Status = status;
        IoCompleteRequest(pIrp, IO_NO_INCREMENT);
        return status;
}
```

2．客户方（SCPDemo 工程）

客户方程序使用 CDriver 类加载驱动程序（StartDriver）、打开设备（OpenDevice）、发送设备控制代码（IoControl）请求驱动程序进行转化，具体代码如下。

```
#include <windows.h>
#include <winioctl.h>
#include "Driver.h"          // 为了使用 CDriver 类
#include "CharConvert.h"     // 为了使用 IOCTL 定义代码

int main(int argc, char* argv[])
{
    // 驱动驱动程序完整目录
    char szPath[256];
    char* p;
    ::GetFullPathName("CharConvert.SYS", 256, szPath, &p);
    // 加载启动内核驱动
    CDriver driver(szPath, "slCharConvert");
    if(driver.StartDriver())
    {
        printf(" CharConvert 服务成功启动 \n");
        if(driver.OpenDevice())
        {
            printf(" 句柄已经打开 \n");
            printf(" 请输入一个数字（0~9）：\n");

            char c, strOut[16] = "";
            // 接收数字输入
            scanf("%c", &c);
```

```
                    // 请求驱动程序转化
          if(driver.IoControl(CHAR_CONVERT, &c, 1, strOut, 2) != -1)
                  printf("转化为：%s \n", strOut);
        }
      }
      return 0;
}
```

11.6 IP 过滤钩子驱动

过滤钩子（Filter-hook）驱动是用来过滤网络封包的内核模式驱动，它扩展了系统提供的 IP 过滤驱动的功能。本章防火墙实例的内核模式组件是一个 IP 过滤钩子驱动，本节具体讲述它的开发方法。

11.6.1 创建过滤钩子（Filter-hook）驱动

过滤钩子驱动是内核模式驱动程序，它实现一个钩子过滤回调函数，并用系统提供的 IP 过滤驱动注册它。这个回调函数就是过滤钩子。IP 过滤驱动随后使用这个过滤钩子来决定如何处理进出的封包。本小节讲述创建过滤钩子驱动（Filter-hook driver）需要注意的问题。

1. 创建过滤钩子

创建过滤钩子就是实现一个 PacketFilterExtensionPtr 类型的函数。

```
typedef   PF_FORWARD_ACTION
(*PacketFilterExtensionPtr)(
   IN unsigned char *PacketHeader,       // 封包的 IP 头指针
   IN unsigned char *Packet,             // 具体封包数据，不包含 IP 头
   IN unsigned int PacketLength,         // 具体封包数据的大小，不包含 IP 头
   IN unsigned int RecvInterfaceIndex,   // 接收数据的接口适配器编号
   IN unsigned int SendInterfaceIndex,   // 发送数据的接口适配器编号
   IN IPAddr RecvLinkNextHop,            // 接收数据包的适配器 IP 地址
   IN IPAddr SendLinkNextHop             // 发送数据包的适配器 IP 地址
   );
```

PacketHeader 参数指向的数据通常定义为 IPHeader 结构，它提供了封包的详细信息。

```
typedef struct IPHeader                           // 下一节 DrvFltIp 工程的 internal.h 文件
{
    UCHAR      iphVerLen;        // 版本号和头长度（各占 4 位）
    UCHAR      ipTOS;            // 服务类型
    USHORT     ipLength;         // 封包总长度，即整个 IP 报的长度
    USHORT     ipID;             // 封包标识，唯一标识发送的每一个数据报
    USHORT     ipFlags;          // 标志
    UCHAR      ipTTL;            // 生存时间，就是 TTL
    UCHAR      ipProtocol;       // 协议，可能是 TCP（6）、UDP（17）、ICMP（1）等
    USHORT     ipChecksum;       // 校验和
    ULONG      ipSource;         // 源 IP 地址
    ULONG      ipDestination;    // 目标 IP 地址
} IPPacket;
```

Packet 参数指向去掉 IP 头之后的数据报，开头是一个 TCP 头、UDP 头或 ICMP 头，这要根据 IP 头的 ipProtocol 域确定。TCP 头和 UDP 头结构的定义如下（本书不使用 ICMP 头）。

```
typedef struct _TCPHeader                          // 下一节 DrvFltIp 工程的 internal.h 文件
{
```

```
    USHORT              sourcePort;              // 源端口号
    USHORT              destinationPort;         // 目的端口号
    ULONG               sequenceNumber;          // 序号
    ULONG               acknowledgeNumber;       // 确认序号
    UCHAR               dataoffset;              // 数据指针
    UCHAR               flags;                   // 标志
    USHORT              windows;                 // 窗口大小
    USHORT              checksum;                // 校验和
    USHORT              urgentPointer;           // 紧急指针
} TCPHeader;
typedef struct _UDPHeader
{
    USHORT              sourcePort;              // 源端口号
    USHORT              destinationPort;         // 目的端口号
    USHORT              len;                     // 封包长度
    USHORT              checksum;                // 校验和
} UDPHeader;
```

当注册过滤钩子入口地址时，只要将程序中这个函数的地址传递给 IP 过滤驱动即可。

程序在过滤钩子中对到来或者出去的封包采取指定的行动。过滤钩子应该用特定的信息与 IP 过滤驱动传输的信息相比较，以决定如何处理封包。过滤钩子检查完封包后，它应该返回响应代码 PF_FORWARD、PF_DROP 或者 PF_PASS，通知 IP 过滤驱动如何处理。

- PF_FORWARD　　指示 IP 过滤驱动立即向 IP 堆栈返回前进响应代码。对于本地封包，IP 向上送入栈。如果封包的目标是另外的机器，并允许路由，IP 随即路由发送
- PF_DROP　　　　指示 IP 过滤驱动立即向 IP 堆栈返回丢弃响应代码。IP 应该丢弃这个封包
- PF_PASS　　　　指示 IP 过滤驱动过滤这个封包，并向 IP 堆栈返回结果响应代码。IP 过滤驱动如何进一步过滤此封包取决于封包过滤 API 的设置

如果过滤钩子决定不处理当前封包，而让 IP 过滤驱动来过滤，它应返回 PF_PASS 响应代码。

2．设置和清除过滤钩子

过滤钩子驱动为 IP 过滤驱动设置过滤钩子回调函数，以通知 IP 过滤驱动在传输 IP 封包时调用这个回调函数。设置新的回调函数地址时，IP 过滤驱动会自动清除以前注册的钩子回调函数。为了注册或者清除钩子回调函数，过滤钩子驱动必须首先为 IP 过滤驱动创建一个 IRP，然后向 IP 过滤驱动提交这个 IRP。具体过程描述如下。

（1）调用 IoGetDeviceObjectPointer 函数得到指向 IP 过滤驱动设备对象的指针。

```
NTSTATUS IoGetDeviceObjectPointer(
    IN PUNICODE_STRING   ObjectName,         // 指定设备对象名称
    IN ACCESS_MASK   DesiredAccess,          // 指定对这个对象要求的访问权限
    OUT PFILE_OBJECT   *FileObject,          // 返回相应文件对象指针
    OUT PDEVICE_OBJECT   *DeviceObject       // 返回相应设备对象指针
    );
```

调用此函数时，为 ObjectName 参数传递 IP 过滤驱动名称"\Device\IPFILTERDRIVER"，为 DesiredAccess 参数传递 FILE_ALL_ACCESS 即可。

（2）调用 IoBuildDeviceIoControlRequest 函数建立一个 IRP。

```
PIRP IoBuildDeviceIoControlRequest(
    IN ULONG   IoControlCode,                // 指定要设置的 IOCTL_XXX（设备类型相关 I/O 代码）
```

```
    IN PDEVICE_OBJECT  DeviceObject,        // 代表目标设备的设备对象指针
    IN PVOID  InputBuffer  OPTIONAL,        // 传递给目标驱动的输入缓冲区
    IN ULONG  InputBufferLength,            // InputBuffer 缓冲区大小
    OUT PVOID  OutputBuffer  OPTIONAL,      // 目标驱动返回的输出缓冲区
    IN ULONG  OutputBufferLength,           // OutputBuffer 缓冲区大小
    IN BOOLEAN  InternalDeviceIoControl,    // 如果为 TRUE，将调用目标驱动中响应功能代码
                                            // IRP_MJ_INTERNAL_DEVICE_CONTROL 的派遣例程
    IN PKEVENT  Event,                      // 指向一个初始化的事件内核对象。当目标驱动完成请求操作之
                                            // 后，此事件对象受信
    OUT PIO_STATUS_BLOCK  IoStatusBlock     // 指定请求完成时目标驱动要设置的 I/O 状态块
    );
```

调用此函数时，要传递 IOCTL_PF_SET_EXTENSION_POINTER（I/O 代码）、IP 过滤驱动的设备对象指针和包含 PF_SET_EXTENSION_HOOK_INFO 结构的缓冲区。要想设置过滤钩子，这个结构应包含过滤钩子回调函数地址；要想清除过滤钩子，让这个结构包含 NULL 即可。这个调用返回 IRP 的指针，此 IRP 的 I/O 堆栈参数由提供的参数设置。

（3）调用 IoCallDriver 函数提交 IRP 到 IP 过滤驱动。

```
NTSTATUS  IoCallDriver(
    IN PDEVICE_OBJECT  DeviceObject,    // 代表目标设备的设备对象指针
    IN OUT PIRP  Irp                    // 执行 IRP 的指针
    );
```

调用此函数时，应传递到 IP 过滤驱动设备对象的指针和前面创建的 IRP 指针。

11.6.2 IP 过滤钩子驱动工程框架

本章的防火墙实例在配套光盘的 11Firewall 目录下，由两个工程组成，一个是 IP 过滤钩子驱动 DrvFltIp，另一个是 Win32 工程 Firewall。

DrvFltIp 驱动接收 4 个 IOCTL 设备控制代码，作用分别是开始过滤、停止过滤、添加过滤规则和清除过滤规则。其中每个过滤规则由一个自定义 CIPFilter 结构描述，指定了如何对待特定的 IP 封包（是丢弃，还是放行）。过滤钩子处理封包时，要比较每个用户添加的规则，采取相应的行动。本节余下部分具体讲述此内核驱动的编写过程。

DrvFltIp 工程共由 3 个文件组成，DrvFltIp.h、internal.h 和 DrvFltIp.cpp。其中，DrvFltIp.h 文件定义了驱动工程自己和所有的客户程序都需要的一些宏和数据结构；internal.h 是驱动程序内部使用的头文件；DrvFltIp.cpp 是主要代码的实现文件。

DrvFltIp.h 主要包含自定义的设备控制代码和描述过滤规则的结构 CIPFilter。客户程序使用设备控制代码向驱动程序发送设备控制命令（如开始过滤、停止过滤等），与过滤钩子驱动交互；客户程序使用过滤规则告诉驱动程序是否允许特定的网络封包通过。具体代码如下。

```
#ifndef __DRVFLTIP_H__                           // DrvFltIp.h 文件      IOCTL 头文件定义
#define __DRVFLTIP_H__

// 自定义设备类型，在创建设备对象时使用
// 注意，自定义值的范围是 32768～65535
#define FILE_DEVICE_DRVFLTIP  0x00654322

// 自定义的 IO 控制代码，用于区分不同的设备控制请求
// 注意，自定义值的范围是 2048～4095
#define DRVFLTIP_IOCTL_INDEX  0x830

//
// 定义各种设备控制代码。分别是开始过滤、停止过滤、添加过滤规则、清除过滤规则
```

```
//
#define START_IP_HOOK     CTL_CODE(FILE_DEVICE_DRVFLTIP, \
                  DRVFLTIP_IOCTL_INDEX, METHOD_BUFFERED, FILE_ANY_ACCESS)
#define STOP_IP_HOOK      CTL_CODE(FILE_DEVICE_DRVFLTIP, \
                  DRVFLTIP_IOCTL_INDEX+1, METHOD_BUFFERED, FILE_ANY_ACCESS)
#define ADD_FILTER   CTL_CODE(FILE_DEVICE_DRVFLTIP, \
                  DRVFLTIP_IOCTL_INDEX+2, METHOD_BUFFERED, FILE_WRITE_ACCESS)
#define CLEAR_FILTER      CTL_CODE(FILE_DEVICE_DRVFLTIP, \
                  DRVFLTIP_IOCTL_INDEX+3, METHOD_BUFFERED, FILE_ANY_ACCESS)

// 定义过滤规则的结构
struct CIPFilter
{
    USHORT protocol;                // 使用的协议
    ULONG sourceIP;                 // 源 IP 地址
    ULONG destinationIP;            // 目标 IP 地址
    ULONG sourceMask;               // 源地址屏蔽码
    ULONG destinationMask;          // 目的地址屏蔽码
    USHORT sourcePort;              // 源端口号
    USHORT destinationPort;         // 目的端口号
    BOOLEAN bDrop;                  // 是否丢弃此封包
};
#endif // __DRVFLTIP_H__
```

internal.h 文件定义了过滤列表（下一小节介绍）、IP 头、TCP 头和 UDP 头结构。

驱动的入口例程、卸载例程和处理 IRP_MJ_CREATE 和 IRP_MJ_CLOSE 功能代码的例程的程序代码在 DrvFltIp.cpp 文件中。

```
extern "C"
{
    #include <ntddk.h>
    #include <ntddndis.h>
    #include <pfhook.h>
}
#include "DrvFltIp.h"
#include "internal.h"

// 驱动内部名称和符号连接名称
#define DEVICE_NAME L"\\Device\\devDrvFltIp"
#define LINK_NAME L"\\??\\DrvFltIp"
NTSTATUS DriverEntry(PDRIVER_OBJECT pDriverObj, PUNICODE_STRING pRegistryString)
{
    NTSTATUS status = STATUS_SUCCESS;

    // 初始化各个派遣例程
    pDriverObj->MajorFunction[IRP_MJ_CREATE] = DispatchCreateClose;
    pDriverObj->MajorFunction[IRP_MJ_CLOSE] = DispatchCreateClose;
    pDriverObj->MajorFunction[IRP_MJ_DEVICE_CONTROL] = DispatchIoctl;
    pDriverObj->DriverUnload = DriverUnload;

        // 创建、初始化设备对象
    // 设备名称
    UNICODE_STRING ustrDevName;
    RtlInitUnicodeString(&ustrDevName, DEVICE_NAME);
    // 创建设备对象
    PDEVICE_OBJECT pDevObj;
    status = IoCreateDevice(pDriverObj,
```

```
                        0,
                        &ustrDevName,
                        FILE_DEVICE_DRVFLTIP,
                        0,
                        FALSE,
                        &pDevObj);
    if(!NT_SUCCESS(status))
    {
        return status;
    }

        // 创建符号连接名称
    // 符号连接名称
    UNICODE_STRING ustrLinkName;
    RtlInitUnicodeString(&ustrLinkName, LINK_NAME);
    // 创建关联
    status = IoCreateSymbolicLink(&ustrLinkName, &ustrDevName);
    if(!NT_SUCCESS(status))
    {
        IoDeleteDevice(pDevObj);
        return status;
    }
    return STATUS_SUCCESS;
}
void DriverUnload(PDRIVER_OBJECT pDriverObj)
{
    // 卸载过滤函数
    SetFilterFunction(NULL);
    // 释放所有资源
    ClearFilterList();

    // 删除符号连接名称
    UNICODE_STRING strLink;
    RtlInitUnicodeString(&strLink, LINK_NAME);
    IoDeleteSymbolicLink(&strLink);

    // 删除设备对象
    IoDeleteDevice(pDriverObj->DeviceObject);
}
// 处理 IRP_MJ_CREATE、IRP_MJ_CLOSE 功能代码
NTSTATUS DispatchCreateClose(PDEVICE_OBJECT pDevObj, PIRP pIrp)
{
    pIrp->IoStatus.Status = STATUS_SUCCESS;
    // 完成此请求
    IoCompleteRequest(pIrp, IO_NO_INCREMENT);
    return STATUS_SUCCESS;
}
```

11.6.3 过滤列表

1．定义过滤列表

过滤列表是将多个过滤规则连在一起的链表，这里定义一个 **CFilterList** 结构描述它。

```
struct CFilterList                                  // internal.h 文件
{
    CIPFilter ipf;          // 过滤规则
```

```
        CFilterList* pNext;        // 指向下一个 CFilterList 结构
};
```

CFilterList 结构实际上是向每个过滤规则中添加了指向下一个规则的 pNext 指针，这样多个过滤规则连在一起就形成过滤列表，只要记录下整个表的首地址即可管理它。在 DrvFltIp.cpp 文件中定义全局变量 g_pHeader，保存表的首地址。

```
struct CFilterList* g_pHeader = NULL;                // 过滤列表首地址
```

在过滤钩子回调函数中，要遍历此过滤列表，以决定是否允许封包通过。

2．向列表添加过滤规则

向过滤列表中添加过滤规则时，首先申请一块 CFilterList 结构大小的内存，然后用正确的参数填充这块内存，最后将之连接到过滤列表中。添加过滤规则的功能由自定义函数 AddFilterToList 来实现，具体代码如下。

```
// 向过滤列表中添加一个过滤规则                          // DrvFltIp.cpp 文件
NTSTATUS AddFilterToList(CIPFilter* pFilter)
{
    // 为新的过滤规则申请内存空间
    CFilterList* pNew = (CFilterList*)ExAllocatePool(NonPagedPool, sizeof(CFilterList));
    if(pNew == NULL)
        return STATUS_INSUFFICIENT_RESOURCES;

    // 填充这块内存
    RtlCopyMemory(&pNew->ipf, pFilter, sizeof(CIPFilter));
    pNew->pNext = NULL;

    // 连接到过滤列表中
    pNew->pNext = g_pHeader;
    g_pHeader = pNew;
    return STATUS_SUCCESS;
}
```

3．清除过滤列表

清除过滤列表时，只需遍历 g_pHeader 指向的链表，挨个释放上面申请的内存即可。清除列表的功能由自定义函数 ClearFilterList 来实现，具体代码如下。

```
void ClearFilterList()                              // DrvFltIp.cpp 文件
{
    CFilterList* pNext;
    // 释放过滤列表占用的所有内存
    while(g_pHeader != NULL)
    {
        pNext = g_pHeader->pNext;
        // 释放内存
        ExFreePool(g_pHeader);
        g_pHeader = pNext;
    }
}
```

11.6.4　编写过滤函数

这里的过滤函数就是过滤钩子回调函数。当运行此程序的电脑发送或者接收封包时，钩子回调函数将会被调用。根据此函数的返回值，系统决定如何处理封包。

过滤函数将每个包与列表中的规则相比较，如果符合条件就按照用户的要求，或者丢弃或者放行，下面是函数的具体实现代码。

```
PF_FORWARD_ACTION FilterPackets(                          // DrvFltIp.cpp 文件
        unsigned char    *PacketHeader,
        unsigned char    *Packet,
        unsigned int     PacketLength,
        unsigned int     RecvInterfaceIndex,
        unsigned int     SendInterfaceIndex,
        IPAddr           RecvLinkNextHop,
        IPAddr           SendLinkNextHop)
{
    // 提取 IP 头
    IPHeader* pIPHdr = (IPHeader*)PacketHeader;

    if(pIPHdr->ipProtocol == 6)   // 是 TCP 协议?
    {
        // 提取 TCP 头
        TCPHeader* pTCPHdr = (TCPHeader*)Packet;
        // 我们接收所有已经建立连接的 TCP 封包
        if(!(pTCPHdr->flags & 0x02))
        {
            return PF_FORWARD;
        }
    }

    // 与过滤规则相比较，决定采取的行动
    CFilterList* pList = g_pHeader;
    while(pList != NULL)
    {
        // 比较协议
        if(pList->ipf.protocol == 0 || pList->ipf.protocol == pIPHdr->ipProtocol)
        {
            // 查看源 IP 地址
            if(pList->ipf.sourceIP != 0 &&
                (pList->ipf.sourceIP & pList->ipf.sourceMask) != pIPHdr->ipSource)
            {
                pList = pList->pNext;
                continue;
            }

            // 查看目标 IP 地址
            if(pList->ipf.destinationIP != 0 &&
                (pList->ipf.destinationIP & pList->ipf.destinationMask) != pIPHdr->ipDestination)
            {
                pList = pList->pNext;
                continue;
            }

            // 如果是 TCP 封包，查看端口号
            if(pIPHdr->ipProtocol == 6)
            {
                TCPHeader* pTCPHdr = (TCPHeader*)Packet;
                if(pList->ipf.sourcePort == 0 || pList->ipf.sourcePort == pTCPHdr->sourcePort)
                {
                    if(pList->ipf.destinationPort == 0
                        || pList->ipf.destinationPort == pTCPHdr->destinationPort)
                    {
                        // 现在决定如何处理这个封包
```

```
                        if(pList->ipf.bDrop)
                                return PF_DROP;
                        else
                                return PF_FORWARD;
                }
        }
}

        // 如果是 UDP 封包，查看端口号
        else if(pIPHdr->ipProtocol == 17)
        {
                UDPHeader* pUDPHdr = (UDPHeader*)Packet;
                if(pList->ipf.sourcePort == 0 || pList->ipf.sourcePort == pUDPHdr->sourcePort)
                {
                        if(pList->ipf.destinationPort == 0
                           || pList->ipf.destinationPort == pUDPHdr->destinationPort)
                        {
                                // 现在决定如何处理这个封包
                                if(pList->ipf.bDrop)
                                        return PF_DROP;
                                else
                                        return PF_FORWARD;
                        }
                }
        }
        else
        {
                // 对于其他封包，我们直接处理
                if(pList->ipf.bDrop)
                                return PF_DROP;
                        else
                                return PF_FORWARD;
        }

        // 比较下一个规则
        pList = pList->pNext;
}
// 我们接收所有没有注册的封包
return PF_FORWARD;
}
```

11.6.5　注册钩子回调函数

安装 IP 过滤钩子时，首先要取得 IP 过滤驱动设备对象的指针，然后向这个设备对象发送控制代码为 IOCTL_PF_SET_EXTENSION_POINTER 的 IRP（I/O 请求包），请求它注册钩子回调函数。具体来说，可以分为如下 3 步。

（1）取得 IP 过滤驱动设备对象指针。这个工作由 IoGetDeviceObjectPointer 函数来完成。

（2）使用到 IP 过滤驱动中设备对象的指针创建一个 IRP。为了构建此 IRP，首先要申请一个 PF_SET_EXTENSION_HOOK_INFO 对象，并用钩子回调函数的地址填充它；然后使用 KeInitializeEvent 函数初始化一个事件内核对象，以同步与 IP 过滤驱动的交互；最后调用 IoBuildDeviceIoControlRequest 函数为设备控制请求申请和构建一个 IRP。

（3）请求 IP 过滤驱动安装钩子回调函数。首先调用 IoCallDriver 函数发送第 2 步构建的

IRP 到 IP 过滤驱动；然后调用 KeWaitForSingleObject 函数在第 2 步初始化的事件内核对象上等待 IP 过滤驱动完成注册工作。

自定义函数 SetFilterFunction 的作用是为驱动程序注册钩子回调函数，其唯一的参数是钩子回调函数的地址。如果为这个地址传递 NULL，则是卸载已注册的钩子回调函数，代码如下。

```
// 注册钩子回调函数
NTSTATUS SetFilterFunction(PacketFilterExtensionPtr filterFun)
{
    NTSTATUS status = STATUS_SUCCESS;

        // 取得 IP 过滤驱动设备对象。下面代码执行后，pDeviceObj 变量将指向 IP 过滤驱动设备对象
    PDEVICE_OBJECT pDeviceObj;
    PFILE_OBJECT pFileObj;
    // 初始化 IP 过滤驱动的名称
    UNICODE_STRING ustrFilterDriver;
    RtlInitUnicodeString(&ustrFilterDriver, L"\\Device\\IPFILTERDRIVER");
    // 取得设备对象指针
    status = IoGetDeviceObjectPointer(&ustrFilterDriver, FILE_ALL_ACCESS, &pFileObj, &pDeviceObj);
    if(!NT_SUCCESS(status))
    {
        return status;
    }

        // 使用到 IP 过滤驱动中设备对象的指针创建一个 IRP
    // 填充 PF_SET_EXTENSION_HOOK_INFO 结构
    PF_SET_EXTENSION_HOOK_INFO filterData;
    filterData.ExtensionPointer = filterFun;

    // 我们需要初始化一个事件对象
    // 构建 IRP 时需要使用这个事件内核对象，当 IP 过滤取得接受到此 IRP，完成工作以后会将它置位
    KEVENT event;
    KeInitializeEvent(&event, NotificationEvent, FALSE);

    // 为设备控制请求申请和构建一个 IRP
    PIRP pIrp;
    IO_STATUS_BLOCK ioStatus;
    pIrp = IoBuildDeviceIoControlRequest(IOCTL_PF_SET_EXTENSION_POINTER,
        pDeviceObj,
        (PVOID) &filterData,
        sizeof(PF_SET_EXTENSION_HOOK_INFO),
        NULL,
        0,
        FALSE,
        &event,
        &ioStatus);
    if(pIrp == NULL)
    {
        // 如果不能申请空间，返回对应的错误代码
        return STATUS_INSUFFICIENT_RESOURCES;
    }

        // 请求安装钩子回调函数
    // 发送此 IRP 到 IP 过滤驱动
    status = IoCallDriver(pDeviceObj, pIrp);
    // 等待 IP 过滤驱动的通知
    if(status == STATUS_PENDING)
```

```
        {
            KeWaitForSingleObject(&event, Executive, KernelMode, FALSE, NULL);
        }
        status = ioStatus.Status;

        // 清除资源
        if(pFileObj != NULL)
            ObDereferenceObject(pFileObj);
        return status;
}
```

11.6.6　处理 IOCTL 设备控制代码

下面是响应用户 DeviceIoControl 调用的例程 DispatchIoctl，它提供了与用户交互的接口。

```
// I/O 控制派遣例程
NTSTATUS DispatchIoctl(PDEVICE_OBJECT pDevObj, PIRP pIrp)
{
    NTSTATUS status = STATUS_SUCCESS;

    // 取得此 IRP（pIrp）的 I/O 堆栈指针
    PIO_STACK_LOCATION pIrpStack = IoGetCurrentIrpStackLocation(pIrp);

    // 取得 I/O 控制代码
    ULONG uIoControlCode = pIrpStack->Parameters.DeviceIoControl.IoControlCode;
    // 取得 I/O 缓冲区指针和它的长度
    PVOID pIoBuffer = pIrp->AssociatedIrp.SystemBuffer;
    ULONG uInSize = pIrpStack->Parameters.DeviceIoControl.InputBufferLength;

    // 响应用户的命令
    switch(uIoControlCode)
    {
    case START_IP_HOOK:     // 开始过滤
        status = SetFilterFunction(FilterPackets);
        break;

    case STOP_IP_HOOK:      // 停止过滤
        status = SetFilterFunction(NULL);
        break;

    case ADD_FILTER:        // 添加一个过滤规则
        if(uInSize == sizeof(CIPFilter))
            status = AddFilterToList((CIPFilter*)pIoBuffer);
        else
            status = STATUS_INVALID_DEVICE_REQUEST;
        break;

    case CLEAR_FILTER:      // 释放过滤规则列表
        ClearFilterList();
        break;

    default:
        status = STATUS_INVALID_DEVICE_REQUEST;
        break;
    }

    // 完成请求
```

```
        pIrp->IoStatus.Status = status;
        pIrp->IoStatus.Information = 0;
        IoCompleteRequest(pIrp, IO_NO_INCREMENT);
        return status;
    }
```

11.7 【实例】防火墙开发实例

防火墙是位于计算机和它所连接的网络之间的软件，该计算机流入和流出的所有网络封包都要经过防火墙。所以网络上数据的传输都是在防火墙监视下进行的。防火墙很重要的功能是对所有流入流出的数据判断其合法性，合法的放行，非法的丢弃。本节详细介绍如何使用上节开发的 IP 过滤钩子驱动 DrvFltIp 创建一个防火墙应用程序。

此防火墙实例在配套光盘 11Firewall 目录的 Firewall 工程下，运行效果如图 11.9 所示。

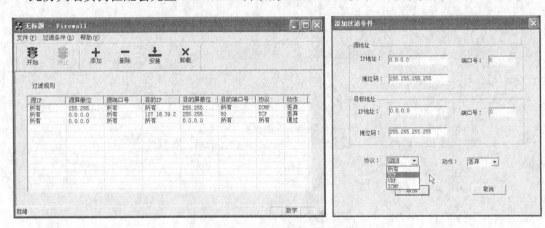

图 11.9　防火墙实例运行效果

Firewall 程序在初始化时加载 DrvFltIp 驱动，用户单击开始按钮即向驱动发送 START_IP_HOOK 控制代码，安装过滤钩子，单击停止按钮则发送 STOP_IP_HOOK 控制代码清除过滤钩子；用户单击添加按钮，弹出"添加过滤规则"对话框，如图 11.9 右图所示，允许用户输入过滤规则，单击删除按钮则删除用户选定的过滤规则；用户单击安装和卸载按钮，Firewall 程序即向 DrvFltIp 驱动发送 ADD_FILTER 或 CLEAR_FILTER 控制代码，安装或者卸载过滤规则。

客户方程序的核心实现就是使用 CDriver 类向 DrvFltIp 驱动程序发送几个设备控制代码（START_IP_HOOK、STOP_IP_HOOK、ADD_FILTER、CLEAR_FILTER）而已，其他主要是界面问题。下面简单介绍笔者为 DrvFltIp 驱动设计的客户方用户界面。

11.7.1　文档视图

Firewall 程序采用了文档/视图结构，这可以将界面显示和文档数据分开，降低了数据和呈现之间的耦合度。工程创建步骤如下。

（1）单击菜单命令"File/New..."，弹出 New 对话框，工程类型选择 MFC AppWizard（exe），输入工程名称 Firewall，如图 11.10 所示。

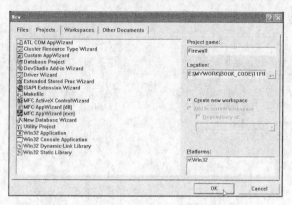

图 11.10　选择工程类型

（2）单击 OK 按钮，进入向导第 1 步，选择 Single document 选项，如图 11.11 左图所示。

（3）单击 Next 按钮，一直到第 6 步。在上面的类选择列表框中选中 CFirewallView 类，在 Base class 组合框中选中 CFormView 选项，如图 11.11 右图所示。

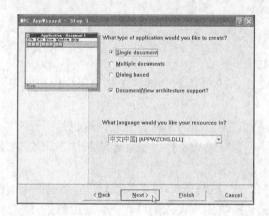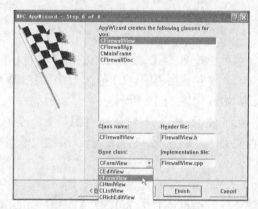

图 11.11　改变向导设置

（4）单击 Finish 按钮，完成工程创建。

工程中主要的类有 4 个。

- CFirewallApp 类　从 CWinApp 类派生的主应用程序类，它拥有文档模板对象，指向主窗口的指针 m_pMainWnd

- CFirewallDoc 类　从 CDocument 类派生的文档类，它处理应用程序使用的数据，保存了与之关联的视图列表

- CFirewallView 类　从 CFormView 类（间接从 CView 类派生）派生的视图类，它在文档和用户之间充当中介：视图在屏幕上呈现文档数据，并将用户输入解释为对文档的操作。视图类又从 CWnd 类派生，因此前面介绍的窗口知识对视图仍适用。本例的视图本身是一个对话框

- CMainFrame 类　从 CFrameWnd 类派生的主窗口类，它充当了视图的容器，并为之添加控制条、状态栏、菜单等界面元素

（1）修改此框架的菜单和工具栏。下面是对菜单的设置。

```
IDR_MAINFRAME MENU PRELOAD DISCARDABLE
BEGIN
```

```
        POPUP "文件(&F)"
        BEGIN
            MENUITEM "开始过滤(&S)\tCtrl+S",              ID_FILE_START
            MENUITEM "停止过滤(&P)\tCtrl+P",              ID_FILE_STOP
            MENUITEM SEPARATOR
            MENUITEM "加载过滤条件(&L)...\tCtrl+L",        ID_FILE_LOAD
            MENUITEM "保存过滤条件(&V)...",                ID_FILE_CONSERVE
            MENUITEM SEPARATOR
            MENUITEM "退出(&X)",                          ID_APP_EXIT
        END
        POPUP "过滤条件(&R)"
        BEGIN
            MENUITEM "添加(&A)\t",                        ID_RULES_ADD
            MENUITEM "删除(&D)\t",                        ID_RULES_DELETE
            MENUITEM SEPARATOR
            MENUITEM "安装(&I)\t",                        ID_RULES_INSTALL
            MENUITEM "卸载(&U)\t",                        ID_RULES_UNINSTALL
        END
        POPUP "帮助(&H)"
        BEGIN
            MENUITEM "关于 Firewall(&A)...",              ID_APP_ABOUT
        END
END
```

菜单栏按钮的 ID 号与对应的菜单项是相同的。

（2）设置视图界面。ID 号为 IDD_FIREWALL_FORM 的对话框资源是显示给用户的视图，其界面修改如图 11.12 所示。

为了使用户容易理解，所有的菜单命令消息都在 CMainFrame 类处理，这包括打开文件、保存文件、开始过滤、停止过滤、添加过滤条件、删除过滤条件、安装过滤条件、卸载过滤条件等。

（3）添加"添加过滤条件"。用户单击菜单命令"过滤条件/添加"按钮时，程序弹出添加过滤条件对话框（ID 号为 IDD_ADDRULEDLG），接收用户输入的过滤条件。过滤条件对话框各子窗口控件如图 11.13 所示。

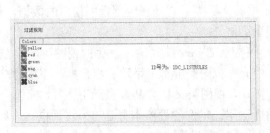

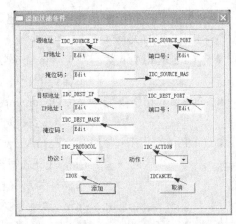

图 11.12　修改视图对话框界面　　　　　　图 11.13　过滤条件对话框及子窗口 ID 号

（4）复制所需文件。将上节产生的 DrvFltIp.h 头文件和 DrvFltIp.sys 驱动程序复制到 Firewall 工程下。在 StdAfx.h 文件添加如下代码。

```
    #include "winioctl.h"                      // 为了使用 IOCTL 设备控制代码
```

```
#include "DrvFltIp.h"
#include <winsock2.h>                    // 为了使用 Winsock API
#pragma comment(lib, "WS2_32.lib")

#define MAX_RULES 56                     // 定义运行安装的最大过滤条件数量
```

11.7.2　文档对象

CFirewallDoc 类保存了用户添加的过滤条件，也提供了操作这些数据的接口函数。

```
// --------------------------------------FirewallDoc.h 文件--------------------------------------//
class CFirewallDoc : public CDocument
{
...
public:
        CIPFilter m_rules[MAX_RULES];  // 过滤条件数组
        int m_nRules;                  // 数组大小

        // 添加一个过滤条件
        BOOL AddRule(UINT srcIp, UINT srcMask, USHORT srcPort,
                     UINT dstIp, UINT dstMask, USHORT dstPort, UINT protocol, BOOL bDrop);
        // 删除指定过滤条件
        void DeleteRules(int nPos);
        // 清除过滤条件
        void ClearRules();
...
};
// --------------------------------------FirewallDoc.cpp 文件--------------------------------------//
BOOL CFirewallDoc::AddRule(UINT srcIp, UINT srcMask, USHORT srcPort,
                     UINT dstIp, UINT dstMask, USHORT dstPort, UINT protocol, BOOL bDrop)
{
        if(m_nRules >= MAX_RULES)
        {
                return FALSE;
        }
        else
        {
                // 添加到 m_rules 数组
                m_rules[m_nRules].sourceIP            = srcIp;
                m_rules[m_nRules].sourceMask          = srcMask;
                m_rules[m_nRules].sourcePort          = srcPort;
                m_rules[m_nRules].destinationIP       = dstIp;
                m_rules[m_nRules].destinationMask     = dstMask;
                m_rules[m_nRules].destinationPort     = dstPort;
                m_rules[m_nRules].protocol            = protocol;
                m_rules[m_nRules].bDrop               = bDrop;
                m_nRules++;
        }
        return TRUE;
}
void CFirewallDoc::DeleteRules(int nPos)
{
        if(nPos >= m_nRules)
                return;
        if(nPos != m_nRules - 1)
        {
                for(int i = nPos + 1; i<m_nRules; i++)
```

```
                {
                    m_rules[i - 1].sourceIP          = m_rules[i].sourceIP;
                    m_rules[i - 1].sourceMask        = m_rules[i].sourceMask;
                    m_rules[i - 1].sourcePort        = m_rules[i].sourcePort;
                    m_rules[i - 1].destinationIP     = m_rules[i].destinationIP;
                    m_rules[i - 1].destinationMask   = m_rules[i].destinationMask;
                    m_rules[i - 1].destinationPort   = m_rules[i].destinationPort;
                    m_rules[i - 1].protocol          = m_rules[i].protocol;
                    m_rules[i - 1].bDrop             = m_rules[i].bDrop;
                }
        }
        m_nRules--;
}
void CFirewallDoc::ClearRules()
{
        m_nRules = 0;
}
```

11.7.3 视图对象

CFirewallView 类负责将文档对象中的数据显示给用户，并接收用户的输入。

首先通过 ClassWizard 建立列表视图控件与 CListCtrl 类对象 m_rules 的关联。具体步骤是这样的：单击菜单命令"View/ClassWizard..."，弹出 MFC ClassWizard 对话框，切换对 Member Variables 选项卡，在控件列表中双击 ID 号为 IDC_LISTRULES 的控件项，弹出添加成员变量对话框，在成员变量名称窗口下输入 m_rules 即可。

进行此关联后，MFC 会自动用 m_rules 对象子类化列表视图窗口。

在 CFirewallView 类中添加的函数如下。

```
// -----------------------------------------FirewallView.h 文件-----------------------------------------//
class CFirewallView : public CFormView
{
...
public:
        // 更新用户显示
        void CFirewallView::UpdateList();
        // 添加一个过滤条件
        void AddRuleToList(UINT srcIp, UINT srcMask, USHORT srcPort,
                    UINT dstIp, UINT dstMask, USHORT dstPort, UINT protocol, BOOL bDrop);
...
};
// ----------------------------------------- FirewallView.cpp 文件-----------------------------------------//
void CFirewallView::OnInitialUpdate()                        // 视图显示时框架程序调用此函数
{
        ...          // 其他代码
        // 初始化列表视图窗口
        m_rules.InsertColumn(0, "源 IP", LVCFMT_LEFT, nLength, 0);
        m_rules.InsertColumn(1, "源屏蔽位", LVCFMT_LEFT, nLength, 1);
        m_rules.InsertColumn(2, "源端口号", LVCFMT_LEFT, nLength, 2);
        m_rules.InsertColumn(3, "目的 IP", LVCFMT_LEFT, nLength, 3);
        m_rules.InsertColumn(4, "目的屏蔽位", LVCFMT_LEFT, nLength, 4);
        m_rules.InsertColumn(5, "目的端口号", LVCFMT_LEFT, nLength, 5);
        m_rules.InsertColumn(6, "协议", LVCFMT_LEFT, 60, 6);
        m_rules.InsertColumn(7, "动作", LVCFMT_LEFT, 50, 7);
        m_rules.SetExtendedStyle(LVS_EX_FULLROWSELECT | LVS_EX_GRIDLINES);
```

```
}
void CFirewallView::AddRuleToList(UINT srcIP, UINT srcMask, USHORT srcPort,
                UINT dstIP, UINT dstMask, USHORT dstPort, UINT protocol, BOOL bDrop)
{
        char szTemp[6];
        int nCurrent = m_rules.GetItemCount();

        // 源 IP 地址
        CString s = (srcIP == 0) ? "所有" : ::inet_ntoa(*((in_addr*)&srcIP));
        m_rules.InsertItem(nCurrent, s, 0);
        // 源 IP 位掩码
        s = ::inet_ntoa(*((in_addr*)&srcMask));
        m_rules.SetItemText(nCurrent, 1, s);
        // 源端口号
        s = (srcPort == 0) ? "所有" : ::itoa(srcPort, szTemp, 10);
        m_rules.SetItemText(nCurrent, 2, s);
        // 目的 IP 地址
        s = (dstIP == 0) ? "所有" : ::inet_ntoa(*((in_addr*)&dstIP));
        m_rules.SetItemText(nCurrent, 3, s);
        // 目的 IP 位掩码
        s = ::inet_ntoa(*((in_addr*)&dstMask));
        m_rules.SetItemText(nCurrent, 4, s);
        // 目的端口号
        s = (dstPort == 0) ? "所有" : ::itoa(dstPort, szTemp, 10);
        m_rules.SetItemText(nCurrent, 5, s);
        // 协议
        if(protocol == 1)
                m_rules.SetItemText(nCurrent, 6, "ICMP");
        else if(protocol == 6)
                m_rules.SetItemText(nCurrent, 6, "TCP");
        else if(protocol == 17)
                m_rules.SetItemText(nCurrent, 6, "UDP");
        else
                m_rules.SetItemText(nCurrent, 6, "所有");
        // 动作
        s = bDrop ? "丢弃" : "通过";
        m_rules.SetItemText(nCurrent, 7, s);
}
void CFirewallView::UpdateList()
{
        // 取得文档对象指针
        CFirewallDoc* pDoc = GetDocument();
        // 更新显示
        m_rules.DeleteAllItems();
        for(int i=0; i<pDoc->m_nRules; i++)
        {
                AddRuleToList(pDoc->m_rules[i].sourceIP,
                                pDoc->m_rules[i].sourceMask,
                                pDoc->m_rules[i].sourcePort,
                                pDoc->m_rules[i].destinationIP,
                                pDoc->m_rules[i].destinationMask,
                                pDoc->m_rules[i].destinationPort,
                                pDoc->m_rules[i].protocol,
                                pDoc->m_rules[i].bDrop);
        }
}
```

11.7.4 主窗口对象

CMainFrame 类主要是加载 IP 过滤驱动、IP 过滤钩子驱动和处理菜单命令。

CMainFrame 在初始化时加载 IP 过滤驱动和 IP 过滤钩子驱动，下面是相关代码。

```
// ---------------------------------------- MainFrm.h 文件----------------------------------------//
class CMainFrame : public CFrameWnd
{
...
public:
        CDriver* m_pIPFltDrv;           // IP 过滤驱动指针
        CDriver* m_pFilterDrv;          // IP 过滤钩子驱动指针
        BOOL m_bStarted;                // 指示是否启动
...
};
// ---------------------------------------- MainFrm.cpp 文件----------------------------------------//
CMainFrame::CMainFrame()
{
        // 确保 IP 过滤驱动启动（否则怎样为它安装钩子？）
        m_pIPFltDrv = new CDriver("IpFltDrv.sys", "IpFltDrv");
        m_pIPFltDrv->StartDriver();

        // 启动 IP 过滤钩子驱动
        char szPath[256];
        char* p;
        ::GetFullPathName("DrvFltIp.sys", 256, szPath, &p);
        m_pFilterDrv = new CDriver(szPath, "DrvFltIp");
        if(!m_pFilterDrv->StartDriver() || !m_pFilterDrv->OpenDevice())
        {
                MessageBox("创建服务失败！");
                exit(-1);
        }
        m_bStarted = FALSE;
}
CMainFrame::~CMainFrame()
{
        if(m_bStarted)
                m_pFilterDrv->IoControl(STOP_IP_HOOK, NULL, 0, NULL, 0);
        if(m_pFilterDrv != NULL)
                delete m_pFilterDrv;
        if(m_pIPFltDrv != NULL)
                delete m_pIPFltDrv;
}
```

1．开始和停止过滤

要开始或者停止过滤，只需向 IP 过滤驱动发送 START_IP_HOOK 或 STOP_IP_HOOK 设备控制代码即可。下面是用户单击开始和停止按钮时框架程序调用的函数。

```
void CMainFrame::OnFileStart()                  // 开始过滤
{
        if(m_bStarted)
                return;
        // 通知 IP 过滤驱动开始过滤
        if(m_pFilterDrv->IoControl(START_IP_HOOK, NULL, 0, NULL, 0) == -1)
        {
                MessageBox("启动服务出错！");
                return;
        }
        m_bStarted = TRUE;
```

```
}
void CMainFrame::OnFileStop()                // 停止过滤
{
    if(m_bStarted)
    {
        // 通知 IP 过滤驱动停止过滤
        m_pFilterDrv->IoControl(STOP_IP_HOOK, NULL, 0, NULL, 0);
        m_bStarted = FALSE;
    }
}
```

2．安装和卸载过滤条件

这项工作是通过向 IP 过滤驱动发送 ADD_FILTER 和 CLEAR_FILTER 控制代码来完成的。

```
void CMainFrame::OnRulesInstall()                // 安装过滤条件
{
    // 首先清除过滤条件
    m_pFilterDrv->IoControl(CLEAR_FILTER, NULL, 0, NULL, 0);
    // 从文档对象取出数据，安装过滤条件
    int nRet;
    CFirewallDoc* pDoc = (CFirewallDoc*)GetActiveDocument();
    for(int i=0; i<pDoc->m_nRules; i++)
    {
        // 转换字节顺序
        CIPFilter pf;
        memcpy(&pf, &(pDoc->m_rules[i]), sizeof(CIPFilter));
        pf.sourcePort = (USHORT)htonl(pDoc->m_rules[i].sourcePort);
        pf.destinationPort = (USHORT)htonl(pDoc->m_rules[i].destinationPort);
        // 发送设备控制代码
        nRet = m_pFilterDrv->IoControl(ADD_FILTER, &pf, sizeof(pf), NULL, 0);
        if(nRet == -1)
        {
            AfxMessageBox("安装过滤条件出错！");
            break;
        }
    }
}
void CMainFrame::OnRulesUninstall()                // 卸载过滤条件
{
    if(!m_bStarted)
        return;
    // 清除过滤条件
    m_pFilterDrv->IoControl(CLEAR_FILTER, NULL, 0, NULL, 0);
```

3．文件存储

Firewall 程序可以将用户添加的过滤规则保存到以.rul 为后缀的文件中。下面是用户单击保存过滤规则和加载过滤规则时框架程序调用的函数。

```
void CMainFrame::OnFileConserve()                // 用户单击保存过滤规则
{
    CFirewallDoc* pDoc = (CFirewallDoc*)GetActiveDocument();
    if(pDoc->m_nRules == 0)
    {
        AfxMessageBox("没有规则！");
        return;
    }

    // 弹出保存对话框
    CFileDialog dlg(FALSE, "rul", NULL,
```

```
            OFN_HIDEREADONLY | OFN_CREATEPROMPT, "Rule Files(*.rul)|*.rul|all(*.*)|*.*||", NULL);
    if(dlg.DoModal() == IDCANCEL)
        return;

    // 写入文件
    CFile file;
    if(file.Open(dlg.GetPathName(), CFile::modeCreate | CFile::modeWrite))
    {
        for(int i=0; i<pDoc->m_nRules; i++)
        {
            file.Write(&pDoc->m_rules[i], sizeof(CIPFilter));
        }
    }
    else
    {
        AfxMessageBox("保存文件出错！");
    }
}
void CMainFrame::OnFileLoad()              // 用户单击加载过滤规则
{
    // 弹出打开对话框
    CFileDialog dlg(TRUE,NULL, NULL,
        OFN_HIDEREADONLY | OFN_CREATEPROMPT,"Rule Files(*.rul)|*.rul|all(*.*)|*.*||", NULL);
    if(dlg.DoModal() == IDCANCEL)
        return;

    // 读取过滤规则
    CFile file;
    if(file.Open(dlg.GetPathName(), CFile::modeRead))
    {
        CFirewallDoc* pDoc = (CFirewallDoc*)GetActiveDocument();
        pDoc->ClearRules();
        CIPFilter rule;

        // 从文件读出数据，添加到文档对象
        do
        {
            if(file.Read(&rule, sizeof(rule)) == 0)
                break;
            if(!pDoc->AddRule(rule.sourceIP, rule.sourceMask, rule.sourcePort, rule.destinationIP,
                    rule.destinationMask, rule.destinationPort, rule.protocol, rule.bDrop))
            {
                AfxMessageBox("添加规则出错！");
                break;
            }
        }
        while(1);

        // 更新显示
        CFirewallView* pView = (CFirewallView*)GetActiveView();
        pView->UpdateList();
    }
    else
    {
        AfxMessageBox("打开文件出错！");
    }
}
```

第 12 章　3D 图形绘制及 OpenGL

计算机 3D 图形绘制是计算机多媒体操作的重要组成部分之一，计算机图形学在经过多年的发展之后，已经出现了两种重要的 3D 图形绘制体系，即 OpenGL 和 Direct3D，通过这些图形绘制的应用程序接口，用户可以用代码的方式在计算机屏幕上任意绘制三维立体图形，构建空间世界。

本章首先进行了计算机 3D 图形渲染技术的概述；然后介绍了 OpenGL 的历史与特性以及 OpenGL 中的一些基本概念；此外，本章还重点通过实例，给出了使用 Win32 环境下和 MFC 环境下 OpenGL 框架的搭建过程和使用 OpenGL 进行 3D 图形绘制的一般方法。

12.1　计算机 3D 图形渲染技术概述

12.1.1　计算机 3D 图形技术历史

三维计算机图形（3D Computer Graphics）是在计算机和特殊三维软件帮助下创造的作品。一般来讲，该术语可指代创造这些图形的过程，或者三维计算机图形技术的研究领域，及其相关技术。

三维计算机图形和二维计算机图形的不同之处在于计算机内存储存了几何数据的三维表示，用于计算和绘制最终的二维图像。

计算机图形软件中，该区别有时很模糊：有些二维应用程序使用三维技术来达到特定效果，譬如灯光，而有些主要用于 3D 的应用程序采用二维的视觉技术。二维图形可以看作三维图形的子集。

1950 年，第一台图形显示器作为美国麻省理工学院（MIT）"旋风 I 号"（Whirlwind I）计算机的附件诞生了。该显示器用一个类似于示波器的阴极射线管（CRT）来显示一些简单的图形。1958 年美国 Calcomp 公司由联机的数字记录仪发展成滚筒式绘图仪，GerBer 公司把数控机床发展成为平板式绘图仪。

1962 年，MIT 林肯实验室的 Ivan E.Sutherland 发表了一篇题为《Sketchpad：一个人机交互通信的图形系统》的博士论文，他在论文中首次使用了计算机图形学 "Computer Graphics" 这个术语，证明了交互计算机图形学是一个可行的、有用的研究领域，从而确定了计算机图形学作为一个崭新的科学分支的独立地位。

20 世纪 70 年代是计算机图形学发展过程中一个重要的历史时期。由于光栅显示器的产生，在 20 世纪 60 年代就已萌芽的光栅图形学算法，迅速发展起来，区域填充、裁剪、消隐等基本图形概念及其相应算法纷纷诞生，图形学进入了第一个兴盛的时期，并开始出现实用的 CAD 图形系统。

20 世纪 70 年代，计算机图形学另外两个重要进展是真实感图形学和实体造型技术的产生。1970 年 Bouknight 提出了第一个光反射模型，1971 年 Gourand 提出 "漫反射模型＋插值" 的思想，被称为 Gourand 明暗处理。1975 年 Phong 提出了著名的简单光照模型——Phong 模型。这些可以算是真实感图形学最早的开创性工作。

从 20 世纪 80 年代中期以来，超大规模集成电路的发展，为图形学的飞速发展奠定了物质基础。计算机的运算能力的提高、图形处理速度的加快，使得图形学的各个研究方向得到充分发展，图形学已广泛应用于动画、科学计算可视化、CAD/CAM、影视娱乐等各个领域。

12.1.2　Direct3D 技术

Direct3D（简称：D3D）是微软公司在 Microsoft Windows 操作系统上所开发的一套 3D 绘图编程接口，是 DirectX 的一部分，目前广为各家显卡所支持。其与 OpenGL 同为计算机绘图软件和计算机游戏最常使用的两套绘图编程接口之一。

1995 年 2 月，微软收购了英国的 Rendermorphics 公司，将 RealityLab 2.0 技术发展成 Direct3D 标准，并集成到 Microsoft Windows 中，Direct3D 在 DirectX 3.0 开始出现，后来在 DirectX 8.0 发表时与 DirectDraw 编程接口合并并改名为 DirectX Graphics。

1992 年，Servan Keondjian 开创 RenderMorphics 公司，成立了一个 Reality Lab 实验室，专事 3D 图形技术及 API 技术研究。有两种版本的 API 被发布。1995 年 2 月微软公司买下 RenderMorphics，由 Keondjian 在 Windows 95 上开发 3D 图形引擎，主持 Direct3D 项目的开发。

Window 95 推出之时，微软一口气发表了 DirectX 1.0、DirectX 2.0 和 DirectX 3.0。DirectX 1.0 推出时，只包括 DirectDraw、DirectPlay、DirectInput、DirectSound 4 部分，DirectX 2.0 内附了 Direct 3D，但功能无法与 OpenGL、3dfx 等 API 函数相提并论。1996 年 9 月发布的 Direct 3.0 被认为是 DirectX 的第一套完整版本。不久，DirectX 3.0 更新 3.0a、3.0b，版号从 4.04.00.0068 增加到了 "4.04.00.0069"，仅是附加了一个被称为 Direct3D 的组件，这正是 Keondjian 的杰作。当时的 Direct3D 有两种模式，一种是 Retain 模式，另一种是 Immediate 模式，皆以 COM 建构而成。1996 年 Westwood 工作室发布以 DirectX 开发的即时战略游戏《红色警戒》，大卖 1200 万套。

DirectX 4.0 并未推出就有 DirectX 5.0。1997 年 6 月推出的 DirectX 5.0，加入 DrawPrimitive API，加入了对 MMX 的支持，不久微软又推出支持 D3D 加速卡的 DirectX 5.0a 版和 5.1 版、5.2 版。

1998 年秋微软推出 Direct3D 6.0，引进多重贴图（multitxture）以及 stencil buffer。

Direct3D 7.0 引进硬件坐标转换以及光影计算（Hardware Transform and Lighting），并支持.dds 档。

Direct3D 8.0 引进了可编程管道（Programable Function Pipeline）的概念，Direct3D 在 8.0 版以前只能工作在固定管道（Fixed Function Pipe-line）的模式下。2001 年微软正式发表的 Direct3D 8.0 支持处理顶点的 Vertex Shader，以及处理像素的 Pixel Shader，使 Direct3D 的技术正式超越劲敌 OpenGL。DirectX 8 中的渲染器是用低级渲染器语言（Low Level Shading Language）编写的。

Direct3D 9.0 使用 HLSL（全称 High Level Shading Language）编写 Vertex Shader 和 Pixel Shader[5]，有助于渲染器的编写和所产生代码的效率，并且大幅地缩短设计时间。Windows Vista 推出 DirectX 的两种新类型：Direct3D 9Ex 和 Direct3D 10。Direct3D 9Ex 是 DirectX 9 的扩充版，除了 Direct3D 9 外，还增加了 Windows Vista driver 部分新功能的应用程序而设计。Direct3D 9Ex 和 Direct3D 10 均构建于 WDDM 之上。只有通过 WDDM 才能在 Vista 上使用 Direct3D。

12.2　OpenGL 简介

12.2.1　OpenGL 技术

OpenGL（Open Graphics Library）是个定义了一个跨编程语言、跨平台的应用程序接口（API）的规范，它用于生成二维、三维图像。这个接口由近 350 个不同的函数调用组成，用来从简单的图形比特绘制复杂的三维景象。而另一种程序接口系统是仅用于 Microsoft Windows 上的 Direct3D。OpenGL 常用于 CAD、虚拟实境、科学可视化程序和电子游戏开发。

OpenGL 的高效实现（利用了图形加速硬件）存在于 Windows，很多 UNIX 平台和 Mac OS。这些实现一般由显示设备厂商提供，而且非常依赖于该厂商提供的硬件。开放源代码库 Mesa 是一个纯基于软件的图形 API，它的代码兼容于 OpenGL。但是，由于许可证的原因，它只声称是一个"非常相似"的 API。

OpenGL 规范由 1992 年成立的 OpenGL 架构评审委员会（ARB）维护。ARB 由一些对创建一个统一的、普遍可用的 API 特别感兴趣的公司组成。根据 OpenGL 官方网站，2002 年 6 月的 ARB 投票成员包括 3Dlabs、Apple Computer、ATI Technologies、Dell Computer、Evans & Sutherland、Hewlett-Packard、IBM、Intel、Matrox、NVIDIA、SGI 和 Sun Microsystems。Microsoft 曾是 ARB 创立成员之一，但已于 2003 年 3 月退出。

OpenGL 进化自（而且风格很相似）SGI 的早期 3D 接口 IRIS GL。IRIS GL 的一个限制是它只能访问底层硬件提供的特性。如果图形硬件不支持例如纹理映射这样的功能，那么应用程序就不能使用它。OpenGL 通过在软件上对硬件不支持的特性提供支持的方法克服了这个问题，允许应用程序在相对低配置的系统上使用高级的图形特性。Fahrenheit 项目是 Microsoft 和 SGI 之间的联合行动。为了统一 OpenGL 和 Direct3D 接口的目的，它一开始提出了一些把规则带给交互 3D 计算机图形 API 世界的承诺，但因为 SGI 的财政限制，这个项目后来被放弃了。

2002 年微软的 DirectX 9 提出了全新的 Shader 绘图功能以及高级渲染语言（HLSL），OpenGL 霸主地位开始瓦解。这使得 3DLabs 了解到必须开发全新的 OpenGL 2.0 版本，但仅加入了支持 GLSL 的功能。2006 年 Khronos 接手 OpenGL，立刻着手发展 Longs Peak 与 Mount Evans。2008 年 OpenGL 3 推出，但用户评价普遍不高。

2010 年 3 月 10 日，OpenGL 同时推出了 3.3 和 4.0 版本，同年 7 月 26 日又发布了 4.1 版本。2011 年 8 月 8 日发布 4.2 版本。2013 年发布 4.3 版。

12.2.2　OpenGL 技术的特点

1. 设计

OpenGL 规范描述了绘制 2D 和 3D 图形的抽象 API。尽管这些 API 可以完全通过软件实现，但它是为大部分或者全部使用硬件加速而设计的。

OpenGL 的 API 定义了若干可被客户端程序调用的函数，以及一些具名整型常数（例如，常数 GL_TEXTURE_2D 对应的十进制整数为 3553）。虽然这些函数的定义表面上类似于 C 编程语言，但它们是语言独立的。因此，OpenGL 有许多语言绑定，值得一提的包括：JavaScript 绑定的 WebGL（基于 OpenGL ES 2.0 在 Web 浏览器中的进行 3D 渲染的 API）；C 绑定的 WGL、GLX 和 CGL；iOS 提供的 C 绑定；Android 提供的 Java 和 C 绑定。

OpenGL 不仅语言无关，而且平台无关。规范只字未提获得和管理 OpenGL 上下文相关的内容，而是将这些作为细节交给底层的窗口系统。出于同样的原因，OpenGL 纯粹专注于渲染，而不提供输入、音频以及窗口相关的 API。

OpenGL 是一个不断进化的 API。新版 OpenGL 规范会定期由 Khronos Group 发布，新版本通过扩展 API 来支持各种新功能。每个版本的细节由 Khronos Group 的成员一致决定，包括显卡厂商、操作系统设计人员以及类似 Mozilla 和谷歌的一般性技术公司。

除了核心 API 要求的功能之外，GPU 供应商可以通过扩展的形式提供额外功能。扩展可能会引入新功能和新常数，并且可能放松或取消现有的 OpenGL 函数的限制。然后一个扩展就分成两部分发布：包含扩展函数原型的头文件和作为厂商的设备驱动。供应商使用扩展公开自定义的 API 而无需获得其他供应商或 Khronos Group 的支持，这大大增加了 OpenGL 的灵活性。OpenGL Registry 负责所有扩展的收集和定义。

每个扩展都与一个简短的标识符有关系，该标识符基于开发公司的名称。例如，英伟达（nVidia）的标识符是 NV。如果多个供应商同意使用相同的 API 来实现相同的功能，那么就用 EXT 标志符。这种情况更进一步，Khronos Group 的架构评审委员（Architecture Review Board，ARB）可能 "祝福" 该扩展，那么这就被称为一个 "标准扩展"，标识符使用 ARB。第一个 ARB 扩展是 GL_ARB_multitexture。

OpenGL 每个新版本中引入的功能，特别是 ARB 和 EXT 类型的扩展，通常由数个被广泛实现的扩展功能组合而成。

2．绑定

为了加强它的多语言和多平台特性，人们已经用很多语言开发了 OpenGL 的各种绑定和移植。最值得注意的是，Java3D 库已经可以利用 OpenGL（另一个选择可能是 DirectX）作为它的硬件加速了。OpenGL 官方网页列出了用于 Java、Fortran 90、Perl、Pike、Python、Ada 和 Visual Basic 的多个绑定。

3．高级功能

OpenGL 被设计为只有输出的，所以它只提供渲染功能。核心 API 没有窗口系统、音频、打印、键盘／鼠标或其他输入设备的概念。虽然这一开始看起来像是一种限制，但它允许进行渲染的代码完全独立于它运行的操作系统，允许跨平台开发。然而，有些集成于原生窗口系统的东西需要允许和宿主系统交互。这通过下列附加 API 实现。

GLX - X11（包括透明的网络）

WGL - Microsoft Windows

另外，GLUT 库能够以可移植的方式提供基本的窗口功能。

12.2.3 OpenGL 辅助库简介

下面这几个库创建在 OpenGL 之上，提供了 OpenGL 本身没有的功能。

GLU

GLUT

GLEW、GLEE

特别是，OpenGL Performer 库——由 SGI 开发并可以在 IRIX、Linux 和 Microsoft Windows 的一些版本上使用，构建于 OpenGL，可以创建实时可视化仿真程序。

当开发者需要使用最新的 OpenGL 扩展时，他们往往需要使用 GLEW 库或者是 GLEE 库提供的功能，可以在程序的运行期判断当前硬件是否支持相关的扩展，防止程序崩溃甚至造成硬件损坏。这类库利用动态加载技术（dlsym、GetProcAddress 等函数）搜索各种扩展的信息。

12.3　OpenGL 中的基本概念

12.3.1　OpenGL 中的函数库简介

OpenGL 函数库相关的 API 有核心库（gl）、实用库（glu）、辅助库（aux）、实用工具库（glut）、窗口库（glx、agl、wgl）和扩展函数库等。gl 是核心，glu 是对 gl 的部分封装。glx、agl、wgl 是针对不同窗口系统的函数。glut 是为跨平台的 OpenGL 程序的工具包，比 aux 功能强大。扩展函数库是硬件厂商为实现硬件更新利用 OpenGL 的扩展机制开发的函数。

1. OpenGL 核心库

核心库包含有 115 个函数，函数名的前缀为 gl。这部分函数用于常规的、核心的图形处理。此函数由 gl.dll 来负责解释执行。由于许多函数可以接收不同的参数以下几类。根据类型的参数，因此派生出来的函数原型多达 300 多个。核心库中的函数主要可以分为以下几类函数。

绘制基本几何图元的函数：glBegain()、glEnd()、glNormal*()、glVertex*()。

矩阵操作、几何变换和投影变换的函数：如矩阵入栈函数 glPushMatrix()，矩阵出栈函数 glPopMatrix()，装载矩阵函数 glLoadMatrix()，矩阵相乘函数 glMultMatrix()，当前矩阵函数 glMatrixMode() 和矩阵标准化函数 glLoadIdentity()，几何变换函数 glTranslate*()、glRotate*() 和 glScale*()，投影变换函数 glOrtho()、glFrustum() 和视口变换函数 glViewport()。

颜色、光照和材质的函数：如设置颜色模式函数 glColor*()、glIndex*()，设置光照效果的函数 glLight*()、glLightModel*() 和设置材质效果函数 glMaterial()。

显示列表函数：主要有创建、结束、生成、删除和调用显示列表的函数 glNewList()、glEndList()、glGenLists()、glCallList() 和 glDeleteLists()。

纹理映射函数：主要有一维纹理函数 glTexImage1D()，二维纹理函数 glTexImage2D()，设置纹理参数、纹理环境和纹理坐标的函数 glTexParameter*()、glTexEnv*() 和 glTetCoord*()。

特殊效果函数：融合函数 glBlendFunc()、反走样函数 glHint() 和雾化效果 glFog*()。

光栅化、像素操作函数：如像素位置 glRasterPos*()、线型宽度 glLineWidth()、多边形绘制模式 glPolygonMode()、读取像素 glReadPixel()、复制像素 glCopyPixel()；

选择与反馈函数：主要有渲染模式 glRenderMode()、选择缓冲区 glSelectBuffer() 和反馈缓冲区 glFeedbackBuffer()。

曲线与曲面的绘制函数：生成曲线或曲面的函数 glMap*()、glMapGrid*()，求值器的函数 glEvalCoord*() glEvalMesh*()。

状态设置与查询函数：glGet*()、glEnable()、glGetError()。

2. OpenGL 实用库 The OpenGL Utility Library (GLU)

它包含有 43 个函数，函数名的前缀为 glu。OpenGL 提供了强大的但是为数不多的绘图命令，所有较复杂的绘图都必须从点、线、面开始。Glu 为了减轻繁重的编程工作，封装了 OpenGL 函数，Glu 函数通过调用核心库的函数，为开发者提供相对简单的用法，实现一些较为复杂的操作。此函数由 glu.dll 来负责解释执行。OpenGL 中的核心库和实用库可以在所有的 OpenGL 平台上运行。主要包括了以下几种。

辅助纹理贴图函数：gluScaleImage()、gluBuild1Dmipmaps()、gluBuild2Dmipmaps()。

坐标转换和投影变换函数：定义投影方式函数 gluPerspective()、gluOrtho2D()、gluLookAt()，拾取投影视景体函数 gluPickMatrix()，投影矩阵计算 gluProject()和 gluUnProject()。

多边形镶嵌工具：gluNewTess()、gluDeleteTess()、gluTessCallback()、gluBeginPolygon()、gluTessVertex()、gluNextContour()、gluEndPolygon()。

二次曲面绘制工具：主要有绘制球面、锥面、柱面、圆环面 gluNewQuadric()、gluSphere()、gluCylinder()、gluDisk()、gluPartialDisk()、gluDeleteQuadric()。

Nurbs 样条绘制工具：主要用来定义和绘制 Nurbs 曲线和曲面，包括 gluNewNurbsRenderer()、gluNurbsCurve()、gluBeginSurface()、gluEndSurface()、gluBeginCurve()、gluNurbsProperty()。

错误反馈工具：获取出错信息的字符串 gluErrorString()。

3．OpenGL 辅助库

它包含有 31 个函数，函数名前缀为 aux。这部分函数提供窗口管理、输入输出处理以及绘制一些简单三维物体。此函数由 glaux.dll 来负责解释执行。创建 aux 库是为了学习和编写 OpenGL 程序，它更像是一个用于测试创意的预备基础接管。aux 库在 windows 实现有很多错误，因此很容易导致频繁的崩溃。在跨平台的编程实例和演示中，aux 很大程度上已经被 glut 库取代。OpenGL 中的辅助库不能在所有的 OpenGL 平台上运行。

辅助库函数主要包括以下几类。

窗口初始化和退出函数：auxInitDisplayMode()和 auxInitPosition()。

窗口处理和时间输入函数：auxReshapeFunc()、auxKeyFunc()和 auxMouseFunc()。

颜色索引装入函数：auxSetOneColor()。

三维物体绘制函数：包括了两种形式网状体和实心体，如绘制立方体 auxWireCube()和 auxSolidCube()。这里以网状体为例，长方体 auxWireBox()、环形圆纹面 auxWireTorus()、圆柱 auxWireCylinder()、二十面体 auxWireIcosahedron()、八面体 auxWireOctahedron()、四面体 auxWireTetrahedron()、十二面体 auxWireDodecahedron()、圆锥体 auxWireCone()和茶壶 auxWireTeapot()。

背景过程管理函数：auxIdleFunc()。

程序运行函数：auxMainLoop()。

4．OpenGL 工具库 OpenGL Utility Toolkit

它包含大约 30 多个函数，函数名前缀为 glut。glut 是不依赖于窗口平台的 OpenGL 工具包，由 Mark KLilgrad 在 SGI 编写（现在在 Nvidia），目的是隐藏不同窗口平台 API 的复杂度。函数以 glut 开头，它们作为 aux 库功能更强的替代品，提供更为复杂的绘制功能，此函数由 glut.dll 来负责解释执行。由于 glut 中的窗口管理函数是不依赖于运行环境的，因此 OpenGL 中的工具库可以在 X-Window、Windows NT、OS/2 等系统下运行，特别适合于开发不需要复杂界面的 OpenGL 示例程序。对于有经验的程序员来说，一般先用 glut 理顺 3D 图形代码，然后再集成为完整的应用程序。

这部分函数主要包括如下几类。

窗口操作函数：窗口初始化、窗口大小、窗口位置函数等[glutInit()、glutInitDisplayMode()、glutInitWindowSize()、glutInitWindowPosition()]。

回调函数：响应刷新消息、键盘消息、鼠标消息、定时器函数[GlutDisplayFunc()、glutPostRedisplay()、glutReshapeFunc()、glutTimerFunc()、glutKeyboardFunc()、glutMouseFunc()]。

创建复杂的三维物体：这些和 aux 库的函数功能相同。

菜单函数：创建添加菜单的函数 GlutCreateMenu()、glutSetMenu()、glutAddMenuEntry()、glutAddSubMenu()和 glutAttachMenu()。

程序运行函数：glutMainLoop()。

5．Windows 专用库

它针对 windows 平台的扩展，包含有 16 个函数，函数名前缀为 wgl。这部分函数主要用于连接 OpenGL 和 Windows，以弥补 OpenGL 在文本方面的不足。Windows 专用库只能用于 Windows 环境中。

这类函数主要包括以下几类。

绘图上下文相关函数：wglCreateContext()、wglDeleteContext()、wglGetCurrentContent()、wglGetCurrentDC()、wglDeleteContent()。

文字和文本处理函数：wglUseFontBitmaps()、wglUseFontOutlines()。

覆盖层、地层和主平面层处理函数：wglCopyContext()、wglCreateLayerPlane()、wglDescribeLayerPlane()、wglReakizeLayerPlatte()。

其他函数：wglShareLists()、wglGetProcAddress()。

6．Win32 API 函数库

它包含有 6 个函数，函数名无专用前缀，是 win32 扩展函数。这部分函数主要用于处理像素存储格式和双帧缓存；这 6 个函数将替换 Windows GDI 中原有的同样的函数。Win32API 函数库只能用于 Windows 95/98/NT 环境中。

7．X 窗口专用库

它是针对 Unix 和 Linux 的扩展函数，包括渲染上下文、绘制图元、显示列表、纹理贴图等。

初始化：glXQueryExtension()。

渲染上下文函数：glXCreateContext()、glXDestroyContext()、glXCopyContext()、glXMakeCurrent()、glXCreateGLXPixmap()。

执行：glXWaitGL()、glXWaitX()。

缓冲区和字体：glXSwapBuffers()、glXUseXFont()。

8．其他扩展库

这些函数可能是新的 OpenGL 函数，并没有在标准 OpenGL 库中实现，或者它们是用来扩展已存在的 OpenGL 函数的功能。和 glu、glx 和 wgl 一样，这些 OpenGL 扩展是由硬件厂商和厂商组织开发的。OpenGL 扩展（OpenGL Extention）包含了大量的扩展 API 函数。

随着硬件的更新，硬件厂商首先向 SGI 申请登记新的扩展，编写规格说明书（specification），然后按照说明书进行开发扩展程序。不同的 OpenGL 实现（OpenGL Implementation）支持的扩展可能不一样，只有随着某一扩展的推广与应用以及硬件技术的提高该扩展才会在所有的 OpenGL 实现中被给予支持，从而最终成为 OpenGL 标准库的一部分。扩展由 SGI 维护，在 SGI 网站上列出了目前公开的已注册的扩展及其官方说明书。扩展源由扩展函数的后缀来指明（或使用扩展常量后缀）。例如，后缀 WIN 表明一个符合 Windows 规范的扩展，EXT 或 ARB 后缀表明该扩展由多个卖主定义。

下面给出 OpenGL 官方规定的命名规则。

ARB——OpenGL Architecture Review Board 正式核准的扩展，往往由厂商开发的扩展发展而来，如果同时存在厂商开发的扩展和 ARB 扩展，应该优先使用 ARB 扩展。

EXT——多家 OpenGL 厂商同意支持的扩展。

HP——Hewlett-Packard 惠普。

IBM——International Business Machines。

KTX——Kinetix, maker of 3D Studio Max。

INTEL——Intel 公司。

NV——NVIDIA 公司。

MESA——Brian Paul's freeware portable OpenGL implementation。

SGI——Silicon Graphics 公司开发的扩展。

SGIX——Silicon Graphics（experimental）公司开发的实验性扩展。

SUN——Sun Microsystems。

WIN——Microsoft 公司的扩展。

由于 OpenGL 扩展在针对不同平台和不同驱动，OpenGL 不可能把所有的接口程序全部放到 gl.h、glx.h、wgl.h 中，而是将这些函数头放在了 glext.h、glxext.h 和 wglext.h 中。这些扩展被看作时 OpenGL 核心库规范的增加和修改。

12.3.2　OpenGL 函数命名规则

所有 OpenGL 函数采用了以下格式：

<库前缀><根命令><可选的参数个数><可选的参数类型>

库前缀有 gl、glu、aux、glut、wgl、glx 等，分别表示该函数属于 OpenGL 某开发库等，从函数名后面中还可以看出需要多少个参数以及参数的类型。i 代表 int 型，f 代表 float 型，d 代表 double 型，u 代表无符号整型。注意，有的函数参数类型后缀前带有数字 2、3、4。2 代表二维，3 代表三维，4 代表 alpha 值（以后介绍）。有些 OpenGL 函数最后带一个字母 v，表示函数参数可用一个指针指向一个向量（或数组）来替代一系列单个参数值。下面两种格式都表示设置当前颜色为红色，二者等价。

glColor3f(1.0,0.0,0.0);等价于：

float color_array[]={1.0,0.0,0.0};

glColor3fv(color_array);

除了以上基本命名方式外，还有一种带"*"星号的表示方法，例如 glColor*()，它表示可以用函数的各种方式来设置当前颜色。同理，glVertex*v()表示用一个指针指向所有类型的向量来定义一系列顶点坐标值。

12.3.3　OpenGL 中的数据类型

OpenGL 是一个跨平台的 API，数据类型的大小会随使用的编程语言以及处理器（64 位、32 位、16 位）等的不同而不同，所以 OpenGL 定义了自己的数据类型。当传递数据到 OpenGL 时，你应该坚持使用这些 OpenGL 的数据类型，从而保证传递数据的尺寸和精度正确。不这样做的后果是可能会导致无法预料的结果或由于运行时的数据转换造成效率低下。不论平台或语言实现的 OpenGL 都采用这种方式定义数据类型以保证在各平台上数据的尺寸一致，并使平台间 OpenGL 代码移植更为容易。

下面是 OpenGL 的各种数据类型。

GLenum：用于 GL 枚举的无符号整型。它通常用于通知 OpenGL 由指针传递的存储于数组中数据的类型（例如，GL_FLOAT 用于指示数组由 GLfloat 组成）。

GLboolean：用于单布尔值。OpenGL ES 还定义了其自己的"真"和"假"值（GL_TRUE 和 GL_FALSE）以避免平台和语言的差别。当向 OpenGL 传递布尔值时，请使用这些值而不是使用 YES 或 NO（尽管由于它们的定义实际没有区别，即使你不小心使用了 YES 或 NO。但是，使用 GL-定义值是一个好的习惯。）

GLbitfield：用于将多个布尔值（最多 32 个）打包到单个使用位操作变量的四字节整型。我们将在第一次使用位域变量时详细介绍，请参阅 wikipedia。

GLbyte：有符号单字节整型，包含数值从-128 到 127。

GLshort：有符号双字节整型，包含数值从-32 768 到 32 767。

GLint：有符号四字节整型，包含数值从-2 147 483 648 到 2 147 483 647。

GLsizei：有符号四字节整型，用于代表数据的尺寸（字节），类似于 C 语言中的 size_t。

GLubyte：无符号单字节整型，包含数值从 0 到 255。

GLushort：无符号双字节整型，包含数值从 0 到 65 535。

GLuint：无符号四字节整型，包含数值从 0 到 4 294 967 295。

GLfloat：四字节精度 IEEE 754-1985 浮点数。

GLclampf：这也是四字节精度浮点数，但 OpenGL 使用 GLclampf 特别表示数值为 0.0 到 1.0。

GLvoid：void 值用于指示一个函数没有返回值，或没有参数。

GLfixed：定点数，使用整型数存储实数。由于大部分计算机处理器在处理整型数比处理浮点数快很多，这通常是对 3D 系统的优化方式。但因为 iPhone 具有用于浮点运算的矢量处理器，我们将不讨论定点运算或 GLfixed 数据类型。

GLclampx：另一种定点型，用于使用定点运算来表示 0.0 到 1.0 之间的实数。正如 GLfixed，我们不会讨论或使用它。

关于 OpenGL 中的数据类型小结如表 12.1 所示。

表 12.1   OpenGL 数据类型小结

OpenGL 数据类型	内部表示法	定义为 C 类型	C 字面值后缀
GLbyte	8 位整数	signed char	b
GLshort	16 位整数	short	s
GLint，GLsizei	32 位整数	long	l
GLfloat，GLclampf	32 位浮点数	float	f
GLdouble，GLclampd	64 位浮点数	double	d
GLubyte，GLboolean	8 位无符号整数	unsigned char	ub
GLushort	16 位无符号整数	unsigned short	us
GLuint，GLenum，GLbitfield	32 位无符号整数	unsigned long	ui

12.3.4 OpenGL 中的投影变换

1. 坐标系

OpenGL 中使用的坐标系有两种，分别为世界坐标系和屏幕坐标系。世界坐标系即 OpenGL

内部处理时使用的三维坐标系，而屏幕坐标系即为在计算机屏幕上绘图时使用的坐标系。

通常，OpenGL 所使用的世界坐标系为右手型，如图 12.1 所示。

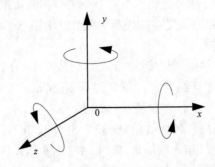

图 12.1　OpenGL 所使用的世界坐标系

从计算机屏幕的角度来看，x 轴正方向为屏幕从左向右，y 轴正方向为屏幕从下向上，z 轴正方向为屏幕从里向外。而进行旋转操作时需要指定的角度 θ 的方向则由右手法则来决定，即右手握拳，大拇指直向某个坐标轴的正方向，那么其余 4 指指向的方向即为该坐标轴上的 θ 角的正方向（即 θ 角增加的方向），在图 12.1 中用圆弧形箭头标出。

2．投影

将世界坐标系中的物体映射到屏幕坐标系上的方法称为投影。投影的方式包括平行投影和透视投影两种，如图 12.2 所示。

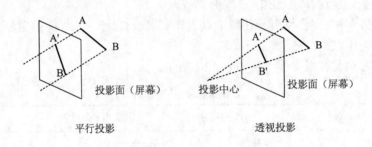

图 12.2　OpenGL 中的投影方式

平行投影的投影线相互平行，投影的结果与原物体的大小相等，因此被广泛地应用于工程制图等方面。

透视投影的投影线相交于一点，因此投影的结果与原物体的实际大小并不一致，而是会近大远小。因此透视投影更接近于真实世界的投影方式。

（1）平行投影。OpenGL 中使用 glOrtho 函数来设置投影方式为平行投影。

```
glOrtho(xleft, xright, ybottom, ytop, znear, zfar);
```

各参数的含义如图 12.3 所示。

注意，只有位于立方体之内的物体才可见。

（2）透视投影。OpenGL 中使用 gluPerspective 函数来设置投影方式为透视投影。

```
gluPerspective(fovy, aspect, znear, zfar);
```

各参数的含义如图 12.4 所示。

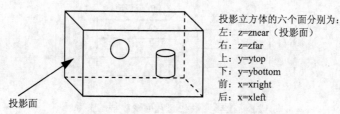

投影立方体的六个面分别为：
左：z=znear（投影面）
右：z=zfar
上：y=ytop
下：y=ybottom
前：x=xright
后：x=xleft

投影面

图 12.3　平行投影

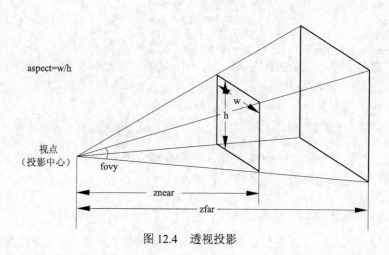

aspect=w/h

w

h

视点
（投影中心）

fovy

znear

zfar

图 12.4　透视投影

fovy 为四棱台的顶角，aspect 为投影面的纵横比，znear 和 zfar 为四棱台的顶面和底面到视点的距离（注意不是 z 坐标）。

注意，只有位于四棱台之内的物体才可见。

3．几何变换

OpenGL 中可以使用的几何变换有平移、旋转、缩放 3 种。

```
glTranslatef(x, y, z);
```

glTranslatef 函数可以实现平移变换，x、y、z 为各坐标轴上的平移量。

```
glRotatef(θ, x, y, z);
```

glRotatef 函数实现旋转变换。θ 为旋转角度，x、y、z 为旋转轴。旋转方向由右手法则决定。

```
glScalef(x, y, z);
```

glScalef 函数实现缩放变换。x、y、z 为各轴方向的扩大量。若为负值，则沿着坐标轴的反方向进行缩放。

在实际编程中，为了保存几何变换和投影变换的操作，OpenGL 维护两个栈，即投影变换栈和几何变换栈。栈中保存的元素即为投影变换和几何变换的变换矩阵。使用下面的函数可以在两个栈之间进行切换。

切换当前操作的栈为投影变换栈：glMatrixMode(GL_PROJECTION)。

切换当前操作的栈为几何变换栈：glMatrixMode(GL_MODELVIEW)。

此外，下面的函数可以清除当前操作的栈中的内容，并向栈中压入一个单位矩阵：

```
glLoadIdentity();
```

两个栈之间的关系如图 12.5 所示。

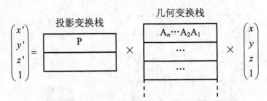

图 12.5　投影变换栈与几何变换栈的关系

一般情况下，我们在进行 OpenGL 初始化时都要执行下面的命令：

```
glMatrixMode(GL_PROJECTION);        // 切换到投影变换栈
glLoadIdentity();                   // 初始化投影变换栈
gluPrespective(30.0, aspect, 1.0, 50.0);   // 压入透视投影矩阵
glMatrixMode(GL_MODELVIEW);         // 切换到几何变换栈
```

另外，在调用 glMatrixMode(GL_MODELVIEW)时，系统会自动将几何变换栈清空并压入单位矩阵，因此不必再调用 glLoadIdentity()函数。

对于几何变换栈，还有以下两个常用的操作。

```
glPushMatrix();   // 保存当前坐标系
glPopMatrix();    // 恢复当前坐标系
```

在调用几何变换操作时，OpenGL 将该几何变换操作的变换矩阵与当前栈的栈顶元素相乘，得到一个新的矩阵并将其作为几何变换栈的栈顶。

12.3.5　OpenGL 中的色彩模式

几乎所有 OpenGL 应用目的都是在屏幕窗口内绘制彩色图形，所以颜色在 OpenGL 编程中占有很重要的地位。这里的颜色与绘画中的颜色概念不一样，它属于 RGB 颜色空间，只在监视器屏幕上显示。另外，屏幕窗口坐标是以像素为单位，因此组成图形的每个像素都有自己的颜色，而这种颜色值是通过对一系列 OpenGL 函数命令的处理最终计算出来的。本章将讲述计算机颜色的概念以及 OpenGL 的颜色模式、颜色定义和两种模式应用场合等内容。若掌握好颜色的应用，你就能走进缤纷绚丽的色彩世界，从中享受无穷的乐趣。

1．颜色生成原理

计算机颜色不同于绘画或印刷中的颜色，显示于计算机屏幕上每一个点的颜色都是由监视器内部的电子枪激发的 3 束不同颜色的光（红、绿、蓝）混合而成，因此，计算机颜色通常用 R（Red）、G（Green）、B（Blue）3 个值来表示，这 3 个值又称为颜色分量。颜色生成原理示意图如图 12.6 所示。

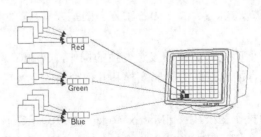

图 12.6　颜色生成原理示意图

所有监视器屏幕的颜色都属于 RGB 颜色空间，如果用一个立方体形象地表示 RGB 颜色组成关系，那么就称这个立方体为 RGB 色立体，如图 12.7 所示。

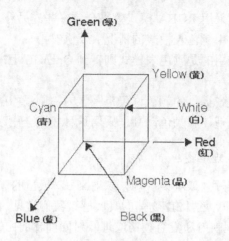

图 12.7　RGB 色立体

在图 12.7 中，R、G、B3 值的范围都是从 0.0 到 1.0。如果某颜色分量越大，则表示对应的颜色分量越亮，也就是它在此点所贡献的颜色成分越多；反之，则越暗或越少。当 R、G、B3 个值都为 0.0 时，此点颜色为黑色（Black）；当三者都为 1.0 时，此点颜色为白色（White）；当 3 个颜色分量值相等时，表示三者贡献一样，因此呈现灰色（Grey），在图中表现为从黑色顶点到白色顶点的那条对角线；当 R=1.0，G=1.0，B=0.0 时，此点颜色为黄色（Yellow）；同理，R=1.0，G=0.0，B=1.0 时为洋红色，也叫品色（Magenta）；R=0.0、G=1.0、B=1.0 时为青色（Cyan）。

2．颜色模式

OpenGL 颜色模式一共有两个：RGB（RGBA）模式和颜色表模式。在 RGB 模式下，所有的颜色定义全用 R、G、B3 个值来表示，有时也加上 Alpha 值（与透明度有关），即 RGBA 模式。在颜色表模式下，每一个像素的颜色是用颜色表中的某个颜色索引值表示，而这个索引值指向了相应的 R、G、B 值。这样的一个表成为颜色映射（Color Map）。

（1）RGBA 模式（RGBA Mode）。

在 RGBA 模式下，可以用 glColor*()来定义当前颜色。其函数形式为：

```
void glColor3{b s i f d ub us ui}(TYPE r,TYPE g,TYPE b);
void glColor4{b s i f d ub us ui}(TYPE r,TYPE g,TYPE b,TYPE a);
void glColor3{b s i f d ub us ui}v(TYPE *v);
void glColor4{b s i f d ub us ui}v(TYPE *v);
```

设置当前 R、G、B 和 A 值。这个函数有 3 和 4 两种方式，在前一种方式下，a 值缺省为 1.0；后一种 Alpha 值由用户自己设定，范围从 0.0 到 1.0。同样，它也可用指针传递参数。另外，函数的第 2 个后缀的不同使用，其相应的参数值及范围不同。虽然这些参数值不同，但实际上 OpenGL 已自动将它们映射在 0.0 到 1.0 或–1.0 或范围之内。因此，灵活使用这些后缀，会给编程带来很大的方便。

（2）颜色表模式（Color_Index Mode）。

在颜色表模式下，可以调用 glIndex*()函数从颜色表中选取当前颜色。其函数形式为：

```
void glIndex{sifd}(TYPE c);
void glIndex{sifd}v(TYPE *c);
```

设置当前颜色索引值，即调色板号。若值大于颜色位面数时则取模。

（3）两种模式应用场合。

在大多情况下，采用 RGBA 模式比颜色表模式的要多，尤其许多效果处理，如阴影、光照、雾、反走样、混合等，采用 RGBA 模式效果会更好些。另外，纹理映射只能在 RGBA 模式下进行。下面提供几种运用颜色表模式的情况（仅供参考）：

● 若原来应用程序采用的是颜色表模式则转到 OpenGL 上来时最好仍保持这种模式，便于移植。

● 若所用颜色不在缺省提供的颜色许可范围之内，则采用颜色表模式。

● 在其他许多特殊处理，如颜色动画，采用这种模式会出现奇异的效果。

12.3.6　OpenGL 中的纹理贴图

纹理映射意思就是把图片（或者说纹理）映射到 3D 模型的一个或多个面上。纹理可以是任何图片，使用纹理映射可以增加 3D 物体的真实感，我们常见的纹理有砖、植物叶子等。

图 12.8 所示是使用纹理映射和没有使用纹理映射四面体的比较。

图 12.8　纹理映射简单比较

要使用纹理映射，我们必须做以下 3 件事情：在 OpenGL 中装入纹理；为顶点提供纹理坐标（为了把纹理映射到顶点）；用纹理坐标在纹理上执行一个采样操作，得到一个像素颜色。

三维空间中的物体经过缩放、旋转、平移，最终投影到屏幕上，依赖于摄像机位置和方位的不同，最终呈现的形式可能千差万别，但根据纹理坐标，GPU 会保证最终的纹理映射结果是正确的。在光栅化阶段，GPU 也会插值纹理坐标，这样，每个片元都有一个对应纹理坐标。在片元 shader 中，片元（或像素）会根据纹理坐标，采样得到最终的纹理单元颜色，并把这些颜色和当点片元的颜色或者根据光照计算的颜色混合，从而输出像素的最终颜色。下面的内容中，我们将看到，纹理单元能够包含不同的数据，实现很多特效。

OpenGL 支持 1D、2D、3D、cube 等多种纹理，这些纹理在不同的技术中使用。我们首先来学习 2D 纹理。2D 纹理通常来说就是一块有高度和宽度的 surface（表面），宽度乘以高度的结果就是纹理单元的数目。那么如何指定顶点的纹理坐标呢？其实顶点的纹理坐标并不是顶点在纹理 surface 上的坐标，否则的话，那受限制就太大了。因为我们的三维物体表面是变化的，有的大，有的小，这样的话，意味着我们要不断更新纹理坐标，这显然很难做到。因此，存在纹理坐标空间，每维的纹理坐标范围都是[0,1]，所以纹理坐标通常都是[0,1]之间的一个浮点数。我们用纹理坐标乘以纹理的高度或宽度，就可以得到顶点在纹理上对应的纹理单元位置，例如：如果纹理位置是[0.5,0.1]，纹理宽度是 320，纹理高度是 200，那个对应纹理单元位置就是(160,20) (0.5 * 320 = 160 和 0.1 * 200 = 20)。

通常纹理空间又叫 UV 空间，U 对应二维笛卡尔坐标的 x 轴，V 对应 y 轴，OpenGL 中，U 轴方向从左到右，V 轴方向从下到上，如图 12.9 所示，可以看到（0,0）位置在左下角，向上 V 增加，向右 U 增加：

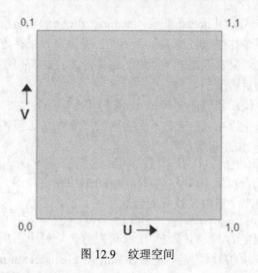

图 12.9　纹理空间

图 12.10 中的三角形被指定纹理坐标。

当三角形做了各种变化后，它的纹理坐标保持不变，假设三角形光栅化前，它的位置如图 12.11 所示。

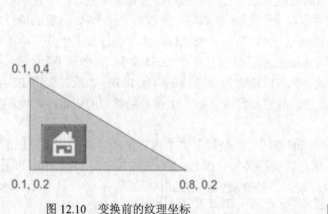

图 12.10　变换前的纹理坐标

图 12.11　变换后的纹理坐标

纹理坐标是三角形顶点的属性，无论三角形怎么变化，对于顶点来说，纹理坐标相对位置都不变。当然也可以在顶点 shader 中，动态改变纹理坐标，这个主要用于实现一些特殊的效果，比如水面效果等。

另一个和纹理映射相关的概念是"滤波"。前面我们讨论了通过一个纹理坐标，得到相应的纹理单元，由于纹理坐标是[0,1]之间的浮点数，它乘以纹理高度、宽度，可能得到一个浮点的映射坐标。比如我们把纹理坐标映射到纹理单元(152.34,745.14)，此时怎么得到纹理单元呢？最简单的方法，我们可以四舍五入，得到（152,745），这种方法，可以工作，但是在一些情况下，效果并不是很好，一个更佳的方案是：得到一个 2×2 的 quad 纹理单元，((152,745), (153,745), (152,744)和(153,744))，然后在这些纹理单元颜色之间进行线性插值操作，线性插值和该纹理单元到（152.34,745.14）的距离有关：越接近这个坐标，影响就越大；越远，影响越小，这个效果要比四舍五入直接选取纹理单元要好。

决定最终哪一个纹理单元被选择的方法就称作"滤波"，其最简单的方法就是前面说的四舍五入方法，这种滤波方式又叫 nearst 滤波（nearest filtering），是一种点采样的滤波方式。前面说的基于线性插值的滤波称作线性滤波。OpenGL 提供多种采样方式，你可以选择其中任意一种，通常，更好的滤波效果需要更高的 GPU 运算能力，这有可能影响帧率。选择更好的效果和更流畅的画面是个需要斟酌的问题。

创建一个纹理对象时候，我们需要指定 target（我们用 GL_TEXTURE_2D），以及图像文件名字。之后，我们可以调用 Load 函数，来装入纹理数据。如果需要把纹理对象绑定到特殊的纹理单元，我们可以用 Bind 函数。

```
glGenTextures(1, &m_textureObj);
```

glGenTextures 这个 OpenGL 函数和 glGenBuffers() 很相似，第一个参数是个数字，指定要创建的纹理对象数量，第二个参数是纹理对象数组。

```
glBindTexture(m_textureTarget, m_textureObj);
```

通过 glBindTexture() 函数，我们绑定一个纹理对象，这样下面所有对纹理的操作都是基于该对象。如果我们要操作别的纹理对象，需要重新使用 glBindTexture() 函数绑定别的纹理对象。glBindTexture() 函数中第二个参数是纹理对象句柄，第一个参数是纹理 target，它的值可能是 GL_TEXTURE_1D、GL_TEXTURE_2D 等。不同的纹理对象同时只能绑定一个 target。

```
glTexImage2D(m_textureTarget, 0, GL_RGBA, w, h, 0, GL_RGBA, GL_UNSIGNED_BYTE, data);
```

glTexImage2D 函数用来装入纹理对象的数据，也就是把系统内存中的数据（data）和纹理对象关联起来，可能在该函数调用时候就复制到显存，也可能是延时复制，这个是由显卡驱动控制的。glTexImage* 函数有几个版本，每个版本都对应一个纹理 target。该函数的第一个参数是纹理 target，第二个参数是 LOD（层次细节）。一个纹理对象可能包含多个分辨率的相同图像，这些图像称作 mipmap 层，每个 mipmap 层数都有一个 LOD 索引，范围从 0 到最高分辨率。

第 3 个参数是纹理对象的格式，你可以指定为 4 通道的颜色 RGBA，或者仅指定红色通道 GL_RED，接下来的 2 个参数是纹理的高度和宽度，第 5 个参数是纹理的边选项，本程序中我们设置为 0。

最后的 3 个参数指定源纹理数据的格式、类型以及数据内存地址。格式指定颜色的格式，这必须和图像数据中的 data 相匹配；类型描述每个颜色 channel 的格式，本程序中为无符号 8 位数字 GL_UNSIGNED_BYTE，最后一个参数是纹理数据内存地址。

```
glTexParameterf(m_textureTarget, GL_TEXTURE_MIN_FILTER, GL_LINEAR);
glTexParameterf(m_textureTarget, GL_TEXTURE_MAG_FILTER, GL_LINEAR);
```

上面两个函数指定纹理采样的方式，纹理采样方式是纹理状态的一部分。

```
glActiveTexture(TextureUnit);
glBindTexture(m_textureTarget, m_textureObj);
```

在 3D 程序中，可能有多个 draw，每个 draw 提交前，可能需要绑定不同的纹理，以便在 shader 中使用。上面的 Bind 函数就是可以使我们方便地切换不同的纹理，它的参数是一个纹理单元。

在 draw 调用前，我们进行一次纹理绑定操作，注意下面的禁止顶点属性函数调用，指定顶点属性后，我们需要再一次禁止它。

```
glFrontFace(GL_CW);
glCullFace(GL_BACK)
glEnable(GL_CULL_FACE);
```

上面 3 个函数设定三角形面背面剔除功能，启用该功能后，会在 PA 阶段，剔除法向朝后的三角面（背面三角形本来就看不见），从而这些面不会做片元 shader，从而提高程序性能。第 1 个函数指定三角形顶点为顺时针顺序，就是说从前面看向三角形时，它的顶点是顺时针排列；第 2 个函数指定剔除背面（而不是前面）；第 3 个参数开启剔除功能。

```
glUniform1i(gSampler, 0);
```

设定纹理单元的索引，我们将会在片元 shader 中通过 uniform 变量使用纹理。在前面的代码中，gSampler 会通过 glGetUniformLocation()函数得到。

一个完成纹理映射的物体如图 12.12 所示。

图 12.12　完成纹理映射的物体

12.3.7　OpenGL 中的光照

在 OpenGL 场景描述中可以包含多个点光源，光源的各种属性设置可使用如下函数指定。

```
void glLight{if} (GLenum light, GLenum pname, TYPE param);
void glLight{if}v (GLenum light, GLenum pname, TYPE *param);
```

其中，参数 light 指定进行参数设置的光源，其取值可以是符号常量 GL_LIGHT0、GL_LIGHT1，…，GL_LIGHT7；参数 pname 指定对光源设置何种属性，其取值参见表 12.2；参数 param 指定对于光源 light 的 pname 属性设置何值。非矢量版本中，它是一个数值；矢量版本中，它是一个指针，指向一个保存了属性值的数组，如表 12.2 所示。

表 12.2　　　　　　　　　　　　　　**参数 pname 的取值及含义**

pname 属性取值	默 认 值	含　　义
GL_AMBIENT	(0.0, 0.0, 0.0, 1.0)	光源中环境光分量
GL_DIFFUSE	(1.0, 1.0, 1.0, 1.0)或(0.0, 0.0, 0.0, 1.0)	光源中漫反射光分量
GL_SPECULAR	(1.0, 1.0, 1.0, 1.0)或(0.0, 0.0, 0.0, 1.0)	光源中镜面光分量
GL_POSITION	(0.0, 0.0, 1.0, 0.0)	光源的坐标位置
GL_SPOT_DIRECTION	(0.0, 0.0, −1.0)	光源聚光灯方向矢量
GL_SPOT_EXPONENT	(0.0)	聚光指数
GL_SPOT_CUTOFF	180.0	聚光截止角
GL_CONSTANT_ATTENUATION	1.0	固定衰减因子
GL_LINEAR_ATTENUATION	0.0	线性衰减因子
GL_QUADRATIC_ATTENUATION	0.0	二次衰减因子

1．点光源的颜色

点光源的颜色由环境光、漫反射光和镜面光分量组合而成，在 OpenGL 中分别使用 GL_AMBIENT、GL_DIFFUSE 和 GL_SPECULAR 指定。其中，漫反射光成分对物体的影响最大。

2．点光源的位置和类型

点光源的位置使用属性 GL_POSITION 指定，该属性的值是一个由 4 个值组成的矢量（x, y, z, w）。其中，如果 w 值为 0，表示指定的是一个离场景无穷远的光源；（x, y, z）指定了光源的方向，这种光源被称为方向光源，发出的是平行光；如果 w 值为 1，表示指定的是一个离场景较近的光源，（x, y, z）指定了光源的位置，这种光源称为定位光源。

3．聚光灯

当点光源定义为定位光源时，默认情况下，光源向所有的方向发光。但通过将发射光限定在圆锥体内，可以使定位光源变成聚光灯。属性 GL_SPOT_CUTOFF 用于定义聚光截止角，即光锥体轴线与母线之间的夹角，它的值只有锥体顶角值的 1/2。聚光截止角的默认值为 180.0，意味着沿所有方向发射光线。除默认值外，聚光截止角的取值范围为 [0.0，90.0]。GL_SPOT_DIRECTION 属性指定聚光灯光锥轴线的方向，其默认值是（0.0, 0.0, −1.0），即光线指向 z 轴负向。而 GL_SPOT_EXPONENT 属性可以指定聚光灯光锥体内的光线聚集程度，其默认值为 0。在光锥的轴线处，光强最大，从轴线向母线移动时，光强会不断衰减。衰减的系数是：轴线与照射到顶点的光线之间夹角余弦值的聚光指数次方。

4．光强度衰减

属性 GL_CONSTANT_ATTENUATION、GL_LINEAR_ATTENUATION、GL_QUADRATIC_ATTENUATION 分别指定了衰减系数 c0、c1 和 c2，用于指定光强度的衰减。

在 OpenGL 中，必须明确启用或禁用光照。默认情况下，不启用光照，此时使用当前颜色绘制图形，不进行法线矢量、光源、光照模型、材质属性的相关的计算。要启用光照，可以使用函数：

```
glEnable(GL_LIGHTING);
```

指定了光源的参数后，需要使用函数：

```
glEnable(light);
```

启用 light 指定的光源。当然也可以用 light 参数调用 glDisable 函数，禁用 light 指定的光源。需要特别说明的是，点光源的位置和方向是定义在场景中的，与景物一起通过几何变换和观察变换变换到观察坐标系中，因此光源既可以与场景中对象的相对位置保持不变，也可以使光源随观察点一起移动。

5．OpenGL 全局光照

在 OpenGL 中，还需要设定全局光照（相当于背景光）。OpenGL 提供了下面的函数对全局光照的属性进行定义。

```
void glLightMode{if} (GLenum pname，TYPE param);
void glLightMode{if}v (GLenum pname，TYPE *param);
```

其中，参数 pname 指定全局光照的属性，其取值见表 12.3；参数 param 指定进行设置的属性的值。

表 12.3　　　　参数 **pname** 的取值及含义

pname 属性取值	默 认 值	含 义
GL_LIGHT_MODEL_AMBIENT	(0.2, 0.2, 0.2, 1.0)	整个场景的环境光成分
GL_LIGHT_MODEL_LOCAL_VIEWER	GL_FALSE	如何计算镜面反射角
GL_LIGHT_MODEL_TWO_SIDE	GL_FALSE	单面光照还是双面光照
GL_LIGHT_MODEL_COLOR_CONTROL	GL_SINGLE_COLOR	镜面反射颜色是否独立于环境颜色、散射颜色

属性 GL_LIGHT_MODEL_AMBIENT 指定 OpenGL 场景中的背景光，如果不指定，系统使用低强度的白色（0.2，0.2，0.2，1.0）光。

镜面反射时需要几个矢量参数，包括从物体表面到观察位置的矢量 V，它指出表面位置与观察位置的关系。矢量 V 的默认方向为正 z 方向（0.0，0.0，1.0）。如果不希望用默认值而使用位于观察坐标原点的实际观察位置来计算 V，则将 GL_LIGHT_MODEL_LOCAL_VIEWER 属性值指定为 GL_TRUE。

在有些应用中，需要看到物体的后向面，例如实体的内部剖视图。此时需要打开双面光照，即对物体的前向面和后向面都进行光照计算。

在光照计算中，通常是分别计算环境光、表面散射光、漫反射光和镜面反射光的贡献，然后将其叠加。默认情况下，纹理映射在光照处理之后进行，但这样镜面高光区的纹理图案会变得不太理想。为此，可以将 GL_LIGHT_MODEL_COLOR_CONTROL 指定为 GL_SEPARATE_SPECULAR_COLOR，在纹理映射之后应用镜面颜色。这样，对于光照计算将生成两个颜色：镜面反射颜色和非镜面反射颜色。纹理图案先和非镜面反射颜色混合，然后再和镜面反射颜色混合。

6．OpenGL 表面材质

在启用了光照后，物体表面的颜色将由照射在其上的光的颜色以及物体的材质属性决定。所谓物体的材质属性，就是物体表面对各种光的反射系数。在 OpenGL 中使用下面的函数设定：

```
void glMaterial{if} (GLenum face, GLenum pname, TYPE param);
void glMaterial{if}v (GLenum face, GLenum pname, TYPE *param);
```

其中，face 的取值可以是符号常量 GL_FRONT、GL_BACK、GL_FRONT_AND_BACK，指定当前设定的材质属性应用于物体表面的前向面、后向面还是前后向面，这使得我们可以对物体内外表面设置不同的材质属性，在打开双面光照的情况下产生特殊的效果。参数 pname 指定设置的材质属性，其取值参见表 12.4；参数 param 设置属性的值。

表 12.4　　参数 pname 的取值及含义

pname 属性取值	默 认 值	含 义
GL_AMBIENT	(0.2, 0.2, 0.2, 1.0)	材质对环境光的反射系数
GL_DIFFUSE	(0.8, 0.8, 0.8, 1.0)	材质对漫反射的反射系数
GL_AMBIENT_AND_DIFFUSE		材质对环境光和漫反射的反射系数
GL_SPECULAR	(0.0, 0.0, 0.0, 1.0)	材质对镜面光的反射系数
GL_SHININESS	0.0	镜面反射系数
GL_EMISSION	(0.0, 0.0, 0.1, 1.0)	材质的发射光颜色
GL_COLOR_INDEXS	(0, 1, 1)	环境颜色索引、漫反射颜色索引、镜面反射颜色索引

属性 GL_AMBIENT 和 GL_DIFFUSE 的值定义了物体表面对环境光和漫射光中 RGB 颜色分量的反射系数。如果使用属性 GL_AMBIENT_AND_DIFFUSE，那么物体表面的环境光和漫射光将使用相同的反射系数。

镜面反射可以在物体表面形成高光区域。OpenGL 中通过改变属性 GL_SPECULAR 的值改变物体表面对镜面反射光的反射率，还可以通过属性 GL_SHININESS 的值改变高光区域的形状和大小。GL_SHININESS 属性值的取值范围为[0.0，128.0]，值越大，高光区域越小、光线集中程度越高。

在很多的应用中，我们有时希望物体亮一些，特别是对于一些表示光源的物体，此时可以通过 GL_EMISSION 属性使物体表面看起来有点发光。

在设定了材质属性之后，物体的最终颜色是由其材质属性的 RGB 值和光照属性的 RGB 值共同决定的。例如，如果当前环境光源的 RGB 值为（0.5，1.0，0.5），而物体材质的环境反射系数为（0.5，0.5，0.5），那么物体表面的环境光颜色为：

（0.5×0.5，1.0×0.5，0.5×0.5）=（0.25，0.5，0.25）

即将每个环境光源的成分与材质的环境反射率相乘。这样，物体表面的颜色为多项 RGB 值的叠加：包括材质对环境光的反射率与环境光结合的 RGB 值、材质对漫反射光的反射率与漫反射光结合的 RGB 值、材质对镜面光的反射率与镜面反射光结合的 RGB 值等。当叠加的 RGB 中任何一个颜色分量的值大于 1.0，那么就用 1.0 计算。

但是，在这种设定下，有时很难判断出物体在光照环境中的颜色，为此 OpenGL 提供了另一种材质模式，即颜色材质模式，可以通过函数：

```
void glColorMaterial (GLenum face, GLenum mode);
```

设置。其中，参数 face 可以取 GL_FRONT、GL_BACK、GL_FRONT_AND_BACK，指定物体的哪个面的材质属性使用颜色材质模式；而参数 mode 允许的取值是 GL_AMBIENT、GL_DIFFUSE、GL_SPECULAR、GL_AMBIENT_AND_DIFFUSE 或 GL_EMISSION，指定将更新哪种材质属性。

在使用了颜色材质模式后，需要调用：

```
glEnable(GL_COLOR_MATERIAL);
```

这样，可以通过 glColor 函数来指定物体表面的颜色，而相应的材质属性将通过颜色值和光源的 RGB 值计算出来。

12.4　OpenGL 开发库的获取

对于一般安装的 Windows 操作系统来说，OpenGL 开发库通常已经被包含在了系统内，而 OpenGL 扩展库通常不包括在系统中。对于不使用扩展库的读者来说，只要正确安装了计算机显卡的驱动程序，就已经可以进行 OpenGL 的开发了。OpenGL 的开发库还可以在网上自行搜索，或使用本书配套光盘中附带的。

读者自行获取的 OpenGL 开发库中包含多种格式的文件，每种文件都应放置在正确的位置以保证开发环境和应用程序可以正确地找到。

12.4.1　头文件（.h）的配置

头文件（.h）中包含了 OpenGL 中各种函数的声明，如果不能正确添加头文件，会在程序的编译阶段发生错误。对于 Visual C++ 6.0 来说，OpenGL 的头文件应该放置在：

C:\Program Files\Microsoft Visual Studio\VC98\Include。

具体情况如图 12.13 所示。

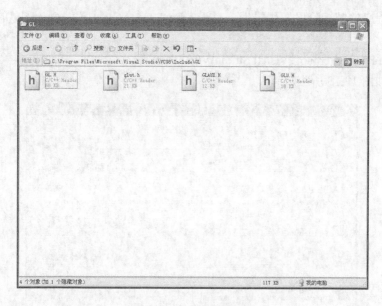

图 12.13　头文件配置情况

12.4.2　动态链接库文件（.dll）的配置

动态链接库文件（.h）中包含了 OpenGL 中各种函数的导出符号，如果不能正确添加头文件，会在程序的链接阶段发生错误。对于 Visual C++ 6.0 来说，OpenGL 的动态链接库文件应该放置在：

C:\WINDOWS\system32。

具体情况如图 12.14 所示。

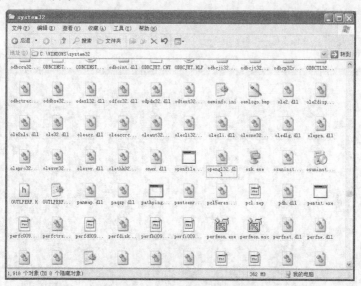

图 12.14　动态链接库文件配置情况

12.4.3　静态链接库文件（.lib）的配置

静态链接库文件（.lib）中包含了 OpenGL 中各种函数的函数体定义，如果不能正确添加头文件，会在程序的链接阶段发生错误。对于 Visual C++ 6.0 来说，OpenGL 的静态链接库文件应该放置在：

C:\Program Files\Microsoft Visual Studio\VC98\Lib。

具体情况如图 12.15 所示。

图 12.15　静态链接库配置情况

12.5　【实例】基于 Win32 的 OpenGL 框架

12.5.1　建立 Win32 应用程序

首先，用户需要在 Visual C++中建立一个新的项目，如图 12.16 所示。

图 12.16　建立一个新的项目

在弹出的新建项目窗口中，选择建立一个新的 Win32 Application，如图 12.17 所示。
注意：这里应该选择 Win32 Application，而不是 Win32 Console Application。

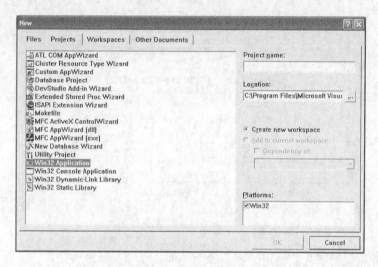

图 12.17　建立一个新的 Win32 Application

接下来，需要设置项目的链接库文件，在菜单中选择 Project -> Settings，如图 12.18
所示。

图 12.18　选择 Project -> Settings

最后选择 Link 选项，在"Object/Library Modules"下增加 OpenGL 所需的库文件，具体有
OpenGL32.lib、Glu32.lib，在开始行中的 kernel32.lib 前加上 OpenGL32.lib、Glu32.lib，中间使
用空格进行分割。如图 12.19 所示。

然后单击对话框右下角的 OK 按钮，完成项目的配置。

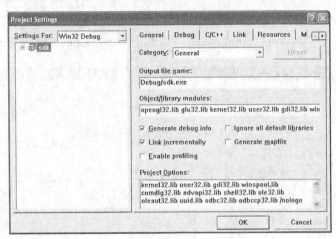

图 12-19　添加库文件

12.5.2　头文件设置及全局变量

代码的最开始包括了我们使用的每个库文件的头文件。如下所示：

```
#include <windows.h>                        // Windows 的头文件
#include <gl\gl.h>                          // OpenGL32 库的头文件
#include <gl\glu.h>                         // GLu32 库的头文件
```

下面的第 1 行设置的变量是渲染上下文（Rendering Context）。每一个 OpenGL 都被连接到一个渲染上下文上。渲染上下文将所有的 OpenGL 调用命令连接到设备上下文（Device Context）上。本书将 OpenGL 的渲染上下文定义为 hRC。要让应用程序能够绘制窗口的话，还需要创建一个设备上下文，也就是第 2 行的内容。Windows 的设备上下文被定义为 hDC。DC 将窗口连接到图形设备接口 GDI（Graphics Device Interface）。而 RC 将 OpenGL 连接到 DC。第 3 行的变量 hWnd 将保存由 Windows 给我们的窗口指派的句柄。最后，第 4 行为我们的程序创建了一个 Instance（实例）。

```
HGLRC hRC = NULL;                           // 永久渲染上下文
HDC hDC = NULL;                             // 私有 GDI 设备上下文
HWND hWnd = NULL;                           // 保存我们的窗口句柄
HINSTANCE hInstance;                        // 保存程序的实例
```

下面的第 1 行设置一个用来监控键盘动作的数组。有许多方法可以监控键盘的动作，但这里的方法很可靠，并且可以处理多个键同时按下的情况。

active 变量用来告知程序窗口是否处于最小化的状态。如果窗口已经最小化的话，我们可以做从暂停代码执行到退出程序的任何事情。

fullscreen 变量的作用相当明显。如果我们的程序在全屏状态下运行，fullscreen 的值为 TRUE，否则为 FALSE。这个全局变量的设置十分重要，它让每个过程都知道程序是否运行在全屏状态下。

```
bool keys[256];                             // 用于键盘例程的数组
bool active=TRUE;                           // 窗口的活动标志，缺省为 TRUE
bool fullscreen=TRUE;                       // 全屏标志缺省设定成全屏模式
```

现在我们需要先定义 WndProc()。必须这么做的原因是 CreateGLWindow()方法中有对 WndProc()的引用，但 WndProc()在 CreateGLWindow()之后才出现。而在 C 语言的规定中，如果我们想要访问一个当前程序段之后的过程和程序段的话，必须在程序开始处先申明所要访问的程序段。所以下面的一行代码先行定义了 WndProc()，使得 CreateGLWindow()能够引用 WndProc()。

```
LRESULT CALLBACK WndProc(HWND hWnd,          // 窗口的句柄
                         UINT uMsg,          // 窗口的消息
                         WPARAM wParam,      // 附加的消息内容
                         LPARAM lParam);     // 附加的消息内容
```

12.5.3 改变 OpenGL 场景尺寸

下面的代码的作用是重新设置 OpenGL 场景的大小，而不管窗口的大小是否已经改变（假定我们没有使用全屏模式）。甚至我们无法改变窗口的大小时（例如我们在全屏模式下），它至少仍将运行一次——在程序开始时设置的透视图。OpenGL 场景的尺寸将被设置成它显示时所在窗口的大小。

```
GLvoid ReSizeGLScene(GLsizei width, GLsizei height)   // 重置并初始化窗口大小
{
    if (height == 0)                         // 防止被零除
    {
        height = 1;                          // 将 Height 设为 1
    }
    glViewport(0, 0, width, height);         // 重置当前的视口
```

下面几行为透视图设置屏幕。这意味着越远的东西看起来越小。这么做是创建了一个现实外观的场景。此处透视按照基于窗口宽度和高度的 45 度视角来计算。0.1f、100.0f 是我们在场景中所能绘制深度的起点和终点。

glMatrixMode(GL_PROJECTION)指明接下来的两行代码将影响投影矩阵（projection matrix）。投影矩阵负责为我们的场景增加透视。glLoadIdentity()近似于重置，它将所选的矩阵状态恢复成其原始状态。调用 glLoadIdentity()之后我们为场景设置透视图。GlMatrixMode(GL_MODELVIEW)指明任何新的变换将会影响模型观察矩阵（modelview matrix）。模型观察矩阵中存放了我们的物体讯息，最后我们重置模型观察矩阵。

```
glMatrixMode (GL_PROJECTION);            // 选择投影矩阵
glLoadIdentity();                        // 重置投影矩阵
// 计算窗口的外观比例
gluPerspective(45.0f, (GLfloat) width / (GLfloat) height, 0.1f, 100.0f);
glMatrixMode (GL_MODELVIEW);
// 选择模型观察矩阵
glLoadIdentity();                        // 重置模型观察矩阵
}
```

12.5.4 OpenGL 的初始化

接下的代码段中，我们将对 OpenGL 进行所有的设置。我们将设置清除屏幕所用的颜色、打开深度缓存、启用阴影平滑（smooth shading），等等。这个例程直到 OpenGL 窗口创建之后才会被调用。此过程将有返回值，但我们此处的初始化没那么复杂，现在还用不着担心这个返回值。

```
int InitGL(GLvoid)                       // 此处开始对 OpenGL 进行所有设置
{
```

下一行启用阴影平滑。阴影平滑通过多边形精细的混合色彩，并对外部光进行平滑。

```
glShadeModel (GL_SMOOTH);                // 启用阴影平滑
```

下一行设置清除屏幕时所用的颜色。色彩值的范围从 0.0f 到 1.0f。0.0f 代表最黑的情况，1.0f 就是最亮的情况。glClearColor 后的第 1 个参数是红色分量（Red Intensity），第 2 个是绿色，第 3 是蓝色。最大值也是 1.0f，代表特定颜色分量的最亮情况。最后一个参数是 Alpha 值。当它用来清除屏幕的时候，我们不用关心第 4 个数字，现在让它为 0.0f。

通过混合 3 种原色（红、绿、蓝），我们可以得到不同的色彩。因此，当我们使用 glClearColor (0.0f,0.0f,1.0f,0.0f)，我们将用亮蓝色来清除屏幕。如果我们用 glClearColor(0.5f,0.0f,0.0f,0.0f) 的话，我们将使用中红色来清除屏幕。不是最亮（1.0f），也不是最暗（0.0f）。要得到白色背景，我们应该将所有的颜色设成最亮(1.0f)。要黑色背景的话，我们该将所有的颜色设为最暗(0.0f)。

```
glClearColor(0.0f, 0.0f, 0.0f, 0.0f);                    // 黑色背景
```

接下来的 3 行必须做的是关于深度缓存（depth buffer）的。将深度缓存设想为屏幕后面的层，3D 场景 OpenGL 程序都使用深度缓存。它的排序决定那个物体先画。这样我们就不会将一个圆形后面的正方形画到圆形上来。深度缓存是 OpenGL 十分重要的部分。

```
glClearDepth(1.0f);                    // 设置深度缓存
glEnable (GL_DEPTH_TEST);              // 启用深度测试
glDepthFunc (GL_LEQUAL);               // 所做深度测试的类型
```

接着告诉 OpenGL 我们希望进行最好的透视修正。这会十分轻微地影响性能，但会使得透视图看起来好一点。

```
glHint(GL_PERSPECTIVE_CORRECTION_HINT, GL_NICEST); // 真正精细的透视修正
```

最后，我们返回 TRUE。如果我们希望检查初始化是否 OK，我们可以查看返回的 TRUE 或 FALSE 的值。如果有错误发生的话，我们可以加上我们自己的代码返回 FALSE。

```
    return TRUE;                       // 初始化 OK
}
```

12.5.5 OpenGL 的绘制

下一段包括了所有的绘图代码。我们所想在屏幕上显示的内容都将在此段代码中出现。为了表明我们已经正确地进行了 OpenGL 环境的配置，我们再使用代码在屏幕中心绘制白色的水平线段，注意这里的工作顺序：

清除屏幕 -> 清除深度缓存 -> 重置场景 -> 绘制图形。

```
int DrawGLScene(GLvoid)                // 从这里开始进行所有的绘制
{
    glClear(GL_COLOR_BUFFER_BIT | GL_DEPTH_BUFFER_BIT); // 清除屏幕和深度缓存
    glLoadIdentity();                  // 重置当前的模型观察矩阵
    glColor3f(1.0f,1.0f,1.0f);
    glBegin(GL_LINES);
    glVertex3f(-0.5f,0.0f,-5.0f);
    glVertex3f(0.5f,0.0f,-5.0f);
    glEnd();
    return TRUE;
}
```

12.5.6 关闭 OpenGL

下一段代码只在程序退出之前调用。KillGLWindow()的作用是依次释放渲染上下文，设备上下文和窗口句柄。这段程序已经加入了许多错误检查。如果程序无法销毁窗口的任意部分，都会弹出带相应错误消息的讯息窗口，用于提示具体的错误信息。

```
    GLvoid KillGLWindow(GLvoid)        // 正常销毁窗口
    {
```

我们在 KillGLWindow()中所做的第一件事是检查我们是否处于全屏模式。如果是，我们要切换回桌面。我们本应在禁用全屏模式前先销毁窗口，但在某些显卡上这么做可能会使得桌面崩溃。

```
    if (fullscreen)                    // 我们处于全屏模式吗？
    {
```

我们使用 ChangeDisplaySettings(NULL,0)回到原始桌面。将 NULL 作为第 1 个参数，0 作为第 2 个参数传递强制 Windows 使用当前存放在注册表中的值（缺省的分辨率、色彩深度、刷新频率等）来有效地恢复我们的原始桌面。切换回桌面后，我们还要使得鼠标指针重新可见。

```
ChangeDisplaySettings(NULL, 0);                // 是的话，切换回桌面
ShowCursor (TRUE);                             // 显示鼠标指针
}
```

接下来的代码查看我们是否拥有渲染上下文（hRC）。如果没有，程序将跳转至后面的代码查看是否拥有设备上下文。

```
if (hRC)                                       // 拥有渲染上下文吗？
{
```

如果存在渲染上下文的话，下面的代码将查看我们能否释放它（将 hRC 从 hDC 分开）。这里请注意本书使用的查错方法。本书基本上只是让程序尝试释放渲染上下文（通过调用：wglMakeCurrent(NULL,NULL)），然后再查看释放是否成功。

```
if (!wglMakeCurrent(NULL, NULL))              // 能否释放 DC 和 RC 上下文？
{
```

如果不能释放 DC 和 RC 上下文的话，MessageBox()将弹出错误消息，告知我们 DC 和 RC 无法被释放。NULL 意味着消息窗口没有父窗口。其右的文字将在消息窗口上出现。"错误"字样出现在窗口的标题栏上。MB_OK 的意思消息窗口上带有一个写着 OK 字样的按钮。MB_ICONINFORMATION 将在消息窗口中显示一个带圈的小写的 i（看上去更正式一些）。

```
MessageBox(NULL, "释放 DC 和 RC 上下文失败.", "错误", MB_OK | MB_ICONINFORMATION);
}
```

下一步我们试着删除渲染上下文。如果不成功的话弹出错误消息。

```
if (!wglDeleteContext(hRC))                    // 能否删除 RC？
{
```

如果无法删除渲染上下文的话，将弹出错误消息告知我们 RC 未能成功删除。然后 hRC 被设为 NULL。

```
    MessageBox(NULL, "释放 RC 失败.", "错误", MB_OK | MB_ICONINFORMATION);
    }
hRC = NULL;                                     // 将 RC 设为 NULL
}
```

现在我们查看是否存在设备上下文，如果有尝试释放它。如果不能释放设备上下文将弹出错误消息，然后 hDC 设为 NULL。

```
if (hDC && !ReleaseDC(hWnd, hDC))             // 能否释放 DC？
{
    MessageBox(NULL, "释放 DC 失败.", "错误", MB_OK | MB_ICONINFORMATION);
    hDC = NULL;                                 // 将 DC 设为 NULL
}
```

现在我们来查看是否存在窗口句柄，我们调用 DestroyWindow（hWnd）来尝试销毁窗口。如果不能的话弹出错误窗口，然后 hWnd 被设为 NULL。

```
if (hWnd && !DestroyWindow(hWnd))             // 能否销毁窗口？
{
    MessageBox(NULL, "无法释放 hWnd.", "错误", MB_OK | MB_ICONINFORMATION);
    hWnd = NULL;                                // 将 hWnd 设为 NULL
}
```

最后要做的事是注销我们的窗口类。这允许我们正常销毁窗口，接着在打开其他窗口时，不会收到诸如"Windows Class already registered"（窗口类已注册）的错误消息。

```
    if (!UnregisterClass("OpenGL", hInstance)) // 能否注销类？
```

```
    {
        MessageBox(NULL, "无法注册类.", "错误", MB_OK | MB_ICONINFORMATION);
        hInstance = NULL;                                    // 将 hInstance 设为 NULL
    }
}
```

12.5.7 创建 OpenGL 窗口

接下来的代码段创建我们的 OpenGL 窗口，此过程返回布尔变量（TRUE 或 FALSE）。它还带有 5 个参数：窗口的标题栏、窗口的宽度、窗口的高度、色彩位数（16/24/32）和全屏标志（TRUE—全屏模式，FALSE—窗口模式）。返回的布尔值告诉我们窗口是否成功创建。

```
BOOL CreateGLWindow(char* title, int width, int height, int bits,
                    bool fullscreenflag)
{
```

当我们要求 Windows 为我们寻找相匹配的像素格式时，Windows 寻找结束后将模式值保存在变量 PixelFormat 中。

```
GLuint PixelFormat;                                          // 保存查找匹配的结果
```

wc 用来保存我们的窗口类的结构。窗口类结构中保存着我们的窗口信息。通过改变类的不同字段我们可以改变窗口的外观和行为。每个窗口都属于一个窗口类。当创建窗口时，必须为窗口注册类。

```
WNDCLASS wc;                                                 // 窗口类结构
```

dwExStyle 和 dwStyle 存放扩展和通常的窗口风格信息。使用变量来存放风格的目的是为了能够根据我们需要创建的窗口类型（是全屏幕下的弹出窗口还是窗口模式下的带边框的普通窗口）来改变窗口的风格。

```
DWORD dwExStyle;                                             // 扩展窗口风格
DWORD dwStyle;                                               // 窗口风格
```

下面的代码取得矩形的左上角和右下角的坐标值。我们将使用这些值来调整我们的窗口使得其上的绘图区的大小恰好是我们所需的分辨率的值。通常如果我们创建一个 640×480 的窗口，窗口的边框会占掉一些分辨率的值。

```
RECT WindowRect;                                             // 取得矩形的左上角和右下角的坐标值
WindowRect.left = (long) 0;                                  // 将 Left 设为 0
WindowRect.right = (long) width;                            // 将 Right 设为要求的宽度
WindowRect.top = (long) 0;                                   // 将 Top 设为 0
WindowRect.bottom = (long) height;                         // 将 Bottom 设为要求的高度
```

下一行代码中我们让全局变量 fullscreen 等于 fullscreenflag。

```
fullscreen = fullscreenflag;                                // 设置全局全屏标志
```

下一部分的代码中，我们取得窗口的实例，然后定义窗口类。

CS_HREDRAW 和 CS_VREDRAW 的意思是无论何时，只要窗口发生变化时就强制重画。CS_OWNDC 为窗口创建一个私有的 DC。这意味着 DC 不能在程序间共享。WndProc 是我们程序的消息处理过程。由于没有使用额外的窗口数据，后两个字段设为零。然后设置实例。接着我们将 hIcon 设为 NULL，因为我们不想给窗口设置一个图标。鼠标指针设为标准的箭头。背景色无所谓（我们在 GL 中设置）。我们也不想要窗口菜单，所以将其设为 NULL。类的名字可以是我们想要的任何名字。为了简单起见，这里将使用 "OpenGL"。

```
hInstance = GetModuleHandle(NULL);                          // 取得我们窗口的实例
wc.style = CS_HREDRAW | CS_VREDRAW | CS_OWNDC;              // 移动时重画，并为窗口取得 DC
wc.lpfnWndProc = (WNDPROC) WndProc;                        // WndProc 处理消息
wc.cbClsExtra = 0;                                           // 无额外窗口数据
```

```
wc.cbWndExtra = 0;                                      // 无额外窗口数据
wc.hInstance = hInstance;                               // 设置实例
wc.hIcon = LoadIcon(NULL, IDI_WINLOGO);                 // 装入缺省图标
wc.hCursor = LoadCursor(NULL, IDC_ARROW);               // 装入鼠标指针
wc.hbrBackground = NULL;                                // GL 不需要背景
wc.lpszMenuName = NULL;                                 // 不需要菜单
wc.lpszClassName = "OpenGL";                            // 设定类名字
```

现在注册类名字。如果有错误发生，弹出错误消息窗口。按下上面的 OK 按钮后，程序退出。

```
if (!RegisterClass(&wc))                                // 尝试注册窗口类
{
    MessageBox(NULL, "注册窗口类错误.", "错误", MB_OK | MB_ICONEXCLAMATION);
    return FALSE;                                       // 退出并返回 FALSE
}
```

查看程序应该在全屏模式还是窗口模式下运行。如果应该是全屏模式的话，我们将尝试设置全屏模式。

```
if (fullscreen)                                         // 要尝试全屏模式吗?
{
```

下一部分的代码用于切换到全屏模式。在切换到全屏模式时，有几件十分重要的事必须牢记。必须确保在全屏模式下所用的宽度和高度等同于窗口模式下的宽度和高度。最最重要的是要在创建窗口之前设置全屏模式。

```
    DEVMODE dmScreenSettings;                           // 设备模式
    memset(&dmScreenSettings, 0, sizeof(dmScreenSettings)); // 确保内存分配
    dmScreenSettings.dmSize = sizeof(dmScreenSettings); // Devmode 结构的大小
    dmScreenSettings.dmPelsWidth = width;               // 所选屏幕宽度
    dmScreenSettings.dmPelsHeight = height;             // 所选屏幕高度
    dmScreenSettings.dmBitsPerPel = bits;               // 每像素所选的色彩深度
    dmScreenSettings.dmFields = DM_BITSPERPEL | DM_PELSWIDTH
        | DM_PELSHEIGHT;

    // 尝试设置显示模式并返回结果。注：CDS_FULLSCREEN 移去了状态条。
    if (ChangeDisplaySettings(&dmScreenSettings, CDS_FULLSCREEN)
        != DISP_CHANGE_SUCCESSFUL)
    {
        return FALSE;                                   //退出并返回 FALSE
    }
}


if (fullscreen)                                         // 仍处于全屏模式吗?
{
```

如果我们仍处于全屏模式，设置扩展窗体风格为 WS_EX_APPWINDOW，这将强制我们的窗体可见时处于最前面。再将窗体的风格设为 WS_POPUP。这个类型的窗体没有边框，使我们的全屏模式得以完美显示。

```
dwExStyle = WS_EX_APPWINDOW;                            // 扩展窗体风格
dwStyle = WS_POPUP;                                     // 窗体风格
```

最后我们禁用鼠标指针。当应用程序不是交互式的时候，在全屏模式下禁用鼠标指针通常是个好主意。

```
    ShowCursor (FALSE);                                 // 隐藏鼠标指针
}
else
{
```

如果我们使用窗口而不是全屏模式，我们在扩展窗体风格中增加了 WS_EX_WINDOWEDGE，

增强窗体的 3D 感观。窗体风格改用 WS_OVERLAPPEDWINDOW，创建一个带标题栏、可变大小的边框、菜单和最大化/最小化按钮的窗体。

```
    dwExStyle = WS_EX_APPWINDOW | WS_EX_WINDOWEDGE;        // 扩展窗体风格
    dwStyle = WS_OVERLAPPEDWINDOW;                          // 窗体风格
}
```

下一行代码根据创建的窗体类型调整窗口。调整的目的是使得窗口大小正好等于我们要求的分辨率。通常边框会占用窗口的一部分。使用 AdjustWindowRectEx 后，我们的 OpenGL 场景就不会被边框盖住。实际上窗口变得更大以便绘制边框。全屏模式下，此命令无效。

```
    AdjustWindowRectEx(&WindowRect, dwStyle, FALSE, dwExStyle);    // 调整窗口达到真正要求的大小
```

下一段代码开始创建窗口并检查窗口是否成功创建。我们将传递 CreateWindowEx() 所需的所有参数。如扩展风格、类名字（与我们在注册窗口类时所用的名字相同）、窗口标题、窗体风格、窗体的左上角坐标（0,0 是个安全的选择）、窗体的宽和高。我们没有父窗口，也不想要菜单，这些参数被设为 NULL。其还传递了窗口的实例，最后一个参数被设为 NULL。

注意我们在窗体风格中包括了 WS_CLIPSIBLINGS 和 WS_CLIPCHILDREN。要让 OpenGL 正常运行，这两个属性是必须的。它们阻止别的窗体在我们的窗体内/上绘图。

```
    if (!(hWnd = CreateWindowEx(dwExStyle,              // 扩展窗体风格
        "OpenGL",                                      // 类名字
        title,                                         // 窗口标题
        WS_CLIPSIBLINGS |                              // 必须的窗体风格属性
        WS_CLIPCHILDREN |                              // 必须的窗体风格属性
        dwStyle,                                       // 选择的窗体属性
        0, 0,                                          // 窗口位置
        WindowRect.right - WindowRect.left,            // 计算调整好的窗口宽度
        WindowRect.bottom - WindowRect.top,            // 计算调整好的窗口高度
        NULL,                                          // 无父窗口
        NULL,                                          // 无菜单
        hInstance,                                     // 实例
        NULL)))                                        // 不向 WM_CREATE 传递任何东西
    {
```

下来我们检查看窗口是否正常创建。如果成功，hWnd 保存窗口的句柄。如果失败，弹出消息窗口，并退出程序。

```
    KillGLWindow();                                    // 重置显示区
    MessageBox(NULL, "创建窗口错误.", "错误", MB_OK | MB_ICONEXCLAMATION);
    return FALSE;                                       // 返回 FALSE
}
```

下面的代码描述像素格式。我们选择了通过 RGBA（红、绿、蓝、Alpha 通道）支持 OpenGL 和双缓存的格式。我们试图找到匹配我们选定的色彩深度（16 位、24 位、32 位）的像素格式。最后设置 16 位 Z-缓存。其余的参数要么未使用要么不重要（stencil buffer：模板缓存与 accumulation buffer：聚集缓存除外）。

```
    static PIXELFORMATDESCRIPTOR pfd =                 //pfd 告诉窗口我们所希望的东西
    {
        sizeof(PIXELFORMATDESCRIPTOR),                 //上述格式描述符的大小
        1,                                             // 版本号
        PFD_DRAW_TO_WINDOW |                           // 格式必须支持窗口
        PFD_SUPPORT_OPENGL |                           // 格式必须支持 OpenGL
        PFD_DOUBLEBUFFER,                              // 必须支持双缓冲
        PFD_TYPE_RGBA,                                 // 申请 RGBA 格式
        bits,                                          // 选定色彩深度
        0, 0, 0, 0, 0, 0,                              // 忽略的色彩位
```

```
    0,                                              // 无 Alpha 缓存
    0,                                              // 忽略 Shift Bit
    0,                                              // 无聚集缓存
    0, 0, 0, 0,                                     // 忽略聚集位
    16,                                             // 16 位 Z-缓存 (深度缓存)
    0,                                              // 无模板缓存
    0,                                              // 无辅助缓存
    PFD_MAIN_PLANE,                                 // 主绘图层
    0,                                              // 保留
    0, 0, 0                                         // 忽略层遮罩
};
```

如果前面创建窗口时没有错误发生，我们接着尝试取得 OpenGL 设备描述表。若无法取得 DC，弹出错误消息程序退出（返回 FALSE）。

```
if (!(hDC = GetDC(hWnd)))                           // 取得设备上下文了么？
{
    KillGLWindow();                                 // 重置显示区
    MessageBox(NULL, "无法创建设备上下文.", "错误", MB_OK | MB_ICONEXCLAMATION);
    return FALSE;                                   // 返回 FALSE
}
```

设法为 OpenGL 窗口取得设备描述表后，我们尝试找到对应与此前我们选定的像素格式。如果 Windows 不能找到的话，弹出错误消息，并退出程序（返回 FALSE）。

```
if (!(PixelFormat = ChoosePixelFormat(hDC, &pfd)))  //Windows 找到像素？
{
    KillGLWindow();                                 // 重置显示区
    MessageBox(NULL, "找不到像素格式.", "错误", MB_OK | MB_ICONEXCLAMATION);
    return FALSE;                                   // 返回 FALSE
}
```

Windows 找到相应的像素格式后，尝试设置像素格式。如果无法设置，弹出错误消息，并退出程序（返回 FALSE）。

```
if (!SetPixelFormat(hDC, PixelFormat, &pfd))        // 能够设置像素格式么？
{
    KillGLWindow();                                 // 重置显示区
    MessageBox(NULL, "无法设置像素格式.", "错误", MB_OK | MB_ICONEXCLAMATION);
    return FALSE;                                   // 返回 FALSE
}
```

正常设置像素格式后，尝试取得着色描述表。如果不能取得着色描述表的话，弹出错误消息，并退出程序（返回 FALSE）。

```
if (!(hRC = wglCreateContext(hDC)))                 // 能否取得渲染上下文？
{
    KillGLWindow();                                 // 重置显示区
    MessageBox(NULL, "无法创建渲染上下文.", "错误", MB_OK | MB_ICONEXCLAMATION);
    return FALSE;                                   // 返回 FALSE
}
```

如果到现在仍未出现错误的话，我们已经设法取得了设备描述表和着色描述表。接着要做的是激活着色描述表。如果无法激活，弹出错误消息，并退出程序（返回 FALSE）。

```
if (!wglMakeCurrent(hDC, hRC))                      // 尝试激活渲染上下文
{
    KillGLWindow();                                 // 重置显示区
    MessageBox(NULL, "无法激活渲染上下文.", "错误", MB_OK | MB_ICONEXCLAMATION);
    return FALSE;                                   // 返回 FALSE
}
```

一切顺利的话，OpenGL 窗口已经创建完成，接着可以显示它啦。将它设为前端窗口（给

它更高的优先级），并将焦点移至此窗口。然后调用 ReSizeGLScene 将屏幕的宽度和高度设置给透视 OpenGL 屏幕。

```
ShowWindow(hWnd, SW_SHOW);                          // 显示窗口
SetForegroundWindow(hWnd);                          // 略略提高优先级
SetFocus(hWnd);                                     // 设置键盘的焦点至此窗口
ReSizeGLScene(width, height);                       // 设置透视 GL 屏幕
```

跳转至 InitGL()，这里可以设置光照、纹理等任何需要设置的内容。我们可以在 InitGL() 内部自行定义错误检查，并返回 TRUE（一切正常）或 FALSE（有什么不对）。例如，如果我们在 InitGL() 内装载纹理并出现错误，我们可能希望程序停止。如果我们返回 FALSE 的话，下面的代码会弹出错误消息，并退出程序。

```
if (!InitGL())                                      // 初始化新建的 GL 窗口
{
    KillGLWindow();                                 // 重置显示区
    MessageBox(NULL, "Initialization Failed.", "错误",
        MB_OK | MB_ICONEXCLAMATION);
    return FALSE;                                   // 返回 FALSE
}
```

到这里我们可以安全地推定创建窗口已经成功了。我们向 WinMain() 返回 TRUE，告知 WinMain() 没有错误，以防止程序退出。

```
    return TRUE;                                    // 成功
}
```

12.5.8　处理窗口的消息及键盘事件处理

下面的代码处理所有的窗口消息。当我们注册好窗口类之后，程序跳转到这部分代码处理窗口消息。

```
LRESULT CALLBACK WndProc(HWND hWnd,                 // 窗口的句柄
                         UINT uMsg,                 // 窗口的消息
                         WPARAM wParam,             // 附加的消息内容
                         LPARAM lParam)             // 附加的消息内容
{
```

用下面的代码比对 uMsg 的值，然后转入 case 处理，uMsg 中保存了我们要处理的具体消息名字。

```
switch (uMsg)                                       // 检查 Windows 消息
{
```

如果 uMsg 等于 WM_ACTIVE，查看窗口是否仍然处于激活状态。如果窗口已被最小化，将变量 active 设为 FALSE。如果窗口已被激活，变量 active 的值为 TRUE。

```
case WM_ACTIVATE:                                   // 监视窗口激活消息
{
    if (!HIWORD(wParam))                            // 检查最小化状态
    {
        active = TRUE;                              // 程序处于激活状态
    }
    else
    {
        active = FALSE;                             // 程序不再激活
    }
    return 0;                                       // 返回消息循环
}
```

如果消息是 WM_SYSCOMMAND（系统命令），再次比对 wParam。如果 wParam 是

SC_SCREENSAVE 或 SC_MONITORPOWER 的话，不是有屏幕保护要运行，就是显示器想进入节电模式。返回 0 可以阻止这两件事发生。

```
case WM_SYSCOMMAND:                              // 中断系统命令 Intercept System Commands
{
    switch (wParam)                              // 检查系统调用 Check System Calls
    {
    case SC_SCREENSAVE:                          // 屏保要运行?
    case SC_MONITORPOWER:                        // 显示器要进入节电模式?
        return 0;                                // 阻止发生
    }
    break;                                       // 退出
}
```

如果 uMsg 是 WM_CLOSE，窗口将被关闭。我们发出退出消息，主循环将被中断。变量 done 被设为 TRUE，WinMain()的主循环中止，程序关闭。

```
case WM_CLOSE:                                   // 收到 Close 消息?
{
    PostQuitMessage(0);                          // 发出退出消息
    return 0;
}
```

如果键盘有键按下，通过读取 wParam 的信息可以找出键值。我们将键盘数组 keys[ ]相应的数组成员的值设为 TRUE。这样以后就可以查找 key[ ]来得知什么键被按下。允许同时按下多个键。

```
case WM_KEYDOWN:                                 // 有键按下么?
{
    keys[wParam] = TRUE;                         // 如果是，设为 TRUE
    return 0;                                    // 返回
}
```

同样，如果键盘有键释放，通过读取 wParam 的信息可以找出键值。然后将键盘数组 keys[ ]相应的数组成员的值设为 FALSE。这样查找 key[ ]来得知什么键被按下，什么键被释放了。键盘上的每个键都可以用 0～255 之间的一个数来代表。举例来说，当我们按下 40 所代表的键时，keys[40]的值将被设为 TRUE。放开的话，它就被设为 FALSE。这也是 key 数组的原理。

```
case WM_KEYUP:                                   // 有键放开么?
{
    keys[wParam] = FALSE;                        // 如果是，设为 FALSE
    return 0;                                    // 返回
}
```

当调整窗口时，uMsg 最后等于消息 WM_SIZE。读取 lParam 的 LOWORD 和 HIWORD 可以得到窗口新的宽度和高度。将它们传递给 ReSizeGLScene()，OpenGL 场景将调整为新的宽度和高度。

```
case WM_SIZE:
{
    ReSizeGLScene(LOWORD(lParam), HIWORD(lParam));
    return 0;
}
}
```

其余无关的消息被传递给 DefWindowProc，让 Windows 自行处理。

```
// 向 DefWindowProc 传递所有未处理的消息。
return DefWindowProc(hWnd, uMsg, wParam, lParam);
}
```

12.5.9　WinMain 函数

下面是我们的 Windows 程序的入口。其将会调用窗口创建例程，处理窗口消息，并监视人机交互。

```
int WINAPI WinMain(HINSTANCE hInstance,           // 实例
                   HINSTANCE hPrevInstance,       // 前一个实例
                   LPSTR lpCmdLine,               // 命令行参数
                   int nCmdShow)                  // 窗口显示状态
{
```

我们设置两个变量。msg 用来检查是否有消息等待处理。done 的初始值设为 FALSE。这意味着我们的程序仍未完成运行。只要程序 done 保持 FALSE，程序继续运行。一旦 done 的值改变为 TRUE，程序退出。

```
    MSG msg;                                      // Windowsx 消息结构
    BOOL done = FALSE;                            // 用来退出循环的 Bool 变量
```

运行这段代码会弹出一个消息窗口，询问用户是否希望在全屏模式下运行。如果用户单击 NO 按钮，fullscreen 变量从缺省的 TRUE 改变为 FALSE，程序也改在窗口模式下运行。

```
    // 提示用户选择运行模式
    if (MessageBox(NULL, "运行在全屏模式吗?","全屏模式?", MB_YESNO | MB_ICONQUESTION) == IDNO)
    {
        fullscreen = FALSE;                       // 窗口模式
    }
```

接着创建 OpenGL 窗口。CreateGLWindow 函数的参数依次为标题、宽度、高度、色彩深度，以及全屏标志。如果未能创建成功，函数返回 FALSE，程序立即退出。

```
    // 创建 OpenGL 窗口
    if (!CreateGLWindow("OpenGL", 640, 480, 16, fullscreen))
    {
        return 0;                                 // 失败退出
    }
```

下面是循环的开始。只要 done 保持 FALSE，循环一直进行。

```
    while (!done)                                 // 保持循环直到 done=TRUE
    {
```

我们要做的第一件事是检查是否有消息在等待。使用 PeekMessage()可以在不锁住我们的程序的前提下对消息进行检查。许多程序使用 GetMessage()，也可以很好地工作。但使用 GetMessage()，程序在收到 paint 消息或其他别的什么窗口消息之前不会做任何事。

```
        if (PeekMessage(&msg, NULL, 0, 0, PM_REMOVE))    // 有消息在等待?
        {
```

下面的代码查看是否出现退出消息。如果当前的消息是由 PostQuitMessage(0)引起的 WM_QUIT，done 变量被设为 TRUE，程序将退出。

```
            if (msg.message == WM_QUIT)           // 收到退出消息?
            {
                done = TRUE;                      // 是，则 done=TRUE
            }
```

如果不是退出消息，我们翻译消息，然后发送消息，使得 WndProc()或 Windows 能够处理它们。

```
            else                                  // 不是，处理窗口消息
            {
                TranslateMessage(&msg);           // 翻译消息
                DispatchMessage(&msg);            // 发送消息
            }
        }
```

如果没有消息，绘制我们的 OpenGL 场景。代码的第一行查看窗口是否激活。如果按下 Esc 键，done 变量被设为 TRUE，程序将会退出。

```
        else                                      // 如果没有消息
```

```
{
    // 绘制场景。监视 Esc 键和来自 DrawGLScene()的退出消息
    if (active)                                 // 程序激活的么?
    {
        if (keys[VK_ESCAPE])                    //Esc 键按下了么?
        {
            done = TRUE;                        // Esc 键发出退出信号
        }
        else                                    // 不是退出的时候，刷新屏幕
        {
```

如果程序是激活的且 Esc 键没有被按下，我们绘制场景并交换缓存（使用双缓存可以实现无闪烁的动画）。我们实际上在另一个看不见的"屏幕"上绘图。当我们交换缓存后，我们当前的屏幕被隐藏，现在看到的是刚才看不到的屏幕。这也是我们看不到场景绘制过程的原因。场景只是即时显示。

```
        DrawGLScene();                          // 绘制场景
        SwapBuffers(hDC);                       // 交换缓存 (双缓存)
    }
}
```

下面的一些代码可以允许用户按下 F1 键在全屏模式和窗口模式间切换。

```
    if (keys[VK_F1])                            //F1 键按下了吗
    {
        keys[VK_F1] = FALSE; // 若是，使对应的 Key 数组中的值为 FALSE
        KillGLWindow();                         // 销毁当前的窗口
        fullscreen = !fullscreen;               // 切换 全屏 / 窗口 模式
        // 重建 OpenGL 窗口
        if (!CreateGLWindow("OpenGL", 640, 480, 16, fullscreen))
        {
            return 0;                           // 如果窗口未能创建，程序退出
        }
    }
}
```

如果 done 变量不再是 FALSE，程序退出。正常销毁 OpenGL 窗口，将所有的内存释放，退出程序。

```
    // 关闭程序
    KillGLWindow();                             // 销毁窗口
    return (msg.wParam);                        // 退出程序
}
```

最终，程序运行的结果如图 12.20 所示。

图 12.20　基于 Win32 SDK 的 OpenGL 框架运行结果

12.5.10　本节小结

在本节中，我们一步一步地详细介绍了如何创建一个 OpenGL 应用程序，设置了窗口模式下的屏幕尺寸，进行了 OpenGL 环境的初始化，确定了绘图代码所处的位置，如何处理键盘事件等。

12.5.11　本节源码

```
#include <windows.h>                                    // Windows 的头文件
#include <gl\gl.h>                                      // OpenGL32 库的头文件
#include <gl\glu.h>                                     // GLu32 库的头文件

HGLRC hRC = NULL;                                       // 永久渲染上下文
HDC hDC = NULL;                                         // 私有 GDI 设备上下文
HWND hWnd = NULL;                                       // 保存我们的窗口句柄
HINSTANCE hInstance;                                    // 保存程序的实例

bool keys[256];                                         // 用于键盘例程的数组
bool active=TRUE;                                       // 窗口的活动标志，缺省为 TRUE
bool fullscreen=TRUE;                                   // 全屏标志缺省设定成全屏模式

LRESULT CALLBACK WndProc(HWND hWnd,                     // 窗口的句柄
                         UINT uMsg,                     // 窗口的消息
                         WPARAM wParam,                 // 附加的消息内容
                         LPARAM lParam);                // 附加的消息内容

GLvoid ReSizeGLScene(GLsizei width, GLsizei height)     // 重置并初始化窗口大小
{
    if (height == 0)                                    // 防止被零除
    {
        height = 1;                                     // 将 Height 设为 1
    }
    glViewport(0, 0, width, height);                    // 重置当前的视口
    glMatrixMode (GL_PROJECTION);                       // 选择投影矩阵
    glLoadIdentity();                                   // 重置投影矩阵
    // 计算窗口的外观比例
    gluPerspective(45.0f, (GLfloat) width / (GLfloat) height, 0.1f, 100.0f);
    glMatrixMode (GL_MODELVIEW);
    // 选择模型观察矩阵
    glLoadIdentity();                                   // 重置模型观察矩阵
}
int InitGL(GLvoid)                                      // 此处开始对 OpenGL 进行所有设置
{
    glShadeModel (GL_SMOOTH);                           // 启用阴影平滑
    glClearColor(0.0f, 0.0f, 0.0f, 0.0f);              // 黑色背景
    glClearDepth(1.0f);                                 // 设置深度缓存
    glEnable (GL_DEPTH_TEST);                           // 启用深度测试
    glDepthFunc (GL_LEQUAL);                            // 所做深度测试的类型
    glHint(GL_PERSPECTIVE_CORRECTION_HINT, GL_NICEST); // 真正精细的透视修正
    return TRUE;                                        // 初始化 OK
}

int DrawGLScene(GLvoid)                                 // 从这里开始进行所有的绘制
{
    glClear(GL_COLOR_BUFFER_BIT | GL_DEPTH_BUFFER_BIT); // 清除屏幕和深度缓存
```

```
        glLoadIdentity();                              // 重置当前的模型观察矩阵
        glColor3f(1.0f,1.0f,1.0f);
        glBegin(GL_LINES);
        glVertex3f(-0.5f,0.0f,-5.0f);
        glVertex3f(0.5f,0.0f,-5.0f);
        glEnd();
        return TRUE;
}
GLvoid KillGLWindow(GLvoid)                            // 正常销毁窗口
{
    if (fullscreen)                                    // 我们处于全屏模式吗
    {
        ChangeDisplaySettings(NULL, 0);                // 是的话，切换回桌面
        ShowCursor (TRUE);                             // 显示鼠标指针
    }
    if (hRC)                                           // 拥有渲染上下文吗
    {
        if (!wglMakeCurrent(NULL, NULL))               // 能否释放 DC 和 RC 上下文
        {
            MessageBox(NULL, "释放 DC 和 RC 上下文失败.", "错误", MB_OK | MB_ICONINFORMATION);
        }

        if (!wglDeleteContext(hRC))                    // 能否删除 RC?
        {
            MessageBox(NULL, "释放 RC 失败.", "错误", MB_OK | MB_ICONINFORMATION);
        }
        hRC = NULL;                                    // 将 RC 设为 NULL
    }
    if (hDC && !ReleaseDC(hWnd, hDC))                  // 能否释放 DC?
    {
        MessageBox(NULL, "释放 DC 失败.", "错误", MB_OK | MB_ICONINFORMATION);
        hDC = NULL;                                    // 将 DC 设为 NULL
    }
    if (hWnd && !DestroyWindow(hWnd))                  // 能否销毁窗口?
    {
        MessageBox(NULL, "无法释放 hWnd.", "错误", MB_OK | MB_ICONINFORMATION);
        hWnd = NULL;                                   // 将 hWnd 设为 NULL
    }
    if (!UnregisterClass("OpenGL", hInstance))         // 能否注销类?
    {
        MessageBox(NULL, "无法注册类.", "错误", MB_OK | MB_ICONINFORMATION);
        hInstance = NULL;                              // 将 hInstance 设为 NULL
    }
}
BOOL CreateGLWindow(char* title, int width, int height, int bits,
                    bool fullscreenflag)
{
    GLuint PixelFormat;                                // 保存查找匹配的结果
    WNDCLASS wc;                                       // 窗口类结构
    DWORD dwExStyle;                                   // 扩展窗口风格
    DWORD dwStyle;                                     // 窗口风格

    RECT WindowRect;                                   // 取得矩形的左上角和右下角的坐标值
    WindowRect.left = (long) 0;                        // 将 Left 设为 0
    WindowRect.right = (long) width;                   // 将 Right 设为要求的宽度
    WindowRect.top = (long) 0;                         // 将 Top 设为 0
```

```
WindowRect.bottom = (long) height;                          // 将 Bottom 设为要求的高度

fullscreen = fullscreenflag;                                 // 设置全局全屏标志

hInstance = GetModuleHandle(NULL);                          // 取得我们窗口的实例
wc.style = CS_HREDRAW | CS_VREDRAW | CS_OWNDC;    // 移动时重画，并为窗口取得 DC
wc.lpfnWndProc = (WNDPROC) WndProc;                        // WndProc 处理消息
wc.cbClsExtra = 0;                                           // 无额外窗口数据
wc.cbWndExtra = 0;                                           // 无额外窗口数据
wc.hInstance = hInstance;                                    // 设置实例
wc.hIcon = LoadIcon(NULL, IDI_WINLOGO);                    // 装入缺省图标
wc.hCursor = LoadCursor(NULL, IDC_ARROW);                 // 装入鼠标指针
wc.hbrBackground = NULL;                                     // GL 不需要背景
wc.lpszMenuName = NULL;                                      // 不需要菜单
wc.lpszClassName = "OpenGL";                                 // 设定类名字

if (!RegisterClass(&wc))                                     // 尝试注册窗口类
{
    MessageBox(NULL, "注册窗口类错误.", "错误", MB_OK | MB_ICONEXCLAMATION);
    return FALSE;                                            // 退出并返回 FALSE
}

if (fullscreen)                                              // 要尝试全屏模式吗?
{
    DEVMODE dmScreenSettings;                               // 设备模式
    memset(&dmScreenSettings, 0, sizeof(dmScreenSettings)); // 确保内存分配
    dmScreenSettings.dmSize = sizeof(dmScreenSettings);     // Devmode 结构的大小
    dmScreenSettings.dmPelsWidth = width;                   // 所选屏幕宽度
    dmScreenSettings.dmPelsHeight = height;                 // 所选屏幕高度
    dmScreenSettings.dmBitsPerPel = bits;                   // 每像素所选的色彩深度
    dmScreenSettings.dmFields = DM_BITSPERPEL | DM_PELSWIDTH
        | DM_PELSHEIGHT;

    // 尝试设置显示模式并返回结果。注: CDS_FULLSCREEN 移去了状态条。
    if (ChangeDisplaySettings(&dmScreenSettings, CDS_FULLSCREEN)
        != DISP_CHANGE_SUCCESSFUL)
    {
        return FALSE;                                       //退出并返回 FALSE
    }
}

if (fullscreen)                                             // 仍处于全屏模式吗?
{
    dwExStyle = WS_EX_APPWINDOW;                            // 扩展窗体风格
    dwStyle = WS_POPUP;                                     // 窗体风格
    ShowCursor (FALSE);                                     // 隐藏鼠标指针
}
else
{
    dwExStyle = WS_EX_APPWINDOW | WS_EX_WINDOWEDGE;        // 扩展窗体风格
    dwStyle = WS_OVERLAPPEDWINDOW;                         // 窗体风格
}

AdjustWindowRectEx(&WindowRect, dwStyle, FALSE, dwExStyle); // 调整窗口达到真正要求的大小
if (!(hWnd = CreateWindowEx(dwExStyle,                      // 扩展窗体风格
    "OpenGL",                                              // 类名字
```

```
            title,                                          // 窗口标题
            WS_CLIPSIBLINGS |                               // 必须的窗体风格属性
            WS_CLIPCHILDREN |                               // 必须的窗体风格属性
            dwStyle,                                         // 选择的窗体属性
            0, 0,                                            // 窗口位置
            WindowRect.right - WindowRect.left,             // 计算调整好的窗口宽度
            WindowRect.bottom - WindowRect.top,             // 计算调整好的窗口高度
            NULL,                                           // 无父窗口
            NULL,                                           // 无菜单
            hInstance,                                      // 实例
            NULL)))                                         // 不向 WM_CREATE 传递任何东西
    {
        KillGLWindow();                                     // 重置显示区
        MessageBox(NULL, "创建窗口错误.", "错误", MB_OK | MB_ICONEXCLAMATION);
        return FALSE;                                       // 返回 FALSE
    }

    static PIXELFORMATDESCRIPTOR pfd =                      //pfd 告诉窗口我们所希望的东西
    {
        sizeof(PIXELFORMATDESCRIPTOR),                      //上述格式描述符的大小
        1,                                                  // 版本号
        PFD_DRAW_TO_WINDOW |                                // 格式必须支持窗口
        PFD_SUPPORT_OPENGL |                                // 格式必须支持 OpenGL
        PFD_DOUBLEBUFFER,                                   // 必须支持双缓冲
        PFD_TYPE_RGBA,                                      // 申请 RGBA 格式
        bits,                                               // 选定色彩深度
        0, 0, 0, 0, 0, 0,                                   // 忽略的色彩位
        0,                                                  // 无 Alpha 缓存
        0,                                                  // 忽略 Shift Bit
        0,                                                  // 无聚集缓存
        0, 0, 0, 0,                                         // 忽略聚集位
        16,                                                 //16 位 Z-缓存 (深度缓存)
        0,                                                  // 无模板缓存
        0,                                                  // 无辅助缓存
        PFD_MAIN_PLANE,                                     // 主绘图层
        0,                                                  // 保留
        0, 0, 0                                             // 忽略层遮罩
    };
    if (!(hDC = GetDC(hWnd)))                               // 取得设备上下文了吗
    {
        KillGLWindow();                                     // 重置显示区
        MessageBox(NULL, "无法创建设备上下文.", "错误", MB_OK | MB_ICONEXCLAMATION);
        return FALSE;                                       // 返回 FALSE
    }

    if (!(PixelFormat = ChoosePixelFormat(hDC, &pfd)))      //Windows 找到像素格式了么
    {
        KillGLWindow();                                     // 重置显示区
        MessageBox(NULL, "找不到像素格式.", "错误", MB_OK | MB_ICONEXCLAMATION);
        return FALSE;                                       // 返回 FALSE
    }

    if (!SetPixelFormat(hDC, PixelFormat, &pfd))            // 能够设置像素格式吗
    {
        KillGLWindow();                                     // 重置显示区
        MessageBox(NULL, "无法设置像素格式.", "错误", MB_OK | MB_ICONEXCLAMATION);
```

```
        return FALSE;                                // 返回 FALSE
    }

    if (!(hRC = wglCreateContext(hDC)))              // 能否取得渲染上下文
    {
        KillGLWindow();                              // 重置显示区
        MessageBox(NULL, "无法创建渲染上下文.", "错误", MB_OK | MB_ICONEXCLAMATION);
        return FALSE;                                // 返回 FALSE
    }

    if (!wglMakeCurrent(hDC, hRC))                   // 尝试激活渲染上下文
    {
        KillGLWindow();                              // 重置显示区
        MessageBox(NULL, "无法激活渲染上下文.", "错误", MB_OK | MB_ICONEXCLAMATION);
        return FALSE;                                // 返回 FALSE
    }

    ShowWindow(hWnd, SW_SHOW);                        // 显示窗口
    SetForegroundWindow(hWnd);                        // 略略提高优先级
    SetFocus(hWnd);                                   // 设置键盘的焦点至此窗口
    ReSizeGLScene(width, height);                     // 设置透视 GL 屏幕

    if (!InitGL())                                    // 初始化新建的 GL 窗口
    {
        KillGLWindow();                              // 重置显示区
        MessageBox(NULL, "Initialization Failed.", "错误",
            MB_OK | MB_ICONEXCLAMATION);
        return FALSE;                                // 返回 FALSE
    }

    return TRUE;                                      // 成功
}

LRESULT CALLBACK WndProc(HWND hWnd,                   // 窗口的句柄
                    UINT uMsg,                        // 窗口的消息
                    WPARAM wParam,                    // 附加的消息内容
                    LPARAM lParam)                    // 附加的消息内容
{
    switch (uMsg)                                     // 检查 Windows 消息
    {
    case WM_ACTIVATE:                                 // 监视窗口激活消息
        {
            if (!HIWORD(wParam))                      // 检查最小化状态
            {
                active = TRUE;                        // 程序处于激活状态
            }
            else
            {
                active = FALSE;                       // 程序不再激活
            }
            return 0;                                 // 返回消息循环
        }

    case WM_SYSCOMMAND:                               // 中断系统命令 Intercept System Commands
        {
            switch (wParam)                           // 检查系统调用 Check System Calls
```

```
            {
                case SC_SCREENSAVE:                          // 屏保要运行?
                case SC_MONITORPOWER:                        // 显示器要进入节电模式
                    return 0;                                // 阻止发生
            }
            break;                                           // 退出
        }

        case WM_CLOSE:                                       // 收到 Close 消息
        {
            PostQuitMessage(0);                              // 发出退出消息
            return 0;
        }

        case WM_KEYDOWN:                                     // 有键按下吗
        {
            keys[wParam] = TRUE;                             // 如果是，设为 TRUE
            return 0;                                        // 返回
        }

        case WM_KEYUP:                                       // 有键放开吗
        {
            keys[wParam] = FALSE;                            // 如果是，设为 FALSE
            return 0;                                        // 返回
        }

        case WM_SIZE:
        {
            ReSizeGLScene(LOWORD(lParam), HIWORD(lParam));
            return 0;
        }
    }
    // 向 DefWindowProc 传递所有未处理的消息。
    return DefWindowProc(hWnd, uMsg, wParam, lParam);
}
int WINAPI WinMain(HINSTANCE hInstance,                      // 实例
                   HINSTANCE hPrevInstance,                  // 前一个实例
                   LPSTR lpCmdLine,                          // 命令行参数
                   int nCmdShow)                             // 窗口显示状态
{
    MSG msg;                                                 // Windowsx 消息结构
    BOOL done = FALSE;                                       // 用来退出循环的 Bool 变量

    // 提示用户选择运行模式
    if (MessageBox(NULL, "运行在全屏模式吗?","全屏模式?", MB_YESNO | MB_ICONQUESTION) == IDNO)
    {
        fullscreen = FALSE;                                  // 窗口模式
    }

    // 创建 OpenGL 窗口
    if (!CreateGLWindow("OpenGL", 640, 480, 16, fullscreen))
    {
        return 0;                                            // 失败退出
    }

    while (!done)                                            // 保持循环直到 done=TRUE
```

```
    {
        if (PeekMessage(&msg, NULL, 0, 0, PM_REMOVE))    //有消息在等待
        {
            if (msg.message == WM_QUIT)                   // 收到退出消息
            {
                done = TRUE;                              // 是，则 done=TRUE
            }
            else                                          // 不是，处理窗口消息
            {
                TranslateMessage(&msg);                   // 翻译消息
                DispatchMessage(&msg);                    // 发送消息
            }
        }
        else                                              // 如果没有消息
        {
            // 绘制场景。监视 Esc 键和来自 DrawGLScene()的退出消息
            if (active)                                   // 程序激活的吗
            {
                if (keys[VK_ESCAPE])                      //Esc 键按下了吗
                {
                    done = TRUE;                          //Esc 键发出退出信号
                }
                else                                      // 不是退出的时候，刷新屏幕
                {
                    DrawGLScene();                        // 绘制场景
                    SwapBuffers(hDC);                     // 交换缓存 (双缓存)
                }
            }

            if (keys[VK_F1])                              //F1 键按下了吗
            {
                keys[VK_F1] = FALSE;                      // 若是，使对应的 Key 数组中的值为 FALSE
                KillGLWindow();                           // 销毁当前的窗口
                fullscreen = !fullscreen;                 // 切换 全屏 / 窗口 模式
                // 重建 OpenGL 窗口
                if (!CreateGLWindow("OpenGL", 640, 480, 16, fullscreen))
                {
                    return 0;                             // 如果窗口未能创建，程序退出
                }
            }
        }
    }
    // 关闭程序
    KillGLWindow();                                       // 销毁窗口
    return (msg.wParam);                                  // 退出程序
}
```

12.6　采用 MFC 框架开发 OpenGL 应用程序的优缺点

前面已经介绍过，OpenGL 作为一种硬件图形的软件接口，其优点是作为一个独立的工作平台，独立于硬件设备、窗口系统和操作系统，用它编写的软件可以在 Unix、Windows98/NT 等系统间移植。

　　然而，通过前一小节的例子可以看出，如果仅仅使用 OpenGL 库函数，是不能完成一个应用程序的，而仅通过使用标准 C 调用 OpenGL 函数实现图形显示，会使得它缺乏面向对象能力，不符合当前流行的软件设计思想。

　　同时，从前面的例子中还可以看出，对于一个 OpenGL 应用程序，我们还没有进行任何图形的绘制，只是完成了框架的搭建，就编写了大量的代码和逻辑，而这大量的代码与逻辑判断只是为了完成应用程序与 Windows 系统的交互，这对于项目开发来说是十分不利的。因此我们需要借助一个"窗口"系统来完成 OpenGL 三维图形的制作。众所周知，Visual C++中 MFC 包含了强大的基于 Windows 的应用框架，提供了丰富的窗口和事件管理函数，已经成为当前一种比较流行的工作平台。于是我们可以选用 MFC 调用 OpenGL 函数来进行三维图形的开发。

12.7 【实例】基于 MFC 中单文档结构的 OpenGL 框架搭建

12.7.1　创建工程

单击 File -> New，新建一个项目，如图 12.21 所示。

图 12.21　File->New

　　在弹出的对话框中选择 MFC Application(exe)，输入项目名称和位置，如图 12.22 所示。

　　在弹出的对话框中选择 Single document（单文档）选项，单击 Finish 完成项目创建，如图 12.23 所示。

12.8.2　添加头文件

　　对于使用 MFC 框架的应用程序，其全局的头文件是 StdAfx.h，在左侧的项目视图中打开该文件，添加 OpenGL 的相应头文件，如图 12.24 所示。

```
#include <gl\gl.h>
#include <gl\glu.h>
```

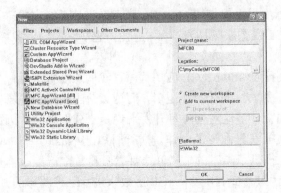

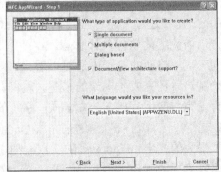

图 12.22　新建 MFC 项目　　　　　　　　　图 12.23　完成项目创建

图 12.24　添加头文件

12.7.3　添加库文件

为了正确调用 OpenGL 函数，还需要添加库文件，具体的步骤与 Win32 SDK 的 OpenGL 框架步骤相同，如图 12.25、图 12.26 所示。

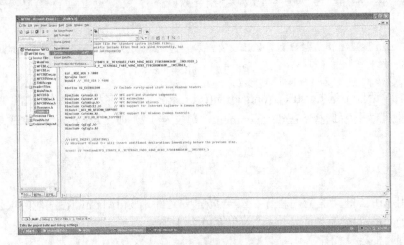

图 12.25　添加库文件步骤 1

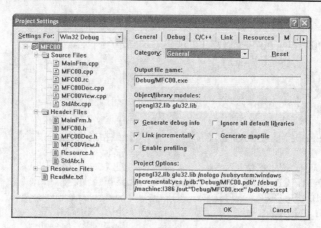

图 12.26　添加库文件步骤 2

1. 在类定义中添加成员变量

我们接下来所有的操作都只针对 View（视图）类，在本例中就是 CMFC00View 类，该类的头文件为 MFC00View.h，源文件为 MFC00View.cpp，类定义位于头文件中，我们在类定义内添加私有的成员变量用于存储 DC（设备）上下文和 RC（渲染上下文），如图 12.27 所示。

```
private:
HGLRC m_hRC;
CClientDC* m_pDC;
```

图 12.27　添加成员变量

2. 在类定义中添加成员函数

下面我们定义 3 个成员函数。

设置像素格式函数：

```
bool bSetDCPixelFormat();
```

初始化 OpenGL 函数：

```
bool initOpenGL();
```

自定义绘图函数：

```
void myDraw();
```

3．实现成员函数

接下来在 MFC00View.cpp 中，我们实现这 3 个成员函数。

```cpp
bool CMFC00View::bSetDCPixelFormat()
{
    // 定义像素格式
    static PIXELFORMATDESCRIPTOR pfd =
    {
        sizeof(PIXELFORMATDESCRIPTOR),      //上述格式描述符的大小
        1,                                  // 版本号
        PFD_DRAW_TO_WINDOW |                // 格式必须支持窗口
        PFD_SUPPORT_OPENGL |                // 格式必须支持 OpenGL
        PFD_DOUBLEBUFFER,                   // 必须支持双缓冲
        PFD_TYPE_RGBA,                      // 申请 RGBA 格式
        bits,                               // 选定色彩深度
        0, 0, 0, 0, 0, 0,                   // 忽略的色彩位
        0,                                  // 无 Alpha 缓存
        0,                                  // 忽略 Shift Bit
        0,                                  // 无聚集缓存
        0, 0, 0, 0,                         // 忽略聚集位
        16,                                 //16 位 Z-缓存 (深度缓存)
        0,                                  // 无模板缓存
        0,                                  // 无辅助缓存
        PFD_MAIN_PLANE,                     // 主绘图层
        0,                                  // 保留
        0, 0, 0                             // 忽略层遮罩
    };
    // 选择像素格式
    int nPixelFormat = ChoosePixelFormat(m_pDC->GetSafeHdc(), &pfd);
    if(0 == nPixelFormat) return false;
    // 设置像素格式
    return SetPixelFormat(m_pDC->GetSafeHdc(), nPixelFormat, &pfd);
}

bool CMFC00View::initOpenGL()
{
    m_pDC = new CClientDC(this);
    ASSERT(m_pDC != NULL);
    if(!bSetDCPixelFormat()) return -1;
    m_hRC = wglCreateContext(m_pDC->GetSafeHdc());
    wglMakeCurrent(m_pDC->GetSafeHdc(), m_hRC);
    glClearColor(0.0, 0.0, 0.0, 1.0);
    return 0;
}

void CMFC00View::myDraw()
{
    glClear(GL_COLOR_BUFFER_BIT | GL_DEPTH_BUFFER_BIT);
    glLoadIdentity();
    glColor3f(1.0f,1.0f,1.0f);
    glBegin(GL_LINES);
    glVertex3f(-0.5f,0.0f,-5.0f);
    glVertex3f(0.5f,0.0f,-5.0f);
    glEnd();
}
```

可以看出，这 3 个函数与前面介绍过的基于 Win32 SDK 的 OpenGL 框架十分相似，这里不再赘述。

4．重写 MFC 的消息响应函数

到这里，OpenGL 的准备工作已经完成，但是这些函数都还没有被调用，现在我们需要重写 MFC 的消息响应函数，来完成函数调用。

在类标签中，选中 CMFC00View，在右键弹出的菜单中选择 Add Windows Message Handler，如图 12.28 所示。

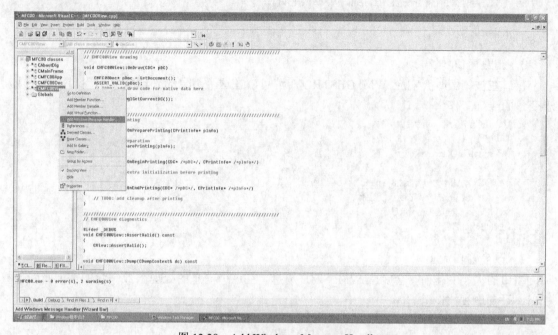

图 12.28　Add Windows Message Handler

在弹出的对话框中，选择对应的消息，单击 Add and Edit 按钮，会自动跳转到源文件中的相应位置，进行编辑，如图 12.29 所示。

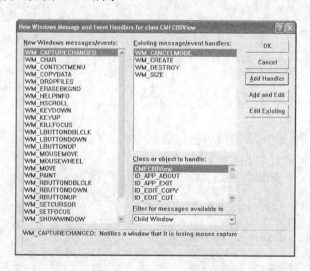

图 12.29　添加消息响应函数

5．创建窗口

创建窗口时会响应 **WM_CREATE** 消息，在这个消息的处理函数中我们需要完成 OpenGL 的初始化。

```
int CMFC00View::OnCreate(LPCREATESTRUCT lpCreateStruct)
{
    if (CView::OnCreate(lpCreateStruct) == -1)
        return -1;

    // TODO: Add your specialized creation code here
    initOpenGL();
    return 0;
}
```

6．销毁窗口

窗口在被销毁时会响应 **WM_DESTROY** 消息，在这个消息的处理函数中我们需要完成对于变量的清理工作。

```
void CMFC00View::OnDestroy()
{
    CView::OnDestroy();

    // TODO: Add your message handler code here
    wglMakeCurrent(NULL, NULL);
    wglDeleteContext(m_hRC);
    delete m_pDC;
}
```

7．改变窗口大小

窗口的大小变化时，会响应 **WM_SIZE** 消息，在这个消息的处理函数中我们需要重新计算视口、设置透视比例等。

```
void CMFC00View::OnSize(UINT nType, int cx, int cy)
{
    CView::OnSize(nType, cx, cy);

    // TODO: Add your message handler code here

    glViewport(0, 0, cx, cy);
    glMatrixMode(GL_PROJECTION);
    glLoadIdentity();
    gluPerspective(60.0, (GLfloat)cx/(GLfloat)cy, 1.0, 1000.0);
    glMatrixMode(GL_MODELVIEW);
    glLoadIdentity();
}
```

8．绘图

最后，我们需要在 OnDraw 函数中执行我们自己的 OpenGL 绘图函数，以便在每次重绘屏幕时可以进行绘图，同时还有交换绘图缓冲区。

```
void CMFC00View::OnDraw(CDC* pDC)
{
    CMFC00Doc* pDoc = GetDocument();
    ASSERT_VALID(pDoc);
    // TODO: add draw code for native data here
    myDraw();
    SwapBuffers(wglGetCurrentDC());
}
```

注意：这里其实完全可以将 myDraw()函数中的内容放在 OnDraw()函数中，减少一个函数调用。我们这里之所以这样处理，原因有两个：一是将 OpenGL 的绘图代码单独抽取出来，让程序更加具有层次；二是后面的例子中我们修改要绘制的图形时，直接修改 myDraw()函数即可。

12.7.4　本节小结

在本节中，我们完成了一个基于 MFC 框架的 OpenGL 应用程序框架，其中的 OpenGL 初始化、像素设置等函数经过简单修改就可以用于各种 OpenGL 应用程序中。该程序的最终运行效果如图 12.30 所示。

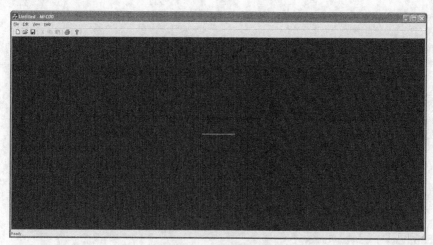

图 12.30　程序运行效果

12.7.5　本节源码

```cpp
// MFC00View.cpp : implementation of the CMFC00View class
//

#include "stdafx.h"
#include "MFC00.h"

#include "MFC00Doc.h"
#include "MFC00View.h"

#ifdef _DEBUG
#define new DEBUG_NEW
#undef THIS_FILE
static char THIS_FILE[] = __FILE__;
#endif

/////////////////////////////////////////////////////////////////////////////
// CMFC00View

IMPLEMENT_DYNCREATE(CMFC00View, CView)

BEGIN_MESSAGE_MAP(CMFC00View, CView)
//{{AFX_MSG_MAP(CMFC00View)
    ON_WM_CREATE()
    ON_WM_DESTROY()
```

```
        ON_WM_SIZE()
        ON_WM_CANCELMODE()
    //}}AFX_MSG_MAP
// Standard printing commands
ON_COMMAND(ID_FILE_PRINT, CView::OnFilePrint)
ON_COMMAND(ID_FILE_PRINT_DIRECT, CView::OnFilePrint)
ON_COMMAND(ID_FILE_PRINT_PREVIEW, CView::OnFilePrintPreview)
END_MESSAGE_MAP()

/////////////////////////////////////////////////////////////////////////////
// CMFC00View construction/destruction

CMFC00View::CMFC00View()
{
    // TODO: add construction code here

}

CMFC00View::~CMFC00View()
{
}

BOOL CMFC00View::PreCreateWindow(CREATESTRUCT& cs)
{
    // TODO: Modify the Window class or styles here by modifying
    //    the CREATESTRUCT cs

    return CView::PreCreateWindow(cs);
}

/////////////////////////////////////////////////////////////////////////////
// CMFC00View drawing

void CMFC00View::OnDraw(CDC* pDC)
{
    CMFC00Doc* pDoc = GetDocument();
    ASSERT_VALID(pDoc);
    // TODO: add draw code for native data here
    myDraw();
    SwapBuffers(wglGetCurrentDC());
}

/////////////////////////////////////////////////////////////////////////////
// CMFC00View printing

BOOL CMFC00View::OnPreparePrinting(CPrintInfo* pInfo)
{
    // default preparation
    return DoPreparePrinting(pInfo);
}

void CMFC00View::OnBeginPrinting(CDC* /*pDC*/, CPrintInfo* /*pInfo*/)
{
    // TODO: add extra initialization before printing
}
```

```
void CMFC00View::OnEndPrinting(CDC* /*pDC*/, CPrintInfo* /*pInfo*/)
{
    // TODO: add cleanup after printing
}


/////////////////////////////////////////////////////////////////////////////
// CMFC00View diagnostics

#ifdef _DEBUG
void CMFC00View::AssertValid() const
{
    CView::AssertValid();
}

void CMFC00View::Dump(CDumpContext& dc) const
{
    CView::Dump(dc);
}

CMFC00Doc* CMFC00View::GetDocument() // non-debug version is inline
{
    ASSERT(m_pDocument->IsKindOf(RUNTIME_CLASS(CMFC00Doc)));
    return (CMFC00Doc*)m_pDocument;
}
#endif //_DEBUG

/////////////////////////////////////////////////////////////////////////////
// CMFC00View message handlers

bool CMFC00View::bSetDCPixelFormat()
{
    // 定义像素格式
    static PIXELFORMATDESCRIPTOR pfd =
    {
        sizeof(PIXELFORMATDESCRIPTOR),         //上述格式描述符的大小
        1,                                     // 版本号
        PFD_DRAW_TO_WINDOW|                     // 格式必须支持窗口
        PFD_SUPPORT_OPENGL|                     // 格式必须支持 OpenGL
        PFD_DOUBLEBUFFER,                       // 必须支持双缓冲
        PFD_TYPE_RGBA,                          // 申请 RGBA 格式
        bits,                                   // 选定色彩深度
        0, 0, 0, 0, 0, 0,                       // 忽略的色彩位
        0,                                      // 无 Alpha 缓存
        0,                                      // 忽略 Shift Bit
        0,                                      // 无聚集缓存
        0, 0, 0, 0,                             // 忽略聚集位
        16,                                     //16 位 Z-缓存 (深度缓存)
        0,                                      // 无模板缓存
        0,                                      // 无辅助缓存
        PFD_MAIN_PLANE,                         // 主绘图层
        0,                                      // 保留
        0, 0, 0                                 // 忽略层遮罩
    };
    // 选择像素格式
    int nPixelFormat = ChoosePixelFormat(m_pDC->GetSafeHdc(), &pfd);
    if(0 == nPixelFormat) return false;
```

```
    // 设置像素格式
    return SetPixelFormat(m_pDC->GetSafeHdc(), nPixelFormat, &pfd);
}

bool CMFC00View::initOpenGL()
{
    m_pDC = new CClientDC(this);
    ASSERT(m_pDC != NULL);
    if(!bSetDCPixelFormat()) return -1;
    m_hRC = wglCreateContext(m_pDC->GetSafeHdc());
    wglMakeCurrent(m_pDC->GetSafeHdc(), m_hRC);
    glClearColor(0.0, 0.0, 0.0, 1.0);
    return 0;
}

void CMFC00View::myDraw()
{
    glClear(GL_COLOR_BUFFER_BIT | GL_DEPTH_BUFFER_BIT);
    glLoadIdentity();
    glColor3f(1.0f,1.0f,1.0f);
    glBegin(GL_LINES);
    glVertex3f(-0.5f,0.0f,-5.0f);
    glVertex3f(0.5f,0.0f,-5.0f);
    glEnd();
}

int CMFC00View::OnCreate(LPCREATESTRUCT lpCreateStruct)
{
    if (CView::OnCreate(lpCreateStruct) == -1)
        return -1;

    // TODO: Add your specialized creation code here
    initOpenGL();
    return 0;
}

void CMFC00View::OnDestroy()
{
    CView::OnDestroy();

    // TODO: Add your message handler code here
    wglMakeCurrent(NULL, NULL);
    wglDeleteContext(m_hRC);
    delete m_pDC;
}

void CMFC00View::OnSize(UINT nType, int cx, int cy)
{
    CView::OnSize(nType, cx, cy);

    // TODO: Add your message handler code here

    glViewport(0, 0, cx, cy);
    glMatrixMode(GL_PROJECTION);
    glLoadIdentity();
    gluPerspective(60.0, (GLfloat)cx/(GLfloat)cy, 1.0, 1000.0);
```

```
    glMatrixMode(GL_MODELVIEW);
    glLoadIdentity();
}
```

12.8 【实例】基本平面图形的绘制

本节中，我们使用 OpenGL 绘制三角形、四边形、多边形等多种平面图形。

12.8.1　绘图所用的函数介绍

1．glLoadIdentity()

glLoadIdentity()之后，我们实际上将当前点移到了屏幕中心，x 坐标轴从左至右，y 坐标轴从下至上，z 坐标轴从里至外。OpenGL 屏幕中心的坐标值是 x 和 y 轴上的 0.0f 点。中心左面的坐标值是负值，右面是正值。移向屏幕顶端是正值，移向屏幕底端是负值。移入屏幕深处是负值，移出屏幕则是正值。

2．glBegin()/glEnd()

glBegin()/glEnd()结构中包含了 OpenGL 的绘图，这两句话中间应放入各个定点的坐标位置，而这些定点具体构成什么图形，是由 glBegin()函数的参数决定的，例如：

GL_LINES：绘制线段

GL_TRIANGLES：绘制三角形

GL_GUADS：绘制四边形

GL_POLYGON：绘制多边形

除此之外，该参数还可以绘制其他多种图形，有兴趣的读者可以参阅更多资料。

3．glVertex3f()

glVertex3f()是 glVertex*()系列函数的其中一个，用于表示点的坐标位置，其参数为 3 个浮点数，分别表示在 OpenGL 空间中的 x、y、z 坐标。

12.8.2　绘图代码详解

1．绘制一个三角形

为了绘制一个三角形，我们应该在 glBegin()/glEnd()间包含 3 个定点的坐标。

```
glClear(GL_COLOR_BUFFER_BIT | GL_DEPTH_BUFFER_BIT);
    glLoadIdentity();
    glBegin(GL_TRIANGLES);
    glVertex3f(-0.5f,0.0f,-5.0f);
    glVertex3f(0.5f,0.0f,-5.0f);
    glVertex3f(0.0,0.5f,-5.0f);
    glEnd();
```

程序的运行结果如图 12.31 所示。

2．绘制一个四边形

与三角形类似，绘制一个四边形，我们应该在 glBegin()/glEnd()间包含 4 个定点的坐标。

```
glClear(GL_COLOR_BUFFER_BIT | GL_DEPTH_BUFFER_BIT);
    glLoadIdentity();
    glBegin(GL_QUADS);
    glVertex3f(-0.5f,0.0f,-5.0f);
```

```
glVertex3f(0.5f,0.0f,-5.0f);
    glVertex3f(0.5,0.5f,-5.0f);
    glVertex3f(-0.5,0.5f,-5.0f);
    glEnd();
```
程序的运行结果如图 12.32 所示。

图 12.31　运行结果

图 12.32　运行结果

这里还有一点需要注意，从程序中可以看出我们给出四边形顶点的顺序是左下、右下、右上、左上，也就是逆时针顺序。现在的程序看起来虽然是一个平面图形，但我们时刻要记得这个图形是三维空间中的一个"片"，就像现实世界中我们拿着一张纸一样。这样的"纸"是需要区分正反面的，在 OpenGL 中，我们规定使用逆时针顺序绘出的是正面，顺时针绘出的是反面。这个正反面现在暂时还看不出效果，但是如果加入了纹理和光照，正反面就会对最终效果产生影响。

3．绘制一个多边形

绘制多边形时，需要在 glBegin()/glEnd()间放入多个定点的坐标。放入了几个定点，就会绘制出几边形，现在我们给出一个六边形的例子。

```
glClear(GL_COLOR_BUFFER_BIT|GL_DEPTH_BUFFER_BIT);
    glLoadIdentity();
    glBegin(GL_POLYGON);
glVertex3f(0.0f,0.0f,-5.0f);
glVertex3f(1.0f,0.0f,-5.0f);
glVertex3f(2.0f,1.0f,-5.0f);
glVertex3f(1.0f,2.0f,-5.0f);
glVertex3f(0.0f,2.0f,-5.0f);
glVertex3f(-1.0f,1.0f,-5.0f);
    glEnd();
```
程序的运行结果如图 12.33 所示。

4．绘制两个三角形

glBegin()/glEnd()间的点数如果多于规定的定点个数，OpenGL 会认为开发者想要绘制多个同一类型的图形，例如，我们在 GL_TRIANGLES 的情况下给出 6 个定点的位置。

```
glClear(GL_COLOR_BUFFER_BIT|GL_DEPTH_BUFFER_BIT);
    glLoadIdentity();
    glBegin(GL_TRIANGLES);
    glVertex3f(-0.5f,0.0f,-5.0f);
    glVertex3f(0.5f,0.0f,-5.0f);
    glVertex3f(0.5f,0.5f,-5.0f);
glVertex3f(-0.5f,2.0f,-5.0f);
    glVertex3f(0.5f,2.0f,-5.0f);
    glVertex3f(0.5f,2.5f,-5.0f);
    glEnd();
```
程序的运行结果如图 12.34 所示。

5．绘制多个三角形

glBegin()/glEnd()间还可以出现循环、判断等各种 C 语言中的结构，例如我们在其间使用一个 for 循环，来绘制 10 个三角形。

图 12.33　运行结果

图 12.34　运行结果

```
glClear(GL_COLOR_BUFFER_BIT|GL_DEPTH_BUFFER_BIT);
    glLoadIdentity();
    int i;
    glBegin(GL_TRIANGLES);
for(i = 0;i<10;i++)
{
glVertex3f(-5.5f + i,0.0f,-5.0f);
glVertex3f(-5.0f + i,0.0f,-5.0f);
glVertex3f(-5.0f + i,0.5f,-5.0f);
}
    glEnd();
```

程序的运行结果如图 12.35 所示。

图 12.35　运行结果

12.9　【实例】彩色图形的绘制

丰富多彩的颜色是计算机图形之所以如此吸引人的重要原因之一，本节中我们就在前面的基础上继续进行彩色图形的绘制。

12.9.1　绘图所用的函数介绍

前面已经介绍过，在 OpenGL 中我们使用 glColor*()系列函数来指定颜色，在本节中，我们使用

```
glColor3f()
```

函数，其含有 3 个参数，分别代表了 R（红）、G（绿）、B（蓝）分量。

需要注意的是，OpenGL 中包括颜色的设置在内，使用了一种类似于状态机的机制。也就是说，我们在选定了一种颜色之后，只要不进行改变，就会一直保持使用这种颜色。

12.9.2　绘图代码详解

1．绘制单色三角形

从之前的代码中，我们知道图形是由定点构成的，因此图形的颜色就决定于定点的颜色，例如我们绘制一个红色的三角形。

```
glClear(GL_COLOR_BUFFER_BIT|GL_DEPTH_BUFFER_BIT);
    glLoadIdentity();
glColor3f(1.0f,0.0f,0.0f);
    glBegin(GL_TRIANGLES);
glVertex3f(0.0f,0.0f,-5.0f);
glVertex3f(1.0f,0.0f,-5.0f);
glVertex3f(0.5f,1.0f,-5.0f);
    glEnd();
```

程序的运行结果如图 12.36 所示。

2．绘制多彩四边形

如果我们在每一个定点前都改变颜色，那么就会绘制出一个具有渐变色彩的形状，例如，我们绘制一个多彩四边形。

```
glClear(GL_COLOR_BUFFER_BIT|GL_DEPTH_BUFFER_BIT);
glLoadIdentity();
glBegin(GL_QUADS);
glColor3f(1.0f,0.0f,0.0f);
glVertex3f(0.0f,0.0f,-5.0f);
glColor3f(0.0f,1.0f,0.0f);
glVertex3f(1.0f,0.0f,-5.0f);
glColor3f(0.0f,0.0f,1.0f);
glVertex3f(1.0f,1.0f,-5.0f);
glColor3f(1.0f,1.0f,0.0f);
glVertex3f(0.0f,1.0f,-5.0f);
glEnd();
```

程序的运行结果如图 12.37 所示。

图 12.36　运行结果

图 12.37　运行结果

12.10 【实例】图形的平移、旋转与缩放

通过指定定点坐标的方法，我们已经可以绘制很多图形，下面我们学习坐标变换，也就是平移、旋转、缩放。

12.10.1　绘图所用的函数介绍

1．glTranslatef()

glTranslatef()的功能是平移，在调用完 glLoadIdentity()函数后，坐标原点会回到屏幕的中心。使用 glTranslatef()中的 x、y、z 是相对于当前所在点的位移，但 glVertex(x,y,z)是相对于 glTranslatef(x,y,z)移动后的新原点的位移。因而这里可以认为 glTranslate 移动的是坐标原点，glVertex 中的点是相对最新的坐标原点的坐标值。

2．glRotatef()

glRotatef(Angle,Xvector,Yvector,Zvector)负责让对象绕某个轴旋转。这个命令有很多用处。Angle 通常是个变量代表对象转过的角度。Xvector、Yvector、Zvector3 个参数则共同决定旋转轴的方向。比如(1,0,0)所描述的矢量经过 x 坐标轴的 1 个单位处并且方向向右。(-1,0,0)所描述的矢量经过 x 坐标轴的 1 个单位处，但方向向左。

3．glScalef()

glScalef(GLfloat　x,　GLfloat　y,　GLfloat　z)函数的功能是缩放，x、y、z 分别代表 3 个轴上的缩放因子，1.0f 就是原始大小，小于 1.0f 时表示缩小，大于 1.0f 时表示放大。

12.10.2　绘图代码详解

1．用相同的绘制过程绘制不同位置的三角形

前面绘制两个三角形时，是使用了分别计算两个三角形各个定点位置的方法，本节中我们使用坐标变换的方法，来进行绘制。

```
glClear(GL_COLOR_BUFFER_BIT|GL_DEPTH_BUFFER_BIT);
glLoadIdentity();
glTranslatef(0.0f,0.0f,-6.0f);
glColor3f(1.0f,0.0f,0.0f);
glBegin(GL_TRIANGLES);
glVertex3f(0.0f,0.0f,0.0f);
glVertex3f(1.0f,0.0f,0.0f);
glVertex3f(1.0f,1.0f,0.0f);
glEnd();
glTranslatef(6.0f,0.0f,0.0f);
glColor3f(0.0f,1.0f,0.0f);
glBegin(GL_TRIANGLES);
glVertex3f(0.0f,0.0f,0.0f);
glVertex3f(1.0f,0.0f,0.0f);
glVertex3f(1.0f,1.0f,0.0f);
glEnd();
```

可以看出，这里我们绘制两个不同三角形所用的代码是一样的，这就是平移所带来的效果。程序的运行结果如图 12.38 所示。

图 12.38　运行结果

2．绘制旋转的四边形

下面我们在前面平移的基础上，用相同的代码绘制两个四边形，看一看旋转函数的功能。

```
glClear(GL_COLOR_BUFFER_BIT|GL_DEPTH_BUFFER_BIT);
glLoadIdentity();
glTranslatef(0.0f,0.0f,-6.0f);
glColor3f(1.0f,0.0f,0.0f);
glBegin(GL_QUADS);
glVertex3f(0.0f,0.0f,0.0f);
glVertex3f(1.0f,0.0f,0.0f);
glVertex3f(1.0f,1.0f,0.0f);
```

```
glVertex3f(0.0f,1.0f,0.0f);
glEnd();
glTranslatef(6.0f,0.0f,0.0f);
glRotatef(30,0.0f,0.0f,1.0f);
glColor3f(0.0f,1.0f,0.0f);
glBegin(GL_QUADS);
glVertex3f(0.0f,0.0f,0.0f);
glVertex3f(1.0f,0.0f,0.0f);
glVertex3f(1.0f,1.0f,0.0f);
glVertex3f(0.0f,1.0f,0.0f);
glEnd();
```

这段程序中，我们为了效果明显，使用了沿 z 轴（垂直屏幕向内外的轴）旋转的方式。从结果中可以看到 glRotatef() 函数的参数中旋转大小的单位是度，请仔细体会旋转的方向是如何决定的。

程序的运行结果如图 12.39 所示。

图 12.39　运行结果

3．绘制缩放的四边形

下面我们在前面平移的基础上，用相同的代码绘制 3 个四边形，看一看缩放函数的功能。

```
glClear(GL_COLOR_BUFFER_BIT|GL_DEPTH_BUFFER_BIT);
glLoadIdentity();
glTranslatef(0.0f,0.0f,-6.0f);
glColor3f(1.0f,0.0f,0.0f);
glBegin(GL_QUADS);
glVertex3f(0.0f,0.0f,0.0f);
glVertex3f(1.0f,0.0f,0.0f);
glVertex3f(1.0f,1.0f,0.0f);
glVertex3f(0.0f,1.0f,0.0f);
glEnd();
glTranslatef(3.0f,0.0f,0.0f);
glScalef(0.3f,0.5f,0.0f);
glColor3f(0.0f,1.0f,0.0f);
glBegin(GL_QUADS);
glVertex3f(0.0f,0.0f,0.0f);
glVertex3f(1.0f,0.0f,0.0f);
glVertex3f(1.0f,1.0f,0.0f);
glVertex3f(0.0f,1.0f,0.0f);
glEnd();
glTranslatef(3.0f,0.0f,0.0f);
glColor3f(0.0f,0.0f,1.0f);
glBegin(GL_QUADS);
glVertex3f(0.0f,0.0f,0.0f);
glVertex3f(1.0f,0.0f,0.0f);
glVertex3f(1.0f,1.0f,0.0f);
glVertex3f(0.0f,1.0f,0.0f);
glEnd();
```

这里暂时只能看到 x、y 轴的缩放效果，从结果中可以看出，缩放函数一旦被调用，就会影响后面所有的代码（第 3 个四边形绘制前没有调用缩放函数，但其大小也受到了第 2 个四边形绘制前缩放函数的影响）。其实不仅是缩放函数，包括前面的平移、旋转等在内的许多函数都有这样的特性。

程序的运行结果如图 12.40 所示。

图 12.40　运行结果

12.11 【实例】立方体的绘制

仅仅学习平面图形的绘制是不能体现 OpenGL 强大的三维图形显示功能的，这一节中我们就学习三维图形的绘制。

12.11.1　绘图所用的函数介绍

绘制立方体使用的函数只有前面介绍过的绘制四边形的方法就够了，但是为了更好地表现立方体的效果，我们在每一个面上使用不同的颜色，同时旋转一个角度，方便观察。

OpenGL 中是很底层的绘图函数，因此其并不具有"体"的概念。所有的空间体都是使用面片拼接而成的，这里我们要绘制的立方体，就是使用 6 个正方形拼接得到的。

同时需要注意，我们现在来到了三维空间，为了保证绘图的效果是我们预期的样子，我们需要打开一个深度的选项，让离我们近的物体挡住离我们远的物体。代码如下：

```
glEnable(GL_DEPTH_TEST);
```

我们可以把这行代码放入 initGL() 这个初始化函数中，如不打开这个选项的话，OpenGL 就会根据我们代码的绘制顺序来决定哪个面遮挡哪个面。后面的例子中会看到这一点。

12.11.2　绘图代码详解

```
glClear(GL_COLOR_BUFFER_BIT | GL_DEPTH_BUFFER_BIT);
    glLoadIdentity();
    glTranslatef(0.0f,0.0f,-6.0f);
    glRotatef(45,1.0f,1.0f,1.0f);
    glBegin(GL_QUADS);

    glColor3f(0.0f,1.0f,0.0f);
    glVertex3f( 1.0f, 1.0f,-1.0f);
    glVertex3f(-1.0f, 1.0f,-1.0f);
    glVertex3f(-1.0f, 1.0f, 1.0f);
    glVertex3f( 1.0f, 1.0f, 1.0f);

    glColor3f(1.0f,0.5f,0.0f);
    glVertex3f( 1.0f,-1.0f, 1.0f);
    glVertex3f(-1.0f,-1.0f, 1.0f);
    glVertex3f(-1.0f,-1.0f,-1.0f);
    glVertex3f( 1.0f,-1.0f,-1.0f);

    glColor3f(1.0f,0.0f,0.0f);
    glVertex3f( 1.0f, 1.0f, 1.0f);
```

```
glVertex3f(-1.0f, 1.0f, 1.0f);
glVertex3f(-1.0f,-1.0f, 1.0f);
glVertex3f( 1.0f,-1.0f, 1.0f);

glColor3f(1.0f,1.0f,0.0f);
glVertex3f( 1.0f,-1.0f,-1.0f);
glVertex3f(-1.0f,-1.0f,-1.0f);
glVertex3f(-1.0f, 1.0f,-1.0f);
glVertex3f( 1.0f, 1.0f,-1.0f);

glColor3f(0.0f,0.0f,1.0f);
glVertex3f(-1.0f, 1.0f, 1.0f);
glVertex3f(-1.0f, 1.0f,-1.0f);
glVertex3f(-1.0f,-1.0f,-1.0f);
glVertex3f(-1.0f,-1.0f, 1.0f);

glColor3f(1.0f,0.0f,1.0f);
glVertex3f( 1.0f, 1.0f,-1.0f);
glVertex3f( 1.0f, 1.0f, 1.0f);
glVertex3f( 1.0f,-1.0f, 1.0f);
glVertex3f( 1.0f,-1.0f,-1.0f);
glEnd();
```

所有的绘图都放在 glBegin()/glEnd()结构中间，对于每一个面，我们都改变了一次颜色，然后进行绘制。这里需要注意的就是前面提过的定点顺序问题，逆时针是正面，顺时针是反面。

如果没有打开深度测试，运行的结果如图 12.41 所示。可以看出，这个结果并不是我们想要的。打开了深度测试之后，OpenGL 将按照空间顺序进行绘制，最终程序的运行结果如图 12.42 所示。

图 12.41　运行结果　　　　　图 12.42　运行结果

12.12 【实例】使用 GLU 库快速绘制常用几何体

仅仅使用面拼接来构成几何体，开发量很大而且容易出错，Glu 库中，为我们提过了一系列绘制几何体的函数，我们可以利用这些函数快速绘制几何体。

12.12.1　绘图所用的函数介绍

在 Glu 库中，常用的几何体都称为二次几何体，需要使用一个二次几何体对象 GLUquadric 来进行绘制，因此我们需要在 View 类中再添加一个该类型的指针。将代码

```
GLUquadricObj *gluObj;
```

添加到头文件中。

然后，在 OpenGL 初始化函数中，我们使用 gluNewQuadric()函数来获得该二次几何体。

```
gluObj = gluNewQuadric();
```

我们的眼睛之所以能够看到平面后想象出立体感，依靠的是透视和阴影。为了让观察的效果更加明显，我们打开一个默认光照。

```
glEnable(GL_LIGHTING);
glEnable(GL_LIGHT0);
```

12.12.2　绘图代码详解

1．圆柱体

圆柱体我们可以使用 gluCylinder()函数进行绘制。

函数原型为：

```
void gluCylinder（GLUquadricObj *qobj，GLdouble baseRadius，GLdouble topRadius，GLdouble height，Glint slices，
Glint stacks）
```

qobj　指明是哪个二次对象。

BaseRadius　圆柱体在 z=0 时的半径。

TopRadius　圆柱体在 z=height 时的半径。

Height　圆柱体的高。

Slices　围绕着 z 轴分片的个数。

Stacks　顺着 z 轴分片的个数。stacks 和 slices 垂直。

```
glClear(GL_COLOR_BUFFER_BIT|GL_DEPTH_BUFFER_BIT);
glLoadIdentity();
glTranslatef(0.0f,0.0f,-20.0f);
glColor3f(1.0,1.0,0.0);
glRotatef(30,1.0,0.0,0.0);
glRotatef(40,0.0,1.0,0.0);
gluCylinder(gluObj,2.0,2.0,9.0,20.0,8.0);
```

程序的运行结果如图 12.43 所示。

2．球体

gluSphere()函数可以绘制球体，其实球体只是一种很多面的多面体看起来的效果。这里的分段越高，就意味着球越光滑。

函数原型为：

```
void gluSphere（GLUquadricObj *qobj，GLdouble radius，Glint slices，Glint stacks）
```

qobj　指明是哪个二次对象。

Radius　球体半径。

Slices　围绕着 z 轴分片的个数。

Stacks　顺着 z 轴分片的个数。

```
glClear(GL_COLOR_BUFFER_BIT|GL_DEPTH_BUFFER_BIT);
glLoadIdentity();
glTranslatef(0.0f,0.0f,-6.0f);
glRotatef(45,1.0f,1.0f,1.0f);
gluSphere(gluObj,0.5,36,36);
```

程序的运行结果如图 12.44 所示。

3．圆盘

圆盘的绘制使用 gluDisk()函数。

函数原型为：

```
void gluDisk（GLUquadricObj *qobj，GLdouble innerRadius，GLdouble outerRadius，Glint slices，Glint loops）
```

图 12.43　运行结果　　　　　　图 12.44　运行结果

qobj　　指明是哪个二次对象。

InnerRadius　　圆盘的内部半径，可能为 0。

OuterRadius　　圆盘的外部半径。

Slices　　围绕着 z 轴分片的个数。

Loops　　圆盘同心圆个数。

```
glClear(GL_COLOR_BUFFER_BIT | GL_DEPTH_BUFFER_BIT);
glLoadIdentity();
glTranslatef(0.0f,0.0f,-20.0f);
glColor3f(1.0,1.0,0.0);
glRotatef(30,1.0,0.0,0.0);
glRotatef(40,0.0,1.0,0.0);
gluDisk(gluObj,2.0,5.0,15.0,10.0);
```

程序的运行结果如图 12.45 所示。

4．部分圆盘

部分圆盘使用 gluPartialDisk()函数绘制。

函数原型为：

```
void gluPartialDisk（GLUquadricObj *qobj，GLdouble innerRadius，GLdouble outerRadius，Glint slices，Glint loops，
GLdouble startAngle，GLdouble sweepAngle）
```

前面的参数与 gluDisk 相同。

StartAngle　　起始角，单位为度。

SweepAngle　　扫描角，单位为度。

```
glClear(GL_COLOR_BUFFER_BIT | GL_DEPTH_BUFFER_BIT);
glLoadIdentity();
glTranslatef(0.0f,0.0f,-20.0f);
glColor3f(1.0,1.0,0.0);
glRotatef(30,1.0,0.0,0.0);
glRotatef(40,0.0,1.0,0.0);
gluPartialDisk(gluObj,2.0,5.0,15.0,10.0,10.0,200.0);
```

程序的运行结果如图 12.46 所示。

图 12.45　运行结果　　　　　　图 12.46　运行结果

第 13 章　音频控制技术及 OpenAL

计算机音频控制技术是计算机多媒体操作的重要组成部分之一。计算机音频控制在经过多年的发展之后，已经出现了两种重要的计算机音频控制体系，即 OpenAL 和 DirectSound。通过这些音频控制的应用程序借口，用户可以用代码的方式在控制计算机的声卡，播放需要的声音及音频效果。

本章首先进行了计算机音频控制技术的概述；然后介绍了 OpenAL 的历史与特性；接着，本章介绍 OpenAL 中的一些基本概念；本章还重点通过实例，给出了使用 Win32 环境下 OpenAL 框架的搭建过程；本章最后介绍了使用 OpenAL 进行音频播放的一般方法。

13.1　计算机音频控制技术概述

13.1.1　计算机音频控制技术历史

作为多媒体计算机的象征，音频设备的历史远不如其他 PC 硬件来得长久。早期的 PC 机，除了初级的蜂鸣声和音调外，不具备其他的音频功能。直到 ADLIB 声卡的诞生才使人们享受到了真正悦耳的 PC 音效。ADLIB 声卡是由英国的 ADLIB AUDIO 公司研发的，最早的产品于 1984 年推出，它的诞生开了微机音频技术的先河。

新加坡的 CREATIVE 公司于 20 世纪 80 年代后期推出的 Sound Blaster 系列的声霸卡开创了微机语声处理的新时代。Sound Blaster 声卡（声霸卡）是 CREATIVE 在的第一代声卡产品，但是在功能上已经比早期的 ADLIB 卡强出不少，其最明显的特点在于兼顾了音乐与音效的双重处理能力。虽然它仅拥有 8 位、单声道的采样率，在声音的回放效果上精度较低，但它却使人们第一次在 PC 上得到了音乐与音效的双重听觉享受。此后 CREATIVE 又推出了后续产品——Sound Blaster PRO，它增加了立体声功能，进一步加强了 PC 的音频处理能力。因此 SB PRO 声卡在当时被编入了 MPC1 规格（第一代多媒体标准）。

Sound Blaster 与 Sound Blaster PRO 都只有 8 位的信号采样率，虽然 SB PRO 拥有立体声处理能力，但依然不能弥补采样损失所带来的缺憾。Sound Blaster 16 的推出彻底改变了这一状况，它是第一款拥有 16 位采样精度的声卡，人们终于可以通过它实现 CD 音质的信号录制和回放，使声卡的音品质达到了一个前所未有的高度。在此后相当长的时间内 Sound Blaster 16 成为了多媒体音频部分的新一代标准。

声卡的发展历史可以概括为——ADLIB 开创了声卡技术的先河；Sound Blaster 首次综合了音乐和音效；SB PRO 和 SB 16 则完善了这一系列的技术规格；而 SB Awe 32 和 Awe 64 开创了新的波表合成技术；PCI 声卡的出现标志着新技术和新挑战的不断涌现。

今天，声卡作为 PC 的重要组成部分，用途非常广泛，下面列出了一些主要的用途。

（1）多媒体娱乐（游戏）软件中增加立体声；

（2）提高教育软件的效果，特别是为商业演示和培训软件增加声音效果；

（3）使用 MIDI 硬件和软件来创作音乐；

（4）给文件增加声音注释；

（5）音频会议和网络电话；

（6）给操作系统事件增加声音效；

（7）PC 机的朗读功能；

（8）残疾人员使用 PC；

（9）播放音乐 CD；

（10）播放 MP3 音乐文件；

（11）播放声音视频剪辑；

（12）播放 VCD、DVD 有声电影；

（13）提供对计算机声控软件的支持；

（14）提供对计算机语声识别软件的支持。

13.1.2　DirectX Audio 技术

DirectX Audio（音频）是 DirectX 的组件之一，具体包括 DirectSound 和 DirectMusic 两个组件。

DirectSound（声音）——主要针对波形音频，底层接口。可用于开发播放和捕捉波形音频的高性能立体与三维（DirectSound 3D）音频应用程序。在下一代 DirectX 中，DirectSound 的功能将由 XACT（Microsoft Cross-Platform Audio Creation Tool 微软跨平台音频生成工具）来代替。

DirectMusic（音乐）——主要针对 MIDI 音乐，高层接口。为基于波形、MIDI 声音或 DirectMusic 生成器所创造的动态内容之音乐和非音乐声道提供一个完整的解决方案。

XACT（游戏音频）——XACT 是一种多人合作的音频设计工具和相关 API，用于游戏的动态音频开发。

13.1.3　OpenAL 技术

OpenAL（Open Audio Library）是自由软件界的跨平台音效 API。它设计给多通道三维位置音效的特效表现。其 API 风格模仿自 OpenGL。

13.2　OpenAL 简介

13.2.1　什么是 OpenAL

OpenAL 即 Open Audio Library，是一个跨平台的 3D 音频编程接口，最初是专为游戏引擎的设计而开发，但现在已广泛用于各种其他音频应用领域。OpenAL 由 Creative 公司、nVidia 公司和 Loki 工作室发起并开发，其风格与 OpenGL 类似。当前很多硬件生产商、平台开发商和中间件提供商都在使用 OpenAL 进行声音处理，这样使应用程序开发者能开发出跨平台的、可重用的音频系统，这是 OpenAL 最大的优势。OpenAL 可以处理音频并输出到缓冲器以及从输入缓冲器中收集声音数据。OpenAL 的基本数据类型定义与 OpenGL 相似，从而可以与 OpenGL 代码无缝集成。

OpenAL 提供了一系列精细复杂的三维声音效果，如衰减、方向性和多普勒效应，但是它缺乏一些如混响、反射和声音闭塞或被障碍物阻塞等环境效果。没有这些环境效果，听者可以辨别声音的方向，但无法指出声源的位置。所以 Creative 公司将自己研发的 EAX（环境音效扩展集）附加到了 OpenAL 中，其结构如图 13.1 所示。

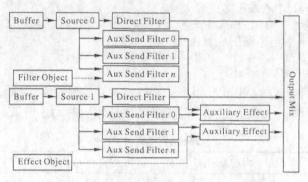

图 13.1　带环境音效扩展的 OpenAL 结构图

13.2.2　OpenAL 的历史

OpenAL 最初是由 Loki Software 所开发，是为了将 Windows 商业游戏移植到 Linux 上。Loki 倒闭以后，这个专案由自由软件/开放源始码社群继续维护。不过现在最大的主导者（并大量发展）是创新科技，并得到来自 Apple 和自由软件/开放源代码爱好者的持续支援。

13.2.3　OpenAL 技术的特点

OpenAL 主要的功能是在来源物体、音效缓冲和收听者中编码。来源物体包含一个指向缓冲区的指标、声音的速度、位置和方向，以及声音强度。收听者物体包含收听者的速度、位置和方向，以及全部声音的整体增益。缓冲里包含 8 或 16 位元、单声道或立体声 PCM 格式的音效资料，表现引擎进行所有必要的计算，如距离衰减、多普勒效应等。

不同于 OpenGL 规格，OpenAL 规格包含两个 API 分支：以实际 OpenAL 函数组成的核心和 ALC API。ALC 用于管理表现内容、资源使用情况，并将跨平台风格封在其中。还有 ALUT 程式库，提供高阶易用的函数，其定位相当于 OpenGL 的 GLUT。

13.2.4　OpenAL 支持的音频格式

OpenAL 属于底层硬件驱动，声音格式属于上层应用，跟 OpenAL 无关，实际上只要有需要，OpenAL 可以播放任何声音，写相关解码器就可以。

OpenAL 不支持任何音频文件格式，必须使用第三方解码器。标准的 ALUT 只支持 WAV 格式，Linux/Mac 版的 ALUT 支持 WAV、OGG。有一些 ALUT 第三方提供商已经提供了支持 WAV、OGG、FLAC、MP3 等多种音频文件格式的 ALUT。

13.3　OpenAL 中的基本概念

13.3.1　OpenAL 中的命名规则

所有 OpenAL 函数的形式与 OpenGL 函数完全相同，都采用了以下格式：

<库前缀><根命令><可选的参数个数><可选的参数类型>

从函数名后面中还可以看出需要多少个参数以及参数的类型。i 代表 int 型，f 代表 float 型，d 代表 double 型，u 代表无符号整型。注意，有的函数参数类型后缀前带有数字 2、3、4。2

代表二维，3 代表三维，4 代表 Alpha 值（以后介绍）。有些 OpenGL 函数最后带一个字母 v，表示函数参数可用一个指针指向一个向量（或数组）来替代一系列单个参数值。例如：

```
ALfloat SourcePos[]={0.0f,0.0f,0.0f};
alSourcefv(m_uiSource,AL_POSITION,SourcePos);
```

就是使用向量的方式来指定声源的位置。

13.3.2　OpenAL 中的数据类型

OpenAL 中的数据类型与 OpenGL 也十分相似，只是前缀发生了变化，从 GL*变为 AL*，同时减少了一些数据类型。OpenAL 支持的数据类型具体如表 13.1 所示。

表 13.1　　　　　　　　　　　　OpenAL 数据类型小结

OpenAL 数据类型	内部表示法	定义为 C 类型	C 字面值后缀
ALbyte	8 位整数	signed char	b
ALshort	16 位整数	short	s
ALint，ALsizei	32 位整数	long	l
ALfloat	32 位浮点数	float	f
ALdouble	64 位浮点数	double	d
ALubyte，ALboolean	8 位无符号整数	unsigned char	ub
ALushort	16 位无符号整数	unsigned short	us
ALuint，ALenum	32 位无符号整数	unsigned long	ui

13.3.3　OpenAL 中的缓存 Buffer、声源 Source、听众 Listener

OpenAL 的使用有 3 个核心对象：Buffer（缓冲器）、Sources（声源）和 Listener（听众）。缓冲器用来存储声音数据，然后把它附加在声源上。设置声源属性并播放，听众就能根据声源的位置和方向听到声音。建立声源、缓冲器和一个听众，然后更改声源的位置和方向，听众就能动态地感受到 3D 声音。

在初始化 OpenAL 时，至少要打开一个声音设备，在该设备中至少创建一个声音环境，而听众则是隐含的且只有一个，声源和缓冲器都可以有多个，声源与缓冲器的关系是多对多的关系。缓冲器独立于具体的声音环境，由设置的所有声音环境所共享。

源（source）是指向播放声音的空间。明白源是非常的重要。源只播放内存中的背景声音数据。源也给出了特殊的属性如位置和速度。

由于不能打断连续的声音，需要一个队列将缓冲器排队。此时要用到函数 alSourceQueueBuffers 和 alSourceUnqueueBuffers，分别用于把一个缓冲器或多个缓冲器附加在一个声源上且在声源上调用 alSourcePlay 播放声音和释放已播放的缓冲器。被空出的缓冲器用来装载新的声音数据或被丢弃。只要有一个新的缓冲器在队列中就不断播放声音。

13.3.4　OpenAL 中的设备 Device、环境 Context

OpenAL 中的设备就对应计算机上的具体的音频设备，可以根据音频设备的名称，使用

```
ALCdevice3device=alcOpenDevice("GenericSoftware");
```

函数来打开设备，如果设备成功创建了，则下一步使用 alcCreateContext()函数创建设备 context，同时将 context 指定到设备上，其过程与 OpenGL 中创建渲染上下文，然后将渲染上下文绑定到设备上下文的过程十分类似，具体如下。

```
ALCcontext3context=alcCreateContext(device，NULL);
alcMakeContextCurrent(context);
```

对于通常用的声音，可用 alGetError 得到错误信息。调用 alGetSources 能得到声源的数量。将缓冲器附加到声源上用 alSourcei，在退出程序前需清除 OpenAL。

13.4　VC++中的 OpenAL 程序设计应用实例

13.4.1　OpenAL 开发库的获取

1. OpenAL SDK

在运行很多游戏的时候，有时系统会提示因为缺少 OpenAL 的库而发生错误，此时我们可以去下载一个 OpenAL 的运行库。但对于开发者来说，仅仅一个运行库是不够的，还需要一个开发库，这个开发库的名字叫作 OpenAL SDK，现在最新的版本是 1.1。

OpenAL SDK 的 1.1 版本的名字叫作 OpenAL11CoreSDK.exe，原始提供者是创新实验室（Creative Lab，它是 OpenAL 的主要支持者，同时也是最大声卡厂商之一）。OpenAL 的官方网站是 http://www.openal.org/，读者可以从该网站或是搜索引擎中找到 OpenAL SDK，一个有效的下载地址是 http://openal-core-pc-sdk.software.informer.com/。下载完成的 OpenAL SDK 文件如图 13.2 所示。

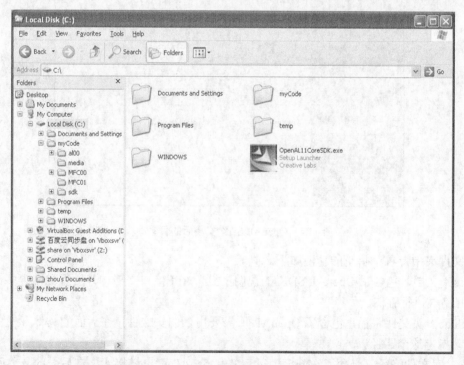

图 13.2　下载完成的 OpenAL SDK 文件

下载完成后，按照通常的 Windows 应用程序安装方法进行安装。在安装过程中记得安装的位置，以便在后面的开发中指定头文件和库文件。这里将其安装在 C:\Program Files\OpenAL 1.1 SDK，具体情况如图 13.3 所示。

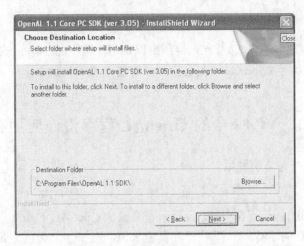

图 13.3　OpenAL SDK 安装路径

安装结束后，可以在安装的位置中看到 OpenAL SDK 的目录结构，如图 13.4 所示。

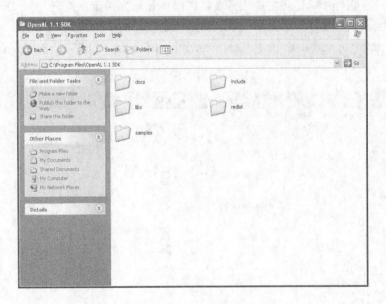

图 13.4　OpenAL SDK 安装后的目录结构

该文件夹中，各个目录的功能如下。

docs：文档，包含了 OpenAL SDK 的说明文档，API 接口文档、开发者文档等多个文档，采用 pdf 格式进行存储。

include：头文件路径，包含了 OpenAL 所需要用到的头文件，在后面的具体开发中，我们需要手动指定这个路径。

libs：库文件路径，包含了 32bit 和 64bit 的 OpenAL 静态链接库，在后面的具体开发中，我们需要手动指定这个路径。

redist：可再发布组件包，包含了 OpenAL 的运行时环境，在没有 OpenAL 环境的计算上运行使用 OpenAL 编写的程序时，需要安装这个运行时环境。

samples：实例，OpenAL SDK 提供了多个有用的实例来帮助开发者理解各个接口函数的功能，同时还提供了简单的基础框架库 Framework、OpenAL 库读取库 LoadOAL，设备枚举类 ALDeviceList 和在不使用 ALUT 库下读取 WAV 文件的 CWaves 类。在开发过程中，我们可以通过使用这些已提供的功能，迅速进行开发，减少开发的工作量和难度。

2．Platform SDK

1998 年，VC6 推出时，Windows2000、WindowsXP 等都还没有推出。所以 VC6 的头文件中仅仅包含 Win98/NT 的 API、常量声明。在新的系统推出后，Windows2000/XP 都增添了一些新的 API 函数、常量定义。于是，系统就需要安装 Platform SDK，它会安装一些新的头文件、lib 库到 VC 里面，

这里面包含了新操作系统的新 API 函数、常量的声明。安装了 Platform SDK，我们在 VC6 里面就可以调用新的 API 函数了。

目前常见的 PSDK 包括 Win2000 PSDK、WinXP PSDK、Windows Server2003 PSDK 等。

需要注意的是，从 2003 年 2 月微软发布最后一个 for VC6 的 Platform SDK 之后，就再也没有针对 VC6 发布 Platform SDK 了。

OpenAL 的例子程序中的 CWaves 类里，使用 Platform SDK 中的 ksmedia 来进行多媒体文件的解析，因此需要安装 Platform SDK。从微软的下载中心网站下载得到的 Platform SDK 的安装文件包含多个 cab 压缩包和用于解压缩的应用程序，具体如图 13.5 所示。

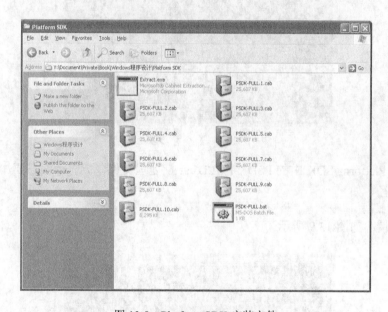

图 13.5　Platform SDK 安装文件

安装文件中的 PSDK-FULL.bat 就是用来进行安装文件获取的，但是其要求一个命令行参数，我们可以通过打开命令提示符的方法进行操作，也可以使用图形化方式进行操作，下面分别进行介绍。

单击开始菜单、运行，在弹出的对话框中输入 cmd，单击确定按钮，打开命令提示符，如图 13.6 所示。

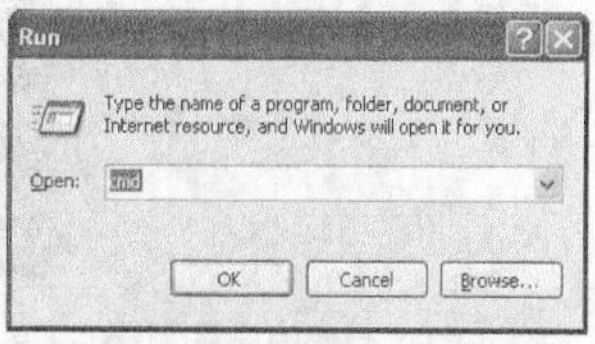

在打开的命令提示符窗口中，首先需要切换盘符，如本例中安装文件位于 Y 盘，就输入 y:，然后输入回车确认命令，可以发现盘符变为了目标驱动器，如图 13.7 所示。

图 13.6　打开命令提示符

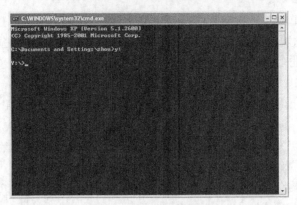

图 13.7　命令行步骤 1

　　然后，系统通过 cd（change directory）命令，来切换到安装包所在的路径里，如图 13.8 所示。

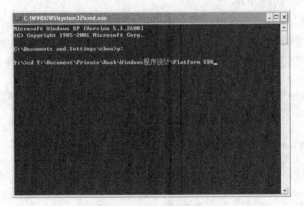

图 13.8　命令行步骤 2

　　然后运行 Platform SDK 中的 PSDK-FULL.bat 批处理文件，此时后面需要加入一个解压后文件存放的路径，如

PSDK-FULL.bat c:\temp

此时具体情况如图 13.9 所示。

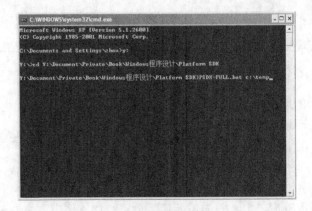

图 13.9　命令行步骤 3

　　解压完成后，即可在刚才输入的目录中找到安装文件，如图 13.10 所示。

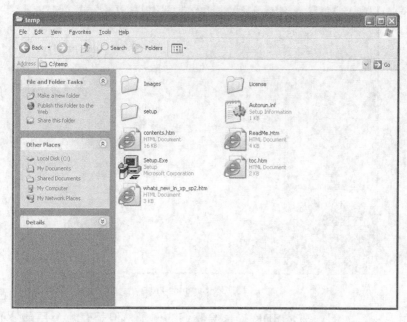

图 13.10　解压后的安装文件

然后可以直接双击 setup.exe 文件，进行正常安装。在安装结束后，需要在开始菜单中的 Microsoft Platform SDK\Visual Studio Registration 目录中，运行 Register PSDK Directories with Visual Studio，来将 Platform SDK 集成在 VC 中，具体如图 13.11 所示。

图 13.11　注册 Platform SDK

此时会弹出一个警告窗口，来通知该操作会修改 VC 的内部编译路径，单击 OK，完成操作，如图 13.12 所示。

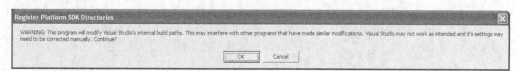

图 13.12　确认 Platform SDK 注册

13.4.2　【实例】OpenAL SDK Samples 说明

OpenAL 的运行过程相对比较复杂，因此我们可以从系统提供的 Sample 出发，来进行开发。OpenAL SDK 中提供例子的方式都是给出 Visual Studio 2003 和 Visual Studio 2005 的解决方案，我们可以只使用其中的源代码，来将这些例子在 VC6 中运行起来，OpenAL SDK 提供的 Samples 目录如图 13.13 所示。

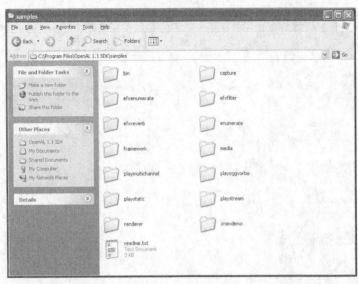

图 13.13　Samples 目录

在这个目录中，大部分都是 SDK 提供给我们的例子，但是有几个目录是不同的，如下所述。

bin：这个目录中包含了所有例子编译后生成的可执行文件，包含了 Windows 平台下的 32bit 版本和 64bit 版本。

framework：这个目录中包含了 4 个框架类，只有 32bit 版本，我们可以利用这些类快速完成设备枚举、OpenAL 库读取、WAV 波形文件解析等功能。

media：这个目录中包含了多个音频文件，在例子程序执行时，会读取这些文件中的音频资源。

除了这些文件夹之外，其他的文件夹都提供了例子程序的源代码，这些源代码的结构基本相同，其中的一个如图 13.14 所示。

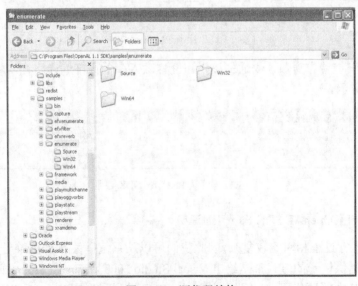

图 13.14　源代码结构

源代码目录中的文件夹功能如下。

Source：提供了该例子程序的源代码，通常这些代码中还需要调用前面介绍过的 Framework 文件夹中的内容。

Win32：提供了 Windows 平台下 32bit 的解决方案，包含了 Visual Studio 2003 和 Visual Studio 2005 版本，安装了这两个版本 Visual Studio 的可以直接打开。

Win64：提供了 Windows 平台下 64bit 的解决方案，包含了 Visual Studio 2003 和 Visual Studio 2005 版本，安装了这两个版本 Visual Studio 的可以直接打开。

13.4.3 【实例】使用 OpenAL 进行设备枚举

OpenAL 要进行音频操作，首先就需要知道系统上有没有音频设备，有怎样的音频设备，这一过程称为设备枚举。在本节中，我们将 OpenAL SDK 的 Samples 中提供的 enumerate 程序在 VC6 中运行起来，看一看 OpenAL 是如何进行设备枚举的。

首先，我们在 VC 中通过单击 File->New 建立一个新工程，如图 13.15 所示。

在弹出的对话框中，将工程的名字设为 al0，工程类型为 Win32 Console Application，如图 13.16 所示。

接下来弹出的对话框中，因为我们要导入 OpenAL SDK 中提供的 Samples 代码，因此选择一个空工程，An empty project，如图 13.17 所示。

图 13.15　File->New

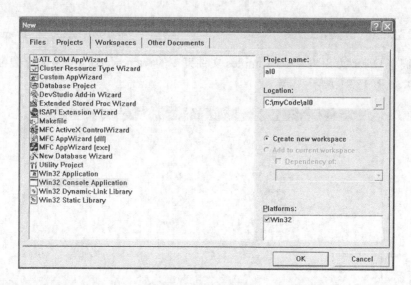

图 13.16　建立工程

下面我们需要将 Samples 中的 Framework 加入工程中，可以大大减少我们自己的工作量。VC 默认是将所有的代码放在同一层文件夹中的，我们可以再建立一个单独的文件夹存放 Framework，方便代码的管理。

在左侧的项目栏中，右键单击项目，选择 New Folder 建立一个新文件夹，如图 13.18 所示。

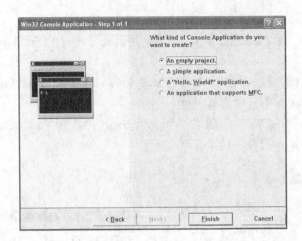 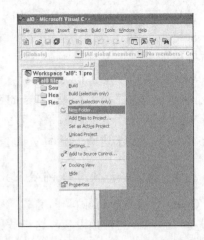

图 13.17　选择空工程　　　　　　　　　　图 13.18　New Folder

在弹出的对话框中为新文件夹起一个名字，这里我们命名为 Framework，如图 13.19 所示。单击 OK 完成后，我们发现左侧项目视图中增加了一个 Framework 文件夹，如图 13.20 所示。

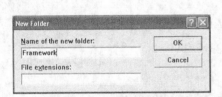 

图 13.19　建立新文件夹　　　　　　　　图 13.20　建立好的 Framework 文件夹

然后我们将 OpenAL SDK 中的 Samples 文件夹中的 framework 文件夹整个复制到我们的代码文件夹中，如图 13.21 所示。

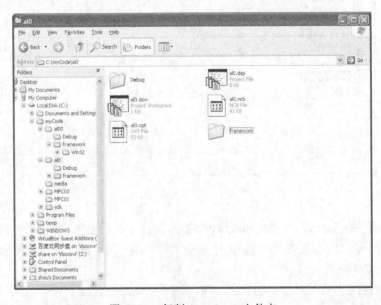

图 13.21　复制 framework 文件夹

然后在 VC 中，将这些代码文件加入到 Framework 文件夹中，首先在 Framework 上右键单击，在弹出的菜单中选择 Add Files to Folder，如图 13.22 所示。

在弹出的对话框中，选择刚刚拷贝进来的 framework 文件夹中的 Win32 目录中的所有文件，如图 13.23 所示。

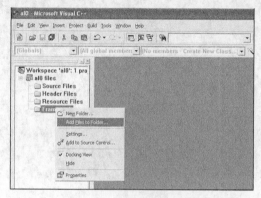

图 13.22　Add Files to Folder

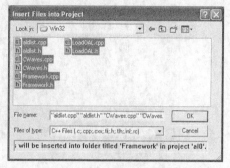

图 13.23　添加 Framework 文件

然后将 OpenAL SDK 文件夹的 Samples 目录中的 enumerate\Source\enumerate.cpp 拷贝到我们建立的工程目录中，拷贝后的工程目录如图 13.24 所示。

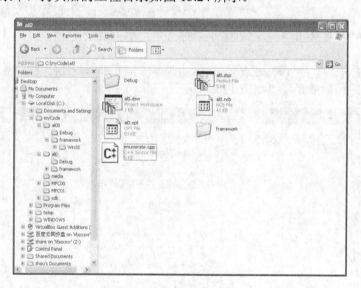

图 13.24　拷贝源文件

下面我们将该.cpp 文件加入到 VC 的工程中，在 Source Files 目录上单击右键，选择 Add Files to Folder，如图 13.25 所示。

这样，我们就已经将所有需要的文件准备好了，下面我们来设置工程的编译环境，来让项目可以正确地编译。

首先，在菜单中选择 Project -> Settings，如图 13.26 所示。

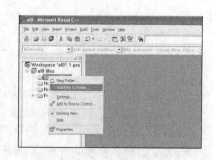

图 13.25　Add Files to Folder

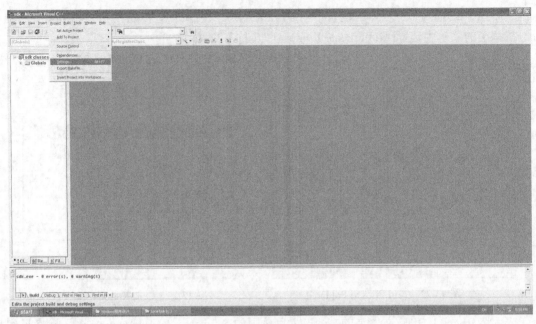

图 13.26　选择 Project -> Settings

然后选择 C/C++选型卡，在下拉菜单中选择 Preprocessor，来设置头文件的路径，这里我们需要加入 OpenAL SDK 的头文件路径和 Platform SDK 的头文件路径，两个路径间使用逗号分割，如下所示。

C:\Program Files\OpenAL 1.1 SDK\include ,C:\Program Files\Microsoft Platform SDK for Windows XP SP2\Include

添加头文件路径后的配置页如图 13.27 所示。

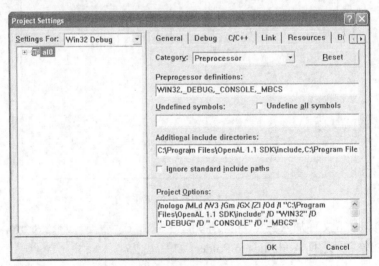

图 13.27　添加头文件路径后的配置页

下面是库文件的配置，根据前面的安装过程，我们的 OpenAL 的库文件位于

C:\Program Files\OpenAL 1.1 SDK\libs\Win32

选择 Link 选项，在下拉菜单中选择 Input，在"Object/Library Modules"下增加 OpenAL 所需的库文件，在 Additional library path 中添加 OpenAL 的库文件路径，如图 13.28 所示。

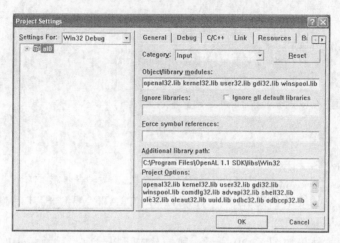

图 13.28　添加库文件

然后单击对话框右下角的 OK 按钮，完成项目的配置。

最后为了让代码能够编译通过，我们对其进行一个小小的修改，将 enumerate.cpp 中文件头部的

#include "LoadOAL.h"

修改为

#include "framework/Win32/LoadOAL.h"

下面我们来简单地看一下这个例子中的一些核心函数的用法。

在使用 OpenAL 之前，我们需要将 OpenAL 的函数从库文件中提取出来。在 OpenAL SDK 的 Sample 中提供的 Framework 里，提供了一个 LoadOAL 函数库，用于读取 OpenAL 库。从源代码中我们可以看出，LoadOAL 函数库将 OpenAL 的所有函数以函数指针的形式存放在 OPENALFNTABLE 结构中，本例中就定义了一个全局结构，如下所示。

OPENALFNTABLE ALFunction;

接下来，使用

LoadOAL10Library(NULL, &ALFunction)

函数，将库文件中的函数读取出来，存放在 ALFunction 结构中，方便后面的调用。

接下来，程序使用了 OpenAL 库中的几个 alc 函数用于设备操作，包括了 alcIsExtensionPresent 来获取是否支持 EXT 扩展，使用 alcGetString 来获取设备的名字等。

ALFunction.alcIsExtensionPresent(NULL, "ALC_ENUMERATION_EXT")
pDeviceNames = ALFunction.alcGetString(NULL, ALC_DEVICE_SPECIFIER);

获取到设备之后，调用 alcOpenDevice 函数来打开设备

ALCdevice* pDevice = ALFunction.alcOpenDevice(pDeviceNames);

只有打开设备之后，才能获取设备对于 Spec/EXT、EXT_EFX 等高级特性的支持。依靠 ALC 版本号，可以知道该音频设备支持的是 1.0 版本或 1.1 版本，使用了几个布尔型变量来存储这些特性信息。

ALint iMajorVersion, iMinorVersion;
ALboolean bSpec10Support = AL_FALSE;
ALboolean bSpec11Support = AL_FALSE;
ALboolean bEFXSupport = AL_FALSE;

ALFunction.alcGetIntegerv(pDevice, ALC_MAJOR_VERSION, sizeof(ALint), &iMajorVersion);
ALFunction.alcGetIntegerv(pDevice, ALC_MINOR_VERSION, sizeof(ALint), &iMinorVersion);

```
if ( (iMajorVersion == 1) && (iMinorVersion == 0) )
bSpec10Support = AL_TRUE;
else if ( (iMajorVersion > 1) || ((iMajorVersion == 1) && (iMinorVersion >= 1)) )
bSpec11Support = AL_TRUE;

if( ALFunction.alcIsExtensionPresent( pDevice, "ALC_EXT_EFX") )
{
bEFXSupport = AL_TRUE;
}
```

最后，将音频设备关闭。

```
ALFunction.alcCloseDevice( pDevice );
```

代码的后半部分是枚举各设备对于 ALC_ENUMERATE_ALL_EXT 特性的支持，函数的调用与前半部分基本相同。

最后程序运行的结果如图 13.29 所示，我们从中可以看到，计算机上有一个音频设备，名称为 Generic Software。

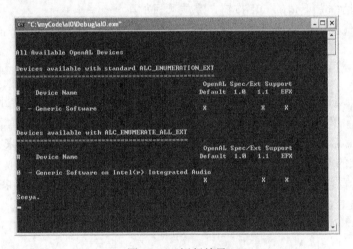

图 13.29　运行结果

13.4.4 【实例】使用 OpenAL 播放 WAV 文件

使用 OpenAL 播放 WAV 文件的过程我们可以参考 Samples 中的 playstatic 这个例子，将这个例子导入到 VC 中的方法和 13.4.3 中的完全相同，只是最后一步拷贝的文件改为 playstatic.cpp 而非 enumerate.cpp。

此外，这个例子程序需要使用一个外部的文件作为播放的数据源，我们可以将 Samples 目录中的 media\Footsteps.wav 也拷贝到我们的工程目录中，以保证应用程序可以找到。

这个例子中，程序使用了 Framework 框架，这就使得整个程序看起来非常直观简洁。为了使用 Framework 框架，程序首先需要包含头文件 Framework.h。

```
#include"Framework.h"
```

由于我们工程的目录结构和例子有一定的区别，这里我们将这个头文件包含改为

```
#include "framework\Win32\Framework.h"
```

接下来使用了宏定义的方式，给出了一个波形文件的文件名。

```
#define        TEST_WAVE_FILE        "Footsteps.wav"
```

下面就进入了主函数。

```
int main()
{
```

主函数中，我们首先定义了一些变量，

```
    ALuint      uiBuffer;
    ALuint      uiSource;
    ALint       iState;
```

接下来，使用了 Framework 框架类，进行了 OpenAL 的初始化。

```
    // Initialize Framework
    ALFWInit();

    ALFWprintf("PlayStatic Test Application\n");

    if (!ALFWInitOpenAL())
    {
        ALFWprintf("Failed to initialize OpenAL\n");
        ALFWShutdown();
        return 0;
    }
```

下面调用了 alGenBuffers 函数，来生成一个缓冲区，将缓冲区 id 存放在 uiBuffer 变量中。

```
    // Generate an AL Buffer
    alGenBuffers( 1, &uiBuffer );
```

下面使用了 Framework 框架，将波形文件读取到缓冲区中。

```
    // Load Wave file into OpenAL Buffer
    if (!ALFWLoadWaveToBuffer((char*)ALFWaddMediaPath(TEST_WAVE_FILE), uiBuffer))
    {
        ALFWprintf("Failed to load %s\n", ALFWaddMediaPath(TEST_WAVE_FILE));
    }
```

接下来，使用 alGenSources 用缓冲区建立一个声源。

```
    // Generate a Source to playback the Buffer
    alGenSources( 1, &uiSource );
    // Attach Source to Buffer
    alSourcei( uiSource, AL_BUFFER, uiBuffer );
```

准备工作完成，开始播放音频，使用了一个 do-while 循环，每 100 ms 检查一次音频播放的状态，直到音频播放状态不为 AL_PLAYING 为止。

```
    // Play Source
    alSourcePlay( uiSource );
    ALFWprintf("Playing Source ");
    do
    {
        Sleep(100);
        ALFWprintf(".");
        // Get Source State
        alGetSourcei( uiSource, AL_SOURCE_STATE, &iState);
    } while (iState == AL_PLAYING);
```

运行结束，程序进行一些清理工作。

```
    ALFWprintf("\n");

    // Clean up by deleting Source(s) and Buffer(s)
    alSourceStop(uiSource);
    alDeleteSources(1, &uiSource);
    alDeleteBuffers(1, &uiBuffer);

    ALFWShutdownOpenAL();
```

```
    ALFWShutdown();

    return 0;
}
```

最后，程序运行的结果如图 13.30 所示。

图 13.30　运行结果

运行中，首先应用程序询问用户使用哪一个音频设备，这里我们选择 1。

然后，应用程序给出了一个错误警告，提示找不到待播放的音频文件，如图 13.31 所示。

图 13.31　出错信息

这里我们分析一下为何会出现这种错误，在代码中我们可以看到，对 TEST_WAVE_FILE 这个文件名通过

```
(char*)ALFWaddMediaPath(TEST_WAVE_FILE)
```

函数进行了一下处理，这个处理的具体过程位于 Framework.cpp 中，如下所示。

```
ALchar fullPath[_MAX_PATH];
ALchar *ALFWaddMediaPath(const ALchar *filename)
{
    sprintf(fullPath, "%s%s", "..\\..\\Media\\", filename);
    return fullPath;
}
```

从这段代码中可以看出，ALFWaddMediaPath 这个函数仅仅是将输入的文件名前面附加了一段内容，将 Footstep.wav 变为..\..\Media\Footstep。

　　其中 ".." 表示上一级目录，代码中的 "\\" 是转义字符，结果为一个斜线。例子中做这样的处理是为了在 Samples 原本的目录结构中找到待播放的文件名，我们这里可以不调用此函数。

　　下面我们来看一下 ALFWLoadWaveToBuffer 这个函数的函数原型，函数原型的声明位于 Framework.h 中。

```
// File loading functions
ALboolean ALFWLoadWaveToBuffer(const char *szWaveFile, ALuint uiBufferID, ALenum eXRAMBufferMode = 0);
```

　　这个函数的参数列表在函数声明中给出，可以发现第 1 个参数是字符数组，指向文件名，第 2 个参数是缓冲区的序号。因此，我们可以将 playstatic.cpp 文件中的读取代码做一点修改，将

```
//if (!ALFWLoadWaveToBuffer((char*)ALFWaddMediaPath(TEST_WAVE_FILE), uiBuffer))
```

改为

```
if (!ALFWLoadWaveToBuffer(TEST_WAVE_FILE, uiBuffer))
```

　　也就是直接在当前目录中寻找，这样就可以完成程序运行了。程序运行中，连接上耳机或音响，可以听到脚步声的音频文件被播放，程序运行的结果如图 13.32 所示。

图 13.32　运行结果

Microsoft Foundation Class Library Version 6.0

Object

Application Architecture

CCmdTarget
- CWinThread
  - CWinApp
    - COleControlModule
    - └user application
- CDocTemplate
  - CSingleDocTemplate
  - CMultiDocTemplate
- COleObjectFactory
- COleTemplateServer
- COleDataSource
- COleDropSource
- COleDropTarget
- COleMessageFilter
- CConnectionPoint

Window Support

CWnd

Frame Windows

CFrameWnd
- CMDIChildWnd
  - └user MDI windows
- CMDIFrameWnd
  - └user MDI workspaces
- CMiniFrameWnd
- COleIPFrameWnd
  - └user SDI windows
- CSplitterWnd

Control Bars

CControlBar
- CDialogBar
- COleResizeBar
- CReBar
- CStatusBar
- CToolBar

Property Sheets

CPropertySheet
- CPropertySheetEX

└user objects

Exceptions

CException
- CArchiveException
- CDaoException
- CDBException
- CFileException
- CInternetException
- CMemoryException
- CNotSupportedException
- COleException
  - COleDispatchException
- CResourceException
- CUserException

File Services

CFile
- CMemFile
  - CSharedFile
- COleStreamFile
- CMonikerFile
  - CAsyncMonikerFile
    - CDataPathProperty
      - CCachedDataPathProperty
- CSockFile
- CStdioFile
  - CInternetFile
    - CGopherFile
    - CHttpFile
- CRecentFileList

Graphical Drawing

CDC
- CClientDC
- CMetaFileDC
- CPaintDC
- CWindowDC

Control Support

CDockState
CImageList

Graphical Drawing Objects

CGdiObject
- CBitmap
- CBrush
- CFont
- CPalette
- CPen
- CRgn

Menus

CMenu

Command Line

CCommandLineInfo

ODBC Database Support

CDatabase
CRecordset
└user recordsets

Internet Services

CInternetSession
- CInternetConnection
  - CFtpConnection
  - CGopherConnection
  - CHttpConnection
- CFileFind
  - CFtpFileFind
  - CGopherFileFind
- CGopherLocator

DAO Database Support

CDaoDatabase
CDaoQueryDef
CDaoRecordset
CDaoTableDef
CDaoWorkspace

Synchronization

CSyncObject
- CCriticalSection
- CEvent
- CMutex
- CSemaphore

Windows Sockets

CAsyncSocket
- CSocket

Arrays

CArray (template)
- CByteArray
- CDWordArray
- CObArray
- CPtrArray
- CStringArray
- CUIntArray
- CWordArray
- └arrays of user types

Lists

CList (template)
- CPtrList
- CObList
- CStringList
- └lists of user types

Maps

CMap (template)
- CMapWordToPtr
- CMapPtrToWord
- CMapPtrToPtr
- CMapWordToOb
- CMapStringToPtr
- CMapStringToOb
- CMapStringToString
- └maps of user types

Document/Views

CDocument
- COleDocument
  - COleLinkingDoc
    - COleServerDoc
    - CRichEditDoc
- CDocItem
  - COleClientItem
    - COleDocObjectItem
  - CRichEditCntrItem
  - └user client items
  - COleServerItem
    - CDocObjectServerItem
    - └user server items
  - CDocObjectServer

Views

CView
- CCtrlView
  - CEditView
  - CListView
  - CRichEditView
  - CTreeView
  - CScrollView
    - └user scroll views
    - CFormView
      - └user form views
      - CDaoRecordView
      - CHtmlView
      - COleDBRecordView
      - CRecordView
        - └user record views

Dialog Boxes

CDialog
- CCommonDialog
  - CColorDialog
  - CFileDialog
  - CFindReplaceDialog
  - CFontDialog
- COleDialog
  - COleBusyDialog
  - COleChangeIconDialog
  - COleChangeSourceDialog
  - COleConvertDialog
  - COleInsertDialog
  - COleLinksDialog
  - COleUpdateDialog
  - COlePasteSpecialDialog
  - COlePropertiesDialog
- CPageSetupDialog
- CPrintDialog
- COlePropertyPage
- CPropertyPage
  - CPropertyPageEX
- └user dialog boxes

Controls

CAnimateCtrl
CButton
- CBitmapButton
CComboBox
- CComboBoxEx
CDateTimeCtrl
CEdit
CHeaderCtrl
CHotKeyCtrl
CIPAddressCtrl
CListBox
- CCheckListBox
- CDragListBox
CListCtrl
CMonthCalCtrl
COleControl
CProgressCtrl
CReBarCtrl
CRichEditCtrl
CScrollBar
CSliderCtrl
CSpinButtonCtrl
CStatic
CStatusBarCtrl
CTabCtrl
CToolBarCtrl
CToolTipCtrl
CTreeCtrl

Classes Not Derived From CObject

Internet Server API

CHtmlStream
CHttpFilter
CHttpFilterContext
CHttpServer
CHttpServerContext

Run-time Object Model Support

CArchive
CDumpContext
CRuntimeClass

Simple Value Types

CPoint
CRect
CSize
CString
CTime
CTimeSpan

Structures

CCreateContext
CMemoryState
COleSafeArray
CPrintInfo

Support Classes

CCmdUI
- COleCmdUI
CDaoFieldExchange
CDataExchange
CDBVariant
CFieldExchange
COleDataObject
COleDispatchDriver
CPropExchange
CRectTracker
CWaitCursor

Typed Template Collections

CTypedPtrArray
CTypedPtrList
CTypedPtrMap

OLE Type Wrappers

CFontHolder
CPictureHolder

OLE Automation Types

COleCurrency
COleDateTime
COleDateTimeSpan
COleVariant

Synchronization

CMultiLock
CSingleLock

参 考 文 献

1. David Solomon. Inside Microsoft Windows 2000[M]. Microsoft Press，2000.

2. Jerry Lozano. The Windows 2000 Device Driver Book[M]. Second Edition，2000.

3. Jetfrey Richter. Programming Applications for Microsoft Windows[M]. Fourth Edition. 1999.

4. Jeff Prosise. Programming Windows with MFC[M]. Second Edition. 1999.

5. 侯捷. 深入浅出 MFC[M]. 武汉：华中理工大学出版社，1998.

6. George Shepherd，et al. Programming with Microsoft Visual C++ .NET[M]. 2004.

7. Charles Petzold. Programming Windows[M]. Microsoft Press，1998.

8. 京京工作室. Windows 网络编程技术[M]. 北京：机械工业出版社，2000.

9. Stanley B.Lippman. Inside the C++ Object Model[M]. 2003.

10. Scott Meyers. Effecitve C++[M]. Second Edition. 1999.

11. Richard S. Wright，等. OpenGL 超级宝典[M]. 付飞，李艳辉，译. 北京：人民邮电出版社，2012.